教育部高等学校材料类专业教学指导委员会规划教材

国家级一流本科课程配套教材

材料现代分析技术

朱和国 曾海波 兰司 主编

ADVANCED
ANALYSIS TECHNOLOGIES
FOR MATERIALS

U0392051

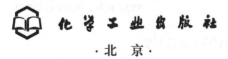

化学工业出版社
·北京·

内 容 简 介

《材料现代分析技术》主要介绍材料三大要素：结构、形貌和成分的分析技术及其他相关分析技术。结构分析技术主要为衍射技术，包括晶体的投影与倒易点阵、X射线的物理基础、单晶体和多晶体X射线衍射原理、分析及其应用、电子衍射（高能电子衍射TEM、HRTEM和低能电子衍射LEED）、电子背散射衍射EBSD和中子衍射ED等。形貌分析技术包括扫描电子显微镜SEM、扫描透射电子显微镜STEM、扫描隧道显微镜STM及原子力显微镜AFM。成分分析技术主要包括特征电子能谱（俄歇电子能谱AES和X射线光电子能谱XPS）、特征X射线能谱（电子探针EDS）、荧光X射线能谱XRFS及光谱分析（原子光谱、分子光谱等）。其他分析技术简要介绍热分析技术，包括热重分析TGA、差热分析DTA和差示扫描量DSC热分析。书中研究和测试的材料包括金属材料、无机非金属材料、高分子材料、非晶态材料、金属间化合物、复合材料等。书中对每章内容作了提纲式的小结，并附有适量的思考题。书中采用了一些作者尚未发表的图片和曲线，同时在实例分析中还注重引入了一些当前材料界最新的研究成果。

《材料现代分析技术》可作为高等学校材料科学与工程学科本科生的学习用书，也可供相关专业的研究生、教师和科技工作者使用。

图书在版编目（CIP）数据

材料现代分析技术/朱和国，曾海波，兰司主编. —北京：化学工业出版社，2022.2（2024.4重印）

ISBN 978-7-122-40365-0

Ⅰ.①材…　Ⅱ.①朱…②曾…③兰…　Ⅲ.①工程材料-分析方法-高等学校-教材　Ⅳ.①TB3

中国版本图书馆CIP数据核字（2021）第240531号

责任编辑：陶艳玲　　　　　　　　　　　　文字编辑：杨凤轩　师明远
责任校对：李雨晴　　　　　　　　　　　　装帧设计：史利平

出版发行：化学工业出版社（北京市东城区青年湖南街13号　邮政编码100011）
印　　装：北京科印技术咨询服务有限公司数码印刷分部
787mm×1092mm　1/16　印张26½　字数617千字　　2024年4月北京第1版第3次印刷

购书咨询：010-64518888　　　　　　　　售后服务：010-64518899
网　　址：http://www.cip.com.cn
凡购买本书，如有缺损质量问题，本社销售中心负责调换。

定　　价：79.00元

前 言

材料、信息和能源是现代科学技术重点发展的三大领域，而材料又是信息和能源发展的物质基础，是重中之重，没有先进材料就没有现代科技。然而，对材料的科学分析是获得先进材料的核心环节，也是材料科学工作者的必备知识。

为此，南京理工大学较早开设了材料类的核心课程《材料研究方法》，经多年的建设和努力，2019年入选在线开放课程国家精品，2020年入选线上线下混合式国家一流课程，参加学生已达2.5万余人。在此基础上，我们编写了《材料现代分析技术》，作为该课程的选用教材。

材料的测试方法繁多，并且随着科学技术的发展，更先进的测试方法不断涌现，因此不同的材料分析方法教材很难做到全面介绍，对每一种分析方法的详略安排差别也较大，侧重点不同。本书根据材料分析的不同目的，将内容分为结构分析技术、形貌分析技术、成分分析技术和其他分析技术四个篇章。结构分析技术的核心是衍射，包括X射线衍射分析、电子衍射分析、电子背散射衍射分析和中子衍射分析。形貌分析技术主要包括扫描电子显微分析、扫描透射电子显微分析、原子力显微分析和扫描隧道显微分析。成分分析技术包括特征X射线能谱（又称电子探针）分析、荧光X射线能谱分析、特征电子能谱（俄歇电子能谱、X射线光电子能谱）分析、原子探针和光谱分析。其他分析技术主要为热分析。

书中所涉及的材料包括金属材料、无机非金属材料、高分子材料、非晶材料、复合材料等。对每章内容均作了提纲式的小结，便于读者复习和掌握所学内容，对一些重要的分析方法，还列举了相关的分析实例，帮助读者深刻领会材料分析的科学思路，懂得该分析什么、为何分析及怎么分析。全书力求内容深度适中，表述繁简结合，通俗易懂。

本书由南京理工大学一线教师编著。全书共14章及附录：朱和国编写第1~7章，11章，14章及附录；尤泽升编写第8章，兰司编写第9章，曾海波编写第10章，黄鸣编写第12章，董玉辉编写第13章，全书由朱和国统稿，沙刚主审。评审专家南京大学吴迪教授对本书书稿提出了许多宝贵建议，在此表示衷心感谢。

本书广泛参考和应用了其他材料科学工作者的一些研究成果，出版工作得到了南京理工大学教务处及材料学院领导的积极支持，得到东南大学吴申庆教授的热情鼓励，以及张继峰、黄思睿、吴健、朱成艳、伍昊、赵晨朦、刘晓燕、邓渊博、赵振国、刘思聪、杨泽晨等研究生的鼎力协助，在此表示深深的敬意和感谢！

由于作者水平有限，本书中定有疏漏和不妥之处，敬请广大读者批评指正。

编者

2021 年春于南京

目 录

第1篇 结构分析技术

第3章　X射线的衍射原理

第4章　X射线的衍射分析及其应用

第**5**章　　电子显微分析基础

第**6**章　　透射电子显微镜

第7章　薄晶体的高分辨像

第8章　电子背散射衍射

第9章　中子衍射

第2篇　形貌分析技术

第10章　形貌分析

第3篇 成分分析技术

第11章 能谱分析

第12章 原子探针技术

第13章　光谱分析技术

第4篇　其他分析技术

第14章　热分析技术

附录

第 1 篇

结构分析技术

第 1 章

晶体的投影与倒易点阵

晶体的投影与倒易点阵是材料分析的核心基础，晶体的晶面、晶向通过投影，由空间的几何关系转变为投影面上的几何关系，为研究提供了方便。倒易点阵是一种虚拟点阵，是理解各类衍射花样（X 射线衍射、电子衍射等）的关键，本章对此作简单介绍。

1.1 晶体的投影

晶体的投影是指将构成晶体的晶向和晶面等几何元素以一定的规则投影到投影面上，使晶向、晶面等几何元素的空间关系转换成其在投影面上的关系。投影面有球面和赤平面两种，其对应的投影即为球面投影和极射赤面投影。通过晶体的投影研究可获得晶体的晶向、晶面等元素之间的空间关系，而此关系通常采用极式网、乌氏网来确定。

1.1.1 球面投影

球面投影是指晶体位于投影球的球心，将晶体或其点阵结构中的晶向和晶面以一定的方式投影到球面上的一种方法。此时晶体的尺寸相比于投影球可以忽略，这样晶体的所有晶面均可认为通过球心。

球面投影通常有迹式和极式两种投影形式。

迹式球面投影是指晶体的几何要素（晶向、晶面）通过直接延伸或扩展与投影球相交，在球面上留下的痕迹。晶向的迹式球面投影是将晶向朝某方向延长并与投影球面相交所得的交点，该交点又称为晶向的迹点或露点。晶面的迹式球面投影是将晶面扩展与投影球面相交所得的交线大圆，该大圆又称为晶面的迹线。

极式球面投影是几何要素（点除外）通过间接延伸或扩展后与投影球相交，在球面上留下的痕迹。晶向的极式球面投影是过球心作晶向的法平面，法平面扩展后与投影球面相交，所得的交线大圆，该圆又称为晶向的极圆。晶面的极式球面投影是过投影球的球心作晶面的法线，法线延伸后与投影球相交所得的交点，该交点又称为晶面的极点。

以上两种投影在使用中经常混用，一般是以点来表征几何要素的投影，即晶面的球面投影采用极式投影（极点），而晶向则采用迹式投影（迹点）。图 1-1 为球面投影，P 为晶面 N 的极点，大圆 Q 为晶面 N 的迹线。

(1) 球面坐标

球面坐标的原点为投影球的球心，三条互相垂直的直径为坐标轴。如图 1-2 所示，其中直立轴记为 NS，前后轴记为 FL，东西轴（或左右轴）记为 EW 轴，同时过 FL 与 EW 轴的大圆平面称为赤道平面，赤道平面与投影球的交线大圆称为赤道。平行于赤道平面的平面与投影球相交的小圆称为纬线。过 NS 轴的平面称为子午面，子午面与投影球的交线大圆称为经线或子午线。同时过 NS 和 EW 轴的子午面称为本初子午面。与其相应的子午线称为本初子午线。任一子午面与本初子午面间的二面角称为经度，用 φ 表示。若以 E 点为东经 $0°$，W 点为西经 $0°$，则经度最高值为 $90°$。也可以设定 E 点为 $\varphi=0°$，顺时针一周为 $360°$。在任一子午线（经线）上，从 N 或 S 向赤道方向至任一纬度线的夹角称为极距，用 ρ 表示，而从赤道沿子午线大圆至任一纬线的夹角称为纬度，用 γ 表示，显然极距 $\rho+$纬度 $\gamma=90°$。晶面的极式和晶向的迹式球面投影均为球面上的点，故晶体的晶面和晶向均可用球面上的点来表征，其球面坐标为 (φ,ρ)。由经线和纬线构成的球网又称坐标网。

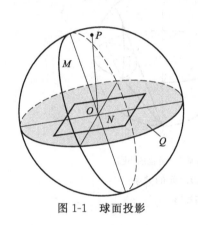

图 1-1　球面投影

图 1-2　球面坐标示意图

(2) 极射赤面投影

极射赤面投影是一种二次投影，即将晶体的晶面或晶向的球面投影再以一定的方式投影到赤平面上所获得的投影。因此，获得晶体要素的极射赤面投影需首先获得球面投影，然后再将球面投影投射到赤平面上。图 1-3 为极射赤面投影。球面投影与极射赤面投影之间的关系如图 1-4 所示。

当球面投影在上半球面时，取南极点 S 为投影光源，若球面投影在下半球面，则取北极点 N 为投影光源。投影光源与球面投影的连线称为投影线，投影线与投影面（赤平面）的交点即为极射赤面投影。极射赤面投影均落在投影基圆内，这样便于作图和测量。为了区别起见，通常规定上半球面上

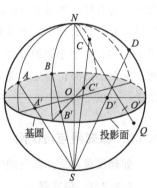

图 1-3　极射赤面投影

点的极射赤面投影为"·"，而下半球面上点的极射赤面投影为"×"。如图 1-3 中位于下半球面上的 Q 点，此时北极点 N 为光源位置，连接 N、Q 即投影线与赤平面相交于 Q'，表示为"×"点，Q' 即为 Q 点的极射赤面投影。当球面投影在上半球面时，应取南极点 S 为投影光源，如图中的 A、B、C、D 点，投影线 SA、SB、SC、SD 分别交赤平面于 A'、B'、

C'、D'点，均表示为"·"，A'、B'、C'、D'点就分别是A、B、C、D点的极射赤面投影。

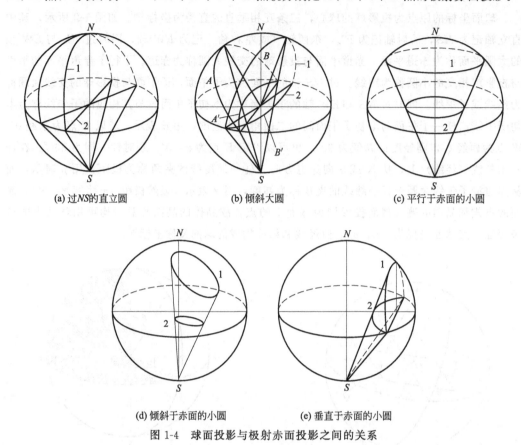

(a) 过NS的直立圆   (b) 倾斜大圆   (c) 平行于赤面的小圆

(d) 倾斜于赤面的小圆   (e) 垂直于赤面的小圆

图 1-4　球面投影与极射赤面投影之间的关系

1—球面投影；2—极射赤面投影

球面上过南北轴的大圆（子午线大圆或经线），又称直立大圆，其极射赤面投影为过基圆中心的直径，见图 1-4(a)；水平大圆即赤道平面与投影球的交线，其极射赤面投影为投影基圆本身；球面上未过南北轴的倾斜大圆，其投影为大圆弧，大圆弧的弦为基圆直径，见图 1-4(b)；水平小圆的极射赤面投影为与基圆同心的圆，见图 1-4(c)；倾斜小圆的投影为椭圆，见图 1-4(d)；直立小圆的极射赤面投影为一段圆弧，其大小和位置取决于小圆的大小和位置，见图 1-4(e)。

1.1.2　极式网与乌氏网

如何度量晶面和晶向的空间位向关系？通常采用极式网或乌氏网两种辅助工具进行。

1.1.2.1　极式网

将经纬线坐标网以其本身的赤道平面为投影面，作极射赤面投影，所得的极射赤面投影网称为极式网，如图 1-5 所示。极式网由一系列直径和一系列同心圆组成，每一直径和同心圆分别表示经线和纬线的极射赤面投影，经线等分投影基圆圆周，纬线等分投影基圆直径。通常基圆直径为 20mm，等分间隔均为 2°。

极式网具有以下用途。

① 直接读出极点的球面坐标，获得该晶面或晶向的空间位向。

② 当两晶面或晶向的极点在同一直径上，其间的纬度差即为晶面或晶向间的夹角，并可以从极式网中直接读出；但是，当两极点不在同一直径上时，则无法测量其夹角，故其应用受到限制，此时必须借助于乌氏网来进行测量。

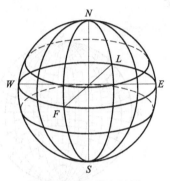

图1-5　极式网

1.1.2.2　乌氏网

乌氏网类似于极射赤面投影。但此时的投影面不是赤平面，而是过南北轴的垂直面，一般以同时过 NS 和 EW 的平面为投影面，投影光源为投影面中心法线与投影球的交点，即前后极点 F 或 L（见图1-6），经纬线坐标网的极射平面投影即为乌氏网（图1-7）。

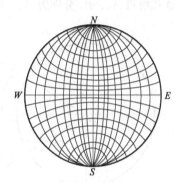

图1-6　经纬线坐标网　　　　　　　　　图1-7　乌氏网

显然，南北轴 NS 和东西轴 EW 的投影分别为过乌氏网中心的水平直径和垂直直径。前后轴 FL 的投影为乌氏网的中心；经线的投影为一簇以 N、S 为端点的大圆弧；而纬线的投影是一簇圆心位于南北轴上的小圆弧。实际使用的乌氏网直径为20mm，圆弧间隔均为2°。乌氏网的应用较广，基本应用如下。

（1）夹角测量

步骤如下：①透明纸上绘制晶面或晶向的极射赤面投影。即以晶面或晶向的球面投影（晶面为极式、晶向为迹式），分别向赤平面投影，投影线与投影面的交点即为晶面或晶向的极射赤面投影。②将乌氏网中心与极射赤面投影中心重合，转动极射赤面投影图，使所测的极点落在乌氏网的经线大弧或赤道线上，两极点间的夹角即为两晶面或晶向的夹角。注意夹角不能在纬线小弧上度量。如图1-8中的 A、B 和 C、D 均为晶面的极射赤面投影，通过转动后，A、B 均落在赤道线上，A、B 之间的夹角可直接从网上读出为120°；而 C、D 同落在经线大圆上，夹角为20°。

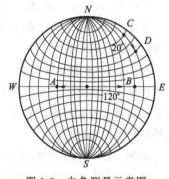

图1-8　夹角测量示意图

（2）晶体转动

研究晶体的取向往往需要转动晶体，晶体转动后，其晶面和晶向与投影面的关系随之发生变化，极点在投影面上发生了移动，移动后的位置可在乌氏网的帮助下方便确定。晶体的转动常有三种形式。

① 绕垂直于投影面的中心轴转动　此时转动角沿乌氏网基圆的圆周度量。如图 1-9 所示，设 A_1 为某晶面的极射赤面投影，当晶体绕垂直于投影面的中心轴顺时针转动 ϕ 后，即以 OA_1 为半径，顺时针转动 ϕ，A_1 转到 A_2，A_2 即为该晶面转动后的新位置。

② 绕投影面上的轴转动　转动角沿乌氏网的纬线小圆弧度量。其步骤如下。

a. 当转轴与乌氏网的 NS 轴不重合时，需先绕乌氏网中心转动使转轴与 NS 重合。

b. 将相关极点沿纬线小圆弧移动所转角度，即为晶体转动后的新位置。

如图 1-10 上的 A_1、B_1 两极点为转动前的位置，晶体绕 NS 轴转动 60° 后，A_1 沿纬线小圆弧移动 60° 至 A_2，B_1 沿纬线小圆弧移动 40° 时到了基圆的边缘，再转 20° 即到了投影面的背面 B_1' 处，同一张图上习惯采用正面投影表示，B_1' 的正面投影为和 B_1' 同一直径上的另一端点 B_2。这样极点 A_2、B_2 分别为 A_1、B_1 转动后的位置。

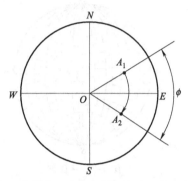

图 1-9 晶体绕垂直于投影面的中心轴的转动

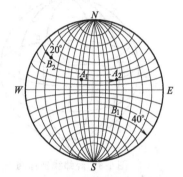

图 1-10　晶体绕投影面上的轴转动

③ 绕与投影面斜交的轴转动　该种转动本质是上述两种转动的组合。如极点 A_1 绕 B_1 转动 40°，见图 1-11，其操作如下。

a. 转动透明纸使 B_1 在赤道 EW 上。

b. B_1 沿赤道移至投影面中心 B_2，同时 A_1 也沿其所在纬线小圆弧移动相同角度至 A_2。

c. 以 B_2 为圆心，A_2B_2 为半径转动 40°，A_2 至 A_3。

d. B_2 移回 B_1，同时 A_3 也沿其所在的纬线小圆弧移动相同角度至 A_4，A_4 即为 A_1 绕 B_1 转动 40° 后的新位置。

1.1.2.3　投影面转换

投影面的极射赤面投影即为投影基圆的圆心，故转换投影面只需将新投影面的极射赤面投影移动到投影基圆的中心，同时将投影面上的所有极射赤面投影沿其纬线小圆弧转动同样的角度即为新位置。

如图 1-12 中，将投影面 O_1 上的极射赤面投影 A_1、B_1、C_1、D_1 转换到新投影面 O_2 上。其步骤：①将原投影面中心 O_1 与乌氏网中心重合，并使新投影面中心 O_2 位于乌氏网的赤道上。②将 O_2 沿赤道直径移动到乌氏网中心，同时将原投影 A_1、B_1、C_1、D_1 分别沿其所在的纬线小圆弧上移动相同角度，其新位置 A_2、B_2、C_2、D_2 即为其在新投影面上的投影。

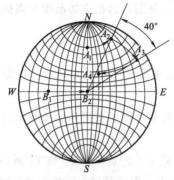

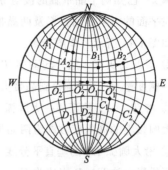

图 1-11　晶体绕与投影面倾斜的轴转动　　　　　　图 1-12　投影面的转换

1.1.3　晶带的极式球面投影和极射赤面投影

晶带的极射赤面投影是指构成该晶带的所有晶面的极射赤面投影，其本质是晶带面的球面投影的再投影。

（1）晶带的极式球面投影

晶体位于投影球的球心，同一晶带轴的各晶面的法线共面，该面垂直于晶带轴。同一晶带上各晶面的法线所在的平面与投影球相交的大圆称为该晶带的极式球面投影，又称晶带大圆。显然，不同的晶带将形成不同的大圆。晶带大圆平面的极点为晶带轴的露点或迹点。

（2）晶带的极射赤面投影

晶带的极射赤面投影是晶带的极式球面投影的再投影。由以上分析可知晶带的极式球面投影为球面上的大圆，因此，晶带的极射赤面投影为投影基圆内的大圆弧，弧弦为基圆直径。晶带轴的迹式球面投影为晶带轴与球面的交点，因此晶带轴的极射赤面投影位于大圆弧的内侧弧弦的垂直平分线上，并与该大圆弧相距 90°。根据晶带的位向不同，可将晶带分为水平晶带、直立晶带和倾斜晶带三种。

①　水平晶带　晶带轴与投影面平行，晶带轴露点的极射赤面投影位于投影基圆的圆周上，晶带的极射赤面投影为投影基圆的直径。

②　直立晶带　晶带轴与 NS 轴重合，晶带轴露点的极射赤面投影为投影基圆的圆心，晶带的极式球面投影为赤道大圆，晶带的极射赤面投影为投影基圆。

③　倾斜晶带　晶带轴与 NS 轴斜交，晶带的极射赤面投影为大圆弧，晶带轴露点的极射赤面投影为大圆弧的极点。

应用举例：

例 1　已知两个晶面 $(h_1k_1l_1)$，$(h_2k_2l_2)$ 同属一个晶带 $[uvw]$，其极点分别为 P_1 和 P_2，作出其晶带轴的极射赤面投影。

如图 1-13 所示，作图步骤：

①　转动乌氏网，使极点 P_1 和 P_2 同时落在某个大圆上，该大圆弧即为 P_1 和 P_2 所在的晶带大圆弧；

②　在晶带大圆弧的内侧，沿其弦的垂直平分线度量 90°的 T 点即为晶带轴的极射赤面投影。

例 2 已知两个晶带轴的极射赤面投影 T_1、T_2，分别作出相应的晶带大圆弧和两晶带轴所在平面的极射赤面投影及两晶带轴的夹角。

如图 1-14 所示，作图步骤：

① 借助乌氏网，通过转动使 T_1、T_2 分别位于赤道直径上，沿赤道直径投影基圆圆心的另一侧度量 90°，分别得到晶带大圆弧 K_1、K_2。

② 将 T_1、T_2 转至某一大圆弧 K_3 上，K_3 即为两晶带轴所在平面的迹线的极射赤面投影，大圆弧上的间隔度数即为两晶带轴的夹角。

③ 沿大圆弧 K_3 的垂直平分线向内侧度量 90°得点 P，P 点即为 T_1 和 T_2 所在平面的极射赤面投影。注意：P 点应为 K_1、K_2 两大圆弧的交点，即两晶带大圆弧的交点就是两晶带轴所在平面的极射赤面投影。

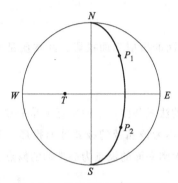

图 1-13　晶带的极射赤面投影

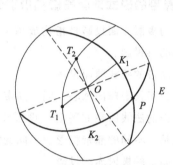

图 1-14　晶带相交

例 3 已知 A、B 为某晶体的两个表面，两面的交线为 NS，如图 1-15(a) 所示，A、B 两面夹角为 ϕ，若某晶面 C 和表面 A 的交线 PQ 为 T_A，T_A 与 NS 的夹角为 ψ_A，晶面 C 与表面 B 的交线 QR 为 T_B，T_B 与 NS 的夹角为 ψ_B。以表面 A 为投影面，两面交线 NS 为 NS 轴，作晶面的极射赤面投影。

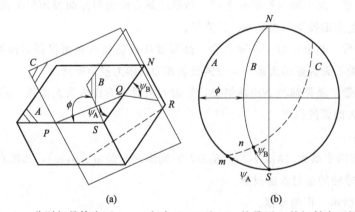

(a)　　　　　　　　　　　(b)

图 1-15　分别与晶体表面 A、B 相交于 PQ 和 QR 的晶面 C 的极射赤面投影

如图 1-15(b) 所示，作图步骤：

① 基圆 A 为 A 面与参考球的交线（迹线）的极射赤面投影。从基圆上沿赤道向内量 ϕ 和乌氏网某一子午线（经线）大圆相遇，画出该大圆弧 B，B 即为 B 面和参考球交线（迹

线）的极射赤面投影。

② 从 S 点沿基圆量 ψ_A 得点 m 即为交线 PQ 的极射赤面投影，再从 S 沿大圆 B 量 ψ_B 得点 n 为交线 QR 的极射赤面投影。

③ 转动投影，使点 m、n 同时落在乌氏网的同一子午线大圆弧上，画出该大圆弧 C，C 即为该晶面的迹线所对应的极射赤面投影。

④ 从 C 和赤道交点沿赤道度量 90°的点即为晶面 C 的极射赤面投影。

1.1.4 标准极射赤面投影图

标准极射赤面投影图简称标准投影图，也可称标准极图，是以晶体的某一简单晶面为投影面，将各晶面的球面投影再投影到此平面上去所形成的投影图。标准投影图在测定晶体取向，如织构中非常有用，它标明了晶体中所有重要晶面的相对取向和对称关系，可方便地定出投影图中所有极点的指数。图 1-16 即为立方晶系中主要晶面的球面投影。若分别以立方系中的 （001）、（011）、（111）、（112）等晶面为投影面，可得其标准投影图，如图 1-17 所

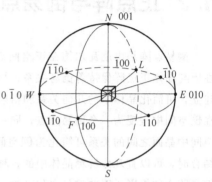

图 1-16　立方晶系中主要晶面的球面投影

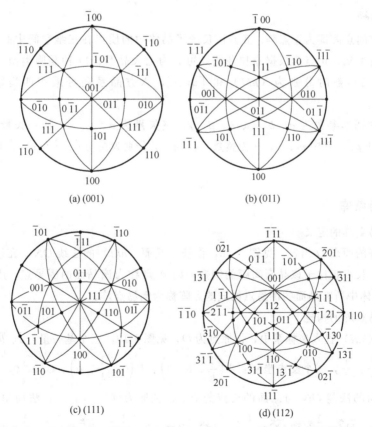

(a) (001)

(b) (011)

(c) (111)

(d) (112)

图 1-17　立方晶系中 （001）、（011）、（111）、（112） 的标准投影图

示。立方晶系中，晶面夹角与点阵常数无关，因此所有立方晶系的晶体均可使用同一组标准投影图。但在其他晶系中，由于晶面夹角受点阵常数的影响，必须作出各自的标准投影图，如在六方晶系中，晶面夹角受轴比 c/a 的影响，即使相同的晶面常数，在不同的轴比 c/a 时，其晶面夹角也不同。因此不同的轴比需有不同的标准投影图。需指出的是，实际分析中有时需要高指数的标准投影图，而一般手册中均为低指数的标准投影图，为此可通过转换投影面法，在低指数的标准投影图的基础上绘制出高指数的标准投影图。

1.2 正点阵与倒易点阵

倒易点阵是由厄瓦尔德在正空间点阵的基础上建立起来的虚拟点阵，因该点阵的许多性质与晶体正点阵保持着倒易关系，故称为倒易空间点阵，所在空间为倒空间。倒易点阵的建立，可简化晶体中的几何关系和衍射（X射线衍射、电子衍射等）问题。正空间中的晶面在倒空间中表现为一个倒易阵点，同一晶带的各晶面在倒空间中为共面的倒易阵点，这样正空间中晶面之间的关系可简化为倒空间中点与点之间的关系。当倒易点阵与厄瓦尔德球相结合时，可以直观地解释晶体中的各种衍射现象，因为衍射花样的本质就是满足衍射条件的倒易阵点的投影，因此倒易点阵理论是晶体衍射分析的理论基础，理解衍射花样的关键。

1.2.1 正点阵

晶体的空间点阵即为正点阵。正点阵反映了晶体中的质点在三维空间中的周期性排列，由前面的讨论可知，正点阵根据布拉菲法则可分为七大晶系、14种晶胞类型。晶面和晶向的表征采用三指数时分别为 (hkl) 和 $[uvw]$，六方晶系还可采用四指数 $(hkil)$ 和 $[uvtw]$ 表征。

正点阵中基本参数为 a、b、c、α、β、γ，基矢量为 $\vec{a}$、$\vec{b}$、$\vec{c}$，任一矢量 $\vec{R}$ 可表示为 $\vec{R}=m\vec{a}+n\vec{b}+p\vec{c}$，其中 m、n、p 为整数，α、β、γ 分别为 $\vec{b}$ 与 $\vec{c}$、$\vec{c}$ 与 $\vec{a}$、$\vec{a}$ 与 $\vec{b}$ 之间的夹角。

1.2.2 倒易点阵

（1）倒易点阵的定义

从正点阵的原点 O 出发，见图1-18，作任一晶面 (hkl) 的法线 ON，在该法线上取一点 A，使 OA 长度正比于该晶面间距的倒数，则 A 点称为该晶面的倒易点，用不带括号的 hkl 表示，晶体中所有晶面的倒易点构成的点阵称为倒易点阵。

（2）倒易点阵的构建

将晶面 (hkl) 置入坐标系中，设原点为 O，见图1-19，三个基矢量：$\vec{a}$、$\vec{b}$、$\vec{c}$，三个面截距：$\dfrac{1}{h}$、$\dfrac{1}{k}$、$\dfrac{1}{l}$，三个交点坐标：$A\left(\dfrac{1}{h},\ 0,\ 0\right)$、$B\left(0,\ \dfrac{1}{k},\ 0\right)$、$C\left(0,\ 0,\ \dfrac{1}{l}\right)$。从原点出发作该晶面的法线 ON 与晶面的交点为 P_{hkl}，坐标为 $(h,\ k,\ l)$，法向单位矢量为 $\vec{n}$。则：$\overrightarrow{OA}=\dfrac{1}{h}\vec{a}$、$\overrightarrow{OB}=\dfrac{1}{k}\vec{b}$ 和 $\overrightarrow{OC}=\dfrac{1}{l}\vec{c}$。显然 $\overrightarrow{AB}=\dfrac{1}{k}\vec{b}-\dfrac{1}{h}\vec{a}$、$\overrightarrow{BC}=\dfrac{1}{l}\vec{c}-\dfrac{1}{k}\vec{b}$ 和 $\overrightarrow{CA}=\dfrac{1}{h}\vec{a}-$

$\frac{1}{l}\vec{c}$，均为该晶面内的矢量。

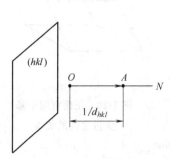

图 1-18 倒易点阵的构建

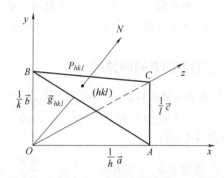

图 1-19 正空间中晶面与倒空间中阵点之间的关系

晶面的法线矢量可表示为：$\vec{n}=\overrightarrow{AB}\times\overrightarrow{BC}$ 或 $\vec{n}=\overrightarrow{BC}\times\overrightarrow{CA}$ 或 $\vec{n}=\overrightarrow{CA}\times\overrightarrow{AB}$，任取其一 $\vec{n}=\overrightarrow{AB}\times\overrightarrow{BC}$ 得

$$\vec{n}=\left(\frac{1}{k}\vec{b}-\frac{1}{h}\vec{a}\right)\times\left(\frac{1}{l}\vec{c}-\frac{1}{k}\vec{b}\right)=\left(\frac{1}{kl}\vec{b}\times\vec{c}-\frac{1}{hl}\vec{a}\times\vec{c}-\frac{1}{kk}\vec{b}\times\vec{b}+\frac{1}{hk}\vec{a}\times\vec{b}\right) \tag{1-1}$$

由于 $\vec{b}\times\vec{b}=0$，故

$$\vec{n}=\frac{1}{kl}\vec{b}\times\vec{c}-\frac{1}{hl}\vec{a}\times\vec{c}+\frac{1}{kh}\vec{a}\times\vec{b} \tag{1-2}$$

又因为 $|\vec{n}|=1$，晶面（hkl）的晶面间距为

$$d_{hkl}=\frac{1}{h}\vec{a}\cdot\vec{n}=\frac{1}{k}\vec{b}\cdot\vec{n}=\frac{1}{l}\vec{c}\cdot\vec{n} \tag{1-3}$$

即

$$d_{hkl}=\frac{1}{h}\vec{a}\left(\frac{1}{kl}\vec{b}\times\vec{c}-\frac{1}{hl}\vec{a}\times\vec{c}+\frac{1}{kh}\vec{a}\times\vec{b}\right)=\frac{1}{hkl}\vec{a}\cdot(\vec{b}\times\vec{c}) \tag{1-4}$$

设 $V=\vec{a}\cdot(\vec{b}\times\vec{c})$，则 $d_{hkl}=\frac{1}{hkl}V$，即 $hkl=\frac{1}{d_{hkl}}V$，此时法向矢量可以表示为：

$$\vec{n}=\frac{d_{hkl}h}{V}\vec{b}\times\vec{c}+\frac{d_{hkl}k}{V}\vec{c}\times\vec{a}+\frac{d_{hkl}l}{V}\vec{a}\times\vec{b}=d_{hkl}\left(\frac{h}{V}\vec{b}\times\vec{c}+\frac{k}{V}\vec{c}\times\vec{a}+\frac{l}{V}\vec{a}\times\vec{b}\right) \tag{1-5}$$

令 $\vec{a}^*=\frac{1}{V}\vec{b}\times\vec{c}$，$\vec{b}^*=\frac{1}{V}\vec{c}\times\vec{a}$，$\vec{c}^*=\frac{1}{V}\vec{a}\times\vec{b}$，则

则

$$\vec{n}=d_{hkl}(h\vec{a}^*+k\vec{b}^*+l\vec{c}^*) \tag{1-6}$$

令 $\vec{g}_{hkl}=h\vec{a}^*+k\vec{b}^*+l\vec{c}^*$，则

$$\vec{n}=d_{hkl}\vec{g}_{hkl} \tag{1-7}$$

所以 $\vec{g}_{hkl}//\vec{n}$，即 $\vec{g}_{hkl}$ 方向垂直于晶面（hkl），对式（1-7）两边取模得

$$|\vec{g}_{hkl}|=\frac{|\vec{n}|}{d_{hkl}}=\frac{1}{d_{hkl}} \tag{1-8}$$

故 $\vec{g}_{hkl}$ 大小为晶面间距的倒数。由式（1-7）和式（1-8）得 $\vec{g}_{hkl}=h\vec{a}^*+k\vec{b}^*+l\vec{c}^*$ 为晶面（hkl）的倒易矢量。这样可将正空间中的所有晶面用倒易矢量来表征，由矢量端点所构成的点阵即为倒易点阵，形成倒易空间，倒易阵点同样规则排列。

倒易点阵中的基本参数为 a^*、b^*、c^*、α^*、β^*、γ^*，见图 1-20，其中 α^*、β^*、γ^* 分别为 $\vec{b}^*$ 与 $\vec{c}^*$、$\vec{c}^*$ 与 $\vec{a}^*$、$\vec{a}^*$ 与 $\vec{b}^*$ 之间的夹角，$\vec{a}^*$、$\vec{b}^*$、$\vec{c}^*$ 为倒易点阵的基矢量，任一倒易矢量 $\vec{R}^*$ 可表示为 $\vec{R}^* = h\vec{a}^* + k\vec{b}^* + l\vec{c}^* = \vec{g}_{hkl}$。

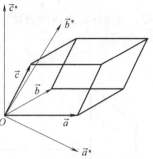

图 1-20　正倒空间中基矢量之间的关系

1.2.3　正倒空间之间的关系

① 同名基矢量点积为 1，异名基矢量点积为 0。即：$\vec{a}^* \cdot \vec{a} = \vec{b}^* \cdot \vec{b} = \vec{c}^* \cdot \vec{c} = 1$；$\vec{a}^* \cdot \vec{b} = \vec{a}^* \cdot \vec{c} = \vec{b}^* \cdot \vec{c} = \vec{b}^* \cdot \vec{a} = \vec{c}^* \cdot \vec{a} = \vec{c}^* \cdot \vec{b} = 0$

② $\vec{a}^*$ 垂直于 $\vec{b}$、$\vec{c}$ 所在面：$\vec{a}^* = \dfrac{\vec{b} \times \vec{c}}{\vec{a} \cdot (\vec{b} \times \vec{c})}$，$a^* = \dfrac{bc\sin\alpha}{V} = \dfrac{1}{a\cos\varphi}$。

$\vec{b}^*$ 垂直于 $\vec{c}$、$\vec{a}$ 所在面：$\vec{b}^* = \dfrac{\vec{c} \times \vec{a}}{\vec{b} \cdot (\vec{c} \times \vec{a})}$，$b^* = \dfrac{ca\sin\beta}{V} = \dfrac{1}{b\cos\psi}$。

$\vec{c}^*$ 垂直于 $\vec{a}$、$\vec{b}$ 所在面：$\vec{c}^* = \dfrac{\vec{a} \times \vec{b}}{\vec{c} \cdot (\vec{a} \times \vec{b})}$，$c^* = \dfrac{ab\sin\gamma}{V} = \dfrac{1}{c\cos\omega}$。

α、β、γ 分别为 $\vec{b}$ 与 $\vec{c}$、$\vec{c}$ 与 $\vec{a}$、$\vec{a}$ 与 $\vec{b}$ 之间的夹角；φ、ψ、ω 分别为 $\vec{a}$ 与 $\vec{a}^*$、$\vec{b}$ 与 $\vec{b}^*$、$\vec{c}$ 与 $\vec{c}^*$ 之间的夹角；$V = \vec{a} \cdot (\vec{b} \times \vec{c}) = \vec{b} \cdot (\vec{c} \times \vec{a}) = \vec{c} \cdot (\vec{a} \times \vec{b})$，为正点阵的晶胞体积。

立方晶系时，$\phi = \psi = \omega = 0°$，$\cos\varphi = \cos\psi = \cos\omega = 1$，则 $\vec{a}^* /\!/ \vec{a}$，$\vec{b}^* /\!/ \vec{b}$，$\vec{c}^* /\!/ \vec{c}$；$a^* = 1/a$，$b^* = 1/b$，$c^* = 1/c$。同理，$\vec{a} = \dfrac{\vec{b}^* \times \vec{c}^*}{\vec{a}^* \cdot (\vec{b}^* \times \vec{c}^*)}$，$\vec{b} = \dfrac{\vec{c}^* \times \vec{a}^*}{\vec{b}^* \cdot (\vec{c}^* \times \vec{a}^*)}$，$\vec{c} = \dfrac{\vec{a}^* \times \vec{b}^*}{\vec{c}^* \cdot (\vec{a}^* \times \vec{b}^*)}$。

$V^* = \vec{a}^* \cdot (\vec{b}^* \times \vec{c}^*) = \vec{b}^* \cdot (\vec{c}^* \times \vec{a}^*) = \vec{c}^* \cdot (\vec{a}^* \times \vec{b}^*)$，为倒易点阵的晶胞体积。

③ 倒空间的倒空间即为正空间：$(\vec{a}^*)^* = \vec{a}$；$(\vec{b}^*)^* = \vec{b}$；$(\vec{c}^*)^* = \vec{c}$。

④ 正倒空间的晶胞体积互为倒数：$V \cdot V^* = 1$。

⑤ 正倒空间中角度之间的关系。

因为 $\cos\alpha^* = \dfrac{\vec{b}^* \cdot \vec{c}^*}{|\vec{b}^*||\vec{c}^*|}$、$\cos\beta^* = \dfrac{\vec{c}^* \cdot \vec{a}^*}{|\vec{c}^*||\vec{a}^*|}$、$\cos\gamma^* = \dfrac{\vec{a}^* \cdot \vec{b}^*}{|\vec{a}^*||\vec{b}^*|}$，$\alpha^*$、$\beta^*$ 和 γ^* 分别为 $\vec{b}^*$ 与 $\vec{c}^*$、$\vec{c}^*$ 与 $\vec{a}^*$、$\vec{a}^*$ 与 $\vec{b}^*$ 的夹角。由矢量推导可得：

$$\cos\alpha^* = \frac{\cos\beta\cos\gamma - \cos\alpha}{\sin\beta\sin\gamma} \tag{1-9}$$

$$\cos\beta^* = \frac{\cos\gamma\cos\alpha - \cos\beta}{\sin\gamma\sin\alpha} \tag{1-10}$$

$$\cos\gamma^* = \frac{\cos\alpha\cos\beta - \cos\gamma}{\sin\alpha\sin\beta} \tag{1-11}$$

立方点阵时，$\alpha = \beta = \gamma = \alpha^* = \beta^* = \gamma^* = 90°$。

⑥ 倒空间保留了正空间的全部宏观对称性。

证明：设 G 为正空间中的一个点群操作，$\vec{R}$ 为正空间矢量，G^{-1} 为 G 的逆操作，则 $G^{-1}\vec{R}$ 也为正空间矢量。对倒空间中的任一倒易矢量 $\vec{R}^*$，有 $\vec{R}^* \cdot G^{-1}\vec{R} = n$（$n$ 为整数）。因为点群操作是正交变换，操作前后空间中两点的距离不变，两个矢量的点积在某一点群的操作下应保持不变，所以有 $G(\vec{R}^* \cdot G^{-1}\vec{R}) = G\vec{R}^* \cdot GG^{-1}\vec{R} = G\vec{R}^* \cdot \vec{R} = n$，$G\vec{R}^*$ 为倒易矢

量。同理，$G^{-1}\vec{R}^*$ 也是倒易矢量。这就说明了倒空间中同样存在着点群对称性。

⑦ 正倒空间矢量的点积为一整数。

设正空间的点阵矢量 $\vec{R}=u\vec{a}+v\vec{b}+w\vec{c}$，倒空间中任一点阵矢量为 $\vec{R}^*=h\vec{a}^*+k\vec{b}^*+l\vec{c}^*$，则：

$$\vec{R}\cdot\vec{R}^*=(u\vec{a}+v\vec{b}+w\vec{c})\cdot(h\vec{a}^*+k\vec{b}^*+l\vec{c}^*)=uh+vk+wl=n(\text{整数}) \qquad (1\text{-}12)$$

⑧ 正空间的一族平行晶面，对应于倒空间中的一个直线点列。

1.2.4 倒易矢量的基本性质

① $\vec{g}_{hkl}=h\vec{a}^*+k\vec{b}^*+l\vec{c}^*$，倒易矢量 $\vec{g}_{hkl}$ 的方向垂直于正点阵中的晶面 (hkl)。

证明：见图 1-19，假设 (hkl) 为一晶面指数，表明该晶面离原点最近，且 h、k、l 为互质的整数。坐标轴为 $\vec{a}$、$\vec{b}$、$\vec{c}$，在三轴上的交点为 A、B、C，其对应的面截距值分别为 $\frac{1}{h}$、$\frac{1}{k}$、$\frac{1}{l}$，对应的矢量分别为 $\frac{1}{h}\vec{a}$、$\frac{1}{k}\vec{b}$ 和 $\frac{1}{l}\vec{c}$。显然 $\left(\frac{1}{h}\vec{a}-\frac{1}{k}\vec{b}\right)$、$\left(\frac{1}{k}\vec{b}-\frac{1}{l}\vec{c}\right)$ 和 $\left(\frac{1}{l}\vec{c}-\frac{1}{h}\vec{a}\right)$ 均为该晶面内的一个矢量。

由于 $\vec{g}_{hkl}\cdot\left(\frac{1}{h}\vec{a}-\frac{1}{k}\vec{b}\right)=(h\vec{a}^*+k\vec{b}^*+l\vec{c}^*)\cdot\left(\frac{1}{h}\vec{a}-\frac{1}{k}\vec{b}\right)=0$

所以
$$\vec{g}_{hkl}\perp\left(\frac{1}{h}\vec{a}-\frac{1}{k}\vec{b}\right) \qquad (1\text{-}13)$$

同理
$$\vec{g}_{hkl}\perp\left(\frac{1}{k}\vec{b}-\frac{1}{l}\vec{c}\right) \qquad (1\text{-}14)$$

$$\vec{g}_{hkl}\perp\left(\frac{1}{l}\vec{c}-\frac{1}{h}\vec{a}\right) \qquad (1\text{-}15)$$

所以 $\vec{g}_{hkl}$ 垂直于晶面 (hkl) 内的任两相交矢量，即 $\vec{g}_{hkl}\perp(hkl)$。

② 倒易矢量 $\vec{g}$ 的大小等于 (hkl) 晶面间距的倒数，即 $|\vec{g}|=\dfrac{1}{d_{hkl}}$。

证明：因为由性质①可知 $\vec{g}$ 为晶面 (hkl) 法向矢量，其单位矢量为 $\dfrac{\vec{g}}{|\vec{g}|}$。同时该晶面又是距原点最近的晶面，所以，原点到该晶面的距离即为晶面间距 d_{hkl}。

由矢量关系可得晶面间距为该晶面的单位法向矢量与面截距交点矢量的点积：

$$d_{hkl}=\frac{\vec{g}}{|\vec{g}|}\cdot\frac{1}{h}\vec{a}=\left(\frac{\vec{g}}{|\vec{g}|}\right)\cdot\frac{1}{k}\vec{b}=\left(\frac{\vec{g}}{|\vec{g}|}\right)\cdot\frac{1}{l}\vec{c} \qquad (1\text{-}16)$$

因为
$$\left(\frac{\vec{g}}{|\vec{g}|}\right)\cdot\frac{1}{h}\vec{a}=\frac{(h\vec{a}^*+k\vec{b}^*+l\vec{c}^*)}{|\vec{g}|}\cdot\frac{1}{h}\vec{a}=\frac{1}{|\vec{g}|} \qquad (1\text{-}17)$$

同理
$$\left(\frac{\vec{g}}{|\vec{g}|}\right)\cdot\frac{1}{k}\vec{b}=\frac{(h\vec{a}^*+k\vec{b}^*+l\vec{c}^*)}{|\vec{g}|}\cdot\frac{1}{k}\vec{b}=\frac{1}{|\vec{g}|} \qquad (1\text{-}18)$$

$$\left(\frac{\vec{g}}{|\vec{g}|}\right)\cdot\frac{1}{l}\vec{c}=\frac{(h\vec{a}^*+k\vec{b}^*+l\vec{c}^*)}{|\vec{g}|}\cdot\frac{1}{l}\vec{c}=\frac{1}{|\vec{g}|} \qquad (1\text{-}19)$$

所以 $d_{hkl} = \dfrac{1}{|\vec{g}|}$，即

$$|\vec{g}| = \frac{1}{d_{hkl}} \tag{1-20}$$

当晶面不是距离原点最近的晶面，而是平行晶面中的一个，其干涉面指数为（HKL），$H = nh$、$K = nk$、$L = nl$，此时晶面的三个面截距分别为 $\dfrac{1}{nh}$、$\dfrac{1}{nk}$、$\dfrac{1}{nl}$，同理可证：

$$\vec{g}_{HKL} = H\vec{a}^* + K\vec{b}^* + L\vec{c}^* = nh\vec{a}^* + nk\vec{b}^* + nl\vec{c}^* \tag{1-21}$$

$$d_{HKL} = \frac{1}{n} d_{hkl} \tag{1-22}$$

1.2.5　晶带定律

晶带是指空间点阵中平行于同一晶轴的所有晶面。当该晶轴通过坐标原点时称为晶带轴，晶带轴的晶向指数称为晶带指数。晶带的概念在晶体衍射分析中非常重要。

由晶带定义得，同一晶带所有晶面的法线均垂直于晶带轴，晶带轴可由正点阵的矢量 $\vec{R}$ 表示，即 $\vec{R} = u\vec{a} + v\vec{b} + w\vec{c}$，任一晶带面（$hkl$）可由其倒易矢量 $\vec{g}_{hkl} = h\vec{a}^* + k\vec{b}^* + l\vec{c}^*$ 表征。则 $\vec{R} \perp \vec{g}_{hkl}$，即 $\vec{R} \cdot \vec{g}_{hkl} = 0$，所以，$(u\vec{a} + v\vec{b} + w\vec{c}) \cdot (h\vec{a}^* + k\vec{b}^* + l\vec{c}^*) = 0$。

由此可得：

$$uh + vk + wl = 0 \tag{1-23}$$

该式表明晶带轴的晶向指数与该晶带的所有晶面的指数对应积的和为零。反过来，凡是属于 $[uvw]$ 晶带的所有晶面（hkl），必须满足该关系式。该关系即为晶带定律。显然，同一晶带轴的所有晶带面的法矢量共面，故其倒易阵点共面于倒易阵面 $(uvw)^*$。

设两个晶带面（$h_1k_1l_1$）和（$h_2k_2l_2$），晶带轴指数 $[uvw]$，两晶带面均满足晶带定律，即形成下列方程组：

$$\begin{cases} h_1 u + k_1 v + l_1 w = 0 \\ h_2 u + k_2 v + l_2 w = 0 \end{cases} \tag{1-24}$$

解之得：

$$[uvw] = u : v : w = (k_1 l_2 - k_2 l_1) : (l_1 h_2 - l_2 h_1) : (h_1 k_2 - h_2 k_1) \tag{1-25}$$

也可表示为：

$$
\begin{array}{cccccc}
h_1 & k_1 & l_1 & h_1 & k_1 & l_1 \\
 & \times & \times & \times & & \\
h_2 & k_2 & l_2 & h_2 & k_2 & l_2
\end{array}
$$

$$[uvw] = u : v : w = (k_1 l_2 - k_2 l_1) : (l_1 h_2 - l_2 h_1) : (h_1 k_2 - h_2 k_1)$$

注意：①当 $h_1k_1l_1$、$h_2k_2l_2$ 顺序颠倒时，则 uvw 的符号相反，但两者的本质一致。②四轴制时，上述方法仍然适用，只是先将晶面指数中的第三轴指数暂时略去，由式（1-24）或式（1-25）求得三个指数后，再由公式 $u = \dfrac{1}{3}(2U - V)$、$v = \dfrac{1}{3}(2V - U)$、$t = -\dfrac{1}{3}(U + V)$、

$w=W$ 转化为四指数式 $[uvtw]$。

晶带定律在晶体中具有以下应用：

① 判断空间两个晶向或两个晶面是否相互垂直；

② 判断某一晶向是否在某一晶面上（或平行于该晶面）；

③ 若已知晶带轴，可以判断哪些晶面属于该晶带；

④ 若已知两个晶带面为 $(h_1k_1l_1)$ 和 $(h_2k_2l_2)$，可由式(1-25)求出晶带轴；

⑤ 已知两个不平行但相交的晶向，可求出过这两个晶向的晶面；

⑥ 已知一个晶面及其面上的任一晶向，可求出在该面上与该晶向垂直的另一晶向；

⑦ 已知一个晶面及其面上的任一晶向，可求出过该晶向且垂直于该晶面的另一晶面。

1.2.6 广义晶带定律

在倒易点阵中，同一晶带所有晶面的倒易矢量共面，即倒阵中每一阵面上的阵点所表示的晶面均属于同一晶带轴。当阵面通过原点时，则 $uh+vk+wl=0$。当倒阵面不过原点，而是位于原点的上方或下方，如图 1-21 所示，此时不难证明：

$$uh+vk+wl=N(整数) \qquad (1-26)$$

当 $N>0$ 时，倒易阵面在原点上方；当 $N<0$ 时，倒易阵面在原点的下方；显然当 $N=0$ 时，倒易阵面过原点，即为上面讨论的晶带定律。$uh+vk+wl=N$ 是零层晶带定律的广延，故称广义晶带定律。

由以上分析可知在倒空间中：

① 倒易矢量的端点表示正空间中的晶面，端点坐标由不带括号的三位数表示；

② 倒易矢量的长度表示正空间中晶面间距的倒数；

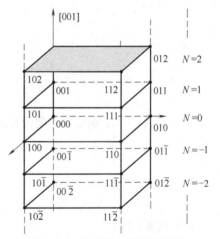

图 1-21　广义晶带定律示意图

③ 倒易矢量的方向表示该晶面的法线方向；

④ 倒空间中的直线点列表示正空间中一个系列平行晶面；

⑤ 倒易阵面上的各点表示正空间中同一晶带的系列晶带面；

⑥ 倒易球面上各点表示正空间中单相多晶体的同一晶面族。

由倒空间及晶带定律可知，正空间的晶面 (hkl) 可用倒空间的一个点 hkl 来表示，正空间中同一根晶带轴 $[uvw]$ 的所有晶面可用倒空间的一个倒易阵面 $(uvw)^*$ 来表示，广义晶带中的不同倒易阵面可用 $(uvw)^*_N$ 来表示，这大大方便了本书后面的晶体衍射谱分析。

本章小结

本章全面复习了晶体投影及倒易点阵，小结如下：

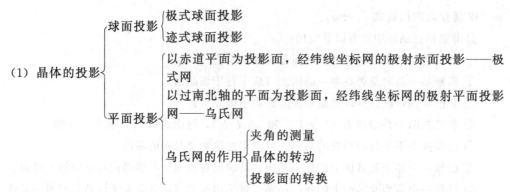

（1）晶体的投影

球面投影
极式球面投影
迹式球面投影

平面投影
以赤道平面为投影面，经纬线坐标网的极射赤面投影——极式网
以过南北轴的平面为投影面，经纬线坐标网的极射平面投影网——乌氏网

乌氏网的作用
夹角的测量
晶体的转动
投影面的转换

（2）标准极图——以晶体的某一简单晶面为投影面，将各晶面的球面投影再投影所形成的极射平面投影图

（3）倒易点阵

正倒空间之间的关系

① 同名基矢量点积为1，异名基矢量点积为0

② $\vec{a}^*$ 垂直于 $\vec{b}$、$\vec{c}$ 所在面，$\vec{b}^*$ 垂直于 $\vec{c}$、$\vec{a}$ 所在面，$\vec{c}^*$ 垂直于 $\vec{a}$、$\vec{b}$ 所在面

③ 倒空间的倒空间为正空间：$(\vec{a}^*)^* = \vec{a}$、$(\vec{b}^*)^* = \vec{b}$、$(\vec{c}^*)^* = \vec{c}$

④ 正倒空间的晶胞体积互为倒数：$V \cdot V^* = 1$

⑤ 正倒空间中角度之间的关系：
$\cos\alpha^* = \dfrac{\cos\beta\cos\gamma - \cos\alpha}{\sin\beta\sin\gamma}$、$\cos\beta^* = \dfrac{\cos\gamma\cos\alpha - \cos\beta}{\sin\gamma\sin\alpha}$、
$\cos\gamma^* = \dfrac{\cos\alpha\cos\beta - \cos\gamma}{\sin\alpha\sin\beta}$

⑥ 倒空间保留了正空间的全部宏观对称性

⑦ 正倒空间矢量的点积为一整数

⑧ 正空间的一族平行晶面，对应于倒空间的一个直线点列

倒易点阵的性质

① $\vec{g}_{hkl} = h\vec{a}^* + k\vec{b}^* + l\vec{c}^*$

② 倒易矢量 $\vec{g}$ 的大小等于 (hkl) 晶面间距的倒数，即 $|\vec{g}| = \dfrac{1}{d_{hkl}}$；方向为晶面 (hkl) 的法线方向

（4）晶带定律
广义晶带定律 $uh + vk + wl = N$（N 为整数）
狭义晶带定律 $uh + vk + wl = 0$

思考题

1.1　画出立方晶系的（001）标准投影，标出所有指数不大于3的点和晶带大圆。

1.2　用解析法证明晶带大圆上的极点系同一晶带轴，并求出晶带轴。

1.3 画出六方晶系（0001）标准投影，并要求标出（0001）、$\{10\bar{1}0\}$、$\{11\bar{2}0\}$、$\{10\bar{1}2\}$ 等各晶面的大圆。

1.4 在立方晶系中（001）的标准图上，可找到 $\{100\}$ 的 5 个极点，而在（011）和（111）的标准图上能找到的 $\{100\}$ 极点却为 4 个和 3 个，为什么？

1.5 晶体上一对互相平行的晶面，它们在极射赤面投影图上表现为什么关系？

1.6 投影图上与某大圆上任一点间的角距均为 90°的点，称为该大圆的极点，该大圆则称为该投影点的极线大圆。试问：①一个大圆及其极点分别代表空间的什么几何因素？②如何在投影图中求出已知投影点的极线大圆？

1.7 讨论并说明，一个晶面在与赤道平面平行、斜交和垂直的时候，该晶面的投影点与投影基圆之间的位置关系。

1.8 判别下列哪些晶面属于 $[\bar{1}11]$ 晶带：$(1\bar{1}0)$，(231)，(123)，(211)，(212)，$(\bar{1}01)$，$(1\bar{3}3)$，$(1\bar{1}2)$，$(1\bar{3}2)$。

1.9 计算晶面 $(\bar{3}11)$ 与 $(1\bar{3}2)$ 的晶带轴指数。

1.10 什么是倒易点阵？

1.11 构建倒易点阵的目的是什么？倒易点阵如何构建？

1.12 倒易点阵的性质有哪些？

1.13 为什么倒易点阵中同一阵面上各阵点所对应的晶面属于同一根晶带轴？

1.14 画出 Fe_2B 在平行于晶面（010）上的部分倒易点。Fe_2B 为正方晶系，点阵参数 $a=b=0.510nm$，$c=0.424nm$。

1.15 试将（001）标准投影图转化成（111）标准投影图。

第 2 章

X 射线的物理基础

2.1 X 射线的发展史

1895 年德国物理学家伦琴（W. C. Rontgen）在研究真空管放电时发现了一种肉眼看不见的射线，它不仅穿透力极强，还能使铂氰化钡等物质发出荧光、照相底片感光、气体电离等，由于当时对其本质尚未了解，故称为 X 射线，他因此而获得了 1901 年度诺贝尔物理学奖。几个月后，X 射线就被应用到医学领域和金属零件的内部探伤，由此产生了 X 射线透射学。

1912 年德国物理学家劳埃（M. V. Laue）等人在前人研究的基础上，发现了 X 射线在晶体中的衍射现象，并建立了劳埃衍射方程组，从而揭示了 X 射线的本质是波长与原子间距同一量级的电磁波，并因此获得了 1914 年度诺贝尔物理学奖。劳埃方程组为研究晶体的衍射提供了有效方法，因此产生了 X 射线衍射学。

在劳埃研究的基础上，英国物理学家布拉格父子（W. H. Bragg 和 W. L. Bragg）于 1913 年首次利用 X 射线测定了 NaCl 和 KCl 的晶体结构，提出了晶面"反射"X 射线的新假设，由此导出简单实用的布拉格方程。该方程为 X 射线衍射和电子衍射奠定了理论基础。同时布拉格（W. H. Bragg）还发现了特征 X 射线，但并未给出合理的解释。布拉格方程的导出开创了 X 射线在晶体结构分析中应用的新纪元。1915 年布拉格获得了诺贝尔物理学奖。

1914 年，物理学家莫塞莱（H. G. J. Moseley）在布拉格研究的基础上发现了特征 X 射线的波长与原子序数之间的定量关系，创立了莫塞莱方程。利用这一原理可对材料的成分进行快速无损检测，由此产生了 X 射线光谱学。

显然，由于 X 射线的发现，相继产生了 X 射线透射学、X 射线衍射学、X 射线光谱学 3 个学科，本书主要讨论 X 射线衍射学。

2.2 X 射线的性质

2.2.1 X 射线的产生

X 射线的产生装置如图 2-1 所示。该装置主要由阴极、阳极、真空室、窗口和电源等组成。阴极又称灯丝，由钨丝制成，是电子的发射源。阳极又称靶材，一般由纯金属（Cu、Co、Mo等）制成，是X射线的发射源。真空室的真空度高达 10^{-3} Pa，其目的是保证阴阳极不受污染；窗口是X射线从阳极靶材射出的地方，通常有2个或4个，呈对称分布，窗口材料一般为铍金属，目的是对X射线的吸收尽可能少。电源可使阴阳极间产生强电场，促使阴极发射电子。当两极电压高达数万伏时，电子从阴极发射，射向阳极靶材，电子

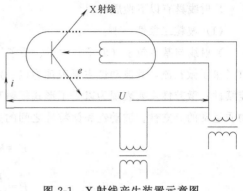

图 2-1 X射线产生装置示意图

的运动受阻，与靶材作用后，电子的动能大部分转化为热能散发，仅有1%左右的动能转化为X射线能，产生的X射线通过铍窗口射出。

2.2.2 X射线的本质

X射线本质上是一种电磁波，以光速传播，其电场强度 $\vec{E}$ 和磁场强度 $\vec{H}$ 互相垂直，并同时垂直于X射线的传播方向，如图2-2所示。波长0.001～10nm，为电磁波中的一小部分，远小于可见光的波长（390～770nm），见图2-3。用于晶体衍射分析的是波长相对较长（0.05～0.25nm）的X射线，这样可使衍射线向高角区分散，便于衍射分析，但也不能过长，否则被试样吸收太多，影响衍射强度。此外当波长超过晶面间距两倍时，无衍射产生（见3.1.3布拉格方程的讨论）。而用于透射分析的，如探伤等，是波长相对较短（0.005～0.01nm）的X射线。有时又将波长较长的X射线称为软X射线，波长较短的X射线称为硬X射线。

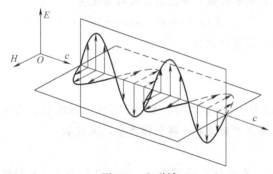

图 2-2 电磁波

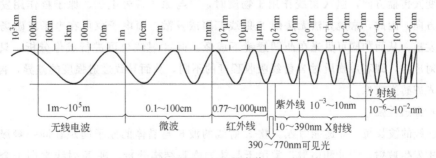

图 2-3 电磁波谱

X 射线具有以下性质。

（1）波粒二象性

X 射线与基本粒子（电子、中子、质子等）一样，具有波粒二象性。X 射线可以看成一束光量子微粒流，其波动性主要表现为以一定的波长和频率在空间传播，反映了物质运动的连续性；微粒性主要表现为以光子形式辐射和吸收时具有一定的能量、质量和动量，反映了物质运动的分立性。波动性和微粒性之间的关系：

$$E = h\nu = h \frac{c}{\lambda} \tag{2-1}$$

$$P = \frac{h}{\lambda} = h \frac{\nu}{c} \tag{2-2}$$

式中，E 为能量；h 为普朗克常数，$h = 6.626 \times 10^{-34} \text{J} \cdot \text{s}$；$c$ 为光速；λ 为波长；ν 为频率；P 为动量。

注意：

① 波粒二象性是 X 射线的客观属性，同时具有，不过在一定条件下，某种属性表现得更加突出，如 X 射线的散射、干涉和衍射，就突出表现了 X 射线的波动性；而 X 射线与物质的相互作用，交换能量，则突出表现了它的微粒性。

② X 射线的磁场分量 H 在与物质的相互作用中效应很弱，故在本书的讨论中仅考虑电场分量 E。一束沿某一方向如 z 轴方向传播的 X 射线的波动方程为

$$E(z,t) = E_0 \cos\left(2\pi\nu t - \frac{2\pi}{\lambda} z + \varphi_0\right) \tag{2-3}$$

式中，E_0 为电场强度振幅；t 为时间；$\frac{2\pi}{\lambda}$ 为波数；$2\pi\nu$ 为角频率；φ_0 为初相位。

用 ω 表示角频率，k 表示波数，则波动方程可简化为

$$E(z,t) = E_0 \cos(\omega t - kz + \varphi_0) \tag{2-4}$$

当初相位 $\varphi_0 = 0$ 时，其复数式为

$$E = E_0 e^{-ikz} \tag{2-5}$$

（2）不可见

X 射线的波长在 0.001～10nm 之间，远小于可见光的波长，为不可见光。但它能使某些荧光物质发光、使照相底片感光和一些气体产生电离现象。

（3）折射率≈1

X 射线的折射率≈1，在穿越不同媒质时，方向几乎不变。X 射线不带电，电场和磁场不能改变其传播方向，但 X 射线作用于物质时，可与原子核外电子、原子核作用发生散射而改变方向，因此，常规方法无法使 X 射线汇聚或发散。而电子束可在电场或磁场作用下汇聚或发散，从而如同可见光在凸凹透镜下成像，但 X 射线也可进行成像分析，只是靠 X 射线透射成像，即利用物质对 X 射线吸收程度的不同，从而导致透射强度的差异，再利用 X 射线荧光或感光成像。

（4）穿透性强

X 射线的波长短，穿透能力强。软 X 射线的波长与晶体的原子间距在同一量级上，易在晶体中发生散射、干涉和衍射，常用于晶体的微观结构分析。硬 X 射线常用于金属零件

的探伤和医学上的透视分析。

（5）杀伤作用

X射线能杀死生物组织细胞，因此使用X射线时，需要一定的保护措施，如铅玻璃和铅块等。

2.3 X射线谱

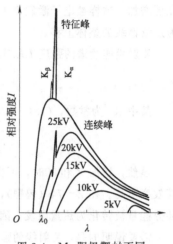

X射线谱是指X射线的强度与波长的关系曲线。所谓X射线的强度是指单位时间内通过单位面积的光子的能量总和，它不仅与单个光子的能量有关，还与光子的数量有关。图2-4即为Mo阳极靶材在不同管压下的X射线谱。从图中可以看出，该谱线呈两种分布特征，一种是连续状分布，另一种为陡峭状分布。我们把连续状分布的谱线称为X射线连续谱，把陡峭状分布的谱线称为X射线特征谱。

图2-4 Mo阳极靶材不同
管压下的X射线谱

2.3.1 X射线连续谱

X射线连续谱的产生机理：一个电子在管压 U 的作用下撞向靶材，其能量为 eU，每碰撞一次产生一次辐射，即产生一个能量为 $h\nu$ 的光子。若电子与靶材仅碰撞一次就耗完其能量，则该辐射产生的光子获得了最高能量 eU，即 $h\nu_{max}=eU=h\dfrac{c}{\lambda_0}$，则

$$\lambda_0=\frac{hc}{eU} \tag{2-6}$$

此时，光子的能量最高，波长最短，故称为波长限，代入常数 h、c、e（见附录1）后，波长限 $\lambda_0=\dfrac{1240}{U}$。

当电子与靶材发生多次碰撞才耗完其能量，则发生多次辐射，产生多个光子，每个光子的能量均小于 eU，波长均大于波长限 λ_0。由于电子与靶材的多次碰撞和电子数目大，从而产生各种不同能量的X射线，这就构成了连续X射线谱。

连续谱的共同特征是各有一个波长限（最小波长）λ_0，强度有最大值，其对应的波长为 λ_m，谱线向波长增加方向连续伸展。连续谱的形态受管流 i，管压 U，阳极靶材的原子序数 Z 的影响，如图2-5所示，其变化规律如下：

① 当 i、Z 均为常数时，U 增加，连续谱线整体左上移，见图2-5(a)，表明 U 增加时，各波长下的X射线强度均增加，波长限 λ_0 减小，强度的最高值所对应的波长 λ_m 也随之减小。这是由于管压增加，电子束中单个电子的能量增加所致。

② 当管压 U 为常数时，提高管流 i，连续谱线整体上移，见图2-5(b)，表明管流 i 增加时，各波长下的X射线的强度一致提高，但 λ_0、λ_m 保持不变。这是由于管压未变，故单个电子的能量也为常数，所以由式(2-6)可知波长限不变；但由于管流增加，电子束的电子密

度增加，故激发产生的光子数增加，表现为强度提高，连续谱线上移。

③ 当管压 U 和管流 i 不变时，阳极靶材的原子序数 Z 越大，谱线也整体上移，见图 2-5（c），表明原子序数 Z 增加，各波长下的 X 射线强度增加，但 λ_0、λ_m 保持不变。虽然管压和管流未变，即电子束的单个电子能量和电子密度未变，但由于原子序数增加，其核外电子壳层增加，这样被电子激发产生 X 射线的概率增加，导致产生光子的数量增加，因而表现为连续谱线的整体上移。

X 射线连续谱的强度 I 取决于 U、i、Z，可表示为

$$I = \int_{\lambda_0}^{\infty} I(\lambda)\,\mathrm{d}\lambda = K_1 i Z U^2 \tag{2-7}$$

其中 K_1 为常数，$(1.1 \sim 1.4) \times 10^{-9}\,\mathrm{V}^{-1}$。当 X 射线管仅产生连续谱时，其效率 η 为

$$\eta = \frac{K_1 i Z U^2}{iU} = K_1 Z U \tag{2-8}$$

显然，增加 Z 和 U 时，可提高 X 射线管的效率，但由于 K_1 太小，Z、U 提高有限，故其效率不高。在 $Z = 74$（钨靶），管压为 100kV 时，其效率也仅为 1% 左右。电子束的绝大部分能量被转化为热量散发，因此，为了保证 X 射线管的正常工作，需进行通水冷却。

需要说明的是，X 射线的强度不同于 X 射线的能量，X 射线光子的能量为 $h\nu$，而 X 射线的强度不仅与每个光子的能量有关，还与光子的数量有关。λ_0 时的光子能量最高，但其强度却很小，原因是此时的光子数少。反之，波长大时，光子的能量低，其强度也不一定小。一般在连续谱中，当波长为 $1.5\lambda_0$ 左右时，强度最高。

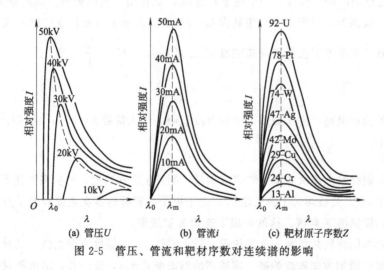

图 2-5　管压、管流和靶材序数对连续谱的影响

2.3.2 X 射线特征谱

当管压增至与阳极靶材对应的特定值 U_K 时，在连续谱的某些特定波长位置上出现一系列陡峭的尖峰。物理学家莫塞莱研究发现，该尖峰对应的波长 λ 与靶材的原子序数 Z 存在着严格的对应关系——莫塞莱定律：

$$\sqrt{\frac{1}{\lambda}} = K_2 (Z - \sigma) \tag{2-9}$$

式中，K_2 和 σ 均为常数。因此，尖峰可作为靶材的标志或特征，故称尖峰为特征峰或特征谱。

由莫塞莱定律式(2-9)可知，特征峰所对应的波长仅与靶材的原子序数 Z 和常数 K_2、σ 有关，而与管流 i、管压 U 无关。但须指出的是，在管压达到靶材所对应的某一临界值时特征峰才出现，在管压低于该临界值时，管压的增加只使连续峰整体增加，不会出现特征峰。如电子束作用于 Mo 靶，当管压低于 20kV 时，仅产生连续 X 射线谱（见图2-4），当管压高于 20kV 时才出现特征峰，管压继续增加时，特征峰的强度提高，但特征峰的位置保持不变。

特征峰产生的机理：特征峰的产生与阳极靶材的原子结构有关。依据原子的经典模型图可知，原子核外的电子按一定的规律分布在量子化的壳层上，是不连续的稳定状态，又称定态。原子中单个电子的运动状态可用四个量子数 n、l、m_l、m_s 表征。n 为主量子数，电子的能量主要由 n 决定，$n=1$、2、3、4…，共 n 个，分别对应为 K、L、M、N、O…电子壳层，n 值愈高，电子的能量愈高。l 为角量子数，它决定电子云的几何形状，表示电子在核外运动的轨道角动量，每一壳层上，对应于 $l=0$、1、2、3…$n-1$，共 n 个，分别对应于 s($l=0$)、p($l=1$)、d($l=2$)、f($l=3$)…，同一壳层中，随 l 增加，电子能量略有增加，不同的 l 值将电子壳层分为分壳层、亚层或能级。m_l 为轨道磁量子数，决定电子云在空间伸展的方向或取向，表示轨道角动量在特定方向上的分量，$m_l=l$、$l-1$…0、-1、-2…$-l$，共 $2l-1$ 个，若 $l=0$，则 $m_l=0$；若 $l=1$，则 $m_l=1$，0，-1；依次类推。m_s 为自旋磁量子数，它决定电子绕其自身轴的旋转取向，表示电子的自旋角动量在特定方向上的分量，与 n、l、m_l 三个量无关，根据电子自旋的方向，它可取 $+1/2$、$-1/2$ 共 2 个。

单个电子的运动状态也可用另一组四量子数表征：主量子数 n、角量子数 l、内量子数 $j\left(j=|l+m_s|=\left|l\pm\dfrac{1}{2}\right|\right.$，当 $l=0$ 时，$j=\dfrac{1}{2}$；$l=1$ 时，$j=\dfrac{1}{2}$、$j=\dfrac{3}{2}$；以此类推)、总磁量子数 m_j（$m_j=-j$、$-j+1$…$-\dfrac{1}{2}$、$\dfrac{1}{2}$…$j-1$、j）4 个量子数来确定。

原子中的电子既有轨道运动，又有自旋运动，两者之间存在轨道磁矩与自旋磁矩的相互作用，即自旋-轨道耦合作用，作用结果使其能级分裂。其中 $l=0$ 时的 s 能级因无自旋-轨道的偶合作用，故不发生能级分裂，而在 $l>0$ 时所有亚层，如 p($l=1$)、d($l=2$)、f($l=3$)…均发生自旋-轨道的偶合作用，均会发生能级分裂，这种分裂可用内量子数 j 表征，其数值即为 $j=|l+m_s|=l\pm\dfrac{1}{2}$。由该式可知，除了 $l=0$ 的 s 亚层外，所有 $l>0$ 的亚层 p($l=1$)、d($l=2$)、f($l=3$)…等均将分裂成两个能级。

原子的壳层有数层，由里到外依次用 K、L、M、N 等表示，每壳层的能量用 E_n 表示，令最外层的能量为零，里层能量均为负值。每层又分为 $(2n-1)$ 个支壳层或亚层，电子能级可用 nl_j 来表征。K 层仅有一个 s 能级，即 $1^2s_{1/2}$。L 壳层有 s 和 p 能级，而 p 能级会分裂成两个能级，故 L 壳层共含 3 个能级：$2s_{1/2}$、$2p_{1/2}$、$2p_{3/2}$，表示为 L_1、L_2、L_3。同理，M 层含 s、p 和 d 能级，其中 p 和 d 分别分裂成两个能级，M 层共含 5 个能级：$3s_{1/2}$、$3p_{1/2}$、$3p_{3/2}$、$3d_{3/2}$、$3d_{5/2}$，表示为 M_1、M_2、M_3、M_4、M_5。

每层上的电子数和能量均是固定的，电子定态排列见表2-1。

表 2-1　电子定态排列

n（主壳层）	1(K)	2(L)			3(M)					4(N)						
l（亚层）	0(s)	0(s)	1(p)		0(s)	1(p)		2(d)		0(s)	1(p)		2(d)		3(f)	
j（内量子数）	1/2	1/2	1/2	3/2	1/2	1/2	3/2	3/2	5/2	1/2	1/2	3/2	3/2	5/2	5/2	7/2
电子能级 nl_j	$1s_{1/2}$	$2s_{1/2}$	$2p_{1/2}$	$2p_{3/2}$	$3s_{1/2}$	$3p_{1/2}$	$3p_{3/2}$	$3d_{3/2}$	$3d_{5/2}$	$4s_{1/2}$	$4p_{1/2}$	$4p_{3/2}$	$4d_{3/2}$	$4d_{5/2}$	$4f_{5/2}$	$4f_{7/2}$
亚层	K	L_1	L_2	L_3	M_1	M_2	M_3	M_4	M_5	N_1	N_2	N_3	N_4	N_5	N_6	N_7
主壳层电子数	2	8			18					32						

当管压 U 达到一定值时，入射电子的能量 eU 足以使靶材原子内层上的电子跃迁到核外，使之发生电离，并在内层产生空位，原子因获得外来电子的能量而处于激发状态。当 K 层电子被击出，称为 K 系激发；L 层电子被击出，则称 L 系激发；其余以此类推。设将 K、L、M、N 层的单个电子移到核外成为自由电子所需的外部功分别为 W_K、W_L、W_M、W_N，则 $W_k=-E_k$、$W_L=-E_L$、$W_M=-E_M$、$W_N=-E_N$，且 $W_K>W_L>W_M>W_N$。当入射电子的能量 eU 分别大于或等于 W_K、W_L、W_M、W_N 时，可使核外 K、L、N 层上的电子摆脱核的束缚，成为自由电子，并留下空位，此时，原子处于不稳定的激发状态。

处于激发状态的原子有自发回到稳定状态的倾向，外层电子将进入内层空位，同时原子的能量降低，释放的能量以 X 射线的形式辐射出来。由于靶材确定，能级差也一定，故辐射的 X 射线的能量也一定，即特征 X 射线具有确定的波长。

当入射电子的能量大于或等于 W_K 时，K 层电子被击出，留下空位，原子呈 K 激发态，此时 L 层、M 层、N 层上的电子均有可能填补 K 层空位，产生 K 系列辐射。当邻层 L 层上电子回填时，产生的辐射称为 K_α 辐射，M 层上电子回填时产生的辐射称 K_β 辐射，类推 N 层上电子回填产生的辐射称为 K_γ 辐射。特征 X 射线的能量：

$$h\nu_{K_\alpha}=W_K-W_L \tag{2-10}$$

$$h\nu_{K_\beta}=W_K-W_M \tag{2-11}$$

$$h\nu_{K_\gamma}=W_K-W_N \tag{2-12}$$

由于 $W_L>W_M>W_N$，所以

$$h\nu_{K_\alpha}<h\nu_{K_\beta}<h\nu_{K_\gamma} \tag{2-13}$$

即

$$\lambda_{K_\alpha}>\lambda_{K_\beta}>\lambda_{K_\gamma} \tag{2-14}$$

由于回填的概率（L→K）>（M→K）>（N→K），故 $I_{K_\alpha}>I_{K_\beta}>I_{K_\gamma}$，常见的特征峰仅有 K_α 和 K_β 两种。当然，L 层电子回填后，L 层上留下空位，就形成 L 激发态，更外层的电子将回填到 L 层，产生 L 系列辐射，即 L_α、L_β、L_γ 等，如图 2-6(a)～(b)。此时：

$$h\nu_{L_\alpha}=W_L-W_M \tag{2-15}$$

$$h\nu_{L_\beta}=W_L-W_N \tag{2-16}$$

$$h\nu_{L_\gamma}=W_L-W_O \tag{2-17}$$

因为 $W_M>W_N>W_O$，得：

$$h\nu_{L_\alpha}<h\nu_{L_\beta}<h\nu_{L_\gamma} \tag{2-18}$$

即：

$$\lambda_{L_\alpha}>\lambda_{L_\beta}>\lambda_{L_\gamma} \tag{2-19}$$

需要说明的是：在产生 K 系列辐射的同时，还将产生 L 系列、M 系列和 N 系列等辐射。但由于 K 系列辐射的波长小于 L、M、N 等系列，未被窗口完全吸收，而 L、M、N 等系列的辐射则因波长较大，均被窗口吸收，故通常所见到的特征辐射均是 K 系列辐射。

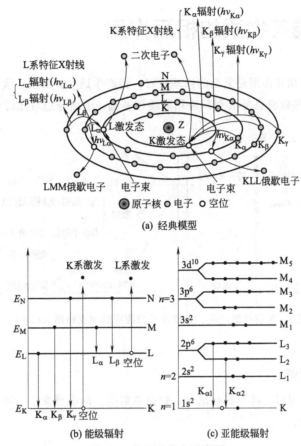

(a) 经典模型

(b) 能级辐射   (c) 亚能级辐射

图 2-6　特征谱产生示意图

在 K_α 特征峰中，又分裂成两个峰 $K_{\alpha 1}$ 和 $K_{\alpha 2}$，这是由于 L 层有 3 个亚层 L_1、L_2、L_3，如图 2-6(c) 所示。各亚层上的电子能量又不相同，由于 L_1 亚层与 K 层具有相同的角量子数即 $\Delta l=0$，这不满足产生辐射的选择定则条件（$\Delta n\neq 0$；$\Delta l=\pm 1$；$\Delta j=0$ 或 ± 1），故无辐射发生。而 L_2 和 L_3 亚层上的电子可回填到 K 层产生辐射，此时

$$h\nu_{K_{\alpha 1}}=W_K-W_{L_3} \tag{2-20}$$

$$h\nu_{K_{\alpha 2}}=W_K-W_{L_2} \tag{2-21}$$

因为 $W_{L_3}<W_{L_2}$，所以 $h\nu_{K_{\alpha 1}}>h\nu_{K_{\alpha 2}}$，即 $\lambda_{K_{\alpha 1}}<\lambda_{K_{\alpha 2}}$。$L_3$ 亚层的能级差高于 L_2，且 $K_{\alpha 1}$ 的强度也高于 $K_{\alpha 2}$，一般 $I_{K_{\alpha 1}}\approx 2I_{K_{\alpha 2}}$，通常取 $I_{K_\alpha}=\dfrac{1}{3}\left(2I_{K_{\alpha 1}}+I_{K_{\alpha 2}}\right)$。

特征谱线的强度公式：

$$I_特=K_3 i(U-U_C)^m \tag{2-22}$$

式中，K_3 为常数；i 为管流；U 为管压；U_C 为特征谱的激发电压；m 为指数（K 系 $m=1.5$，L 系 $m=2$）。

在晶体衍射中，总希望获得以特征谱为主的单色光源，即尽可能高的 $I_特/I_连$，由

式(2-7) 和式(2-22) 可推算出，对 K 系谱线，在 $U = 4U_C$ 时，$I_特 / I_连$ 获得最大值，故管压通常取 $(3 \sim 5)U_C$。

2.4 X 射线与物质的相互作用

X 射线与物质的相互作用是复杂的物理过程，将产生透射、散射、吸收和放热等一系列效应，见图 2-7，这些效应也是 X 射线应用的物理基础。下面分别对此讨论。

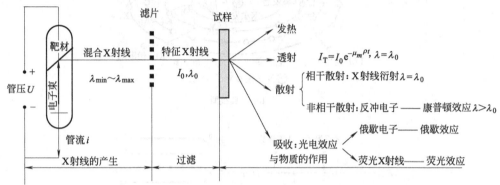

图 2-7　X 射线的产生、过滤及其与物质的相互作用（$\lambda_0 = \lambda_{K_\alpha}$）

2.4.1 X 射线的散射

X 射线与物质作用后一部分将被散射，根据散射前后的能量变化与否，可将散射分为相干散射和非相干散射。

（1）相干散射

X 射线是一种电磁波，作用物质后，物质原子中受核束缚较紧的电子在入射 X 射线的电场作用下，将产生受迫振动，振动频率与入射 X 射线相同，因此振动的电子将向四周辐射出与入射 X 射线波长相同的散射电磁波，即散射 X 射线。由于散射波与入射波的波长相同，位相差恒定，故在相同方向上各散射波可能符合相干条件，发生干涉，故称相干散射。相干散射是 X 射线衍射学的基础。

（2）非相干散射

图 2-8 为非相干散射的示意图。X 射线与物质原子中受核束缚较小的电子或自由电子作用后，部分能量转变为电子的动能，使之成为反冲电子，X 射线偏离原来方向，能量降低，波长增加，其增量由以下公式表示：

$$\Delta\lambda = \lambda' - \lambda_0 = 0.00243(1 - \cos 2\theta) \tag{2-23}$$

式中，λ_0、λ' 分别为 X 射线散射前后的波长；2θ 为散射角，即入射线与散射线之间的夹角。

由此可见，波长增量取决于散射角，由于散射波的位向与入射波的位向不存在固定关系，这种散射是不相干的，故称非相干散射。非相干散射现象是由康普顿（A. H. Compton）

发现的，故称为康普顿效应，并因此获得了 1927 年度诺贝尔物理学奖，我国物理学家吴有训在康普顿效应的实验技术和理论分析等方面，也做了卓有成效的工作，因此非相干散射又称康普顿-吴有训散射。

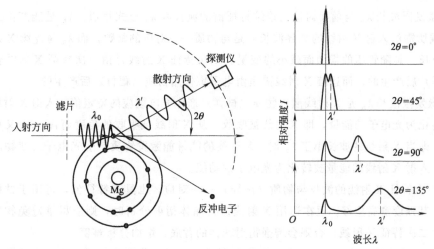

图 2-8　非相干散射示意图

非相干散射是不可避免的，它在晶体中不能产生衍射，但会在衍射图像中形成连续背底，其强度随 $\dfrac{\sin\theta}{\lambda}$ 增加而增强，这不利于衍射分析。注意：以上是从 X 射线的波动性出发，根据散射前后系统能量是否变化分为相干散射与非相干散射，如从粒子性出发，则可将散射分为弹性散射与非弹性散射。

2.4.2　X 射线的吸收

X 射线的吸收是指 X 射线与物质作用时，其能量被转化为其他形式的能量，X 射线的强度随之衰减。当 X 射线的能量分别转变成热量、光电子和俄歇电子时，分别称之为 X 射线的热效应、光电效应和俄歇效应。本节主要介绍光电效应和俄歇效应以及由于吸收导致的 X 射线强度衰减规律。

（1）光电效应

与特征 X 射线的产生过程相似，当 X 射线（光子）的能量足够高时，同样可将物质原子的内层电子击出成为自由电子，并在内层产生空位，使原子处于激发状态，外层电子自发回迁填补空位，降低原子能量，产生辐射（X 射线）。这种由入射 X 射线（光子）激发原子产生电子或辐射的过程，称为光电效应。由于被击出的电子和辐射均是入射 X 射线（光子）所为，故称被击出的电子为光电子，所辐射出的 X 射线为二次特征 X 射线，或荧光 X 射线，见图 2-9(a)。此时入射 X 射线的强度因光电效应而明显减弱。

当产生 K 系激发时，入射 X 射线的能量必须大于或等于将 K 层电子移出成为自由电子的外部做功 W_K，临界态时，K 系激发的激发频率和激发限波长的关系如下：

$$h\nu_K = h\frac{c}{\lambda_K} = W_K \tag{2-24}$$

$$\lambda_K = \frac{hc}{eU_K} = \frac{1240}{U_K}(\text{nm}) \tag{2-25}$$

式中，ν_K、λ_K、U_K 分别为 K 系的激发频率、激发限波长和激发电压。

需注意以下几点。

① 激发限波长 λ_K 与前面讨论的连续特征谱的波长限 λ_0 形式相似。λ_K 是能产生二次特征 X 射线所需的入射 X 射线的临界波长，是与物质一一对应的常数。而 λ_0 是连续 X 射线谱的最小波长，是随管压的增加而减小的变量。二次特征 X 射线是由一次特征 X 射线作用物质（试样）后产生的，而连续 X 射线谱是由电子束作用物质（靶材）后产生的。

② 激发限波长 λ_K 是 X 射线激发物质（试样）产生光电效应的特定值，入射 X 射线的部分能量转化为光电子的能量，即 X 射线被吸收。从 X 射线被吸收的角度而言，λ_K 又可称为吸收限，即当 X 射线的波长小于 λ_K 时，X 射线的能量能激发物质产生光电子，使物质处于激发态，入射 X 射线的能量被转化为光电子的动能。

③ 二次特征 X 射线的波长与物质（试样）一一对应，也具有特征值，可用于试样的成分分析，其强度愈高愈好。但在运用 X 射线进行晶体衍射分析时，则应尽量避免物质（试样）产生二次特征 X 射线，否则会增强衍射花样的背底，增加分析难度。

④ 光电子不同于反冲电子。光电子是 X 射线（光子）作用物质后，激发束缚紧的内层电子使之成为自由电子，该电子称为光电子，具有特征能量，而反冲电子是束缚较松的外层电子或自由电子吸收了部分 X 射线（光量子）的能量而产生的，使 X 射线的能量降低波长增加。

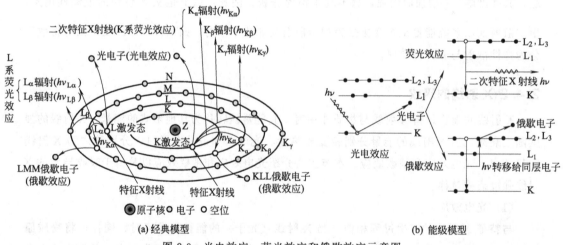

图 2-9　光电效应、荧光效应和俄歇效应示意图

（2）俄歇效应与荧光效应

俄歇效应与荧光效应伴随光电效应产生。入射 X 射线击出原子内层电子成为光电子后，原子处于激发态，此时有两种可能，一种是前面讨论的二次特征 X 射线，即外层电子回填内层空位，原子以二次特征 X 射线的形式释放能量，该过程称荧光效应或光致发光效应；另一种是外层电子回填内层空位后原子所释放的能量被同层电子吸收，并挣脱了核的束缚成为自由电子，在同层中发生了两次电离，这种发生第二次电离的电子称为俄歇电子，该现象称俄歇效应。两过程的示意图如图 2-9(b) 所示。显然，俄歇电子和二次特征 X 射线均具

有特征值，与入射 X 射线的能量无关。如入射 X 射线将 K 层某电子击出成为自由电子后，L 层上一电子回迁进入 K 层，释放的能量使 L 层上的另一电子获得能量成为自由电子即俄歇电子，参与的能级有一个 K 和两个 L，该俄歇电子即表示为 KLL。俄歇电子的能量很低，一般仅有数百电子伏，平均自由程短，检测到的俄歇电子一般仅是表层 2～3 个原子层发出的，故俄歇电子能谱可用于材料的表面分析。同样基于二次特征 X 射线的能量具有特征值进行工作的能谱仪或波谱仪也是材料表面分析的重要工具之一。

须指出的是：在发生光电效应后，荧光效应和俄歇效应两种过程均能发生，只是两者发生的概率不同而已，这主要取决于原子序数 Z 的大小。Z 愈小，产生俄歇效应的概率愈高，俄歇电子数多，且峰少，分辨率高，分析容易。

（3）X 射线强度衰减规律

当 X 射线作用于物质时，产生散射、光电效应等物理效应，其强度降低，这种现象称之为 X 射线的衰减。其衰减过程见图 2-10，衰减规律推导如下：

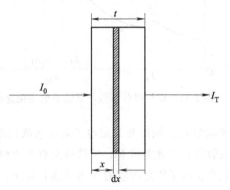

图 2-10　X 射线的衰减过程

设样品厚度为 t，X 射线的入射强度为 I_0，穿透样品后的强度为 I_T，进入样品深度为 x 处时的强度为 I，穿过厚度 $\mathrm{d}x$ 时强度衰减 $\mathrm{d}I$。实验表明 X 射线的衰减程度与所经过的物质厚度成正比，

即 $-\dfrac{\mathrm{d}I}{I} = \mu_l \mathrm{d}x$

则

$$\int_{I_0}^{I_t} \frac{\mathrm{d}I}{I} = -\int_0^t \mu_l \mathrm{d}x \tag{2-26}$$

$$I_T = I_0 \mathrm{e}^{-\mu_l t} \tag{2-27}$$

$$\frac{I_T}{I_0} = \mathrm{e}^{-\mu_l t} \tag{2-28}$$

$\dfrac{I_T}{I_0}$ 为透射系数，μ_l 为物质的线吸收系数，反映了单位体积的物质对 X 射线的衰减程度。

但物质的量不仅与体积有关，还与其质量密度有关，为此采用 $\mu_m = \dfrac{\mu_l}{\rho}$ 替代 μ_l，ρ 为物质密度，此时

$$I_T = I_0 \mathrm{e}^{-\mu_l t} = I_0 \mathrm{e}^{-\frac{\mu_l}{\rho}\rho t} = I_0 \mathrm{e}^{-\mu_m \rho t} \tag{2-29}$$

μ_m 为质量吸收系数，反映了单位质量的物质对 X 射线的衰减程度。因此，对一定波长的 X 射线和一定的物质来说 μ_m 为定值，不随物质的物理状态而变化，常见物质的质量吸收系数见附录 2。

当物质为混合相时，则

$$\mu_m = \omega_1 \mu_{m1} + \omega_2 \mu_{m2} + \omega_3 \mu_{m3} + \cdots + \omega_i \mu_{mi} + \cdots + \omega_n \mu_{mn} = \sum_{i=1}^{n} \omega_i \mu_{mi} \tag{2-30}$$

式中，ω_i、μ_{mi} 分别表示第 i 相的质量分数和质量吸收系数。

质量吸收系数与物质的原子序数和 X 射线的波长有关，可近似表示为：

$$\mu_m \approx K_4 \lambda^3 Z^3 \qquad (2\text{-}31)$$

K_4 为常数，由式(2-31)可见，质量吸收系数与入射 X 射线的波长的立方及被作用物质的原子序数的立方成正比，当入射 X 射线的波长变短时，即 X 射线的能量增加，物质对 X 射线的吸收减小，即 X 射线的穿透能力增强；当物质的原子序数增加时，质量吸收系数增加，物质对 X 射线的吸收能力增强，这意味着重金属对 X 射线的吸收能力高于轻金属，因

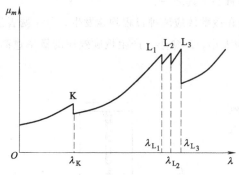

图 2-11　质量吸收系数与其波长的变化曲线

此一般采用重金属如 Pb（$Z=82$）等作防护材料。图 2-11 为一般物质的 μ_m-λ 关系曲线图。从该图可以看出，μ_m 与 λ 并非完全呈单调的变化关系，在 λ 减小至不同的值时，μ_m 会突然增加，曲线被分割成多段，每段均呈单调的变化关系，但其对应的常数 K_4 值不同。μ_m 的突变是由于 X 射线的波长减小至一特定值时，其能量达到了能激发内层电子的值，发生了内层电子的跃迁，从而使 X 射线被大量吸收所致。与 K 层电子对应的波长为 K 吸收限，

表示为 λ_K；同样与 L 层电子对应的波长为 L 吸收限，但由于 L 层有三个亚层，因此有三个吸收限；以此类推 M、N 层分别有 5 个和 7 个吸收限。注意：核外电子能级愈高，挣脱束缚成自由电子所需吸收的 X 射线能量愈小，即 X 射线的波长愈大，如 $\lambda_{L_1} < \lambda_{L_2} < \lambda_{L_3}$。

由于
$$h\nu_K = W_K \qquad \lambda_K = \frac{hc}{W_K} \qquad (2\text{-}32)$$

$$h\nu_{K_\alpha} = W_K - W_L \qquad \lambda_{K_\alpha} = \frac{hc}{W_K - W_L} \qquad (2\text{-}33)$$

$$h\nu_{K_\beta} = W_K - W_M \qquad \lambda_{K_\beta} = \frac{hc}{W_K - W_M} \qquad (2\text{-}34)$$

又因为 $W_K > W_L > W_M$，所以，对于同一物质而言
$$\lambda_K < \lambda_{K_\beta} < \lambda_{K_\alpha} \qquad (2\text{-}35)$$

2.4.3　吸收限的作用

吸收限的作用主要有两个：选靶材和滤片。

（1）选靶材

靶材的选择是依据样品来定的。电子束作用于靶材产生的 X 射线通过滤片过滤后，仅剩特征 X 射线，作用样品后在样品中产生衍射，由衍射花样获得样品的结构和相的信息，不希望样品产生大量的荧光辐射，否则会增加衍射花样的背底，不利于衍射分析。因此，为了不让样品产生荧光辐射，即入射的特征 X 射线不被样品大量吸收，而是充分参与衍射，靶材的特征波长 λ_{K_α} 应位于样品吸收峰稍右或左侧远离吸收峰，见图 2-12。为此，靶材的选择有两种：

当 λ_{K_α} 在 I 位时 $\qquad\qquad\qquad Z_{靶} = Z_{试样} + 1 \qquad (2\text{-}36)$

当 λ_{K_α} 在 II 位时 $\qquad\qquad\qquad Z_{靶} \gg Z_{试样} \qquad (2\text{-}37)$

常用靶材及其特征参数见表 2-2。

材料现代分析技术

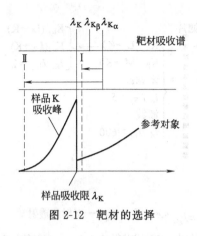

图 2-12 靶材的选择

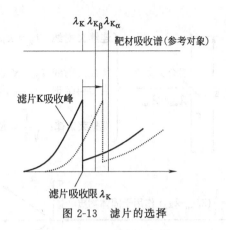

图 2-13 滤片的选择

（2）选滤片

滤片的选择是依据靶材而定的。由于靶材将产生连续 X 射线及 K_α 和 K_β 等多种特征 X 射线，同时参与衍射时将产生多套衍射花样，不利于衍射分析，为此，滤片的目的不仅要滤掉连续的 X 射线，还要滤掉次强峰 K_β，仅让强度高的 K_α 通过，形成单色特征 X 射线。为此，将靶材的吸收谱为基准，移动滤片吸收峰至靶材的 K_α 和 K_β 峰之间，此时 K_β 峰被吸收，而 K_α 峰被吸收的很少，见图 2-13，由莫塞莱定律及实验数据可得：

$$Z_{滤片} = Z_{靶} - (1 \sim 2) \tag{2-38}$$

一般在 $Z < 40$ 时，取 $Z_{滤片} = Z_{靶} - 1$；$Z > 40$ 时，取 $Z_{滤片} = Z_{靶} - 2$。

常见滤片见表 2-2。通过滤波可使 I_{K_α}/I_{K_β} 达到 600 左右，而未滤波时，I_{K_α}/I_{K_β} 仅为 5 左右，因此通过滤波可基本消除 K_β 特征 X 射线，获得单色的 K_α 特征 X 射线，这也正是晶体衍射分析所需要的。

表 2-2 常用靶材和滤片

阳极靶材	原子序数 Z	K 系特征波长/nm		K 吸收限 λ_K/nm	U /kV	滤片	原子序数 Z	K 吸收限 λ_K/nm	厚度/mm	I_{K_α}/I_0
		λ_{K_α}	λ_{K_β}							
Cr	24	0.229100	0.208487	0.207020	5.43	V	23	0.226910	0.016	0.50
Fe	26	0.193736	0.175661	0.174346	6.40	Mn	25	0.189643	0.016	0.46
Co	27	0.179026	0.162079	0.160815	6.93	Fe	26	0.174346	0.018	0.44
Ni	28	0.165919	0.150014	0.148807	7.47	Co	27	0.160815	0.018	0.53
Cu	29	0.154184	0.139222	0.138057	8.04	Ni	28	0.148807	0.021	0.40
Mo	42	0.071073	0.063228	0.061978	17.44	Zr	40	0.068883	0.108	0.31

本章小结

本章主要介绍了 X 射线的产生的背景、原理、本质特点及其与固体物质的作用。主要内容总结如下：

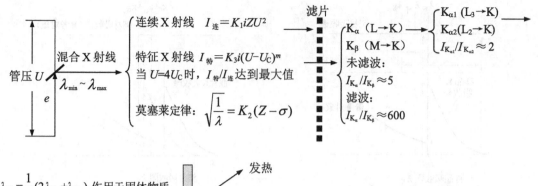

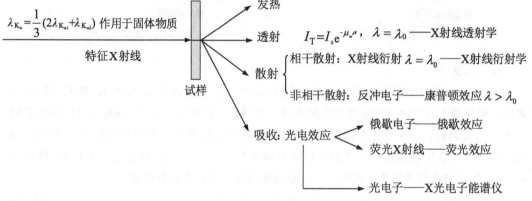

$\lambda_{K_\alpha} = \dfrac{1}{3}(2\lambda_{K_{\alpha 1}} + \lambda_{K_{\alpha 2}})$ 作用于固体物质

特征X射线

试样

发热

透射　　$I_T = I_0 e^{-\mu_m \alpha}$，　$\lambda = \lambda_0$ ——X射线透射学

散射 $\begin{cases} \text{相干散射：X射线衍射} \quad \lambda = \lambda_0 \text{ ——X射线衍射学} \\[2mm] \text{非相干散射：反冲电子——康普顿效应} \quad \lambda > \lambda_0 \end{cases}$

吸收：光电效应 $\begin{cases} \text{俄歇电子——俄歇效应} \\ \text{荧光X射线——荧光效应} \end{cases}$

光电子——X光电子能谱仪

吸收波谱：

$$\lambda_K = \frac{hc}{W_K} < \lambda_{K_\beta} = \frac{hc}{W_K - W_M} < \lambda_{K_\alpha} = \frac{hc}{W_K - W_L}$$

吸波谱的作用：

（1）选靶材：① $Z_{靶} = Z_{试样} + 1$

　　　　　　　② $Z_{靶} \gg Z_{试样}$

（2）选滤片：$Z_{滤片} = Z_{靶} - (1\sim2)$

吸收系数 $\begin{cases} \text{线吸收系数：} \mu_l = -\dfrac{\mathrm{d}I/I}{\mathrm{d}x} \\[4mm] \text{质量吸收系数：} \mu_m = \dfrac{\mu_l}{\rho} \approx K_4 \lambda^3 Z^3 \end{cases}$

　　X射线与物质的相互作用中，相干散射可以产生衍射花样，并由此推断物质的结构，这是晶体衍射学的基础；X射线作用物质后产生的俄歇电子、光电子和荧光X射线均具有反映物质成分的功能，可用于物质的成分分析；X射线作用物质后引起强度衰减，其衰减的程度、规律与物质的组成、厚度有关，这构成了X射线透射学的基础。

思考题

2.1　X射线的产生原理及其本质是什么？具有哪些特性？

2.2　说明对于同一种材料存在以下关系：$\lambda_K < \lambda_{K_\beta} < \lambda_{K_\alpha}$。

2.3 如果采用 Cu 靶 X 光照相，错用了 Fe 滤片，会产生什么现象？

2.4 说明特征 X 射线与荧光 X 射线的异同点。某物质的 K 系特征 X 射线的波长是否等于 K 系的荧光 X 射线？

2.5 解释下列名词：相干散射，荧光辐射，非相干散射，吸收限，俄歇效应，连续 X 射线、特征 X 射线，质量吸收系数，光电效应。

2.6 连续谱产生的机理是什么？其波长限 λ_0 与吸收限 λ_K 有何不同？

2.7 为什么会出现吸收限？K 吸收限仅有一个，而 L 吸收限为什么却有 3 个？当激发 K 系荧光 X 射线时，能否伴生 L 系？当 L 系激发时能否伴生 K 系？

2.8 质量吸收系数与线吸收系数的物理意义是什么？

2.9 X 射线实验室中的铅玻璃至少为 1mm，试计算这种铅屏对 Cu K_α、Mo K_α 辐射的透射系数为多少？

2.10 试计算当管压为 50kV 时，X 射线管中电子击靶时的速度和动能各是多少，靶材所发射的连续 X 射线谱的短波限和光子的最大能量是多少。

第 3 章

X 射线的衍射原理

X 射线入射晶体时，作用于束缚较紧的电子，电子发生晶格振动，向空间辐射与入射波频率相同的电磁波（散射波），该电子成了新的辐射源，所有电子的散射波均可看成是由原子中心发出的，这样每个原子就成了发射源，它们向空间发射与入射波频率相同的散射波。由于这些散射波的频率相同，在空间中将发生干涉，在某些固定方向得到增强或减弱甚至消失，产生衍射现象，形成了波的干涉图案，即衍射花样。因此，衍射花样的本质是相干散射波在空间发生干涉的结果。当相干散射波为一系列平行波时，形成增强的必要条件是这些散射波具有相同的相位，或光程差为零或光程差为波长的整数倍。这些具有相同相位的散射波的集合构成了衍射束，晶体的衍射包括衍射束在空间的方向和强度，本章主要就这两个方面展开讨论。

3.1 X 射线衍射的方向

3.1.1 劳埃方程

劳埃（M. V. Laue）等人于 1912 年发现了 X 射线通过 $CuSO_4$ 晶体的衍射现象，为了解释此衍射现象，假设晶体的空间点阵由一系列平行的原子网面组成，入射 X 射线为平行射线。由于相邻原子网面间距与 X 射线的波长在同一个量级，晶体成了 X 射线的三维光栅，当相邻原子网面的散射线的光程差为波长的整数倍时会发生衍射现象。

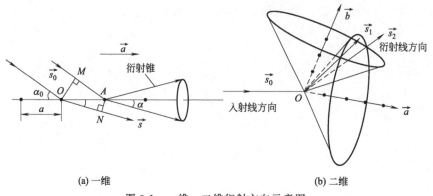

(a) 一维　　　　　　　　　　　　　　(b) 二维

图 3-1　一维、二维衍射方向示意图

设有一直线点阵与晶体的单位矢量 $\vec{a}$ 平行，$\vec{s}_0$ 和 $\vec{s}$ 分别为 X 射线入射和衍射的单位矢量，如图 3-1(a) 所示，由波的干涉原理可知，若要求每个阵点间散射的 X 射线互相叠加，则要求相邻阵点的光程差 δ 为波长 λ 的整数倍，即 $\delta = ON - MA = h\lambda$，也就是

$$a\cos\alpha - a\cos\alpha_0 = h\lambda \tag{3-1}$$

式中，h 为整数；α 和 α_0 分别为衍射矢量和入射矢量与直线点阵方向的夹角。式(3-1)写成矢量式为

$$\vec{a} \cdot (\vec{s} - \vec{s}_0) = h\lambda \tag{3-2}$$

式(3-1) 和式(3-2) 均为劳埃方程。实际上与点阵 $\vec{a}$ 方向所成的圆锥面上的各个矢量均可满足上述方程。该式推广到二维时，见图 3-1(b)，此时应在二维方向上同时满足相干条件，即满足以下方程组：

$$\begin{cases} a\cos\alpha - a\cos\alpha_0 = h\lambda \\ b\cos\beta - b\cos\beta_0 = k\lambda \end{cases} \tag{3-3}$$

式中，β_0 和 β 分别为入射线和散射线与 $\vec{b}$ 方向的夹角。

此时满足衍射条件的应是二维方向衍射锥的公共交线。当两衍射锥相交，则有两条交线，表明有两种可能的衍射方向；当两衍射锥相切时，仅有一种衍射方向；当两衍射锥不相交时，则无衍射发生。同理进一步推广到三维，见图 3-2。设三维方向的单位矢量分别为 $\vec{a}$、$\vec{b}$ 和 $\vec{c}$，入射方向与其他两维 $\vec{b}$ 和 $\vec{c}$ 方向的夹角分别为 β_0 和 γ_0，衍射线方向与其他两维的夹角分别为 β 和 γ，则该衍射矢量同时满足三维方向的衍射条件，即满足以下方程组：

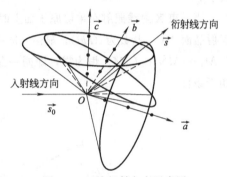

图 3-2 三维衍射方向示意图

$$\begin{cases} a\cos\alpha - a\cos\alpha_0 = h\lambda \\ b\cos\beta - b\cos\beta_0 = k\lambda \\ c\cos\gamma - c\cos\gamma_0 = l\lambda \end{cases} \tag{3-4}$$

或

$$\begin{cases} \vec{a} \cdot (\vec{s} - \vec{s}_0) = h\lambda \\ \vec{b} \cdot (\vec{s} - \vec{s}_0) = k\lambda \\ \vec{c} \cdot (\vec{s} - \vec{s}_0) = l\lambda \end{cases} \tag{3-5}$$

显然，保证 $\vec{a}$、$\vec{b}$ 和 $\vec{c}$ 三维方向同时满足衍射条件的矢量应为三个衍射锥的公共交线，即图 3-2 所示的矢量 $\vec{s}$，该方向规定了晶体的衍射方向。此时，发生衍射的条件更加苛刻，三维方向的三个衍射锥的公共交线仅有一条，因此，晶体发生衍射的可能方向仅有一个。

在方程组(3-4) 和 (3-5) 中，h、k、l 均为整数，一组 h、k、l 规定了一个衍射方向，即在空间中某方向上出现衍射。在衍射方向上各阵点间入射线和散射线间的波程差必为波长的整数倍。

方程组(3-4) 和 (3-5) 分别为劳埃方程组的标量式和矢量式，从理论上解决了 X 射线衍射的方向问题。方程组中除了 α、β、γ 外，其余均为常数，由于在三维空间中还应满足方

向余弦定理，即 $\cos^2\alpha_0 + \cos^2\beta_0 + \cos^2\gamma_0 = 1$ 和 $\cos^2\alpha + \cos^2\beta + \cos^2\gamma = 1$。这样研究 X 射线的衍射方向须同时考虑五个方程，实际使用不便。布拉格父子（W. H. Bragg 和 W. L. Bragg）对此进行了简化研究，并导出了简单实用的布拉格方程。

3.1.2 布拉格方程

布拉格为了克服劳埃方程在实际使用中的困难，找到既能反映衍射特点，又能方便使用的方程，为此进行了以下几点假设：

① 原子静止不动；

② 电子集中于原子核；

③ X 射线平行入射；

④ 晶体由无数个平行晶面组成，X 射线可同时作用于多个晶面；

⑤ 晶体到感光底片的距离有几十毫米，衍射线视为平行光束。

这样晶体被看成了由无数个晶面组成，晶体的衍射看成是某些晶面对 X 射线的选择反射。

当一束 X 射线照射在单层原子面上时，见图 3-3，设入射线方向与反射晶面的夹角为 θ，反射晶面 AA'，指数为 (hkl)，显然，同一晶面上相邻两原子 M 和 M_1 的光程差 $\delta = M_1N_1 + L_2M_1 - (MN_2 + L_1M)$ 恒为零，即同一晶面上相邻两原子的散射线具有相同的位相，满足相干条件。

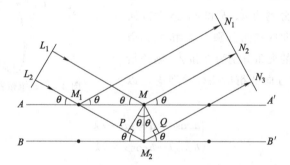

图 3-3　MM_2 垂直于晶面时的布拉格方程导出示意图

由于 X 射线的穿透能力强，可以照射到晶体内一系列平行的晶面上，设 BB' 为平行晶面中的一个，即 $AA'/\!/BB'$。设晶面间距为 d_{hkl}，MM_2 垂直于晶面 (hkl)，过 M 点分别作入射线 L_2M_2 和散射线 M_2N_3 的垂线，垂足分别为 P 和 Q，则相邻平行晶面上原子 M 和 M_2 的光程差：

$$\delta = PM_2 + M_2Q = 2d_{hkl}\sin\theta \tag{3-6}$$

当光程差为波长的整数倍，即 $\delta = n\lambda$（n 为正整数）时，则在该方向上的散射线满足相干条件，产生干涉现象。

$$2d_{hkl}\sin\theta = n\lambda \tag{3-7}$$

即为布拉格方程。其中 θ 为布拉格角，又称掠射角或衍射半角。

当 MM_2 不垂直于晶面时，见图 3-4，设入射线和反射线的单位矢量分别为 $\vec{s_0}$ 和 $\vec{s}$，分别过 M_2 和 M 作入射矢量和反射矢量的垂线，垂足分别为 m 和 n，由矢量知识可知 $\vec{s} - \vec{s_0}$。

垂直于反射晶面,方向朝上,其大小为 $|\vec{s}-\vec{s_0}|=2\sin\theta$。相邻晶面的光程差:

$$\delta=M_2n-mM=\vec{r}\cdot\vec{s}-\vec{r}\cdot\vec{s_0}=\vec{r}\cdot(\vec{s}-\vec{s_0})=|\vec{r}|2\sin\theta\cos\alpha \qquad (3\text{-}8)$$

α 为 $\vec{r}$ 与 $(\vec{s}-\vec{s_0})$ 的夹角,显然 $|\vec{r}|\cos\alpha=d_{hkl}$。所以,$\delta=2d_{hkl}\sin\theta$,同样可得布拉格方程式(3-7)。由此可见,$\vec{r}$($\overrightarrow{M_2M}$)与晶面垂直与否并不影响布拉格方程的推导结果。

由以上推导过程可以看出,散射线在同一晶面上的光程差为零,满足干涉条件;而相邻平行晶面上的光程差为 $2d_{hkl}\sin\theta$,当发生干涉时,必须满足 $2d_{hkl}\sin\theta$ 为波长的整数倍,即布拉格方程是发生相干散射(衍射)的必要条件。

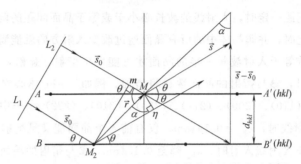

图 3-4　MM$_2$ 不垂直于晶面时布拉格方程导出示意图

3.1.3 布拉格方程的讨论

(1) 反射级数与干涉面指数

布拉格方程 $2d_{hkl}\sin\theta=n\lambda$ 中的 n 为反射级数,两边同时除以 n,得

$$2(d_{hkl}/n)\sin\theta=\lambda$$

这样原本(hkl)晶面的 n 级衍射可以看成是虚拟晶面(HKL)的一级反射,该虚拟晶面平行于(hkl),但晶面间距为 d_{hkl} 的 $\dfrac{1}{n}$。该虚拟晶面(HKL)又称干涉面,(HKL)为干涉面指数,简称干涉指数。由晶面指数的定义可知:$H=nh$,$K=nk$,$L=nl$。当 $n=1$ 时,干涉指数互质,干涉面就是一个真实的反射晶面了,因此,干涉指数实际上是广义的晶面指数。

例如:设入射 X 射线照射到晶面(100)上,刚好发生二级反射,即满足布拉格方程 $2d_{hkl}\sin\theta=2\lambda$,假想在(100)晶面中平行插入平分面,见图 3-5 中的虚线晶面,则由晶面指数的定义可知该虚拟的平分面指数为(200),此时 $d_{200}=\dfrac{1}{2}d_{100}$,且相邻晶面反射线的光程差为一个波长,这样(100)晶面的二级反射可以看成是虚拟晶面(200)的一级反射,该虚拟晶面即为干涉面,

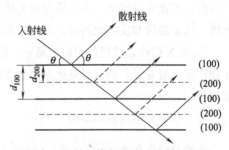

图 3-5　反射级数与干涉面指数示意图

(200)为干涉指数。显然干涉指数有公约数 2,为真实晶面指数的 2 倍。同理可得,在(100)晶面上发生的三级反射,可以看成是(300)干涉面的一级反射。

为了书写方便，d_{HKL} 简写为 d，此时布拉格方程可表示为

$$2d\sin\theta=\lambda \tag{3-9}$$

这样反射级数 n 隐含在 d 中了，布拉格方程更加简单，应用更为方便。

（2）衍射条件分析

由布拉格方程 $2d\sin\theta=\lambda$，得

$$\sin\theta=\frac{\lambda}{2d}\leqslant1 \tag{3-10}$$

所以

$$\lambda\leqslant2d \tag{3-11}$$

因此，当晶面间距一定时，入射线的波长必小于或等于晶面间距的两倍才能发生衍射现象；当入射波长一定时，并非晶体中的所有晶面通过改变入射方向就能满足衍射条件，只有那些晶面间距大于或等于入射波长一半的晶面才可能发生衍射。显然，对于已有的晶体而言，减小入射波长时，参与衍射的晶面数目将增加。例如，α-Fe 体心立方结构中，晶面间距依次减小的晶面（110）、（200）、（211）、（220）、（310）、（222）……中，当采用铁靶产生的特征 X 射线为入射线时，$\lambda_{K_\alpha}=0.194\text{nm}$，仅有前 4 个晶面能满足衍射条件参与衍射，若采用铜靶产生的特征 X 射线入射时，λ_{K_α} 降至 0.154nm，参与衍射的晶面增至前 6 个。

（3）选择反射

由布拉格方程可知，当入射波长为单色，即 λ 为一常数时，晶面间距相同的晶面，衍射时必对应着相同的掠射角 θ。随着晶面间距的增加，对应的掠射角减小。在晶体的众多晶面中，并非每个晶面都能参与衍射，仅有那些晶面间距大于波长一半的晶面方有可能参与衍射，且每一参与衍射的晶面均有一个与之对应的掠射角 θ，即衍射是有选择的反射，是相干散射线干涉的结果。这不同于可见光的镜面反射，它们存在着以下区别：

① X 射线的反射是晶面在满足布拉格方程的 θ 角时才能参与反射，是有选择性的反射；而镜面则可以反射任意方向的可见光。

② X 射线的反射本质是反射晶面上各原子的相干散射的干涉总结果，反射晶面是由原子构成的晶网面，而镜面是密实无网眼的。

③ X 射线反射的作用区域是晶体内的多层晶面，而可见光仅作用于镜面的表层。

④ 一定条件下，X 射线的反射线能形成以入射线为中心轴的反射锥，锥顶角为掠射角的四倍；而镜面反射中，入射线与反射线分别位于镜面法线的两侧，仅有一个反射方向，入射线、镜面法线和反射线共面，且入射角等于反射角。

⑤ 对 X 射线起反射作用的是晶体，即作用对象的物质原子要呈规则排列，也只有晶体才能产生衍射花样，而对可见光起反射作用的可以是晶体也可以是非晶体，只要表面平整光洁即可。

（4）衍射方向与晶体结构

由布拉格方程 $2d\sin\theta=\lambda$ 得 $\sin\theta=\frac{\lambda}{2d}$，对两边平方得 $\sin^2\theta=\frac{\lambda^2}{4d^2}$，不同的晶系，$\frac{1}{d^2}$ 的表达式不同：

立方晶系

$$\frac{1}{d^2}=\frac{H^2+K^2+L^2}{a^2} \tag{3-12}$$

立方晶系 $\qquad \sin^2\theta = \dfrac{\lambda^2}{4} \times \dfrac{H^2 + K^2 + L^2}{a^2}$ (3-13)

正方晶系 $\qquad \dfrac{1}{d^2} = \dfrac{H^2 + K^2}{a^2} + \dfrac{L^2}{c^2}$ (3-14)

正方晶系 $\qquad \sin^2\theta = \dfrac{\lambda^2}{4} \times \left(\dfrac{H^2 + K^2}{a^2} + \dfrac{L^2}{c^2} \right)$ (3-15)

斜方晶系 $\qquad \dfrac{1}{d^2} = \dfrac{H^2}{a^2} + \dfrac{K^2}{b^2} + \dfrac{L^2}{c^2}$ (3-16)

斜方晶系 $\qquad \sin^2\theta = \dfrac{\lambda^2}{4} \times \left(\dfrac{H^2}{a^2} + \dfrac{K^2}{b^2} + \dfrac{L^2}{c^2} \right)$ (3-17)

六方晶系 $\qquad \dfrac{1}{d^2} = \dfrac{4}{3} \times \dfrac{H^2 + HK + K^2}{a^2} + \dfrac{L^2}{c^2}$ (3-18)

六方晶系 $\qquad \sin^2\theta = \dfrac{\lambda^2}{4} \times \left(\dfrac{4}{3} \times \dfrac{H^2 + HK + K^2}{a^2} + \dfrac{L^2}{c^2} \right)$ (3-19)

因此，d 取决于晶体的晶胞类型和干涉指数，反映了晶胞的形状和大小。当晶胞类型相同时，不同的干涉指数（HKL）有不同的衍射方向（布拉格角 θ）；当晶胞类型不同时，即使相同的干涉指数仍有不同的布拉格角 θ。因此，不同的布拉格角反映了晶胞的形状和大小，从而建立了晶体结构与衍射方向之间的对应关系，通过测定晶体对 X 射线的衍射方向就可获得晶体结构的相关信息。需要指出的是，衍射方向仅反映了晶胞的形状和大小，但晶胞中原子种类及其排列的有序程度均未得到反映，这需要通过衍射强度理论来解决。

（5）布拉格方程与劳埃方程的一致性

布拉格方程产生于劳埃方程之后，两个方程均解决了 X 射线衍射的方向问题，但由于劳埃方程复杂，使用不便，为此，布拉格父子在劳埃思想的基础上，将衍射转化为晶面对 X 射线的反射，导出了简单、实用的布拉格方程。布拉格方程是劳埃方程的一种简化形式，也可直接从劳埃方程中推导出来，推导过程如下：

对劳埃方程组

$$\begin{cases} a(\cos\alpha - \cos\alpha_0) = h\lambda \\ b(\cos\beta - \cos\beta_0) = k\lambda \\ c(\cos\gamma - \cos\gamma_0) = l\lambda \end{cases}$$ (3-20)

两边平方得：

$$\begin{cases} a^2(\cos^2\alpha + \cos^2\alpha_0 - 2\cos\alpha\cos\alpha_0) = h^2\lambda^2 \\ b^2(\cos^2\beta + \cos^2\beta_0 - 2\cos\beta\cos\beta_0) = k^2\lambda^2 \\ c^2(\cos^2\gamma + \cos^2\gamma_0 - 2\cos\gamma\cos\gamma_0) = l^2\lambda^2 \end{cases}$$ (3-21)

为了简便起见，以立方晶系为例，即 $a = b = c$，取两边的和得：

$$\begin{aligned} a^2(\cos^2\alpha &+ \cos^2\beta + \cos^2\gamma + \cos^2\alpha_0 + \cos^2\beta_0 + \cos^2\gamma_0 - 2\cos\alpha\cos\alpha_0 - \\ &2\cos\beta\cos\beta_0 - 2\cos\gamma\cos\gamma_0) = (h^2 + k^2 + l^2)\lambda^2 \end{aligned}$$ (3-22)

在直角坐标系中，$\cos^2\alpha_0 + \cos^2\beta_0 + \cos^2\gamma_0 = 1$，$\cos^2\alpha + \cos^2\beta + \cos^2\gamma = 1$，而入射和衍射的矢量式分别是：$\vec{s_0} = a(\cos\alpha_0\vec{i} + \cos\beta_0\vec{j} + \cos\gamma_0\vec{k})$，$\vec{s} = a(\cos\alpha\vec{i} + \cos\beta\vec{j} + \cos\gamma\vec{k})$。由于

入射线与衍射线的夹角为 2θ，两矢量的点积为

$$\vec{s} \cdot \vec{s}_0 = a^2(\cos\alpha\cos\alpha_0 + \cos\beta\cos\beta_0 + \cos\gamma\cos\gamma_0) = a^2\cos2\theta \tag{3-23}$$

所以，由 $\cos\alpha\cos\alpha_0 + \cos\beta\cos\beta_0 + \cos\gamma\cos\gamma_0 = \cos2\theta$ 代入式(3-22) 得

$$a^2(2 - 2\cos2\theta) = (h^2 + k^2 + l^2)\lambda^2 \tag{3-24}$$

$$4a^2\sin^2\theta = (h^2 + k^2 + l^2)\lambda^2 \tag{3-25}$$

$$2\frac{a\sin\theta}{\sqrt{h^2 + k^2 + l^2}} = \lambda \tag{3-26}$$

$$2d_{hkl}\sin\theta = \lambda \tag{3-27}$$

这就是布拉格方程，表明布拉格方程与劳埃方程一致。此外，还可利用一维劳埃方程导出布拉格方程，见图 3-6。

设在三维点阵中任意一直线点阵，点阵周期为 a，入射 X 射线 $\vec{s}_0$ 与直线点阵的交角为 α_0，衍射线 $\vec{s}$ 与直线点阵的交角为 α，由一维劳埃方程得

$$a\cos\alpha - a\cos\alpha_0 = h\lambda \tag{3-28}$$

将式(3-28) 展开得

$$2a\sin\left(\frac{\alpha + \alpha_0}{2}\right)\sin\left(\frac{\alpha - \alpha_0}{2}\right) = h\lambda \tag{3-29}$$

过入射点 O_1、O_2 分别作 MM' 和 NN' 线代表点阵面 (hkl)，使这组面与入射线和衍射线的夹角为 θ，此时

$$\alpha - \theta = \alpha_0 + \theta \tag{3-30}$$

得 $$\theta = \frac{\alpha - \alpha_0}{2} \tag{3-31}$$

又设 MM' 和 NN' 所代表的点阵面间距为 d，由图 3-6 并结合关系式(3-31) 得

$$d = a\sin(\alpha - \theta) = a\sin\left(\frac{\alpha + \alpha_0}{2}\right) \tag{3-32}$$

由式(3-31) 和式(3-32) 代入式(3-29) 同样可得布拉格方程：

$$2d\sin\theta = h\lambda \tag{3-33}$$

h 为整数，可见两者也是等效的。

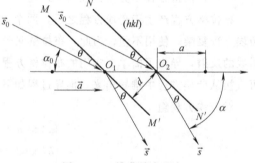

图 3-6 一维劳埃方程与布拉格方程的等效证明示意图

3.1.4 衍射矢量方程

现由劳埃方程组导出衍射矢量式方程。由劳埃方程组的矢量式(3-5) 化简得：

$$\begin{cases} \dfrac{(\vec{s} - \vec{s}_0)}{\lambda} \cdot \dfrac{\vec{a}}{h} = 1 \\[2mm] \dfrac{(\vec{s} - \vec{s}_0)}{\lambda} \cdot \dfrac{\vec{b}}{k} = 1 \\[2mm] \dfrac{(\vec{s} - \vec{s}_0)}{\lambda} \cdot \dfrac{\vec{c}}{l} = 1 \end{cases} \tag{3-34}$$

结合图 1-38，可以证明矢量 $\dfrac{(\vec{s}-\vec{s}_0)}{\lambda}$ 为晶面 (hkl) 的倒易矢量，过程如下。

将方程组（3-34）两两相减得：

$$\begin{cases} \dfrac{(\vec{s}-\vec{s}_0)}{\lambda} \cdot \left(\dfrac{\vec{a}}{h} - \dfrac{\vec{b}}{k} \right) = 0 \\[3mm] \dfrac{(\vec{s}-\vec{s}_0)}{\lambda} \cdot \left(\dfrac{\vec{b}}{k} - \dfrac{\vec{c}}{l} \right) = 0 \\[3mm] \dfrac{(\vec{s}-\vec{s}_0)}{\lambda} \cdot \left(\dfrac{\vec{c}}{l} - \dfrac{\vec{a}}{h} \right) = 0 \end{cases} \tag{3-35}$$

表明矢量 $\dfrac{(\vec{s}-\vec{s}_0)}{\lambda}$ 分别与晶面 (hkl) 上的任意两相交矢量垂直，即

$$\frac{(\vec{s}-\vec{s}_0)}{\lambda} \perp (hkl) \tag{3-36}$$

又因为 d_{hkl} 为矢量 $\dfrac{\vec{a}}{h}$ 或 $\dfrac{\vec{b}}{k}$ 或 $\dfrac{\vec{c}}{l}$ 在单位矢量 $\dfrac{(\vec{s}-\vec{s}_0)}{\lambda} \bigg/ \left| \dfrac{(\vec{s}-\vec{s}_0)}{\lambda} \right|$ 上的投影，即

$$d_{hkl} = \frac{\vec{a}}{h} \cdot \frac{\vec{s}-\vec{s}_0}{\lambda} \bigg/ \left| \frac{\vec{s}-\vec{s}_0}{\lambda} \right| = \frac{\vec{b}}{k} \cdot \frac{\vec{s}-\vec{s}_0}{\lambda} \bigg/ \left| \frac{\vec{s}-\vec{s}_0}{\lambda} \right| = \frac{\vec{c}}{l} \cdot \frac{\vec{s}-\vec{s}_0}{\lambda} \bigg/ \left| \frac{\vec{s}-\vec{s}_0}{\lambda} \right| = 1 \bigg/ \left| \frac{\vec{s}-\vec{s}_0}{\lambda} \right| \tag{3-37}$$

所以

$$\left| \frac{\vec{s}-\vec{s}_0}{\lambda} \right| = \frac{1}{d_{hkl}} \tag{3-38}$$

由式（3-36）和式（3-38）可知 $\dfrac{(\vec{s}-\vec{s}_0)}{\lambda}$ 为晶面 (hkl) 的倒易矢量，即

$$\frac{(\vec{s}-\vec{s}_0)}{\lambda} = (h\vec{a}^* + k\vec{b}^* + l\vec{c}^*) \tag{3-39}$$

该方程即为衍射矢量方程。其物理意义是：当单位衍射矢量与单位入射矢量的差为一个倒易矢量时，衍射就可发生。简化起见，令 $\vec{r}^* = h\vec{a}^* + k\vec{b}^* + l\vec{c}^*$，式（3-39）衍射矢量方程又可表示为

$$\frac{(\vec{s}-\vec{s}_0)}{\lambda} = \vec{r}^* \tag{3-40}$$

其实，衍射矢量方程、劳埃方程和布拉格方程均是表示衍射条件的方程，只是角度不同而已。从衍射矢量方程也可方便地导出其他两个方程，即由矢量方程分别在晶胞的三个基矢 $\vec{a}$、$\vec{b}$、$\vec{c}$ 上的投影即可获得劳埃方程组，若衍射矢量方程两边取标量、化简则可得到布拉格方程，请读者自己完成。

由此可见，衍射矢量方程可以看成是衍射方向条件的统一式。

3.1.5 布拉格方程的厄瓦尔德图解

由布拉格方程 $2d\sin\theta = \lambda$ 得：

$$\sin\theta = \frac{\lambda}{2d} = \frac{\dfrac{1}{d}}{2 \times \dfrac{1}{\lambda}} \tag{3-41}$$

式（3-41）可以看成是直角三角形的对边与斜边的比，对边长为 $\frac{1}{d}$，斜边长为 $2\times\frac{1}{\lambda}$，顶角为 θ，而直角三角形共圆（见图3-7），因此，凡满足布拉格方程的 d、λ 和 θ 均可表示成一直角三角形的对边与斜边的正弦关系。设入射和反射的单位矢量分别为 $\vec{s}_0$ 和 $\vec{s}$，则入射矢量和反射矢量分别为 $\frac{1}{\lambda}\vec{s}_0$ 和 $\frac{1}{\lambda}\vec{s}$，即 $\overrightarrow{AO}=\overrightarrow{OO^*}=\frac{1}{\lambda}\vec{s}_0$，$\overrightarrow{OB}=\frac{1}{\lambda}\vec{s}$。

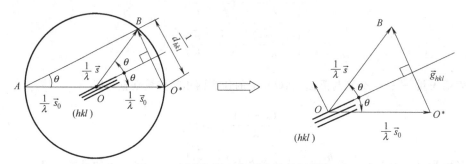

图 3-7   衍射矢量三角形及厄瓦尔德球

由矢量三角形法则得

$$\overrightarrow{O^*B}=\overrightarrow{OB}-\overrightarrow{OO^*}=\frac{1}{\lambda}\vec{s}-\frac{1}{\lambda}\vec{s}_0=\frac{1}{\lambda}(\vec{s}-\vec{s}_0) \tag{3-42}$$

因为 $|\overrightarrow{O^*B}|=\frac{1}{d_{hkl}}$，且 $\overrightarrow{O^*B}\perp(hkl)$，所以，$\overrightarrow{O^*B}$ 为反射面（hkl）的倒易矢量，O^* 点为倒易点阵的原点，B 点即为反射面所对应的倒易阵点。

由此可知，凡是晶面所对应的倒易阵点在圆周上，均满足布拉格方程，晶面将参与衍射。考虑到三维晶体时，晶体的所有晶面对应的倒易阵点构成了三维倒易点阵，该圆就成了球，凡是位于球上的倒易阵点，其对应的晶面均满足布拉格方程，将参与衍射。该工作是由厄瓦尔德首创，他用几何方法解决了衍射的方向问题，直观明了，起到了布拉格方程的等同作用，因此，该方法称为厄瓦尔德图解，这个球称为厄瓦尔德球，又称反射球。

3.1.6 布拉格方程的应用

布拉格方程 $2d\sin\theta=\lambda$ 从根本上解决了 X 射线衍射的方向问题，是衍射分析中最基本的公式，其应用主要有两个方面：

（1）结构分析

由已知波长的 X 射线照射晶体，由测量得到的衍射角求得对应的晶面间距，获得晶体的结构信息。

（2）X 射线谱分析

由已知晶面间距的分光晶体来衍射从晶体中发射出来的特征 X 射线，通过测定衍射角，算得特征 X 射线的波长，再由莫塞莱定律获得晶体的成分信息，这就是 X 射线的谱分析。

3.1.7 常见的衍射方法

常见的衍射方法主要有劳埃法、转晶法和粉末法，以下分别作简单介绍。

（1）劳埃法

劳埃法是采用连续 X 射线照射不动的单晶体以获得衍射花样的方法。此时入射 X 射线的波长为一个变化的范围（$\lambda_{\min}\sim\lambda_{\max}$），即反射球有无数个，其半径变化范围为 $\dfrac{1}{\lambda_{\max}}\sim\dfrac{1}{\lambda_{\min}}$，最小和最大反射球的半径分别为 $\dfrac{1}{\lambda_{\max}}$ 和 $\dfrac{1}{\lambda_{\min}}$，不动的单晶体所对应的倒易点阵与系列反射球相交，凡在两极限反射球之间的阵点均可满足布拉格方程而参与衍射，一定条件下形成衍射斑点，其反射方向可由几何法确定。如图 3-8(a) 中倒易阵点 A，该点位于大小极限反射球之间，显然该点将满足布拉格衍射条件，必将有一个反射球通过该阵点。该点指数为 320，表明晶面（320）发生了反射，其反射方向的确定方法是：首先连接 $O^{*}A$，再作 $O^{*}A$ 的垂直平分线 NN' 交水平轴于 O'，则 $O'A$ 方向即为该晶面（320）的反射方向，同理也可得获得其他反射晶面的反射方向。该种方法是劳埃于 1912 年首先提出来的，并在垂直于入射方向上的平面底片上获得了衍射花样，见图 3-8(b)。劳埃法是最早的衍射方法，常用于晶体的取向测定和对称性研究。

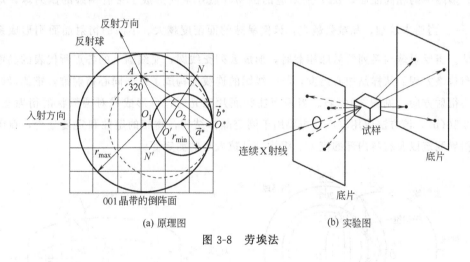

(a) 原理图   (b) 实验图

图 3-8　劳埃法

（2）转晶法

转晶法是采用单一波长的 X 射线照射转动着的单晶体以获得衍射花样的方法。单一波长对应一个反射球，单晶体对应一个倒易点阵，当晶体不动时，则反射球浸没在倒易点阵中，此时有可能没有任何阵点在反射球上，得不到衍射花样；而当转动晶体时，以连续改变不同的晶面和入射角来满足布拉格方程，一旦某阵点落在反射球面上，则该阵点对应的晶面将参与衍射，瞬时可能会产生一根衍射束。当晶体旋转一周，将在柱状底片上留下层状衍射花样（见图 3-9）。该方法可以确定晶体在转轴方向上的点阵周期，同理也可获得其他方向上的点阵周期，得到晶体的结构信息。

（3）粉末法

它是采用单色 X 射线照射多晶试样以获得多晶体衍射花样的方法。此时反射球仅一个，半径为入射线波长的倒数 $\dfrac{1}{\lambda}$，多晶体倒易点阵是单晶体倒易点阵的集合。如某一晶体中的一晶面（hkl），对应倒易点阵中的一个阵点，其倒易矢量的大小为该反射晶面间距的倒数，

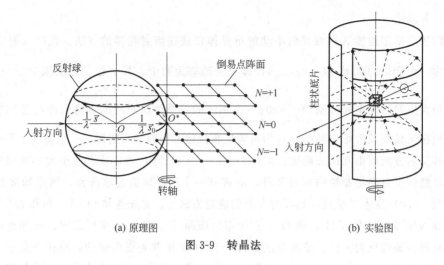

| (a) 原理图 | (b) 实验图 |

图 3-9　转晶法

但由于是多晶体，每个晶体中都具有相同的晶面（hkl），且各晶粒的取向在空间随机分布，因此，多晶中的相同晶面（hkl）所对应的倒易阵点在空间形成了带有网眼的倒易球，球半径为 $\dfrac{1}{d_{hkl}}$。当粉末越细，晶粒数越多，该倒易球的面密度越大。不同的衍射晶面则形成系列倒易球。当反射球与系列倒易球相截时，形成系列交线圆，交线圆上的各点所代表的晶面均满足布拉格方程。从样品中心出发，与交线圆的连线便构成了系列同心衍射锥，锥的母线方向即为衍射方向，见图 3-10(a)。当采用柱状底片感光时，可形成成对圆弧状的衍射花样，见图 3-10(b)。该方法应用较广，主要用于测定晶体结构，物相的定性和定量分析，点阵参数的精确测定以及材料内部的应力、织构、晶粒大小的测定等。

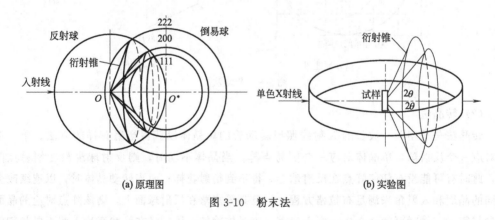

| (a) 原理图 | (b) 实验图 |

图 3-10　粉末法

3.2 X射线的衍射强度

　　布拉格方程解决了衍射的方向问题，即满足布拉格方程的晶面将参与衍射，但能否产生衍射花样还取决于衍射线的强度。布拉格方程只是发生衍射的必要条件，衍射强度不为零才是产生衍射花样的充分条件。

衍射的方向取决于晶系的种类和晶胞的尺寸，而原子在晶胞中的位置以及原子的种类并不影响衍射的方向，但影响衍射束的强度，因此研究原子种类以及原子在晶胞中的排列规律需靠衍射强度理论来解决。影响衍射强度的因素较多，按照作用单元由小到大逐一分析，即分别讨论单电子、单原子、单胞、单晶体、多晶体对 X 射线的衍射强度，最后综合考虑其他因素的影响，得到完整的衍射强度公式。

3.2.1 单电子对 X 射线的散射

单电子对 X 射线的散射有两种情况，一种是受原子核束缚较紧的电子，X 射线作用后，该电子发生振动，向空间辐射与入射波频率相同的电磁波，由于波长、频率相同，会发生相干散射。另一种是 X 射线作用于束缚较松的电子上，产生康普顿效应，即非相干散射，非相干散射只能成为衍射花样的背底。本小节仅讨论电子对 X 射线的相干散射，由于 X 射线有偏振和非偏振之分，下面分别讨论之。

（1）单电子对偏振 X 射线的散射强度

设一束偏振的 X 射线沿入射方向作用在单电子上，该电子发生强迫振动，振动频率与入射波相同。由电动力学可知，电子获得了一定的加速度，并向空间辐射出与入射 X 射线相同频率的电磁波。

设观测点为 P，入射线与散射线夹角为 2θ，为了便于讨论，建立坐标系（见图 3-11），电子位于坐标系的原点 O，并使 OP 位于 XOZ 面内，令 $OP=R$，电磁波的电场强度为 E_0，在 Y 轴和 Z 轴上分量为 E_Y、E_Z。

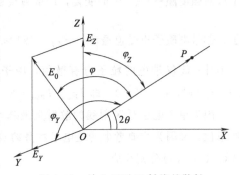

图 3-11 单电子对 X 射线的散射

电子在电场的作用下产生加速度 $a=\dfrac{eE_0}{m}$，在 P 点的电场强度为：

$$E_P = \frac{ea}{4\pi\varepsilon_0 c^2 R}\sin\varphi = \frac{e^2 E_0}{4\pi\varepsilon_0 mc^2 R}\sin\varphi \tag{3-43}$$

式中，e 为电子电荷；m 为电子质量；c 为光速；φ 为散射方向与 E_0 的夹角；ε_0 为真空介电常数；R 为散射方向上距散射中心的距离。由于 P 点的散射强度 I_P 正比于该点的电场强度的平方，因此

$$\frac{I_P}{I_0} = \frac{E_P^2}{E_0^2} = \frac{e^4}{(4\pi\varepsilon_0)^2 m^2 c^4 R^2}\sin^2\varphi \tag{3-44}$$

I_0 为入射光强度，所以，P 点处单电子对偏振 X 射线的散射强度为

$$I_P = I_0 \frac{e^4}{(4\pi\varepsilon_0)^2 m^2 c^4 R^2}\sin^2\varphi = I_0 \left(\frac{e^2}{4\pi\varepsilon_0 mc^2 R}\right)^2 \sin^2\varphi \tag{3-45}$$

（2）单电子对非偏振 X 射线的散射强度

通常情况下 X 射线是非偏振的，其电场矢量在垂直于入射方向的平面内任意方向，如图 3-11 所示，φ_Z、φ_Y 分别为 OP 方向与 Z 轴和 Y 轴的夹角。由于 E_0 在各方向上的概率相

等，所以 $E_Y = E_Z$。因为 $E_0^2 = E_z^2 + E_y^2 = 2E_z^2 = 2E_y^2$，所以 $I_Y = I_Z = \frac{1}{2}I_0$。设由 E_Y 和 E_Z 分别产生的散射强度为 I_{YP}、I_{ZP}，类似于电子对偏振入射 X 射线的散射过程，其散射强度分别为：

$$I_{YP} = I_Y \frac{e^4}{(4\pi\varepsilon_0)^2 m^2 c^4 R^2} \sin^2\varphi_Y \tag{3-46}$$

$$I_{ZP} = I_Z \frac{e^4}{(4\pi\varepsilon_0)^2 m^2 c^4 R^2} \sin^2\varphi_Z \tag{3-47}$$

由 $\varphi_Y = \frac{\pi}{2}$，$\varphi_Z = \frac{\pi}{2} - 2\theta$ 代入式(3-47)，再由 $I_P = I_{YP} + I_{ZP}$ 可得

$$I_P = I_0 \frac{e^4}{(4\pi\varepsilon_0)^2 m^2 c^4 R^2} \times \frac{1 + \cos^2 2\theta}{2} \tag{3-48}$$

式(3-48)即为汤姆逊（J. J. Thomson）公式。该式表明：①非偏振 X 射线入射后，电子散射强度随 $\frac{1 + \cos^2 2\theta}{2}$ 而变化，即散射线被偏振化了，故称 $\frac{1 + \cos^2 2\theta}{2}$ 为偏振因子或极化因子；②带电质子也受迫振动，$m_{质子} = 1840m_{电子}$，质子的散射强度仅为电子的 $\frac{1}{1836^2}$，故可忽略不计；③仅带电的粒子方有散射，中子不带电无散射；④当 $2\theta = 0$ 时，$\cos^2 2\theta = 1$；当 $2\theta = \pi/2$ 时，$\cos^2 2\theta = 0$，即 $I_{P\max}/I_{P\min} = 2$。

因为单个电子对 X 射线的散射是最基本的散射，其散射强度可以看成是衍射强度的自然单位，又因为主要考虑的是电子本身的散射本领，因此可将 I_P 改成 I_e，这样式(3-45)和式(3-48)又可分别写成：

$$I_e = I_0 \frac{e^4}{(4\pi\varepsilon_0)^2 m^2 c^4 R^2} \sin^2\varphi \ \text{或} \ I_e = I_0 \left(\frac{e^2}{4\pi\varepsilon_0 mc^2}\right)^2 \frac{1}{R^2} \sin^2\varphi \text{（偏振入射）} \tag{3-49}$$

$$I_e = I_0 \frac{e^4}{(4\pi\varepsilon_0)^2 m^2 c^4 R^2} \times \frac{1 + \cos^2 2\theta}{2} \ \text{或} \ I_e = I_0 \left(\frac{e^2}{4\pi\varepsilon_0 mc^2}\right)^2 \frac{1}{R^2} \times \frac{1 + \cos^2 2\theta}{2} \text{（非偏振入射）} \tag{3-50}$$

若将相关的参数代入式(3-49)或式(3-50)，且令 $R = 1\text{cm}$ 时，$\frac{I_e}{I_0} \approx 10^{-26}$，由此可见，一个电子对 X 射线的散射强度非常小，实测 X 射线的衍射强度只是大量电子散射波干涉的结果。式中，$\frac{e^2}{4\pi\varepsilon_0 mc^2}$ 也称电子散射因子，表示为 f_e。

3.2.2 单原子对 X 射线的散射

原子是由原子核与核外电子组成的，原子核又由质子和中子组成，由于中子不带电，仅有带电的质子散射 X 射线，且质子的质量是单个电子的 1836 倍，由汤姆逊公式可知，质子对 X 射线的散射强度仅为电子的 $\frac{1}{1836^2}$，故可忽略原子核对 X 射线的散射，因此，原子对 X 射线的散射可以看成核外电子对 X 射线散射的总和。

设原子核外有 Z 个电子，受核束缚较紧，且集中于一点，则单原子对 X 射线的散射强度 I_a 就是 Z 个电子的散射强度之和，即

$$I_a = I_0 \frac{(Ze)^4}{(4\pi\varepsilon_0)^2 (Zm)^2 R^2 c^4} \times \frac{1+\cos^2 2\theta}{2} = Z^2 I_e \tag{3-51}$$

此时单个原子对 X 射线的散射强度为单个电子的散射强度的 Z^2 倍。

由于 X 射线的波长与原子的直径在同一量级，不同电子的散射波间存在着相位差，不能假定它们集中于一点，这样单个原子对 X 射线的散射应该是各电子散射波的矢量合成。

先设 X 射线作用于原子中的两个电子 G 和 O，见图 3-12，$\vec{r}$ 为电子的相对位置矢量，$\vec{s}$、$\vec{s_0}$ 分别为散射和入射的单位矢量，2θ 为散射角，α 为矢量 $\vec{r}$ 与矢量 $\vec{s} - \vec{s_0}$ 的夹角。

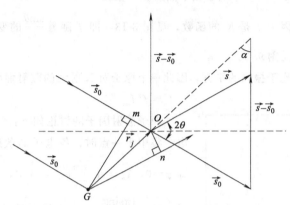

图 3-12　一个原子中两个电子对 X 射线的散射

两电子散射波的光程差为

$$\delta = \vec{r} \cdot \vec{s} - \vec{r} \cdot \vec{s_0} = \vec{r} \cdot (\vec{s} - \vec{s_0}) \tag{3-52}$$

相位差为

$$\varphi = \frac{2\pi}{\lambda}\delta = \frac{2\pi}{\lambda}\vec{r} \cdot (\vec{s} - \vec{s_0}) = \frac{2\pi}{\lambda}|\vec{r}|\,|\vec{s} - \vec{s_0}|\cos\alpha = \frac{4\pi}{\lambda}r\cos\alpha\sin\theta \tag{3-53}$$

令 $K = \frac{4\pi}{\lambda}\sin\theta$，则 $\varphi = Kr\cos\alpha$，当原子有 Z 个电子时，散射波的振幅瞬时值为

$$A_a = A_e \sum_{j=1}^{Z} e^{i\varphi_j} \tag{3-54}$$

式中 A_e 为单个电子的相干散射波的振幅。而散射波振幅的平均值为

$$A_a = A_e \int_V \rho e^{i\varphi}\,dV \tag{3-55}$$

式中 ρ 为原子中电子的分布密度；dV 为体积单元。

设核外电子的分布为球形对称，$dV = r^2\sin\alpha\,d\alpha\,d\varphi\,dr$ 代入积分、化简得

$$\begin{aligned}
A_a &= A_e \int_0^{\pi}\int_0^{2\pi}\int_0^{\infty} \rho e^{iKr\cos\alpha} \cdot r^2\sin\alpha\,d\alpha\,d\varphi\,dr \\
&= A_e \int_0^{\pi}\int_0^{2\pi}\int_0^{\infty} \rho[\cos(Kr\cos\alpha) + i\sin(Kr\cos\alpha)] \cdot r^2\sin\alpha\,d\alpha\,d\varphi\,dr \\
&= A_e \int_0^{\pi}\int_0^{2\pi}\int_0^{\infty} \frac{\rho r}{-K}[\cos(Kr\cos\alpha) + i\sin(Kr\cos\alpha)] \cdot r\sin\alpha\,d\alpha\,d(Kr\cos\alpha)\,dr \\
&= \frac{A_e\rho r}{K}\int_0^{\infty} 4\pi\sin Kr\,dr = A_e\int_0^{\infty} 4\pi\rho(r) r^2 \frac{\sin Kr}{Kr}\,dr
\end{aligned} \tag{3-56}$$

式中，$K = \dfrac{4\pi}{\lambda}\sin\theta$，$4\pi r^2 \rho(r)$ 为电子径向分布函数，通常用 $U(r)$ 表示，此时原子的散射强度为

$$A_a = A_e \int_0^\infty U(r) \frac{\sin Kr}{Kr} \mathrm{d}r \qquad (3-57)$$

定义原子散射因子 f 为：

$$f = \frac{A_a}{A_e} = \frac{\text{一个原子相干散射波的振幅}}{\text{一个电子相干散射波的振幅}} = \int_0^\infty U(r) \frac{\sin Kr}{Kr} \mathrm{d}r \qquad (3-58)$$

显然，原子散射因子 f 是 K 的函数，见图 3-13，即 f 随着 $\dfrac{\sin\theta}{\lambda}$ 的变化而变化，常见元素原子的散射因子参见附录 3。

由于散射强度正比于振幅的平方，因此单个原子对 X 射线的散射强度为

$$I_a = f^2 I_e \qquad (3-59)$$

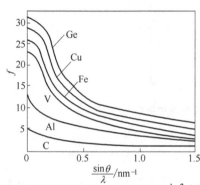

图 3-13　原子散射因子 f 与 $\dfrac{\sin\theta}{\lambda}$ 的关系曲线

原子散射因子的讨论如下：①当核外的相干散射电子集中于一点时，各电子的散射波之间无相位差，即 $\varphi = 0$，$A_a = A_e \sum\limits_{j=1}^{Z} e^{i\varphi_j} = A_e Z$，$f = Z$。②当 $2\theta \to 0$ 时，$K = \dfrac{4\pi\sin\theta}{\lambda} \to 0$，由洛必达法则得 $\dfrac{\sin Kr}{Kr} = 1$，这样 $f = \int_0^\infty U(r) \mathrm{d}r = Z$，见图 3-13，说明当散射线方向与入射线同向时，原子散射波的振幅 A_a 为单个电子散射波振幅的 Z 倍，这就相当于将核外发生相干散射的电子集中于一点。③当入射波长一定时，随着散射角 2θ 的增加，f 减小，即原子的散射因子 f 降低，均小于其原子序数 Z。④当入射波长接近原子的吸收限时，X 射线会被大量吸收，f 显著变小，此现象称为反常散射。此时，需要对 f 进行修整，即 $f' = f - \Delta f$，Δf 为修整值，可由附录 4 查得；f' 为修整后的原子散射因子。

3.2.3　单胞对 X 射线的散射强度

单胞是由多个原子组成的，因此单胞对 X 射线的散射强度即为单胞中各原子散射强度的合成。

设一单胞，建立直角坐标系，三轴的单位矢量分别为 $\vec{a}$、$\vec{b}$、$\vec{c}$，如图 3-14 所示，O 和 A 为单胞中的任意两个原子，O 位于原点，A 原子的坐标为 (X_j, Y_j, Z_j)，其位置矢量 $\vec{r}_j = X_j\vec{a} + Y_j\vec{b} + Z_j\vec{c}$，入射线和散射线的单位矢量分别为 $\vec{s}_0$ 和 $\vec{s}$，其光程差：

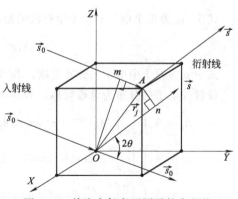

图 3-14　单胞中任意两原子的光程差

$$\delta_j = \vec{r}_j \cdot \vec{s} - \vec{r}_j \cdot \vec{s}_0 = \vec{r}_j \cdot (\vec{s} - \vec{s}_0) \tag{3-60}$$

其相位差：

$$\varphi_j = \frac{2\pi}{\lambda}\delta_j = \frac{2\pi}{\lambda}\vec{r}_j \cdot (\vec{s} - \vec{s}_0) = 2\pi\vec{r}_j \cdot \frac{1}{\lambda}(\vec{s} - \vec{s}_0) = 2\pi\vec{r}_j \cdot \vec{g}_j \tag{3-61}$$

因为 $\vec{g}_j = H\vec{a}^* + K\vec{b}^* + L\vec{c}^*$

所以

$$\varphi_j = 2\pi\vec{r}_j \cdot \vec{g}_j = 2\pi(X_j\vec{a} + Y_j\vec{b} + Z_j\vec{c}) \cdot (H\vec{a}^* + K\vec{b}^* + L\vec{c}^*) = 2\pi(HX_j + KY_j + LZ_j) \tag{3-62}$$

设晶胞中有 n 个原子，第 j 个原子的散射因子为 f_j，则单胞的散射振幅为各原子的散射波振幅的合成。即

$$A_b = A_e f_1 e^{i\varphi_1} + A_e f_2 e^{\varphi_2} + \cdots + A_e f_j e^{i\varphi_j} + \cdots + A_e f_n e^{i\varphi_n} = A_e\sum_{j=1}^{n} f_j e^{i\varphi_j} \tag{3-63}$$

$$\frac{A_b}{A_e} = \sum_{j=1}^{n} f_j e^{i\varphi_j} \tag{3-64}$$

引入一个以单个电子散射能力为单位，反映单胞散射能力的参数——结构振幅 F_{HKL}，即定义

$$F_{HKL} = \frac{A_b}{A_e} = \frac{\text{单胞中所有原子的相干散射波的合成振幅}}{\text{单个电子相干散射波的振幅}} = \sum_{j=1}^{n} f_j e^{i\varphi_j} \tag{3-65}$$

由于散射波的强度正比于振幅的平方，所以，单胞的散射强度 I_b 与电子的散射强度 I_e 存在以下关系：

$$\frac{I_b}{I_e} = F_{HKL}^2 \tag{3-66}$$

$$I_b = F_{HKL}^2 I_e \tag{3-67}$$

当晶胞的结构类型不同时，各原子的位置矢量也不同，相位差也随之变化，F_{HKL}^2 反映了晶胞结构类型对散射强度的影响，故称 F_{HKL}^2 为结构因子。

$$\begin{aligned}
F_{HKL}^2 &= F_{HKL} \times F_{HKL}^* = \sum_{j=1}^{n} f_j e^{i\varphi_j} \times \sum_{j=1}^{n} f_j e^{-i\varphi_j} \\
&= [(f_1\cos\varphi_1 + f_2\cos\varphi_2 + \cdots + f_n\cos\varphi_n) + i(f_1\sin\varphi_1 + f_2\sin\varphi_2 + \cdots f_n\sin\varphi_n)] \\
&\quad \times [(f_1\cos\varphi_1 + f_2\cos\varphi_2 + \cdots + f_n\cos\varphi_n) - i(f_1\sin\varphi_1 + f_2\sin\varphi_2 + \cdots f_n\sin\varphi_n)] \\
&= [f_1\cos\varphi_1 + f_2\cos\varphi_2 + \cdots + f_n\cos\varphi_n]^2 + [f_1\sin\varphi_1 + f_2\sin\varphi_2 + \cdots + f_n\sin\varphi_n]^2 \\
&= \left[\sum_{j=1}^{n} f_j\cos\varphi_j\right]^2 + \left[\sum_{j=1}^{n} f_j\sin\varphi_j\right]^2 \\
&= \left[\sum_{j=1}^{n} f_j\cos 2\pi(HX_j + KY_j + LZ_j)\right]^2 + \left[\sum_{j=1}^{n} f_j\sin 2\pi(HX_j + KY_j + LZ_j)\right]^2 \tag{3-68}
\end{aligned}$$

3.2.3.1 常见布拉菲点阵的结构因子计算

结构因子的大小取决于晶胞的点阵类型，原子的种类、位置和数目，根据晶胞中阵点位置的不同，可将 14 种布拉菲点阵分为简单点阵、底心点阵、体心点阵和面心点阵四大类，现分别计算如下：

(1) 简单点阵

简单点阵的晶胞仅有一个原子，坐标为 (0, 0, 0)，即 $X = Y = Z = 0$。设原子的散射因子为 f，则

$$F_{HKL}^2 = f^2 \tag{3-69}$$

结果表明，简单点阵的结构因子与 HKL 无关，且不等于零，故凡是满足布拉格方程的所有 HKL 晶面均可产生衍射花样。

（2）底心点阵

底心点阵的晶胞有两个原子，坐标分别为 $(0，0，0)$、$\left(\dfrac{1}{2}，\dfrac{1}{2}，0\right)$，各原子的散射因子均为 f，则

$$F_{HKL}^2 = f^2 \left[1 + \cos(H+K)\pi\right]^2 \tag{3-70}$$

① 当 $H+K$ 为偶数时，$F_{HKL}^2 = 4f^2$；

② 当 $H+K$ 为奇数时，$F_{HKL}^2 = 0$。

以上讨论表明，底心点阵的结构因子仅与 H、K 有关，而与 L 无关。在 H、K 同奇或同偶时，$H+K$ 为偶数，结构因子为 $4f^2$，凡满足布拉格方程的晶面均可产生衍射；当 H、K 奇偶混杂时，$H+K$ 为奇数，结构因子为零，该晶面虽然满足布拉格方程，但其散射强度为零，无衍射花样产生，出现了所谓的消光现象。将这种由于点阵结构的原因导致的消光称为点阵消光，显然简单点阵无点阵消光。

（3）体心点阵

体心点阵的晶胞由两个原子组成，坐标分别为 $(0，0，0)$、$\left(\dfrac{1}{2}，\dfrac{1}{2}，\dfrac{1}{2}\right)$，各原子的散射因子均为 f，则

$$F_{HKL}^2 = f^2 \left[1 + \cos(H+K+L)\pi\right]^2 \tag{3-71}$$

① 当 $H+K+L=$ 奇数时，$F_{HKL}^2 = 0$；

② 当 $H+K+L=$ 偶数时，$F_{HKL}^2 = 4f^2$。

由此可见，对于体心点阵的晶胞，仅在 $H+K+L$ 为偶数时才能发生相干散射增强，出现衍射花样，而在 $H+K+L$ 为奇数时，即使满足布拉格方程的晶面也无衍射花样产生，出现了点阵消光。

（4）面心点阵

面心点阵的晶胞拥有 4 个原子，其坐标分别为：$(0，0，0)$、$\left(\dfrac{1}{2}，\dfrac{1}{2}，0\right)$、$\left(\dfrac{1}{2}，0，\dfrac{1}{2}\right)$、$\left(0，\dfrac{1}{2}，\dfrac{1}{2}\right)$，各原子的散射因子均为 f，则

$$F_{HKL}^2 = f^2 \left[1 + \cos(K+L)\pi + \cos(L+H)\pi + \cos(H+K)\pi\right]^2 \tag{3-72}$$

① 当 H、K、L 全奇或全偶时，$K+L$、$L+H$、$H+K$ 均为偶数，$F_{HKL}^2 = 16f^2$；

② 当 H、K、L 奇偶混杂时，$K+L$、$L+H$、$H+K$ 中必有两个奇数，一个偶数，$F_{HKL}^2 = 0$。

因此，面心点阵中，晶面指数同奇或同偶时，将产生衍射花样，而当晶面指数奇偶混杂时，结构因子为零，出现点阵消光。

综上分析，布拉菲点阵的消光规律见表 3-1。

表 3-1　常见点阵的消光规律

简单点阵							底心点阵		体心点阵			面心点阵	
简单单斜	简单斜方	简单正方	简单立方	简单六方	菱方	三斜	底心单斜	底心斜方	体心斜方	体心正方	体心立方	面心立方	面心斜方
无点阵消光							H、K 奇偶混杂，L 无要求		$H+K+L=$奇数			H、K、L 奇偶混杂	

注意：①结构因子 F_{HKL}^2 的大小与点阵类型、原子种类、原子位置和数目有关，而与点阵参数（a、b、c、α、β、γ）无关。②消光规律仅与点阵类型有关，同种点阵类型的不同结构具有相同的消光规律。例如，体心立方、体心正方、体心斜方的消光规律相同，即 $H+K+L$ 为奇数时三种结构均出现消光。③当晶胞中有异种原子时，F_{HKL}^2 的计算与同种原子的计算一样，只是 f_j 分别用各自的散射因子代入即可。④以上消光规律反映了点阵类型与衍射花样之间的具体关系，它仅取决于点阵类型，我们称这种消光为点阵消光。

常见的四种立方系点阵晶体的衍射线分布如图 3-15 所示。

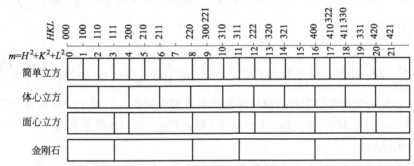

图 3-15　四种立方点阵晶体衍射线分布示意图

3.2.3.2　复杂点阵的 F_{HKL}^2 的计算

常见的复杂点阵有金刚石结构、密排六方结构、NaCl 结构、超点阵结构等。

（1）金刚石结构

金刚石结构是一种复式点阵，由面心立方点阵沿其对角线移动 $\frac{1}{4}$ 套构而成，共有 8 个同类原子，设原子散射因子为 f，八个原子的坐标如下：$(0,0,0)$、$\left(\frac{1}{2},\frac{1}{2},0\right)$、$\left(\frac{1}{2},0,\frac{1}{2}\right)$、$\left(0,\frac{1}{2},\frac{1}{2}\right)$、$\left(\frac{1}{4},\frac{1}{4},\frac{1}{4}\right)$、$\left(\frac{3}{4},\frac{3}{4},\frac{1}{4}\right)$、$\left(\frac{3}{4},\frac{1}{4},\frac{3}{4}\right)$、$\left(\frac{1}{4},\frac{3}{4},\frac{3}{4}\right)$。则

$$F_{HKL}^2 = 2F_F^2\left[1+\cos\frac{\pi}{2}(H+K+L)\right] \tag{3-73}$$

式中，F_F^2 为面心点阵的结构因子。讨论：

① 当 H、K、L 奇偶混杂时，$F_F^2=0$，故 $F_{HKL}^2=0$；

② 当 H、K、L 全奇时，$F_{HKL}^2=2F_F^2=32f^2$；

③ 当 H、K、L 全偶，且 $H+K+L=4n$ 时（n 为整数），$F_{HKL}^2=2F_F^2(1+1)=64f^2$；

④ 当 H、K、L 全偶，$H+K+L\neq 4n$ 时，则 $H+K+L=2(2n+1)$，$F_{HKL}^2=2F_F^2(1-$

1)＝0

由上分析可知，金刚石结构除了遵循面心立方点阵的消光规律外，还有附加消光，即 H、K、L 全偶，$H+K+L\neq 4n$ 时，$F_{HKL}^2=0$。

（2）密排六方结构

密排六方结构是由三个单位平行六面体原胞组成，每个原胞又可看成是两个简单平行六面体套构而成，原胞有两个同类原子组成，其坐标分别为（0，0，0）、$\left(\dfrac{1}{3},\dfrac{2}{3},\dfrac{1}{2}\right)$，设原子散射因子均为 f，则

$$F_{HKL}^2=4f^2\cos^2\left(\frac{H+2K}{3}+\frac{L}{2}\right)\pi \tag{3-74}$$

讨论：① 当 $H+2K=3n$，$L=2n$ 时（n 为整数）：$F_{HKL}^2=4f^2\cos^2 2n\pi=4f^2$；

② 当 $H+2K=3n$，$L=2n+1$ 时：$F_{HKL}^2=4f^2\cos^2\left(n+\dfrac{2n+1}{2}\right)\pi=4f^2\cos^2(4n+1)\dfrac{\pi}{2}=0$；

③ 当 $H+2K=3n\pm 1$，$L=2n+1$ 时：$F_{HKL}^2=4f^2\cos^2\left(n+\dfrac{1}{3}+n+\dfrac{1}{2}\right)\pi=4f^2\cos^2\left(2n+\dfrac{5}{6}\right)\pi=3f^2$；

④ 当 $H+2K=3n\pm 1$，$L=2n$ 时：$F_{HKL}^2=4f^2\cos^2\left(n\pm\dfrac{1}{3}+n\right)\pi=4f^2\cos^2\left(2n\pm\dfrac{1}{3}\right)\pi=f^2$。

密排六方结构中的单位平行六面体原胞中含有两个原子，它属于简单六方布拉菲点阵，没有点阵消光，但在 $H+2K=3n$，$L=2n+1$ 时，$F_{HKL}^2=0$，出现了消光。

（3）NaCl 结构

一个晶胞中由四个 Cl 原子和四个 Na 原子组成，Cl 原子的散射因子为 f_{Cl}，其坐标：$\left(\dfrac{1}{2},\dfrac{1}{2},\dfrac{1}{2}\right)$、$\left(0,0,\dfrac{1}{2}\right)$、$\left(0,\dfrac{1}{2},0\right)$、$\left(\dfrac{1}{2},0,0\right)$；Na 原子的散射因子为 f_{Na}，其坐标：$(0,0,0)$、$\left(\dfrac{1}{2},\dfrac{1}{2},0\right)$、$\left(\dfrac{1}{2},0,\dfrac{1}{2}\right)$、$\left(0,\dfrac{1}{2},\dfrac{1}{2}\right)$。则

$$\begin{aligned}F_{HKL}=&f_{Na}[1+\cos(H+K)\pi+\cos(K+L)\pi+\cos(L+H)\pi]+\\&f_{Cl}[\cos(H+K+L)\pi+\cos L\pi+\cos K\pi+\cos H\pi]\end{aligned} \tag{3-75}$$

讨论：

① 当 H、K、L 奇偶混杂时，$H+K$、$H+L$、$K+L$ 必为两奇一偶，$H+K+L$、H、K、L 必为两奇两偶，故 $F_{HKL}^2=0$；

② 当 H、K、L 同奇时，$F_{HKL}^2=(4f_{Na}-4f_{Cl})^2=16(f_{Na}-f_{Cl})^2$；

③ 当 H、K、L 同偶时，$F_{HKL}^2=(4f_{Na}+4f_{Cl})^2=16(f_{Na}+f_{Cl})^2$。

NaCl 结构为面心点阵，基元由两个异类原子组成，此时消光规律与面心点阵相同，没有产生附加消光，只是衍射强度有所变化。

（4）超点阵结构

有些合金在一定的临界温度时会发生无序与有序的可逆转变。$AuCu_3$ 即为其中一种，当温度高于 395℃时，为无序的面心点阵见图 3-16(a)，Au 原子和 Cu 原子均有可能出现于六面体的顶点和面心，其出现的概率为各自的原子分数，因此，顶点和面心上的原子可看成

是一个平均原子，原子散射因子 $f_{平均}=(0.25f_{Au}+0.75f_{Cu})$，四个平均原子组成了面心点阵，其消光规律也类似于面心点阵，即 H、K、L 奇偶混杂时，结构因子为零，出现消光。当温度小于 395℃ 时，为有序的面心点阵，Au 原子位于六面体的顶点，坐标为 $(0，0，0)$，Cu 原子位于六面体的面心，坐标为 $\left(\dfrac{1}{2}，\dfrac{1}{2}，0\right)$、$\left(\dfrac{1}{2}，0，\dfrac{1}{2}\right)$、$\left(0，\dfrac{1}{2}，\dfrac{1}{2}\right)$，见图 3-16(b)，设原子散射因子分别为 f_{Au} 和 f_{Cu}，则

$$F_{HKL}^2=[f_{Au}+f_{Cu}\cos(H+K)\pi+f_{Cu}\cos(H+L)\pi+f_{Cu}\cos(K+L)\pi]^2 \qquad (3-76)$$

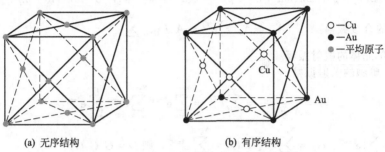

(a) 无序结构　　　　　　　　(b) 有序结构

○—Cu
●—Au
●—平均原子

图 3-16　AuCu$_3$ 合金无序和有序时的结构

① 当 H、K、L 全奇或全偶时，$F_{HKL}^2=(f_{Au}+3f_{Cu})^2$；
② 当 H、K、L 奇偶混杂时，$F_{HKL}^2=(f_{Au}-f_{Cu})^2\neq 0$。

可见 AuCu$_3$ 在有序化后，H、K、L 奇偶混杂时的结构因子不为零，出现了衍射，不过此时的结构因子较小，为弱衍射。有序化使无序固溶体因消光而不出现的衍射线重新出现，这种重新出现的衍射线称为超点阵线，具有这种特征的结构称为超点阵结构。

由上述复杂点阵的结构因子讨论可知，当阵点不是一个单原子，而是一个原子集团时，基元内原子散射波间相互干涉也可能会导致消光，此外，布拉菲点阵通过套构后形成的复式点阵，出现了布拉菲点阵本身没有的消光规律，这种附加的消光称为结构消光。结构消光与点阵消光合称系统消光。消光规律在衍射花样分析中非常重要，衍射矢量方程只是解决了衍射的方向问题，满足衍射矢量方程是发生衍射的必要条件，能否产生衍射花样还取决于结构因子，仅当 F_{HKL}^2 不为零时，(HKL) 面才能产生衍射。因此，(HKL) 产生衍射的充要条件有两条：①满足衍射矢量方程；②$F_{HKL}^2\neq 0$。

3.2.4　单晶体的散射强度与干涉函数

单晶体是由晶胞在三维方向堆垛而成，设单晶体为平行六面体，三维方向的晶胞数分别为 N_1、N_2、N_3，晶胞总数 $N=N_1N_2N_3$，晶胞的基矢量分别为 $\vec{a}$、$\vec{b}$、$\vec{c}$。单胞的散射振幅为各原子的散射振幅的合成，与此相似，单晶体的散射振幅为各单胞的散射振幅的合成。

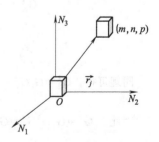

图 3-17　单晶体点阵示意图

设晶胞 j 的坐标为 $(m，n，p)$，见图 3-17，其位置矢量为 $\vec{r_j}=m\vec{a}+n\vec{b}+p\vec{c}$，式中 m 为 $0\sim(N_1-1)$，n 为 $0\sim(N_2-1)$，p 为 $0\sim(N_3-1)$。入射和散射的单位矢量分别为 $\vec{s_0}$ 和 $\vec{s}$，两晶胞间的光程差为

$$\delta_j = \vec{r}_j \cdot \vec{s} - \vec{r}_j \cdot \vec{s}_0 = \vec{r}_j \cdot (\vec{s} - \vec{s}_0) \tag{3-77}$$

而相位差为

$$\varphi_j = \frac{2\pi}{\lambda}\delta_j = \frac{2\pi}{\lambda}\vec{r}_j \cdot (\vec{s} - \vec{s}_0) = 2\pi\vec{r}_j \cdot \frac{1}{\lambda}(\vec{s} - \vec{s}_0) = 2\pi\vec{r}_j \cdot \vec{g}_j \tag{3-78}$$

式中的 $\vec{g}_j = \xi\vec{a}^* + \eta\vec{b}^* + \zeta\vec{c}^*$，为倒空间中的流动矢量，$\xi$、$\eta$、$\zeta$ 为倒阵空间中的流动坐标，由于倒易点阵可连续变化，所以 ξ、η、ζ 不再是整数 H、K、L 了，此时相位差可表示为：

$$\varphi_j = 2\pi\vec{r}_j \cdot \vec{g}_j = 2\pi(m\vec{a} + n\vec{b} + p\vec{c}) \cdot (\xi\vec{a}^* + \eta\vec{b}^* + \zeta\vec{c}^*) = 2\pi(m\xi + n\eta + p\zeta) \tag{3-79}$$

单晶体的合成振幅：
$$A_m = A_b \sum_{j=1}^{N} e^{i\varphi_j} = A_e F_{HKL} \sum_{j=1}^{N} e^{i\varphi_j} \tag{3-80}$$

设 $G = \dfrac{\text{单晶体的散射振幅}}{\text{单胞的散射振幅}}$　则

$$G = \frac{A_m}{A_e F_{HKL}} = \sum_{j=1}^{N} e^{i\varphi_j} = \sum_{m=0}^{N_1-1} e^{2\pi m\xi i} \sum_{n=0}^{N_2-1} e^{2\pi n\eta i} \sum_{p=0}^{N_3-1} e^{2\pi p\zeta i} \tag{3-81}$$

令 $G_1 = \sum\limits_{m=0}^{N_1-1} e^{2\pi m\xi i}$，$G_2 = \sum\limits_{n=0}^{N_2-1} e^{2\pi n\eta i}$，$G_3 = \sum\limits_{p=0}^{N_3-1} e^{2\pi p\zeta i}$，则 $G = G_1 G_2 G_3$。

因为
$$G^2 = GG^* = (G_1 G_1^*)(G_2 G_2^*)(G_3 G_3^*) \tag{3-82}$$

$$G_1 = \sum_{m=0}^{N_1-1} e^{i2\pi m\xi} = e^{i2\pi\times 0\xi} + e^{i2\pi\times 1\xi} + e^{i2\pi\times 2\xi} + \cdots + e^{i2\pi(N_1-1)\xi}$$

$$\begin{aligned}
&= \frac{1 - e^{iN_1 2\pi\xi}}{1 - e^{i2\pi\xi}} = \frac{1 - (\cos N_1 2\pi\xi + i\sin N_1 2\pi\xi)}{1 - (\cos 2\pi\xi + i\sin 2\pi\xi)} \\[6pt]
&= \frac{2\sin^2 N_1\pi\xi - i2\sin N_1\pi\xi\cos N_1\pi\xi}{2\sin^2\pi\xi - i2\sin\pi\xi\cos\pi\xi} \\[6pt]
&= \frac{\sin N_1\pi\xi(\sin N_1\pi\xi - i\cos N_1\pi\xi)}{\sin\pi\xi(\sin\pi\xi - i\cos\pi\xi)} \\[6pt]
&= \frac{\sin N_1\pi\xi(\sin N_1\pi\xi - i\cos N_1\pi\xi)(\sin\pi\xi + i\cos\pi\xi)}{\sin\pi\xi(\sin\pi\xi - i\cos\pi\xi)(\sin\pi\xi + i\cos\pi\xi)} \\[6pt]
&= \frac{\sin N_1\pi\xi[\cos(N_1-1)\pi\xi + i\sin(N_1-1)\pi\xi]}{\sin\pi\xi}
\end{aligned} \tag{3-83}$$

$$G_1^* = \frac{\sin N_1\pi\xi[\cos(N_1-1)\pi\xi - i\sin(N_1-1)\pi\xi]}{\sin\pi\xi} \tag{3-84}$$

$$G_1^2 = G_1 G_1^* = \frac{\sin^2 N_1\pi\xi}{\sin^2\pi\xi} \tag{3-85}$$

同理可得，$G_2^2 = G_2 G_2^* = \dfrac{\sin^2 N_2\pi\eta}{\sin^2\pi\eta}$，$G_3^2 = G_3 G_3^* = \dfrac{\sin^2 N_3\pi\zeta}{\sin^2\pi\zeta}$。

因此
$$G^2 = G_1^2 G_2^2 G_3^2 = G_1 G_1^* G_2 G_2^* G_3 G_3^* = \frac{\sin^2 N_1\pi\xi}{\sin^2\pi\xi} \times \frac{\sin^2 N_2\pi\eta}{\sin^2\pi\eta} \times \frac{\sin^2 N_3\pi\zeta}{\sin^2\pi\zeta} \tag{3-86}$$

式中 G^2 称为干涉函数。由于散射强度正比于散射振幅的平方，因此

$$\frac{I_m}{I_b} = G^2, \quad \text{即} \quad I_m = I_b G^2 = I_e G^2 F_{HKL}^2 \tag{3-87}$$

I_m 为单晶的散射强度。干涉函数 G^2 的物理意义即为单晶体的散射强度与单胞的散射

强度之比，G^2 的空间分布代表了单晶体的散射强度在 ξ、η、ζ 三维空间中的分布规律。

（1）干涉函数 G^2 的分布

干涉函数 G^2 由 G_1^2、G_2^2、G_3^3 三部分组成，分别表示散射强度在三维方向上的分布规律。以 G_1^2 为例，它表示散射强度在 ξ 方向上的分布规律，设 $N_1 = 5$，其曲线如图 3-18 所示。由该图可知：

① 曲线由主峰和副峰组成，主峰的强度较高，可由洛必达法则得，在 $\xi \to 0$ 时，$\lim\limits_{\xi \to 0} G_1^2 = N_1^2$。副峰位于相邻主峰之间，副峰的个数为 $N_1 - 2$，副峰强度很弱。

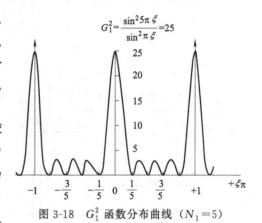

$$G_1^2 = \frac{\sin^2 5\pi\xi}{\sin^2 \pi\xi} = 25$$

图 3-18　G_1^2 函数分布曲线（$N_1 = 5$）

② 主峰的分布范围即底宽为 $2 \times \dfrac{1}{N_1}\pi$，而

副峰底宽为 $\dfrac{1}{N_1}\pi$，仅为主峰的一半。主峰高为 N_1^2，在 N_1 高于 100 时，强度几乎全部集中于主峰，副峰强度就可忽略不计。单晶体中，N_1 远高于该值，因此，仅分析主峰即可。

③ $G_1^2 - \xi\pi$ 曲线位于横轴 $\xi\pi$ 以上，当 $\xi\pi = H\pi$，即 $\xi = H$（H 为整数）时，G_1^2 取得最大值 N_1^2；当 $\xi = \pm\dfrac{1}{N_1}$ 时，$G_1^2 = 0$，即在 $\xi = H \pm \dfrac{1}{N_1}$ 范围内，主峰都有强度值。同理可得 $G_2^2 - \eta\pi$、$G_3^2 - \zeta\pi$ 的强度分布曲线。在 $\xi = H$、$\eta = K$、$\zeta = L$ 时，G^2 取得最大值 $G_{\max}^2 = N_1^2 N_2^2 N_3^2 = N^2$，主峰强度的有值范围是：$\xi = H \pm \dfrac{1}{N_1}$、$\eta = K \pm \dfrac{1}{N_2}$、$\zeta = L \pm \dfrac{1}{N_3}$。显然 G^2 在空间的分布取决于 N_1、N_2、N_3 的大小，而 N_1、N_2、N_3 又决定了晶体的形状，故称 G^2 为形状因子。常见形状因子的分布规律见图 3-19。

④ 晶体对 X 射线的衍射只在一定的方向上产生衍射线，且每条衍射线本身还具有一定的强度分布范围。

（2）单晶体的散射强度

单晶体的散射强度 $I_m = I_e G^2 F_{HKL}^2$ 主要取决于 G^2，由于实际晶体都有一定的大小，即 G^2 的主峰有一个存在范围，且晶体的尺寸愈小，G^2 的主峰存在范围就愈大，实际散射强度 I_m 应是主峰有强度范围内的积分强度，其积分强度与 $\dfrac{1}{\sin 2\theta}$ 成正比，可表示为

$$I_m = I_e F_{HKL}^2 \frac{\lambda^3}{V_0^2} \Delta V \frac{1}{\sin 2\theta} = I_0 \frac{e^4}{(4\pi\varepsilon_0)^2 m^2 c^4} \times \frac{1 + \cos^2 2\theta}{2\sin 2\theta} F_{HKL}^2 \frac{\lambda^3}{V_0^2} \Delta V \tag{3-88}$$

其中，ΔV 为单晶体被辐射的体积；V_0 为单胞体积。

需注意的是在 X 射线与原子、单胞、单晶的作用中，散射强度推导时分别产生矢量三角形，即 $\dfrac{\vec{s} - \vec{s_0}}{\lambda}$，在原子中该式不能表示为某晶面的倒易矢量，因为此时仅为原子核外的电子，没有构成晶面。而在单胞中则为衍射晶面的倒易矢量，可直接表示为 $\dfrac{\vec{s} - \vec{s_0}}{\lambda} = \vec{g} = h\vec{a} +$

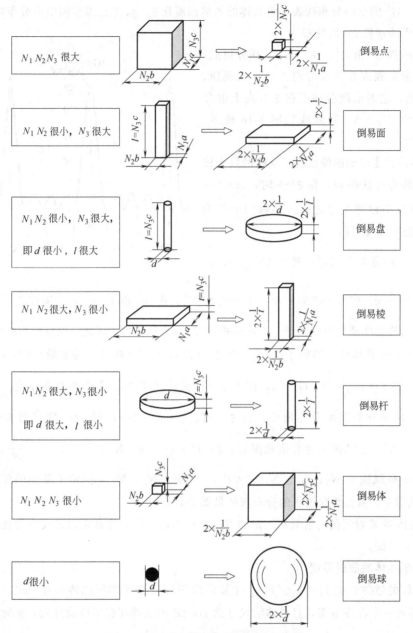

图 3-19 干涉函数 G^2 的空间分布规律

$k\vec{b}+l\vec{c}$。同样在多胞单晶中，也为一倒易矢量，不过它不代表某个具体的晶面，而是多个相干散射晶面的集合，可理解为衍射条件的放宽，此时 $\frac{\vec{s}-\vec{s_0}}{\lambda}=\vec{g}=\xi\vec{a}^*+\eta\vec{b}^*+\zeta\vec{c}^*$，$(\xi，\eta，\zeta)$ 为倒空间的流动坐标。该流动坐标是以 $(H，K，L)$ 为中心，在一定的范围内流动，流动的范围或空间取决于样品尺寸，即 $\xi=H\pm\frac{1}{N_1}$，$\eta=K\pm\frac{1}{N_2}$，$\zeta=L\pm\frac{1}{N_3}$，此时反射球仅与该流动坐标决定的倒空间相截即可产生衍射，而不需要与倒易阵点 $(H，K，L)$ 严格相截了，使衍射条件放宽，衍射更容易。此外，在布拉格方程的推导中，同样出现了$\dfrac{\vec{s}-\vec{s_0}}{\lambda}$，该矢量是衍射晶面（$hkl$）的倒易矢量，可直接表示为$\dfrac{\vec{s}-\vec{s_0}}{\lambda}=\vec{g}=h\vec{a}+k\vec{b}+l\vec{c}$。

3.2.5 单相多晶体的衍射强度

（1）参与衍射的晶粒分数

单相多晶体是由许多单晶体（细小晶粒）组成，因此，X射线在单相多晶体中产生的衍射可以看成是各单晶体衍射的合成。单相多晶材料中每个晶体的（HKL）对应于倒空间中的一个倒易点，由于晶粒取向随机，各晶粒中同名（HKL）所对应的倒易阵点分布于半径为$\dfrac{1}{d_{HKL}}$的倒易球面上，倒易球的致密性取决于晶粒数。单相多晶体中并非每个晶粒都能参与衍射，只是反射球（厄瓦尔德球）与倒易球相交的交线圆，即交线圆上的倒易阵点所对应的（HKL）晶面参与了衍射。

由单晶体的衍射强度分析可知，衍射线均存在一个强度分布范围，意味着当某晶面（HKL）满足衍射条件产生衍射时，其衍射角有一定的波动范围，存在着$\mathrm{d}\theta$，倒易点也不是一个几何点，而是具有一定形状和大小的倒易体。单相多晶体的倒易球实际上是一个具有一定厚度的球，与反射球的交线为具有一定宽度的环带，如图3-20所示。这样环带的面积ΔS与倒易球面积S之比代表了单相多晶体中参与衍射的晶粒分数。设参与衍射的晶粒数为Δq，晶粒总数为q，则参与衍射的晶粒分数为

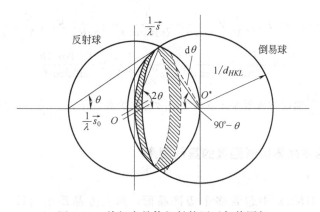

图3-20　单相多晶体衍射的厄瓦尔德图解

$$\frac{\Delta q}{q}=\frac{\Delta s}{s}=\frac{2\pi\dfrac{1}{d_{HKL}}\sin(90°-\theta)\dfrac{1}{d_{HKL}}\mathrm{d}\theta}{4\pi\dfrac{1}{d_{HKL}^2}}=\frac{\cos\theta}{2}\mathrm{d}\theta \tag{3-89}$$

所以
$$\Delta q=q\,\frac{\cos\theta}{2}\mathrm{d}\theta \tag{3-90}$$

设多晶体的衍射强度为$I_多$，则
$$I_多=\Delta qI_m \tag{3-91}$$

由式（3-88）代入，由于Δq式中的$\mathrm{d}\theta$已在单晶体衍射强度的推导中讨论过，故此处就

不再讨论了。

$$I_{多} = \Delta q I_e F_{HKL}^2 \frac{\lambda^3}{V_0^2} \Delta V \frac{1}{\sin 2\theta} = q \frac{\cos\theta}{2} I_e F_{HKL}^2 \frac{\lambda^3}{V_0^2} \Delta V \frac{1}{\sin\theta}$$

$$= q \Delta V \frac{\cos\theta}{2} I_e F_{HKL}^2 \frac{\lambda^3}{V_0^2} \times \frac{1}{2\sin\theta\cos\theta} \tag{3-92}$$

ΔV 为单晶体被辐射的体积，$q\Delta V$ 为单相多晶体被辐射的体积，设 $q\Delta V = V$，这样上式化简为

$$I_{多} = I_e F_{HKL}^2 \frac{\lambda^3}{V_0^2} V \frac{1}{4\sin\theta} \tag{3-93}$$

（2）单位弧长的衍射强度

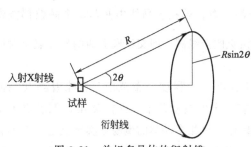

图 3-21　单相多晶体的衍射锥

以上单相多晶体的衍射强度是整个衍射环带的积分强度，实际记录的衍射强度仅是环带的一部分，为此，有必要分析一下单位环带弧长上的衍射强度。从试样中心出发，向环带引射线，从而形成具有一定厚度的衍射锥，强度测试装置位于衍射锥的底部环带处，记录的仅是锥底环带的一部分。

图 3-21 为一单相多晶体的衍射锥，设试样到锥底环带的距离为 R，衍射锥的半顶角为 2θ，锥底环带总长为 $2\pi R\sin 2\theta$，则单位弧长上的衍射强度为

$$I = \frac{I_{多}}{2\pi R\sin 2\theta} = I_e F_{HKL}^2 \frac{\lambda^3}{V_0^2} V \frac{1}{4\sin\theta} \times \frac{1}{2\pi R\sin 2\theta} = \frac{1}{16\pi R} I_e F_{HKL}^2 \frac{\lambda^3}{V_0^2} V \frac{1}{\sin^2\theta\cos\theta} \tag{3-94}$$

所以

$$I = \frac{I_0}{32\pi R} \times \frac{e^4}{(4\pi\varepsilon_0)^2 m^2 c^4} F_{HKL}^2 \frac{\lambda^3}{V_0^2} V \frac{1+\cos^2 2\theta}{\sin^2\theta\cos\theta} \tag{3-95}$$

式中，$\dfrac{1+\cos^2 2\theta}{\sin^2\theta\cos\theta}$ 项仅与散射半角 θ 有关，故称之为角因子，$\dfrac{1}{\sin^2\theta\cos\theta}$ 也称为洛伦兹因子。

3.2.6　影响单相多晶体衍射强度的其他因素

（1）多重因子 P

同一晶面族 $\{HKL\}$ 中包含多个等同晶面，如立方晶系中 $\{111\}$ 包含有（111）、（$\bar{1}$11）、（1$\bar{1}$1）、（11$\bar{1}$）、（$\bar{1}\bar{1}$1）、（$\bar{1}$1$\bar{1}$）、（1$\bar{1}\bar{1}$）、（$\bar{1}\bar{1}\bar{1}$）8 个晶面，它们具有相同的晶面间距，因此，当 $\{111\}$ 晶面族满足衍射条件时，其包含的 8 个晶面都将参与衍射，均对衍射强度作出贡献。不同的晶面族，其包含的晶面数也不同，如立方晶系中：$\{100\}$ 包含的晶面有 6 个，$\{110\}$ 则有 12 个，因此，衍射强度需要考虑这个因素。把晶面族所包含的晶面数称为多重因子，记为 P，不同结构时的多重因子可见附录 5，此时，衍射强度为

$$I = \frac{I_0}{32\pi R} \times \frac{e^4}{(4\pi\varepsilon_0)^2 m^2 c^4} F_{HKL}^2 \frac{\lambda^3}{V_0^2} V \frac{1+\cos^2 2\theta}{\sin^2\theta\cos\theta} P \tag{3-96}$$

（2）吸收因子 A（θ）

试样对 X 射线的吸收使衍射强度衰减，为此需在衍射强度中引入吸收因子 A：

$$A = \frac{\text{有吸收时的衍射强度}}{\text{无吸收时的衍射强度}} \tag{3-97}$$

以修正样品吸收对衍射强度的影响,则经修正后的衍射强度为

$$I = \frac{I_0}{32\pi R} \times \frac{e^4}{(4\pi\varepsilon_0)^2 m^2 c^4} F_{HKL}^2 \frac{\lambda^3}{V_0^2} V \frac{1 + \cos^2 2\theta}{\sin^2\theta\cos\theta} PA \tag{3-98}$$

吸收因子 A 与试样的线吸收系数、形状、尺寸和衍射角有关。试样通常有圆柱状和平板状两种,前者用于照相法,后者用于衍射仪法。

圆柱试样的吸收因子 A 主要取决于线吸收系数 μ_l、试样半径 r 及衍射半角 θ。对于一个固定的试样来说,$\mu_l r$ 为定值,有时又将 $\mu_l r$ 称为试样的相对吸收系数,柱状试样的吸收因子 A 与 $\mu_l r$ 及 θ 的变化关系如图 3-22 所示。显然,$\mu_l r$ 愈大,$A(\theta)$ 愈小,衍射强度愈小,表明试样对 X 射线的吸收愈多。同一个 $\mu_l r$ 时,随着 θ 的增加,背射增多,透射减少,衍射线在试样中的作用路径减少,故试样对其的吸收减弱,吸收因子 $A(\theta)$ 增加。在 $\theta < 45°$ 时,即 $2\theta < 90°$,衍射主要是透射,且衍射线在试样中的路径长,吸收显著增加,A 相对较小;当 $\theta > 45°$ 时,即 $2\theta > 90°$,衍射线主要是背射,在试样中的路径短,试样对其吸收少,曲线相对平缓;在 $\theta \to 90°$,即 $2\theta = 180°$ 时,$A(\theta) \to 1$,此时可以忽略样品对衍射线的吸收。

平板试样主要用于衍射仪法,由于衍射线与平板试样的作用体积基本不变,见图 3-23,故吸收因子与 θ 无关,仅与样品的线吸收系数 μ_l 有关,并可证明平板试样的吸收因子为常数,即 $A = \dfrac{1}{2\mu_l}$。

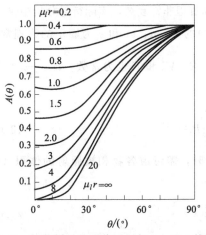

图 3-22　柱状样品的吸收因子与 $\mu_l r$ 和 θ 的关系

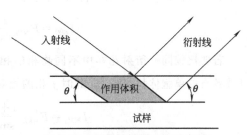

图 3-23　平板试样的吸收示意图

（3）温度因子 e^{-2M}

在上述衍射强度的讨论中,假定原子是静止不动的,发生衍射时,原子所在的晶面严格满足衍射条件,实际上晶体中的原子是绕其平衡位置不停地做热振动,且温度愈高,其振幅愈大。这样,在热振动过程中,原子离开了平衡位置,破坏了原来严格满足的衍射条件,从而使该原子所在反射面的衍射强度减弱。因此,需要引入温度因子。

令 　　　　　温度因子 = $\dfrac{\text{考虑原子热振动时的衍射强度}}{\text{未考虑原子热振动时的衍射强度}}$

用来修正由于原子的热振动对衍射强度的影响。由固体物理中的比热容理论，可导出该温度因子的大小为 e^{-2M}，其中

$$M = \frac{6h^2}{m_a k \Theta}\left[\frac{\phi(\chi)}{\chi} + \frac{1}{4}\right]\frac{\sin^2\theta}{\lambda^2} \tag{3-99}$$

式中，h 为普朗克常数；m_a 为原子质量；k 为玻尔兹曼常数；Θ 为特征温度平均值，常见物质的特征温度见附录 6；χ 为特征温度平均值 Θ 与实验温度 T 之比，即 $\chi = \dfrac{\Theta}{T}$；θ 为衍射半角；$\phi(\chi)$ 为德拜函数，具体值可查阅附录 7。

温度愈高，原子热振动的振幅愈大，偏离衍射条件愈远，衍射强度的下降就愈大。当温度一定时，θ 愈大，M 愈大，e^{-2M} 愈小，这表明同一衍射花样中，θ 愈大，衍射强度下降得愈多。另外，由于入射 X 射线的波长 λ 一般为定值，因此，由布拉格方程可知 θ 的影响同样也反映了晶面间距对衍射强度的影响。

由于原子的热振动偏离了衍射条件，使衍射强度下降，同时增加了衍射花样的背底噪声，且随衍射半角的增加而加剧，这对衍射花样的分析不利。

综合以上各种影响因素，多晶体材料的衍射强度为

$$I = \frac{I_0}{32\pi R} \times \frac{e^4}{(4\pi\varepsilon_0)^2 m^2 c^4} F_{HKL}^2 \frac{\lambda^3}{V_0^2} V \frac{1+\cos^2 2\theta}{\sin^2\theta\cos\theta} PA e^{-2M} \tag{3-100}$$

式中，P 为多重因子；A 为吸收因子；F_{HKL}^2 为结构因子；$\dfrac{1+\cos^2 2\theta}{\sin^2\theta\cos\theta}$ 为角度因子；e^{-2M} 为温度因子。该式得到的是衍射强度的绝对值，计算过程非常复杂，实际衍射分析中仅需要衍射强度的相对值。这样对于同一个衍射花样，式中的 e、m、ε_0 和 c 为固定的物理常数，即 $\dfrac{e^4}{(4\pi\varepsilon_0)^2 m^2 c^4}$ 为常数；对于同一物相，式中 I_0、λ、R、V_0 和 V 也为常数，即 $\dfrac{I_0}{32\pi R} \times \dfrac{\lambda^3}{V_0^2} V$ 为常数，这样单相多晶体衍射的相对强度为

$$I_{\text{相对}} = F_{HKL}^2 \frac{1+\cos^2 2\theta}{\sin^2\theta\cos\theta} PA e^{-2M} \tag{3-101}$$

若要比较同一衍射花样中不同物相的相对强度时，需考虑各物相被照射的体积（V_j）以及各自的单胞体积（V_{0j}），此时 j 相的相对强度为

$$I_{\text{相对}j} = F_{HKL}^2 \frac{1+\cos^2 2\theta}{\sin^2\theta\cos\theta} PA e^{-2M} \frac{V_j}{V_{0j}^2} \tag{3-102}$$

该式将在第 4 章中物相的定量分析中得到应用。总之，X 射线的作用单元从电子、原子、单胞、单晶、单相多晶直到多相多晶，衍射强度的影响因素归纳见表 3-2。

表 3-2　X 射线衍射强度的影响因素

作用单元	影响因子	表征
电子（e）	电子散射因子 f_e	$f_e = \dfrac{e^2}{4\pi\varepsilon_0 mc^2}$

作用单元	影响因子	表征
原子(a)	原子散射因子 f_a （f）	瞬时值：$f_a = \dfrac{A_a}{A_e} = \sum\limits_{j=1}^{Z} e^{i\varphi_j}$，$\varphi_j = 2\pi \vec{r}_j \cdot \dfrac{(\vec{s}-\vec{s}_0)}{\lambda} = |\vec{r}_j| \dfrac{4\pi\sin\theta}{\lambda}\cos\alpha$； 平均值：$f_a = \displaystyle\int_0^\infty U(r)\dfrac{\sin Kr}{Kr}dr$
单胞(b)	结构因子 F_{HKL}^2	$F_{HKL} = \dfrac{A_b}{A_a} = \sum\limits_{j=1}^{n} f_j e^{i\varphi_j}$；$\varphi_j = 2\pi\vec{r}_j \cdot \dfrac{(\vec{s}-\vec{s}_0)}{\lambda} = 2\pi(HX_j + KY_j + LZ_j)$ $F_{HKL}^2 = \Big[\sum\limits_{j=1}^{n} f_j\cos2\pi(HX_j+KY_j+LZ_j)\Big]^2 + \Big[\sum\limits_{j=1}^{n} f_j\sin2\pi(HX_j+KY_j+LZ_j)\Big]^2$
单晶体(m)	形状因子或干涉函数 G^2	$G = \dfrac{A_m}{A_b} = \sum\limits_{j=1}^{N} e^{i\varphi_j}$，$\varphi_j = 2\pi\vec{r}_j \cdot \dfrac{(\vec{s}-\vec{s}_0)}{\lambda} = 2\pi(\xi m_j + \eta n_j + \zeta p_j)$； $G^2 = \dfrac{\sin^2\pi N_1\xi}{\sin^2\pi\xi} \times \dfrac{\sin^2\pi N_2\eta}{\sin^2\pi\eta} \times \dfrac{\sin^2\pi N_3\zeta}{\sin^2\pi\zeta}$
单相多晶	衍射晶粒数与晶粒总数之比	$\dfrac{\Delta q}{q} = \dfrac{\cos\theta}{2}d\theta$
	单位交线圆带长	$\dfrac{1}{2\pi R\sin2\theta}$
	其他因子 — 多重因子	P
	其他因子 — 吸收因子	$A = \dfrac{1}{2\mu_l}$
	其他因子 — 温度因子	e^{-2M}
	衍射强度	$I = \dfrac{I_0}{32\pi R} \times \dfrac{e^4}{(4\pi\varepsilon_0)^2 m^2 c^4} F_{HKL}^2 \dfrac{\lambda^3}{V_0^2} V \dfrac{1+\cos^2 2\theta}{\sin^2\theta\cos\theta} PAe^{-2M}$
	相对衍射强度	$I_{相对} = F_{HKL}^2 \dfrac{1+\cos^2 2\theta}{\sin^2\theta\cos\theta} PAe^{-2M}$
多相多晶	衍射强度	$I = \dfrac{I_0}{32\pi R} \times \dfrac{e^4}{(4\pi\varepsilon_0)^2 m^2 c^4} F_{HKL}^2 \dfrac{\lambda^3}{V_{0j}^2} V_j \dfrac{1+\cos^2 2\theta}{\sin^2\theta\cos\theta} PAe^{-2M}$
	相对衍射强度	$I_{相对} = F_{HKL}^2 \dfrac{V_j}{V_{0j}^2} \dfrac{1+\cos^2 2\theta}{\sin^2\theta\cos\theta} PAe^{-2M}$

本章小结

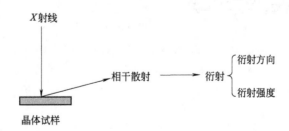

本章主要介绍了 X 射线的衍射原理，包括衍射的方向和衍射的强度。衍射的方向由劳埃方程、布拉格方程决定，布拉格方程本质上是劳埃方程的一种简化，同时也是本书第五章电子衍射的基础。X 射线的衍射方向依赖于晶胞的形状和大小。希拉格方程解决了 X 射线衍射方向问题，但它仅是发生衍射的必要条件，最终能否产生衍射花样还取决于衍射强度，当衍射强度为零或很小时，仍不显衍射花样。衍射强度取决于晶胞中原子的排列方式和原子种类，本章是以 X 射线的作用对象由小到大的顺序，即从电子→原子→单胞→单晶体→多晶体分别进行讨论的，最终导出了 X 射线作用于一般多晶体的相对衍射强度计算公式，并获得了影响衍射强度的一系列因素：结构因子、温度因子、多重因子、角度因子，吸收因子等。衍射强度 I 与衍射角 2θ 之间的关系曲线即为晶体的衍射花样，通过衍射花样分析，可以获得有关晶体的晶胞类型、晶体取向等结构信息，并为下一章 X 射线的应用打下了理论基础。

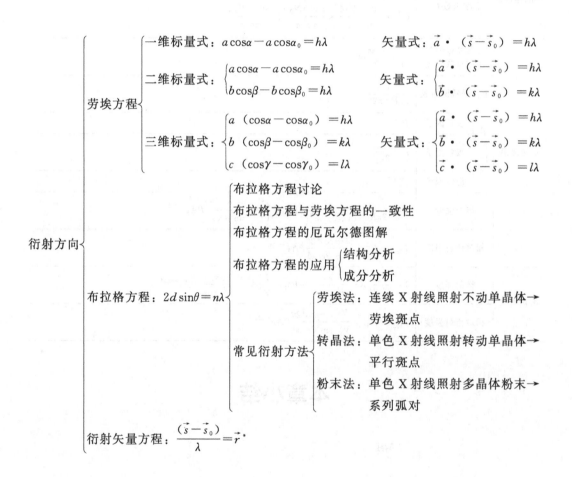

$$
\text{衍射强度}
\begin{cases}
\text{电子 } e
\begin{cases}
\text{X 射线偏振入射：} I_e = I_0 \dfrac{e^4}{(4\pi\varepsilon_0)^2 m^2 c^4 R^2} \sin^2\varphi \\[3mm]
\text{X 射线非偏振入射：} I_e = I_0 \dfrac{e^4}{(4\pi\varepsilon_0)^2 m^2 c^4 R^2} \times \dfrac{1+\cos^2 2\theta}{2} \\[3mm]
\text{电子散射因子：} f_e = \dfrac{e^2}{4\pi\varepsilon_0 m c^2}
\end{cases}\\[20mm]
\text{原子 } a
\begin{cases}
I_a = f^2 I_e\,;\ \text{原子散射因子：} f = \dfrac{A_a}{A_e} \\[3mm]
\text{瞬时值：} f = \dfrac{A_a}{A_e} = \displaystyle\sum_{j=1}^{Z} e^{i\varphi_j}\,;\ \text{平均值：} f = \dfrac{A_a}{A_e} = \int_0^\infty U(r)\dfrac{\sin Kr}{Kr}\,\mathrm{d}r \\[3mm]
\text{关于 } f \text{ 的讨论：①核外相干散射电子集中于一点时，} f = Z\,; \\
\qquad\qquad\qquad\ \text{②} 2\theta = 0^\circ \text{时，} f = Z\,; \\
\qquad\qquad\qquad\ \text{③} \lambda = C \text{ 时，} \theta \text{ 增加，} f \text{ 减小，且均小于 } Z\,; \\
\qquad\qquad\qquad\ \text{④} \lambda \text{ 接近吸收限 } \lambda_K \text{ 时，} f \text{ 会显著减小，出现反常散射}
\end{cases}\\[30mm]
\text{单胞 } b
\begin{cases}
F_{HKL} = \dfrac{A_b}{A_e} = \displaystyle\sum_{j=1}^{n} f_j\, e^{i\varphi_j}\,; \\[3mm]
\text{结构因子：} F_{HKL}^2 = \left[\displaystyle\sum_{j=1}^{n} f_j \cos 2\pi(HX_j + KY_j + LZ_j)\right]^2 \\[3mm]
\qquad\qquad\qquad + \left[\displaystyle\sum_{j=1}^{n} f_j \sin 2\pi(HX_j + KY_j + LZ_j)\right]
\end{cases}\\[20mm]
\text{单晶体 } m：
\begin{cases}
G = \dfrac{A_m}{A_b} = \displaystyle\sum_{j=1}^{N} e^{i\varphi_j} = \sum_{N_1=1}^{N_1-1} e^{i2\pi m\zeta} \sum_{N_2=1}^{N_2-1} e^{i2\pi n\eta} \sum_{N_3=1}^{N_3-1} e^{i2\pi p\zeta} \\[3mm]
\text{干涉函数：} G^2 = \dfrac{\sin^2 \pi N_1 \xi}{\sin^2 \pi\xi} \times \dfrac{\sin^2 \pi N_2 \zeta}{\sin^2 \pi\eta} \times \dfrac{\sin^2 \pi N_3 \zeta}{\sin^2 \pi\zeta}
\end{cases}\\[15mm]
\text{单相多晶体：} I = \dfrac{I_0}{32\pi R} \times \dfrac{e^4}{(4\pi\varepsilon_0)^2 m^2 c^4} F_{HKL}^2 \dfrac{\lambda^3}{V_0^2} V \dfrac{1+\cos^2 2\theta}{\sin^2\theta\cos\theta} PA\, e^{-2M} \\[5mm]
\text{单相多晶体相对强度：} I_{相对} = F_{HKL}^2 \dfrac{1+\cos^2 2\theta}{\sin^2\theta\cos\theta} PA\, e^{-2M} \\[5mm]
\text{j 相相对强度：} I_{j相对} = F_{HKL}^2 \dfrac{1+\cos^2 2\theta}{\sin^2\theta\cos\theta} PA\, e^{-2M} \dfrac{V_j}{V_{0j}^2}
\end{cases}
$$

$$
系统消光\\
F_{HKL}^{2}=0
\left\{
\begin{array}{l}
点阵\\
消光
\left\{
\begin{array}{l}
简单点阵：F_{HKL}^{2}=f^{2}\ 无消光，表示只要满足布拉格方程的晶面均具有衍射强度\\[4pt]
底心点阵：F_{HKL}^{2}=f^{2}\left[1+\cos(H+K)\pi\right]^{2}\\[4pt]
(1)\ 当\ H+K\ 为偶数时，F_{HKL}^{2}=4f^{2}；\\[4pt]
(2)\ 当\ H+K\ 为奇数时，F_{HKL}^{2}=0\\[4pt]
体心点阵：F_{HKL}^{2}=f^{2}\left[1+\cos(H+K+L)\pi\right]^{2}\\[4pt]
(1)\ 当\ H+K+L=奇数时，F_{HKL}^{2}=0；\\[4pt]
(2)\ 当\ H+K+L=偶数时，F_{HKL}^{2}=4f^{2}\\[4pt]
面心点阵：F_{HKL}^{2}=f^{2}\left[1+\cos(K+L)\pi+\cos(L+H)\pi+\cos(H+K)\pi\right]^{2}\\[4pt]
(1)\ 当\ H、K、L\ 全奇或全偶时，F_{HKL}^{2}=16f^{2}；\\[4pt]
(2)\ 当\ H、K、L\ 奇偶混杂时，F_{HKL}^{2}=0。
\end{array}
\right.\\[4pt]
结构\\
消光
\left\{
\begin{array}{l}
密排六方点阵：则\ F_{HKL}^{2}=4f^{2}\cos\left(\dfrac{H+2K}{3}+\dfrac{L}{2}\right)\pi\\[4pt]
(1)\ 当\ H+2K=3n，L=2n\ 时（n\ 为整数）：F_{HKL}^{2}=4f^{2}\\[4pt]
(2)\ 当\ H+2K=3n，L=2n+1\ 时：F_{HKL}^{2}=0\\[4pt]
(3)\ 当\ H+2K=3n\pm1，L=2n+1\ 时：F_{HKL}^{2}=3f^{2}\\[4pt]
(4)\ 当\ H+2K=3n\pm1，L=2n\ 时：F_{HKL}^{2}=f^{2}
\end{array}
\right.
\end{array}
\right.
$$

金刚石结构：$F_{HKL}^{2}=2F_{F}^{2}\left[1+\cos\dfrac{\pi}{2}(H+K+L)\right]$ 其中 F_{F}^{2} 为面心点阵的结构因子

(1) 当 H、K、L 奇偶混杂时，$F_{F}^{2}=0$，故 $F_{HKL}^{2}=0$

(2) 当 H、K、L 全奇时，$F_{HKL}^{2}=2F_{F}^{2}=2\times16f^{2}$

(3) 当 H、K、L 全偶，且 $H+K+L=4n$ 时（n 为整数），$F_{HKL}^{2}=64f^{2}$

(4) 当 H、K、L 全偶，$H+K+L\neq4n$ 时，则 $H+K+L=2(2n+1)$，$F_{HKL}^{2}=0$

NaCl 结构：

$$
\begin{aligned}
F_{HKL}=&f_{Na}\left[1+\cos(H+K)\pi+\cos(K+L)\pi+\cos(L+H)\pi\right]\\
&+f_{Cl}\left[\cos(H+K+L)\pi+\cos L\pi+\cos K\pi+\cos H\pi\right]
\end{aligned}
$$

(1) 当 H、K、L 奇偶混杂时，$F_{HKL}^{2}=0$；

(2) 当 H、K、L 同奇时，$F_{HKL}^{2}=16(f_{Na}-f_{Cl})^{2}$；

(3) 当 H、K、L 同偶时，$F_{HKL}^{2}=16(f_{Na}+f_{Cl})^{2}$

厄瓦尔德球是非常重要的几何球，又称反射球，其半径为 $\dfrac{1}{\lambda}$，与倒易点阵结合可以使复杂的衍射关系变得简洁明了，并可直观地判断衍射结果。只要倒易阵点与反射球相截就满足衍射条件，可能产生衍射，但到底能否产生衍射花样还取决于结构因子是否为零。干涉函数 G^{2} 是倒易阵点的形状因子，决定了倒易阵点在倒空间中的形状，从而也决定了衍射束的形状，这将在电子衍射分析中详细介绍。

多晶体的衍射强度只是相对值，相对于入射强度是很小的 $\left(\approx\dfrac{1}{10^{8}}\right)$，也难于精确测量，衍射分析所需的也是相对值。

思考题

3.1 试证明布拉格方程与劳埃方程的等效性。

3.2 满足布拉格方程的晶面是否一定有衍射花样？为什么？

3.3 试述原子散射因素 f、结构因子 F_{HKL}^2、结构振幅 $|F_{HKL}|$ 和干涉函数 $|G|^2$ 的物理意义，其中结构因子与哪些因素有关？

3.4 简单点阵不存在消光现象，是否意味着简单点阵的所有晶面均能满足衍射条件，且衍射强度不为零？为什么？

3.5 α-Fe 属于立方晶系，点阵参数 $a = 0.2866\text{nm}$，如用 CrK_α X 射线（$\lambda = 0.2291\text{nm}$）照射，试求（110）、（200）、（211）可发生衍射的衍射角。

3.6 Cu 为面心立方点阵，$a = 0.4090\text{nm}$。若用 CrK_α（$\lambda = 0.2291\text{nm}$）照射周转晶体相，X 射线平行于 [001] 方向。试用厄瓦尔德图解法原理判断下列晶面能否参与衍射：（111）、（200）、（311）、（331）、（420）。

3.7 结构因子 F_{HKL}^2 计算中，原子的坐标是否可以在晶胞中任选？比如面心点阵中四个原子的位置坐标是否可以选为 $(1, 1, 1)$、$(1, 1, 0)$、$\left(\dfrac{1}{2}, \dfrac{1}{2}, 0\right)$、$\left(\dfrac{1}{2}, 1, \dfrac{1}{2}\right)$，计算结果如何？选取原子坐标时应注意什么？

3.8 化合物 A_3B 为面心立方结构，它的单胞有 4 个原子。其中 B 原子位于（0，0，0），A 原子位于（0，1/2，1/2）、（1/2，0，1/2）、（1/2，1/2，0）。A、B 原子对电子散射波的振幅分别为 f_A 和 f_B（$f_A \neq f_B$）。（1）比较（110）和（111）的结构因子；（2）如果 $f_B = 3f_A$，其结果又如何？

3.9 辨析以下概念：X 射线的散射、衍射、反射、选择反射。

3.10 多重因子、吸收因子和温度因子是如何引入多晶体衍射强度公式的？衍射分析时如何获得它们的值？

3.11 "衍射线的方向仅取决于晶胞的形状与大小，而与晶胞中原子的位置无关""衍射线的强度则仅取决于晶胞中原子的位置，而与晶胞形状及大小无关"这两句表述对吗？

3.12 采用 CuK_α（$\lambda = 0.1540\text{nm}$）照射 Cu 样品，已知 Cu 的点阵常数 $a = 0.3610\text{nm}$，分别采用布拉格方程和厄瓦尔德球求其（200）晶面的衍射角。

3.13 多重因子的物理意义是什么？试计算立方晶系中 {010}、{111}、{110} 的多重因子。

3.14 用 CuK_α（$\lambda = 0.1540\text{nm}$）照射 W 粉末试样，得其衍射花样。试计算头四根衍射线的相对积分强度，不计算吸收因子和温度因子，并设定最强线的强度为 100。头四根衍射线的 θ 分别如下：

20.2°、29.2°、36.7°、43.6°。

3.15 多晶衍射强度中，为什么平面试样的吸收因子与 θ 无关？

3.16 X 射线作用固体物质后发生了衍射，试问所产生的衍射花样可以反映晶体的哪些有用信息？

X 射线的衍射分析及其应用

根据样品的结构特点 X 射线衍射分析可分为单晶衍射分析和多晶衍射分析两种。单晶衍射分析主要分析单晶体的结构、物相、晶体取向以及晶体的完整程度，有劳埃法和转晶法两种。多晶体衍射分析主要用于分析多晶体的物相、内应力、织构等，通常有照相法和衍射仪法两种，其中衍射仪法已基本取代了照相法，特别是衍射仪与计算机相结合，使衍射分析工作基本实现了自动化，因此 X 射线衍射仪成了多晶、单晶衍射分析的首选设备，本章主要介绍 X 射线衍射仪（图 4-1）及其在工程中的应用。

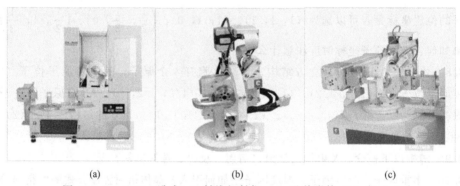

(a)   (b)   (c)

图 4-1 DX-2000（卧式）X 射线衍射仪（a）及其附件（b）与（c）

4.1 X 射线衍射仪

X 射线衍射仪是在德拜相机的基础上发展而来的，主要由 X 射线发生器、测角仪、辐射探测器、记录单元及附件（高温低温、织构测定、应力测量、试样旋转等）等部分组成。其中测角仪最为重要，是 X 射线衍射仪的核心部件。

4.1.1 测角仪

测角仪是 X 射线仪中的核心部件，有垂直与水平两种布置方式，新型 X 射线仪中的测角仪均采用垂直布置方式，此时试样可水平放置，安装方便，并可提高试样在旋转过程中的稳定性，两者的原理完全相同。图 4-2 为水平布置测角仪的结构原理图，图中带箭头的直线为 X 射线的光路图，光路放大即为图 4-3。样品 D 为固体或粉末制成的平板试样，垂直置于样品台的中央，X 射线源 S 是由 X 射线管靶面上的线状焦斑产生的线状光源，线状方向与测角仪的中心转轴平行。线状光源首先经过梭拉缝 S_1，而梭拉缝 S_1 是由一组平行的重金属（钼或钽）薄片组成，片厚约 0.05mm，片间空隙在 0.5mm 以下，宽度以度（°）计量，有 0.5°、1°、2°等多种，长度为 30mm，这样线状光源经过梭拉缝 S_1 后，在高度方向上的发散受到限制，随后通过狭缝光阑 K，使入射 X 射线在宽度方向上的发散也受到限制，因此，经过 S_1 和 K 后，X 射线将以一定的高度和宽度照射在样品表面，样品中满足布拉格衍射条件的某组晶面将发生衍射，衍射线经过狭缝光阑 L、梭拉缝 S_2 和接收光阑 F 后，以线状进入计数管 C，记录 X 射线的光子数，获得晶面衍射的相对强度。计数管与样品同时转动，且

计数管的转动角速度为样品的两倍，这样可保证入射线与衍射线始终保持 2θ 夹角，从而使得计数管收集到的衍射线是那些与样品表面平行的晶面所产生，同一晶面族中其他不与样品表面平行的晶面同样也产生衍射，只是产生的衍射线未能进入计数管，因此计数管记录的是衍射线中的一部分。当样品与计数管连续转动时，θ 由低向高变化，计数管将逐一记录各衍射线的光子数，并转化为电信号，再通过计数率仪、电位差计记录下 X 衍射线的相对强度，并从刻度盘 M 上读出发生衍射的位置 2θ，从而形成 $I_{相对}$—2θ 的关系曲线，即 X 射线的衍射花样。图 4-4 即为面心立方结构合金的衍射花样，纵坐标单位为每秒脉冲数（CPS）。衍射晶面均平行于试样表面，晶面间距从左到右逐渐减小。衍射强度反映试样中相应

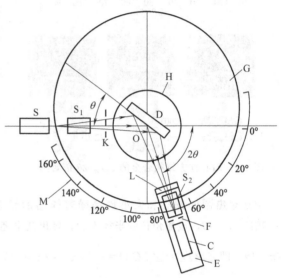

图 4-2　水平布置测角仪结构原理图

C—计数管；S_1、S_2—梭拉缝；

D—样品；E—支架；K、L—狭缝光阑；

F—接收光阑；G—测角仪圆；H—样品台；

O—测角仪中心轴；S—X 射线源；M—刻度盘

指数的晶面平行于试样表面所在晶粒的体积分数。意味着所有晶面间距由大到小（$d_{min}=n\lambda/2$，$n=1$）平行于试样表面的晶面（$F_{HKL}^2 \neq 0$），依次参与衍射形成相应的衍射峰。

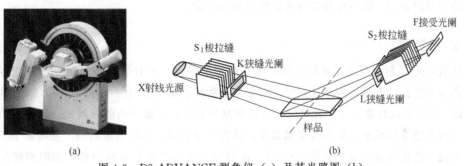

(a)　　　　　　　　　　　　　　　(b)

图 4-3　D8 ADVANCE 测角仪（a）及其光路图（b）

需指出的是：

① 测角仪中的发射光源 S，样品中心 O 和接收光阑 F 三者共圆于圆心为 O' 的圆，如图 4-5。这样可使一定高度和宽度的入射 X 射线经样品晶面反射后能在 F 处汇聚，以线状进入计数管 C，减少衍射线的散失，提高衍射强度和分辨率。

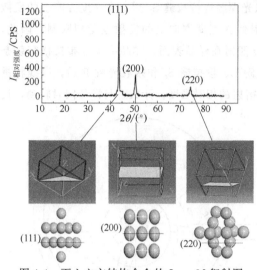

图 4-4　面心立方结构合金的 $I_{相对}$-2θ 衍射图

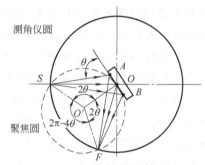

图 4-5　测角仪聚焦圆

② 聚焦圆的圆心和大小均是随着样品的转动而变化着的。圆周角 $\angle SAF = \angle SOF = \angle SBF = \pi - 2\theta$，设测角仪的半径为 R，聚焦圆半径为 r，由几何关系得：$\angle SO'F = 2\angle SOF = 2\pi - 4\theta$，即 $\angle SO'O = \angle FO'O = \frac{1}{2}\left[2\pi - (2\pi - 4\theta)\right] = 2\theta$。在等腰三角形 $\triangle SO'O$ 中，$SO' = OO' = r$，$\sin\theta = \frac{R}{2r}$，即 $r = \frac{R}{2\sin\theta}$，由该式可知聚焦圆的半径随布拉格角 θ 的变化而变化，当 $\theta \to 0°$ 时，$r \to \infty$；当 $\theta \to 90°$ 时，$r \to r_{\min} = R/2$。

③ 随着样品的转动，θ 从 $0° \to 90°$，由布拉格方程可得晶面间距 $d = \frac{\lambda}{2\sin\theta}$ 将从最大降到最小（$\lambda/2$），从而使得晶体表层区域中晶面间距不等的所有平行于表面的晶面均参与了衍射，并由计数管分别记录。

④ 计数管与样品台保持联动，角速率之比为 2：1，但在特殊情况下，如单晶取向、宏观内应力等测试中，也可使样品台和计数管分别转动。

4.1.2　计数器

计数器是 X 射线仪中记录衍射相对强度的重要器件，由计数管及其附属电路组成。计数器通常有正比计数器、闪烁计数器、近年发展的锂漂移硅 Si(Li) 计数器和位敏计数器等。

图 4-6 为正比计数器中计数管的结构及其基本电路。计数管由阴阳两极、入射窗口、玻璃外壳以及绝缘体组成。阴极为金属圆筒，阳极为金属丝，阴阳两极共轴，并同罩于玻璃壳内，壳内为惰性气氛（氩气或氙气）。窗口由铍或云母等低吸收材料制成，阴阳两极间由绝缘体隔开，并加有 $600 \sim 900V$ 直流电压。

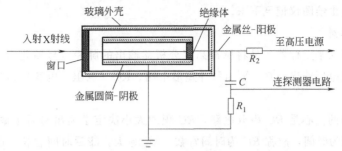

图 4-6　正比计数器中计数管的结构及其基本电路

X射线通过窗口进入金属筒内，使惰性气体电离，产生的电子在电场作用下向阳极加速运动，高速运动的电子又使气体电离，这样在电离过程中产生连锁反应即雪崩现象，在极短的时间内产生大量的电子涌向阳极，从而出现一个可测电流，通过电路转换计数器有一个电压脉冲输出。电压脉冲峰值的大小与进入窗口的光子的强度成正比，故可反映衍射线的相对强度。

正比计数器反应快，对连续到来的相邻脉冲，其分辨时间只需 10^{-6} s，计数率可达 $10^6/s$。它性能稳定，能量分辨率高，背底噪声小，计数效率高。其不足在于对温度较为敏感，对电压稳定性要求较高，雪崩放电引起的电压瞬时落差仅有几毫伏，故需较强大的电压放大设备。

4.1.3　计数电路

计数器将X射线的相对强度转变成了电信号，其输出的电信号还需进一步转换、放大和处理，才能转变成可直接读取的有效数据，计数电路就是为实现上述转换、放大和处理的电子学电路。图4-7为计数电路组成图，下面主要就脉冲高度分析器、定标器和计数率器作简单介绍。

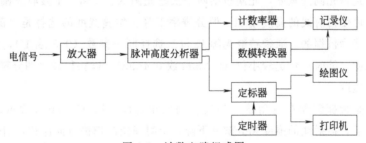

图 4-7　计数电路组成图

（1）脉冲高度分析器

由于进入计数管的X射线除了试样衍射的特征X射线外，还有连续X射线、荧光X射线等，而这将形成不利于衍射分析的干扰信号，高度分析器就是为剔除这些干扰信号而设计的，以降低噪声、提高峰背比。脉冲高度分析器由上下甄别器组成，仅让脉冲高度位于上下甄别器之间的脉冲通过电路，进入后续电路。下限脉冲波高为基线，上下脉冲波高之差称为道宽，基线和道宽均可调节。

（2）定标器

定标器是指结合定时器对通过脉冲高度分析器的脉冲进行计数的电路。它有定时计数和定数计时两种，每种都可根据需要选择不同的定标值。计量总数愈大，测量误差愈小，一般情况采用定时计数；当进行相对强度比较时，宜采用定数计时。计数结果可由数码显示，也可直接打印或由绘图仪记录下来。

（3）计数率器

计数率器不同于定标器，是将脉冲高度分析器输出的脉冲信号转化为正比于单位时间内脉冲数的直流电压输出。它主要由脉冲整形电路、RC（电阻、电容）积分电路和电压测量电路组成。

计数率器中的核心是 RC 积分电路，RC 积的大小决定了输出滞后于输入的时间长短，因 RC 积的单位为时间，故称 RC 为时间常数。RC 愈大，滞后时间愈长，计数率器对 X 射线强度的变化愈不敏感，导致衍射峰轮廓及背底变得平滑，并使峰位向扫描方向漂移，造成峰的不对称宽化，降低强度和分辨率；当 RC 过小时，虽然可提高计数率器的灵敏度，但会使衍射峰波动增大，弱峰的识别困难。故在实际应用时应选择合适的 RC，以获得满意的衍射图谱。

4.1.4 X 射线衍射仪的常规测量

4.1.4.1 试样

衍射仪的试样为平板试样。当被测材料为固体时，可直接取其一部分制成片状，将被测表面磨光，并用橡皮泥固定于空心样品架上；当被测对象是粉体时，则要用黏结剂调和后填满带有圆形凹坑的实心样品架中，再用玻璃片压平粉末表面。

4.1.4.2 实验参数

能否选择合理的实验参数，关系到能否获得满意的测量结果。实验参数主要有狭缝宽度、扫描速度、时间常数等。

（1）狭缝宽度

狭缝宽度是指光阑的宽度，光阑包括两个狭缝光阑 K、L 和一个接收光阑 F。显然，增加狭缝宽度，可使衍射线的强度增加，但分辨率下降。狭缝宽度的选择是以测量范围内 2θ 角最小的衍射峰为依据的。通常狭缝光阑 K 和 L 选择同一参数（0.5°或 1°），而接收光阑 F 在保证衍射强度足够时尽量选较小值（0.2mm 或 0.4mm），以获得较高的分辨率。

（2）扫描速度

扫描速度是指探测器在测角仪上匀速转动的角速度，以（°）/min 表示。扫描速度愈快，衍射峰平滑，衍射线的强度和分辨率下降，衍射峰位向扫描方向漂移，引起衍射峰的不对称宽化。但也不能过慢，否则扫描时间过长，一般以 3°～4°/min 为宜。

（3）时间常数

时间常数是指 R、C 的乘积，单位为时间。增加时间常数对衍射图谱的影响类似于提高扫描速度对衍射图谱的影响。时间常数不宜过小，否则会使背底噪声加剧，使弱峰难以识别，一般选择 1～4s。

4.1.4.3 扫描方式

扫描方式有两种：连续扫描和步进扫描。

（1）连续扫描

计数器和计数率器相连，常用于物相分析。在选定的衍射角 2θ 范围内，计数器在测角仪上以两倍于样品台的速度从低角 2θ 向高角 2θ 联动扫描，记录各衍射角对应的衍射相对强度，获得该试样的 $I_{相对}$（CPS）-2θ 的变化关系，可通过打印机输出该衍射图谱。连续扫描过程中，时间常数和扫描速度是直接影响测量精度的重要因素。

（2）步进扫描

计数器与定标器相连，常用于精确测量衍射峰的强度、确定衍射峰位、线形分析等定量分析工作。计数器首先固定于起始的 2θ 位置，按设定的定时计数或定数计时、步进宽度（角度间隔）和步进时间（行进一个步进宽度所需时间），逐点测量各衍射角 2θ 所对应的衍射相对强度，其结果与计算机相联，可打印输出，如图 4-8。显然，步进宽度和步进时间是影响步进扫描的重要因素。

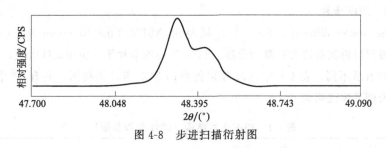

图 4-8　步进扫描衍射图

步进扫描不用计数率器，无滞后效应，测量精度较高，但费时，一般仅用于测量 2θ 范围不大的一段衍射图。

4.2　X 射线物相分析

物相是指材料中成分和性质一致、结构相同并与其他部分以界面分开的部分。当材料的组成元素为单质元素或多种元素但不发生相互作用时，物相即为该组成元素；当组成元素发生相互作用时，物相则为相互作用的产物。由于组成元素间的作用有物理作用和化学作用之分，故可分别产生固溶体和化合物两种基本相。因此，材料的物相包括纯元素、固溶体和化合物。物相分析是指确定所研究的材料由哪些物相组成（定性分析）和确定各种组成物相的相对含量（定量分析）。化学分析、X 射线的荧光光谱分析、电子探针分析等所分析的是材料的组成元素及其相对含量，属于元素分析，而对元素间作用的产物即物相（固溶体和化合物）无法直接鉴别，X 射线衍射可对材料的物相进行分析。例如一种 Fe-C 合金，元素分析仅能给出该合金的组成元素为 Fe 和 C 以及各自的相对含量，却不能直接给出 Fe 与 C 之间相互作用的产物种类如固溶体（如铁素体）和化合物（如渗碳体）及其相对含量，这就需要采用 X 射线衍射法来完成。

4.2.1　物相的定性分析

物相的定性分析是确定物质是由何种物相组成的分析过程。当物质为单质元素或多种元素的机械混合时，则定性分析给出的是该物质的组成元素；当物质的组成元素发生作用时，则定性分析所给出的是该物质的组成相为何种固溶体或化合物。

4.2.1.1　基本原理

X 射线的衍射分析是以晶体结构为基础的。X 射线衍射花样反映了晶体中的晶胞大小、点阵类型、原子种类、原子数目和原子排列等规律。每种物相均有自己特定的结构参数，因而表现出不同的衍射特征，即衍射线的数目、峰位和强度。即使该物相存在于混合物中，也不会改变其衍射花样。尽管物相种类繁多，却没有两种衍射花样特征完全相同的物相，这类似于人的指纹，没有两个人的指纹完全相同。因此，将各种标准相的衍射花样建成数据库或卡片，并定出统一的检索规则。这样，物相分析工作的关键就在于衍射花样的测定和卡片的检索对照，卡片的检索对照可由人工或计算机完成。为了方便地进行物相分析，我们有必要了解卡片的结构和检索规则。

4.2.1.2 PDF 卡片

PDF（the powder diffraction file）卡片最早由 ASTM（the American Society for Testing Materials，美国材料实验协会）整理出版。1992 年后的卡片统一由 ICDD 出版，不同时期出版的卡片结构有所不同，表 4-1 为 1992 年以前版的 PDF 卡片结构图，共有 10 个部分组成，以 $\alpha\text{-}Al_2O_3$ 为例具体说明如下：

10-173[⑩]

表 4-1 PDF 卡片结构（1992 年以前版）

$d^{①}/0.1nm$	2.09	2.55	1.60	3.48	$\alpha\text{-}Al_2O_3$ [⑦]					
I/I_1 [②]	100	90	80	75	Alpha Aluminum Oxide ★[⑧]					

Rad. $CuK_{\alpha 1}$ λ 0.15405 Filter Ni Dia. Cut off I/I_1 Diffractometer d_{corr} • abs? Ref. National Bureau of Standards (US) Circ 5393 (1959)[③]		d/0.1nm	int	hkl	d/0.1nm	int	hkl
		3.479	75	012	1.239	16	1.0.10[⑨]
		2.552	90	104	1.2343	8	119
Sys. Trigonal S. G. D_{3D}^6-R3C(167) a_0 4.7558 $b_0 c_0$ 12.991 A C2.7303 α β γ Z6 Dx3.987 Ref. Ibid[④]		2.379	40	110	1.1898	8	220
		2.165	<1	006	1.1160	<1	301
		2.085	100	113	1.1470	6	223
		1.964	2	202	1.1382	2	311
		1.740	45	024	1.1255	6	312
εα nωβ εγ Sign 2V D_x m_p Color Ref. [⑤]		1.601	80	116	1.1246	4	128
		1.546	4	211	1.0988	8	0.2.10
		1.514	6	122	1.0831	4	0.0.12
Sample anealed at 1500℃ for four hours in an Al_2O_3 crucible spectanal showed <0.1%：K、Na、Si；<0.01%：Ca、Cu、Fe、Mg、Pb；<0.001%：B、Cr、Li、Mn、Ni. Corundum structure pattern made at 26℃[⑥]		1.510	8	018	1.0781	8	134
		1.404	30	124	1.0420	14	226
		1.374	50	030	1.0175	2	402
		1.337	2	125	0.9976	12	1.2.10
		1.276	4	208	0.9857	<1	1.1.12

① 共有四列，前三列分别为三条最强线的晶面间距，第四列为该物相的最大晶面间距。

② 共有四列，前三列分别为三条强线所对应的以百分制表示的相对衍射强度，即以最强峰的相对强度定为 100，其他峰的相对强度用 % 表示。第四列为该物相中最大面间距所对应的衍射相对强度。

③ 实验条件：Rad. 为辐射种类；λ 为辐射波长；Filter 为滤波片；Dia. 为相机直径；Cut off 为相机或测角仪能测得的最大面间距；Coll 为光阑尺寸；I/I_1 为测量衍射强度的方法；d_{corr} • abs? 为所测 d 值是否经过吸收校正；Ref. 为参考文献。

④ 晶体学数据：Sys. 为晶系；S.G. 为空间群；a_0、b_0、c_0、α、β、γ 为晶格常数；A= a_0/b_0，C= c_0/b_0 为轴比；Z 为单位晶胞中质点（对元素是指原子，对化合物是指分子）的数目；Ref. 为参考文献。

⑤ 光学数据：εα，nωβ，εγ 为折射率；Sign 为光学性质的符号（正或负）；2V 为光轴间的夹角；D 为密度（以 X 射线法测得的密度标为 D_x）；m_p 为熔点；Color 为颜色；Ref. 为参考文献。

⑥ 试样来源、制备方式及化学分析数据。有时也注明升华点（S.P）、分解温度（D.T）、转变点（T.P）和热处理等。

⑦ 化学式及英文名称。

⑧ 表示数据可靠性的程度，★表示所测卡片上的数据高度可靠；O 为可靠性低一些；C 指衍射数据来自理论计算；i 表明已指标化和估计强度，但可靠性不如前者；无标记时可靠性一般。

⑨ 所测结果，包括晶面间距、相对衍射强度和晶面指数。

⑩ 卡片序号。

表 4-2 为 1992 年以后版的卡片结构图。可以看出，新版删除了旧版中的 1 栏、2 栏和 5 栏的内容。

表 4-2　SmAl$_2$O$_3$ 粉末的 PDF 卡片结构（1992 年以后版） ★

SmAl$_2$O$_3$ Aluminum Samarium Oxide	d/0.1nm	I/I$_1$	hkl	d/0.1nm	I/I$_1$	hkl
Rad. CuK$_{a1}$ λ 0.1540598 Filter Ge Mono. d-sp Guinier cut off 3.9 Int. Densitometer I/I$_{cor}$ 3.44 Ref. Wang P, Shanghai Inst. of Ceramics, Chinese Academey of Science, Shanghai, China, ICDD Grant-in-Aid, (1994)	3.737 3.345 2.645 2.4948 2.2549	62 5 100 4 2	110 111 112 003 211	1.1822 1.1677 1.1274 1.1149	18 5 15 2	420 421 422 333
Sys. Tetragonal　　　　　　　S. G. a$_0$ 5.2876　b$_0$　　c$_0$ 7.4858　A　C 1.4157 α　β　γ　Z$_4$　m$_p$ Ref. Ibid. D$_x$ 7.153　D$_m$　　SS/FOM F19＝39(.007,71)	2.1593 1.8701 1.8149 1.6272 1.6230	46 62 6 41 7	202 220 203 222 311			
Integrated in tensities, Prepared by heating the compact powder mixture of Sm$_2$O$_3$ and Al$_2$O$_3$ according to the stoichiometric ratio of SmAlO$_3$ at 1500℃ in molybdenum silicide-resistance furnace in air for two days. Silicon used as internal standard. To replace 9-82 and 29-83	1.5265 1.3900 1.3220 1.3025 1.2462	49 62 6 41 7	312 115 400 205 330			

4.2.1.3　卡片的检索

如何迅速地从数万张卡片中找到所需卡片，就得靠索引。卡片按物质可分为无机相和有机相两类，每类的索引又可分为字母索引和数字索引两种。

（1）字母索引

字母索引是按物质英文名称的第一个字母顺序排列而成，每一行包括以下几个主要部分：卡片的质量标志、物相名称、化学式、衍射花样中三强线对应的晶面间距、相对强度及卡片序号等。例如：

i　Copper Molybdenum Oxide　　CuMoO$_4$　　3.72$_x$　　3.26$_8$　　2.71$_7$　　22-242

O　Copper Molybdenum Oxide　　Cu$_3$Mo$_2$O$_9$　　3.28$_x$　　2.63$_8$　　3.39$_6$　　22-609

当已知被测样品的主要物相或化学元素时，可通过估计的方法获得可能出现的物相，利用该索引找到有关卡片，再与待定衍射花样对照，即可方便地确定物相。如果未知样品的任何信息时，可先测样品的 X 射线衍射花样，再对样品进行元素分析，由元素分析的结果估计样品中可能出现的物相，再由字母索引查找卡片、对照花样，确定物相。此外还可通过数字索引法进行卡片检索。

（2）数字索引

在未知待测相的任何信息时，可以使用数字索引（hanawalt）进行检索卡片。该索引的每一部分说明如表 4-3，每行代表一张卡片，共有七部分组成：1-QM 为卡片的质量标志；2-Strongest Reflections 表示八个强峰所对应的晶面间距，其下标分别表示各自的相对强度，其中 x 表示最强峰定为 10，其余四舍五入为整数。3-PSC（Pearson symbol）表示物相所属布拉菲点阵，小写字母 a、m、o、t、h、c 表示晶系，大写字母 P、C、F、I、R 分别表示点阵类型；4-Chemical Formula 为化学式；5-Mineral Name（common name）为物相的矿物名或普通名；6-PDF 为卡片号；7-I/I_c 为参比强度。所有卡片按最强峰的 d 值范围分成若干个大组，从大到小排列，每个大组中又以第二强峰的 d 值递减为序进行排列。

表 4-3　数字索引说明

1	2	3	4	5	6	7
QM	Strongest Reflections	PSC	Chemical Formula	Mineral Name	PDF	I/Ic
O O i	$3.43_9\,3.39_x\,3.16_5\,2.83_4\,4.39_3\,3.82_3\,2.57_3\,3.63_2$ $3.43_x\,3.39_x\,2.16_5\,5.39_5\,2.54_5\,2.69_4\,1.52_4\,2.12_3$ $3.41_9\,3.39_x\,3.37_x\,3.28_3\,3.26_2\,2.40_3\,2.39_3\,1.90_3$ $3.41_9\,3.39_x\,3.28_8\,3.13_8\,3.10_4\,4.10_5\,3.32_5\,3.17_5$		$Cs_2\,Al(ClO_4)_5$ $Al_6\,Si_2\,O_{13}$ $Tl_3\,F_7$ $\alpha\text{-}Ba_2\,Cu_7\,F_{18}$		31-345 15-776 27-1455 23-816	

注：晶面间距单位为 0.1nm；衍射强度以十分制表示。

4.2.1.4　定性分析步骤

① 运用 X 射线仪获得待测样品前反射区（$2\theta<90°$）的衍射花样。同时由计算机获得各衍射峰的相对强度、衍射晶面的面间距或面指数。

② 当已知被测样品的主要化学成分时，可利用字母索引查找卡片，在包含主元素各种可能的物相中，找出三强线符合的卡片，取出卡片，核对其余衍射峰，一旦符合，便能确定样品中含有该物相。以此类推，找出其余各相，一般的物相分析均是如此。

③ 当未知被测样品中的组成元素时，需利用数字索引进行定性分析。找出衍射花样中相对强度最强的三强峰所对应的 d_1、d_2 和 d_3，由 d_1 在索引中找到其所在的大组，再按次强线的面间距 d_2 在大组中找到与 d_2 接近的几行，需注意的是在同一大组中，各行是按 d_2 递减的顺序编排的。在 d_1、d_2 符合后，再对照第三、第四直至第八强线，若八强峰均符合则可取出该卡片（相近的可能有多张），对照剩余的 d 和 I/I_1，若 d 在允许的误差范围内均符合，即可定相。

例 1　已知部分结果的物相鉴定。

Al-TiO₂ 系反应合成结果分析。采用 Al 粉和 TiO_2 粉，按化学计量式计算进行配粉、球磨、冷挤成块，然后置于真空炉中预热至发生热爆反应，随后冷至室温，取样进行 XRD 试验，衍射结果如表 4-4 所示。

表 4-4　X 射线衍射结果

序号	$d/0.1\text{nm}$	I/I_0	序号	$d/0.1\text{nm}$	I/I_0
1	4.310	11	10	1.926	5
2	3.521	10	11	1.741	8
3	3.479	11	12	1.689	4
4	2.723	4	13	1.601	14
5	2.553	17	14	1.573	4
6	2.380	9	15	1.510	3
7	2.303	18	16	1.436	10
8	2.153	100	17	1.404	6
9	2.085	15	18	1.374	7

过程分析：由已知条件可知，反应体系为 Al-TiO₂，由热力学知识可知，该体系进行的热爆反应为强放热反应，反应的可能产物为 Al_2O_3 和金属间化合物 $Al_x Ti_Y$，而 Al_2O_3 结构有多种如 α、β、γ、η 等，但其中最为稳定的为 α-Al_2O_3，同时 $Al_x Ti_Y$ 也有多种形式，由热

力学分析可知，Al_3Ti 存在的可能性较大，为此，可试探地认为反应结果由 $\alpha-Al_2O_3$ 和 Al_3Ti 两相组成。由字母索引法分别找到 $\alpha-Al_2O_3$ 和 Al_3Ti 相的 PDF 卡片，对照所测数据，发现所测数据就是由这两个相所对应的数据组成，没有剩余峰存在，由此可以判定反应产物为 $\alpha-Al_2O_3$ 和 Al_3Ti 两相，并分别用字母 a 和 b 表示，表征结果如图 4-9。

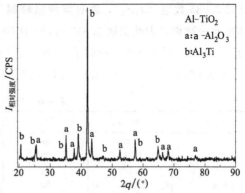

图 4-9 Al-TiO$_2$ 系热爆反应结果的 XRD 衍射花样

例 2 未知任何结果信息的物相鉴定。

表 4-5 为某一未知任何结果信息的 XRD 数据，试鉴定其组成相。

表 4-5 XRD 衍射结果数据

序号	$d/0.1nm$	I/I_0	序号	$d/0.1nm$	I/I_0
1	3.479	18	10	1.430	23
2	2.552	27	11	1.403	9
3	2.379	11	12	1.374	11
4	2.338	100	13	1.240	4
5	2.085	25	14	1.221	23
6	2.024	48	15	1.169	7
7	1.740	10	16	1.078	2
8	1.600	22	17	1.042	3
9	1.509	2	18	1.012	3

过程分析：未知任何结果信息的情况下只能由数字索引查找，过程非常烦琐，基本过程如下。

① 找出衍射数据中的前三强峰，并由大到小排列：2.338_{100} 2.024_{48} 2.552_{27}。

② 以晶面间距 2.338 在数字索引中找到 2.36-2.30（±0.1）栏，因为 $I_2/I_1<0.75$，故 d_1d_2 在索引表中仅出现一次，即以 2.338 2.024 数组查找即可。若能找到表明该数组属于同一相，若未能找到，不需交换 d_1d_2 的次序，就可判定 d_1d_2 不属于同一个相了。经查在 2.36-2.30（±0.1）栏找到了 2.338 2.024 数组，表明这两强峰属于同一个相，但在同组三强峰中并未找到 2.552 数据，说明 2.552 与前两强峰不属于同一个相。为此，将 2.552 放置一边，再以第四强峰数据 2.085 组成三强峰，即 2.338_{100} 2.024_{48} 2.085_{25}，同样方法查找，结果发现这三强峰也不属于同一个相，以此类推。到第五强峰时有两个数据 1.430_{23} 和 1.221_{23} 并列，并发现两者分别与前两强组成三强峰时，均可在 2.36-2.30（±0.1）栏内找到，表明 1.430_{23} 和 1.221_{23} 与前两强峰均属于同一个相，所在的索引行是：

＊2.34_x $2.02_5 1.22_2 1.43_2 0.93_1 0.91_1 0.83_1 0.17_1$ （Al）4F 4-787

找出 4-787 号卡片即物相 Al，对照其他峰的数据完全吻合，表明该衍射花样中含有 Al 相。

③ 从衍射数据中剔去 Al 相的所有衍射数据，将剩余的数据归一化处理，得表 4-6，按步骤②，列出三强峰 2.552_x 2.085_{93} 1.600_{81}，此时 $I_3/I_1>0.75$，且 $I_4/I_1 \leqslant 0.75$，表明三强峰相近，将以 d_1d_2、d_2d_1、d_3d_1 的顺序出现三次。在 2.57-2.51（±0.1）栏内找到了

2.552 2.085 数组（$d_1 d_2$），表明前两强峰属于同一个相，但在该栏内未找到 2.552 2.085 1.600 这一数组，为此交换 2.552 2.085 次序（$d_2 d_1$），以 2.085 2.552 1.600 次序在 2.08-2.02（±0.1）栏内查找，找到了 2.085，2.552，1.600 数组，此行数据如下：

* $2.09_x 2.55_9 1.60_8 3.48_8 1.37_5 1.74_5 2.38_4 1.43_3$（$Al_2O_3$）10R 10-173 1.00

表 4-6　XRD 衍射花样数据

序号	$d/0.1nm$	I/I_0	序号	$d/0.1nm$	I/I_0
1	3.479	66	7	1.509	7
2	2.552	100	8	1.403	33
3	2.379	41	9	1.374	41
4	2.085	93	10	1.240	15
5	1.740	37	11	1.078	7
6	1.600	81	12	1.042	11

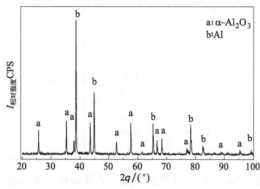

图 4-10　XRD 衍射花样

找到 10-173 卡片，对照数据，发现所有剩余数据与卡片上数据基本吻合，表明剩余衍射数据属于同一个相 α-Al_2O_3，这样所有的衍射数据就对照完毕，物质共有 Al 和 α-Al_2O_3 两个相组成，表征结果如图 4-10。

需注意的是在剔除 α-Al_2O_3 的所有衍射数据后，如果还有剩余衍射数据，则表明该物质中存在第三相，甚至第四相，方法同步骤②逐一对照，直至所有剩余数据鉴定完毕。由此可见未知物质任何信息的情况下鉴定物相比较困难，过程也较为复杂，但随着计算机技术的发展和应用，检索过程可由计算机软件来完成，但鉴定的结果仍需人工核对方可。

4.2.1.5　物相的 XRD 软件检索分析

XRD 中常用于物相分析的软件有多种，本教材仅介绍 Jade 和 XRD workshop 两种软件的物相定性分析。

（1）Jade 软件的物相定性分析

打开文件，"File"→"Read"→选中需要打开的文件，文件格式为".raw"，物相检索步骤分三轮检索。

① 第一轮检索：

A. 打开图谱，不作任何处理，鼠标右键点击"S/M"按钮，打开检索条件设置对话框，再点击"OK"按钮，进入"Search/Match Display"窗口，见图 4-11。

B. "Search/Match Display"窗口分为三个部分，见图 4-12。顶部是全谱显示窗口，可以观察全部 PDF 卡片的衍射线与测量谱的匹配情况；中部是放大窗口，可观察局部匹配的细节，通过右边按钮可调整放大窗口的显示范围和放大比例，以便观察更清楚；底部是检索列表，从上至下列出最可能的物相，通常按"FOM"由小到大的顺序排列，FOM 为匹配率的倒数，数值越小，表示匹配性越高。

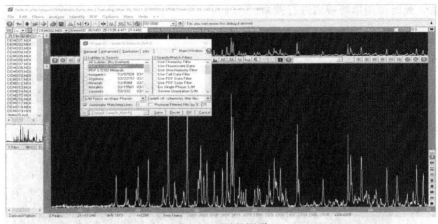

图 4-11　测量图谱

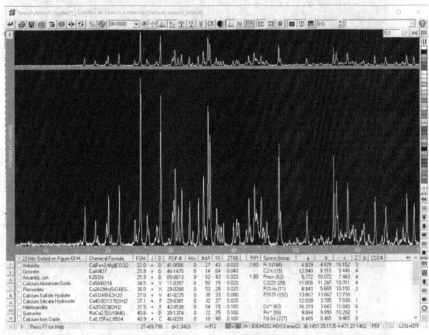

图 4-12　自动匹配图谱

C. 物相检定完成后，关闭窗口返回到主窗口。

第一轮检索一般可测出主要物相。

② 第二轮检索：

A. 限定条件的检索，限定条件主要是限定样品中存在的"元素"或化学成分，右键点击 "S/M" 右侧的 按钮，进入到元素周期表对话框，见图 4-13。

B. 将样品中可能存在的元素全部输入，点击 "OK"，得所有可能组成相，见图 4-14。

C. 会出现每种物质对应的峰，通过衍射峰找出对应物相。第二轮检索一般能将剩余相检索出来。

③ 第三轮检索：

A. 如果经过前两轮尚有不能检索出的物相存在，也就是有个别的小峰未被检索出对应的物相来，此时可用单峰搜索进行搜索。

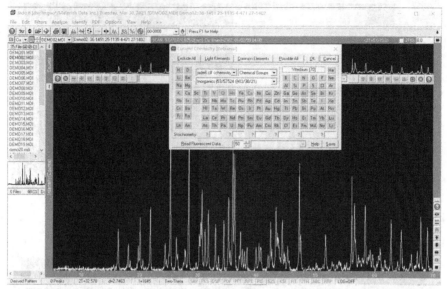

图 4-13　所有限定元素图

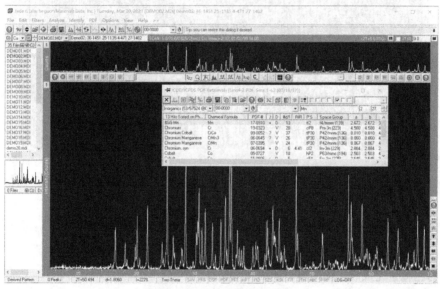

图 4-14　所有可能的组成相

B. 在主窗口中选择"Analyze"→"Find Peaks"。

C. 在峰下面画出一条底线，该峰被指定，鼠标右键点击"S/M"。此时，软件会列出在此峰位置出现衍射峰的标准卡片列表，见图 4-15。

通过上述三轮搜索，样品的全部物相基本都能被检索出来。

（2）XRD workshop 查找物相

在已知研究对象所含成分时还可采用 XRD workshop 软件进行物相鉴定，查找步骤如下。

① 点击 PDF. EXE，进入软件系统，见图 4-16。

材料现代分析技术

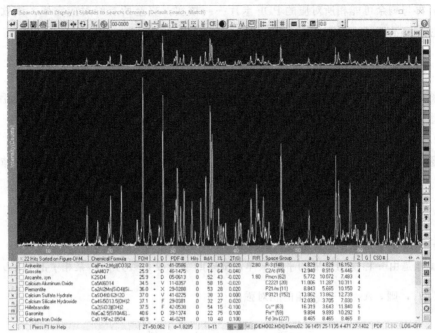

图 4-15 可能相的 PDF 卡片列表

图 4-16 XRD 软件封面图

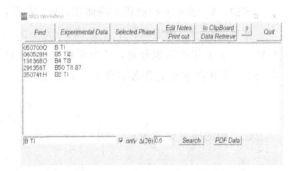

图 4-17 B 和 Ti 可能的组成相

　　② 点击"Find"，空白框中输入相的组成元素，如 B 和 Ti，点击"Search"得图 4-17，可见 Ti 与 B 可以组成 5 种不同结构的相，每一种相分别对应于不同的 PDF 卡片，如第五种 TiB_2 相，点击"Experimental Data"即可获得其对应的 PDF 卡片，见图 4-18。当卡片上的衍射峰能与实验结果所有峰一一吻合时，即可认定实验结果中有卡片所对应的相。如果实验结果的衍射峰在扣除卡片上所有相应峰后，尚有余峰，表明实验结果为多相组成，此时可将剩余峰进行归一

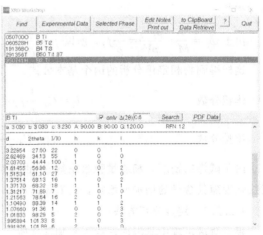

图 4-18 TiB_2 对应的 PDF 卡片

化处理，再与剩余可能相所对应的 PDF 卡片一一核实，直至所有峰对应完毕。该软件使用方便，过程简洁明了，得到广泛应用。

4.2.2 物相的定量分析

定量分析是指在定性分析的基础上，测定试样中各相的相对含量。相对含量包括体积分数和质量分数两种。

4.2.2.1 定量分析的原理

定量分析的依据：各相衍射线的相对强度，随该相含量的增加而提高。由第三章分析结果可知，单相多晶体的相对衍射强度可由下式表示：

$$I_{相对} = F_{HKL}^2 \frac{1+\cos^2 2\theta}{\sin^2 \theta \cos\theta} P A e^{-2M} \frac{V}{V_0^2} \tag{4-1}$$

该式原只适用于单相试样，但通过稍加修正后同样适用于多相试样。

设试样是由 n 种物相组成的平板试样，试样的线吸收系数为 μ_l，某相 j 的 HKL 衍射相对强度为 I_j，则，$A = \dfrac{1}{2\mu_l}$，j 相的相对强度

$$I_j = F_{HKL}^2 \frac{1+\cos^2 2\theta}{\sin^2 \theta \cos\theta} P \frac{1}{2\mu_l} e^{-2M} \frac{V_j}{V_{0j}^2} \tag{4-2}$$

式中，V_j 表示 j 相被辐射的体积；V_{0j} 表示 j 相的晶胞体积。

显然，在同一测定条件下，影响 I_j 大小的只有 μ_l 和 V_j，其他均可视为常数，且 $V_j = f_j V$，f_j 为 j 相的体积分数，V 为平板试样被辐射的体积，它在测试过程中基本不变，可设定为 1，这样把所有的常数部分设为 C_j，此时 I_j 可表示为

$$I_j = C_j \frac{1}{\mu_l} f_j \tag{4-3}$$

设 j 相的质量分数为 w_j，则

$$\mu_l = \rho \mu_m = \rho \sum_{j=1}^{n} w_j \mu_{mj} \tag{4-4}$$

式中，μ_m 和 μ_{mj} 分别为试样和 j 相的质量吸收系数；ρ 为试样的密度；n 为试样中物相的种类数。

由于 $w_j = \dfrac{M_j}{M} = \dfrac{\rho_j V_j}{\rho V} = \dfrac{\rho_j}{\rho} f_j$，所以 $f_j = \dfrac{\rho}{\rho_j} w_j$，代入式(4-3) 得 $I_j = C_j \dfrac{1}{\rho \mu_m} \times \dfrac{\rho}{\rho_j} w_j = \dfrac{C_j}{\rho_j \mu_m} w_j$

这样得到物相定量分析的两个基本公式：

体积分数 $$I_j = C_j \frac{1}{\mu_l} f_j = C_j \frac{1}{\rho \mu_m} f_j \tag{4-5}$$

质量分数 $$I_j = C_j \frac{1}{\rho_j \mu_m} w_j \tag{4-6}$$

由于试样的密度 ρ 和质量吸收系数 μ_m 也随组成相的含量变化而变化，因此，各相的衍射线强度随其含量的增加而增加，它们保持的是正向关系，而非正比例关系。

4.2.2.2 定量分析方法

根据测试过程中是否向试样中添加标准物，定量分析方法可分为内标法和外标法两种。外标法又称单线条法或直接对比法；内标法又派生出了 K 值法和参比强度法等多种方法。

（1）外标法

设试样由 n 个相组成，其质量吸收系数均相同（同素异构物质即为此种情况），即 $\mu_{m1} = \mu_{m2} = \cdots = \mu_{mj} = \cdots = \mu_{mn}$，则 $\mu_m = \sum_{j=1}^{n} w_j \mu_{mj} = \mu_{mj}(w_1 + w_2 + \cdots + w_j + \cdots + w_n) = \mu_{mj}$，即试样的质量吸收系数 μ_m 与各相的含量无关，且等同于各相的质量吸收系数为常数。此时式(4-6)可简化为

$$I_j = C_j \frac{1}{\rho_j \mu_m} w_j = C_j^* w_j \tag{4-7}$$

式(4-7)表明 j 相的衍射强度 I_j 正比于其质量分数 w_j。

当试样为纯 j 相时，则 $w_j = 100\%$，j 相用已测量的某衍射强度记为 I_{j0}。此时

$$\frac{I_j}{I_{j0}} = \frac{C_j^* w_j}{C_j^*} = w_j \tag{4-8}$$

即混合试样中 j 相与纯 j 相在同一位置上的衍射强度之比为 j 相的质量分数。该式即为外标法的理论依据。

外标法比较简单，但使用条件苛刻，各组成相的质量吸收系数应相同或试样为同素异构物质组成。当组成相的质量吸收系数不等时，该法仅适用于两相，此时，可事先配制一系列不同质量分数的混合试样，制作定标曲线，应用时可直接将所测曲线与定标曲线对照得出所测相的含量。

（2）内标法

当待测试样有多相组成，且各相的质量吸收系数又不等时，应采用内标法进行定量分析。所谓内标法是指在待测试样中加入已知含量的标准相组成混合试样，比较待测样和混合试样同一衍射线的强度，以获得待测相含量的分析方法。

设待测试样的组成相为：A+B+C+⋯，表示为 A+X，A 为待测相，X 为其余相；标准相为 S，混合试样的相组成为：A+B+C+⋯+S，表示为 A+X+S。A 相在标准相 S 加入前后的质量分数分别是：$w_A = \dfrac{m_A}{m_A + m_X}$ 和 $w_A' = \dfrac{m_A}{m_A + m_X + m_S}$，S 相加入后，混合试样中 S 相的质量分数为：$w_S = \dfrac{m_S}{m_A + m_X + m_S}$。设加入标准相后，A 相和 S 相衍射线的强度分别为 I_A' 和 I_S，则

$$I_A' = \frac{C_A w_A'}{\rho_A \mu_{m(A+X+S)}} \tag{4-9}$$

$$I_S = \frac{C_S w_S}{\rho_S \mu_{m(A+X+S)}} \tag{4-10}$$

$$\frac{I_A'}{I_S} = \frac{C_A \rho_S}{C_S \rho_A} \times \frac{w_A'}{w_S} \tag{4-11}$$

因为 $w_A' = w_A(1 - w_S)$，所以

$$\frac{I_A'}{I_S} = \frac{C_A \rho_S}{C_S \rho_A} \times \frac{w_A'}{w_S} = \frac{C_A \rho_S}{C_S \rho_A} \times \frac{(1 - w_S)}{w_S} w_A \tag{4-12}$$

令 $\dfrac{C_A \rho_S}{C_S \rho_A} \times \dfrac{(1 - w_S)}{w_S} = K_S$，则

$$\frac{I'_A}{I_S} = K_s w_A \tag{4-13}$$

该式即为内标法的基本方程。当 K_s 不变时，$\frac{I'_A}{I_S}$-w_A 为直线方程，并通过坐标原点，在测得 I'_A、I_S 后即可求得 A 相的相对含量。

由于内标法中 K_s 随 w_s 的变化而变化，因此，在具体应用时，需要通过实验方法先求出 K_s，方可利用公式(4-13)求得待测相 A 的含量。为此，需配制一系列样品，测定其衍射强度，绘制定标曲线，求得 K_s 值。具体方法如下：在混合相 A+S+X 中，固定标准相 S 的含量为某一定值，如 $w_s=20\%$，剩余的部分用 A 及 X 相制成不同配比的混合试样，至少两个配比以上，分别测得 I'_A 和 I_S，获得系列的 $\frac{I'_A}{I_S}$。如：

配比 1：$w'_A=60\%$，$w_s=20\%$，$w_x=20\%$，则 $w_A=\frac{w'_A}{1-w_s}=75\% \rightarrow \left(\frac{I'_A}{I_S}\right)_1$；

配比 2：$w'_A=40\%$，$w_s=20\%$，$w_x=40\%$，则 $w_A=\frac{w'_A}{1-w_s}=50\% \rightarrow \left(\frac{I'_A}{I_S}\right)_2$；

配比 3：$w'_A=20\%$，$w_s=20\%$，$w_x=60\%$，则 $w_A=\frac{w'_A}{1-w_s}=25\% \rightarrow \left(\frac{I'_A}{I_S}\right)_3$。

作出 $\frac{I'_A}{I_S}$-w_A 关系曲线。由于 w_s 为定值，故 $\frac{I'_A}{I_S}$-w_A 曲线为直线，该直线的斜率即为 $w_s=20\%$ 时的 K_s。

需注意：①制作定标曲线时，X 相可在 A、S 相外任选一相，也可在余相中任选一相；②定标曲线的横轴是 w_A，而非 w'_A；③在求得 K_s 后，运用内标法测定待测相 A 的含量时，内标物 S 和加入量 w_s 应与测定 K_s 值时的相同。

（3）K 值法

由内标法可知，K_s 取决于标准相 S 的含量，且需要制作内标曲线，因此，该法工作量大，使用不便，有简化的必要。K 值法即为简化法中的一种，它首先是由钟焕成（Chung F. H.）于 1974 年提出来的。

根据内标法公式(4-12)，令

$$K_s^A = \frac{C_A \rho_s}{C_s \rho_A} \tag{4-14}$$

则

$$\frac{I'_A}{I_S} = K_s^A \frac{(1-w_s)}{w_s} w_A \tag{4-15}$$

该式即为 K 值法的基本公式，式中 K_s^A 仅与 A 和 S 两相的固有特性有关，而与 S 相的加入量 w_s 无关，它可以直接查表或实验获得。实验确定 K_s^A 也非常简单，仅需配制一次，即取各占一半的纯 A 和纯 S 相（$w_s=w'_A=50\%$，$w_A=100\%$），分别测定混合样的 I_S 和 I'_A，由

$$\frac{I'_A}{I_S} = \frac{C_A \rho_s}{C_s \rho_A} \times \frac{w'_A}{w_s} = \frac{C_A \rho_s}{C_s \rho_A} = K_s^A \tag{4-16}$$

即可获得 K_s^A 值。

运用 K 值法的步骤如下。

① 查表或实验测定 K_s^A；

② 向待测样中加入已知含量 w_S 的 S 相，测定混合样的 I_S 和 I'_A；

③ 代入公式 $\dfrac{I'_A}{I_S}=K_S^A\dfrac{(1-w_S)}{w_S}w_A$，即可求得待测相 A 的含量 w_A。

K 值法源于内标法，它不需制作内标曲线，使用较为方便。

（4）绝热法

内标法和 K 值法均需要向待测试样中添加标准相，因此，待测试样必须是粉末。那么块体试样的定量分析如何进行呢？这就需要采用新的方法如绝热法和参比强度法等。

绝热法不需添加标准相，它是用待测试样中的某一相作为标准物质进行定量分析的，因此，定量分析过程不与系统以外发生关系。其原理类似于 K 值法。

设试样由 n 个已知相组成，以其中的某一相 j 为标准相，分别测得各相衍射线的相对强度，类似于 K 值法，获得 $n-1$ 个方程。此外，各相的质量分数之和为 1，这样就得到 n 个方程组成的方程组：

$$\begin{cases} \dfrac{I_1}{I_j}=K_j^1\dfrac{w_1}{w_j} \\[2mm] \dfrac{I_2}{I_j}=K_j^2\dfrac{w_2}{w_j} \\[2mm] \cdots\cdots \\[2mm] \dfrac{I_{n-1}}{I_j}=K_j^{n-1}\dfrac{w_{n-1}}{w_j} \\[2mm] \sum_{j=1}^{n}w_j=1 \end{cases} \tag{4-17}$$

解该方程组即可求出各相的含量。绝热法也是内标法的一种简化，标准相不是来自外部而是试样本身，该法不仅适用于粉末试样，同样也适用于块体试样，其不足是必须知道试样中的所有组成相。

（5）参比强度法

参比强度法实际上是对 K 值法的再简化，它适用于粉体试样，当待测试样仅含两相时也可适用于块体试样。该法采用刚玉（$\alpha\text{-}Al_2O_3$）作为统一的标准物 S，某相 A 的 K_S^A 已标于卡片的右上角或数字索引中，无须通过计算或实验即可获得 K_S^A 了。

当待测试样中仅有两相时，定量分析时不必加入标准相，此时存在以下关系：

$$\begin{cases} \dfrac{I_1}{I_2}=K_2^1\dfrac{w_1}{w_2}=\dfrac{K_S^1}{K_S^2}\times\dfrac{w_1}{w_2} \\[2mm] w_1+w_2=1 \end{cases} \tag{4-18}$$

解该方程组即可获得两相的相对含量了。

4.2.2.3 重叠线的分离

当晶体衍射时往往会出现峰线重叠，这将给定量分析或结构分析带来麻烦。同一相中，如立方系中，当 a、$h^2+k^2+l^2$ 相同时，其对应的晶面间距相同，即衍射角相同，峰线重叠。此时重叠线可通过多重因子的计算来进行分离。例如，简单立方点阵中，（300）和（221）的衍射线重叠，假定实测重叠峰的相对强度为 80，两者的多重因子 $P_{300}=6$，$P_{221}=24$，则

300 的相对衍射强度为 $80 \times \dfrac{P_{300}}{P_{300}+P_{221}} = 80 \times \dfrac{6}{6+24} = 16$，这样 221 的相对衍射强度为 $80 - 16 = 64$。不同相中，如果其晶面间距相同或相近，同样会引起衍射线的重叠，此时，重叠衍射线的分离可由 $I_i = I_0 \dfrac{P_i F_i^2}{\sum\limits_{i=1}^{n} P_i F_i^2}$ 公式计算获得，式中 I_0、I_i 分别为重叠峰的总衍射强度和第 i 相在该位置的衍射强度，P_i 和 F_i^2 分别为第 i 相的多重因子和结构因子，n 为重叠峰所含分峰的数目。

定量分析的方法较多，感兴趣的读者可以参考相关书籍，不过需注意的是定量分析的精确度与样品的状态密切相关，如颗粒的粗细、试样中各相分布的均匀性、织构等。

4.3 点阵常数的精确测定

点阵常数是反映晶体物质结构尺寸的基本参数，直接反映了质点间的结合能。点阵常数的变化反映了晶体内部的成分和受力状态的变化。由于其变化量级很小（约 10^{-5} nm），故有必要精确测定点阵常数。

4.3.1 测量原理

测定点阵常数通常采用 X 射线仪进行，测定过程首先是获得晶体物质的衍射花样，即 I-2θ 曲线，标出各衍射峰的干涉面指数（HKL）和对应的峰位 2θ，然后运用布拉格方程和晶面间距公式计算该物质的点阵常数。以立方晶系为例，点阵常数的计算公式为：

$$a = \frac{\lambda}{2\sin\theta}\sqrt{H^2 + K^2 + L^2} \tag{4-19}$$

显然，同一个相的各条衍射线均可通过上式计算出点阵常数 a，理论上讲 a 的每个计算值都应相等，实际上却有微小差异，这是由于测量误差导致的。从上式可知，点阵常数 a 的测量误差主要来自波长 λ、$\sin\theta$ 和干涉指数（HKL），其中波长的有效数字已达七位，可以认为没有误差（$\Delta\lambda = 0$），干涉指数（HKL）为正整数，$H^2 + K^2 + L^2$ 也没有误差，因此，$\sin\theta$ 成了精确测量点阵常数的关键因素。

$\sin\theta$ 的精度取决于 θ 的测量误差，该误差包括偶然误差和系统误差，偶然误差是由偶然因素产生，没有规律可循，也无法消除，只有通过增加测量次数，统计平均将其降到最低程度。系统误差则是由实验条件决定的，具有一定的规律，可以通过适当的方法使其减小甚至消除。

4.3.2 误差源分析

对布拉格方程两边微分，由于波长的精度已达 5×10^{-7} nm，微分时可视为常数，即 $d\lambda = 0$，从而导出晶面间距的相对误差为：$\dfrac{\Delta d}{d} = -\Delta\theta c \tan\theta$，立方晶系时，$\dfrac{\Delta d}{d} = \dfrac{\Delta a}{a}$，所以有 $\dfrac{\Delta a}{a} = -\Delta\theta c \tan\theta$，因此，点阵常数的相对误差取决于 $\Delta\theta$ 和 θ 的大小。图 4-19 即为 θ 和 $\Delta\theta$ 对 $\dfrac{\Delta d}{d}$ 或

$\frac{\Delta a}{a}$ 的影响曲线，从该图可以看出：①对于一定的

$\Delta\theta$，当 $\theta \to 90°$ 时，$\frac{\Delta d}{d}$ 或 $\frac{\Delta a}{a} \to 0$，此时 d 或 a 测量

精度最高，因而在点阵常数测定时应选用高角度

的衍射线；②对于同一个 θ 时，$\Delta\theta$ 愈小，$\frac{\Delta d}{d}$ 或

$\frac{\Delta a}{a}$ 就愈小，d 或 a 的测量误差也就愈小。

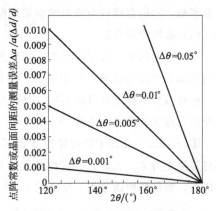

图 4-19　θ 和 $\Delta\theta$ 对点阵常数或
晶面间距的测量精度的影响规律

4.3.3 测量方法

　　由于点阵常数的测量精度主要取决于 θ 的测量
误差和 θ 的大小，因此，就应从这两个方面入手，
来提高点阵常数的测量精度。θ 的测量误差取决于衍射仪本身和衍射峰的定位方法；当 θ 的
测量误差一定时，θ 愈大，点阵常数的测量误差就愈小，$\theta \to 90°$ 时，点阵常数的测量误差可
基本消除，获得最为精确的点阵常数。虽然衍射仪在该位置难以测出衍射强度，获得清晰的
衍射花样，算出点阵常数，但可运用已测定的其他位置的值，通过适当的方法获得 $\theta = 90°$ 处精确
的点阵常数，如外延法、线性回归法等。具体测量时，首先要确定峰位，然后才能具体测量。

4.3.3.1　峰位确定法

（1）峰顶法

当衍射峰非常尖锐时，直接以峰顶所在的位置定为峰位。

（2）切线法

当衍射峰两侧的直线部分较长时，以两侧直线部分的延长线的交点定为峰位。

（3）半高宽法

图 4-20 为半高宽法定位示意图，当 $K_{\alpha 1}$ 和 $K_{\alpha 2}$ 不分离时，如图 4-20（a）所示，作衍射峰
背底的连线 pq，过峰顶 m 作横轴的垂直线 mn，交 pq 于 n，mn 即为峰高。过 mn 的中点 K
作 pq 的平行线 PQ 交衍射峰于 P 和 Q，PQ 为半高峰宽，再由 PQ 的中点 R 作横轴的垂线
所得的垂足即为该衍射峰的峰位。当 $K_{\alpha 1}$ 和 $K_{\alpha 2}$ 分离时，如图 4-20（b）所示，应由 $K_{\alpha 1}$ 衍射
峰定位，考虑到 $K_{\alpha 2}$ 的影响，取距峰顶 $1/8$ 峰高处的峰宽中点定为峰位。半高宽法一般适用

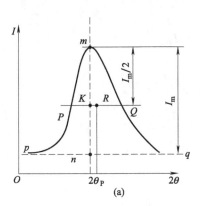

（a）

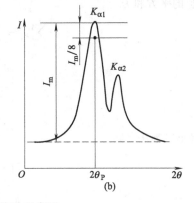

（b）

图 4-20　半高宽法定位示意图

于敏锐峰，当衍射峰较为漫散时应采用抛物线拟合法定位。

（4）抛物线拟合法

当峰形漫散时，采用半高宽法产生的误差较大，此时可采用抛物线拟合法，就是将衍射峰的顶部拟合成对称轴平行于纵轴、开口朝下的抛物线，以其对称轴与横轴的交点定为峰位。根据拟合时取点数目的不同，又可分为三点法、五点法和多点法（五点以上）等，此处仅介绍三点法和多点法两种。

① 三点法　在高于衍射峰强度 85% 的峰顶区，任取三点 $2\theta_1$、$2\theta_2$、$2\theta_3$，如图 4-21(a)，其对应强度为 I_1、I_2、I_3。设抛物线方程为 $I=a_0+a_1(2\theta)+a_2(2\theta)^2$，因这三点在同一抛物线上，满足抛物线方程，分别代入得：

$$\begin{cases} I_1=a_0+a_1(2\theta_1)+a_2(2\theta_1)^2 \\ I_2=a_0+a_1(2\theta_2)+a_2(2\theta_2)^2 \\ I_3=a_0+a_1(2\theta_3)+a_2(2\theta_3)^2 \end{cases} \tag{4-20}$$

解之得 a_0、a_1、a_2，即可获得抛物线方程，其对称轴位置 $2\theta_P=-\dfrac{a_1}{2a_2}$ 即为该峰的峰位。

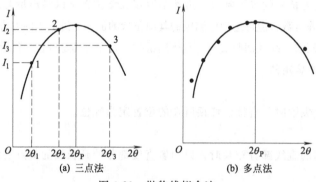

图 4-21　抛物线拟合法

② 多点法　为提高顶峰的精度，可在衍射峰上取多个点（>5），如图 4-21(b)，运用最小二乘法原理拟合出最佳的抛物线，该抛物线的对称轴与横轴的交点所在位置即为峰位。

设取 n 个测点：θ_1、$\theta_2 \cdots \theta_i \cdots \theta_n$，其对应的实测强度分别为：$I_1$、$I_2 \cdots I_i \cdots I_n$。设拟合后最佳的抛物线方程为：$I_0=a_0(2\theta)+a_1(2\theta)+a_2(2\theta)^2$，则各点实测强度 I_i 与最佳 I_{0i} 的差值的平方和为

$$\sum_{i=1}^{n} v_i^2 = \sum_{i=1}^{n} \left[I_i - I_{0i} \right]^2 \tag{4-21}$$

由最小二乘法，则
$$\begin{cases} \dfrac{\partial \sum\limits_{i=1}^{n} v_i^2}{\partial a_0}=0 \\[3mm] \dfrac{\partial \sum\limits_{i=1}^{n} v_i^2}{\partial a_1}=0 \\[3mm] \dfrac{\partial \sum\limits_{i=1}^{n} v_i^2}{\partial a_2}=0 \end{cases} \tag{4-22}$$

解方程组得 a_0、a_1、a_2，再代入式 $2\theta_\mathrm{P} = -\dfrac{a_1}{2a_2}$ 求得峰位。多点拟合法的计算量较大，一般需通过编程由计算机来完成。

4.3.3.2 点阵参数的精确测量法

在确定了峰位后，即可进行点阵常数的具体测量，常见的测量方法有：外延法、线性回归法和标准样校正法。

（1）外延法

点阵常数精确测量的最理想峰位于 $\theta=90°$ 处，然而，此时衍射仪无法测到衍射线，那么如何获得最精确的点阵常数呢？可通过外延法来实现。先根据同一物质的多根衍射线分别计算出相应的点阵常数 a，此时点阵常数存在微小差异，以函数 $f(\theta)$ 为横坐标，点阵常数为纵坐标，作出 $a-f(\theta)$ 的关系曲线，将曲线外延至 θ 为 $90°$ 处的纵坐标值即为最精确的点阵常数，其中 $f(\theta)$ 为外延函数。

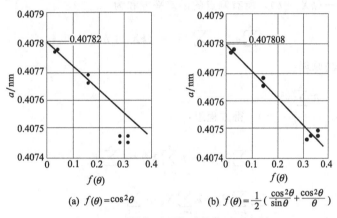

图 4-22　不同外延函数时的外延示意图

由于曲线外延时带有较多的主观性，理想的情况是该曲线为直线，此时的外延最为方便，也不含主观因素，但组建怎样的外延函数 $f(\theta)$ 才能使 $a-f(\theta)$ 曲线为直线呢？通过前人的大量工作，如取 $f(\theta)=\cos^2\theta$ 时，发现 $\theta>60°$ 时符合得较好，而在 θ 较小时，偏离直线较远，该外延函数要求各衍射线的 θ 均大于 $60°$，且其中至少有一个 $\theta>80°$，然而，在很多场合满足这些条件较为困难，为此，尼尔逊（I. B. Nelson）等设计出了新的外延函数，取 $f(\theta)=\dfrac{1}{2}\left(\dfrac{\cos^2\theta}{\sin\theta}+\dfrac{\cos^2\theta}{\theta}\right)$，此时，可使曲线在较大的 θ 范围内保持良好的直线关系。后来，泰勒又从理论上证实了这一函数。图 4-22 表示李卜逊（H. Lipson）等对铝在 571K 时的所测数据，分别采用外延函数为 $\cos^2\theta$ 和 $\dfrac{1}{2}\left(\dfrac{\cos^2\theta}{\sin\theta}+\dfrac{\cos^2\theta}{\theta}\right)$ 时的外延示意图。由图 4-22（a）可知在 $\theta>60°$ 时，测量数据与直线符合得较好，直线外延至 $90°$ 的点阵常数为 $0.40782\mathrm{nm}$；而在外延函数为 $\dfrac{1}{2}\left(\dfrac{\cos^2\theta}{\sin\theta}+\dfrac{\cos^2\theta}{\theta}\right)$ 时，如图 4-22（b）所示，较大 θ 范围内（$\theta>30°$）具有较好的直线性，沿直线外延至 $90°$ 时所得的点阵常数为 $0.407808\mathrm{nm}$，更为精确。

（2）线性回归法

在外延法中，取外延函数 $f(\theta)$ 为 $\frac{1}{2}\left(\frac{\cos^2\theta}{\sin\theta}+\frac{\cos^2\theta}{\theta}\right)$ 时，可使 a 与 $f(\theta)$ 具有良好的线性关系，通过外延获得点阵常数的测量值，但是，该直线是通过作图的方式得到的，仍带有较强的主观性，此外，方格纸的刻度精细有限，因此，很难获得更高的测量精度。线性回归法就是在此基础上，对多个测点数据运用最小二乘法原理，求得回归直线方程，再通过回归直线的截距获得点阵常数的方法。它在相当程度上克服了外延法中主观性较强的不足。

设回归直线方程为：
$$Y=kX+b \tag{4-23}$$

式中，Y 为点阵常数；X 为外延函数值，一般取 $X=\frac{1}{2}\left(\frac{\cos^2\theta}{\sin\theta}+\frac{\cos^2\theta}{\theta}\right)$；$k$ 为斜率；b 为直线的截距，就是 θ 为 90°时的点阵常数。

设有 n 个测点 (X_iY_i)，$i=1$，2，3…n，由于测点不一定在回归直线上，可能存有误差 e_i，即 $e_i=Y_i-(kX_i+b)$，所有测点的误差平方和为

$$\sum_{i=1}^{n}e_i^2=\sum_{i=1}^{n}\left[Y_i-(kX_i+b)\right]^2 \tag{4-24}$$

由最小二乘法原理：

$\dfrac{\partial\sum\limits_{i=1}^{n}e_i^2}{\partial k}=0$，$\dfrac{\partial\sum\limits_{i=1}^{n}e_i^2}{\partial b}=0$，得方程组：

$$\begin{cases}\sum\limits_{i=1}^{n}X_iY_i=k\sum\limits_{i=1}^{n}X_i^2+b\sum\limits_{i=1}^{n}X_i\\[2mm]\sum\limits_{i=1}^{n}Y_i=k\sum\limits_{i=1}^{n}X_i+\sum\limits_{i=1}^{n}b\end{cases} \tag{4-25}$$

解之得
$$b=\frac{\sum\limits_{i=1}^{n}Y_i\sum\limits_{i=1}^{n}X_i^2-\sum\limits_{i=1}^{n}X_i\sum\limits_{i=1}^{n}X_iY_i}{n\sum\limits_{i=1}^{n}X_i^2-\left(\sum\limits_{i=1}^{n}X_i\right)^2} \tag{4-26}$$

由于外延函数可消除大部分系统误差，最小二乘法又消除了偶然误差，这样回归直线的纵轴截距即为点阵常数的精确值。

（3）标准样校正法

由于外延函数的获得带有较多的主观色彩，线性回归法的计算又非常繁琐，因此，需要有一种更为简捷的方法消除测量误差，标准试样法就是常用的一种。它是采用比较稳定的物质如 Si、Ag、SiO_2 等作为标准物质，其点阵常数已精确测定过，如纯度为 99.999% 的 Ag 粉，$a_{Ag}=0.408613nm$，纯度为 99.9%的 Si 粉，$a_{Si}=0.54375nm$，并定为标准值，将标准物质的粉末掺入待测试样的粉末中混合均匀，或在待测块状试样的表层均匀铺上一层标准物质的粉末，于是在衍射图中就会出现两种物质的衍射花样。由标准物质的点阵常数和已知的波长计算出相应 θ 的理论值，再与衍射花样中相应的 θ 相比较，其差值即为测试过程中的所有因素综合造成的，并以这一差值对所测数据进行修正，就可得到较为精确的点阵常数。显然，该法的测量精度基本取决于标准物质的测量精度。

4.4 宏观应力的测定

4.4.1 内应力的产生、分类及其衍射效应

产生应力的各种因素（如外力、温度变化、加工过程，相变等）不复存在时，在物体内部存在并保持平衡着的应力称为内应力。按存在范围的大小，可将内应力分为以下 3 种。

第一类内应力：在较大范围内存在并保持平衡的应力。释放该应力时可使物体的体积或形状发生变化。由于其存在范围较大，应变均匀分布，这样方位相同的各晶粒中同名（HKL）面的晶面间距变化就相同，从而导致各衍射峰位向某一方向发生漂移，这也是 X 射线测量第一类应力的理论基础。

第二类内应力：在数个晶粒范围内存在并保持平衡的应力。释放此应力时，有时也会引起宏观体积或形状发生变化。由于其存在范围仅在数个晶粒范围，应变分布不均匀，不同晶粒中，同名（HKL）面的晶面间距有的增加，有的减小，导致衍射线峰位向不同的方向位移，引起衍射峰漫散宽化。这也是 X 射线测量第二类应力的理论基础。

第三类内应力：在若干个原子范围存在并保持平衡的应力。一般存在于位错、晶界和相界等缺陷附近。释放此应力时不会引起宏观体积和形状的改变。由于应力仅存在于数个原子范围，应变会使原子离开平衡位置，产生点阵畸变，由衍射强度理论可知，其衍射强度下降。

通常将第一类内应力称为宏观应力或残余应力，第二类内应力称为微观应力，第三类内应力称为超微观应力。

宏观应力或残余应力的存在对工件的力学性能、物理性能以及尺寸的稳定性均会产生影响。当工件中存在的残余应力大于其屈服强度时会使工件变形，高于其抗拉强度时会引起工件开裂。然而，有些情况下，残余应力的存在是有利的，如弹簧、曲轴等，经喷丸处理后，在其表面产生残余压应力，这有利于提高弹簧、曲轴的抗疲劳强度。因此，宏观应力的测定工作在确定工件的最佳加工工艺、预测工件使用寿命和分析工件失效形式等方面具有十分重要的意义。

4.4.2 宏观应力的测定原理

当工件中存在宏观应力时，应力使工件在较大范围内引起均匀变形，即产生分布均匀的应变，使不同晶粒中的衍射面（HKL）的面间距同时增加或同时减小，由布拉格方程 $2d\sin\theta=\lambda$ 可知，其衍射角 2θ 也将随之变化，具体表现为（HKL）面的衍射线朝某一方向位移一个微小角度，且残余应力愈大，衍射线峰位位移量就愈大。因此，峰位位移量的大小反映了宏观应力的大小，X 射线衍射法就是通过建立衍射线峰位的位移量与宏观应力之间的关系来测定宏观应力的。具体的测定步骤如下。

① 分别测定工件有宏观应力和无宏观应力时的衍射花样；

② 分别定出衍射峰位，获得同一衍射面所对应衍射线峰位的位移量 $\Delta\theta$；

③ 通过布拉格方程的微分式求得该衍射面间距的弹性应变量；

④ 由应变与应力的关系求出宏观应力的大小。

因此，建立衍射峰位的位移量与宏观应力之间的关系式成了宏观应力测定的关键。如何导出这个关系式呢？推导过程较为复杂，需要适当简化，为此提出以下假设。

（1）单元体表面无剪切应力

一般情况下，残余应力的状态非常复杂，应力区中的任意一点通常处于三维应力状态。在应力区中取一单元体（微分六面体），共有六个应力分量，如图 4-23（a）所示，分别为垂直于单元体表面的三个正应力 σ_x、σ_y 与 σ_z 和垂直于表面法线方向的三个切应力 τ_{xy}、τ_{yz} 与 τ_{zx}，由弹性力学理论可知，通过单元体的取向调整，总可以找到这样一个取向，使单元体表面上的切应力为零，这样单元体的应力分量就由六个简化为三个，此时，三对表面的法线方向称为主方向，相应的三个正应力称为主应力，分别表示为：σ_1、σ_2、σ_3，如图 4-23（b），下面的推导分析就是在这种简化后的基础上进行的。

（2）所测应力为平面应力

由于 X 射线的穿透深度非常有限，仅在微米量级，且内应力沿表面的法线方向变化梯度极小，因此，可以假设 X 射线所测的应力为平面应力。

为了推导应力计算公式，需建立坐标系，如图 4-24 所示，坐标原点为 O，单元体上的三个主应力 σ_1、σ_2、σ_3 的方向分别为三维坐标轴的方向，对应的主应变为 ε_1、ε_2、ε_3。设待测方向为 OA，待测方向上的衍射面指数为（HKL），待测应力和应变分别为 σ_Ψ 和 ε_Ψ。样品表面的法线方向 ON 与待测方向 OA（即待测衍射面的法线方向）所构成的平面为测量平面。待测应力在坐标平面内的投影为 σ_ϕ，σ_ϕ 与 σ_1 的夹角为 ϕ，待测方向与试样表面法线方向的夹角为 Ψ。

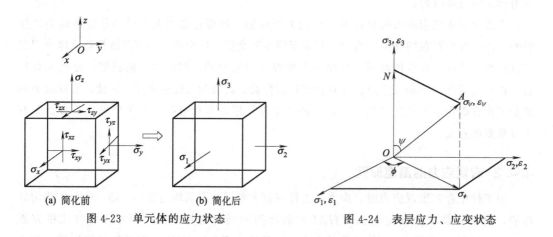

(a) 简化前　　　(b) 简化后

图 4-23　单元体的应力状态　　　图 4-24　表层应力、应变状态

由应力与应变之间的关系：

$$\begin{cases} \varepsilon_1 = \dfrac{1}{E}\left[\sigma_1 - \nu(\sigma_2 + \sigma_3)\right] \\[2mm] \varepsilon_2 = \dfrac{1}{E}\left[\sigma_2 - \nu(\sigma_3 + \sigma_1)\right] \\[2mm] \varepsilon_3 = \dfrac{1}{E}\left[\sigma_3 - \nu(\sigma_1 + \sigma_2)\right] \end{cases} \tag{4-27}$$

由于 X 射线测量的是平面应力，故 $\sigma_3 = 0$，但 $\varepsilon \neq 0$，此时式(4-27) 简化为

$$\begin{cases} \varepsilon_1 = \dfrac{1}{E}(\sigma_1 - \nu\sigma_2) \\[2mm] \varepsilon_2 = \dfrac{1}{E}(\sigma_2 - \nu\sigma_1) \\[2mm] \varepsilon_3 = \dfrac{1}{E}\left[-\nu(\sigma_1 + \sigma_2)\right] \end{cases} \tag{4-28}$$

由弹性力学可得

$$\begin{cases} \sigma_\Psi = \alpha_1^2\sigma_1 + \alpha_2^2\sigma_2 + \alpha_3^2\sigma_3 & (4\text{-}29) \\[2mm] \varepsilon_\Psi = \alpha_1^2\varepsilon_1 + \alpha_2^2\varepsilon_2 + \alpha_3^2\varepsilon_3 & (4\text{-}30) \end{cases}$$

其中 α_1、α_2、α_3 为待测方向的方向余弦，大小分别为：$\alpha_1 = \sin\Psi\cos\phi$、$\alpha_2 = \sin\Psi\sin\phi$、$\alpha_3 = \cos\Psi$。由式(4-28) 和方向余弦代入式(4-30) 并化简得

$$\varepsilon_\Psi = \frac{\sin^2\Psi}{E}(1+\nu)(\sigma_1\cos^2\phi + \sigma_2\sin^2\phi) - \frac{\nu}{E}(\sigma_1 + \sigma_2) \tag{4-31}$$

由于考虑的是平面应力，此时 $\Psi = 90°$，即 $\alpha_1 = \cos\phi$、$\alpha_2 = \sin\phi$、$\alpha_3 = 0$，分别代入式(4-29) 得

$$\sigma_\Psi = \sigma_\phi = \sigma_1\cos^2\phi + \sigma_2\sin^2\phi \tag{4-32}$$

将式(4-32) 代入式(4-31) 得

$$\varepsilon_\Psi = \frac{\sin^2\Psi}{E}(1+\nu)\sigma_\phi - \frac{\nu}{E}(\sigma_1 + \sigma_2) \tag{4-33}$$

将式(4-33) 两边对 $\sin^2\Psi$ 求偏导得

$$\frac{\partial\varepsilon_\Psi}{\partial\sin^2\Psi} = \frac{1+\nu}{E}\sigma_\phi \tag{4-34}$$

因为 $\varepsilon_\Psi = \dfrac{d_\Psi - d_0}{d_0}$，式中 d_Ψ 和 d_0 分别表示待测方向上的衍射面（HKL）在有和没有宏观应力时的面间距。由布拉格方程两边微分推得：$\dfrac{\Delta d}{d} = -\cot\theta\,\Delta\theta$，则

$$\varepsilon_\Psi = \left(\frac{\Delta d}{d}\right)_\Psi = -\cot\theta_0\,\Delta\theta_\Psi\frac{\pi}{180} = -\cot\theta_0\frac{2\Delta\theta_\Psi}{2}\times\frac{\pi}{180} = -\cot\theta_0\frac{2\theta_\Psi - 2\theta_0}{2}\times\frac{\pi}{180} \tag{4-35}$$

式中，$2\theta_\Psi$ 和 $2\theta_0$ 分别表示待测方向上的衍射面（HKL）在有和没有宏观应力时的衍射角。由式(4-35) 代入式(4-34) 化简得

$$\sigma_\phi = -\frac{E}{2(1+\nu)}\cot\theta_0\frac{\partial(2\theta_\Psi - 2\theta_0)}{\partial\sin^2\Psi}\times\frac{\pi}{180} \tag{4-36}$$

即

$$\sigma_\phi = -\frac{E}{2(1+\nu)}\cot\theta_0\frac{\pi}{180}\times\frac{\partial(2\theta_\Psi)}{\partial\sin^2\Psi} \tag{4-37}$$

式(4-37) 即为残余应力与衍射峰峰位位移量之间的重要关系式，也是残余应力测定的基本公式。设 $K = -\dfrac{E}{2(1+\nu)}\cot\theta_0\dfrac{\pi}{180}$，$M = \dfrac{\partial(2\theta_\Psi)}{\partial\sin^2\Psi}$，式(4-37) 简化为

$$\sigma_\phi = KM \tag{4-38}$$

显然，K 恒小于零，所以当 $M > 0$ 时，$\sigma_\phi < 0$，此时衍射角增加，面间距减小，表现为

压应力；反之，$M<0$ 时，面间距增加，表现为拉应力。K 又称为应力常数，主要取决于材料的弹性模量 E、泊松比 ν 和衍射面（HKL）在没有残余应力时的衍射半角 θ_0，一般情况下可直接查表获得。由于残余应力是存在于材料中并保持平衡着的内应力，对具体的材料而言，残余应力为常数，由式(4-38)可知 M 也为常数，再由 $M=\dfrac{\partial\,(2\theta_\varPsi)}{\partial\,\sin^2\varPsi}$ 可知 M 应为 $2\theta_\varPsi$-$\sin^2\varPsi$ 曲线的斜率。因为 M 为常数，故 $2\theta_\varPsi$-$\sin^2\varPsi$ 曲线为直线。因此，残余应力的测定只需通过测定 $2\theta_\varPsi$-$\sin^2\varPsi$ 直线，获得其斜率 M，再查表获得应力常数 K，即可求得 σ_ϕ。

4.4.3 宏观应力的测定方法

宏观应力测定的衍射几何如图 4-25，图中：$\varPsi_0$ 为入射线与样品表面法线的夹角；η 为入射线与所测表面法线的夹角。衍射几何中有两个重要平面：测量平面——样品表面法线 ON 与所测晶面的法线 OA 构成的平面；扫描平面——入射线、所测晶面的法线 OA 和衍射线构成的平面。当测量平面与扫描平面共面时称为同倾，测量平面与扫描平面垂直时称为侧倾。

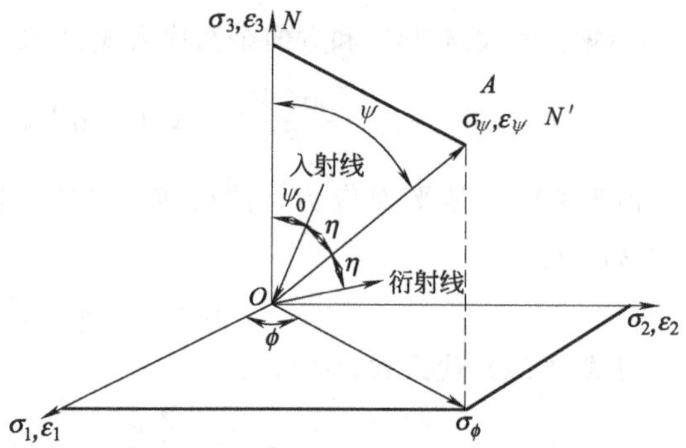

宏观应力的测定按所用仪器可分为 X 射线衍射仪法和 X 射线应力仪法两种。

图 4-25 宏观应力测定的衍射几何

4.4.3.1 X 射线衍射仪法

由式(4-38)可知宏观应力的测定关键在于确定 M，即获得 $2\theta_\varPsi$-$\sin^2\varPsi$ 直线的斜率，如何获得该直线呢？通常采用作图法，作图法又有两点法和多点法两种。①$0°$-$45°$两点法：即 $\varPsi=0°$、$45°$，分别测定 $2\theta_\varPsi$，求得 M。②多点法或 $\sin^2\varPsi$ 法：即取 $\varPsi=0°$、$15°$、$30°$、$45°$等，分别测定各自对应的衍射角 $2\theta_\varPsi$，运用线性回归法求得 M。

（1）两点法

步骤如下。

① 选择合适的衍射面（HKL）。由已知 X 射线的波长和布拉格方程选择衍射角尽可能大的衍射面，θ 愈接近 $90°$，测量误差愈小，并算出该衍射面在无宏观应力时的 $2\theta_0$，用作测定时的参考值。

② 测定 $\varPsi=0°$ 时所选晶面的衍射角 $2\theta_{\varPsi=0°}$。将样品置入样品台，计数管与样品台在 $2\theta_0$ 附近联动扫描，如图 4-26(a)，记录的衍射线即为样品中平行于样品表面的晶面（$\varPsi=0°$）所产生的，衍射线所对应的衍射角为 $2\theta_{\varPsi=0°}$。

③ 测定 $\varPsi=45°$ 时所选晶面的衍射角 $2\theta_{\varPsi=45°}$。保持计数管和样品台不动，让样品与样品台脱开，并按扫描方向转动 $45°$后固定，计数管仍在 $2\theta_0$ 附近与样品台联动扫描，如图 4-26(b)，此时记录的衍射线为样品中晶面法线方向与样品表面法线方向成 $45°$的衍射面（$\varPsi=45°$）所产生的，衍射线所对应的衍射角为 $2\theta_{\varPsi=45°}$。

④ 计算 M。由两点式得：

$$M=\frac{\partial\,(2\theta_\varPsi)}{\partial\sin^2\varPsi}=\frac{\Delta\,(2\theta_\varPsi)}{\Delta\sin^2\varPsi}=\frac{2\theta_{\varPsi=45°}-2\theta_{\varPsi=0°}}{\sin^245°-\sin^20°}=\frac{2\theta_{\varPsi=45°}-2\theta_{\varPsi=0°}}{\sin^245°} \tag{4-39}$$

⑤ 查表得 K，计算 $\sigma_{\phi}=KM$。

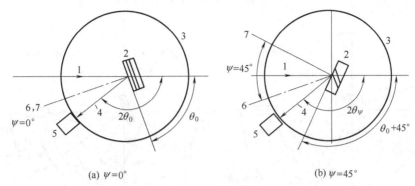

(a) $\psi=0°$ (b) $\psi=45°$

图 4-26　衍射仪法

1—入射线；2—试样；3—测角仪圆；4—衍射线；5—计数管；6—衍射晶面法线；7—样品表面法线

（2）$\sin^2\Psi$ 法

$\sin^2\Psi$ 法的测定步骤类似于两点法，只是增加了测定点，一般取四个测定点，即比两点法增加 $\Psi=15°$ 和 $\Psi=30°$ 两个测定点，运用线性回归法获得理想直线方程，得其斜率 M，求得 σ_{ϕ}。此时

$$M=\frac{\displaystyle\sum_{i=1}^{n}2\theta_{\Psi_i}\sum_{i=1}^{n}\sin^2\Psi_i-n\sum_{i=1}^{n}(2\theta_{\Psi_i}\sin^2\Psi_i)}{\left(\displaystyle\sum_{i=1}^{n}\sin^2\Psi_i\right)^2-n\sum_{i=1}^{n}\sin^4\Psi_i} \tag{4-40}$$

式中，n 为测定点的数目，具体计算时应注意以下几点。

① 不同 Ψ 时的 $2\theta_{\Psi}$ 表示材料中不同取向的同一晶面［面指数为 (HKL)，测定时已选定］的衍射角，均在 $2\theta_0$ 附近，仅有很小的差异。

② 在扫描过程中，入射线的方向保持不变，X 射线的入射方向与样品表面的法线方向的夹角（Ψ_0）时刻在变化，但由于样品、样品台、计数管保持联动，故所选晶面的法线方向与样品表面的法线方向保持不变的夹角（Ψ）。因此，该法又称固定 Ψ 法。

③ 该方法的测角仪圆为水平放置，测试过程中需要多次脱开并转动样品，以在不同的 Ψ 角分别扫描，故该方法仅适用于可动的小件样品。

注意：$\Psi=0°$ 时，计数管 F 在测角仪圆上，如图 4-27（a）。当 $\Psi\neq0°$ 时，聚焦圆的大小发生变化，如图 4-27（b），此时的计数管位置如果不动，仍在半径固定的测角仪圆上（m 点），则计数管只能接收衍射光束的一部分，其强度很弱。若换用宽的狭缝来提高接收强度，又必然导致分辨率的降低。为此，计数管应沿径向移动，从原来的 m 点移动至 m' 点。设测角仪圆的半径为 R，计数管距测角仪圆中心轴的距离为 D，可由图 4-27（b）中三角形 $\triangle OO'S$ 和 $\triangle OO'm'$ 分别得

$$OO'=\frac{\dfrac{1}{2}R}{\cos(90°-\theta-\Psi)}=\frac{R}{2\sin(\theta+\Psi)} \tag{4-41}$$

$$OO'=\frac{\dfrac{1}{2}D}{\cos(90°-\theta+\Psi)}=\frac{D}{2\sin(\theta-\Psi)} \tag{4-42}$$

即
$$\frac{D}{R} = \frac{\sin(\theta - \Psi)}{\sin(\theta + \Psi)} \tag{4-43}$$

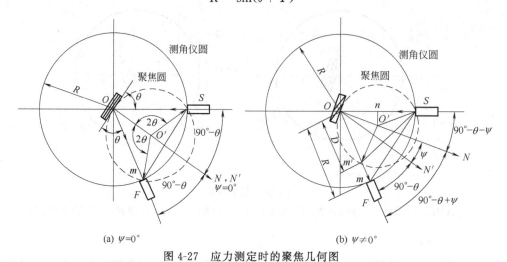

(a) $\psi = 0°$　　　　　　　　　(b) $\psi \neq 0°$

图 4-27　应力测定时的聚焦几何图

　　所以，为了探测聚焦的衍射线，必须将计数管沿径向移至距测角仪圆中心轴距离为 D 的 m' 点处。

4.4.3.2　X 射线应力仪法

　　图 4-28(a) 为应力仪结构示意图。当被测工件较大时，衍射仪法无法进行，只有采用应力仪法。此时固定工件，转动应力仪，让入射线分别以不同的角度入射，入射线与样品表面法线的夹角 Ψ_0 可在 0°～45°范围内变化，测角仪为立式，计数管可在垂直平面内扫描，扫描范围可达 145°甚至 165°。扫描过程中，样品和 Ψ_0 固定，计数器在 $2\theta_0$ 附近扫描记录衍射线。由应力仪的衍射几何示意图 [图 4-28(b)] 得 Ψ 与 Ψ_0 的关系为：

$$\Psi = \Psi_0 + \eta, \eta = 90° - \theta_\Psi \tag{4-44}$$

　　式中，η 为入射线与衍射面法线的夹角。通过设定不同的 Ψ_0 即可获得不同的 Ψ，无需转动试样了。

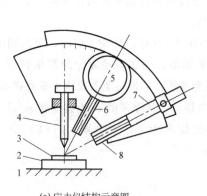

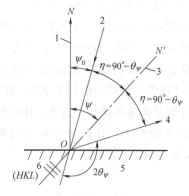

(a) 应力仪结构示意图　　　　　　(b) 衍射几何示意图

1—试样台；2—试样；3—小镜；4—标距杆；　　1—样品表面法线；2—入射线；3—衍射晶面法线；

5—X 射线管；6—入射光阑；7—计数管；8—接收光阑　　4—衍射线；5—样品；6—衍射晶面

图 4-28　应力仪结构及应力仪衍射几何示意图

应力仪的测试步骤类似于衍射仪法，所不同的是应力仪的入射线与样品表面法线的夹角 Ψ_0。在计数器扫描过程中保持不变，故该法又称固定 Ψ_0 法。具体测定时同样也有 0°-45° 两点法和 $\sin^2\Psi$ 多点法两种。

（1）0°-45° 两点法

当 $\Psi_0=0°$、45°时，由式（4-44）得 Ψ 分别为 η、$\eta+45°$，衍射几何分别如图 4-29（a）、（b）所示。分别测量 $2\theta_{\Psi=\eta}$ 和 $2\theta_{\Psi=\eta+45°}$ 的值，再由两点式求得

$$M=\frac{2\theta_{\Psi=\eta+45°}-2\theta_{\Psi=\eta}}{\sin^2(45°+\eta)-\sin^2\eta} \tag{4-45}$$

再由 $\sigma_\phi=KM$，求得 σ_ϕ。

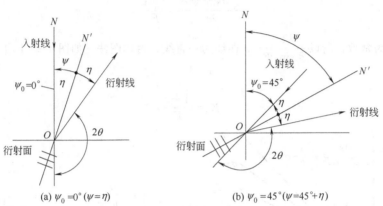

(a) $\psi_0=0°(\psi=\eta)$ (b) $\psi_0=45°(\psi=45°+\eta)$

图 4-29   固定 Ψ_0 法

（2）$\sin^2\Psi$ 多点法

Ψ_0 在 0°～45°范围内取多个点，一般取四个点，测量相应的各 $2\theta_\Psi$ 值，由线性回归法求得 M，再由 $\sigma_\phi=KM$ 算得 σ_ϕ。

显然侧倾法时计数管在垂直于测量平面的扫描平面内扫动，此时的 Ψ 角大小由所测试样的形状空间决定，不受衍射角限制，确定 M 同样有两点法和 $\sin^2\Psi$ 多点法。

4.4.4　应力常数 K 的确定

应力常数 K 一般视为常数，可直接查表（见附录 8）获得。但在实际情况中，晶体是各向异性的，不同的方向，具有不同的弹性性质，即具有不同的应力常数 K，因此，具体测定宏观内应力时，就应采用所测方向上的应力常数。由 $K=-\dfrac{E}{2(1+\nu)}\cot\theta_0\cdot\dfrac{\pi}{180}$ 可知，仅需知道所测方向上的 E 和 ν 即可，而 E 和 ν 可通过实验法来测定，具体的步骤如下：

（1）确定 $\varepsilon_\Psi-\sin^2\Psi$ 曲线，获得其斜率 $\dfrac{\partial\varepsilon_\Psi}{\partial\sin^2\Psi}$

取与被测材料相同的板材制成无残余应力的等强度梁试样，该试样可安装在衍射仪或应力仪上，施加已知可变的单向拉伸应力 σ，即 $\sigma_\phi=\sigma_1=\sigma$，$\sigma_2=0$。将其代入式（4-33）得

$$\varepsilon_\Psi=\frac{\sin^2\Psi}{E}(1+\nu)\sigma_\phi-\frac{\nu}{E}(\sigma_1+\sigma_2)=\frac{\sin^2\Psi}{E}(1+\nu)\sigma-\frac{\nu}{E}\sigma \tag{4-46}$$

则
$$\frac{\partial \varepsilon_{\Psi}}{\partial \sin^2 \Psi} = \frac{1+\nu}{E}\sigma \qquad (4\text{-}47)$$

（2）确定 $\dfrac{1+\nu}{E}$

由式（4-47）可知，σ 一定时，$\dfrac{1+\nu}{E}\sigma$ 为常数，所以 $\varepsilon_{\Psi}\text{-}\sin^2\Psi$ 曲线为直线，其斜率为 $\dfrac{1+\nu}{E}\sigma$，因此，分别取不同的 σ 时，则有不同斜率的直线，如图 4-30(a) 所示。对式（4-47）两边的 σ 求偏导，得

$$\frac{\partial \left(\dfrac{\partial \varepsilon_{\Psi}}{\partial \sin^2 \Psi} \right)}{\partial \sigma} = \frac{1+\nu}{E} \qquad (4\text{-}48)$$

因 $\dfrac{1+\nu}{E}$ 为常数，所以 $\dfrac{\partial \varepsilon_{\Psi}}{\partial \sin^2 \Psi}-\sigma$ 曲线为一直线，由作图法 ［如图 4-30(b)］ 得其直线的斜率为：

$$K_1 = \frac{1+\nu}{E} \qquad (4\text{-}49)$$

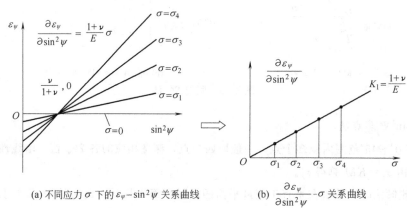

(a) 不同应力 σ 下的 $\varepsilon_{\psi}-\sin^2\psi$ 关系曲线　　(b) $\dfrac{\partial \varepsilon_{\psi}}{\partial \sin^2 \psi}-\sigma$ 关系曲线

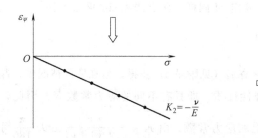

$$\begin{cases} K_1 = \dfrac{1+\nu}{E} \\[2mm] K_2 = -\dfrac{\nu}{E} \end{cases} \qquad (4\text{-}50)$$

(c) $\varepsilon_{\psi=0}-\sigma$ 关系曲线

图 4-30　应力常数 K 的测定计算

（3）确定 $\dfrac{\nu}{E}$

当 $\psi=0°$时，则 $\sin\Psi=0$，式（4-46）可简化为

$$\varepsilon_{\Psi} = -\frac{\nu}{E}\sigma \qquad (4\text{-}51)$$

材料现代分析技术

两边对 σ 求偏导，得：

$$\frac{\partial \varepsilon_\Psi}{\partial \sigma} = -\frac{\nu}{E} \tag{4-52}$$

因此，对于具体的测量方向，ν 和 E 为定值，故 ε_Ψ-σ 曲线为直线。由作图法［如图 4-30 (c)］得其斜率为

$$K_2 = -\frac{\nu}{E} \tag{4-53}$$

（4）求 K

由式(4-49)和式(4-53)组成方程组，即图 4-30 中式(4-50)，解该方程组得 ν 和 E，再代入计算式：$K = -\frac{E}{2(1+\nu)} \cot\theta_0 \frac{\pi}{180}$，求得应力常数 K。当然在求得 $K_1 = \frac{1+\nu}{E}$ 时，也可直接代入上式求得 K。

4.5 微观应力的测定

微观应力会引起衍射线发生漫散、宽化，因此可以通过衍射线形的宽化程度来测定微观应力的大小。微观应力发生在数个晶粒甚至单个晶粒中数个原子范围内，有的晶粒受压，有的晶粒受拉，还有的弯曲，且弯曲程度也不同，这些均会导致晶面间距有的增加有的减少，服从统计规律，从而形成一个在 $2\theta_0 \pm \Delta 2\theta$ 范围内存在强度的宽化峰，这不同于宏观应力导致衍射峰位向同一个方向位移。

由布拉格方程变形得

$$\Delta\theta = -\tan\theta_0 \frac{\Delta d}{d} \tag{4-54}$$

令 $\varepsilon = \frac{\Delta d}{d}$，则

$$\Delta\theta = -\tan\theta_0 \varepsilon \tag{4-55}$$

设微观应力所致的衍射线宽度为 n，简称为微观应力宽度，则 $n = 2\Delta 2\theta = 4\Delta\theta$，考虑其绝对值，则 $n = 4\varepsilon\tan\theta_0$，微观应力的大小为

$$\sigma = E\varepsilon = E\frac{n}{4\tan\theta_0} \tag{4-56}$$

4.6 非晶态物质及其晶化后的衍射

非晶态物质是指质点短程有序而长程无序排列的物质。常见的有氧化物玻璃、金属玻璃、有机聚合物、非晶陶瓷、非晶半导体等。由于质点分布的特殊性，致使该类物质具有晶态物质所没有的独特性能，如在力学、光学、电学、磁学、声学等方面性能优异，具有广阔的应用前景。显然，非晶态物质所具有的这些独特性能，完全取决于其内部的微观结构，那

么运用何种手段来研究其微观结构呢？常见的方法有 X 射线衍射法和电子衍射法，其中电子衍射法将在下章介绍，本节主要介绍 X 射线衍射法。

4.6.1 非晶态物质 X 射线衍射花样

非晶态物质结构的主要特征是质点排列短程有序而长程无序。与晶态一样，非晶态物质的质点近程排列有序，两者具有相似的最近邻关系，表现为它们的密度相近，特性相似。但非晶态物质的长程排列是无序的，表现为非晶态物质不存在周期性，因而描述周期性的点阵、点阵参数等概念就失去了意义。因此，晶态与非晶态在结构上的主要区别在于质点的长程排列是否有序。此外，从宏观意义上讲，非晶态物质的结构均匀，各向同性，但缩小到原子尺寸时，结构也是不均匀的；非晶态物质短程有序，但长程无序，自由能比晶态高，是一种热力学上的亚稳定态，没有所谓的晶胞、晶面及其表征的结构常数或晶面指数的概念，其衍射图由少数的几个漫散峰组成，如图 4-31 所示。非晶态物质结构中的漫散峰又称馒头峰，是区分晶态和非晶态的最显著标志，同时也能提供以下结构信息：

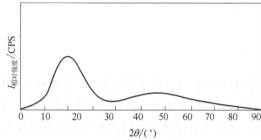

图 4-31　非晶态物质的衍射花样示意图

① 与峰位相对应的是相邻分子或原子间的平均距离，其近似值可由非晶衍射的准布拉格方程 $2d\sin\theta = 1.23\lambda$ 获得：

$$d = \frac{1.23\lambda}{2\sin\theta} \qquad (4\text{-}57)$$

② 漫散峰的半高宽即为短程有序区的大小 r_s，其近似值可通过谢乐公式 $L\beta\cos\theta = \lambda$ 中的 L 来表征，即

$$r_s = L = \frac{K\lambda}{\beta\cos\theta} \qquad (4\text{-}58)$$

式中的 β 为漫散峰的半高宽，单位为弧度，K 为常数，一般取 $0.89\sim0.94$。r_s 的大小反映了非晶物质中相干散射区的尺度。当然，关于非晶态物质的更为精确的结构信息主要还是通过其原子径向分布函数来分析获得。

4.6.2 非晶态物质的晶化

（1）晶化过程

非晶态为亚稳定态，热力学不稳定，有自发向晶态转变的趋势即晶化，晶化过程非常复杂，有时要经历若干个中间阶段。非晶态物质晶化后其衍射图将发生明显变化，其漫射峰逐渐演变成结晶峰。图 4-32 为 Ni-P 合金非晶态时的 X 射线衍射图，在 $18°\sim65°$ 低角范围内仅有一个漫射峰构成，经 500℃ 退火晶化后其衍射花样如图 4-33 所示，由定相分析可知它由 Ni 及 Ni_3P 等多种相组成，非晶态已转化为晶态了。

（2）结晶度测定

结晶度是指非晶态物质在晶化过程中的结晶相所占有的比值：

$$X_c = \frac{W_c}{W_0} \qquad (4\text{-}59)$$

式中，W_c 为结晶相的质量；W_0 为物质的总质量，由非晶相和结晶相两部分组成；X_c

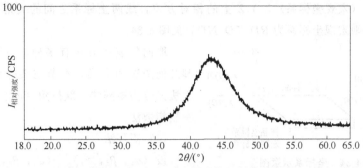

图 4-32　Ni-P 合金非晶态时的 X 射线衍射图

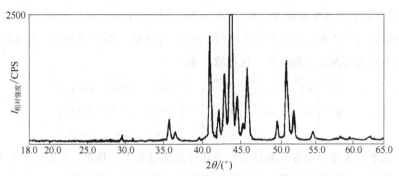

图 4-33　Ni-P 合金 500℃退火晶化后的 X 射线衍射图

为结晶度。

结晶度可采用 X 射线衍射法来进行测定，即测定样品中的结晶相和非晶相的衍射强度，再代入公式(4-60)计算结晶度。

$$X_c = \frac{I_c}{I_c + KI_a} = \frac{1}{1 + KI_a/I_c} \tag{4-60}$$

式中，I_c、I_a 分别为晶相和非晶相的衍射强度；K 为常数，它与实验条件、测量角度范围、晶态与非晶态的密度比值有关。

具体的测定过程比较复杂，简要步骤如下：

① 分别测定样品中的晶相和非晶相的衍射花样；

② 合理扣除衍射峰的背底，进行原子散射因素、偏振因素、温度因素等衍射强度的修正；

③ 设定晶峰和非晶峰的峰形函数，多次拟合，分开各重叠峰；

④ 测定各峰的积分强度 I_c 和 I_a；

⑤ 选择合适的常数 K，代入公式算得该样品的结晶度。

4.7　单晶体的取向分析

4.7.1　单晶体的取向表征

单晶体的取向是指单晶体的晶体坐标系（微观坐标系）即含有 3 个晶轴：正交晶系为 $[100]$-$[010]$-$[001]$、立方系为 $[100]$-$[110]$-$[111]$ 和六方系为 $[10\bar{1}0]-[11\bar{2}0]-[0001]$，

与样品坐标系（宏观坐标系）X-Y-Z 上的相对方位，或两坐标系之间的夹角关系，如果样品为轧制品，则宏观坐标系为 RD-TD-ND，见图 4-34。

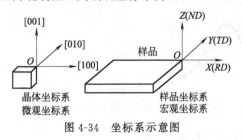

图 4-34　坐标系示意图

取向的表达方法有多种，一般分为数学法和几何图法两大类，本节主要介绍数学法。数学法又分为矩阵法、欧拉角（φ_1、Φ、φ_2）法和密勒指数法。

（1）矩阵法

设（α_1，β_1，γ_1）、（α_2，β_2，γ_2）和（α_3，β_3，γ_3）分别为晶体上微观晶轴 [100]、[010] 和 [001] 与样品上宏观坐标轴 X、Y、Z 的夹角。则（α_1，α_2，α_3）、（β_1，β_2，β_3）和（γ_1，γ_2，γ_3）分别为 X、Y 和 Z 与 [100]-[010]-[001] 的夹角。矩阵（4-61）为方向余弦矩阵，即为两坐标系之间的坐标变换矩阵，也称取向矩阵。

$$\boldsymbol{g}=\begin{pmatrix} g_X^{[100]} & g_Y^{[100]} & g_Z^{[100]} \\ g_X^{[010]} & g_Y^{[010]} & g_Z^{[010]} \\ g_X^{[001]} & g_Y^{[001]} & g_Z^{[001]} \end{pmatrix}=\begin{pmatrix} \cos\alpha_1 & \cos\beta_1 & \cos\gamma_1 \\ \cos\alpha_2 & \cos\beta_2 & \cos\gamma_2 \\ \cos\alpha_3 & \cos\beta_3 & \cos\gamma_3 \end{pmatrix} \tag{4-61}$$

显然，三个行矢量分别表示晶体坐标轴在样品坐标轴上的投影，三个列矢量分别表示样品坐标轴在晶体坐标轴上的投影，三个独立参数即可完整表达晶体取向，取向矩阵中行和列均为归一化矩阵，即

$$\begin{cases} \cos^2\alpha_1+\cos^2\beta_1+\cos^2\gamma_1=1 \\ \cos^2\alpha_2+\cos^2\beta_2+\cos^2\gamma_2=1 \\ \cos^2\alpha_3+\cos^2\beta_3+\cos^2\gamma_3=1 \end{cases} \tag{4-62}$$

$$\begin{cases} \cos^2\alpha_1+\cos^2\alpha_2+\cos^2\alpha_3=1 \\ \cos^2\beta_1+\cos^2\beta_2+\cos^2\beta_3=1 \\ \cos^2\gamma_1+\cos^2\gamma_2+\cos^2\gamma_3=1 \end{cases} \tag{4-63}$$

（2）欧拉角（φ_1、Φ、φ_2）法

欧拉角由欧拉提出而命名，原是用于描述三维空间中刚体定点转动的，也可用于晶体取向表征：即两坐标系的相对位置由三个角度（φ_1、Φ、φ_2）来表示。假定宏观坐标系（X-Y-Z）固定不动，微观坐标系（[100]-[010]-[001]）通过三次坐标轴的转动使两坐标系重合。因坐标轴的旋转顺序不同，定义不唯一。首先绕三坐标轴中的任意一坐标轴转动有 3 种，转角正负由轴的转动方向来确定，沿坐标轴指向原点，逆时针转动为"＋"，顺时针为"－"。接着绕除第一次转轴外的任一轴转动，有 2 种，最后绕除第二次转轴外的任一轴转动，又有 2 种，因此，共有 $3\times2\times2=12$ 种定义方式。三个微观轴 [100]、[010]、[001] 分别用 1、2、3 表示，绕 [001] 轴逆时针转动表示为 +3，顺时针转则为 -3，其他类推。一般定义 φ_1 为 [001] 轴的转动角度；Φ 表示以第一次转动后的 [100] 轴的转动角度；φ_2 表示第二次转动后的 [001] 轴的转动角度。见图 4-35(a)，三个转角的取值范围均可为 $0\sim2\pi$，该图即为"（+3）(+1)(+3)"转动，简化为"313"。

欧拉角的另一种解释：Φ 为两坐标系第三轴的夹角，或两坐标系的平面 XOY 与平面

[100]-[010] 的二面角；设两面交线为 MN，φ_1 看成为 X 轴与二面交线 MN 的夹角；φ_2 看成为 [100] 轴与二面交线 MN 的夹角，见图 4-35(b)。

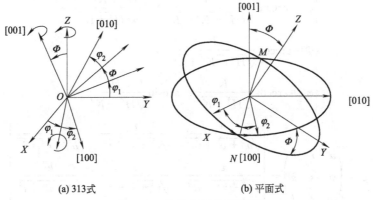

(a) 313式   (b) 平面式

图 4-35 欧拉角定义示意图

三个欧拉角 φ_1、Φ、φ_2 转动分别对应于三个矩阵，因此晶体的取向矩阵 $\boldsymbol{g}$ 为

$$
\boldsymbol{g} = \begin{pmatrix} \cos\varphi_2 & \sin\varphi_2 & 0 \\ -\sin\varphi_2 & \cos\varphi_2 & 0 \\ 0 & 0 & 1 \end{pmatrix} \begin{pmatrix} 1 & 0 & 0 \\ 0 & \cos\Phi & \sin\Phi \\ 0 & -\sin\Phi & \cos\Phi \end{pmatrix} \begin{pmatrix} \cos\varphi_1 & \sin\varphi_1 & 0 \\ -\sin\varphi_1 & \cos\varphi_1 & 0 \\ 0 & 0 & 1 \end{pmatrix}
$$

$$
= \begin{pmatrix} \cos\varphi_2\cos\varphi_2 - \sin\varphi_2\sin\varphi_2\cos\Phi & \sin\varphi_1\cos\varphi_2 + \cos\varphi_1\sin\varphi_2\cos\Phi & \sin\varphi_2\sin\Phi \\ -\cos\varphi_1\sin\varphi_2 - \sin\varphi_1\cos\varphi_2\cos\Phi & -\sin\varphi_1\sin\varphi_2 + \cos\varphi_1\cos\varphi_2\cos\Phi & \cos\varphi_2\sin\Phi \\ \sin\varphi_1\sin\Phi & -\cos\varphi_1\sin\Phi & \cos\Phi \end{pmatrix} \quad (4\text{-}64)
$$

晶体取向也可不采用三个晶轴，而采用某一个晶面 (hkl) 的法线（立方系中晶向指数与晶面指数相同即 $[hkl]$）、晶面上的某一晶向 $[uvw]$ 以及在晶面上和 $[uvw]$ 垂直的另一个方向 $[rst]$ 三个互相垂直的方向在参考坐标系上的取向来表征，三个晶轴转换到晶体的任意三个互相垂直的方向 $[uvw]$、$[rst]$、$[hkl]$ 的转换矩阵 $\boldsymbol{g}$ 可以用它们的单位矢量在三个坐标轴上的分量构成的矩阵来表示，即

$$
\boldsymbol{g} = \begin{pmatrix} u & r & h \\ v & s & k \\ w & t & l \end{pmatrix} \quad (4\text{-}65)
$$

（3）密勒指数法

采用密勒指数 $(hkl)[uvw]$ 表征晶体的取向，即晶胞中晶面 (hkl) 平行于样品表面，如是轧制件即为轧面 RD-TD，晶胞中晶向 $[uvw]$ 平行于表面中一方向，轧制件即为轧面中的轧向 RD。立方中，晶面垂直于同指数的晶向，因此 $(hkl) \perp [uvw]$，即 $hu + kv + lw = 0$。

密勒指数与欧拉角之间的换算可通过比较式(4-64)与式(4-65)，解方程得

$$
\begin{cases} \varphi_1 = \arcsin \dfrac{w}{\sqrt{h^2 + k^2}} \\ \Phi = \arccos l \\ \varphi_2 = \arccos \dfrac{k}{\sqrt{h^2 + k^2}} = \arcsin \dfrac{h}{\sqrt{h^2 + k^2}} \end{cases} \quad (4\text{-}66)
$$

矩阵中的指数均归一化处理了，而常用的密勒指数 $(HKL)[UVW]$ 仅为互质，此时的换算公式为：

$$
\begin{cases}
\varphi_1 = \arcsin\left(\dfrac{W}{\sqrt{H^2+K^2+L^2}} \times \dfrac{\sqrt{H^2+K^2+L^2}}{\sqrt{H^2+K^2}}\right) \\[4mm]
\Phi = \arccos \dfrac{L}{\sqrt{H^2+K^2+L^2}} \\[4mm]
\varphi_2 = \arccos \dfrac{K}{\sqrt{H^2+K^2}} = \arcsin \dfrac{H}{\sqrt{H^2+K^2}}
\end{cases} \tag{4-67}
$$

则

$$
\boldsymbol{g} = \begin{pmatrix} u & r & h \\ v & s & k \\ w & t & l \end{pmatrix} = \begin{pmatrix}
\dfrac{u}{\sqrt{u^2+v^2+w^2}} & \dfrac{r}{\sqrt{r^2+s^2+t^2}} & \dfrac{h}{\sqrt{h^2+k^2+l^2}} \\[4mm]
\dfrac{v}{\sqrt{u^2+v^2+w^2}} & \dfrac{s}{\sqrt{r^2+s^2+t^2}} & \dfrac{k}{\sqrt{h^2+k^2+l^2}} \\[4mm]
\dfrac{w}{\sqrt{u^2+v^2+w^2}} & \dfrac{t}{\sqrt{r^2+s^2+t^2}} & \dfrac{l}{\sqrt{h^2+k^2+l^2}}
\end{pmatrix}
$$

$$
= \begin{pmatrix}
\dfrac{U}{\sqrt{U^2+V^2+W^2}} & \dfrac{R}{\sqrt{R^2+S^2+T^2}} & \dfrac{H}{\sqrt{H^2+K^2+L^2}} \\[4mm]
\dfrac{V}{\sqrt{U^2+V^2+W^2}} & \dfrac{S}{\sqrt{R^2+S^2+T^2}} & \dfrac{K}{\sqrt{H^2+K^2+L^2}} \\[4mm]
\dfrac{W}{\sqrt{U^2+V^2+W^2}} & \dfrac{T}{\sqrt{R^2+S^2+T^2}} & \dfrac{L}{\sqrt{H^2+K^2+L^2}}
\end{pmatrix} \tag{4-68}
$$

4.7.2 单晶体的取向测定

单晶体的取向测定有多种方法，如劳埃衍射法（连续 X 射线）、X 射线衍射仪法（特征 X 射线）、透射电镜菊池花样分析法、电子背散射衍射法等。本节主要介绍 X 射线衍射仪法。具体方法如下：

根据单晶材料的晶体结构，选定待测取向的晶面 (hkl)，单色辐射，晶体转动。计算出衍射角 $2\theta_{hkl}$，将计数管固定在衍射角 $2\theta_{hkl}$ 上，测量过程中衍射角固定不变。晶体安置在特殊的装置上，见图 4-36，晶体分别做两种转动：①晶体表面法线的倾转，角度为 α，转动范

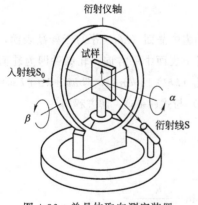

图 4-36 单晶体取向测定装置

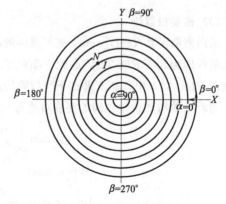

图 4-37 衍射仪的单晶取向角

围 0～90°，分级转动。②绕晶体表面法线的转动，角度为 β，转动范围 0～360°，连续转动。当晶体分别位于一系列设定的 α 时，试样均作 β 为 0～360°的连续转动，同时记录每一时刻下的衍射强度，直至出现衍射强度最大 I_{max} 为止，此时对应的 α、β 即为待测晶面的取向角，见图 4-37 中的 N 点，由方向余弦公式得另一取向角 γ。单晶体中取三个互相垂直的晶面，分别测定其取向角，即可用式(4-61)取向矩阵 **g** 来表征该晶体的取向。

4.8 单晶体的结构衍射分析

配位化学、金属有机化学、有机化学、无机化学、生物无机化学、晶体工程、超分子化学及耐高温合金等中均会存在大量的单晶结构，其结构分析的手段主要有四圆衍射仪（图 4-38）和面探测器衍射仪（图 4-39）。

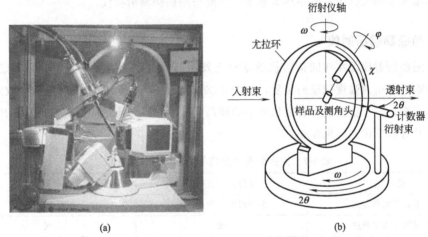

图 4-38　四圆衍射仪（a）及其结构原理图（b）

4.8.1 四圆衍射仪

四圆单晶衍射仪是一种测量单晶 X 射线衍射强度的仪器，采用一个计数器测量一个衍射束或斑点的强度。一个单晶的衍射点可能有几百到上万个，计数器总是水平放置，它与入射的 X 射线共面，组成的平面为反射球的赤平面。它可通过三个方向（χ、ω、φ）旋转测角头上的晶体，使得晶体中要测量的每个衍射点都能落在该水平面上。测角头与计数器的方位共用四个欧拉角（χ、2θ、ω、φ）表示，简称四圆衍射仪。

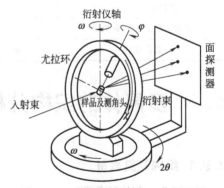

图 4-39　面探测器衍射仪工作原理图

① χ 圆　尤拉圆环即为 χ 圆，χ 可以在 0°～360°范围内变化，从而调节测角头的旋转轴方向。

② φ圆　是以 χ 圆的半径为转轴的圆，φ 角可在 0～360°范围内调节晶体及其衍射点的方位。

③ 2θ圆　是计数器转动所在的圆，也可看成是入射线与衍射线所在的平面内与厄瓦尔德球的交线圆。2θ 为晶面的衍射角，即衍射束与入射 X 射线之间的夹角，又称布拉格角。

④ ω圆　尤拉环绕其垂直轴转动的圆。ω 角可调节测角头绕垂直于水平面的旋转轴的旋转，ω 角采用步进方式变化，步进幅度为 0.5°～5°之间。ω 圆与 2θ 圆同轴，四圆共三根轴，与入射 X 射线共同相交于一个固定点，即衍射仪的光学中心，也为试样中心。

当晶体被精确调节在光学中心时，测量衍射强度的实验过程中的任何欧拉角旋转都不会移动晶体的空间位置，这样就可保证入射 X 射线总是穿过晶体。工作时，通过四个圆的配合，将倒易点阵的阵点旋转到衍射平面（水平面）并与反射球相交，通过检测器逐点测到所有衍射点的衍射角和强度。由于四圆衍射是逐点收集衍射数据，虽然精度高但时间较长。四圆衍射仪对于那些晶胞体积大、衍射能力弱、不稳定或在 X 射线照射时衍射能力衰减的超分子体系或生物大分子等就不尽人意了，为此采用面探测衍射仪。

4.8.2　面探测器衍射仪

面探测器衍射仪是在四圆衍射仪的基础上发展而来，此时的探测器是具有一定面积的平面或曲面进行衍射强度记录的装置，见图 4-39。此时，可大幅提高衍射数据的收集速度，且其灵敏度高，对于衍射能力弱或尺寸小的样品同样能获得高质量的衍射数据。相比于四圆衍射仪，具有以下优点，见表 4-7。

表 4-7　面探测器衍射仪与四圆衍射仪的比较

比较项	面探测器衍射仪	四圆衍射仪
衍射数据收集方式	多个衍射点同步进行	逐点进行
衍射数据收集速度	快	慢
数据容量	大：$10^2 \sim 10^3$MB	小：1MB 左右
数据点区域数目	多个	一般为 1 个
完成一套数据收集周期	几个～几十小时	几天～几周
数据处理	复杂，对计算机要求高	相对简单，对计算机要求不高

4.9　多晶体的织构分析

4.9.1　织构及其表征

4.9.1.1　织构及分类

单晶体呈现出各向异性，而多晶体因晶粒数目大且各晶粒的取向随机分布，呈现出各向同性。然而，在多晶体的形成过程中，一定条件下可能会形成晶粒的某一个晶面（hkl）法线方向沿空间的某一个方向上聚集，导致晶粒取向在空间中的分布概率不同，这种多晶体中部分晶粒取向规则分布的现象，就是晶粒的择优取向。具有择优取向的这种组织状态类似于天然纤维或织物的结构和纹理，故称之为织构。织构显著影响材料性能。如制造汽车外壳的深冲薄钢板，织构会导致变形不均匀，产生皱纹，甚至破裂；而（111）型板织构的板材，深冲性能良好。变压器中当硅钢片易磁化的［100］方向平行于轧向时铁损很低。

注意：择优取向侧重于描述多晶体中单个晶粒的取向分布所呈现出的不对称性，即在某一较优先方向上获得了较多的出现概率。而织构是指多晶体中已经处于择优取向位置的众多晶粒所呈现出的排列状态。众多晶粒的择优取向形成了多晶材料的织构，织构是择优取向的结果，反映多晶体中择优取向的分布规律。

根据择优取向分布的特点，织构可分为丝织构、面织构和板织构 3 种，如图 4-40。

① 丝织构是指多晶体中大多数晶粒均以某一晶体学方向 $<uvw>$ 与材料的某个特征外观方向，如拉丝方向或拉丝轴平行或近于平行，如图 4-40(a)。由于该种织构在冷拉金属丝中表现得最为典型，故称为丝织构，它主要存在于拉、轧、挤压成形的丝、棒材以及各种表面镀层中，一般采用晶向指数 $<uvw>$ 表征。

② 面织构是指一些多晶材料在锻压或压缩时，多数晶粒的某一晶面法线方向平行于压缩力轴向所形成的织构，如图 4-40(b)。常用垂直于压缩力轴向的晶面 $\{hkl\}$ 表征。

③ 板织构是指一些多晶材料在轧制时，晶粒会同时受到拉伸和压缩力的作用，多数晶粒的某晶向 $<uvw>$ 平行于轧制方向（简称轧向）、某晶面 $\{hkl\}$ 平行于轧制表面（简称轧面）所形成的织构，如图 4-40(c)。采用平行于轧面的晶面指数 $\{hkl\}$ 和平行于轧向的晶向 $<uvw>$ 共同表征，也可将面织构归类于板织构，本书即按丝织构和板织构两大类介绍。

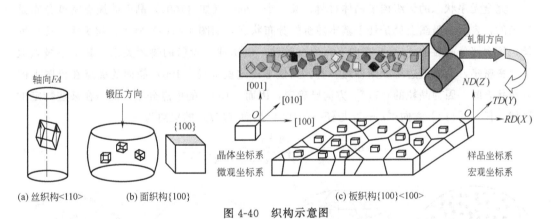

(a) 丝织构<110>　　(b) 面织构{100}　　(c) 板织构{100}<100>

图 4-40　织构示意图

4.9.1.2　织构的表征

织构的表征通常有以下 4 种方法。

（1）指数法

指数法是指采用晶向指数 $<uvw>$ 或晶面指数与晶向指数的复合形式 $\{hkl\} <uvw>$ 共同表示织构的方法，又称密勒指数法。

丝织构中，因择优取向使晶粒的某个晶向 $<uvw>$ 趋于平行，这也是丝织构的主要特征，因此，丝织构就采用晶向指数 $<uvw>$ 来表征。例如冷拉铝丝 100% 晶粒的 $<111>$ 方向与拉丝轴平行，即为具有 $<111>$ 丝织构。有的面心立方金属具有双重丝织构，即一些晶粒的 $<111>$ 方向与拉丝轴平行，另一些晶粒的 $<100>$ 方向也与拉丝轴平行。如冷拉铜丝中

60％晶粒的＜111＞方向和40％晶粒的＜100＞方向与拉丝轴平行。但在冷拉体心立方金属丝中，仅有一种＜110＞丝织构。

板织构中，晶粒中的某个晶向＜uvw＞平行于轧制方向，同时某个晶面｛hkl｝平行于轧制表面，这两点是板织构的主要特征，因此，板织构采用晶面指数与晶向指数的复合形式｛hkl｝＜uvw＞来表征，此时晶面指数与晶向指数存在以下关系：$hu+kv+lw=0$。例如，冷轧铝板的理想织构为（110）[$\bar{1}$12]，具有该种织构的金属还有铜、金、银、镍、铂以及一些面心立方结构的合金。与丝织构一样，在板织构中也有多重织构，有的甚至达3种以上，但有主次之分。例如冷轧铝板除了具有（110）[$\bar{1}$12]织构外，还有（112）[11$\bar{1}$]织构。冷轧变形98.5％铁板具有（100）[011]＋（112）[1$\bar{1}$0]＋（111）[11$\bar{2}$]3种织构。冷轧变形95％的钨板具有（100）[011]＋（112）[1$\bar{1}$0]＋（114）[1$\bar{1}$0]＋（111）[1$\bar{1}$0]4种织构。

注意：每组织构指数中，晶面指数与晶向指数的乘积之和为零。指数法能够精确、形象、鲜明地表达织构中晶向或晶面的位向关系，但不能表示织构的强弱及漫散（偏离理想位置）程度。

（2）极图法

极图法是指多晶体中某晶面族｛hkl｝的极点在空间分布的极射赤面投影表征织构的方法。板织构的投影面为试样的宏观坐标面即轧面，丝织构的投影面则是与拉丝轴平行或垂直的平面。注意单晶体也有极图，是指单晶体中所有晶面的极点在赤平面上的投影图，又称标准投影极图，简称标准投影图。

完全无序状态的无织构多晶体材料，某一个｛hkl｝（如｛100｝）晶面的极点密度分布是均匀的，表示在极图上就是处于基本随机的分布状态，如图4-41(a)所示。丝织构如冷拉铁丝，绝大部分晶粒的[110]方向平行于拉丝轴，由于球面投影的物理关系，其中心极点数量上稍密集，而靠近边缘处则稀疏一些。当仅考虑这些晶粒｛100｝晶面的极点在极图上的分布状态时，因为晶粒的[110]方向已确定，因而｛100｝的极点分布只能是在某些特定的区域。任一[110]方向＜uvw＞与任一｛100｝晶面（hkl）的夹角为

$$\cos\alpha = \frac{uh+vk+wl}{\sqrt{u^2+v^2+w^2}\sqrt{h^2+k^2+l^2}} \tag{4-69}$$

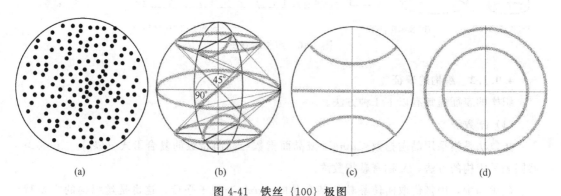

（a）　　　　　（b）　　　　　（c）　　　　　（d）

图 4-41　铁丝｛100｝极图

（a）无织构；（b）冷拉铁丝｛100｝极点空间分布及极射投影示意图；

（c）投影面为纵截面；（d）投影面为横截面

则 $\cos\alpha = 0$ 或 $\frac{\sqrt{2}}{2}$，所以 {100} 极点绝大部分集中在 $\alpha = 90°$ 或 ±45° 对应的线条上，如图 4-41(b)，当投影面分别平行和垂直于拉丝轴时，其极图如图 4-41(c) 和 （d）。实际测量时，因择优取向不完全而使线条宽化成为一个带状区域，即表示织构的漫散程度。

极图能够较全面地反映织构信息，但在织构较复杂或漫散严重（织构不明显）时，给分析带来困难。这种情况下，织构可以采用反极图法或分布函数法来表征。

但需注意：①极图是多晶材料中晶粒的某一晶面法线与投影球面的交点（极点）的极射赤面二维投影，投影面为轧面。②极图的研究对象是多晶材料，而标准投影图则是单晶材料。③极图的命名是以测定的晶面（hkl）命名，后者则以低指数的投影面命名；④极图测定中，通常测定 {hkl} 各晶面法向的密度分布，因此，极图也称为 {hkl} 极图。

（3）反极图法

采用与正极图投影方式完全相反的操作所获得的极图称为反极图。即以多晶材料试样宏观坐标轴（轧向、横向、轧面法向）方向（实际采用晶粒中垂直于宏观坐标轴的法平面为测试晶面）相对于微观晶轴（晶体学微观坐标轴）的取向分布。首先选择单晶标准极图的某个投影三角形，在这个固定的三角形上标注出宏观坐标（如丝织构的轴，板材试样的表面法向、横向或轧向）的取向分布密度，这就形成了反极图。

反极图虽然只能间接地展示多晶体材料中的织构，但却能直接定量地表示出织构各组成部分的相对数量，适用定量分析，显然也较适合复杂的或复合型多重织构的表征。

（4）三维取向分布函数法

极图或反极图的织构表示法，都是将三维的晶体空间取向，采用极射赤面投影的方法展现在二维平面上。将三维问题简化成二维处理，必然会造成晶体取向方面三维特征信息的部分丢失，因此，极图或反极图方法都存在一定的缺陷。三维取向分布函数法与反极图的构造思路相似，就是将待测样品中所有晶粒的平行轧面的法向、轧向、横向晶面的各自极点在晶体学三维空间中的分布情况，同时用函数关系式表达出来。这种表示法虽然能够完整、精确和定量地描述织构的三维特征，但是取向分布函数的计算工作量相当大，算法极为繁杂，必须借助于电子计算机的帮助。关于这种表达法的详细介绍，请见相关参考文献。

需要指出的是：①在利用 X 射线进行物相定量分析、应力测量等实验中，织构往往起着干扰作用，使衍射线的强度与标准卡片之间存在较大误差，因此实验中必须弄清楚织构存在与否。②晶粒的外形与织构的存在无关，仅靠金相法或几张透射电镜照片是不能判断多晶体材料中织构是否存在的。③丝织构、面织构均是板织构的特例。

4.9.2 丝织构的测定与分析

（1）丝织构衍射花样的几何图解

图 4-42 为丝织构某反射面（HKL）衍射的倒易点阵图解。无织构时，反射面的倒矢量均匀分布在倒易球上，此时反射球与倒易球相交成交线圆。如果采用与入射方向垂直的平面底片照相时，其衍射花样为交线圆的投影，是均匀分布的衍射圆环。当有丝织构时，各晶粒的取向趋于拉丝轴的平行方向。如果取某个与织构轴成一定角度的反射面（HKL）来描述丝织构时，则该反射面的倒易矢量与织构轴有固定的取向关系，设其夹角为 α。由于丝织构

具有轴对称性，可形成顶角为 2α，反射面（HKL）的倒易矢量为母线的对顶圆锥（又称织构圆锥）。当反射球与倒易球相交时，只有织构圆锥上的母线与反射球面的交点才能产生衍射，即交线圆上其他部位虽然满足衍射条件，但因织构试样中不存在这种取向而不能产生衍射。此时，从反射球心向四交点连线即为衍射方向。实际存在的丝织构，因择优取向存在一定的离散度，织构圆锥具有一定的厚度，故交点演变为以交点为中心的弧段。显然，弧段的长度反映了择优取向的程度。如果采用与入射线垂直方向的平面底片成像时，衍射花样为成对的弧段。

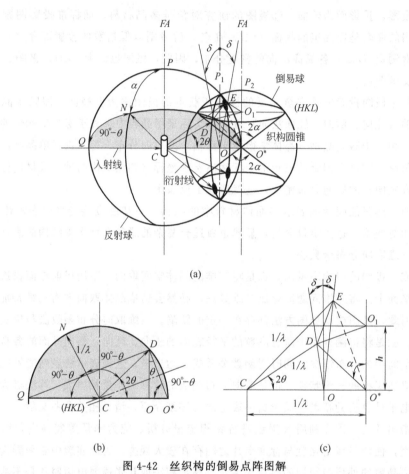

图 4-42　丝织构的倒易点阵图解

（a）倒易点阵图；（b）ON 方向所在的反射面；（c）几何六面体

注意： ① 弧段的数目取决于反射球与织构圆锥的相交情况。A. $\alpha < \theta$，无交点；B. $\alpha > \theta$，有四交点；C. $\alpha = \theta$，在织构轴上有两交点；D. $\alpha = 90°$时，在水平轴上有两交点。

② 当试样中存在多重织构时，织构圆锥就有多个，弧段数将以 2 或 4 的倍数增加。

③ 弧段长度可作为比较择优取向程度的依据。

④ 当晶粒较粗时，倒易球为漏球，与反射球相截也为不连续的环带，但这个不连续的环带分布是无规律随机的，而织构的弧段分布是对称有规律的。

（2）丝织构指数的照相法确定

在图 4-42（a）中，C、O^* 分别为反射球和倒易球的球心；O 为反射球与倒易球交线圆的圆心，δ 为衍射弧段 D 与织构轴的夹角，θ 为反射面（HKL）的衍射半角，α 为反射面（HKL）的法线方向（CN）与织构轴的夹角。O^*D 为反射面（HKL）的倒易矢量方向。因为 $CN//O^*D$，所以 CN 与织构轴的夹角与 O^*D 与织构轴的夹角相等。由反射面（HKL）的衍射几何图 4-42(b) 中的 $\triangle OO^*D$ 得：

$$\cos\theta = \frac{OD}{O^*D} \tag{4-70}$$

再由图 4-42(c) 中 $\triangle O^*DO_1$ 可得：

$$\cos\alpha = \frac{h}{O^*D} \tag{4-71}$$

同理由图 4-42(c) 中 $\triangle ODE$ 得：

$$\cos\delta = \frac{h}{OD} \tag{4-72}$$

所以由式(4-77)、式(4-78) 和式(4-79) 得重要公式：

$$\cos\alpha = \cos\theta\cos\delta \tag{4-73}$$

从丝织构的衍射花样底片中测得 δ，再由式(4-73) 可算出 α，然后利用晶面与晶向的夹角公式求得丝织构指数 $<uvw>$。

（3）丝织构取向度的计算

丝织构取向度是指晶粒择优取向的程度。显然，它取决于弧段的长度，弧段愈长，表明择优取向的程度愈低。丝织构取向度可通过衍射仪所测定的丝织构衍射花样计算得到。图 4-43 即为衍射仪测定丝织构的原理图。将丝试样置于以入射线为轴转动的附件上，令拉丝轴平行于衍射仪轴放置，如图 4-43(a)，X 射线垂直于拉丝轴入射，计数管位于反射面（HKL）的衍射角 $2\theta_{HKL}$ 位置处不动，试样以入射线为轴转动一周，计数管连续记录其衍射环上各点的强度，强度分布曲线如图 4-43(b) 所示。由各峰的半高宽总和计算丝织构的取向度 A

$$A = \frac{360° - \sum W_i}{360°} \times 100\% \tag{4-74}$$

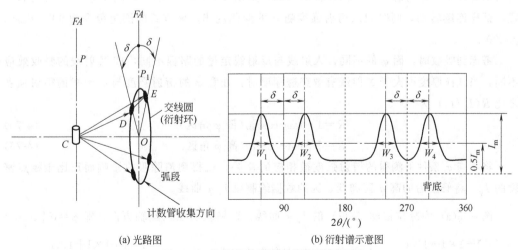

(a) 光路图　　　　　　　　　　(b) 衍射谱示意图

图 4-43　衍射仪法测定丝织构的原理图

当然，也可由衍射仪测定的衍射强度分布曲线计算得到丝织构指数。即根据曲线中的峰位测得 δ，再由式(4-80) 计算 α，也可确定丝织构指数 $<uvw>$。

（4）丝织构指数的衍射法测定

丝织构中各晶粒的结晶学方向与其拉丝轴呈旋转对称分布，当投影面垂直于拉丝轴时，某晶面（hkl）的极图即为同心圆，当含有多种织构时，则形成多个同心圆。丝织构也可以用极图表征，且不需织构测试台附件，仅利用普通测角仪的转轴让试样沿着 φ 角转动进行测量（φ 角即为衍射面法线方向与试样测试表面法线方向的夹角，变动范围 0～90°），为求晶面（hkl）极点密集区与拉丝轴的夹角 α，只需测定沿极图径向衍射强度的变化即可。极图中的峰所在 φ 即为 α。

测量过程中 $2\theta_{hkl}$ 保持不变，为了解晶面（hkl）极点密度沿径向 0～90°的分布，需两种试样分别用于 φ 的低角区和高角区的测定。

φ 低角区测量需捆绑试样，即采用捆扎在一起的丝镶嵌在塑料框内，端面磨平、抛光和侵蚀后作为测试表面，拉丝轴与衍射仪转轴垂直，如图 4-44(a)，此时，拉丝轴方向与衍射面法线方向重合，即 $\varphi=0°$。衍射发生在拉丝轴的端面，衍射强度随 φ 的变化就反映了极点密度沿极网径向的分布。显然，试样绕衍射仪轴的转动范围为 $0°<\varphi<\theta_{hkl}$。

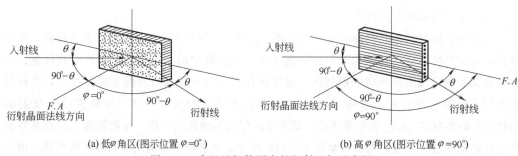

(a) 低 φ 角区(图示位置 $\varphi=0°$)　　　　　　(b) 高 φ 角区(图示位置 $\varphi=90°$)

图 4-44　多丝丝织构测定的衍射几何示意图

φ 高角区测量需将丝并排成一块平板上，磨平、抛光和侵蚀后作为测试表面，拉丝轴与衍射仪转轴垂直，衍射发生在拉丝轴的侧面，如图 4-44(b) 所示，以图中 $\varphi=90°$ 为初始位置，试样连续转动，同时记录衍射强度随 φ 的变化规律。该方式的测量范围为 $90°-\theta_{hkl}<\varphi<90°$。

考虑到吸收时，因 φ 的不同，入射线与反射线走过的路程不同，即 X 射线的吸收效应不同，当试样厚度远大于 X 射线有效穿透深度时，任意 φ 的衍射强度与 $\varphi=90°$ 的衍射强度之比 $R(I_\varphi/I_0)$ 为

$$R=1-\tan\varphi\cos\theta_{hkl} （低\ \varphi\ 角区）\tag{4-75}$$

$$R=1-\cot\varphi\cos\theta_{hkl} （高\ \varphi\ 角区）\tag{4-76}$$

将不同 φ 条件下测得的衍射强度被相应的 R 除，就得到消除吸收影响而正比于极点密度的 I_φ，将修正后的高 φ 区和低 φ 区的数据绘制成 I_φ-φ 曲线。

图 4-45(a) 为冷拉铝丝 {111} 的 I_φ-φ 曲线。结果表明在拉丝轴方向，即 $\varphi=0°\Big(\cos\varphi=\dfrac{1\times1+1\times1+1\times1}{\sqrt{1^2+1^2+1^2}\sqrt{1^2+1^2+1^2}}=1\Big)$ 及与拉丝轴方向为 70.5°$\Big(\cos\varphi=\dfrac{1\times1+1\times1+\bar{1}\times1}{\sqrt{1^2+1^2+1^2}\sqrt{1^2+1^2+(-1)^2}}=$

$\frac{1}{3}$）处具有较高的<111>极点密度。说明丝材大部分晶粒的<111>晶向平行于拉丝轴，表明丝材具有很强的<111>织构。图中在 $\varphi=55°$ 处存在另一矮峰，铝为立方晶系，其<100>与 $\{111\}$ 的夹角为 $54.73°$ $\left(\cos\varphi=\dfrac{1\times1+1\times0+1\times0}{\sqrt{1^2+1^2+1^2}\sqrt{1^2+0^2+0^2}}=\dfrac{\sqrt{3}}{3},\ \varphi=54.73°\right)$，在 $\varphi=54.73°$ 处出现一定大小的 $\{111\}$ 极点密度峰，表示丝材中还有部分晶粒的<100>晶向平行于拉丝轴，部分晶粒的 $\{111\}$ 与<100>成 $54.73°$，即丝材还具有弱的<100>织构。每种织构的含量正比于 $I_{\varphi}\text{-}\varphi$ 曲线上相应峰的面积。计算结果得<111>织构体积分数为 0.85，<100>织构体积分数为 0.15。其对应的丝织构极图和几何关系如图 4-45(b)、(c) 和 (d) 所示。<100>织构的理解：由于测量是以 $\{111\}$ 晶面进行设计、定位的，测量 $\varphi=0°\sim90°$ 的 XRD 衍射峰。0°和70°处的强峰，表示分别有一部分晶粒的 $\{111\}$ 晶面的法线与拉丝轴成 0°和70.5°时，其<111>平行于拉丝轴。$\varphi=54.73°$ 处出现一定大小的 $\{111\}$ 极点密度峰，表示丝材中还有部分晶粒的<100>晶向平行于拉丝轴，衍射晶面仍是 $\{111\}$，此时<111>与拉丝轴成 $54.73°$，表示丝材还具有<100>织构，只是强度较弱。

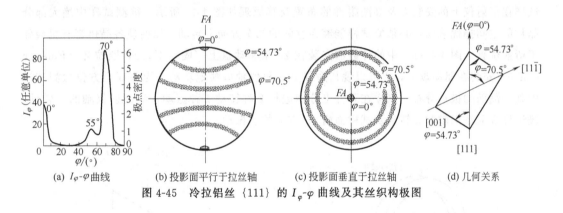

(a) $I_{\varphi}\text{-}\varphi$ 曲线　　(b) 投影面平行于拉丝轴　　(c) 投影面垂直于拉丝轴　　(d) 几何关系

图 4-45　冷拉铝丝 $\{111\}$ 的 $I_{\varphi}\text{-}\varphi$ 曲线及其丝织构极图

4.9.3　板织构的测定与分析

板材织构的测定与分析通常有极图、反极图和三维取向分布函数 3 种方法。

4.9.3.1　极图测定与板织构分析

板材织构的极图法测定需在测角仪轴上安装专门的极图附件（图 4-46）完成。附件上有三个刻度盘（A、B 和 C，其中 A 盘面垂直于 B 盘面）、三根转轴、三台电动机（M_1、M_2 和 M_3）、两手动调节旋钮（S_1 和 S_2）。附件通过底盘与测角仪轴相连，可随测角仪轴转动，得到合适的 θ 角。试样安装在 B 盘面上的环形孔中，试样表面与 B 盘面共面，通过电动机 M_2 使试样在 B 盘面上绕其表面法线作 β $0°\sim360°$ 的转动，β 定义为绕试样表面法线的转动角。该盘面可在电动机 M_1 的带动下沿 A 盘面的内孔作 α 转动，α 定义为衍射晶面法线与试样表面的夹角。A 盘面上的刻度范围 $10°\sim90°$，并可通过 S_1 手动调节。为使试样中更多的晶粒参与衍射，在作 β 转动的同时，通过电动机 M_3 可使试样随 B 盘面沿其面 45°方向振动，振动幅度为 γ。通过 S_2 手动旋钮可调节极图附件在测角仪轴上的位置，分别实现极图的透射法和反射法测定，从背射法位置逆时针转动 90°即为透射法位置。背射法和透射法测定极图

图 4-46 极图附件

时，倾角 α 还可分别通过 S_1 和 S_2 手动调节旋钮进行设定，S_1、S_2 通过一个调节开关实现互锁。

极图附件原理是在 $0°\sim90°$ 范围内按一定间隔选取 α 角（一般 $\Delta\alpha=5°$），重复进行 $0°\sim360°$ 的 β 扫描，从而获得多晶粒试样中的某一晶面的 X 射线衍射强度，再经一定的数据处理和绘制成极图，把相关极点的密度分布展现出来，反映材料中择优取向的程度。板织构的测定一般采用 X 射线衍射仪进行，具体测定时，采用透射法测绘极图的边缘部分，反射法测定极图的中央部分，再将两部分的测量数据经过归一化处理后，合并绘制出板织构的完整极图。

（1）透射法

采用透射法测量板织构，为使 X 射线穿透试样，要求试样厚度足够薄，但又能保证产生足够的衍射强度，可取 $t=1/\mu_l$，μ_l 为线吸收系数，通常试样厚度为 $0.05\sim0.1$mm。待测试样在衍射仪上的安装以及极图附件的布置及其原理如图 4-47 所示。欲测试样中绝大部分晶粒的空间择优取向，必须使试样能够在空间的几个方向上转动，以便使各晶体都有机会处于衍射位置。图 4-47(a) 中的计数器安装在 2θ 角驱动盘上（固定不动），欧拉环（Eulerian cradle）安装在驱动盘上，它可以绕衍射仪上测角仪轴单独地转动。为保证全方位检测试样中某一晶面的极点分布，试样在附件上分别进行 2 种转动 1 种振动：绕衍射仪轴的 α 转动、绕试样表面法向轴的 β 转动及试样面内 45°方向的 γ 振动。

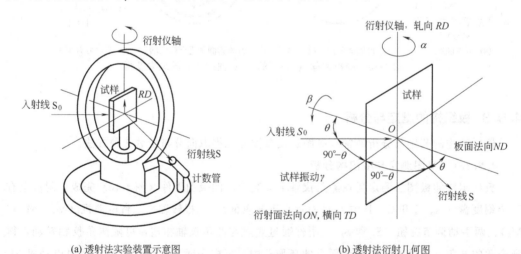

(a) 透射法实验装置示意图　　　　　(b) 透射法衍射几何图

图 4-47　板材织构的衍射仪透射法测量

图 4-47(b) 为透射测量法的衍射几何，此时轧面平分入射线与反射线间夹角，衍射晶面的法线与轧面共面，$\alpha=0°$。试样绕衍射仪轴作 α 转动：顺衍射仪轴往下看，试样逆时针转动时 α 为正值。试样绕自身表面法线作 β 转动：顺入射 X 射线束看去，顺时针转动 β 为正。试样的初始位置：$\alpha=0°$；轧向 RD 与衍射仪轴重合时 $\beta=0°$。此时，欲测的衍射晶面（hkl）法线 ON（衍射角 2θ）与试样横向 TD 重合。

极图是（hkl）晶面在轧面上的极射赤面投影，图示位置 $\alpha=\beta=0°$。此时 β 顺时针转动至 $360°$，测得的 I_{hkl}（$\alpha=0°$，β）反映了晶面（hkl）极点密度沿极图圆周的分布。试样绕衍射仪轴逆时针转动 $5°$，即 $\alpha=5°$，再令 β 自顺时针转动 $360°$，则所得的 I_{hkl}（$\alpha=5°$，β）反映了极图 $5°$圆上极点密度的分布。

显然，α 的转动范围为 $0°\sim90°-\theta$，当 α 接近 $90°-\theta$ 时，计数管收集困难，因此，透射法适合于低 α 角区的极图测量，即极图的边缘部分，α 一般取 $0°\sim30°$为宜。

注意：①测量过程中入射线与收集衍射线的计数管位置不动。依次设定不同的 α，在每一 α 下，试样绕其表面法线转动一周 $360°$，测量并记录其衍射强度。②透射法应考虑吸收效应，对其衍射强度进行校正。图示位置（$\alpha=0°$）时，试样平面为入射线与衍射线的对称面，此时入射线与衍射线在试样中的光程相同。当 $\alpha\neq0°$ 时，入射线与衍射线光程之和将大于 $\alpha=0°$时的值，此时试样对 X 射线的吸收增加，需对其衍射强度进行如下校正：

$$R=I_a/I_{0'}=\cos\theta[e^{-\mu_l t/(\cos\theta-\alpha)}-e^{-\mu_l t/(\cos\theta+\alpha)}]/\{\mu_l t e^{-\mu_l t/\cos\theta}[\cos(\theta-\alpha)/\cos(\theta+\alpha)-1]\} \quad (4\text{-}77)$$

式中，μ_l 为线吸收系数；t 为试样厚度。将测得的不同角度 α 下的衍射强度用相应的 R 去除，就能得到消除了吸收因素的衍射强度。

（2）反射法

反射法的实验布置与透射法有诸多不同之处，除了入射束与计数管在板材表面的同侧之外，在样品的初始状态，样品旋转方式上也有所不同，与透射法相互补充。反射法采用足够厚的试样，以保证透射部分的 X 射线被样品全部吸收（以消除二次衍射效应）。反射法的一个重要优点在于衍射强度无须进行吸收校正。

将待测样品安放在欧拉环内中心位置如图 4-48(a)，在图示的初始状态下轧向 TD 平行于测角仪轴，其对应的衍射几何如图 4-48(b) 所示，此时 $\alpha=90°$。试样绕 A 盘面轴线即试样内一轴在马达 M_1 的作用下作 α 转动：顺入射 X 射线束看去，逆时针转动 α 为正，由该图可知 α 的转动范围 $0°\sim90°$。设定：试样水平位置时，衍射晶面法线方向与轧面重合，$\alpha=0°$；垂直位置时衍射晶面法线方向与轧面垂直，$\alpha=90°$。但在 α 接近 $0°$时，衍射强度过低，计数管无法测量，通常反射法的测量范围在 α 的高角区，以 $30°\sim90°$之间为宜，故反射法适合高 α 角区极图测量，绘制极图的中心部分。试样绕自身表面法线作 β 转动：沿着入射 X 射

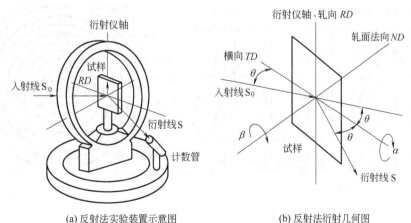

(a) 反射法实验装置示意图   (b) 反射法衍射几何图

图 4-48　板材织构的衍射仪反射法测量

线束看去，顺时针转动 β 为正。试样的初始位置：横向 TD 水平，轧向 RD 与衍射仪轴重合时 $\beta=0°$，从而保证试样绕 RD 轴转动，实现极图高 α 角区的测量。反射法测量的入射线与反射线在试样中的光程差不随 α 的改变而改变，足够厚度（试样厚度远大于射线穿透深度）的试样可不考虑其吸收效应，而对于有限厚度的试样，即有部分 X 射线穿透试样，不同 α 时 X 射线的作用体积不同，存在吸收差异，显然 $\alpha=90°$ 时，作用体积最小即吸收最小，衍射强度最大。$\alpha<90°$ 时，可采用以下公式对衍射强度进行校正。

$$R=I_\alpha/I_{90°}=(1-e^{-2\mu_l t/\sin\theta})/[1-e^{-2\mu_l t/(\sin\theta\sin\alpha)}] \tag{4-78}$$

具体测定过程如下。

① 确定衍射半角 θ。由待测试样特选的晶面（hkl）和特征 X 射线波长 λ，根据布拉格方程 $2d_{hkl}\sin\theta=n\lambda$ 算出衍射半角 θ，按衍射几何确定探测器的位置，使其在 2θ 处扫描寻峰，并固定在峰值位置。

② 测极图边缘部分（α 低角区）。采用透射法，试样平面位于入射线和衍射线的角平分线处，此时衍射晶面的法线与试样平面共面，α 起始位置为 $0°$，轧向 RD 垂直位置时为 β 的起点，α 依次取值，间隔为 $5°$ 或 $10°$，令试样积分转动，α 依次为 $0°$、$5°$、$10°\cdots30°$，每一 α 时，β 从 $0°\sim360°$ 转动，并记录各（α，β）角下的衍射强度 $I_{(\alpha,\beta)}$。

③ 测极图中心部分（α 高角区）。采用反射法，试样平面垂直位置时，衍射晶面的法线垂直于试样表面，α 为起始位置 $90°$，轧向 RD 垂直位置时，令试样积分转动，α 依次为 $85°$、$80°$、$75°\cdots30°$，β 从 $0°\sim360°$ 转动，并记录各（α，β）角下的衍射强度 $I_{(\alpha,\beta)}$。

④ 强度校正和分级。对透射法和反射法的强度均需进行校正，它们交界处的衍射强度还需归一化校正，作出不同 α 下背底强度与强度分级。每一 α 下的 $I_{(\alpha,\beta)}$ 曲线强度分级，其基准可以任意单位，从而获得各级强度下的 β 值，如图 4-49(a)。

⑤ 绘制极图。在由 α 和 β 构成的极网坐标中标出各 β 所对应的强度等级，如图 4-49 (b)，连接相同强度等级的各点成光滑曲线，这些等极密度线就构成了极图。该工作由计算机完成。

⑥ 分析极图。确定织构类型，具体过程如下：

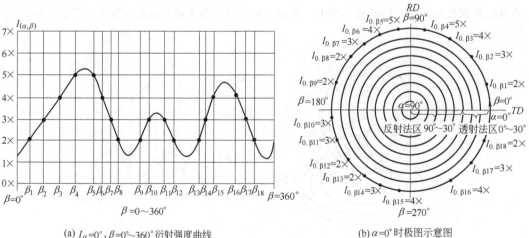

(a) $I_\alpha=0°$，$\beta=0°\sim360°$ 衍射强度曲线　　(b) $\alpha=0°$ 时极图示意图

图 4-49　极图绘制过程示意图

将标准投影极图逐一地与被测 $\{h_1k_1l_1\}$ 极图对心重叠，转动其中之一进行观察，一直到标准投影极图中的 $\{h_1k_1l_1\}$ 极点全部落在被测极图的极密度分布区为止，此时标准投影极图的中心点指数 (hkl) 即为轧面指数。此时极图中与轧向投影点 RD 重合的极点指数（圆周上）即为轧向指数 $[uvw]$。这样便确定了一种理想板织构指数 $(h_1k_1l_1)[uvw]$，由于轧面通过轧向，故满足晶带定律，即 $hu+kv+lw=0$。

注意： ①若被测极图上尚有极密度较大值区域未被对上，则说明还有其他类型的织构存在，需重复上述步骤定出其他类型的织构。若标准投影极图上的极点，落入绘制极图的空白区，则不存在这类织构。②采用不同晶面的极图，极图变化，但其织构指数不变。由于极图是晶体三维空间分布的二维投影，因此在定出织构时，要注意是否有错判。这可选取同一试样的另一衍射晶面 $\{h_2k_2l_2\}$，重复上述步骤，绘出 $\{h_2k_2l_2\}$ 极图，依上述尝试法定出织构。如果用 $\{h_2k_2l_2\}$ 极图所定出的织构与用 $\{h_1k_1l_1\}$ 极图所定出的织构相同，则表明所定出织构正确。③面织构用晶面族指数 $\{hkl\}$ 表征，丝织构用晶向族指数 $<uvw>$ 表征，板织构指数用轧面指数与轧向指数的组合即 $(hkl)[uvw]$ 表征。

图 4-50 为两幅典型的板材织构极图。图 4-50(a) 中为冷轧铝箔的 $\{111\}$ 极图，当该极图与 (110) 的标准投影极图相对照时，$\{111\}$ 晶面的极点最密区（●）与标准投影图分布吻合较好，因此投影面轧面为 (110) 面，此时轧向 RD 极点指数为 $[1\bar{1}2]$，因此板织构指数为 $(110)[1\bar{1}2]$。次密区（▲）与 (112) 标准投影图吻合较好，此时 RD 极点在 $[11\bar{1}]$ 处，因此，该试样还存在另一织构 $(112)[11\bar{1}]$。$\{111\}$ 极图表明试样存在双织构，分别为：$(112)[11\bar{1}]$、$(110)[1\bar{1}2]$。

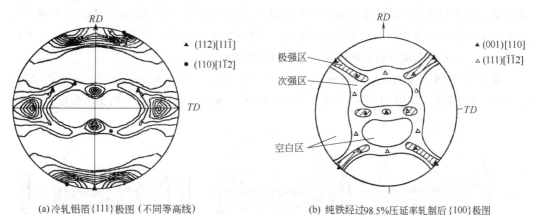

(a) 冷轧铝箔 $\{111\}$ 极图（不同等高线）　　　　(b) 纯铁经过98.5%压延率轧制后 $\{100\}$ 极图

图 4-50　板材织构的极图测量举例

图 4-50(b) 是 BCC 结构纯铁样品的 $\{100\}$ 极图。因为 $\{100\}$ 面是系统消光的，该图实际上是通过 $\{200\}$ 衍射环绘出的。照片上 $\{100\}$ 晶面的衍射强度大致地分为三级（强级，次级，空区），将图 4-50(b) 的极图分别与立方晶系的标准极图 (100)、(110)、(111)、(112) 依次对照，观察轧制方向 RD 在标准极图大圆上哪个位置情况下，使该标准极图上的相应极点落在多晶极图的强点位置区域（注意，多晶极图总是以 RD 方向为轴左右对称）。首先考虑 RD 取 $[110]$ 方向的 (001) 极图，得图 4-50(b) 中 $\{100\}$ 的五个极点（▲）的位置，其中一个在多晶极图的中央，另外四个在极图大圆边上；再考虑 RD 取 $[\bar{1}10]$ 或 $[1\bar{1}0]$ 方向的 (112) 极图，得图 4-50(b) 中 $\{100\}$ 的另外六个极点（▲）的位置，这六个

{100} 极点和 (001) [110] 边缘上的四个极点都分布在多晶极图的极强衍射区。为了分析图 4-50(b) 中次强区的织构类型，最后考虑 RD 取 $[1\bar{1}2]$ 或 $[11\bar{2}]$ 方向的 (111) 极图，得图 4-50(b) 中 {100} 的六个极点（△）位置，这六个 {100} 极点恰皆处在极图的次强衍射区。至此，图 4-50(b) 中的板材多重织构类型已基本确定，较多的晶粒按 (001) [110] 和 (112) $[\bar{1}10]$ 方式择优取向地排列（对应 {100} 极点密度的强出现区域），少数晶粒以 (111) $[\bar{1}1\bar{2}]$ 方式择优取向，三种形式共存形成多重织构。由于板材织构的漫散（不完全性），理想取向的强极点连接成一个小区域，次强区也分布在一定的范围内。

一般情况下，为了获得较大的衍射强度和简单对称的多晶极图（尤其是透射法），FCC 结构的板材测定，常取 {111} 晶面作为分析参考面，在极图上研究其极点分布密度；BCC 结构的板材织构测量，常取 {100} 晶面（实验中测的是 {200}）作为分析参考面，研究该晶面择优取向的程度与方位，从而判别板织构的指数类型。

需注意：①有些试样不仅具有一种织构，即用一张标准晶体投影图不能使所有极点高密度区均得到较好的吻合，须再与其他标准投影极图对照才能使所有极点高密度区得到归属，此时试样具有双织构或多重织构。②当试样中的晶粒粗大时，入射光斑不能覆盖足够的晶粒，其衍射强度的测量就失去统计意义，此时利用极图附件中的振动装置使试样在作 β 转动的同时进行 γ 振动，以增加参加衍射的晶粒数。③当试样中的织构存在梯度时，表面与内部晶向的择优取向程度就不同，α 变化时 X 射线的穿透深度也不同，这样会造成一定的织构测量误差。④为使反射法与透射法衔接，通常 α 需有 $10°$ 左右的重叠。⑤理论上讲，完整极图需要透射法与反射法结合共同完成，以制备和测量方便考虑，一般不采用透射法。透射法的试样制备要求较高，需足够薄，否则会产生较大的测量误差。反射法的 α 可以从 $0°$ 到 $90°$，只是在 α 低角区时散焦严重，强度迅速下降，但反射法扫测角度范围宽，制作方便，若选得合适晶面，往往只需测反射区极图即可基本判定其织构。

图 4-51 为镁合金 AZ31 试样分别经过 0P、0P＋Ex、0P＋Anneal×12h 变形处理后，{0001} 面的极图，其中 0P 表示 0 道次等径角挤压，Ex 表示挤压比为 9 的正向挤压。

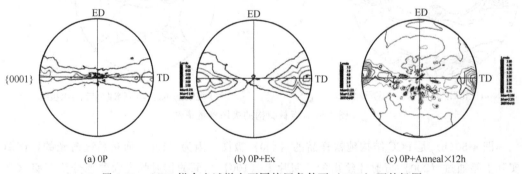

(a) 0P   (b) 0P+Ex   (c) 0P+Anneal×12h

图 4-51　AZ31 镁合金试样在不同挤压条件下 {0001} 面的极图

由图 4-51 中 0P 和 0P＋Ex 试样的 {0001} 面极图可以发现晶体以 {0001} 面平行于挤压方向，0P 样品的 {0001} 极图最强点基本在圆的中心位置，最大极点密度为 6，极图基本以中心点和横向对称，不以挤压方向对称；0P＋Ex 试样的 {0001} 面极图最强点分布在横向（TD）的两端，极点密度为 5.176，极图基本以中心点对称，而不以横向和挤压方向对称。比较 0P 和 0P＋Ex 试样 {0001} 面的极图还可以发现，对于这两组同为挤压态的试样，极图上等高线的分布规律基本保持不变，只发生了少量偏移，有些封闭等高线缩小，这说明其织构基本保持不变。

极图也可通过已知的织构指数画出。例如：立方取向板织构（001）［010］，即轧面为（001），轧向为［010］，试画出〈111〉极图。

立方晶系〈111〉晶面族有八个，考虑到球面投影的对称性，仅需考虑四个晶面即$(111)(\bar{1}11)(\bar{1}\bar{1}1)(1\bar{1}1)$。已知试样上宏观坐标轴：轧面法向 $ND=［001］$，轧向 $RD=［010］$，则横向 $TD=［100］$。〈111〉极图即为 $(111)(\bar{1}11)(\bar{1}\bar{1}1)(1\bar{1}1)$ 四个晶面的法线与其投影球面形成的四个交点（极点）分别在轧面 $RD\text{-}TD$ 上的极射赤面投影，故只需分别求出各极点在投影面上的坐标即可。

设（111）的法向［111］与三轴［100］、［010］、［001］的夹角分别为 α、β、γ，如图 4-52 所示。球面上的极点为 P，球径为整数 1，轧面（面 XOY 或 RD 和 TD 构成的面）为投影面，连接极点 P 与投影点 S，PS 交投影面于 P'，PS 与 SZ 的夹角为 δ，显然 $\delta=\dfrac{1}{2}\gamma$，连接 OP'，P 点坐标为 (x,y)，OP' 与 OX 的夹角为 φ，由于 $OP'\perp SZ$，则 φ 即为面 XOZ 与面 PZS 的夹角。

由晶向夹角公式得法向［111］与三轴的夹角分别为 $\cos\alpha=\dfrac{1\times1+1\times0+1\times0}{\sqrt{1^2+1^2+1^2}\sqrt{1^2+0+0}}=\dfrac{1}{\sqrt{3}}$，$\cos\beta=\dfrac{1\times1+1\times0+1\times0}{\sqrt{1^2+1^2+1^2}\sqrt{0+1^2+0}}=\dfrac{1}{\sqrt{3}}$，$\cos\gamma=\dfrac{1\times1+1\times0+1\times0}{\sqrt{1^2+1^2+1^2}\sqrt{0+0+1^2}}=\dfrac{1}{\sqrt{3}}$。面 PZS 的法向矢量为：$\overrightarrow{OP}\times\overrightarrow{OZ}$，其法向为［$\bar{1}$10］，面 XOZ 的法向为［010］，故面 XOZ 与面 PZS 的夹角为 $\cos\varphi=\dfrac{\bar{1}\times0+1\times1+0}{\sqrt{2}\times\sqrt{1}}=\dfrac{1}{\sqrt{2}}$，由几何图得 $OP'=SO\tan\delta=\tan\dfrac{1}{2}\gamma=\dfrac{\sqrt{3}-1}{\sqrt{2}}$，即 $x=OP'\sin\varphi=\dfrac{\sqrt{3}-1}{\sqrt{2}}\times\dfrac{1}{\sqrt{2}}=\dfrac{1}{1+\sqrt{3}}$，$y=OP'\cos\varphi=\dfrac{1}{1+\sqrt{3}}$。

同理，另三个取向 $(\bar{1}11)(\bar{1}\bar{1}1)(1\bar{1}1)$ 在赤面上的坐标分别是：$\left(-\dfrac{1}{\sqrt{3}+1},\dfrac{1}{\sqrt{3}+1}\right)$、$\left(-\dfrac{1}{\sqrt{3}+1},-\dfrac{1}{\sqrt{3}+1}\right)$、$\left(\dfrac{1}{\sqrt{3}+1},-\dfrac{1}{\sqrt{3}+1}\right)$，可以画出立方取向的〈111〉极图，如图 4-53 所示。

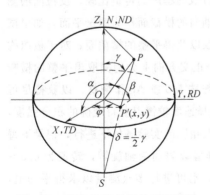
图 4-52 极点 P 的投影几何示意图

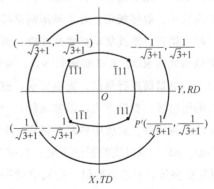
图 4-53 板织构为（001）［010］时立方取向的〈111〉极图

第 4 章 X 射线的衍射分析及其应用

将所测极图的投影面（轧面）与立方晶系（001）的标准极投影面重合，并使标准极图的［010］方向与轧向 RD 重合，所测得的｛111｝极点分布与（001）标准投影图中的｛111｝极点重合，由此可确定板织构为（001）［010］。同理可得板织构为（001）［010］时｛001｝、｛110｝的极图，如图 4-54。

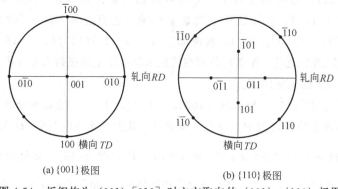

(a)｛001｝极图　　　　　　(b)｛110｝极图

图 4-54　板织构为（001）［010］时立方取向的｛001｝、｛110｝极图

4.9.3.2　反极图测定与板织构分析

　　极图是晶体学方向（微观晶轴）相对于织构试样的宏观特征方向（横向 TD、轧向 RD、轧平面法向 ND 构成的宏观坐标轴）的取向分布。倒之即为反极图，即织构试样的宏观坐标轴（TD、RD、ND）相对于微观晶轴的取向分布，反映了宏观特征方向（横向 TD、轧向 RD、轧平面法向 ND）在晶体学空间中的分布。三个宏观特征方向分别产生三张反极图，在每张反极图上，分别表明了相应的特征方向的极点分布。如轧向反极图，表示了各晶粒平行于轧向的晶向的极点分布；轧面法向反极图，表示了各晶粒平行于轧面法线的晶向的极点分布；横向反极图，表示了各晶粒平行于横向的晶向的极点分布。反极图投影面上的坐标是单晶体的标准投影极图。由于晶体的对称性特点，取其单位投影三角形即可。从立方晶系单晶体（001）标准极图可知，（001）、（011）和（111）晶面及其等同晶面的投影，将上半投影球面分成 24 个全等的球面三角形，每个三角形的顶点都是这三个主晶面（轴）的投影。从晶体学角度看，这些三角形是等同的，任何方向都可以表示在任一三角形内，一般采用（001）-（011）-（111）组成的单位标准投影三角形。

　　反极图能形象地表达丝织构或板织构，而且便于进行取向程度的定量比较，反极图的测量比正极图简单。取样规定：对于丝织构试样，可以取轴向的横截面作为测量平面，如果试样呈细丝状，则可以把丝状试样密排成束，再垂直地截取以获得平整的横截面；对于板织构样品，可以由轧向 RD、轧平面法向 ND、横向 TD 三个正交方向上分别截取出平整的横断面（平面）为测量面进行测试。光源要求：波长短，一般选 Mo 或 Ag 作靶材，以获得尽可能多数目的衍射线。扫描方式：以常规的 $\theta/2\theta$ 进行，扫描速度较慢以获得准确的积分强度，测量时不用织构附件。实验中样品与标样（无织构）要在相同的实验条件下进行，记录下每个所测晶面 $\{hkl\}$ 衍射线的积分强度，扫描过程中试样应以表面为轴旋转，转速为 0.5～2r/s，以使更多的晶粒参与衍射，达到统计平均的效果，也可进行多次测量以求得平均值，然后代入公式：

$$f_{hkl}=\frac{I_{hkl}}{I_{hkl}^{标}P_{hkl}}\times\frac{\sum\limits_{i=1}^{n}P_{hkl}^{i}}{\sum\limits_{i=1}^{n}\frac{I_{hkl}^{i}}{I_{hkl}^{标i}}} \tag{4-79}$$

式中，各 (hkl) 晶面相应的 P_{hkl}（多重因子）可查表；I_{hkl}^{i} 和 $I_{hkl}^{标i}$ 由实验测得；n 为衍射线条数；i 为衍射线条序号。计算得到极点密度 f_{hkl}（即织构系数）。$f_{hkl}>1$ 表示 $\{hkl\}$ 晶面在该平面法向偏聚。f_{hkl} 越大，表示 $\{hkl\}$ 晶面法向在板材法线方向上的分布概率越高，板材织构的程度越明显。将计算所得的 f_{hkl} 标注在标准投影三角形中，立方晶系常选用 (001) 标准投影极图上的 (001)-(011)-(111) 这个三角区域，把求得的 f_{hkl} 直接标注在相应的极点位置，即把衍射花样中各峰位对应的衍射晶面、峰高对应的强度，分别标注在三角区内对应的斑点上，再把同级别的 f_{hkl} 点连接起来构成等高线，就得到反极图。当存在多级衍射时，如 (111)、(222) 等，只取其一进行计算，重叠峰也不能计入其中，如体心立方中 (411) 与 (330) 线等。

注意：① 001 与 100 标准投影图的差异在于指数符号的不同，由于对称性、斑点位置一样，采用三角形(001)-(011)-(111)，也可采用(001)-(011)-($\bar{1}$11) 三角形。斑点以 (001)-(011) 为对称轴对称，指数同样对称。

② 对于单一的纤维织构（或丝织构），只要用一张反极图就可以表示出该织构的类型。图 4-55 为挤压铝棒的反极图，由图中极点密度高的部位可知该挤压铝棒存在丝织构，且为<001>和<111>双织构；而对于板材织构，则至少需要两张反极图才能较全面反映板织构的形态和织构指数。有些板织构类型仍难于用反极图作出判断，有时可能误判、漏判。图 4-56 为低碳钢 70% 轧制后的反极图，图 4-56(a) 为 ND 轴的极点密度分布，最大极点密度分布在 (111)-(112)-(100) 大圆上，轧面法向有<111>、<112>、<100>，即平行于轧面的晶面有 $\{111\}$、$\{112\}$ 和

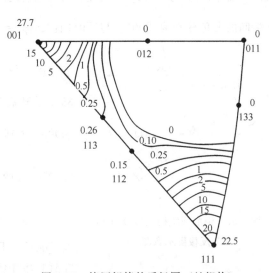

图 4-55 挤压铝棒的反极图（丝织构）

$\{100\}$。图 4-56(b) 为 RD 轴的极点密度分布，最大极点密度分布在 (110) 到 (112) 的大圆上，主要轧向为<110>和<112>。结合图 4-56(a) 依据轧面法向 ND 与轧制方向 RD、横向 TD 均垂直，满足 $hu+kv+lw=0$，分析得主要织构为：(111)[$1\bar{1}0$]、(111)[$11\bar{2}$]、(112)[$1\bar{1}0$] 和 (100)[011]。

③ 这里使用的极图是指多晶体极图，与单晶体的标准投影极图不同。单晶体的标准投影极图，是假设单晶体居于球心中央，标记出晶体若干个最重要的晶面极点于参考球面上，再将相应的极点投影到赤平面上获得的极图。而多晶体极图是将多晶体居于参考球心中央，仅仅标记多晶体中某一个设定的 $\{hkl\}$ 晶面在球面上的极点，然后再采用极射赤面投影的

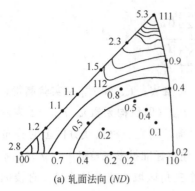

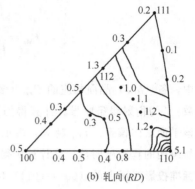

(a) 轧面法向 (ND)　　　　　　　　(b) 轧向 (RD)

图 4-56　低碳钢 70％轧制后的反极图（板织构）

方法所获得的极图。这极图只表示该 $\{hkl\}$ 晶面的极点在赤平面上分布的统计性规律或特点，而与晶体的其他晶面或晶向无关，也不能确定某个晶粒的具体位向。反极图也可通过已知的板织构指数画出。例如：用反极图表示铜的板织构 (112)[$\bar{1}\bar{1}1$]。由板织构指数可知面心立方结构铜的轧面是 (112)，其轧面法向为 [112]，微观晶体学坐标系 [001] - [011] - [111] 如图 4-57。为确定 [112] 在坐标系中的位置，首先确定 [001] 分别与 [011] 和 [111] 及 [011] 与 [111] 的夹角，再与它们之间的长度相除即为单位长度对应的角度。三坐标间的夹角分别为 [001] 与 [011]：$\cos\varphi_1 = \dfrac{1}{\sqrt{2}}$，$\varphi_1 = 45°$；[001] 与 [111]：$\cos\varphi_2 =$

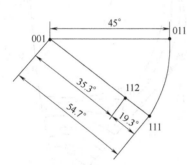

图 4-57　铜的板织构 (112)[$\bar{1}\bar{1}1$]
反极图示意图

$\dfrac{1}{\sqrt{3}}$，$\varphi_2 = 54.7°$；[011] 与 [111]：$\cos\varphi_3 = \dfrac{2}{\sqrt{6}}$，$\varphi_3 =$ 35.3°。然后确定 [112] 与 [001]、[011] 和 [111] 的夹角，分别为 [112] 与 [001]：$\cos\alpha_1 = \dfrac{2}{\sqrt{6}}$，$\alpha_1 =$ 35.3°；[112] 与 [011]：$\cos\alpha_2 = \dfrac{\sqrt{3}}{2}$，$\alpha_2 = 30°$；[112] 与 [111]：$\cos\alpha_3 = \dfrac{2\sqrt{2}}{3}$，$\alpha_3 = 19.3°$。可以证明 [112] 与 [001]、[111] 属于同一晶带大圆，同时 [112] 与 [001] 和 [111] 的夹角之和为 [001] 与 [111] 的夹

角，即 $\alpha_1 + \alpha_3 = \varphi_2$，因此 [112] 极点在 [001] 与 [111] 的连线上，位置由单位长度角度确定。

4.9.3.3　三维取向分布函数测定

极图或反极图方法均是将三维空间的晶体取向分布，通过极射赤面投影法在二维平面上投影来处理三维问题的，这会造成三维信息的部分丢失。三维取向分布函数法与反极图的构造思路相似，即将待测样品晶粒中那些平行于轧面法向、轧向和横向各晶面的极点在晶体学三维空间中的分布情况，用函数表达出来。该方法能够完整、精确和定量地描述织构的三维特征，但计算量大，算法繁杂，必须借助计算机完成。

多晶体中的晶粒相对于宏观坐标系的取向用一组欧拉角（φ_1, Φ, φ_2）表示，此时的宏

观坐标系为样品的轧面法向 ND-轧向 RD-横向 TD。建立直角坐标系 O-$\varphi_1\Phi\varphi_2$，如图 4-58 所示，每一种取向即为坐标系 O-$\varphi_1\Phi\varphi_2$ 中的一个点，所有晶粒的取向均可标注于该坐标系中，该空间称欧拉角空间或取向空间。

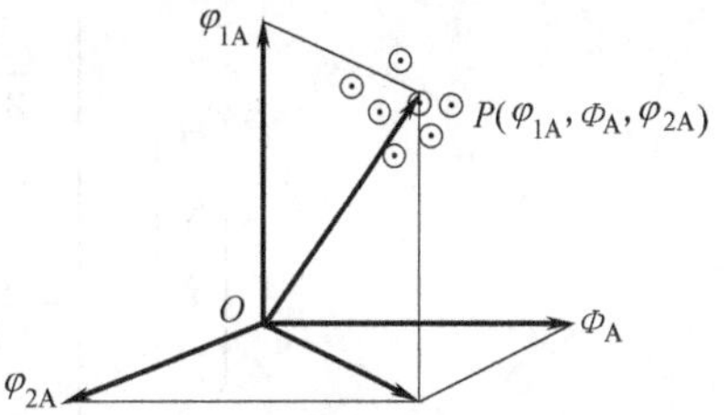

每组欧拉角（φ_1，Φ，φ_2）只对应一种取向，表达一种（hkl）[uvw] 织构。如（0°，0°，0°）取

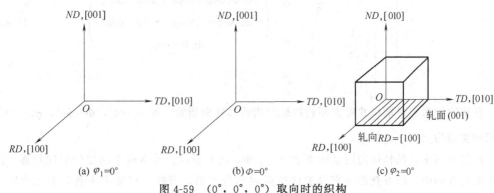

图 4-58 欧拉角空间的取向分布图

向对应（001）[100] 织构，如图 4-59；（0°，90°，45°）取向表示（110）[$1\bar{1}0$] 织构，如图 4-60。

(a) $\varphi_1=0°$ (b) $\Phi=0°$ (c) $\varphi_2=0°$

图 4-59 （0°，0°，0°）取向时的织构

(a) $\varphi_1=0°$ (b) $\Phi=90°$ (c) $\varphi_2=45°$

图 4-60 （0°，90°，45°）取向时的织构

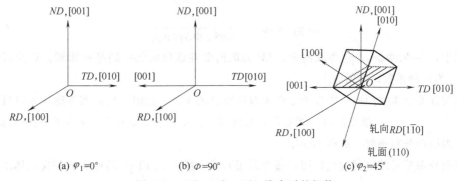

由欧拉角（φ_1，Φ，φ_2）可以通过空间解析几何获得正交晶系和六方晶系的轧面指数（HKL）和轧向指数 [uvw]。正交晶系：

$$H : K : L = a\sin\Phi\sin\varphi_2 : b\sin\Phi\cos\varphi_2 : c\cos\Phi \tag{4-80}$$

$$u : v : w = \frac{1}{a}(\cos\varphi_1\cos\varphi_2 - \sin\varphi_1\sin\varphi_2\cos\Phi) : \tag{4-81}$$

$$\frac{1}{b}(-\cos\varphi_1\sin\varphi_2 - \sin\varphi_1\cos\varphi_2\cos\Phi) : \frac{1}{c}\sin\Phi\sin\varphi_1$$

六方晶系：令 $OX\perp$（$10\bar{1}0$），$OY\perp$（$\bar{1}2\bar{1}0$），$OZ\perp$（0001），则有

$$\begin{pmatrix} H \\ K \\ i \\ L \end{pmatrix} = \begin{pmatrix} \dfrac{\sqrt{3}}{2} & -\dfrac{1}{2} & 0 \\ 0 & 1 & 0 \\ -\dfrac{\sqrt{3}}{2} & -\dfrac{1}{2} & 0 \\ 0 & 0 & \dfrac{c}{a} \end{pmatrix} \begin{pmatrix} -\sin\Phi\cos\varphi_2 \\ \sin\Phi\sin\varphi_2 \\ \cos\Phi \end{pmatrix} \tag{4-82}$$

$$\begin{pmatrix} u \\ v \\ t \\ w \end{pmatrix} = \begin{pmatrix} \dfrac{1}{\sqrt{3}} & -\dfrac{1}{3} & 0 \\ 0 & \dfrac{2}{3} & 0 \\ -\dfrac{1}{\sqrt{3}} & -\dfrac{1}{3} & 0 \\ 0 & 0 & \dfrac{a}{c} \end{pmatrix} \begin{pmatrix} \cos\Phi\cos\varphi_1\cos\varphi_2 - \sin\varphi_1\sin\varphi_2 \\ -\cos\Phi\cos\varphi_1\sin\varphi_2 - \sin\varphi_1\cos\varphi_2 \\ \sin\Phi\cos\varphi_1 \end{pmatrix} \tag{4-83}$$

已知欧拉角通过解析式可方便获得轧面指数和轧向指数。如 $\varphi_1 = 0°$，$\Phi = 55°$，$\varphi_2 = 45°$，则织构类型为 $(111)[11\bar{2}]$。

欧拉空间中，晶粒取向用坐标点 $P(\varphi_1, \Phi, \varphi_2)$ 表示。若将每个晶粒的取向均逐一绘制于欧拉空间中，即可获得所有晶粒的空间取向分布图，当取向点集中于空间中某点附近时，表明存在择优取向分布区。晶粒取向分布情况可用取向密度 $\omega(\varphi_1, \Phi, \varphi_2)$ 来表征：

$$\omega(\varphi_1, \Phi, \varphi_2) = \frac{K\omega\dfrac{\Delta V}{V}}{\sin\Phi\Delta\Phi\Delta\varphi_1\Delta\varphi_2} \tag{4-84}$$

式中，$\sin\Phi\Delta\Phi\Delta\varphi_1\Delta\varphi_2$ 为取向元；ΔV 为取向落在该取向元中的晶粒体积；V 为试样体积；K_ω 为比例系数，取值为 1。

通常以无织构时的取向密度为 1 作为取向密度的单位，此时的取向密度称为相对取向密度。$\omega(\varphi_1, \Phi, \varphi_2)$ 随空间取向而变化，能确切、定量地表达试样中晶粒取向的分布情况，故称之为取向分布函数，简称 ODF。

取向分布是三维空间的立体图，通常采用若干个恒定 φ_1 或 φ_2 的截面来替代立体图。

4.10 晶粒大小的测定

由于 X 射线对试样作用的体积基本不变，晶粒细化（$<0.1\mu m$）时，参与衍射的晶粒数增加，这样稍微偏移布拉格条件的晶粒数也增加，它们同时参与衍射，从而使衍射线出现了宽化。也可从单晶体干涉函数的强度分布规律来深入解释。由其流动坐标：$\xi = H \pm \dfrac{1}{N_1}$，$\eta = K \pm \dfrac{1}{N_2}$ 和 $\zeta = L \pm \dfrac{1}{N_3}$ 可知当晶粒细化时，单晶体三维方向上的晶胞数 N_1、N_2 和 N_3 减小，故其对应的流动坐标变动范围增大，即倒易球增厚，其与反射球相交的区域扩大，从而

导致衍射线宽化。

设由晶粒细化引起衍射线宽化的宽度为 β，简称晶粒细化宽度，则 β 与晶粒尺寸 L 存在以下关系：

$$L=\frac{K\lambda}{\beta\cos\theta} \tag{4-85}$$

式中，K 为常数，一般为 0.94，简化期间也可取 1；λ 为入射线波长；L 为晶粒尺寸；θ 为某衍射晶面的布拉格角。该式由谢乐推导而得，故称谢乐公式。

晶粒的大小可通过衍射峰的宽化测量得 β，再由谢乐公式计算出来。但需指出的是晶粒只有细化到亚微米以下时，衍射峰宽化才明显，测量精度才高，否则由于参与衍射的晶粒数太少，峰形宽化不明显，峰廓不清晰，测定精度低，计算的晶粒尺寸误差也较大。

当被测试样为粉末状时，测定其晶粒尺寸相对容易得多，因为可以通过退火处理使晶粒完全去应力，并可在待测粉末试样中添加标准粉末，比较两者的衍射线，运用作图法和经验公式获得晶粒细化宽度 β，代入谢乐公式便可近似得出晶粒尺寸的大小，但该法未作 K_α 双线分离，计算精度不高，可作一般粗略估计，具体过程简述如下：

① 样品去应力，以消除内应力宽化的影响；

② 在待测样中加入标准样（α-Al_2O_3、α-SiO_2 粒度较粗一般在 $>10^{-4}$cm 左右）均匀混合，标准样中没有晶粒大小引起宽化的问题，仅有仪器宽化和 K_α 双线宽化，其中 K_α 双线宽化忽略；

③ 进行粉末样品的 XRD 分析，产生粗颗粒的敏锐峰和待测样的弥散峰；

④ 选择合适的衍射峰进行分析，运用作图法分别测定两类峰的半高宽 w_1 和 w_0；

⑤ 由经验公式计算晶粒细化宽度

$$\beta=\sqrt{w_1{}^2-w_0{}^2} \tag{4-86}$$

⑥ 由 β 代入谢乐公式算得晶粒尺寸的大小。

4.11 小角 X 射线散射

小角 X 射线散射（Small Angle X-ray Scattering，SAXS）是指当 X 射线透过试样时，在靠近原光束 2°~5°的小角度范围内发生的相干散射现象。产生该现象的根本原因在于物质内部存在着尺度在 1~100nm 范围内的电子密度起伏，因而，完全均匀的物质，其散射强度为零。当出现第二相或不均匀区时将会发生散射，且散射角度随着散射体尺寸的增大而减小。小角 X 射线散射强度受粒子尺寸、形状、分散情况、取向及电子密度分布等的影响。

4.11.1 小角 X 射线散射的两个基本公式

（1）Guinier 公式

对于 M 个不相干涉的粒子体系，其散射强度为

$$I(h)=I_e n^2 M\exp\left(-\frac{h^2}{3}R_g^2\right) \tag{4-87}$$

式中，$h=\dfrac{4\pi\sin\theta}{\lambda}$；$R_{\mathrm{g}}$ 为散射粒子的旋转半径，即散射粒子中各个电子与其质量中心的均方根距离；n 为散射元的电子数。显然 $I(h)$ -h 曲线以纵轴对称分布。

假定粒子的平均密度为 ρ_0，体积为 V，则 $n=\rho_0 V$。当粒子分散于密度为 ρ_{s} 的介质中时，式(4-87)中 M、n 应该用两相间的电子密度差（$\rho_0-\rho_{\mathrm{s}}$）与体积 V 来代替，此时

$$I(h)=I_{\mathrm{e}}(\rho_0-\rho_{\mathrm{s}})^2 V^2 \exp\left(-\dfrac{h^2}{3}R_{\mathrm{g}}^2\right) \tag{4-88}$$

注意：Guinier 公式仅适用于稀松散体系，实际上粒子间有相干干涉，并对散射强度产生影响。

（2）Porod 公式

Porod 研究了具有相同电子密度的散射体在空间无规则分布的散射。

如果体系是由 n 个相同的粒子（表面积为 s）组成，总表面积为 ns，假定每个粒子不受其他粒子存在的影响时，Porod 公式应为

$$I(h)=nI_{\mathrm{e}}(\rho_{\mathrm{A}}-\rho_{\mathrm{B}})^2 \dfrac{2\pi s}{h^4} \tag{4-89}$$

式中，ρ_{A}、ρ_{B} 分别为散射体和介质的密度，即总散射强度为每个粒子散射强度的 n 倍。

4.11.2 小角 X 射线散射技术的特点

透射电镜（TEM）和扫描电镜（SEM）都可以用来观察亚微颗粒和微孔，并可直接观察颗粒的形状，确定其尺寸，区分开微孔和颗粒，观察微小区域内的介观结构，区分界面上不同本质的颗粒等，这是小角 X 射线散射技术所不具备的。然而，相比于 TEM 和 SEM，SAXS 仍具有以下独特的优点：

① 对溶液中的微粒研究相当方便。

② 可研究生物活体的微结构或其动态变化过程。

③ 对某些高分子材料可以给出足够强的小角 X 射线散射信号，而由 TEM 却得不到清晰有效的信息。

④ 可用于研究高聚物的动态过程，如熔体到晶体的转变过程。

⑤ 可确定颗粒内部密闭的微孔，如活性炭中的小孔，而电镜做不到这一点。

⑥ 可得到样品的统计平均信息，而电镜虽可得到精确的数据，但其统计性差。

⑦ 可准确确定两相间比内表面和颗粒体积分数等参数，而电镜很难得到这些参量的准确结果，因为在电镜的视场范围内，并非所有颗粒均能显示和被观察到。

⑧ 制样方便。

因此，电镜和 SAXS 各有优缺点，不能互相代替，但可互相补充，联合使用。

4.11.3 小角 X 射线散射技术的应用

小角 X 射线散射是一种有效的材料亚微观结构表征手段，可用于纳米颗粒尺寸的测量，合金中的空位浓度、析出相尺寸以及非晶合金中晶化析出相的尺寸测量，高分子材料中胶粒的形状、粒度及其分布的测量，以及高分子长周期体系中片晶的取向、厚度、晶化率和非晶层厚度的测量等。以时效分析为例。

小角 X 射线散射技术可用于合金时效过程分析，进行相变动力学研究。合金 I（含锂）成分：Zn5.13%、Mg 1.22%、Cu 1.78%、Li 0.98%、Mn0.34%、Zr 0.11%、Cr 0.23%、其余为铝；合金 II（不含锂）成分：Zn 5.17%、Mg1.26%、Cu1.73%、Mn 0.36%、Zr 0.13%、其余为铝。在 490℃的盐浴中固溶 1 h，快速水淬后，再在硅油槽中进行人工时效。对于铝合金而言，析出相体积分数一般不超过 5%，且析出相颗粒间距远远大于析出相本身。因此可近似认为析出相与基体构成稀疏均匀系统。经小角 X 射线散射测试，运用 Guinier 公式及相关理论可以得出合金 I 和合金 II 在 120℃、160℃和 180℃条件下的析出相半径随时效时间变化的关系，如图 4-61 所示。

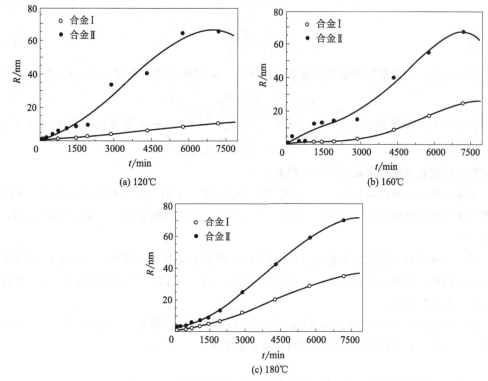

图 4-61　析出相半径 R 随时效时间的变化关系

由图 4-61 可知：合金中析出物的半径随时效时间的变化可分形核、长大和粗化三个阶段。在形核阶段，析出相半径变化很小；在长大过程中，析出相基本满足抛物线长大规律；在粗化阶段，析出相半径变化满足 Lifshitz-Slyozov-Wangner（LSW）定律。在形核阶段这两种铝合金析出相半径随时效时间变化的差距较小，但随时效时间的延长，两者之间的差距逐渐变大。由此说明锂抑制了析出相的长大和粗化进程。

4.12　淬火钢中残余奥氏体的测量

由于马氏体转变的不完全性，在淬火钢中总会产生一定量的残余奥氏体，尤其是在高碳、高合金钢中，残余奥氏体的体积分数甚至可达 20% 以上。残余奥氏体硬度较马氏体的低，结构也不稳定，在使用过程中会逐渐转变为马氏体，引起体积膨胀，产生内应力，甚至引起工件变形，因此，对淬火钢中残余奥氏体的测量极具实际意义。

淬火钢中残余奥氏体一般采用 X 射线法测量，即根据衍射花样中某一奥氏体衍射线条的强度和标准试样中已知含量残余奥氏体的同一衍射指数线条强度相比得出。然而在实际工作中这一标准试样不一定会有，为此可根据同一衍射花样中残余奥氏体和邻近马氏体线条强度的比较求得。由 4.2 节介绍可知，在衍射花样中，某线条的相对强度为 $I_j = F_{HKL}^2 \dfrac{1+\cos^2 2\theta}{\sin^2 \theta \cos \theta} P \dfrac{1}{2\mu_l} e^{-2M} \dfrac{V_j}{V_{0j}^2}$，令 $C_j = F_{HKL}^2 \dfrac{1+\cos^2 2\theta}{\sin^2 \theta \cos \theta} P \dfrac{1}{2V_{0j}^2} e^{-2M}$，即得

$$I_j = C_j \frac{1}{\mu_l} f_j \tag{4-90}$$

则

$$\frac{I_r}{I_a} = \frac{C_r f_r}{C_a f_a} \tag{4-91}$$

式中，I_r、I_a 分别为残余奥氏体和马氏体某一衍射线的相对强度；C_r、C_a 为相应的常数。$\dfrac{I_r}{I_a}$ 可由实验结果测出，$\dfrac{C_r}{C_a} = \dfrac{(F_{HKL}^2 \dfrac{1+\cos^2 2\theta}{\sin^2 \theta \cos \theta} P \dfrac{1}{2V_{0j}^2} e^{-2M})_r}{(F_{HKL}^2 \dfrac{1+\cos^2 2\theta}{\sin^2 \theta \cos \theta} P \dfrac{1}{2V_{0j}^2} e^{-2M})_a}$ 也可算出，再由 $f_r + f_a = 1$

即可得到淬火钢中的残余奥氏体的体积分数 f_r。

实际工作中，可以选择几个 r-α 线对进行测量计算，然后取其平均值更为精确。常用于计算的奥氏体衍射线条有：(200)、(220) 及 (311)，马氏体线条有：(002)-(200)、(112)-(211) 等。

若淬火钢中有未溶解的碳化物（如渗碳体），即衍射花样由马氏体、残余奥氏体和渗碳体三相组成时，同理可分别由 I_r/I_c、C_r/C_c 算出 f_r/f_c，I_a/I_c、C_a/C_c 算出 f_a/f_c，再利用 $f_r + f_c + f_a = 1$ 算得 f_r。

应注意的是：为获得比较准确的相对强度，扫描速度应比较慢，一般为 (1/2)° 或 (1/4)° 每分钟，当残余奥氏体含量较少时扫描速度要求更慢。

4.13 X 射线薄膜分析

4.13.1 薄膜物相结构分析

由于薄膜太薄，X 射线易穿透薄膜进入背底材料，从而同时形成两套衍射花样，如扣除背底衍射花样即得薄膜的衍射花样，就可进行薄膜的物相分析。观察衍射峰相对强度的变化，可以分析薄膜的择优取向。一般当某衍射峰相对于其他衍射峰高出越多，则表明此衍射峰对应的衍射晶面的织构含量越高。薄膜的物相分析一般采用掠入射 X 射线衍射法进行测定。

所谓掠入射是指 X 射线近乎平行于试样表面的方式入射，其夹角非常小，通常小于 1°，见图 4-62，由于小的入射角加大了 X 射线在薄膜中的行程，减小了进入背底的程度，吸收衰减，此时辐射到背底的 X 射线的强度已经很弱而可以忽略，获得的衍射花样即为薄膜的

衍射花样。图 4-62 中，α_i，α_f，分别是入射 X 射线与试样表面的夹角（掠射角）和反射角，$\vec{s}$，$\vec{s_0}$，$\vec{g}$ 分别为衍射矢量、入射矢量和衍射晶面（hkl）的倒易矢量。α_s，α_φ 分别为 $\vec{s}$，$\vec{g}$ 与试样表面的夹角。通常有三种扫描模式：

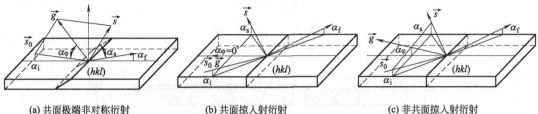

(a) 共面极端非对称衍射   (b) 共面掠入射衍射   (c) 非共面掠入射衍射

图 4-62 掠入射衍射三种扫描模式几何原理图

（1）共面极端非对称掠入射衍射

图 4-62(a) 为共面极端非对称衍射几何原理图，其衍射面与样品表面构成近布拉格角，入射线、衍射线与样品表面的法线三线共面，探测器在 2θ 范围进行扫描，获得薄膜的一系列衍射峰。当掠射角足够小时，入射 X 射线在样品表面会产生全反射，X 射线不再进入背底，发生全反射时的掠射角称为临界掠射角，或全反射临界角，用 α_c 表示。由于掠射角 α_i 很小，几乎与样品表面平行，此时 X 射线穿透样品深度仅为纳米量级，还可用于样品表面结构研究。变动掠射角 α_i，分别进行 2θ 扫描，可获得多个 I-2θ 衍射花样。

（2）共面掠入射衍射

图 4-62(b)，掠入射衍射面（hkl）的法线平行于样品表面。掠入射线与衍射线、样品表面均构成掠射角，注意，此时的掠入射线和晶面衍射线组成的平面与样品表面近似共面。

（3）非共面掠入射衍射

图 4-62(c)，它实为前两种模式的组合式。它含有与样品表面法线成很小角度的晶面衍射，衍射晶面的法线（倒易矢量）与样品表面成很小角度，也可通过微小改变掠射角形成掠射 X 射线非对称衍射。注意：入射线、衍射线和样品表面法线三线不共面。但入射线、衍射线均与样品表面成很小角度，此时衍射面与样品表面几近垂直。

图 4-63 为石英 SiO_2 衬底上沉积 75nm 厚的 TiO_2 薄膜在掠射角分别为 0.1°、0.2°、0.3°、0.4°、0.5°时的 GIXRD 和 2θ 从 20°~80°的 XRD 衍射曲线组合图。表明薄膜的掠入射衍射峰中不含衬底峰，为薄膜分析带来方便。随着掠射角的增加，TiO_2 层衍射峰强度提高。

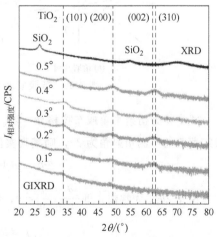

图 4-63 不同掠射射角时石英衬底上 TiO_2 薄膜的 GIXRD 衍射曲线组合图

4.13.2 薄膜厚度的测定

基体表面镀膜或气相沉膜是材料表面工程中的重要技术，膜的厚度直接影响其性能，故需对其进行有效测量。膜厚的测量是在已知膜对 X 射线的线吸收系数的条件下，利用基体有膜和无膜时对 X 射线吸收的变化所引起衍射强度的差异来测量的。它具有非破坏、非接触等特点。测量过程（如图 4-64）：首先分别测量有膜和无膜时基体的同一条衍射线的强度 I_0 和 I_f，再利用吸收公式得到膜的厚度：

$$t = \frac{\sin\theta}{2\mu_l}\ln\frac{I_0}{I_f} \tag{4-92}$$

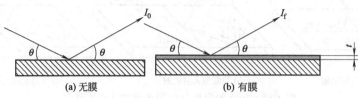

图 4-64　X 射线衍射强度测量膜厚示意图

4.13.3　薄膜应力的测定

薄膜在生长过程中往往会产生内应力，薄膜应力宏观上表现为平面应力，理论上讲当膜结晶非常好即形成薄膜晶体时可以采用平面应力测量方法进行，然而实际测量时由于薄膜的衍射强度低，常规应力测量法会遇到困难，测量误差大，故需对常规应力测量法进行改进。考虑到掠射法能获得更多的薄膜衍射信息，应力的侧倾法（测量面与扫描面垂直）可确保衍射几何的对称性，内标法能降低系统测量误差，因此，将三者有机结合可有效测定薄膜的内应力。

图 4-65 为薄膜应力 X 射线测定的衍射几何与内标法，采用侧倾法，ω 为试样转动的方位角，内标样品为粉状，附着在试样表面，此时系统误差 $\Delta 2\theta$ 为：

$$\Delta 2\theta = 2\theta_{c,0} - 2\theta_c \tag{4-93}$$

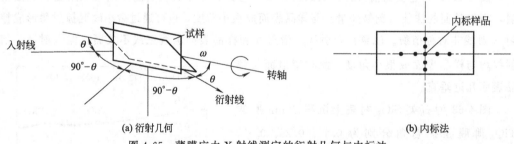

图 4-65　薄膜应力 X 射线测定的衍射几何与内标法

式中 θ 为衍射半角或布拉格角，$2\theta_c$ 为标样衍射角实测值；$2\theta_{c,0}$ 为标样衍射角真实值。假定薄膜的实测衍射角为 2θ，则其真实值 $2\theta'$ 为

$$2\theta' = 2\theta + \Delta 2\theta = 2\theta + 2\theta_{c,0} - 2\theta_c \tag{4-94}$$

由于 $2\theta_{c,0}$ 为常数，即 $\dfrac{\partial\, 2\theta_{c,0}}{\partial \sin^2\Psi} = 0$，结合式(4-94)，并假定薄膜中存在平面应力，则

$$\sigma = K\left(\frac{\partial 2\theta'}{\partial \sin^2\Psi}\right) = K\left[\frac{\partial(2\theta - 2\theta_c)}{\partial \sin^2\Psi}\right] \tag{4-95}$$

式中，Ψ 为测量面（hkl）法线与试样表面法线的夹角。由图 4-65 中的几何关系，可以

得 $\Psi=\omega$。此时选择不同的转角 ω 即不同的 Ψ，可利用两点法或多点法求得 $\dfrac{\partial\,(2\theta-2\theta_c)}{\partial\,\sin^2\Psi}$，再由式(4-95) 计算薄膜中的内应力。由于式中出现了同一衍射谱的薄膜实测衍射角与标样实测衍射角之差，从而有效降低了仪器的系统误差。

4.13.4 薄膜织构分析

薄膜的织构通常采用极图表征，极图测定方法如同 X 射线衍射仪测定单晶体取向的测定，试样安装在织构附件上，先设定衍射晶面 (hkl)，然后由布拉格方程计算该晶面的衍射角 2θ，将探测器固定于 2θ 位置，样品分别进行两方向 α 和 β 转动，α 倾角从 $0°\sim90°$ 变化，每一 α 倾角下转动试样绕其表面法线转动 $\beta=0°\sim360°$，分别记录衍射强度，绘制极图，再由极图分析薄膜织构。

4.14 层错能的测定

层错能 γ 表示在合金中形成单位面积层错所需的能量，它与扩展位错宽度成反比。其大小决定着基体中位错交滑移的难易；同时也影响着固溶体中合金元素的分布状态。一些能明显降低基体层错能的合金元素很容易被层错区所吸收，造成合金元素在层错区的富集，为弥散强化相在层错区的沉淀提供了有利条件。降低基体层错能，增加层错概率，对提高层错强化作用、改善合金高温性能非常有益。层错能的大小是合金的一个重要物理参量，常可通过 TEM、XRD 和热力学计算等方法获得。本书介绍最为常用的 XRD 法。

4.14.1 复合层错概率 P_{sf} 的测定

层错能一般并不直接测出，而是测出与其成倒数关系的层错概率 α，再推算出层错能的数值，层错概率 α 的测定方法有峰位移法和峰宽化法。

（1）峰位移法

FCC、BCC、HCP 中层错的衍射效应为：衍射线峰位的位移、峰型的宽化和不对称现象。其中峰位移只受形变层错概率 α 的影响，峰宽化受形变层错概率 α 和生长层错概率 β 的共同影响。由此可见，利用衍射峰位移效应测定的是 α，而衍射峰宽化效应测定的是复合层错概率 P_{sf}，即 $\alpha+1.5\beta$。

由于层错引起的峰位移很小，为提高测量的精确性和可靠性，通常选已对位移方向相反的一对峰进行分析，面心立方结构中通常采用 (111)-(200) 线对，这样可避免其他因素如存在宏观应力对峰位移造成的干扰。此时峰位移与复合层错概率 P_{sf} 的关系为

$$\Delta(2\theta_{200}-2\theta_{111})=\frac{-90\sqrt{3}\,P_{sf}}{\pi^2}\left(\frac{\tan\theta_{200}}{2}+\frac{\tan\theta_{111}}{4}\right) \tag{4-96}$$

其中，$\Delta(2\theta_{200}-2\theta_{111})=\Delta(2\theta_{200}-2\theta_{200}^0)-\Delta(2\theta_{111}-2\theta_{111}^0)$。式中，$2\theta_{200}$、$2\theta_{111}$ 为实验测得的 (200) 和 (111) 面的 XRD 衍射角；$2\theta_{200}^0$、$2\theta_{111}^0$ 为无层错时的 (200) 和 (111) 面的衍射角。无层错时的衍射角 $2\theta_{200}^0$、$2\theta_{111}^0$ 可通过布拉格方程 $2d\sin\theta=n\lambda$ 计算得到，也可查

PDF 卡片获得，由此可求得复合层错概率 P_{sf}。

（2）峰宽化法

通过峰宽化的测定，获得选定衍射晶面的物理宽度（rad），再代入谢乐公式，获得各自晶面法向的有效尺寸，设选定晶面为（111）和（200），其物理宽度分别为 β_{111} 和 β_{200}，其晶面法向的有效尺寸 $D_{(eff,111)}$，$D_{(eff,200)}$，再代入公式：

$$\frac{1}{D_{(eff,111)}}=\frac{1}{D}+\frac{P_{sf}}{a_0}\times\frac{\sqrt{3}}{4} \tag{4-97}$$

$$\frac{1}{D_{(eff,200)}}=\frac{1}{D}+\frac{P_{sf}}{a_0} \tag{4-98}$$

可计算获得复合层错概率 P_{sf}，式中 D 是表示平均区域尺寸（或真实的亚晶尺寸）；a_0 为点阵常数。

4.14.2 层错能的计算

Noskova 等建立了层错能和复合层错概率之间的关系为

$$\gamma=\frac{Ga_0^2 d\rho}{24\pi P_{sf}} \tag{4-99}$$

式中，G 为切变模量；a_0 为晶体的点阵常数；d 为晶面间距；ρ 为位错密度，可通过 TEM 检测方便得到，但误差较大。注意：ρ 为位错（线型）密度，不是层错（面型）密度。

Reed 等将层错能和复合层错概率的关系表达为

$$\gamma=\frac{K_{111}\omega_0 G_{111} a_0}{\sqrt{3}\pi} A^{-0.37}\frac{<\varepsilon_{50}^2>_{111}}{P_{sf}} \tag{4-100}$$

式中，G 为切变模量；a_0 为点阵参数；d 为所测晶面的晶面间距；$K_{111}\omega_0$ 为一比例常数，它的取值为 6.6；$<\varepsilon_{50}^2>_{111}$ 为（111）晶面法线方向 500nm 距离内的均方根应变值，它可采用衍射线线形的傅里叶分析方法计算获得。G_{111} 为（111）层错面上的切变模量，其大小为

$$G_{111}=\frac{1}{3}(C_{44}+C_{11}-C_{12}) \tag{4-101}$$

式中，C_{ij} 为晶体弹性刚度系数。

A 为曾纳（Zener）各向异性常数，可按下式计算：$A=2C_{44}/(C_{11}-C_{12})$。某些纯金属的各向异性常数值列于表 4-8。

表 4-8 常见纯金属的各向异性常数值

金属	Ag	Au	Cu	Al	Ni(无磁场时)
$A=2C_{44}/(C_{11}-C_{12})$	3.0	2.9	3.2	1.2	2.4

根据复合层错概率 P_{sf} 和位错密度 ρ，或复合层错概率 P_{sf} 和均方根应变值 $<\varepsilon_{50}^2>_{111}$，可由上述两个近似公式计算层错能。

此外，对于较大形变比轧制的面心立方金属和合金，还可采用 X 射线织构法测定其层错能，研究发现当层错能 $\gamma<35\times10^{-7}$J/cm^2、轧制温度低于 $0.25T_m$（T_m 为合金熔点温度）时，它们的轧制织构均具有完善的 {110} <112>黄铜式织构。当合金在室温下经较高形变比进行轧制时，合金的冷轧织构向着黄铜类型的 {110} <112>织构转换。决定这种织构转

换的过程是"孪生"和位错交滑移，而在形变比较大时，起主要作用的是位错交滑移。位错交滑移的难易主要取决于层错能的大小。因此，可利用轧制织构的某一特征参量来间接地度量材料层错能的大小。通常是在 $\{111\}$ 极图大圆上，偏离轧向 $20°$ 和横向位置的强度 I_{20} 和 I_{TD} 的比值可以反映在轧制过程中这种织构转换的程度，或者说反映 $\{110\}$ $<112>$ 织构形成的多少。再利用已有纯金属的层错能 $\gamma_{Ni}=2.4\times10^{-5}\mathrm{J/cm^2}$、$\gamma_{Cu}=8.0\times10^{-6}\mathrm{J/cm^2}$、$\gamma_{Au}=5.0\times10^{-6}\mathrm{J/cm^2}$、$\gamma_{Ag}=2.2\times10^{-6}\mathrm{J/cm^2}$ 等绘制统一形变比为 95% 的 $\frac{\gamma}{Gb}$-$\frac{I_{TD}}{I_{20}}$ 标定曲线。式中，G 为切变模量；b 为布氏矢量；k 为波尔兹曼常数；T 为轧制温度（绝对温度）。对应 $\frac{kT}{Gb^3}=3.4$ 的曲线为室温标定曲线。这样，为测量某一材料的基体层错能，只需按统一形变比 95% 进行轧制，试样经电解抛光或腐蚀减薄后，在织构测角仪上利用透射法测得 $\{111\}$ 极图大圆上的强度分布，计算出 $\frac{I_{TD}}{I_{20}}$，根据轧制温度算出 $\frac{kT}{Gb^3}$，找到对应的标定曲线，即可得到对应 $\frac{I_{TD}}{I_{20}}$ 的层错能参量 $\frac{\gamma}{Gb}\times10^3$，进而可得到对应该轧制温度的材料层错能 γ。

本章小结

　　本章主要介绍了 X 射线的多晶衍射法及其在材料研究中的应用，主要包括物相分析、宏观残余应力、微观残余应力、薄膜厚度测定及织构分析等。内容小结如下。

　　X 射线仪：在 X 射线入射方向不变的情况下，通过测角仪保证样品的转动角速度为计数器的一半，当样品从 $0°$ 转到 $90°$ 时，记录系统可以连续收集并记录试样中所有符合衍射条件的各晶面所产生的衍射束的强度，从而获得该样品的 X 射线衍射花样。由此花样可以分析试样的晶体结构、物相种类及其含量、宏观应力、微观应力以及精确测量晶体的点阵参数等。

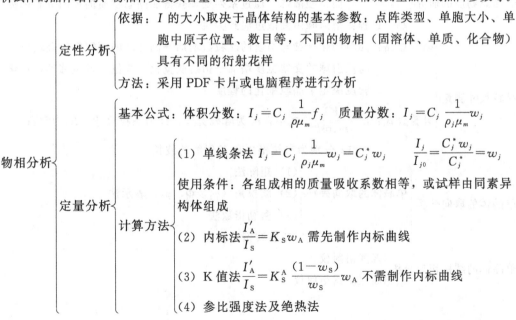

点阵参数的精确测量

　研究思路：理论上在 θ 为 90° 时，衍射线的分辨率最高，点阵参数的测量误差最小，但实际上无法收集到衍射线，故不能直接获得 θ 为 90° 时的点阵参数，故采用间接法如外延法来获取

　测量方法
　　标准样校正法
　　外延法
　　　$a \text{——} \cos^2\theta$
　　　$a \text{——} \dfrac{1}{2}\left(\dfrac{\cos^2\theta}{\sin\theta}+\dfrac{\cos^2\theta}{\theta}\right)$
　　　线性回归法，获得拟合直线再外延至 90°

宏观应力测量

　研究思路：宏观残余应力→晶体中较大范围内均匀变化→d 变化→$\sin\theta=\dfrac{n}{2d}\lambda$ 变化→峰位位移→$\Delta\theta→\dfrac{\Delta d}{d}=\varepsilon→\sigma$

　基本前提：①单元体表面无剪应力；②所测应力为平面应力

　基本公式：$\sigma_\phi = KM$ 式中，$K=-\dfrac{E}{2(1+\nu)}\cot\theta_0\dfrac{\pi}{180}$，$M=\dfrac{\partial(2\theta_\Psi)}{\partial\sin^2\Psi}$

　K 的获取方法：查表法和测量计算法

　M 的获取方法：两点法（0°～45°）和多点法（拟合）

　测量仪器：(1) X 射线仪：小试样可动，仪器固定
　　　　　　(2) X 射线应力仪：大试样固定，仪器可动

微观应力测量

　研究思路：微观残余应力→晶体中数个晶粒或单晶粒中数个晶胞甚至数个原子范围存在→d 有的增加有的减小，呈统计分布→衍射线宽化但无位移→宽化程度决定其微观应力的大小

　计算公式：$\sigma=E\varepsilon=E\dfrac{n}{4\tan\theta_0}$　式中，n 为峰线宽度；E 为弹性模量

非晶态物质的研究

　研究思路：非晶态物质不存在周期性，无点阵等概念，也无尖锐衍射峰，而是漫散峰，通过系列处理获得非晶态物质的径向分布函数

　晶化过程：衍射峰由漫散过渡到尖锐

晶粒尺寸测量

　研究思路：晶粒细化→参与衍射的晶粒数增加→倒易球的面密度提高增厚→与反射球的交线宽度增加→衍射线宽化，峰位未发生移动，宽化程度决定了晶粒细化的程度

　计算公式：$L=\dfrac{K\lambda}{m\cos\theta}$　式中，m 为峰线宽度；L 为晶粒尺寸；K 为常数；θ 和 λ 分别为布拉格角和 X 射线的波长

单晶体的取向分析

　单晶体的取向表征
　　(1) 矩阵法
　　(2) 欧拉角（φ_1、Φ、φ_2）表示法
　　(3) 密勒指数法

　单晶体的取向测定　X 射线衍射仪法

单晶体的结构衍射分析
　四圆衍射仪
　面探测器衍射仪

材料现代分析技术

织构
- 概念
  - 择优取向：多晶体中部分晶粒取向规则分布的现象
  - 织构：指多晶体中众多已经处于择优取向位置的晶粒的协调一致的排列状态
  - 关系：织构是择优取向的结果
- 后果：各向异性
  - 利：硅钢片
  - 弊：板料冲压
- 织构分类
  - 丝织构：多晶体中晶粒因择优取向而使其晶向$<uvw>$趋于平行的一种位向状态
  - 面织构：多晶体中晶粒的某一晶面法线与压缩轴方向一致的状态。
  - 板织构：多晶体中晶粒的某一晶面（hkl）平行于多晶体材料某一特定的外观平面，而且某一晶向［uvw］必须平行于某一特定的方向
- 织构的表征
  - 指数法
  - 极图法
  - 反极图法
  - 三维取向分布函数法

小角 X 射线散射
- 定义：当 X 射线透过试样时，在靠近原光束 2°～5° 的小角度范围内发生的相干散射
- 原因：在于物质内部存在着尺度在 1～100nm 范围内的电子密度起伏
- 影响因素：散射体尺寸、形状、分散情况、取向及电子密度分布等
- 原理：（1）Guinier 公式 $I(h)=I_e n^2 M\exp\left(-\dfrac{h^2}{3}R_g^2\right)$
  （2）Porod 公式 $I(h\rightarrow\infty)=I_e(\rho_A-\rho_B)^2\dfrac{2\pi s}{h^4}$
- 应用：表征物质的长周期、准周期结构、界面层以及呈无规则分布的纳米体系；测定金属和非金属纳米粉末、胶体溶液、生物大分子以及各种材料中所形成的纳米级微孔、合金中的非均匀区和沉淀析出相尺寸分布以及非晶合金在加热过程中的晶化和相分离等方面的研究

残余奥氏体的测量
- 原理：根据同一衍射花样中残余奥氏体和邻近马氏体线条强度的测定比较求得
- 扫描速度：一般为（1/2）°或（1/4）°每分钟，当残余奥氏体量较少时扫描速度应更慢
- 当仅由马氏体和残余奥氏体两相组成时，由$\dfrac{I_r}{I_\alpha}=\dfrac{C_r f_r}{C_\alpha f_\alpha}$与$f_r+f_\alpha=1$联立方程组求得$f_r$
- 当淬火钢由马氏体、残余奥氏体及未溶碳化物（渗碳体）三相组成时，可分别由 I_r/I_c、C_r/C_c 算出 f_r/f_c，I_α/I_c、C_α/C_c 算出 f_α/f_c，再利用 $f_r+f_c+f_\alpha=1$ 算得 f_r

薄膜物相分析
- 研究思路：一般采用掠射法进行测量。由于掠射角很小，X 射线在薄膜中的路程就长，从而可以产生较强衍射信号，同时也不易进入背底，产生噪声，减少了背底的干扰。薄膜物相分析的过程与普通 XRD 的物相分析相似

薄膜厚度测定
- 研究思路：利用有膜和无膜时物质对 X 射线吸收程度的不同，从而导致衍射强度的变化来进行薄膜厚度测量
- 计算公式：$t=\dfrac{\sin\theta}{2\mu_l}\ln\dfrac{I_0}{I_f}$ 式中 θ 为布拉格角，μ_l 为线吸收系数，I_0 和 I_f 分别为无膜和有膜下的衍射强度，t 为薄膜厚度

薄膜织构分析
- 研究方法：极图法。试样安装在织构附件上，分别进行两方向 α 和 β 转动，α 倾角从 90°～0°变化，每一 α 下转动试样绕其表面法线转动 $\beta=$ 0°～360°，分别记录衍射强度，绘制极图，再由极图分析薄膜织构

薄膜应力测定
- 研究思路：薄膜应力宏观上表现为平面应力，理论上薄膜晶体可采用平面应力测量方法进行，实际上由于薄膜的衍射强度低，常规应力测量误差大，需对其进行改进。一般采用掠射法、侧倾法和内标法，三者结合测定薄膜的内应力。
- 计算公式：$\sigma=K\left(\dfrac{\partial\,2\theta'}{\partial\,\sin^2\Psi}\right)=K\left[\dfrac{\partial\,(2\theta-2\theta_c)}{\partial\,\sin^2\Psi}\right]$ 式中，Ψ 为测量面（hkl）法线与试样表面法线的夹角；θ 为衍射半角；K 为应力常数；σ 为薄膜应力

层错能的测定
- 研究思路：层错能 γ 表示在合金中形成单位面积层错所需要的能量，它与扩展位错宽度成反比。其大小决定着基体中位错交滑移的难易；同时也影响着固溶体中合金元素的分布状态。堆垛层错是固溶体中位错结构的一种基本特征，层错强化作用并不随温度的升高而明显减弱，降低基体层错能，增加层错概率，对提高层错强化作用、改善合金高温性能非常有益。层错强化也能使材料的屈服强度提高
- 测定方法：层错能一般并不直接测出，而是测出与其成倒数关系的复合层错概率 P_{sf}，再推算出层错能的数值，复合层错概率 P_{sf} 的测定方法有峰位移法和峰宽化法

思考题

4.1　X 射线衍射花样可以分析晶体结构，确定不同的物相，为什么？

4.2　为什么不能用 X 射线进行晶体微区形貌分析？

4.3　X 射线的成分分析与物相分析的机理有何区别？

4.4　运用厄瓦尔德图解说明多晶衍射花样的形成原理是什么？倒易球与反射球的区别是什么？两球的球心位置有何关系？衍射锥的顶点、母线、轴各表示什么含义？

4.5　常见物相定量分析的方法有哪些？它们之间的区别与联系是什么？

4.6　运用 PDF 卡片定性分析物相时，一般要求对照八强峰而不是七强峰，为什么？

4.7　题表 1 和 2 为未知物相的衍射数据，请运用 PDF 卡片及索引进行物相鉴定。

d/nm	I/I_0	d/nm	I/I_0	d/nm	I/I_0
0.366	50	0.146	10	0.106	10
0.317	100	0.142	50	0.101	10
0.224	80	0.131	30	0.096	10
0.191	40	0.123	10	0.085	10
0.183	30	0.112	10		
0.160	20	0.108	10		

题表 2

d/nm	I/I_0	d/nm	I/I_0	d/nm	I/I_0
0.240	50	0.125	20	0.081	20
0.209	50	0.120	10	0.080	20
0.203	100	0.106	20		
0.175	40	0.102	10		
0.147	30	0.093	10		
0.126	10	0.085	10		

4.8　采用 CuK$_\alpha$ 射线作用 Ni$_3$Al 所得 I-2θ 衍射花样（$0°\sim90°$），共有十强峰，其衍射半角 θ 分别是 $21.89°$、$25.55°$、$37.59°$、$45.66°$、$48.37°$、$59.46°$、$69.64°$、$69.99°$、$74.05°$ 和 $74.61°$。已知 Ni$_3$Al 为立方系晶体，试标定各线条衍射晶面指数，确定其布拉菲点阵，计算其点阵常数。

4.9　某立方晶系采用 CuK$_\alpha$ 测得其衍射花样，部分高角度线条数据见题表 3 所示，请运用 a-$\cos^2\theta$ 图解外推法求其点阵常数（精确至小数点后 5 位）

题表 3

HKL	522,611	443,540,621	620	541
θ/°	72.68	77.93	81.11	87.44

4.10　一根无残余应力的钢丝试样，从垂直拉丝轴方向用单色 X 射线照射，其平面底片像为同心圆环，假定试样受到轴向拉伸或压缩（未发生弯曲）时，其衍射花样发生怎样的变化？为什么？

4.11　非晶态物质的 X 射线衍射花样与晶态物质的有何区别？表征非晶态物质的结构参数有哪些？

4.12　有一碳含量为 1% 的淬火钢，仅含有马氏体和残余奥氏体两种物相，用 CoK$_\alpha$ 射线测得奥氏体（311）晶面反射的积分强度为 2.33（任意单位），马氏体的（112）与（211）线重合，其积分强度为 16.32（任意单位），试计算钢中残余奥氏体的体积分数。已知马氏体的 a=0.2860nm，c=0.2990nm，奥氏体的 a=0.3610nm，计算多重因子 P 和结构因子 F 时，可将马氏体近似为立方晶体。

4.13　测定轧制某黄铜试样的宏观残余应力，用 CoK$_\alpha$ 照射（400）晶面，当 $\Psi=0°$ 时，测得的 $2\theta=150.1°$，当 $\Psi=45°$ 时，$2\theta=150.99°$，试求试样表面的宏观残余应力有多大？（已知 a=0.3695nm，E=9.0$\times10^4$MPa，ν=0.35）

4.14　运用 CoK$_\alpha$X 射线照射 α-黄铜，测定其宏观残余应力，在 $\Psi=0°$、$15°$、$30°$、$45°$ 时的 2θ 分别为 $151.00°$、$150.95°$、$150.83°$ 和 $150.67°$，试求黄铜的宏观残余应力。已知 α-黄

铜的弹性模量 $E=9.0\times10^4$ MPa，泊松比 $\nu=0.35$。

4.15 V 晶粒细化和微观残余应力均会引起衍射线宽化，试比较两者宽化机理有何不同？

4.16 用 $CuK_\alpha X$ 射线照射弹性模量 E 为 2.15×10^5 MPa 的冷加工金属片试样，观察 $2\theta=150°$ 处的一根衍射线条时，发现其较来自再结晶试样的同一根衍射线条要宽 $1.28°$。若假定这种宽化是由于微观残余应力所致，则该微观残余应力是多少？若这种宽化完全是由于晶粒细化所致，则其晶粒尺寸是多少？

4.17 铝丝具有<111><100>双织构，试绘出投影面平行于拉丝轴的 {111} 及 {100} 极图及轴向反极图的示意图。

4.18 用 $CoK_\alpha X$ 射线照射具有 [110] 丝织构的纯铁丝，平面底片记录其衍射花样，试问在 {110} 衍射环上出现几个高强度斑点？它们在衍射环上出现的角度位置又分别是多少？

4.19 单晶体 X 射线衍射花样的特征是什么？

4.20 单晶取向的表征方法是什么？

4.21 单晶取向的测定方法有哪些？

4.22 单晶体衍射与多晶体衍射的区别是什么？

4.23 小角 X 射线散射的基本原理是什么？

4.24 小角 X 射线散射法的主要应用有哪些？

4.25 什么是掠射衍射？与常规的衍射有何区别？

4.26 掠射衍射与小角衍射有何区别？

4.27 层错能高低对室温形变过程的影响是什么？

4.28 如何测定层错能？

第 5 章

电子显微分析基础

大家知道人眼能分辨的最小距离在 0.2mm 左右，用可见光（波长为 390～770nm）作为信息载体的光学显微镜，分辨率约为波长的一半，即 0.2μm 左右，其有效放大倍数仅约 1000 倍，无法满足人们对微观世界里原子尺度（原子间距 0.1nm 量级）的观察要求，以电子为信号载体的电子显微镜如透射电镜（TEM）、高分辨电镜（HRTEM）、扫描电镜（SEM）、扫描透射电镜（STEM）、分析型电镜（AEM）、电子背散射衍射（EBSD）等应运而生，随着电子波长的减小，电子显微镜的分辨率进一步提升，目前已达 0.01nm 量级。当电镜与计算机结合，可使操作、分析过程大为简化。特别是多种功能的巧妙组合，如扫描电镜中同时配带能谱分析仪、电子背散射衍射仪等，实现了材料的显微形貌、显微成分、显微结构和显微取向同时分析的目的，为材料研究提供了极大的方便。

本章主要就电子显微分析的基础理论作一简单介绍和分析。

5.1 电子波的波长

电子是一种实物粒子，具有波粒二象性，其波长在一定条件下可变得很小，电场和磁场均能使其发生折射和聚焦，从而实现成像，因此电子波是一种理想的照明光源。由德布罗意的观点可知运动的电子具有波动性，其波长由波粒二象性方程可得：

$$\lambda = \frac{h}{mv} \qquad (5\text{-}1)$$

式中，h 为普朗克常数，约 6.626×10^{-34} J·s；m 为电子的质量；v 为电子的运动速度，其大小取决于加速电压 U，即

$$\frac{1}{2}mv^2 = eU \qquad (5\text{-}2)$$

$$\text{则} \quad v = \sqrt{\frac{2eU}{m}} \qquad (5\text{-}3)$$

e 为电子的电荷，其值为 1.6×10^{-19} C。所以

$$\lambda = \frac{h}{\sqrt{2emU}} \qquad (5\text{-}4)$$

显然，提高加速电压，可显著降低电子波的波长，见表 5-1。当电子速度不高时，$m \approx$

m_0，m_0 为电子的静止质量，当加速电压较高时，电子速度极高，此时需要对此进行相对论修正，即

$$m = \frac{m_0}{\sqrt{1 - \left(\dfrac{v}{c}\right)^2}}$$ (5-5)

式中，c 为光速。

表 5-1　不同加速电压时电子波的波长

加速电压 U/kV	电子波长 λ/nm	加速电压 U/kV	电子波长 λ/nm
1	0.0338	40	0.00601
2	0.0274	50	0.00536
3	0.0224	60	0.00487
4	0.0194	80	0.00418
5	0.0713	100	0.00370
10	0.0122	200	0.00251
20	0.00859	500	0.00142
30	0.00698	1000	0.00087

由于光学显微镜采用可见光为信息载体，其极限分辨率约为 200nm，而透射电镜的信息载体为电子，且电子波的波长可随加速电压的增加而显著减小，从表 5-1 可知，在加速电压为 100～200kV 时，电子波的波长仅为可见光波长的 10^{-5}，因此透射电镜的分辨率要比光学显微镜高出 5 个量级。

5.2　电子与固体物质的作用

当一束聚焦的电子沿一定方向入射到固体样品时，入射电子必然受到样品物质原子的库仑场作用，运动电子与物质发生强烈作用，并从相互作用的区域中发出多种与样品结构、形貌、成分等有关的物理信息，通过检测这些相关信息，就可分析样品的表面形貌、微区的成分和结构。透射电镜、扫描电镜、电子探针等，就是分别利用电子束与样品作用后产生的透射电子、二次电子、特征 X 射线所携带的物理信息进行工作的。电子与固体物质的作用包括：入射电子的散射、入射电子对固体的激发和受激发的粒子在固体中的传播等。

5.2.1　电子散射

电子散射是指电子束受固体物质作用后，物质原子的库仑场使其运动方向发生改变的现象。根据发生散射前后电子的能量是否变化，电子散射又分为弹性散射和非弹性散射。电子能量不变的散射称为弹性散射，电子能量减小的散射称为非弹性散射。弹性散射仅仅改变了电子的运动方向，而没有改变电子的波长。而非弹性散射不仅改变了电子的运动方向，同时还导致了电子波长的增加。根据电子的波动特性，还可将电子散射分为相干散射和非相干散射。相干散射的电子在散射后波长不变，并与入射电子有确定的位相关系，而非相干散射的电子与入射电子无确定的位相关系。

电子散射源自物质原子的库仑场，这不同于光子在物质中的散射。而原子由原子核和核

外电子两部分组成，这样物质原子对电子的散射可以看成是原子核和核外电子的库仑场分别对入射电子的散射，由于原子核又由质子和中子组成，每一个质子的质量为电子的 1836 倍，因此原子核的质量远远大于电子的质量，这样原子核和核外电子对入射电子的散射就具有不同的特征。

（1）弹性散射

当入射电子与原子核的作用为主要过程时，入射电子在散射前后的最大能量损失 ΔE_{max} 可通过动量和能量守恒定理推导得

$$\Delta E_{max} = 2.17 \times 10^{-3} \frac{E_0}{A} \sin^2\theta \qquad (5-6)$$

式中，ΔE_{max} 为电子散射前后的最大能量损失；A 为原子的质量数（质子数和中子数之和）；θ 为散射半角，散射角（2θ）为散射方向与入射方向的夹角，当散射角小于 90°时，称为前散射，大于 90°时为背散射；E_0 为入射电子的能量。

显然，电子散射后的能量损失主要取决于散射角的大小，以 100keV 的电子为例，当散射角 $\theta < 5°$ 即发生小角度散射时，ΔE_{max} 在 $10^{-3} \sim 10^{-1}$ eV 之间；背散射（$\theta \approx \pi/2$）时，ΔE_{max} 可达数个电子伏特。而入射电子的能量高达 100~200keV，因此散射电子的能量损失相比于入射时的能量可以忽略不计，因此原子核对入射电子的散射可以看成是弹性散射。

（2）非弹性散射

当入射电子与核外电子的作用为主要过程时，由于两者的质量相同，发生散射作用时，入射电子将其部分能量转移给了原子的核外电子，使核外电子的分布结构发生了变化，引发特征 X 射线、二次电子等激发现象。这种激发是由于入射电子的作用而产生的，故又称之为电子激发。电子激发属于一种非电磁辐射激发，它不同于电磁辐射激发，如光电效应等。入射电子被散射后其能量将显著减小，是一种非弹性散射。

（3）散射的表征：散射截面

当入射电子被孤立原子核散射时，如图 5-1 (a) 所示，散射的程度通常用散射角来表征，散射角 2θ 主要取决于原子核的电荷 Ze、电子的入射方向与原子核的距离 r_n、入射电子的加速电压 U 等因素，其关系为

$$2\theta = \frac{Ze}{Ur_n} \quad 或 \quad r_n = \frac{Ze}{U \times 2\theta} \qquad (5-7)$$

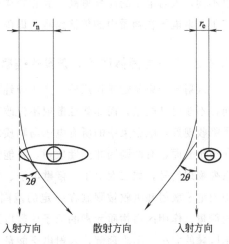

(a) 原子核的散射　　　(b) 核外电子的散射

图 5-1　电子散射示意图

可见，对于一定的入射电子（U 一定）和原子核（Ze 一定）时，电子的散射程度主要决定于 r_n，r_n 愈小，核对电子的散射作用就愈大。凡入射电子作用在以核为中心、r_n 为半径的圆周之内时，其散射角均大于 2θ。通常用 πr_n^2（以核为中心、r_n 为半径的圆面积）来衡量一个孤立原子核把入射电子散射到 2θ 角度以外的能力，由于原子核的散射一般为弹性散射，因此该面积又称为孤立原子核的弹性散射截面，用 σ_n 表示。

同理，当入射电子与一个孤立的核外电子作用时，如图 5-1(b)，其散射角与 U、e、r_e 的关系为

$$2\theta = \frac{e}{Ur_e} \quad 或 \quad r_e = \frac{e}{U \times 2\theta} \tag{5-8}$$

式中 r_e 为电子的入射方向与核外电子的距离。

同样，用 πr_e^2 来衡量一个孤立的核外电子对入射电子散射到 2θ 以外的能力，并称之为孤立核外电子的散射截面，由于核外电子的散射是非弹性的，故又称之为非弹性散射截面，用 σ_e 表示。

一个孤立原子的总的散射截面为原子核的弹性散射截面 σ_n 与所有核外电子的非弹性散射截面 $Z\sigma_e$ 的和：

$$\sigma = \sigma_n + Z\sigma_e \tag{5-9}$$

其中弹性散射截面与非弹性散射截面的比值为 $\dfrac{\sigma_n}{Z\sigma_e} = \dfrac{\pi r_n^2}{Z\pi r_e^2} = \dfrac{\pi \left(\dfrac{Ze}{U \times 2\theta}\right)^2}{Z\pi \left(\dfrac{e}{U \times 2\theta}\right)^2} = Z \tag{5-10}$

显然，同一条件下，一个孤立原子核的散射能力是其核外电子的 Z 倍。因此在一个孤立原子中，弹性散射所占份额为 $\dfrac{Z}{1+Z}$；非弹性散射所占份额为 $\dfrac{1}{1+Z}$。由此可见，随着原子序数 Z 的增加，弹性散射的比重增加，非弹性散射的比重减小。因此作用物质的元素愈轻，电子散射中非弹性散射比例就愈大，而重元素时主要是弹性散射了。

（4）电子吸收

电子的吸收是指入射电子与物质作用后，能量逐渐减少的现象。电子吸收是非弹性散射引起的，由于库仑场的作用，电子被吸收的速度远高于 X 射线。不同的物质对电子的吸收也不同，入射电子的能量愈高，其在物质中沿入射方向所能传播的距离就愈大，电子吸收决定了入射电子在物质中的传播路程，即限制了电子与物质发生作用的范围。

5.2.2 电子与固体作用时激发的信息

入射电子束与物质作用后，产生弹性散射和非弹性散射，弹性散射仅改变电子的运动方向，不改变其能量，而非弹性散射不仅改变电子的运动方向，还使电子的能量减小，发生电子吸收现象，电子束中的所有电子与物质发生散射后，有的因物质吸收而消失，有的改变方向溢出表面，有的则因非弹性散射，将能量传递核外电子，引发多种电子激发现象，产生一系列物理信号，如二次电子、俄歇电子、特征 X 射线等，见图 5-2。入射电子在物质中的作用因电子散射和吸收被限制在一定的范围内。其作用区的大小和形状主要取决于入射电子的能量、作用区内物质元素的原子序数以及样品的倾角等，其中电子束的能量主要决定了作用区域的大小。不难理解，入射电子能量大时，作用区域的尺寸就大，反之则小，且基本不改变其作用区的形状。而原子序数则决定了作用区的形状，原子序数低时，作用区为液滴状，见图 5-3，原子序数高时则为半球状。

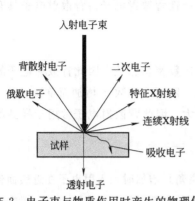

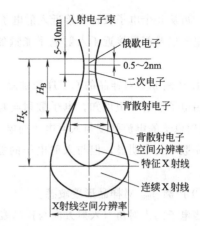

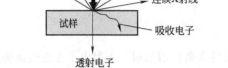

图 5-2　电子束与物质作用时产生的物理信息　　图 5-3　轻元素的各种物理信息作用区域示意图

（1）二次电子

在电子束与样品物质发生作用时，非弹性散射使原子核外的电子可能获得高于其电离的能量，挣脱原子核的束缚，变成了自由电子，那些在样品表层（5～10nm），且能量高于材料逸出功的自由电子可能从样品表面逸出，成为真空中的自由电子，并称之为二次电子，其强度用 I_S 表示。二次电子的能量较小，一般小于 50eV，多为 2～5eV。二次电子除了取样深度浅和能量较小外，还有以下特点。

① 对样品表面形貌敏感。

由于二次电子的产额 δ_{SE}（二次电子的电流强度与入射电子的电流强度的比）与入射电子束相对于样品表面的入射角 θ（入射方向与样品表面法线的夹角）存在以下关系：$\delta_{SE} \propto 1/\cos\theta$，表面形貌愈尖锐，其产额就愈高，因此它常用于表面的形貌分析。但二次电子的产额与样品的原子序数没有明显的相关性，对表面的成分非常不敏感，不能用于成分分析。

② 空间分辨率高。

由于二次电子产生的深度浅，此时的入射电子束还未有明显的侧向扩散，该信号反映的是与入射束直径相当、很小体积范围内的形貌特征，故具有高的空间分辨率。空间分辨率的大小一般与该信号的作用体积相当。目前，扫描电镜中二次电子像的空间分辨率在 3～6nm，扫描透射电镜中可达 2～3nm。

③ 收集效率高。

二次电子产生于样品的表层，能量很小，易受外电场的作用，只需在检测器上加一个 5～10kV 的电压，就可使样品上方的绝大部分二次电子进入检测器，因此二次电子具有较高的收集效率。

（2）背散射电子

背散射电子是指入射电子作用样品后被反射回来的部分入射电子，其强度用 I_B 表示。背散射电子由弹性背散射电子和非弹性背散射电子两部分组成。弹性背散射电子是指从样品表面直接反射回来的入射电子，其能量基本未变；非弹性散射电子是指入射电子进入样品后，由于散射作用，其运行轨迹发生了变化，当散射角累计超过 90°，并能克服样品表面逸出功，又重返样品表面的入射电子。这部分背散射电子由于经历了多次散射，故其能量分布较宽，可从几个电子伏特到接近入射电子的能量。但电子显微分析中所使用的主要是弹性背散射电子以及能量接近于入射电子能量的那部分非弹性背散射电子。背散射电子具有以下特点：

① 产额 η_{BSE} 对样品的原子序数敏感。

由电子散射知识可知，电子散射与样品的原子序数密切相关，因此背散射电子的产额（背散射电子的电流强度与入射电子的电流强度之比）随原子序数 Z 增加而单调上升，在低原子序数时尤为明显，但与入射电子的能量关系不大。因此背散射电子常用于样品的成分分析。

② 产额 η_{BSE} 对样品形貌敏感。

当电子的入射角（入射方向与样品表面法线的夹角）增加时，入射电子在近表面传播的趋势增加，因而发生背散射的概率上升，背散射电子的产额增加，反之减小。一般在入射角小于30°时，随着入射角的增加，背散射电子的产额增加不明显，但当入射角大于30°时，背散射电子的产额显著增加，在高入射角时，所有元素的产额又趋于相同。

③ 空间分辨率低。

由于背散射电子的能量与入射电子的能量相当，从样品上方收集到的背散射电子可能来自样品内较大的区域，因而这种信息成像的空间分辨率低，空间分辨率一般只有 50～200nm。

④ 信号收集效率低。

由于背散射电子的能量高，受外电场的作用就小，检测器只能收集到一定方向上且较小体积范围内的背散射电子，所以，收集效率低。为此常采用环形半导体检测器来提高收集效率。

（3）吸收电子

吸收电子是指入射电子进入样品后，经多次散射能量耗尽，既无力穿透样品，又无力逸出样品表面的那部分入射电子。其大小用电流强度 I_A 表示。

当样品较厚时，入射电子无力穿透样品，此时由物质不灭定律可得，入射电子束的电流 I_0 应为二次电子、背散射电子和吸收电子的电流强度之和，即：

$$I_0 = I_S + I_B + I_A \tag{5-11}$$

则
$$I_A = I_0 - (I_S + I_B) \tag{5-12}$$

由此可知，吸收电子与二次电子和背散射电子在数量上存在互补关系。原子序数增加时，背散射电子增加，则吸收电子减少。同理，吸收电子像与二次电子像和背散射电子像的反差也是互补的。吸收电子的空间分辨率一般为 100～1000nm。

（4）透射电子

当入射电子的有效穿透深度大于样品厚度时，就有部分入射电子穿过样品形成透射电子，其电流强度表示为 I_T。显然，上述电子信号之间存在以下关系：$I_0 = I_S + I_B + I_A + I_T$。该信号反映了样品中电子束作用区域内的厚度、成分和结构，透射电子显微镜就是利用该信号进行分析的。

（5）特征 X 射线

X 射线的产生原理是样品中原子的内层电子受入射电子的激发而电离，留出空位，原子处于激发状态，外层高能级的电子回跃填补空位，并以 X 射线的形式辐射多余的能量。X

射线的能量是高能电子回跃前后的能级差，由莫塞莱定理可知该能级差仅与原子序数有关，即 X 射线能量与产生该辐射的元素相对应，故该 X 射线称为特征 X 射线。从样品上方检测出特征 X 射线的波长或能量，即可知道样品中所含的元素种类。当检测出的 X 射线的波长或能量有多种，则表明样品中含有多种元素。因此特征 X 射线可用于微区成分分析，电子探针就是利用样品上方收集到的特征 X 射线进行分析的。

（6）俄歇电子

俄歇电子的产生过程类似于 X 射线，同样是在入射电子将样品原子的内层电子激发形成空位后，外层高能电子回迁，但此时多余的能量不是以特征 X 射线的形式辐射，而是转移给了同层上的另一高能电子，该电子获得能量后发生电离，逸出样品表面形成二次电子，这种形式的二次电子称为俄歇电子。

俄歇电子具有以下特点：

① 特征能量。俄歇电子的能量决定于原子壳层的能级，因而具有特征值。

② 能量极低，一般为 $50\sim1500eV$。

③ 产生深度浅。只有表层的 $2\sim3$ 个原子层，即表层 1nm 以内范围，超出该范围时所产生的俄歇电子因非弹性散射，逸出表面后不再具有特征能量。

④ 产额随原子序数的增加而减少。

因此它特别适合于轻元素样品的表面成分分析。俄歇能谱仪就是靠俄歇电子这一信号进行分析的。

需要指出的是，X 射线和俄歇电子是样品原子的内层电子被入射电子击出处于激发态后，外层电子回迁释放能量的两种结果，对于一个样品原子而言，两者只具其一，而对大量样品原子则由于随机性，两者可同时出现，只是出现的概率不同而已。

（7）阴极荧光

当固体是半导体（本征或掺杂型）以及有机荧光体时，电子束作用后将在固体中产生电子-空穴对，而电子-空穴对可以通过杂质原子的能级复合而发光，称该现象为阴极荧光。所发光的波长一般在可见光到红外光之间。阴极荧光产生的物理过程与固体的种类有关，并对固体中的杂质和缺陷的特征十分敏感，因此阴极荧光可用于鉴定物相、杂质和缺陷分布等方面的研究。

（8）等离子体振荡

金属晶体本身就是一种等离子体，呈电中性。它由离子实和价电子组成，离子实处于晶体点阵的平衡位置，并绕其平衡位置作晶格振动，而价电子则形成电子云弥散分布在点阵中。当电子束作用于金属晶体时，电子束四周的电中性被破坏，电子受排斥，并沿着垂直于电子束方向作径向离心运动，从而破坏了晶体的电中性，结果在电子束附近形成正电荷区，较远区形成负电荷区，正负吸引的作用又使电子云作径向向心运动，如此不断重复，造成电子云的集体振荡，这种现象称之为等离子体振荡。等离子体振荡的能量是量子化的，因此入射电子的能量损失具有一定的特征值，并随样品的成分不同而变化。如果入射电子在引起等离子体振荡后能逸出表面，则称这种电子为特征能量损失电子。若利用该信号进行样品成分分析的技术，称为能量分析电子显微技术；若利用该信号进行成像分析的技术，则称为能量选择电子显微技术。两种技术均已在透射电子显微镜中得到应用。

除了以上各种信号外，电子束与固体作用还会产生电子感生电导、电声效应等信号。电子感生电导是电子束作用半导体产生电子-空穴对后，在外电场的作用下产生附加电导的现象。电子感生电导主要用于测量半导体中少数载流子的扩散长度和寿命。电声效应是指当入射电子为脉冲电子时，作用样品后将产生周期性衰减声波的现象，电声效应可用于成像分析。

电子与固体物质作用后产生了一系列的物理信号，由此产生了多种不同的电子显微分析方法，常见的如表 5-2 所示。

表 5-2　物理信息及其对应的电子显微分析方法

物理信息	方法
二次电子	SEM　扫描电子显微镜
弹性散射电子	LEED　低能电子衍射 RHEED　反射式高能电子衍射 TEM　透射电子显微镜
非弹性散射电子	EELS　电子能量损失谱
俄歇电子	AES　俄歇电子能谱
特征 X 射线	WDS　波谱 EDS　能谱
X 射线的吸收	XRF　X 射线荧光 CL　阴极荧光
离子、原子	ESD　电子受激解吸

5.3　电子衍射

电子衍射是指入射电子与晶体作用后，发生弹性散射的电子，由于其波动性，发生了相互干涉作用，在某些方向上得到加强，而在某些方向上则被削弱的现象。在相干散射增强的方向产生了电子衍射波（束）。根据能量的高低，电子衍射又分为低能电子衍射和高能电子衍射。低能电子衍射（LEED）的电子能量较低，加速电压仅有 $10\sim500\mathrm{V}$，主要用于表面的结构分析；而高能电子衍射的电子能量高，加速电压一般在 100kV 以上，透射电镜（TEM）采用的就是高能电子束。电子衍射在材料科学中已得到广泛应用，主要用于材料的物相和结构分析、晶体位向的确定和晶体缺陷及其晶体学特征的表征等三个方面。

5.3.1　电子衍射与 X 射线衍射的异同点

电子衍射的原理与 X 射线的衍射原理基本相似，根据与电子束作用单元的尺寸不同，电子衍射可分为原子对电子束的散射、单胞对电子束的散射和单晶体对电子束的散射三种。原子对电子束的散射又包括原子核和核外电子两部分的散射，这不同于原子对 X 射线的散射，因为原子中仅核外电子对 X 射线产生散射，而原子核对 X 射线的散射反比于自身质量的平方，相比于电子散射就可忽略不计了，同时也表明了原子对电子的散射强度远高于原子对 X 射线的散射强度；单胞对电子的散射也可以看成若干个原子对电子散射的合成，也有一个重要参数——结构因子 F_{HKL}^2，$F_{HKL}^2 = 0$ 时出现消光现象，遵循与 X 射线衍射相同的消光规律；单晶体对电子束的散射也可看成是三维方向规则排列的单胞对电子散射的合成，通过类似于 X 射线散射过程的推导，获得重要参数——干涉函数 G^2，并通过干涉函数的讨论，倒易阵点也发生类似于 X 射线衍射中发生的点阵扩展，扩展形态和大小取决于被观察试样的形状尺寸。但由于电子波有其本身的特性，两者存在以下区别：

（1）电子波的波长短

通常加速电压为 $100 \sim 200\text{kV}$，电子波的波长一般在 $0.00251 \sim 0.00370\text{nm}$，而用于衍射分析的一般为软 X 射线，其波长在 $0.05 \sim 0.25\text{nm}$ 范围，因此电子波长远小于 X 射线。同等衍射条件下，它的衍射半角 θ 就很小，一般在 $10^{-3} \sim 10^{-2}\text{rad}$，衍射束集中在前方，而 X 射线的衍射半角 θ 最大可以接近 $\frac{\pi}{2}$。

（2）反射球的半径大

由于厄瓦尔德球的半径为电子波长的倒数，因此在衍射半角 θ 较小的范围内，反射球的球面可以看成是平面，衍射图谱可视为倒易点阵的二维阵面在荧光屏上的投影，从而使晶体几何关系的研究变得简单方便，这为晶体的结构分析带来很大方便。

（3）散射强度高

物质对电子的散射主要是原子核，而对 X 射线的散射是核外电子。物质对电子的散射比对 X 射线的散射强约 10^6 倍，电子在样品中的穿透距离十分有限，一般小于 $1\mu\text{m}$，而 X 射线的辐射深度较大，可达 $100\mu\text{m}$，故电子衍射适合研究微晶、表面、薄膜的晶体结构。电子衍射束的强度高，摄像时曝光时间短，仅数秒钟即可，而 X 射线则需一个小时以上，甚至数个小时。

（4）微区结构和形貌可同步分析

电子衍射不仅可以进行微区结构分析，还可进行形貌观察，而 X 射线衍射却无法进行形貌分析。

（5）采用薄晶样品

薄晶样品的倒易点阵为沿厚度方向的倒易杆，大大增加了反射球与倒易杆相截的机会，即使偏离布拉格方程的电子束也可能发生衍射。

（6）衍射斑点位置精度低

由于衍射角小，测量衍射斑点的位置精度远比 X 射线低，因此不宜用于精确测定点阵常数。

（7）相干散射的作用对象不同于 X 射线

X 射线的衍射是指光子作用束缚紧的内层电子，能量全部转移给电子使之原位振动产生振动波，该波的波长与光子的波长相等，X 射线束产生多个波长相同的振动波源，不同振动波之间由于波长相同，在一定条件下满足光程差为波长的整数倍，从而产生干涉现象即相干散射或衍射。此时光子与电子的作用没有能量损耗可以看成是弹性散射。电子的衍射是指电子作用于原子核发生弹性散射，不同电子波之间由于波长相同，在一定条件下满足波程差为波长的整数倍时产生干涉现象，衍射是一种相干散射。

5.3.2 电子衍射的方向——布拉格方程

与 X 射线的衍射一样，电子衍射也有衍射的方向和强度，但由于电子衍射束的强度一般较强，衍射的目的是进行微区的结构分析和形貌观察，需要的是衍射斑点或衍射线的位置，而不是强度，因此电子衍射主要分析的是其方向问题。而衍射强度在 X 射线的衍射分析中则起着非常重要的作用。

电子衍射方向与 X 射线一样，同样取决于布拉格方程。

$$2d_{hkl}\sin\theta = \lambda \tag{5-13}$$

因为
$$\sin\theta = \frac{\lambda}{2d_{hkl}} \leqslant 1 \tag{5-14}$$

$$\lambda \leqslant 2d_{hkl} \tag{5-15}$$

可见，当电子波的波长小于等于两倍晶面间距时，才能发生衍射。常见晶体的晶面间距都在 0.2～0.4nm 之间，电子波的波长一般在 0.00251～0.00370nm，因此电子束在晶体中产生衍射是不成问题的。且其衍射半角 θ 极小，一般在 $10^{-3}\sim10^{-2}$rad 之间。

5.3.3 电子衍射的厄瓦尔德图解

与 X 射线中的厄瓦尔德图解一样，电子衍射的厄瓦尔德图解也可以由布拉格方程推演而来。由式(5-13) 改写为

$$\sin\theta = \frac{\dfrac{1}{d_{hkl}}}{2 \times \dfrac{1}{\lambda}} \tag{5-16}$$

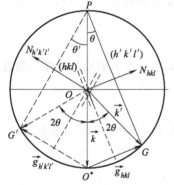

图 5-4 电子衍射的厄瓦尔德图解

这样构筑直角三角形 $\triangle PO^*G$，如图 5-4 所示，并将斜边垂直向下，以斜边长为直径作圆，考虑全方位衍射时即为厄瓦尔德球。

图 5-4 中：P 为电子源，球心 O 为晶体的位置，$\overrightarrow{PO}$ 为电子束的入射方向，$\overrightarrow{OG}$ 为电子束的衍射方向，$\overrightarrow{OO^*}$ 为电子束的透射束方向，O^* 点和 G 点分别为透射束和衍射束与球的交点，衍射晶面为 (hkl)，其晶面间距为 d_{hkl}，法线方向为 $\overrightarrow{N}_{hkl}$，$O^*G = 1/d_{hkl}$，由几何知识可知 $\angle GOO^* = 2\theta$。

令 $\overrightarrow{OO^*} = \vec{k}$，$k = 1/\lambda$，$\vec{k}$ 为入射矢量；
令 $\overrightarrow{OG} = \vec{k'}$，$k' = 1/\lambda$，$\vec{k'}$ 为衍射矢量；

令 $\overrightarrow{O^*G} = \vec{g}_{hkl}$，$g_{hkl} = \dfrac{1}{d_{hkl}}$，则 $\triangle OO^*G$ 构成矢量三角形，得

$$\vec{g}_{hkl} = \vec{k'} - \vec{k} \tag{5-17}$$

式(5-17) 即为电子衍射矢量方程或布拉格方程的矢量式。不难理解式(5-17) 与式(5-16) 具有同等意义，电子衍射的厄瓦尔德图解，直观地反映了入射矢量、衍射矢量和衍射晶面之间的几何关系。

由图 5-4 可知，$\vec{g}_{hkl} /\!/ \vec{N}_{hkl}$，$\vec{g}_{hkl} \perp (hkl)$，又因为 $g_{hkl} = \dfrac{1}{d_{hkl}}$，所以由倒易矢量的定义可知 $\vec{g}_{hkl}$ 为衍射晶面 (hkl) 的倒易矢量。O^* 即为倒易点阵的原点，G 为该衍射晶面所对应的

倒易阵点，倒易阵点在球面上。

设在球上任意取一点 G'，将 G' 与 O^* 和 P 相连构成直角三角形 $\triangle P\,G'O^*$，再连接 OG'，同样导出布拉格方程的矢量式，此时的衍射晶面为 $(h'k'l')$，其对应的倒易矢量为 $\vec{g}_{h'k'l'}$。也就是说凡是倒易阵点在球面上的晶面，必然满足布拉格方程。反过来，凡满足布拉格方程的阵点必落在厄瓦尔德球上。厄瓦尔德球又称衍射球或反射球，一方面可以用几何解释电子衍射的基本原理，另一方面也可用作衍射的判据。将厄瓦尔德球置于晶体的倒易点阵中，凡被球面截到的阵点，其对应的晶面均满足布拉格衍射条件。由 O^* 与各被截阵点相连，即为各衍射晶面的倒易矢量，通过坐标变换，就可推测出各衍射晶面在正空间中的相对方位，从而了解晶体结构，这就是电子衍射要解决的主要问题。

5.3.4 电子衍射花样的形成原理及电子衍射的基本公式

电子衍射花样即为电子衍射的斑点在正空间中的投影，其本质上是零层倒易阵面上的阵点经过空间转换后并在正空间记录下来的图像。图 5-5 为电子衍射花样形成原理图。所测试样位于反射球的球心 O 处，电子束从 $\overrightarrow{PO}$ 方向入射，作用于晶体的某晶面 (hkl) 上，若该晶面恰好满足布拉格条件，则电子束将沿 $\overrightarrow{OG}$ 方向发生衍射并与反射球相交于 G。设入射矢量为 $\vec{k}$，衍射矢量为 $\vec{k}'$，倒易原点为 O^*，由几何关系可知 $\vec{g}_{hkl}$ 的大小为 (hkl) 晶面间距的倒数，方向与晶面 (hkl) 垂直，$\vec{g}_{hkl}$ 即为晶面 (hkl) 的倒易矢量，G 为衍射晶面 (hkl) 的倒易阵点。假设在试样下方距离试样 L 处，放置一张底片，就可让入射束和衍射束同时在底片上感光成像，见图 5-5(a)，结果在底片上形成两个像点 O' 和 G'。实际上 O' 和 G' 也可以看成是倒易阵点 O^* 和 G，在以球心 O 为发光源的照射下，在底片上的投影。

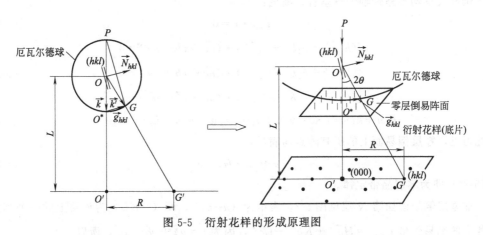

图 5-5　衍射花样的形成原理图

当晶体中有多个晶面同时满足衍射条件时，即球面上有多个倒易阵点，从光源 O 点出发，在底片上分别成像，从而形成以 O' 为中心，多个像点（斑点）分布四周的图谱，这就是该晶体的衍射花样谱，如图 5-5(b)。此时，O^* 和 G 点均是倒空间中的阵点，虚拟存在点，而底片上像点 G' 和 O' 则已经是正空间中的真实点了，这样反射球上的阵点通过投影转换到了正空间。

设底片上的斑点 G' 距中心点 O' 的距离为 R，底片距样品的距离为 L，由于衍射角很小，可以认为 $\vec{g}_{hkl} \perp \vec{k}$，这样 $\triangle OO^*G$ 相似于 $\triangle O\,O'G'$，因而存在以下关系

$$\frac{R}{L} = \frac{g_{hkl}}{1/\lambda} \tag{5-18}$$

即
$$R = \lambda L g_{hkl} \tag{5-19}$$

令 $\overrightarrow{O'G'} = \vec{R}$，$\vec{R}$ 为透射斑点 O' 到衍射斑点 G' 的连接矢量，显然 $\vec{R} // \vec{g}_{hkl}$。

令 $K = L\lambda$，所以
$$\vec{R} = K\vec{g}_{hkl} \tag{5-20}$$

式（5-20）即为电子衍射的基本公式。式中 $K = L\lambda$ 称为相机常数，L 为相机长度。这样正倒空间就通过相机常数联系在一起了，即晶体中的微观结构可通过测定电子衍射花样（正空间），经过相机常数 K 的转换，获得倒空间的相应参数，再由倒易点阵的定义就可推测各衍射晶面之间的相对位向关系了。

5.3.5 零层倒易面及非零层倒易面

由电子衍射原理可知，衍射斑点为反射球上的倒易阵点在投影面上的投影，由于反射球的半径非常大，在衍射角范围内可视为平面，这样衍射斑点也可认为是过倒易原点的二维倒易面在底片上的投影。

如图 5-6，设三个晶面 $(h_1 k_1 l_1)$、$(h_2 k_2 l_2)$、$(h_3 k_3 l_3)$ 为过同一晶带轴 $[uvw]$ 的晶带面，三个晶面对应的法向矢量分别为 $\vec{N}_{h_1 k_1 l_1}$、$\vec{N}_{h_2 k_2 l_2}$ 和 $\vec{N}_{h_3 k_3 l_3}$，晶带轴矢量为 $\vec{r} = u\vec{a} + v\vec{b} + w\vec{c}$，设 O^* 为倒空间中的原点，过原点分别作三个晶面的倒易矢量 $\vec{g}_{h_1 k_1 l_1}$、$\vec{g}_{h_2 k_2 l_2}$ 和 $\vec{g}_{h_3 k_3 l_3}$，由倒易矢量的定义可知这三个倒矢量共面，并共同垂直于晶带轴。把垂直于晶带轴方向，并过倒易原点的倒易阵面称为零层倒易面，表示为 $(uvw)_0^*$。不难看出，零层倒易面上各倒易矢量均与晶带轴矢量垂直，满足：
$$\vec{g}_{hkl} \cdot \vec{r} = 0 \tag{5-21}$$

即
$$\begin{cases} (h_1 \vec{a}^* + k_1 \vec{b}^* + l_1 \vec{c}^*) \cdot (u\vec{a} + v\vec{b} + w\vec{c}) = 0 \\ (h_2 \vec{a}^* + k_2 \vec{b}^* + l_2 \vec{c}^*) \cdot (u\vec{a} + v\vec{b} + w\vec{c}) = 0 \\ (h_3 \vec{a}^* + k_3 \vec{b}^* + l_3 \vec{c}^*) \cdot (u\vec{a} + v\vec{b} + w\vec{c}) = 0 \end{cases} \tag{5-22}$$

得
$$h_1 u + k_1 v + l_1 w = h_2 u + k_2 v + l_2 w = h_3 u + k_3 v + l_3 w = 0 \tag{5-23}$$

由此可见，零层倒易面上的所有阵点均满足：
$$hu + kv + lw = 0 \tag{5-24}$$

式（5-24）即为零层晶带定律。

非零层倒易面如第 N 层见图 5-7，表示为 $(uvw)_N^*$，设 (HKL) 为该层上的一个阵点，则相应的倒易矢量 $\vec{g}_{HKL} = H\vec{a}^* + K\vec{b}^* + L\vec{c}^*$，因为 $\vec{r} = u\vec{a} + v\vec{b} + w\vec{c}$，所以
$$\vec{g}_{HKL} \cdot \vec{r} = (H\vec{a}^* + K\vec{b}^* + L\vec{c}^*) \cdot (u\vec{a} + v\vec{b} + w\vec{c}) = Hu + Kv + Lw \tag{5-25}$$

又因为 $\vec{g}_{HKL} \cdot \vec{r} = |g||r|\cos\alpha = |g|\cos\alpha |r| = N\dfrac{1}{d_{uvw}}|r| = N\dfrac{1}{d_{uvw}}d_{uvw} = N$

或 $\vec{g}_{HKL} \cdot \vec{r} = |g||r|\cos\alpha = |g|\cos\alpha |r| = Nd_{uvw}^* \dfrac{1}{d_{uvw}^*} = N$

所以
$$\vec{g}_{HKL} \cdot \vec{r} = N \tag{5-26}$$

式（5-26）为广义晶带定律，N 为整数，当 N 为正整数时，倒易层在零层倒易面的上

方，当 N 为负整数时，则在零倒易层面的下方。

需要指出的是，晶体的倒易点阵是三维分布的，过倒易原点的二维阵面有无数个，只有垂直于电子束入射方向，并过倒易原点的那个二维阵面才是零层倒易面。电子衍射分析时，主要是以零层倒易面上的阵点为分析对象的，衍射斑点花样实际上是零层倒易面上的阵点在底片上的成像，也就是说一张衍射花样图谱，反映了与入射方向同向的晶带轴上各晶带面之间的相对关系。

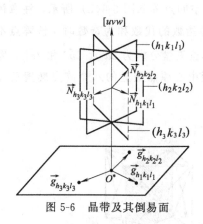

图 5-6　晶带及其倒易面

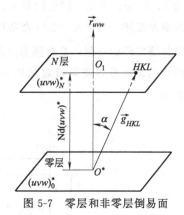

图 5-7　零层和非零层倒易面

5.3.6　标准电子衍射花样

标准电子衍射花样是指零层倒易面上的阵点在底片上的成像。而零层倒易面上的阵点所对应的晶面属于同一晶带轴，因此一张底片上的花样反映的是同一晶带轴上各晶带面之间的相互关系。电子衍射与 X 射线衍射相同（见 X 射线部分），同样存在结构因子 F^2_{HKL} 为零的所谓消光现象，常见晶体的消光规律如下：

简单点阵：无消光现象，即只要满足布拉格方程的晶面均能发生衍射，产生衍射斑点。

底心点阵：$h+k=$ 奇数时，$F^2_{HKL}=0$。

面心点阵：$h\ k\ l$ 奇偶混杂时 $F^2_{HKL}=0$；$h\ k\ l$ 全奇全偶时，$F^2_{HKL}\neq0$。

体心点阵：$h+k+l=$ 奇数时，$F^2_{HKL}=0$；$h+k+l=$ 偶数时，$F^2_{HKL}\neq0$。

密排六方点阵：$h+2k=3n$，$l=$ 奇数时，$F^2_{HKL}=0$

需指出的是：①前 4 种结构中的消光是由点阵本身决定的，属于点阵消光，而第 5 种密排六方点阵的消光是由两个简单点阵套构所导致的，属于结构消光。点阵消光和结构消光合称系统消光。②在电子衍射中，满足布拉格方程仍然只是发生衍射的必要条件，不是充分条件。

标准电子衍射花样还可以通过作图法求得，即零层倒易阵面。具体步骤如下：

① 作出晶体的倒易点阵（可暂不考虑系统消光），定出倒易原点。

② 过倒易原点并垂直于电子束的入射方向，作平面与倒易点阵相截，保留截面上原点四周距离最近的若干阵点。

③ 结合消光规律，除去截面上的消光阵点，该截面即为零层倒易阵面。各阵点指数即为标准电子衍射花样的指数。

必须注意的是，标准电子衍射花样是零层倒易阵面在底片上的投影或比例图像，阵点指数与衍射斑点指数相同。此外，零层倒易阵面不仅取决于晶体结构，还取决于电子束的入射方向。同一倒易点阵，不同的入射方向，则有不同的零层倒易阵面，也就有不同的标准电子衍射花样。

（1）体心立方点阵，晶带轴分别为 [001] 和 [$\bar{1}$10]，作出其零层倒易阵点图

基本过程：作出正空间的体心立方点阵如图 5-8（a）所示，标出晶带轴 [001]，其点阵矢量为 $\vec{a}$、$\vec{b}$、$\vec{c}$；由正、倒空间基矢的关系，作出倒空间点阵如图 5-8（b）所示，注意体心点阵的消光规律：$H+K+L=$ 奇数时，$F_{hkl}^2=0$，即指数的代数和为奇数时，该阵点不出现，得其倒空间的阵胞；此时倒易阵胞三维方向的单位矢量分别为 $2\vec{a}^*$、$2\vec{b}^*$ 和 $2\vec{c}^*$；零层倒易阵面的斑点及其斑点指数如图 5-8（c）所示，距中心原点最近的八个阵点转置后即为图 5-8（d）。

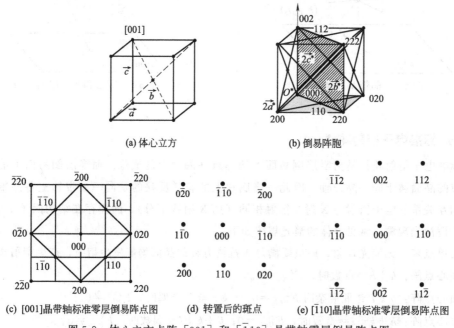

(a) 体心立方   (b) 倒易阵胞

(c) [001]晶带轴标准零层倒易阵点图   (d) 转置后的斑点   (e) [$\bar{1}$10]晶带轴标准零层倒易阵点图

图 5-8　体心立方点阵 [001] 和 [$\bar{1}$10] 晶带轴零层倒易阵点图

同理，当晶带轴为 [$\bar{1}$10] 时，作出过倒易原点并垂直于 [$\bar{1}$10] 方向的零层倒易阵面，可得距中心最近的八个斑点转置后的图，如图 5-8（e）所示。

当晶体点阵为面心点阵时，见图 5-9（a），由倒易点阵的定义和面心点阵的消光规律（指数奇偶混杂时阵点不出现），作出倒易点阵的阵胞，该阵胞为体心结构，三维方向的单位矢量分别为 $2\vec{a}^*$、$2\vec{b}^*$ 和 $2\vec{c}^*$，见图 5-9（b），当晶带轴方向分别为 [001] 和 [$\bar{1}$10] 时，其标准零层倒易阵点图分别为图 5-9（c）、（d），图 5-9（d）转置后即为图 5-9（e）。

（2）绘出面心立方零层倒易面 (321)。

解法 1：如图 5-10。

① 试探：当 $h_1=1$，k_1-1，$l_1=-1$ 时，$3\times1+2\times(-1)+1\times(-1)=0$，即 $(h_1k_1l_1)$ 为 $(1\bar{1}\bar{1})$ 面合适，得第一个倒易矢量 $\vec{g}_{1\bar{1}\bar{1}}$。

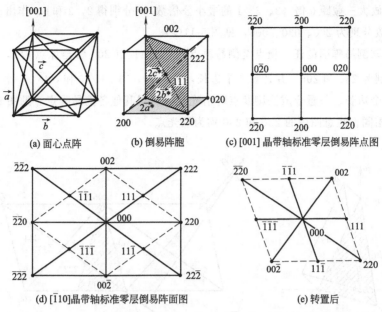

图 5-9　面心点阵中晶带轴为［001］和［$\bar{1}$10］时的零层倒易阵点图

② 定 $(h_2 k_2 l_2)$。设 $\vec{g}_{h_2 k_2 l_2} \perp \vec{g}_{1\bar{1}\bar{1}}$，则

$$\vec{g}_{h_2 k_2 l_2} \perp \vec{g}_{321} \ \text{即} \ 3h_2 + 2k_2 + l_2 = 0 \tag{5-27}$$

$$\vec{g}_{h_2 k_2 l_2} \perp \vec{g}_{1\bar{1}\bar{1}} \ \text{即} \ h_2 - k_2 - l_2 = 0 \tag{5-28}$$

由式(5-27) 和式(5-28) 联立方程组，解得其一组解：$h_2 = 1$，$k_2 = -4$，$l_2 = 5$。由于 $1\bar{4}5$ 为消光点，故放大为 $2\bar{8}10$。

③ 作图。

由晶面间距公式得倒易矢量 $\vec{g}_{1\bar{1}\bar{1}}$ 和 $\vec{g}_{2\bar{8}10}$ 的长度分别为 $\sqrt{3}$ 和 $\sqrt{168}$，由于两者垂直，可由矢量合成法则及点阵消光规律依次得到其他各倒易阵点，如图 5-10 所示。

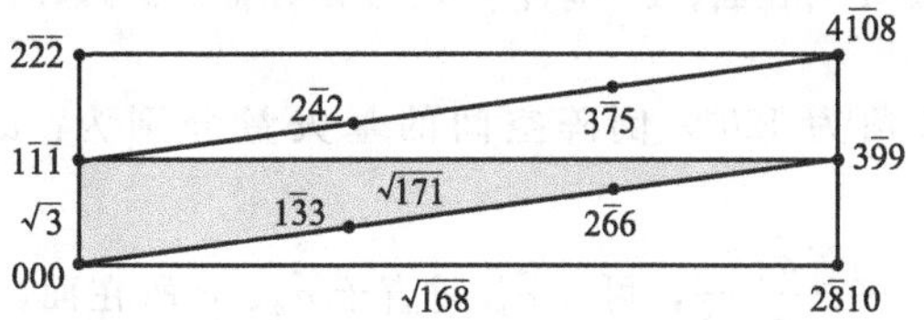

当合成的新矢量指数含有公约数时，该矢量方向上可能含有多个倒易阵点，由

图 5-10　面心立方 $(321)_0^*$ 的倒易面（解法 1）

消光规律确定其存在的可能性。如本例中由矢量 $\vec{g}_{1\bar{1}\bar{1}}$ 和 $\vec{g}_{2\bar{8}10}$ 合成得到矢量 $\vec{g}_{3\bar{9}9}$ 时，因含有公约数，故该矢量方向上有两个倒易阵点 $1\bar{3}3$ 和 $2\bar{6}6$，由消光规律可知它们均不消光。

注意：解法 1 存在不足。①试探法确定第一个倒易矢量，有时较困难；②第二个矢量通过解方程组求得，有不确定解；③不适用于非立方点阵。为此，依据倒易面指数的形成过程，进行逆向运算可方便求解，且该方法同样适用于非立方结构。

解法 2：

① 由倒易面指数 (321) 逆向推得三个面截距分别为 $\dfrac{1}{3}$，$\dfrac{1}{2}$ 和 1，作出该截面，三顶点分别为 $\dfrac{1}{3}00$、$0\dfrac{1}{2}0$ 和 001。

② 同时放大三截距 6 倍（3、2、1 的最小公倍数），分别得 2，3 和 6，作出该倒易阵面，三个顶点指数分别为 200、030、006，见图 5-11(a)。

③ 平移该倒易阵面的任一顶点至倒易原点 O^*，如顶点 200 移至原点 O^*，另两顶点同步位移，分别为 $\bar{2}30$ 和 $\bar{2}06$，并计算 3 个边长，分别为 $\sqrt{13}$、$\sqrt{40}$ 和 $\sqrt{45}$。

④ 由三个边长、矢量合成法则及点阵消光规律可得其他各倒易阵点，见图 5-11(b)。结果与解法 1 相同。注意图中的 $2\bar{3}0$ 和 $\bar{2}30$ 均为消光点。

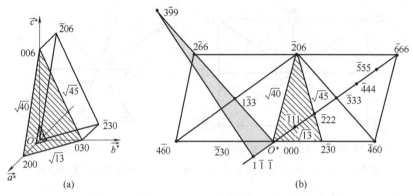

图 5-11 面心立方 $(321)_0^*$ 的倒易面（解法 2）

（3）绘制六方结构中与 [010] 方向垂直且过倒易点阵原点的标准电子衍射花样

对于六方结构的作图，三指数、四指数通用，按三指作图方便。由倒矢量单位的定义：

$$\vec{a}^* = \frac{\vec{b} \times \vec{c}}{\vec{a} \cdot (\vec{b} \times \vec{c})}、\vec{b}^* = \frac{\vec{c} \times \vec{a}}{\vec{b} \cdot (\vec{c} \times \vec{a})}、\vec{c}^* = \frac{\vec{a} \times \vec{b}}{\vec{c} \cdot (\vec{a} \times \vec{b})}$$

可知 $\vec{a}^*$ 垂直于 $\vec{b}$、$\vec{c}$ 所在面；$\vec{b}^*$ 垂直于 $\vec{c}$、$\vec{a}$ 所在面；$\vec{c}^*$ 垂直于 $\vec{a}$、$\vec{b}$ 所在面。同理在六方结构中基矢量：$\vec{a}_1$、$\vec{a}_2$、$\vec{c}$，其中 $\vec{a}_1$ 与 $\vec{a}_2$ 夹角为 120°，倒阵空间的基矢量分别为：$\vec{a}_1^* = \frac{\vec{a}_2 \times \vec{c}}{\vec{a}_1 \cdot (\vec{a}_2 \times \vec{c})}$、$\vec{a}_2^* = \frac{\vec{c} \times \vec{a}_1}{\vec{a}_2 \cdot (\vec{c} \times \vec{a}_1)}$、$\vec{c}^* = \frac{\vec{a}_1 \times \vec{a}_2}{\vec{c} \cdot (\vec{a}_1 \times \vec{a}_2)}$，可知 $\vec{a}_1^*$ 垂直于 $\vec{a}_2$、$\vec{c}$ 所在面，$\vec{a}_2^*$ 垂直于 $\vec{c}$、$\vec{a}_1$ 所在面，$\vec{c}^*$ 垂直于 $\vec{a}_1$、$\vec{a}_2$ 所在面。因此，倒空间的 $\vec{a}_1^*$ 和 $\vec{a}_2^*$ 的矢量方向为正空间的 $\vec{a}_1$ 和 $\vec{a}_2$ 绕 $\vec{c}$ 转动 30°，而 $\vec{c}^*$ 与 $\vec{c}$ 轴平行。因此六方结构中，与 [010] 方向垂直过倒阵原点的倒阵面斑点指数的作图过程如下：

① 作出六方点阵阵胞图 5-12(a)，基矢量为 $\vec{a}_1$、$\vec{a}_2$、$\vec{c}$。

② 由正倒空间基矢量之间的关系，算得倒空间的基矢量

$$\vec{a}_1^* = \frac{\vec{a}_2 \times \vec{c}}{\vec{a}_1 \cdot (\vec{a}_2 \times \vec{c})}、\vec{a}_2^* = \frac{\vec{c} \times \vec{a}_1}{\vec{a}_2 \cdot (\vec{c} \times \vec{a}_1)}、\vec{c}^* = \frac{\vec{a}_1 \times \vec{a}_2}{\vec{c} \cdot (\vec{a}_1 \times \vec{a}_2)}。$$

③ 作出倒空间基矢量 $\vec{a}_1^*$、$\vec{a}_2^*$ 和 $\vec{c}^*$，标出 [010] 方向见图 5-12(b)，作出其阵面 $\vec{a}_1^*$-O^*-$\vec{c}^*$，由六方点阵的消光规律 $h+2k=3n$，$l=2n+1$ 得 001 和 00$\bar{1}$ 阵点消光。[010] 方向与倒阵面 $\vec{a}_1^*$-O^*-$\vec{c}^*$ 垂直。摆正即为图 5-12(c)。

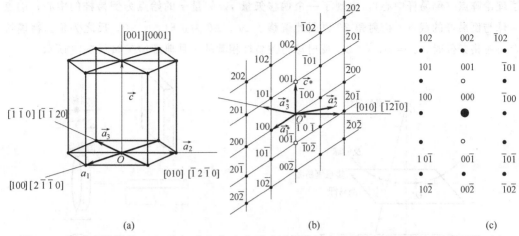

(a)   (b)   (c)

图 5-12 六方点阵阵胞（a）及与［010］方向垂直过倒阵原点的倒阵面斑点（b）及摆正图（c）

5.3.7 偏移矢量

当电子束的入射方向与某一晶带轴方向重合（对称入射）时，标准电子衍射花样就是该晶带轴的零层倒易面在底片上的成像。然而，尽管反射球的半径很大，但从几何意义上讲，零层倒易阵面上除了原点外不可能有其他阵点落在球面上，如图 5-13，也就是说从理论上讲标准电子衍射花样只能有一个中心斑点，没有任何其他晶面参与衍射。若要让某一晶面或多个晶面参与衍射，就得让一个或多个阵点落在反射球面上，为此就需稍稍转动晶体一个 θ 角（非对称入射），如图 5-14 所示。然而，事实上保持对称入射时，仍可获得多个晶带面参与衍射的标准电子衍射花样，如图 5-15 所示，这是由于倒易点阵的阵点发生了扩展，其扩展规律和原理可参考 X 射线衍射部分（3.2.4 节），倒易阵点扩展后的形状和尺寸取决于样品的形状和尺寸，且扩展方向总是样品尺寸相对较小的方向，扩展后的尺寸两倍于样品较小尺寸的倒数。而衍射使用的样品一般是薄晶试样，其倒易阵点将扩展成垂直于薄晶试样方向的倒易杆，见图 5-16。电子入射时，反射球可以同时截到多个倒易杆，从而形成以倒易原点为中心，多个阵点绕其周围的零层倒易面。样品厚度愈薄，其倒易杆愈长，被反射球截的机会就愈大。由于沿倒易杆长度方向上各点的强度不同，其分布规律如图 5-17 所示，这样，反射球与倒易杆相截的位置不同，其衍射斑点的亮度、大小和形状也就不同。倒易杆的总长为 $2/t$，只要反射球能与倒易杆相截就可产生衍射，出现衍射斑点，但此时的相截点已偏移

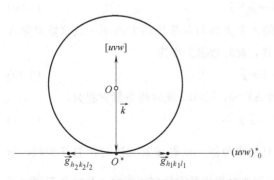

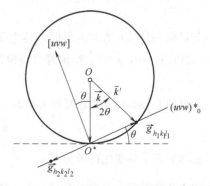

图 5-13 对称入射时零层倒易阵面与反射球   图 5-14 非对称入射时零层倒易阵面与反射球

了理论阵点（倒易杆中心），出现了一个偏移矢量 $\vec{s}$。矢量 $\vec{s}$ 的始点为倒易杆的中心，端点为球与倒易杆的截点。衍射角 2θ 也因此偏移了 $\Delta\theta$。$\Delta\theta$ 为正时，$\vec{s}>0$，反之为负。精确符合布拉格条件时，$\Delta\theta=0$，$\vec{s}=0$。反射球与倒易杆相截的三种典型情况如图 5-18 所示。

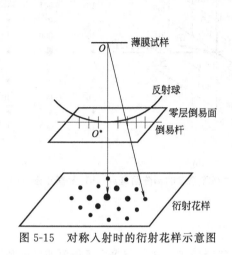

图 5-15　对称入射时的衍射花样示意图

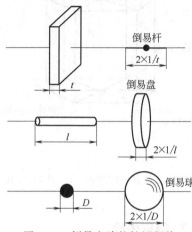

图 5-16　倒易点阵的扩展规律

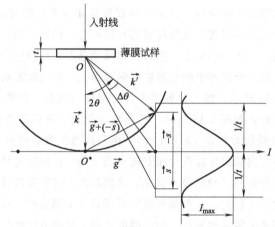

图 5-17　倒易杆与其强度分布

若以图 5-18(a) 方式入射时，即电子束的入射方向与晶带轴的方向一致（对称入射），此时 $\Delta\theta<0$，$\vec{s}<0$，衍射矢量方程为

$$\vec{k}'-\vec{k}=\vec{g}-\vec{s} \tag{5-29}$$

若以图 5-18(b) 方式入射时，即电子束的入射方向与晶带轴的方向不一致（非对称入射），此时 $\Delta\theta=0$，$\vec{s}=0$，精确符合布拉格条件，此时衍射方程为

$$\vec{k}'-\vec{k}=\vec{g} \tag{5-30}$$

若以图 5-18(c) 方式非对称入射时，此时 $\Delta\theta>0$，$\vec{s}>0$，此时的衍射方程为

$$\vec{k}'-\vec{k}=\vec{g}+\vec{s} \tag{5-31}$$

偏移矢量 $\vec{s}$ 的变化范围为 $-\dfrac{1}{t}\sim\dfrac{1}{t}$，一旦超出范围，反射球就无法与倒易杆相截，衍射也就无从产生了。对称入射时，中心斑点四周各对称位置上的斑点形状、尺寸和强度（亮

度）均相同。当零层倒易面的法线即晶带轴 $[uvw]$ 偏移入射方向，即样品发生偏转时，只要偏转引起的偏移矢量 $\vec{s}$ 在许可的范围内，仍能保证反射球与倒易杆相截产生衍射，但此时衍射斑点的形状、尺寸和大小等不再像对称入射时那样了，此时斑点的位置将发生微量变动，因变动量微小，通常也可忽略不计。

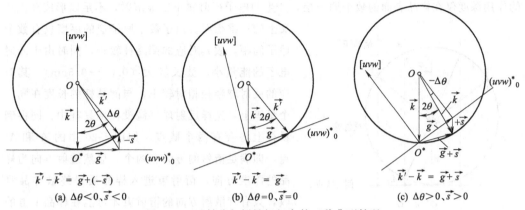

(a) $\Delta\theta < 0$、$\vec{s} < 0$ (b) $\Delta\theta = 0$、$\vec{s} = 0$ (c) $\Delta\theta > 0$、$\vec{s} > 0$

图 5-18   反射球与倒易杆相交的三种典型情况

须注意以下几点。

① 电子衍射采用薄晶样品，倒易阵点发生了扩展，倒易杆的长度为样品厚度倒数的两倍。样品愈薄，倒易杆的长度愈长，与反射球相截的机会就愈大，产生衍射的可能性就愈大。

② 在样品较薄，倒易杆较长时，反射球可能同时与零层及非零层倒易杆相截，如图 5-19 所示，反射球与零层和第一层倒易杆同时相截，凡相截的倒易杆均可能成像，这样衍射花样成了零层和第一层倒易截面的混合像了。实际上，非零层成像的斑点距中心较远，且亮度较暗，较容易区分开来。把非零层倒易阵点的成像称为高阶劳埃带。

③ 注意以下因素：A. 电子波长的波动，会使反射球的半径变化，反射球具有一定的厚度；B. 波长愈小，反射球的半径愈大，较小衍射角范围内时，反射球面愈接近于平面；C. 电子束本身具有一定的发散度，会促进电子衍射的发生。

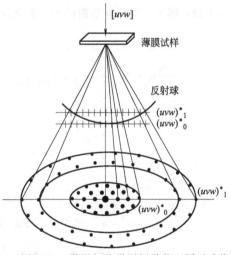

图 5-19   零层与非零层倒易截面同时成像

5.4 低能电子衍射

5.4.1 低能电子衍射原理

低能电子衍射原理类似于高能电子衍射（透射），不过用于低能电子衍射的入射电子能量低，穿透能力弱。试样表面参与衍射的原子层数随入射电子的能量降低而减少，但弹性散射电子的占有比例却随之增加。例如，当入射电子的能量为 20eV 时，只有一个原子层参与衍射，散射电子中约 20％～50％的电子为弹性散射电子；当入射电子具有 100eV 的能量时，约有三个原子层参与衍射，此时弹性散射电子仅占散射电子总数的 1％～5％。低能电子束的作用深度仅在样品表面的数个原子层，产生的电子衍射属于二维衍射，不足以形成真正意义上的三维衍射。由于数个原子层的厚度仅有数个原子间距，故其对应的倒易杆较长，同时由于入射电子的能量小，波长较大（0.05～0.5nm），其对应的反射球半径相对较小，与倒易杆的长度在同一个量级上，这样反射球将淹没在倒易杆中，同根倒易杆上将会有两个截点，如图 5-20 中的 A 和 A' 点，即满足衍射的方向有两个，显然透射方向为样品的深度方向，衍射束进入样品后最终被样品吸收，只有背散射方向的衍射束才可能在样品上方的荧光屏上聚焦成像，因此低能电子衍射成像是由相干的背散射电子所为。

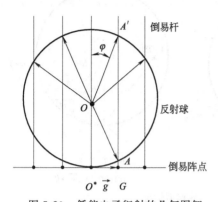

图 5-20　低能电子衍射的几何图解

由图 5-21 可得

$$\frac{1}{\lambda}\sin\varphi = |\vec{g}| = \frac{1}{d} \tag{5-32}$$

即

$$d\sin\varphi = \lambda \tag{5-33}$$

式（5-33）即为二维点阵衍射的布拉格定律，这也是低能电子衍射的理论基础。

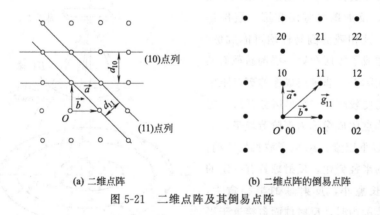

(a) 二维点阵　　　　　　　　(b) 二维点阵的倒易点阵

图 5-21　二维点阵及其倒易点阵

由于低能电子衍射是一种二维平面衍射，故其倒易点阵为倒易平面，正倒空间基矢量之间的关系即为三维基矢量之间关系的简化，即：

$$\vec{a} \cdot \vec{a}^* = \vec{b} \cdot \vec{b}^* = 1 \tag{5-34}$$

$$\vec{a} \cdot \vec{b}^* = \vec{b} \cdot \vec{a}^* = 0 \tag{5-35}$$

$$\vec{a}^* = \frac{\vec{b}}{A}, \vec{b}^* = \frac{\vec{a}}{A} \tag{5-36}$$

其中 $A = |\vec{a} \times \vec{b}|$ 是二维点阵的"单胞"面积。

三维点阵中倒易矢量 $\vec{g}_{hkl}$ 具有两个重要性质：①方向为晶面（hkl）的法线方向；②大

小为晶面间距的倒数，即 $|\vec{g}_{hkl}| = \dfrac{1}{d_{hkl}}$。同样在二维倒易点阵中，倒易矢量 $\vec{g}_{hk}$ 的方向垂直

于 (hk) 点列，大小为点列间距的倒数，即 $|\vec{g}_{hk}| = \dfrac{1}{d_{hk}}$。

因此，类似于三维倒易点阵的形成原理，可得二维点阵为一系列的点列组成，如图 5-21(a) 所示，其倒易点阵由这样的倒易矢量构成，倒易矢量的方向为各点列的垂直线方向，大小为各点列间距的倒数，各倒易阵点也构成了面，各点指数为二维指数，如图 5-21(b) 所示。

5.4.2 低能电子衍射仪的结构与花样特征

图 5-22 为低能电子衍射装置的结构示意图。衍射装置主要由电子枪、样品室、接收极（半球形显示屏）及真空系统组成。阴极发射的电子经过聚焦杯聚焦加速后形成直径约 0.5nm 的束斑照射样品，样品位于球形显示屏的球心处，在样品与显示屏之间还有数个球径不同但同心的栅极，分别表示为 G_1、G_2、G_3 和 G_4，其中 G_1 和 G_4 与样品共同接地，三者电位相同，从而使样品与 G_1 之间无电场存在，这就保证了背散射电子衍射束不会发生畸变。G_4 接地可起到对接收极的屏蔽作用，减少 G_3 与接收极之间的电容。G_2 和 G_3 同电位，并略低于灯丝（阴极）的电位，起到排斥损失了部分能量的非弹性散射电子。接收极为半球形荧光屏，并接有 5kV 的正电位，对穿过球形栅极的背散射电子衍射束（由弹性背散射电子组成）起加速作用，提高能量，以保证衍射束在荧光屏上聚焦成像，显示衍射花样。

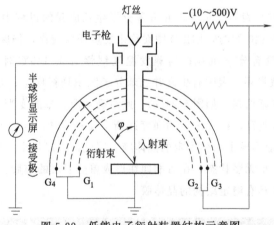

图 5-22 低能电子衍射装置结构示意图

5.4.3 LEED 的应用举例

LEED 在材料表面二维结构分析中起着非常重要的作用，并与其他检测手段如 STM、XPS 等联用，可使人们对材料表面的分析更加全面和深入。LEED 常用于材料表面的原子排列、气相沉积所形成的膜结构、金属表面的吸附与氧化等研究。

例 气相沉积膜的生长研究

通过观察薄膜在初期生长过程中的结构变化，研究衬底的吸附行为，可以更好地认识和

控制膜的生长过程，最终达到改善薄膜结构，提高器件性能的目的。图 5-23 为 W(110) 面在不同沉积量时 In 膜的 LEED 图。图 5-23(a) 为衬底，花样斑点数较少，为 W 晶体的 (110) 面所产生；随着沉积量的增加，表面 In 膜逐渐生成，衍射斑点逐渐增多，在沉积量为 0.2ML [图 5-23(b)] 时，形成了 (3×1) 超点阵结构的衍射花样；当沉积量进一步增至 0.65ML [图 5-23(c)] 时，就形成了 (1×4) 超点阵结构；当沉积量为 0.8ML [图 5-23(d)] 时，则形成了 (1×5) 超点阵结构。继续增加沉积量时，衍射花样基本不变，这表明在 W(110) 表面已形成了结构稳定的 In 膜。

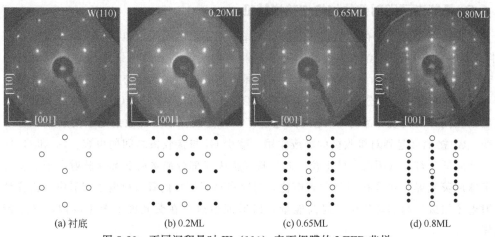

图 5-23　不同沉积量时 W（110）表面铟膜的 LEED 花样

图 5-24 为 Ag（110）表面气相沉积并五苯分子生长成膜的过程中实时 LEED 图。发现在蒸发温度从室温升到 140 ℃时，LEED 图案均未发生任何变化，仍保持如图 5-24(a) 所示的衍射花样，表明还没有分子沉积；当蒸发温度缓慢升至 145℃ 时，LEED 图案显示出图 5-24(b) 所示的扩散晕环，表明有少许并五苯分子沉积到衬底上；当蒸发温度继续上升，衍射斑点开始形成并逐渐增强，如图 5-24(c)，此时椭圆形光晕演变为一些单个的衍射斑点；随着蒸发温度的进一步提高，衍射斑点的强度逐渐增强和清晰，如图 5-24(d)，表明并五苯分子在 Ag(110) 衬底上形成了结构稳定的晶体膜。因此，可以得出：145℃开始沉积，在成膜的前期，沉积的分子呈无序状态，在后期即在形成单分子层的前后，沉积的分子发生了有序化转变，最终形成了具有稳定结构的晶体膜。

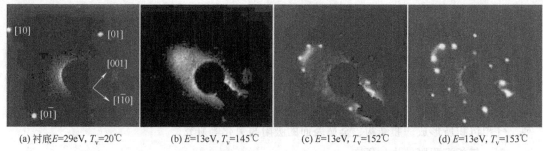

(a) 衬底 $E=29eV$, $T_v=20℃$　　(b) $E=13eV$, $T_v=145℃$　　(c) $E=13eV$, $T_v=152℃$　　(d) $E=13eV$, $T_v=153℃$

图 5-24　Ag（110）不同蒸发温度时的 LEED 花样（试样温度 $T_S=20℃$）

本章小结

本章主要讨论了电子衍射的基本原理，它是透射电子显微镜的理论基础。与 X 射线衍射原理类似，也分为衍射方向和衍射强度两部分，衍射原理同样可用厄瓦尔德球进行图解，存在倒易阵点的扩展现象，但由于电子波长较 X 射线短得多，以及电子电荷等特点，两者又存在诸多不同点。本章内容小结如下：

光学显微镜的分辨率：$r_0 = \dfrac{0.61\lambda}{n\sin\alpha} \approx \dfrac{1}{2}\lambda$，可见光的极限分辨率约为 200nm。

电子显微镜的分辨率：$\lambda = \dfrac{h}{\sqrt{2emU}}$，提高管压 U，可降低波长，提高分辨率。

电子与固体物质的作用形式
- 散射
  - 弹性散射：散射前后电子束的能量不变，即电子束的波长不变
  - 非弹性散射：散射后电子束的能量减小，波长增加
  - 散射的表征：散射截面
    - 核外电子的散射截面 πr_e^2，$r_e = \dfrac{e}{U \times 2\theta}$——非弹性散射
    - 原子核的散射截面 πr_n^2，$r_n = \dfrac{Ze}{U \times 2\theta}$——弹性散射
    - 原子的散射截面 $\sigma = \sigma_n + Z\sigma_e$
- 吸收

电子与固体物质作用激发的信息
- 二次电子：产生于浅表层（5～10nm），能量 $E < 50\text{eV}$，产额对形貌敏感，用于形貌分析，空间分辨率为 3～6nm，是扫描电子显微镜的工作信号
- 背散射电子：产生于表层（0.1～1μm），能量可达数千至数万电子伏特，产额与原子序数敏感，一般用于形貌和成分分析。空间分辨率为 50～200nm
- 吸收电子：与二次电子和背散射电子互补，其空间分辨率为 100～1000nm
- 透射电子：穿出样品的电子，反映样品中电子束作用区域的结构、厚度和成分等信息，是透射电镜的工作信号
- 特征 X 射线：具有特征能量，反映样品的成分信息，是电子探针的工作信号
- 俄歇电子：产生于表层（约 1nm），能量范围为 50～1500eV，用于样品表面成分分析，是俄歇能谱仪的工作信号
- 阴极荧光：波长在可见光～红外光之间，对固体物质中的杂质和缺陷十分敏感，用于鉴定样品中杂质和缺陷的分布情况
- 等离子体振荡：能量具有量子化特征，可用于分析样品表面的成分和形貌。

电子衍射 ⎰

电子衍射方向：布拉格方程 $2d\sin\theta=n\lambda$

电子衍射强度：⎰ 原子的散射：原子对电子散射因子远大于原子对 X 射线的散射因子

单胞的散射：结构因子 F_{HKL}^2，当 $F_{HKL}^2\neq0$ 时将产生衍射花样，当 $F_{HKL}^2=0$ 时系统消光，消光规律同 X 射线

单晶体的散射：干涉函数 G^2，倒易阵点扩展

厄瓦尔德球：电子衍射几何图解的有效工具。凡与厄瓦尔德球相截的倒易阵点均可能产生衍射

电子衍射基本公式：$\vec{R}=K\vec{g}_{hkl}$，$K=L\lambda$ 为相机常数。建立了正倒空间之间的关系，从而可在倒空间直接研究正空间中晶面之间的位向关系，分析晶体的微观结构

标准电子衍射花样：本质上是过倒易点阵原点与入射电子方向垂直的倒易阵面上的未消光阵点的比例投影

偏移矢量：是一个附加矢量，沿倒易杆方向，有正负之分。倒易杆愈长，偏移布拉格衍射条件的允许范围就愈大，参与衍射的阵点就愈多，衍射花样的复杂性也就愈高

电子衍射与 X 射线衍射的区别 ⎰

(1) 电子波的波长短。衍射半角 θ 小，一般在 $10^{-3}\sim10^{-2}$ rad 左右，而 X 射线的衍射角最大可以接近 $90°$

(2) 反射球的半径大。在 θ 较小的范围内，反射球的球面可以看成是平面

(3) 衍射强度高。电子衍射强度一般比 X 射线的强约 10^6 倍，摄像曝光时间仅数秒钟即可，而 X 射线的则要 1h 以上，甚至数个小时

(4) 微区结构和形貌可同步分析，X 射线衍射无法进行微区形貌分析

(5) 采用薄晶样品。倒易阵点扩展为沿厚度方向的倒易杆，使偏离布拉格方程的晶面也可能发生衍射

(6) 衍射斑点位置精度低，由于衍射角小，测量衍射斑点的位置精度远比 X 射线低，很难精确测定点阵常数

```
                    ┌ 工作信号：弹性背散射电子
                    │        ┌ 检测系统
                    │ 结构   ┤ 记录系统
                    │        └ 真空系统
                    │ 工作原理  二维衍射布拉格定律：d sinφ＝λ
                    │        ┌ 优点：
                    │        │ (1) 实现二维电子衍射，可进行数个原子层的微结构研究
                    │        │ (2) 可研究单原子层的局部结构
                    │        │ (3) 对样品无损伤
  低能电子衍射 ┤ 特点   ┤ (4) 与其他技术联合使用，可实现对材料表面全方位、深层次的研究
                    │        │ 不足：
                    │        │ (1) 需高真空度
                    │        └ (2) 对样品表面清洁质量要求高，一般由离子溅射装置完成表面清洁
                    │        ┌ (1) 表层原子的排列结构
                    │        │ (2) 气相沉积膜的微结构
                    └ 应用   ┤ (3) 金属表面的吸附与氧化
                             └ (4) 表面原子的扩散等
```

思考题

5.1 电子衍射与 X 射线衍射的异同点有哪些？

5.2 电子与固体物质作用产生的物理信号有哪些？各自的用途是什么？

5.3 原子对电子的散射与原子对 X 射线的散射有何差异？

5.4 为什么电子衍射的试样一般为薄膜试样？

5.5 电子衍射花样的本质是什么？

5.6 电子衍射中的厄瓦尔德球与 X 射线衍射中的厄瓦尔德球有何不同？对电子衍射产生怎样的影响？

5.7 推导电子衍射的基本公式，简述其作用。

5.8 结合厄瓦尔德球及布拉格方程简述倒易点阵建立的意义。

5.9 证明晶面 (hkl) 对应的倒易矢量 $\vec{g}_{hkl}$ 可以表示为 $\vec{g}_{hkl}=h\vec{a}^{*}+k\vec{b}^{*}+l\vec{c}^{*}$。

5.10 分别绘出面心立方点阵和体心立方点阵的倒易点阵，设晶带轴指数为 [100]，标出其 $N=1$、0、-1 时的倒易阵面，绘出零层倒易阵面上的斑点花样。当晶带轴指数为 [111] 时，其零层倒易阵面上的斑点花样又如何？

5.11 画出面心立方晶体 (211) 的 $(211)_{0}^{*}$、$(211)_{1}^{*}$。

5.12 衍射斑点的形状取决于哪些因素？为何中心斑点一般呈圆点且最亮？

5.13 电子束对称入射时，理论上仅有倒易点阵的原点在反射球上，除了中心斑点外，为何还可得到其他一系列斑点？

5.14 化合物 A_3B 为面心立方结构，它的单胞有 4 个原子。其中 B 原子位于 (0, 0, 0)，A 原子位于 (0, 1/2, 1/2)、(1/2, 0, 1/2)、(1/2, 1/2, 0)。A、B 原子对电子散射波的振幅分别为 f_A 和 f_B ($f_A \neq f_B$)，

(1) 比较 (110) 和 (111) 的结构因子；

(2) 如果 $f_B = 3f_A$，其结果又如何？

第 6 章

透射电子显微镜

6.1 工作原理

图 6-1 为 JEM-2100F 型透射电子显微镜的外观照片，镜体内是真空状态，它是在光学显微镜的基础上发展而来的，其工作原理与光学显微镜相似。图 6-2 分别为光学显微镜和电子显微镜的光路图。电子显微镜中由电子枪发射出来的电子，在阳极加速电压的作用下，经过聚光镜汇聚成电子束作用在样品上，透过样品后的电子束携带样品的结构和成分信息，经物镜、中间镜和投影镜的聚焦、放大等过程，最终在荧光屏上形成图像或衍射花样。电子显微镜不同于光学显微镜，两者存在以下几点区别。

一、主要参数：
1. 点分辨率：0.19nm；
2. 线分辨率：0.14nm；
3. 加速电压：80、100、120、160、200kV；
4. 倾斜角：25°；
5. STEM分辨率：0.20nm。
二、性能特点
1. 高亮度场发射电子枪；
2. 束斑尺寸小于0.5nm；
3. 新式侧插测角台，更容易倾转、旋转、加热和冷冻，无机械飘移；
4. 稳定性好、操作简便；
5. 微处理器和PC两套系统控制，防止死机。

图 6-1　JEM-2100F 型透射电子显微镜

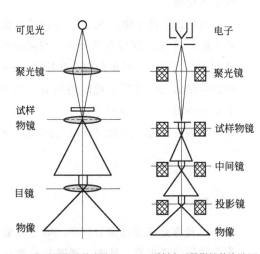

(a) 光学显微镜的光路图　(b) 透射电子显微镜的光路图

图 6-2　透射电子显微镜与光学显微镜的光路图

① 透射电子显微镜的信息载体是电子束，而光学显微镜则为可见光，电子束的波长可通过调整加速电压获得所需值。

② 透射电子显微镜的透镜是由线圈通电后形成的磁场构成，故名为电磁透镜，透镜焦距也可通过励磁电流来调节，而光学显微镜的透镜由玻璃或树脂制成，焦距固定无法调节。

③ 透射电子显微镜在物镜和投影镜之间增设了中间镜，用于调节放大倍数，或进行衍射操作。

④ 透射电子波长一般比可见光的波长低 5 个数量级，透射电子显微镜具有较高的图像分辨能力，并可同时分析材料微区的结构和形貌，而光学显微镜仅能分析材料微区的形貌。

⑤ 电子显微镜的成像须在荧光屏上显示，而光学显微镜可在毛玻璃或白色屏幕上显示。

6.2 分辨率

分辨率是指成像物体上能分辨出来的两个物点间的最小距离。透射电子显微镜的分辨率远高于光学显微镜。

6.2.1 光学显微镜的分辨率

在光学显微镜中，由于光波的波动性，经透镜折射后发生相互干涉，会产生衍射效应，这样一个理想的物点，经透镜成像后，在像平面上形成的并不是一个点，而是一个中心最亮、周围环绕着明暗相间的同心圆环 Airy（埃利）斑，如图 6-3（a）所示。Airy 斑的强度大约 84% 集中于中心亮斑上，其大小一般以第一暗环的半径 R_0 来表征，由衍射理论推导得

$$R_0 = \frac{0.61\lambda}{n\sin\alpha}M \tag{6-1}$$

式中，λ 为光波的波长；α 为透镜的孔径半角；n 为透镜物方介质的折射率；M 为透镜的放大倍数。

设样品上两个物点 S_1、S_2 经透镜成像后，在像平面上形成两个 Airy 斑，当两物点相距较远时，两 Airy 斑也各自分开，当两物点靠近时，两 Airy 斑也相互接近，直至发生部分重叠如图 6-3（b）。当两斑的中心间距为 Airy 斑的半径 R_0 时，两 Airy 斑叠加后的峰谷强度比峰顶强度低 19% 左右，此时仍能分辨出两个物点的像，如果两物点 S_1、S_2 进一步靠近时，其对应的两个 Airy 斑的间距小于 R_0 值，人眼就无法分清两个物点的像了。因此 R_0 为分清两点像的临界值。由 R_0 折算到物平面上时，两物点 S_1、S_2 的间距为

$$r_0 = \frac{R_0}{M} \tag{6-2}$$

即

$$r_0 = \frac{0.61\lambda}{n\sin\alpha} \tag{6-3}$$

r_0 通常定义为透镜分辨率，即透镜能分辨物平面上两物点的最小间距。透镜分辨率又称为透镜分辨本领。显然，透镜的分辨率取决于波长、介质及孔径半角。降低波长，提高 $n\sin\alpha$ 有利于提高透镜的分辨率。对于光学显微镜，$n\sin\alpha$ 最大值约为 1.2（$n=1.5$，$\alpha=70°\sim75°$），上式可简化为

$$r_0 \approx \frac{\lambda}{2} \tag{6-4}$$

上式说明光学显微镜的分辨率主要取决于照明光源的波长，半波长是光学显微镜分辨率的理论极限，可见光的波长为 390~770nm，因此光学显微镜的极限分辨率为 200nm（0.2μm）

左右。

一般情况下人眼的分辨率约为 0.2mm，光学显微镜的分辨率为 0.2μm，因此光学显微镜的有效放大倍数约为 1000 倍，即使光学显微镜的放大倍数可以做得更高，但高出的部分，只是改善了人眼观察时的舒适度，对提高分辨率没有贡献。通常光学显微镜的最高放大倍数为 1000～1500 倍。

式(6-4) 还可以看出，降低照明光源的波长，就可提高显微镜的分辨率。可见光只是电磁波谱中的一小部分，比其波长短的还有紫外线、X 射线和 γ 射线，由于紫外线易被多数物质强烈吸收，而 X 射线和 γ 射线无法折射和聚焦，因此它们均不能成为显微镜的照明光源。

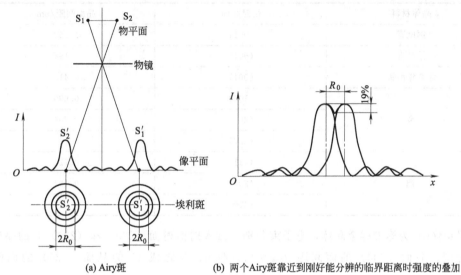

(a) Airy斑   (b) 两个Airy斑靠近到刚好能分辨的临界距离时强度的叠加

图 6-3   两个理想物点成像时形成的 Airy 斑

6.2.2 透射电子显微镜的分辨率

透射电子显微镜（简称透射电镜）的分辨率分为点分辨率和晶格分辨率两种。

（1）点分辨率

点分辨率是指透射电镜刚能分辨出两个独立颗粒间的间隙。点分辨率的测定方法如下。

① 制样。采用重金属（金、铂、铱等）在真空中加热使之蒸发，然后沉积在极薄的碳膜上，颗粒直径一般都在 0.5～1.0nm 之间，控制得当时，颗粒在膜上的分布均匀，且不重叠，颗粒间隙在 0.2～1nm 之间。

② 拍片。将样品置入已知放大倍数为 M 的电子显微镜中成像拍照。

③ 测量间隙，计算点分辨率。用放大倍数为 5～10 倍的光学放大镜观察所拍照片，寻找并测量刚能分清时颗粒之间的最小间隙，该间隙值除以总的放大倍数，即为该透射电镜的点分辨率。

图 6-4(a) 为铂铱颗粒照片。图中颗粒间隙的最小值为 1mm，光学放大镜和透射电镜的放大倍数分别为 10 倍和 10000 倍，这样实际间隙为 1nm，即该透射电镜的分辨率为 1nm。

需要指出的是，应采用重金属为蒸发材料，其目的是重金属的密度大、熔点高、稳定性好，经蒸发沉积后形成的颗粒尺寸均匀、分散性好，成像反差大，图像质量高，便于观察和测量。此外，还要已知透射电镜的放大倍数，才能测量电镜的点分辨率。

（2）晶格分辨率

晶格分辨率（又称线分辨率）是让电子束作用标准样品后形成的透射束和衍射束同时进入透射电镜的成像系统，因两电子束存在相位差，造成干涉，在像平面上形成反映晶面间距大小和晶面方向的干涉条纹像，在保证条纹清晰的前提条件下，最小晶面间距即为透射电镜的晶格分辨率，图像上的实测面间距与理论面间距的比值即为透射电镜的放大倍数。常用标准样如表 6-1 所示。

表 6-1　常用标准样

晶体材料	衍射晶面	晶面间距/nm
铜酞青	（001）	1.260
铂酞青	（001）	1.194
亚氯铂酸钾	（001）	0.413
金	（100）	0.699
	（200）	0.204
	（220）	0.144
钯	（111）	0.224
	（200）	0.194
	（400）	0.097

图 6-4(b) 为标准样金晶体，电子束分别平行入射衍射面（200）和（220）时的晶格条纹示意图。晶面（200）的面间距 $d_{200}=0.204$nm，与之成 45°的晶面（220）的面间距 $d_{220}=0.144$nm。

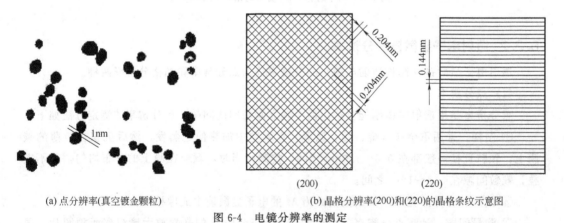

(a) 点分辨率(真空镀金颗粒)　　　　　　(b) 晶格分辨率(200)和(220)的晶格条纹示意图

图 6-4　电镜分辨率的测定

需要注意以下几点：

① 晶格分辨率本质上不同于点分辨率。点分辨率是由单电子束成像，与实际分辨能力的定义一致。晶格分辨率是双电子束的相位差所形成干涉条纹，反映的是晶面间距的比例放大像。

② 晶格分辨率的测定采用标准试样，其晶面间距均为已知值，选用晶面间距不同的标准样分别进行测试，直至某一标准样的条纹像清晰为止，此时标准样的最小晶面间距即为晶

格分辨率。因此，晶格分辨率的测定较为繁琐，而点分辨率只需一个样品测定一次即可。

③ 同一透射电镜的晶格分辨率高于点分辨率。

④ 晶格分辨率的标准样制备比较复杂。

⑤ 晶格分辨率测定时无须已知透射电镜的放大倍数。

6.3 电磁透镜

电子波不同于光波，玻璃或树脂透镜无法改变电子波的传播方向，无法使之汇聚成像，但电场和磁场却可以使电子束发生汇聚或发散，达到成像的目的。1927年，物理学家布施（H. Busch）成功地实现了电磁线圈对电子束的聚焦，为电镜的诞生奠定了基础。1931年，德国科学家鲁斯卡（E. Ruska）等成功制成了世界上第一台透射电子显微镜。电磁透镜是透射电镜的核心部件，是区别于光学显微镜的显著标志之一。

6.3.1 静电透镜

两个电位不等的同轴圆筒就构成了一个最简单的静电透镜。图 6-5 为静电透镜的原理图，静电场方向由正极指向负极，静电场的等位面如图中的虚线所示。当电子束沿中心轴射入时，电子的运动轨迹为等位面的法线方向，使平行入射的电子束汇聚于中心光轴上，这就形成了最简单的静电透镜，透射电镜中的电子枪就属于这一类静电透镜（见 6.6 节）。

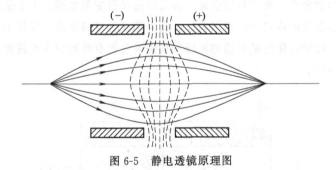

图 6-5　静电透镜原理图

6.3.2 电磁透镜

通电的短线圈就构成了一个简单的电磁透镜，简称为磁透镜。图 6-6 为磁透镜的聚焦原理图。

短线圈通电后，在线圈内形成图 6-6(a) 的磁场，由于线圈较短，故中心轴上各点的磁场方向均在变化，但磁场为旋转对称磁场。当入射电子束沿平行于电磁透镜的中心轴以速度 v 入射至位置 I 处时，I 点的磁场强度 B_I（磁力线的切线方向）分解为沿电子束的运动方向的分量 B_{Iz} 和径向方向分量 B_{Ir}，电子束在 B_{Ir} 的作用下，受到垂直于 B_{Ir} 和 v 所在平面的罗伦兹力 F_t 的作用，如图 6-6(b)，使电子沿受力方向运动，获得运动速度 v_t，F_t 的作用使电子束围绕中心轴的作圆周运动。又因为 v_t 方向垂直于轴向磁场 B_{Iz}，使电子束受到

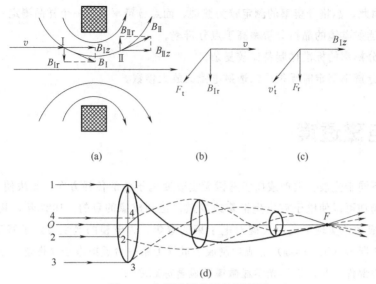

图 6-6　电磁透镜的聚焦原理图

垂直于 v_t 和 B_{Iz} 所在平面的罗伦兹力 F_r 的作用，如图 6-6(c)，F_r 使电子束向中心轴靠拢。综合 F_t 和 F_r 的共同作用以及入射时的初速度，电子束将沿中心方向螺旋汇聚，如图 6-6(d)。电子束在电磁透镜中的运行轨迹不同于静电透镜，是一种螺旋圆锥汇聚曲线，这样电磁透镜的成像与样品之间会产生一定角度的旋转。实际磁透镜是将线圈置于内环带有缝隙的软磁铁壳体中的，如图 6-7 所示。软磁铁可显著增强短线圈中的磁感应强度，缝隙可使磁场在该处更加集中，且缝隙愈小，集中程度愈高，该处的磁场强度就愈强。为了使线圈内的磁场强度进一步增强，还在线圈内加上一对极靴。极靴采用磁性材料制成，呈锥形环状，置于缝隙处，如图 6-8(a)。极靴可使电磁透镜的实际磁场强度将更有效地集中到缝隙四周仅几毫米的范围内，如图 6-8(b)。

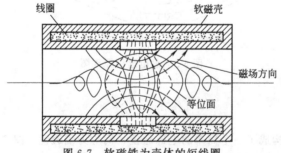

图 6-7　软磁铁为壳体的短线圈

光学透镜成像时，物距 L_1、像距 L_2、焦距 f 三者满足以下成像条件：

$$\frac{1}{f} = \frac{1}{L_1} + \frac{1}{L_2}$$

(6-5)

光学透镜的焦距 f 无法改变，因此要满足成像条件，必须同时改变物距和像距。

电磁透镜成像时同样可以运用公式(6-5)，但电磁透镜的焦距 f 与多种因素有关，存在以下关系：

$$f \approx K \frac{U_{\mathrm{r}}}{(IN)^2} \qquad (6\text{-}6)$$

式中，K 为常数；I 为励磁电流；N 为线圈的匝数；U_{r} 为经过相对论修正过的加速电压。IN 合称安匝数。

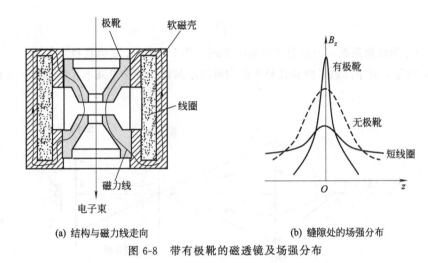

(a) 结构与磁力线走向   (b) 缝隙处的场强分布

图 6-8　带有极靴的磁透镜及场强分布

由此可见：①电磁透镜的成像可以通过改变励磁电流来改变焦距以满足成像条件；②电磁透镜的焦距总是正值，不存在负值，意味着电磁透镜没有凹透镜，全是凸透镜，即汇聚透镜；③焦距 f 与加速电压成正比，即与电子速度有关，电子速度愈高，焦距愈长，因此，为了减小焦距波动，以降低色差，需稳定加速电压。

6.4　电磁透镜的像差

电磁透镜的像差主要由内外两种因素导致，由电磁透镜的几何形状（内因）导致的像差称为几何像差，几何像差又包括球差和像散两种；而由电子束波长的稳定性（外因）决定的像差称为色差（光的颜色取决于波长）。像差直接影响电磁透镜的分辨率，是电磁透镜的分辨率达不到理论极限值（波长之半）的根本原因。如常用的日立 H800 电镜，在加速电压为 200kV 时，电子束波长达 0.00251nm，理论极限分辨率应为 0.0012nm 左右，实际上它的点分辨率仅为 0.45nm，两者相差数百倍。因此，了解像差及其影响因素十分必要，下面简单介绍球差、像散和色差的产生原因及其补救方法。

6.4.1　球差

球差是由于电磁透镜的近轴区磁场和远轴区磁场对电子束的折射能力不同导致的。因短线圈的原因，线圈中的磁场分布在近轴处的径向分量小，而在远轴区的径向分量大，因而近轴区磁场对电子束的折射能力（改变电子束方向的能力）低于远轴区磁场对电子的折射能力，这样在光轴上形成远焦点 A 和近焦点 B。设 P 为光轴上的一物点，其像不是一个固定的点，如图 6-9，若使像平面沿光轴在远焦点 A 和近焦点 B 之间移动，则在像平面上形成了系列散焦斑，其中最小的散焦斑半径为 R_s，除以放大倍数 M 后即为物平面上成像体的尺寸 $2r_s$，其大小为 $2R_s/M$（M 为磁透镜的放大倍数）。这样，光轴上物点 P 经电磁透镜后本应在光轴上形成一个像点，但由于球差的原因却形成了等同于成像体 $2r_s$ 所形成的散焦斑。用 r_s 代表球差，其大小为：

$$r_s = \frac{1}{4}C_s\alpha^3 \tag{6-7}$$

式中，C_s 为球差系数，一般为磁透镜的焦距，约 $1\sim3mm$；α 为孔径半角。

从该式可知，减小球差系数和孔径半角均可减小球差，特别是减小孔径半角，可显著减小球差。

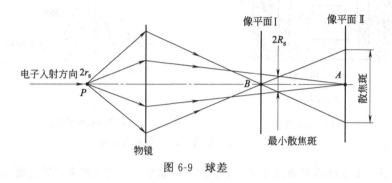

图 6-9　球差

6.4.2　像散

像散是由于形成透镜的磁场非旋转对称引起的。如极靴的内孔不圆、材质不匀、上下不对中以及极靴孔被污染等原因，造成了透镜磁场非旋转对称，呈椭圆形，椭圆磁场的长轴和短轴方向对电子束的折射率不一致，类似于球差也导致了电磁透镜形成远近两个焦点 A 和 B。这样光轴上的物点 P 经透镜成像后不是一个固定的像点，而是在远近焦点间所形成的系列散焦斑，如图 6-10 所示。设最小散焦斑的半径为 R_A，折算到物点 P 上时的成像体尺寸 $2r_A$ 为 $2R_A/M$（M 为磁透镜的放大倍数），这样散焦斑如同 $2r_A$ 经透镜后所成的像，用 r_A 表示像散，其大小为：

$$r_A = \Delta f_A\alpha \tag{6-8}$$

式中，Δf_A 为透镜因椭圆度造成的焦距差；α 为孔径半角。可见，像散取决于磁场的椭圆度和孔径半角，而椭圆度是可以通过配置对称磁场来校正的，因此，像散是可以基本消除的。

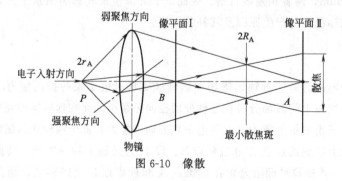

图 6-10　像散

6.4.3 色差

色差是由于电子波长不稳定导致的。同一条件下，不同波长的电子聚焦在不同的位置，如图 6-11，当电子波长最大时，能量最小，被磁场折射的程度大，聚焦于近焦点 B；反之，当电子波长最小时，电子能量就最高，被折射的程度也就最小，聚焦于远焦点 A。这样，当电子波长在其最大值与最小值之间变化时，光轴上的物点 P 成像后将形成系列散焦斑，其中最小的散焦斑半径为 R_c，折算到成像体上的尺寸 $2r_c$ 为 $2R_c/M$，用 r_c 表示色散，其大小为：

$$r_c = C_c \alpha \left| \frac{\Delta E}{E} \right| \tag{6-9}$$

式中，C_c 为色差系数；α 为孔径半角；$\frac{\Delta E}{E}$ 为电子束的能量变化率。能量变化率与加速电压的稳定性和电子穿过样品时发生的弹性散射有关，一般情况下，薄样品的弹性散射影响可以忽略，因此，提高加速电压的稳定性可以有效地减小色差。

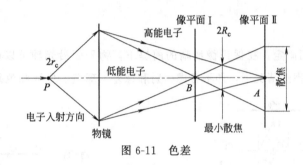

图 6-11 色差

上述像差分析中，除了球差外，像散和色差均可通过适当的方法来减小甚至可基本消除它们对透镜分辨率的影响，因此，球差成了像差中影响分辨率的控制因素。球差与孔径半角的三次方成正比，减小孔径半角可有效地减小球差，但是，孔径半角的减小却增加了埃利斑尺寸 r_0，降低透镜分辨率，因而，孔径半角对透镜分辨率的影响具有双刃性。

在衍射效应中，分辨率与孔径半角的关系为 $r_0 = \frac{0.61\lambda}{n\sin\alpha}$，而在像差中，球差为控制因素，分辨率的大小近似为 $r_s = \frac{1}{4}C_s\alpha^3$，令 $r_0 = r_s$，得如下方程：

$$\frac{0.61\lambda}{n\sin\alpha} = \frac{1}{4}C_s\alpha^3 \tag{6-10}$$

因为在真空中，所以 $n=1$，又因为透射电镜的孔径半角很小，一般仅有 $10^{-3} \sim 10^{-2}$ rad，故 $\sin\alpha \approx \alpha$。解方程(6-10) 得：

$$\alpha^4 = 2.44 \left(\frac{\lambda}{C_s} \right) \tag{6-11}$$

所以

$$\alpha = \sqrt[4]{2.44} \left(\frac{\lambda}{C_s} \right)^{\frac{1}{4}} = 1.25 \left(\frac{\lambda}{C_s} \right)^{\frac{1}{4}} \tag{6-12}$$

此 α 即为电磁透镜的最佳孔径半角，用 α_0 表示。

此时，电磁透镜的分辨率为

$$r_0 = \frac{1}{4} C_s \alpha_0^3 = \frac{1}{4} C_s 1.25^3 \left(\frac{\lambda}{C_s} \right)^{\frac{3}{4}} = 0.488 C_s^{\frac{1}{4}} \lambda^{\frac{3}{4}} \qquad (6\text{-}13)$$

一般情况下，综合各种影响因素，电磁透镜的分辨率可统一表示为

$$r_0 = A C_s^{\frac{1}{4}} \lambda^{\frac{3}{4}} \qquad (6\text{-}14)$$

式中 A 为常数，一般为 $0.4 \sim 0.55$。实际操作中，最佳孔径半角是通过选用不同孔径的光阑获得的。目前最高的电镜分辨率已达 $0.1\mathrm{nm}$ 左右。

注意，光学显微镜的分辨率主要是由衍射效应决定的，而电镜的分辨率除了取决于衍射效应外，还与电镜的像差有关，为衍射分辨率 r_0 和像差分辨率（球差 r_s、像散 r_A 和色差 r_c）中的最大值。

6.5 电磁透镜的景深与焦长

6.5.1 景深

景深是指像平面固定，在保证像清晰的前提下，物平面沿光轴可以前后移动的最大距离。如图 6-12(a)。理想情况下，即不考虑衍射和像差（球差、像散和色差）时，物点 P 位

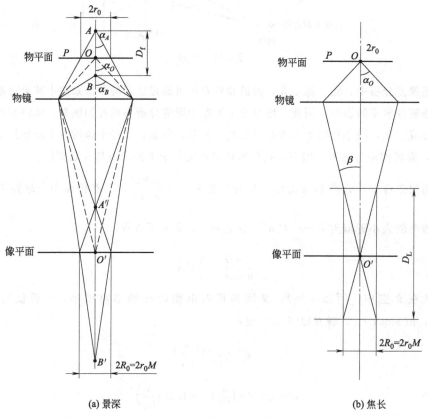

(a) 景深　　　　　　　　　　　　(b) 焦长

图 6-12　电磁透镜的景深与焦长

于光轴上的 O 点时，成像聚焦于像平面上一点 O'，当物点 P 上移至 A 点时，则聚焦点也由 O' 移到了 A' 点，由于像平面不动，此时物点在像平面上的像就由点 O' 演变为半径为 R 的散焦斑。如果衍射效应是决定电磁透镜分辨率的控制因素，r_0、M 分别为透镜的分辨率和放大倍数，只要 $\dfrac{R}{M} \leqslant r_0$，像平面上的像就是清晰的。同理，当物点 P 沿轴向下移动至 B 点时，其理论像点在 B' 点，在像平面上的像同样由点演变成半径为 R 的散焦斑，只要 $R \leqslant M r_0$，像就是清晰的，这样物点 P 在光轴上 A、B 两点范围内移动时，均能成清晰的像，A、B 两点的距离就是该透镜的景深。

由图 6-12（a）的几何关系可得景深（D_f）的计算公式为

$$D_f = \frac{2r_0}{\tan\alpha} \approx \frac{2r_0}{\alpha} \tag{6-15}$$

式中，r_0 为透镜的分辨率；α 为孔径半角。

由于孔径半角很小，且 D_f 相对于物距小得多，因此，可以认为物点在 O、A、B 点时的孔径半角均相同，即 $\alpha_A = \alpha_B = \alpha_O = \alpha$。如果 $r_0 = 1\,\mathrm{nm}$、$\alpha = 10^{-3} \sim 10^{-2}\,\mathrm{rad}$ 时，$D_f = 200 \sim 2000\,\mathrm{nm}$，而透镜的样品厚度一般在 200nm 左右，因此上述的景深范围可充分保证样品上各微处的结构细节均能清晰可见。

6.5.2　焦长

焦长是指在样品固定（物平面不动），在保证像清晰的前提下，像平面可以沿光轴移动的最大距离，用 D_L 表示。

由图 6-12（b）所示，在不考虑衍射和像差（球差、像散和色差）的理想情况下，样品上某物点 O 经透镜后成像于 O'。当像平面轴向移动时，则在像平面上形成散焦斑，由 O' 向上移动时的散焦斑称为欠散焦斑，由 O' 向下移动时的散焦斑称为过散焦斑。假设透镜分辨率的控制因素为衍射效应，只要散焦斑的尺寸不大于 R_0，就可保证像是清晰的。

由图 6-12（b）的几何关系得

$$D_L = \frac{2r_0 M}{\tan\beta} \approx \frac{2r_0 M}{\beta} \tag{6-16}$$

式中，r_0 为透镜的分辨率；M 为透镜的放大倍数。

因为 $\beta = \dfrac{\alpha}{M}$，焦长可化简为

$$D_L = \frac{2r_0 M^2}{\alpha} \tag{6-17}$$

如果 $r_0 = 1\,\mathrm{nm}$，$\alpha = 10^{-3} \sim 10^{-2}\,\mathrm{rad}$，$M = 200$，则 $D_L = 8 \sim 80\,\mathrm{mm}$。通常电镜的放大倍数由于多级放大，可以很高，当 $M = 2000$ 时，同样光学条件下，其焦长可达 $80 \sim 800\,\mathrm{mm}$。因此，尽管荧光屏和照相底片之间的距离很大，但仍能得到清晰的图像，这为成像操作带来了方便。

从以上分析可知，电磁透镜的景深和焦长都反比于孔径半角 α，因此，减小孔径半角如插入小孔光阑，就可使电磁透镜的景深和焦长显著增大。

6.6 电镜的电子光学系统

透射电镜主要由电子光学系统、电源控制系统和真空系统三大部分组成，其中电子光学系统为电镜的核心部分，它包括照明系统、成像系统和观察记录系统，以下主要介绍电子光学系统及其主要部件。

6.6.1 照明系统

照明系统主要由电子枪和聚光镜组成，电子枪发射电子形成照明光源，聚光镜将电子枪发射的电子汇聚成亮度高、相干性好、束流稳定的电子束照射样品。

6.6.1.1 电子枪

电子枪就是产生稳定电子束流的装置，根据产生电子束原理的不同，可分为热发射型和场发射型两大类。

（1）热发射型电子枪

电子枪主要由阴极、阳极和栅极组成。阴极是由钨丝或六硼化镧（LaB_6）单晶体制成的灯丝，在外加高压作用下发热，升至一定温度时发射电子，热发射的电子束为白色。图 6-13（a）为热发射型电子枪原理图。阴极由直径为 1.2mm 的钨丝弯制成 V 形［如图 6-14（a）］，尖端的曲率半径为 $100\mu m$（发射截面），阴极发热体在外加高压的作用下升温至一定温度（2800K）时发射电子，电子通过栅极后穿过阳极小孔，形成一束电子流进入聚光镜系统。栅极围在阴极周围，通过偏置电阻与阴极相连，阳极接地，栅极电位比阴极低数百伏左右，栅极与偏置电阻联合主要起到以下作用：①改变了阴极和阳极之间的等位场，使阴极发射的电子沿栅极区等位场的法线方向产生汇聚作用，形成电子束截面，即电子枪交叉斑，也称为透镜的第一交叉斑，束斑直径约为 $50\mu m$。由于电子束斑比阴极发射截面还小，单位面积的电子密度高，照明电子束好像是从该处发出的，因此也称其为有效光源或虚光源。②稳定和控制束流，因为栅极电位比阴极更低，对阴极发射的电子产生排斥作用，可以控制阴极发射电子的有效区域。当束流量增大时，偏置电压增加，栅极电位更低，对阴极发射电子的排斥作用增强，使阴极发射有效区域减小，束流减弱；反之，则可增加阴极发射面积，提高束流强度，从而稳定束流。

在电镜最初的使用中，V 形钨丝热发射电子枪一直占主导地位，但由于其发射面大、光源亮度低、束斑直径大和能量发散多，故需开发更优的发射极材料。1969 年，布鲁斯（Broers）提出六硼化镧（LaB_6）单晶体用作发射极材料，并加工成锥状［如图 6-14（b）］，由于其功函数远低于钨，发射率比钨高得多。当阴极的温度为 1800K 时所获得电子束亮度是 V 形钨丝在 2800K 时获得的 10 倍，而束斑直径仅为前者的 1/5。并且六硼化镧阴极尖端的曲率半径可以加工到很小（$\phi 10\sim 20\mu m$），因而能在相同束流时可获得比钨丝更细更亮的电子束斑光源，直径约 $5\sim 10\mu m$，从而进一步提高仪器的分辨率，特别适合于分析型透射电镜。与 V 形 W 丝相比，LaB_6 的工作温度可相对低一些，但对真空度的要求高，加工困难，制备成本也高。

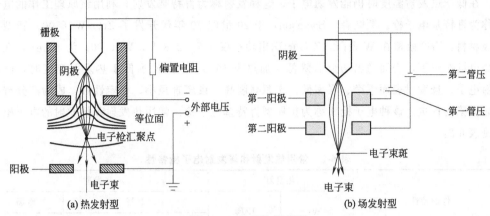

图 6-13　电子枪原理图

(a) 热发射阴极W丝

(b) 热发射阴极LaB₆单晶体

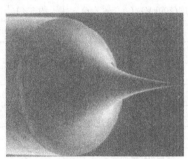

(c) 场发射阴极(W单晶体)

图 6-14　电子枪阴极形状

（2）场发射型电子枪

场发射型电子枪同样也有三个极，分别为阴极、第一阳极和第二阳极，不需偏压（栅极）。在强电场作用下，发射极表面的势垒降低，由于隧道效应，内部电子穿过势垒从针尖表面发射出来，这种现象称为场发射。场发射的电子束可以是某一种单色电子束，其结构原理如图 6-13（b）所示。阴极与第一阳极的电压较低，一般为 3～5kV，可在阴极尖端产生高达 10^7～10^8 V/cm 的强电场，使阴极发射电子。该电压不能太高，以免打钝灯丝。阴极与第二阳极的电压较高，一般为数万伏甚至数千万伏，阴极发射的电子经第二阳极后被加速、聚焦成直径为 10nm 左右的束斑。

场发射又可分为冷场和热场两种，电镜一般多采用冷场。

冷场发射不需任何热能，室温下使用，阴极一般采用定向 [111] 生长的单晶钨，发射面（310），针尖的曲率半径为 0.1～0.5μm ［如图 6-14（c）］，其功函数低、能量发散小（0.3～0.5eV）和电子发射率高，但冷场发射存在以下不足：①对真空度要求极高。因低功函数要求表面干净，无外来原子，故要求具有极高的真空度（约 10^{-5} Pa 或更高）。②需定期进行闪光处理。因冷场发射是在室温下进行，发射极上易有残留气体吸附层，从而产生背底噪声，发射电流下降，电子束亮度降低，故需定期进行闪光处理，即瞬时加大发射电流，使发射极产生瞬间高温出现闪光现象，以蒸发阴极表面吸附的分子层，净化发射表面。

加热发射极进行热场发射即可克服以上冷场的不足。在强电场中，发射极表面势垒降低，在低于热发射温度时仍能发射电子，这种发射称为肖特基发射，利用该原理工作的电子枪称为肖特基电子枪。斯旺森（Swanson）于 20 世纪 70 年代开发了 ZrO/W（100）新型发射极材料，ZrO 融覆在 W 表面，ZrO 的逸出功小仅 2.7～2.8eV，W（100）为 4.5eV，在外加高电场作用下，表面逸出功显著降低，加热至 1600～1800K 远低于热发射温度时，已能发射电子，且发射表面干净、噪声低，光源亮度高、束斑直径小、稳定性好，成为高分辨电子显微镜的首选。该种电子枪又称为扩展型肖特基电子枪。常用热发射和场发射的电子枪特性见表 6-2。

表 6-2 常用热发射和场发射电子枪特性

性能特性	热发射		场发射		
	W	LaB$_6$	热场		冷场
			ZrO/W(100)	W(100)	W(310)
亮度(200kV)/(A/cm^2/sr)	约 5×10^5	约 5×10^6	约 5×10^8	约 5×10^8	约 5×10^8
光源直径/μm	50	10	0.1～1	0.01～0.1	0.01～0.1
能量发散度/eV	2.3	1.5	0.6～0.8	0.6～0.8	0.3～0.5
真空度/Pa	10^{-3}	10^{-5}	10^{-7}	10^{-7}	10^{-8}
阴极温度/K	2800	1800	1800	1600	300
使用寿命/h	60～200	1000	＞5000	＞5000	＞5000
发射电流/μA	约 100	约 20	约 100	20～100	20～100
维护(闪光处理)	无	无	无	无	定时进行
价格	便宜	中等	较高	较高	较高
稳定性	好	好	好	好	较好

6.6.1.2 聚光镜

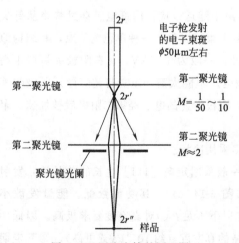

图 6-15 双聚光镜的原理图

从电子枪的阳极板小孔射出的电子束，通过聚光系统后进一步汇聚缩小，以获得一束强度高、直径小、相干性好的电子束。电镜一般都采用双聚光镜系统工作，如图 6-15。第一聚光镜是强磁透镜，焦距 f 很短，放大倍数为 $\frac{1}{50} \sim \frac{1}{10}$，也就是说第一聚光镜是将电子束进一步汇聚、缩小，第一级聚光后形成 $\phi 1 \sim 5\mu$m 的电子束斑；第二聚光镜是弱透镜，焦距很长，其放大倍数一般为 2 倍左右，这样通过二级聚光后，就形成 $\phi 2 \sim 10\mu$m 的电子束斑。

双聚光具有以下优点：①可在较大范围内调节电子束斑的大小；②当第一聚光镜的后焦点与第二聚光镜的前焦点重合时，电子束通过二级聚光后应是平行光束，大大减小了电子束的发散度，便于获得高质量的衍射花样；③第二聚光镜与物镜间的间隙大，便于安装其他附件，如样品台等；④通过安置聚光镜光阑，可使电子束的孔径半角进一步减小，便于获得近轴光线，减小球差，提高成像质量。

6.6.2 成像系统

成像系统由物镜、中间镜和投影镜组成。

（1）物镜

物镜是成像系统中第一个电磁透镜，强励磁短焦距（$f=1\sim3\text{mm}$），放大倍数 M_o 一般为 $100\sim300$ 倍，分辨率高的可达 0.1nm 左右。

物镜是电子束在成像系统中通过的第一个电磁透镜，它的质量好坏直接影响到整个系统的成像质量。物镜未能分辨的结构细节，中间镜和投影镜同样不能分辨，它们只是将物镜的成像进一步放大而已。因此，提高物镜分辨率是提高整个系统成像质量的关键。

提高物镜分辨率的常用方法有：①提高物镜中极靴内孔的加工精度，减小上下极靴间的距离，保证上下极靴的同轴度。②在物镜后焦面上安置物镜光阑，以减小孔径半角，减小球差，提高物镜分辨率。

（2）中间镜

中间镜是电子束在成像系统中通过的第二个电磁透镜，位于物镜和投影镜之间，弱励磁长焦距，放大倍数 M_i 在 $0\sim20$ 倍之间。

中间镜在成像系统中具有以下作用：

① 调节整个系统的放大倍数。设物镜、中间镜和投影镜的放大倍数分别为 M_o、M_i、M_p，总放大倍数为 M（$M=M_o\times M_i\times M_p$），当 $M_i>1$ 时，中间镜起放大作用；当 $M_i<1$ 时，则起缩小作用。

② 进行成像操作和衍射操作。通过调节中间镜的励磁电流，改变中间镜的焦距，使中间镜的物平面与物镜的像平面重合，在荧光屏上可获得清晰放大的像，即所谓的成像操作，如图 6-16(a)；如果中间镜的物平面与物镜的后焦面重合，则可在荧光屏上获得电子衍射花样，这就是所谓的衍射操作，如图 6-16(b) 所示。

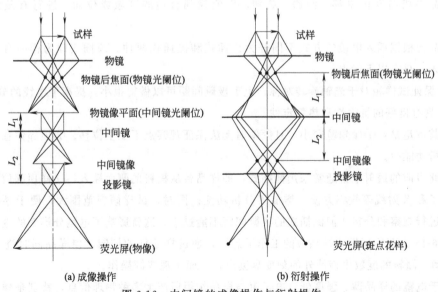

(a) 成像操作   (b) 衍射操作

图 6-16　中间镜的成像操作与衍射操作

（3）投影镜

投影镜是成像系统中最后一个电磁透镜，强励磁短焦距，其作用是将中间镜形成的像进一步放大，并投影到荧光屏上。投影镜具有较大的景深，即使中间镜的像发生移动，也不会影响在荧光屏上得到清晰的图像。

6.6.3 观察记录系统

观察记录系统主要由荧光屏和照相机构组成。荧光屏是在铝板上均匀喷涂荧光粉制得，主要是在观察分析时使用，当需要拍照时可将荧光屏翻转 90°，让电子束在照相底片上感光数秒钟即可成像。荧光屏与感光底片相距有数厘米，但由于投影镜的焦长很大，这样的操作并不影响成像质量，所拍照片依旧清晰。

整个电镜的光学系统均在真空中工作，但电子枪、镜筒和照相室之间相互独立，均设有电磁阀。可以单独抽真空。更换灯丝、清洗镜筒、照相操作时，均可分别进行，而不影响其他部分的真空状态。为了屏蔽镜体内可能产生的 X 射线，观察窗由铅玻璃制成，加速电压愈高，配置的铅玻璃就愈厚。此外，在超高压电子显微镜中，由于观察窗的铅玻璃增厚，直接从荧光屏观察微观细节比较困难，此时可运用安置在照相室中的 TV 相机来完成，曝光时间由图像的亮度自动确定。

6.7 主要附件

透射电镜的主要附件有样品倾斜装置、电子束平移和倾斜装置、消像散器、光阑等。

6.7.1 样品倾斜装置

样品倾斜装置（样品台）是位于物镜的上下极靴之间承载样品的重要部件，如图 6-17，并使样品在极靴孔内平移、倾斜、旋转，以便找到合适的区域或位向，进行有效观察和分析。

样品台根据插入电镜的方式不同分为顶插式和侧插式两种。顶插式即为样品台从极靴上方插入，具有以下优点：

① 保证试样相对于光轴旋转对称，上下极靴间距可以做得很小，提高了电镜的分辨率；
② 具有良好的抗振性和热稳定性。

但其不足是：①倾角范围小，且倾斜时无法保证观察点不发生位移。②顶部信息收集困难，分析功能少。

因此目前的透射电镜通常采用侧插式，即样品台从极靴的侧面插入，这样顶部信息如背散射电子和 X 射线等收集方便，增加了分析功能。同时，试样倾斜范围大，便于寻找合适的方位进行观察和分析。但侧插式的极靴间距不能过小，这就影响了电镜分辨率的进一步提高。图 6-18 为双倾侧插式样品台的工作示意图，通过样品杆的控制，使样品同时绕 x 轴和 y 轴转动，倾转的度数由镜筒外的刻度盘读出，从而实现双倾操作。

由于电镜的样品薄、强度低，电子束与样品作用后产生多种物理信息，特别是样品受热膨胀变形，造成样品损伤，影响成像质量，因此，对样品台提出以下要求：①样品夹持牢固，保证样品在平移、翻转过程中与样品座有良好的热和电的接触，减小试样的热变形和因电荷堆积产生的样品损伤。②样品移动翻转机构的精度要高，否则影响聚焦操作。

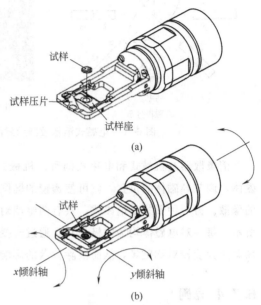

(a)

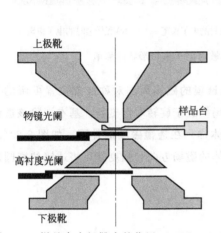

图 6-17 样品台在极靴中的位置（JEM-2010F）

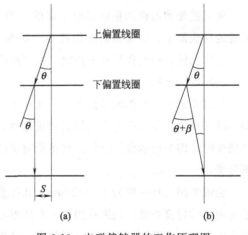

(b)

图 6-18 双倾侧插式样品台的结构和工作示意图

6.7.2 电子束的平移和倾斜装置

电镜中是靠电磁偏转器来实现电子束的平移和倾斜的。图 6-19 为电磁偏转器的工作原理图，电磁偏转器由上下两个偏置线圈组成，通过调节线圈电流的大小和方向可改变电子束偏转的程度和方向。当上下偏置线圈的偏转角度相等，但方向相反，如图 6-19（a）所示，实现了电子束的平移。若上偏置线圈使电子束逆时针偏转 θ，而下偏置线圈使之顺时针偏转 $\theta+\beta$，如图 6-19（b）所示，则电子束相对于入射方向倾转 β，此时入射点的位置保持不变，这可实现中心暗场操作。

图 6-19 电磁偏转器的工作原理图

6.7.3 消像散器

像散是由于电磁透镜的磁场非旋转对称导致的，直接影响透镜的分辨率，为此，在透镜的上下极靴之间安装消像散器，就可基本消除像散。图 6-19 为电磁式消像散器的原理图及像散对电子束斑形状的影响。从图 6-20（b）和图 6-20（c）可知未装消像散器时，电子束斑为椭圆形，加装消像散器后，电子束斑为圆形，基本上消除了聚光镜的像散对电子束的影响。

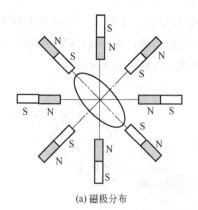

(a) 磁极分布　　　　　　(b) 有像散时的电子束斑　　　(c) 无像散时的电子束斑

图 6-20　电磁式消像散器示意图及像散对电子束斑形状的影响

消像散器有机械式和电磁式两种。机械式是在透镜的磁场周围对称放置位置可调的导磁体，调节导磁体的位置，就可使透镜的椭圆形磁场接近于旋转对称磁场，基本消除该透镜的像散。另一种形式是电磁式，共有两组四对电磁体排列在透镜磁场的外围，如图 6-20（a）所示，每一对电磁体均为同极相对，通过改变电磁体的磁场方向和强度就可将透镜的椭圆磁场调整为旋转对称磁场，从而消除像散的影响。

6.7.4　光阑

光阑是为挡掉发散电子，保证电子束的相干性和电子束照射所选区域而设计的带孔小片。根据安装在电镜中的位置不同，光阑可分为聚光镜光阑、物镜光阑和中间镜光阑三种。

（1）聚光镜光阑

聚光镜光阑的作用是限制电子束的照明孔径半角。在双聚光镜系统中通常位于第二聚光镜的后焦面上。聚光镜光阑的孔径一般为 $20\sim400\mu m$，作一般分析时，可选用孔径相对大一些的光阑，而在作微束分析时，则要选孔径小一些的光阑。

（2）物镜光阑

物镜光阑位于物镜的后焦面上，其作用是：①减小孔径半角，提高成像质量；②进行明场和暗场操作，当光阑孔套住衍射束成像时，即为暗场成像操作，反之，当光阑孔套住透射束成像时，即为明场成像操作。利用明暗场图像的对比分析，可以方便地进行物相鉴定和缺陷分析。

物镜光阑孔径一般为 $20\sim120\mu m$。孔径愈小，被挡电子愈多，图像的衬度就愈大，故物镜光阑又称衬度光阑。光阑孔四周开有环形不连续缝隙，目的是阻止散热，使孔受电子照射产生的热量不易散出，常处于高温状态，从而阻止污染物沉积堵塞光阑孔。

（3）中间镜光阑

中间镜光阑位于中间镜的物平面或物镜的像平面上，让电子束通过光阑孔限定的区域，对所选区域进行衍射分析，故中间镜光阑又称选区光阑。样品直径为 3mm，可用于观察分析的是中心透光区域，由于样品上待分析的区域一般仅为微米量级，如果直接用光阑在样品上进行选择分析区域，则光阑孔的制备非常困难，同时光阑小孔极易被污染，因此，选区光阑一般放在物镜的像平面或中间镜的物平面上（两者在同一位置上）。例如，物镜的放大倍数为 100 倍，物镜像平面上的孔径为 $100\mu m$ 的光阑相当于选择了样品上的 $1\mu m$ 区域，这样光阑孔的制备以及污染后的清理均容易得多。一般选区光阑的孔径为 $20\sim400\mu m$。

光阑一般由无磁性金属材料（Pt 或 Mo 等）制成，根据需要可制成四个或六个一组的系列光阑片，将光阑片安置在光阑支架上，分档推入镜筒，以便选择不同孔径的光阑。

注意：

① 衍射操作与成像操作　是通过改变中间镜励磁电流的大小来实现的。调整励磁电流即改变中间镜的焦距，从而改变中间镜物平面与物镜后焦面之间的相对位置。当中间镜的物平面与物镜的像平面重合时，投影屏上将出现微区组织的形貌像，这样的操作称为成像操作；当中间镜的物平面与物镜的后焦面重合时，投影屏上将出现所选区域的衍射花样，这样的操作称为衍射操作。

② 明场操作与暗场操作　是通过平移物镜光阑，分别让透射束或衍射束通过所进行的操作。仅让透射束通过的操作称为明场操作，所成的像为明场像；反之，仅让某一衍射束通过的操作称为暗场操作，所成的像为暗场像。

③ 选区操作　是通过平移在物镜像平面上的选区光阑，让电子束通过所选区域进行成像或衍射的操作。

6.8　透射电镜中的电子衍射

6.8.1　有效相机常数

由第 5 章中电子衍射的基本原理可知，凡在反射球上的倒易阵点均满足衍射的必要条件——布拉格方程，该阵点所表示的正空间中的晶面将参与衍射。透射电镜中的衍射花样即为反射球上的倒易阵点在底片上的投影，由于实际电镜中除了物镜外还有中间镜、投影镜等，其成像原理如图 6-21 所示。由三角形的相似原理得 $\triangle OAB \backsim \triangle O'A'B'$，这样，相机长度 L 和斑点距中心距离 R 相当于图中物镜焦距 f_0 和 r（物镜副焦点 A' 到主焦点 B' 的距离），

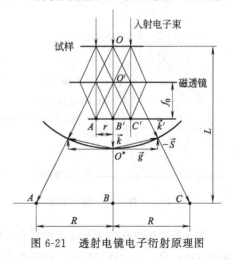

图 6-21　透射电镜电子衍射原理图

进行衍射操作时，物镜焦距 f_0 起到了相机长度的作用，由于 f_0 将被中间镜、投影镜进一步放大，因此，最终的相机长度为 $f_0 M_{\mathrm{I}} M_{\mathrm{P}}$，$M_{\mathrm{I}}$ 和 M_{P} 分别为中间镜和投影镜的放大倍数。同样，r 也被中间镜和投影镜同倍放大，于是有

$$L' = f_0 M_{\mathrm{I}} M_{\mathrm{P}}\ ;\ R' = r M_{\mathrm{I}} M_{\mathrm{P}}$$

类似于式（5-18）得

$$\frac{L'}{R'} = \frac{\dfrac{1}{\lambda}}{g} \qquad (6\text{-}18)$$

所以

$$R' = L'\lambda g \qquad (6\text{-}19)$$

令 $K' = L'\lambda$，得

$$R' = K'g \tag{6-20}$$

式中的 L' 和 K' 分别为有效相机长度和有效相机常数。但需注意的是，式中的 L' 并不直接对应于样品至照相底片间的实际距离，因为有效相机长度随着物镜、中间镜、投影镜的励磁电流改变而变化，而样品到底片间的距离却保持不变，但由于透镜的焦长大，这并不会妨碍电镜成清晰图像。因此，实际上可不加区分 K 与 K'、L 与 L' 和 R 与 R' 了，并用 K 直接取代 K'。

由此可见，透射电镜中的电子衍射花样仍然满足与电子衍射基本公式 [式(5-20)] 相似的公式，只是相机长度和相机常数均放大了 M_IM_P 倍，有效相机常数 K' 有时也被称为电子衍射的放大率，即为厄瓦尔德球上的所有倒易阵点所形成的图像的放大倍数。电子衍射花样中每一个斑点的矢量 $\vec{R}$，通过有效相机常数可直接换算成倒空间中的倒易矢量 $\vec{g}$，倒易矢量的端点即为各衍射晶面所对应的倒易阵点，这样正空间中的衍射晶面就可通过其倒易阵点在底片上的投影斑点反映出来。

有效相机长度 $L' = f_0M_IM_P$ 中的 f_0、M_I、M_P 分别取决于物镜、中间镜和投影镜的励磁电流，只有在三个电磁透镜的电流一定时，才能标定透射电镜的相机常数，从而确定 $\vec{R}$ 与 $\vec{g}$ 之间的比例关系。目前，由于计算机引入了自控系统，电镜的相机常数和放大倍数已可自动显示在底片的边缘，不需人工标定。

6.8.2 选区电子衍射

选区电子衍射就是对样品中感兴趣的微区进行电子衍射，以获得该微区电子衍射图的方法。选区电子衍射又称微区衍射，它是通过移动安置在中间镜上的选区光阑来完成的。

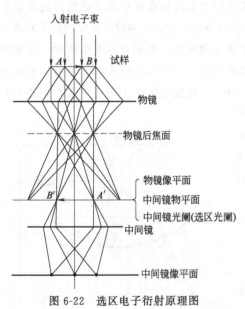

图 6-22 选区电子衍射原理图

图 6-22 即为选区电子衍射原理图。平行入射电子束通过试样后，由于试样薄，晶体内满足布拉格衍射条件的晶面 (hkl) 将产生与入射方向成 2θ 角的平行衍射束。由透镜的基本性质可知，透射束和衍射束将在物镜的后焦面上分别形成透射斑点和衍射斑点，从而在物镜的后焦面上形成试样晶体的电子衍射谱，然后各斑点经干涉后重新在物镜的像平面上成像。如果调整中间镜的励磁电流，使中间镜的物平面分别与物镜的后焦面和像平面重合，则该区的电子衍射谱和像分别被中间镜和投影镜放大，显示在荧光屏上。

显然，单晶体的电子衍射谱为对称于中心透射斑点的规则排列的斑点群。多晶体的电子衍射谱则为以透射斑点为中心的衍射环。

如何获得感兴趣区域的电子衍射花样呢？即通过选区光阑（又称中间镜光阑）套在感兴趣的区域，分别进行成像操作或衍射操作，获得该区的像或衍射花样，实现所选区域的形貌分析和结构分析。具体的选区衍射操作步骤如下：

① 由成像操作使物镜精确聚焦，获得清晰形貌像。

② 插入尺寸合适的选区光阑，套住被选视场，调整物镜励磁电流，使光阑孔内的像清晰，保证了物镜的像平面与选区光阑面重合。

③ 调整中间镜的励磁电流，使光阑边缘像清晰，从而使中间镜的物平面与选区光阑的平面重合，这也使选区光阑面、物镜的像平面和中间镜的物平面三者重合，进一步保证了选区的精度。

④ 移去物镜光阑（否则会影响衍射斑点的形成和完整性），调整中间镜的励磁电流，使中间镜的物平面与物镜的后焦面共面，由成像操作转变为衍射操作。电子束经中间镜和投影镜放大后，在荧光屏上将产生所选区域的电子衍射图谱，对于高档的现代电镜，也可操作"衍射"按钮自动完成。

⑤ 需要照相时，可适当减小第二聚光镜的励磁电流，减小入射电子束的孔径，缩小束斑尺寸，提高斑点清晰度。微区的形貌和衍射花样可存同一张底片上。

6.9　常见的电子衍射花样

由前一章的电子衍射知识可知，电子束作用晶体后，发生电子散射，相干的电子散射在底片上形成衍射花样。根据电子束能量的大小，电子衍射可分为高能电子衍射和低能电子衍射，本章主要介绍高能电子衍射（加速电压高于 100kV）。根据试样的结构特点可将衍射花样分为单晶电子衍射花样、多晶电子衍射花样和非晶电子衍射花样，如图 6-23 所示。根据衍射花样的复杂程度又可分为简单电子衍射花样和复杂电子衍射花样。通过对衍射花样的分析，可以获得试样内部的结构信息。

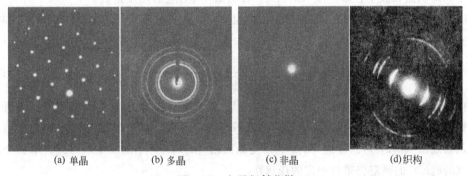

(a) 单晶　　　　(b) 多晶　　　　(c) 非晶　　　　(d)织构

图 6-23　电子衍射花样

6.9.1　单晶体的电子衍射花样

6.9.1.1　单晶体电子衍射花样的特征

由电子衍射的基本原理可知，若电子束的方向与晶带轴 $[u\,v\,w]$ 的方向平行，则单晶体的电子衍射花样实际上是垂直于电子束入射方向的零层倒易阵面上的阵点在荧光屏上的投影，衍射花样由规则的衍射斑点组成，如图 6-24 所示，斑点指数即为零层倒易阵面上的阵点指数（去除结构因子为零的阵点）。

6.9.1.2 单晶体电子衍射花样的标定

电子衍射花样的标定即衍射斑点指数化，并确定衍射花样所属的晶带轴指数 $[uvw]$，对未知其结构的还包括确定点阵类型。单晶体的电子衍射花样有简单和复杂之分，简单衍射花样即电子衍射谱满足晶带定律（$hu+kv+lw=0$），其标定通常又有已知晶体结构和未知晶体结构两种情况，而复杂衍射花样的标定不同于简单衍射花样的标定，过程较为烦琐，请见 6.9.3 节，本小节主要介绍简单电子衍射花样的标定。

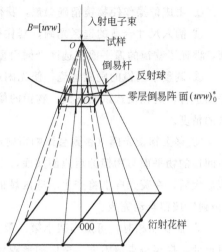

图 6-24　单晶体电子衍射花样产生的原理图

（1）已知晶体结构的花样标定

标定步骤：

① 确定中心斑点，测量距中心斑点最近的几个斑点的距离，并按距离由小到大依次排列：R_1、R_2、R_3、R_4…，同时测量各斑点之间的夹角依次为 φ_1、φ_2、φ_3、φ_4…，各斑点对应的倒易矢量分别为 $\vec{g_1}$、$\vec{g_2}$、$\vec{g_3}$、$\vec{g_4}$…。

② 由已知的相机常数 K 和电子衍射的基本公式：$R=K\dfrac{1}{d}$，分别获得相应的晶面间距 d_1、d_2、d_3、d_4…。

③ 由已知的晶体结构和晶面间距公式，结合 PDF 卡片，分别定出对应的晶面族指数 $\{h_1k_1l_1\}$、$\{h_2k_2l_2\}$、$\{h_3k_3l_3\}$、$\{h_4k_4l_4\}$…。

④ 假定距中心斑点最近的斑点指数。若 R_1 最小，设其晶面指数为 $\{h_1k_1l_1\}$ 晶面族中的一个，即从晶面族中任取一个 $(h_1k_1l_1)$ 作为 R_1 所对应的斑点指数。

⑤ 确定第二个斑点指数。第二斑点指数由夹角公式校核确定，若晶体结构为立方晶系，则其夹角公式如下：

$$\cos\varphi_1=\frac{h_1h_2+k_1k_2+l_1l_2}{\sqrt{(h_1^2+k_1^2+l_1^2)(h_2^2+k_2^2+l_2^2)}} \qquad (6\text{-}21)$$

由晶面族 $\{h_2k_2l_2\}$ 中取一个 $(h_2k_2l_2)$ 代入公式计算夹角 φ_1，当计算值与实测值一致时，即可确定 $(h_2k_2l_2)$。当计算值与实测值不符时，则需重新选择 $(h_2k_2l_2)$，直至相符为止，从而定出 $(h_2k_2l_2)$。注意 $(h_2k_2l_2)$ 是晶面族 $\{h_2k_2l_2\}$ 中的一个，因此，第二个斑点指数 $(h_2k_2l_2)$ 的确定仍带有一定的任意性。

⑥ 由确定了的两个斑点指数 $(h_1k_1l_1)$ 和 $(h_2k_2l_2)$，通过矢量合成法：$\vec{g_3}=\vec{g_1}+\vec{g_2}$ 导出其他各斑点指数。

⑦ 定出晶带轴。由已知的两个矢量右手法则叉乘后取整即为晶带轴指数：$[uvw]=\vec{g_1}\times\vec{g_2}$，得

$$\begin{cases} u=k_1l_2-k_2l_1 \\ v=l_1h_2-l_2h_1 \\ w=h_1k_2-h_2k_1 \end{cases} \qquad (6\text{-}22)$$

⑧ 系统核查各过程，算出晶格常数。

例如 γ-Fe 某电子衍射谱如图 6-25 所示，已知 γ-Fe 面心立方结构，$a = 0.36\text{nm}$，衍射谱中 $R_1 = 16.7\text{mm}$，$R_2 = 37.3\text{mm}$，$R_3 = 40.9\text{mm}$，$R_1 \overset{\wedge}{R_2} = 90°$，$R_1 \overset{\wedge}{R_3} = 65.9°$，$L\lambda = 3.0\text{nm} \cdot \text{mm}$。

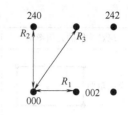

标定过程如下：

① $R_1 = 16.7\text{mm}$，$R_2 = 37.3\text{mm}$，$R_3 = 40.9\text{mm}$。

② $d_1 = L\lambda/R_1 = 0.1796\text{nm}$，$d_2 = L\lambda/R_2 = 0.0804\text{nm}$，

图 6-25　γ-Fe 某电子衍射谱图

$d_3 = L\lambda/R_3 = 0.0733\text{nm}$。

③ 查阅 γ-Fe 的 PDF 卡片，可知 $\vec{R_1}$ 和 $\vec{R_2}$ 对应的晶面族指数分别为 {200} 和 {420}。

④ 考虑到 $\vec{R_1}$ 垂直于 $\vec{R_2}$，即

$$\cos R_1 \overset{\wedge}{R_2} = \frac{\vec{R_1} \cdot \vec{R_2}}{|\vec{R_1}| |\vec{R_2}|} = \frac{H_1 H_2 + K_1 K_2 + L_1 L_2}{\sqrt{(H_1^2 + K_1^2 + L_1^2)} \sqrt{(H_2^2 + K_2^2 + L_2^2)}} = 0$$

故 $H_1 H_2 + K_1 K_2 + L_1 L_2 = 0$。

由此令 $\vec{R_1}$ 对应晶面为 (002)，$\vec{R_2}$ 的对应晶面可取 (240)，此时 $\vec{R_1} \cdot \vec{R_2} = 0$，即 $\cos R_1 \overset{\wedge}{R_2} = 0$，符合 $\vec{R_1} \perp \vec{R_2}$。

⑤ 由矢量合成 $\vec{R_3} = \vec{R_1} + \vec{R_2}$ 得 $\vec{R_3}$ 为 (242)。

$$\cos R_1 \overset{\wedge}{R_3} = \frac{\vec{R_1} \cdot \vec{R_3}}{|\vec{R_1}| |\vec{R_3}|} = \frac{H_1 H_3 + K_1 K_3 + L_1 L_3}{\sqrt{(H_1^2 + K_1^2 + L_1^2)} \sqrt{(H_3^2 + K_3^2 + L_3^2)}} = \frac{1}{\sqrt{6}} = 0.4081$$

$R_1 \overset{\wedge}{R_3} = 65.91°$ 与测量值吻合。

⑥ 晶带轴指数 $[uvw] = \vec{R_1} \times \vec{R_2} = [\bar{2}10]$。

(2) 未知晶体结构的花样标定

当晶体的点阵结构未知时，首先分析斑点的特点，确定其所属的点阵结构，然后再按前面所介绍的 8 步骤标定其衍射花样。如何确定其点阵结构呢？主要从斑点的对称特点（见表 6-3）或 $1/d^2$ 的递增规律（见表 6-4）来确定点阵的结构类型。斑点分布的对称性愈高，其对应晶系的对称性也愈高。如斑点花样为正方形时，则其点阵可能为四方或立方点阵，假如该点阵倾斜时，斑点分布可能变为正六边形，则可推断该点阵属于立方点阵。

表 6-3　衍射斑点的对称特点及其可能所属的晶系

斑点花样的几何图形	电子衍射花样	可能所属点阵
平行四边形		三斜、单斜、正交、四方、六方、三方、立方
矩形	90°	单斜、正交、四方、六方、三方、立方

斑点花样的几何图形	电子衍射花样	可能所属点阵
有心矩形	90°	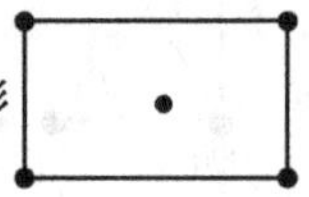 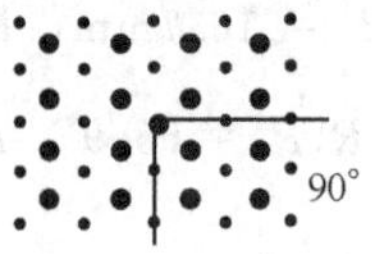 单斜、正交、四方、六方、三方、立方
正方形	90°　　45°	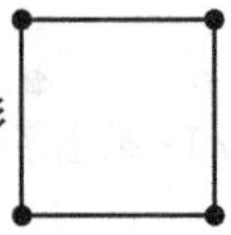 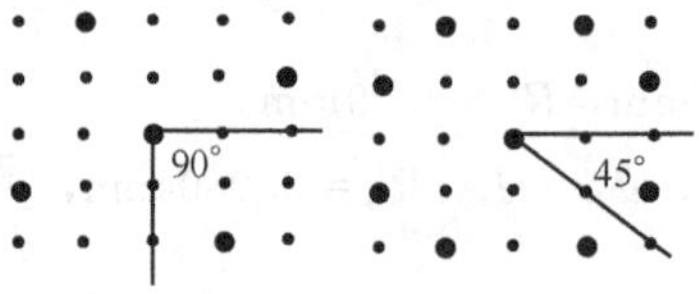 四方、立方
正六边形	60°　　30°	 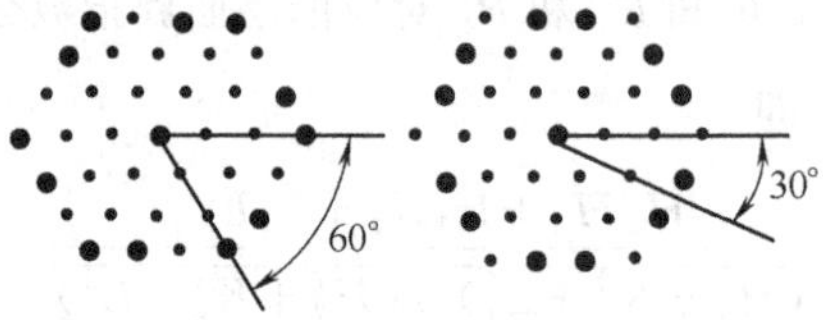 六方、三方、立方

需注意以下几点：①有时衍射斑点相对于中心斑点对称得不是很好，因此，斑点花样构成的图形难以准确判定；②由于斑点的形状、大小的测量非常困难，故 $\dfrac{1}{d^2}$ 的计算也难以非常精确，其连比规律也不一定十分明显，可能会形成模棱两可的结果，此时，可与所测 d 值相近的 PDF 卡片进行比较计算，来推断晶体所属的点阵；③第一个斑点指数可以从 $\{h_1k_1l_1\}$ 的晶面族中任取，第二个斑点指数受到相应的 N 值以及它与第一个斑点间的夹角约束，其他斑点指数可由矢量合成法获得，因此，单晶体的衍射花样指数存在不唯一性，其对应的晶带轴指数也不唯一；④可借助于其他手段如 X 射线衍射、电子探针等来进一步验证核实所分析的结论。

6.9.2　多晶体的电子衍射花样

多晶体的电子衍射花样等同于多晶体的 X 射线衍射花样，为系列同心圆，即从反射球中心出发，经反射球与系列倒易球的交线所形成的系列衍射锥在平面底片上的感光成像。其花样标定相对简单，同样分以下两种情况。

（1）已知晶体结构

具体步骤如下：

① 测定各同心圆直径 D_i，算得各半径 R_i；

② 由 R_i/K（K 为相机常数）算得 $1/d_i$；

③ 对照已知晶体 PDF 卡片上的 d_i 值，直接确定各环的晶面族指数 $\{hkl\}$。

（2）未知晶体结构

具体标定步骤如下：

① 测定各同心圆的直径 D_i，计得各系列圆半径 R_i；

② 由 R_i/K（K 为相机常数）算得 $1/d_i$；

③ 由 $\dfrac{1}{d^2}$ 由小到大的连比规律，见表 6-4，推断出晶体的点阵结构；

④ 写出各环的晶面族指数 $\{hkl\}$。

表 6-4 $\dfrac{1}{d^2}$ 的连比规律及其对应的晶面族指数

点阵结构	晶面间距	$\dfrac{1}{d^2}$的连比规律：$\dfrac{1}{d_1^2}:\dfrac{1}{d_2^2}:\dfrac{1}{d_3^2}:\dfrac{1}{d_4^2}:\cdots=N_1:N_2:N_3:N_4:\cdots$									
简单立方	$\dfrac{1}{d^2}=\dfrac{h^2+k^2+l^2}{a^2}=\dfrac{N}{a^2}$ 令：$N=h^2+k^2+l^2$	N $\{hkl\}$	1 100	2 110	3 111	4 200	5 210	6 211	8 220	9 221 300	10 310	11 311
体心立方	$\dfrac{1}{d^2}=\dfrac{h^2+k^2+l^2}{a^2}=\dfrac{N}{a^2}$ 令：$N=h^2+k^2+l^2$	N $\{hkl\}$	2 110	4 200	6 211	8 220	10 310	12 222	14 321	16 400	18 411 330	20 420
面心立方	$\dfrac{1}{d^2}=\dfrac{h^2+k^2+l^2}{a^2}=\dfrac{N}{a^2}$ 令：$N=h^2+k^2+l^2$	N $\{hkl\}$	3 111	4 200	8 220	11 311	12 222	16 400	19 331	20 420	24 422	27 333 511
金刚石	$\dfrac{1}{d^2}=\dfrac{h^2+k^2+l^2}{a^2}=\dfrac{N}{a^2}$ 令：$N=h^2+k^2+l^2$	N $\{hkl\}$	3 111	8 220	11 311	16 400	19 331	24 422	27 333 511	32 440	35 531	40 620
六方	$\dfrac{1}{d^2}=\dfrac{4}{3}\times\dfrac{h^2+hk+k^2}{a^2}+\dfrac{l^2}{c^2}$ 令：$N=h^2+hk+k^2, l=0$	N $\{hkl\}$	1 100	3 110	4 200	7 210	9 300	12 220	13 310	16 400	19 320	21 410
简单四方	$\dfrac{1}{d^2}=\dfrac{h^2+k^2}{a^2}+\dfrac{l^2}{c^2}=\dfrac{N}{a^2}$ 令：$N=h^2+k^2, l=0$	N $\{hkl\}$	1 100	2 110	4 200	5 210	8 220	9 300	10 310	13 320	16 400	18 330
体心四方	$\dfrac{1}{d^2}=\dfrac{h^2+k^2}{a^2}+\dfrac{l^2}{c^2}=\dfrac{N}{a^2}$ 令：$N=h^2+k^2, l=0$	N $\{hkl\}$	2 110	4 200	8 220	10 310	16 400	18 330	20 420	32 440	36 600	40 620

6.9.3 复杂的电子衍射花样

6.9.3.1 超点阵斑点

当合金有序化时，不同种原子将重新排列，或晶体中的原子发生有规则性的位移时，各斑点的结构因子 F_{HKL}^2 将发生变化，原来结构因子为零的消光斑点出现了，这种额外出现的斑点称为超点阵斑点。如 $AuCu_3$ 合金，面心点阵，分析过程见 3.2.3。在高于 395℃ 时为无序固溶体，各阵点的散射因子为 Au 和 Cu 的平均值 $f_{平均}=\dfrac{1}{4}f_{Au}+\dfrac{3}{4}f_{Cu}$，遵循面心点阵的消光规律，即 H、K、L 奇偶混杂时，$F_{HKL}^2=0$，出现消光现象。低于 395℃ 时有序化，此时 Au 原子位于顶点，坐标为 (0，0，0)，三个 Cu 原子位于面心，坐标分别为 $\left(\dfrac{1}{2}，\dfrac{1}{2}，0\right)$、$\left(\dfrac{1}{2}，0，\dfrac{1}{2}\right)$、$\left(0，\dfrac{1}{2}，\dfrac{1}{2}\right)$，原子散射因子分别为 f_{Au} 和 f_{Cu}，则

① 当 H、K、L 全奇或全偶时 $F_{HKL}^2=[f_{Au}+3f_{Cu}]^2$ (6-23)

② 当 H、K、L 奇偶混杂时 $F_{HKL}^2=[f_{Au}-f_{Cu}]^2\neq0$ (6-24)

可见 $AuCu_3$ 无序时，当 H、K、L 奇偶混杂时斑点消光，其花样见图 6-26(a)。有序化后，H、K、L 奇偶混杂时的结构因子并不为零，出现了衍射，但结构因子相对较小，故其

衍射斑点也相对较暗，如图 6-26(b) 和图 6-26(c)。这种无序固溶体中因消光不出现的斑点，通过有序化后出现了，这种斑点即为超点阵斑点。

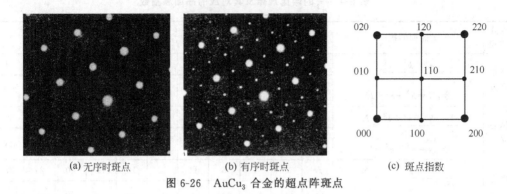

(a) 无序时斑点　　　　　(b) 有序时斑点　　　　　(c) 斑点指数

图 6-26　$AuCu_3$ 合金的超点阵斑点

6.9.3.2　孪晶斑点

材料在凝固、相变和形变过程中，晶体中的一部分在一定的切应力作用下沿着一定的晶面（孪晶面）和晶向（孪晶方向）在一个区域内发生连续顺序的切变，即形成了孪晶。孪晶部分的晶体取向发生了变化，但晶体结构和对称性并未改变，孪晶部分与基体保持着一定的对称关系。

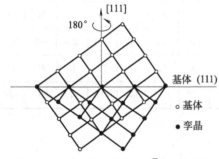

图 6-27　面心立方晶体（$1\bar{1}0$）晶面上原子排列及孪晶与基体的对称关系

孪晶花样的标定相对复杂，下面以面心立方晶体为例，说明孪晶指数标定的基本原理和过程。图 6-27 为面心立方晶体（$1\bar{1}0$）晶面上的原子排列，孪晶面为（111）晶面，孪晶方向为 $[11\bar{2}]$。孪晶点阵与基体点阵镜面对称于（111）晶面，同样孪晶点阵也可看成是（111）晶面下的基体点阵绕 [111] 晶向旋转 180°形成的。既然正空间中孪晶点阵与基体点阵存在镜面对称关系，其倒易点阵也应存在同样的镜面对称关系。故其衍射花样为基体和孪晶两套单晶斑点花样的重叠。

设电子束方向为 $[1\bar{1}0]_M$，其基体的斑点花样为与入射方向垂直，并过倒阵原点的零层倒易阵面上的阵点的投影，孪晶的斑点花样为对称于孪晶面的斑点，其作图步骤如下：

① 作出面心点阵的倒易点阵，如图 6-28(a)。

② 过倒易点阵的原点，作出垂直于 $[1\bar{1}0]$ 方向的倒易阵面，并考虑消光规律，标注斑点指数，如图 6-28(b)。

③ 过倒易点阵的原点 O^* 作 $\vec{g}_{111}$ 的垂直线，并以该直线为对称轴，作出基体斑点花样的镜面对称斑点，两套斑点的重叠即孪晶斑点花样，如图 6-28(c)。

图 6-28(d) 即为某面心立方晶体在电子束方向与孪晶面平行时的孪晶花样。

如果以 $\vec{g}_{111}$ 为轴旋转 180°，两套斑点也将重合。如果入射电子束的方向与孪晶面不平行，得到的衍射花样就不能直观地反映孪晶与基体之间取向的对称性，几何法标定孪晶花样将非常困难，此时可采用矩阵代数法算出孪晶斑点指数，推导过程请参考相关文献，体心立

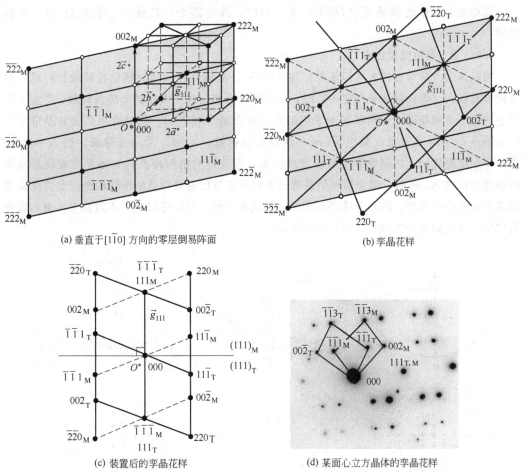

(a) 垂直于[1$\bar{1}$0] 方向的零层倒易阵面

(b) 孪晶花样

(c) 装置后的孪晶花样

(d) 某面心立方晶体的孪晶花样

图 6-28　孪晶花样形成过程示意图及某面心立方晶体的孪晶花样照片

方晶系孪晶斑点的矩阵计算公式：

$$
\begin{cases}
h' = -h + \dfrac{1}{3}H(hH+kK+lL) \\[2mm]
k' = -k + \dfrac{1}{3}K(hH+kK+lL) \\[2mm]
l' = -l + \dfrac{1}{3}L(hH+kK+lL)
\end{cases}
\tag{6-25}
$$

式中，(HKL) 为孪晶面，体心立方结构中的孪晶面是（112），共 12 个；(hkl) 是基体中将产生孪晶的晶面，$(h'k'l')$ 是 (hkl) 晶面产生孪晶后形成的孪晶晶面。

面心立方晶系孪晶斑点的矩阵计算公式：

$$
\begin{cases}
h' = -h + \dfrac{2}{3}H(hH+kK+lL) \\[2mm]
k' = -k + \dfrac{2}{3}K(hH+kK+lL) \\[2mm]
l' = -l + \dfrac{2}{3}L(hH+kK+lL)
\end{cases}
\tag{6-26}
$$

面心立方晶体的孪晶面（HKL）是（111），共有四个，其他同于公式（6-25）中的说明。

6.9.3.3 高阶劳埃斑点

当晶体的点阵常数较大（即倒易面间距较小）、晶体试样较薄（即倒易杆较长）或入射束的波长较大（即反射球半径较小）时，反射球就可能同时与多层倒易阵面相截，产生多套重叠的电子衍射花样，不同层的电子衍射花样分布的区域不同，此时可用广义的晶带定律 $hu+kv+lw=N$ 来表征，其中 $[uvw]$ 为晶带轴指数，(hkl) 为一晶带面。当 $N=0$ 时，表示零层倒易阵面上的倒易阵点与反射球相截，所获得的衍射斑点称为零层劳埃斑点或零阶劳埃带；当 $N \neq 0$ 时，即非零层倒易阵面上的阵点与反射球相截所形成的斑点称为高阶劳埃斑点或高阶劳埃带。高阶劳埃斑点的常见形式有三种：对称劳埃带、不对称劳埃带和重叠劳埃带，分别如图 6-29(a)、(b)、(c) 所示。

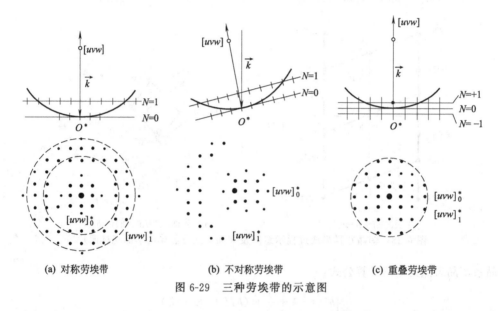

(a) 对称劳埃带　　　　　　　(b) 不对称劳埃带　　　　　　　(c) 重叠劳埃带

图 6-29　三种劳埃带的示意图

① 对称劳埃带。当入射电子束与晶带轴 $[uvw]$ 的方向一致时，反射球与多层倒易阵面相截，形成半径不同并且同心的斑点圆环带，如图 6-29(a)，位于中心的小圆区为零阶劳埃带，其他圆环带的斑点为高阶劳埃带。带间一般情况下没有斑点，但有时会由于倒易杆拉长而形成很弱的斑点。

② 不对称劳埃带。入射电子束的方向与晶带轴 $[uvw]$ 的方向不一致时，形成不对称劳埃带，此时的衍射斑点为同心圆弧带，见图 6-29(b)，根据圆弧带偏移透射斑点的距离，可以求出晶带轴偏移的角度。

③ 重叠劳埃带。当晶体的点阵常数较大，其倒易面的面间距较小，在晶体试样较薄时，其倒易杆较长，当上层倒易杆扩展到零层并与反射球相截，形成高阶劳埃带与零阶劳埃带重叠，如图 6-29(c) 所示，斑点的分布规律相同，有时会有一点位移，因此，重叠劳埃带是对称劳埃带中的一种。

由零层劳埃带的存在范围 R_0 和相机长度 L，可以估算晶体在入射方向上的厚度 t：

$$t = L^2 \frac{2\lambda}{R_0^2} \tag{6-27}$$

由高阶劳埃带的半径 R、相机长度 L 及晶带轴的 N 可以估算晶体的点阵常数 c：

$$c = L^2 \frac{2N\lambda}{R^2} \tag{6-28}$$

6.9.3.4 二次衍射

由于晶体对电子的散射能力强，故衍射束的强度往往很强，它又将成为新的入射源，在晶体中产生二次衍射，甚至多次衍射。这样会使晶体中原本相对于入射束不参与衍射的晶面，在相对于衍射束时，却满足了衍射条件产生衍射，此时的电子衍射花样将是一次衍射、二次衍射甚至多次衍射所产生的斑点叠加。当二次衍射的斑点与一次衍射的斑点重合时，增加了这些斑点的强度，并使衍射斑点的强度分布规律出现异常；当两次衍射的斑点不重合时，则在一次衍射斑点的基础上出现附加斑点，甚至出现了相对于一次衍射本应消光的斑点，这些均为衍射分析增添了困难，在花样标定前应先将二次衍射花样区分出来。

图 6-30(a) 为产生二次衍射晶面示意图。设晶面 $(h_1k_1l_1)$、$(h_2k_2l_2)$、$(h_3k_3l_3)$ 分别属于单晶体中三个不同的晶面族，入射电子束作用于晶面 $(h_3k_3l_3)$ 时，由于消光不产生衍射，但作用于晶面 $(h_1k_1l_1)$ 时产生了正常的一次衍射，一次衍射束又作用于晶面 $(h_2k_2l_2)$ 时，恰好满足衍射条件，即产生了二次衍射。一定条件下，二次衍射束的方向与消光晶面 $(h_3k_3l_3)$ 的衍射方向一致，使本不应出现的 $(h_3k_3l_3)$ 消光斑点出现了。其实，这个斑点并非是晶面 $(h_3k_3l_3)$ 自己的贡献，而是晶面 $(h_2k_2l_2)$ 衍射的结果。该过程还可用反射球示意出来，如图 6-30(b)。设 $(h_1k_1l_1)$、$(h_2k_2l_2)$、$(h_3k_3l_3)$ 三组晶面所对应的倒易矢量分别为 $\vec{g}_1$、$\vec{g}_2$、$\vec{g}_3$，其对应的倒易阵点分别为 G_1、G_2、G_3，其中 G_1、G_3 在反射球上，G_2 不一定在反射球上，$(h_3k_3l_3)$ 为消光晶面不产生衍射，如图中空心点所示，且 $\vec{g}_3 = \vec{g}_1 + \vec{g}_2$，即 $h_3 = h_1 + h_2$，$k_3 = k_1 + k_2$，$l_3 = l_1 + l_2$。当入射电子束作用在晶面 $(h_1k_1l_1)$ 上时，G_1 在反射球上，由于未发生消光，此时产生了方向为平行于 $\overrightarrow{OG_1}$ 方向的一次衍射，一次衍射束的方向恰好满足晶面 $(h_2k_2l_2)$ 的衍射条件，且未发生消光，即产生了二次衍射，二次衍射的方向平行于 $\overrightarrow{OG_3}$。当晶面 $(h_1k_1l_1)$ 的衍射束作为入射方向时，反射球的倒易原点应从 O^* 移到 G_1，此时的 $\vec{g}_2$ 同步平移，由 $\vec{g}_3 = \vec{g}_1 + \vec{g}_2$ 的矢量关系可知，晶面 $(h_2k_2l_2)$ 的衍射方向与 $\overrightarrow{OG_3}$ 重合，而晶面 $(h_3k_3l_3)$ 为消光晶面，本不产生衍射，但此时由于晶面 $(h_1k_1l_1)$ 上的一次衍射束在 $(h_2k_2l_2)$ 上发生二次衍射，使本应消光的 $\overrightarrow{OG_3}$ 方向出现了衍射，显然，此时的衍射并不是 $(h_3k_3l_3)$ 晶面产生，而是晶面 $(h_2k_2l_2)$ 贡献的。

需注意以下几点：

① 超点阵中，出现了本应消光的斑点，那是由于晶体的结构因子发生了变化所致，且该斑点仍是原消光晶面衍射产生，而二次衍射中消光点的出现，是由于其他晶面在一次衍射束的作用下发生二次衍射所致，并非原消光晶面产生。

② 二次衍射可使金刚石立方和密排六方晶体中的消光点出现。金刚石立方结构为面心立方点阵沿其对角线移动 $1/4$ 对角线长的复式点阵，其消光规律除了面心点阵的消光规律（H、K、L 奇偶混杂消光）外，尚有附加消光规律即 $H + K + L = 4n + 2$ 时消光，此时

[110] 晶带轴过倒阵原点的倒易阵面如图 6-31。$\bar{1}11$ 移至中心 000 时，消光点 $2\bar{2}\bar{2}$、$\bar{2}2\bar{2}$ 出现衍射斑点，发生二次衍射。六方结构为简单点阵套构形成的复式点阵，简单点阵无消光，套构后产生附加消光，即 $H+2K=3n$，$L=2n+1$ 时消光。[100] 晶带方向的零层倒易阵面为图 6-32，001 和 00$\bar{1}$ 消光，当 [010] 为入射束时，两消光点均出现衍射斑点，发生二次衍射。

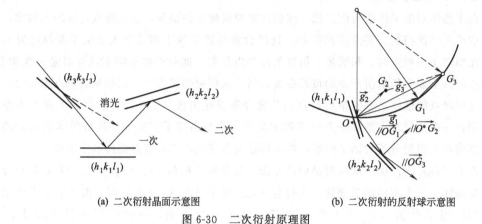

(a) 二次衍射晶面示意图　　　　　　　(b) 二次衍射的反射球示意图

图 6-30　二次衍射原理图

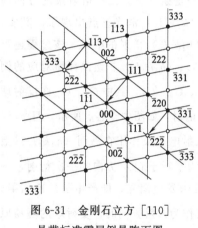

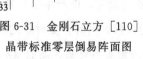

图 6-31　金刚石立方 [110]
晶带标准零层倒易阵面图

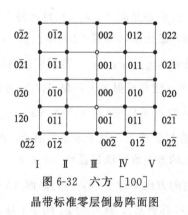

图 6-32　六方 [100]
晶带标准零层倒易阵面图

③ 体心和面心点阵中无二次衍射产生。体心点阵中，如图 6-33，消光规律为 $H+K+L=$ 奇数，每列中总有消光和非消光点，第Ⅳ列中，由于中心点 010 为消光点，无衍射束存在，只有第Ⅴ列中 020 不消光，移至中心作新的入射束时，消光点与衍射点未变，故无二次衍射产生。同理，在面心点阵中，如图 6-34，第Ⅳ列全部消光，而第Ⅴ列与中心列Ⅲ的消光相同，故移动也不会改变中心列中各点的消光与衍射，故无二次衍射产生。

④ 消光斑点产生二次衍射，不是原晶面衍射产生，而是新晶面衍射产生。

⑤ 二次衍射产生的原因：样品具有一定的厚度；TEM 衍射的布拉格角很小。随着样品厚度增加，衍射束增强，由于 TEM 衍射中非常小的布拉格角，这些衍射束在方向上接近入射布拉格角，这些衍射束可以作为产生相同类型衍射花样的入射束。

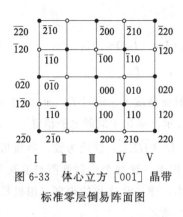

图 6-33　体心立方 [001] 晶带
标准零层倒易阵面图

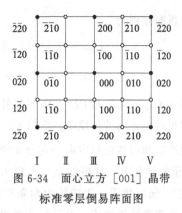

图 6-34　面心立方 [001] 晶带
标准零层倒易阵面图

6.9.3.5　菊池花样

菊池于 1928 年用电子束穿透较厚试样（>0.1μm），且内部缺陷密度较低的完整单晶试

样时，发现其衍射花样中除了斑点花样外，还有
亮暗平行线对，且亮线在衍射斑点花样区，暗线
在透射斑点区或其附近。当厚度继续增加时，衍
射斑点消失，仅剩大量亮暗平行线对，如图 6-35。
菊池认为这是电子经过非弹性散射失去较少能量，
然后又受到弹性散射所致，这些亮暗线对称为菊
池线对，菊池线对之间的区域又称菊池带。

入射电子在样品内受到的散射有两种：一类
是弹性散射，即电子被散射前后的能量不变，由
于晶体中的质点排列规则，可使弹性散射电子彼

图 6-35　菊池线对

此相互干涉，满足布拉格衍射条件产生衍射环或衍射斑点；另一类是非弹性散射，即在散射
过程中不仅方向发生改变，而且其能量减少，这是衍射花样中背底强度的主要来源。

试样较薄时，试样中的原子对电子束中电子的散射次数也少，原子对电子的单次非弹性
散射，只引起入射电子损失极少的能量（<50eV），此时可近似认为其波长未发生变化。而
对于厚度大于 100nm 的试样，由于入射电子束与试样的非弹性散射次数增加、作用增强，
使溢出试样的电子能量（波长）和方向都相差较大，在晶体内出现了在空间所有方向上传播
的子波，形成均匀的背低强度，中间较亮、旁边较暗，散射角愈大，强度愈低，这些子波在
符合布拉格衍射条件的情况下，同样可使晶面发生衍射，即发生再次的相干散射，所以这也
是一种动力学效应。

当电子束入射较厚晶体时，在 O 点受到非相干散射后成为球形子波的波源，非相干散
射电子的强度和发生概率均是散射角的函数。在入射束方向相同或接近方向上电子高度密
集，散射电子强度极大，随着散射角的增大，其强度单调减小。如果以方向矢量的长度表示
其强度，则从 O 点发出的散射波的强度分布为图 6-36(a) 所示的液滴状，$\overrightarrow{OQ}$ 方向的电子散
射强度高于 $\overrightarrow{OP}$ 方向即 $I_{OQ} > I_{OP}$。由 O 点发出的散射波入射到晶体中的（HKL）晶面上，
其中部分将满足布拉格衍射条件在 P、Q 处产生衍射如图 6-36(b)，衍射线分别为 PP' 和
QQ'，假定晶面反射系数为 c，即透射束转给衍射束的能量分数，c 一般大于 1/2，则其对应

的衍射强度分别为

$$I_{PP'} = (I_{OQ} - cI_{OQ}) + cI_{OP} = I_{OQ} - c(I_{OQ} - I_{OP}) < I_{OQ} \tag{6-29}$$

$$I_{QQ'} = (I_{OP} - cI_{OP}) + cI_{OQ} = I_{OP} + c(I_{OQ} - I_{OP}) > I_{OP} \tag{6-30}$$

因为 $I_{OQ} > I_{OP}$，故 $\overrightarrow{PP'}$ 方向的散射强度相对于入射波强度 I_{OQ} 减弱了，而 $\overrightarrow{QQ'}$ 方向的散射强度相对于入射波强度 I_{OP} 增强了，如图 6-36(c) 所示。非相干散射电子相对于 $\{HKL\}$ 晶面族产生的可能衍射方向一定分布于晶面 (HKL) 和 $(\overline{HKL})$ 法线为轴、半顶角为 $90°$ $-\theta$ 的衍射锥面上，且衍射束与入射束在同一个圆锥面上。这两个衍射锥面与厄瓦尔德球（接近于平面）相截，相截处为两条双曲线，因 θ 很小，样品至底片的距离（相机长度 L）较长，故双曲线近似为一对平行的直线，如图 6-36(d) 所示。

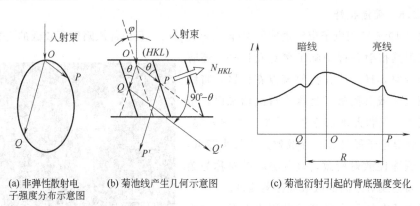

(a) 非弹性散射电子强度分布示意图   (b) 菊池线产生几何示意图   (c) 菊池衍射引起的背底强度变化

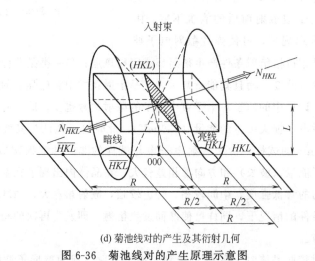

(d) 菊池线对的产生及其衍射几何

图 6-36　菊池线对的产生原理示意图

因为 $I_{OQ} > I_{OP}$，且 $c > 1/2$，所以

$$I_{QQ'} - I_{PP'} = (2c - 1)(I_{OQ} - I_{OP}) > 0 \tag{6-31}$$

即总的背底沿着 $\overrightarrow{QQ'}$ 衍射增强、$\overrightarrow{PP'}$ 衍射减弱，这样就形成了一对菊池线，背底增强的线称为增强线（亮线），背底减弱的线称为减弱线（暗线）。由于晶体中其他晶面也可产生类似的线对，因此，将形成许多亮暗线对构成的菊池线谱。由图 6-36(d) 可以看出，菊池线对

的间距 $R=L\times 2\theta$，由于非弹性散射过程中波长的变化不大，所以衍射角的变化也不大，于是，菊池线对的间距 R 实际上等于衍射斑点 HKL 或 $\overline{HKL}$ 至中心斑点的距离，线对的公垂线也与中心斑点和衍射斑点的连线平行，同时，菊池线对的中分线即为衍射晶面 (HKL) 与底片的交线（又称晶面迹线）。如果已知相机常数 K，也可由线对间距 R 计算晶面间距 d。

图 6-37 为不同入射条件下菊池线对的位置。对称入射时，即入射束平行于衍射晶面，$\varphi=0°$，菊池线对出现在中心透射斑点两侧，衍射晶面的迹线正好过透射斑 [图 6-37(a)]。理论上讲此时的背底强度净增与净减均为零，不应出现菊池线对，实际上在线对间出现暗带（试样较厚）或亮带（试样较薄），可能是反常吸收效应所致。非对称入射时，如 $\varphi=\theta$ 时，如图 6-37(b) 所示，此时衍射晶面 (HKL) 的倒易点恰好在反射球上，菊池线对中亮线 P 和暗线 Q 正好分别通过衍射斑点 HKL 和透射斑点 000，此时菊池线对特征不太明显。当电子束以任意角入射时，菊池线对可位于透射斑的同侧，如图 6-37(c) 所示，也可在两侧，如图 6-37(d) 所示。一般情况下，菊池线对的位置相对于透射斑是不对称的，相对靠近中心斑点的为暗线，其电子强度低于背底强度，而远离中心斑点的为亮线，其电子强度高于背底强度。菊池线对始终对称分布在该衍射晶面的迹线两侧。

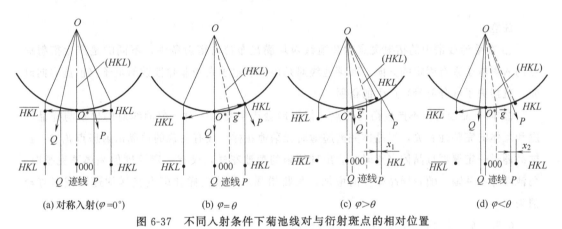

(a) 对称入射($\varphi=0°$)　　(b) $\varphi=\theta$　　(c) $\varphi>\theta$　　(d) $\varphi<\theta$

图 6-37　不同入射条件下菊池线对与衍射斑点的相对位置

菊池线对的位置对晶体取向十分敏感，样品作微小倾转时，菊池线对在像平面上以相机长度 L 绕倾斜轴扫动。从图 6-37(a) 到图 6-37(b)，试样倾转了 θ，菊池线对扫过 $\frac{1}{2}R$，而衍射斑点位置却基本不变，但衍射斑点的强度发生了较大变化，这是由于反射球与倒易杆相截的位置发生了变化所致。与此同时，一些新的衍射斑点出现，一些原有的衍射斑点消失。如试样倾转 $\varphi=1°$，相机长度为 500mm，此时菊池线对扫过的位移 $x=L\varphi=500\times\frac{\pi}{180}=$ 8.6mm。故菊池线可用于精确测定晶体取向，精度可达 0.1°，远高于衍射斑点所测的精度（3°）。

图 6-38 为面心立方晶体在电子束方向为 [001] 对称入射时的菊池线和相应的衍射斑点位置示意图。由于对称入射，菊池线总是位于中心斑点和衍射斑点之间的中心位置。同一晶带轴的不同晶面所产生的菊池线对的中线（迹线）必相交于一点，该交点是晶带轴与投影面

的交点，又称菊池极。相交于同一个极点的菊池线对的中线所对应的晶面必属于同一个晶带。单晶体的一套斑点花样反映同一晶带轴的系列晶面，而菊池花样中可能存在多个晶带轴，即同一张菊池花样中可能有多个菊池极，图 6-39 即为面心立方晶体含有多个菊池极的菊池图。

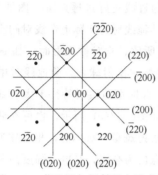

图 6-38　菊池极与衍射斑点示意图

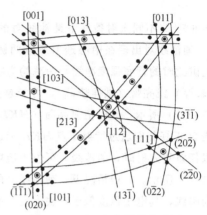

图 6-39　面心立方晶体菊池图

注意：

① 在菊池线谱中的衍射斑点和菊池线对均满足布拉格衍射条件，不同的是产生衍射斑点的入射电子束有固定的方向，而菊池线对是由入射电子束中非弹性散射电子（前进方向改变，且损失了部分能量）产生的衍射。

② 同一晶面可以不产生衍射斑点，但可能会产生菊池线对。菊池线对的出现与样品厚度和晶体的完整性有关，当晶体完整超薄时无菊池花样，仅有明锐的单晶衍射斑点花样。在样品超过一定厚度且晶体完整时才会出现清晰的菊池花样，仅有一定厚度但晶体不完整时，菊池花样不清晰。随着样品厚度的增加，吸收增强，菊池花样和斑点花样均逐渐减弱直至消失。

6.9.3.6　菊池花样的应用——取向分析

由于电镜中的菊池花样的位置对晶体取向十分敏感，样品作微小倾转时，菊池线对在像平面上以相机长度 L 绕倾斜轴扫动，因此常被用于晶体取向分析。最为常见的是三菊池带法和两菊池带法。

（1）三菊池带法

见图 6-40，具体步骤如下：

① 在菊池线谱中找到相对独立的三个菊池极。

② 分别测量三线对的间距，分别除以相机常数 K，即为三个晶面间距，由 X 射线衍射的 PDF 卡片获得三个菊池线对对应的晶面指数 $(h_i k_i l_i)$（$i=1$，2，3），再由三者之间的夹角 α_{12}、α_{23}、α_{31} 关系确定三菊池线对分别对应的精确的晶面指数 $(h_i k_i l_i)$。

③ 由三个晶面指数 $(h_i k_i l_i)$（$i=1$，2，3）两两叉乘分别确定三个菊池极所代表的三个晶带轴指数 $[u_i v_i w_i]$（$i=1$，2，3）。

④ 薄膜试样表面的法线方向为 $[hkl]$，即电子束的反方向，设其与投影面的交点为 O，

见图 6-41，分别连接 OA、OB、OC，试样与投影面的间距为 L，即为有效镜筒长度。设电子束与三个晶带轴 $O'A$、$O'B$ 和 $O'C$ 的夹角分别为 α、β、γ。令三晶带轴矢量为 $\vec{H_i}=[u_i v_i w_i]$，由已知 L 和测量的 OA、OB 和 OC，计算出 α、β、γ 分别为 $\alpha=\arctan\dfrac{OA}{L}$；$\beta=\arctan\dfrac{OB}{L}$；$\gamma=\arctan\dfrac{OC}{L}$，注意：投影面平行于试样表面。

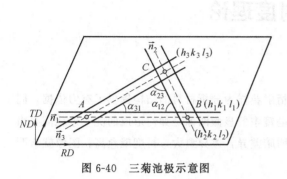
图 6-40　三菊池极示意图

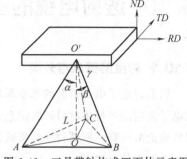
图 6-41　三晶带轴构成四面体示意图

⑤ 设 $\vec{N}$ 为电子束入射矢量，为试样表面的法线方向 $[hkl]$ 的反方向，联立方程组：

$$\begin{cases} \cos\alpha=\dfrac{\vec{H_1}\cdot\vec{N}}{|\vec{H_1}||\vec{N}|} \\[2mm] \cos\beta=\dfrac{\vec{H_2}\cdot\vec{N}}{|\vec{H_2}||\vec{N}|} \\[2mm] \cos\gamma=\dfrac{\vec{H_3}\cdot\vec{N}}{|\vec{H_3}||\vec{N}|} \end{cases} \qquad (6\text{-}32)$$

求得 h、k、l。

⑥ 量出 3 条过花样中心菊池带 $(h_1k_1l_1)$、$(h_2k_2l_2)$、$(h_3k_3l_3)$ 与投影面上 RD 的夹角 β_1、β_2、β_3，列出三个夹角方程，解出三个未知量 $[uvw]$。从而获得该菊池花样所对应的晶体取向：$(hkl)[uvw]$

（2）两菊池带法

两根菊池带 $(h_1k_1l_1)$ 和 $(h_2k_2l_2)$ 交点为 B 极点，见图 6-42。B 点晶轴为 $[uvw]$，设晶轴为 Z_p，以 $(h_2k_2l_2)$ 晶面法线为 X_p 组成的旋转矩阵 $\mathbf{P}$ 为：

$$\mathbf{P}=\begin{pmatrix} h_1 & r & u \\ k_1 & s & v \\ l_1 & t & w \end{pmatrix} \qquad (6\text{-}33)$$

$[rst]$ 为 Z_p、X_p 叉乘得到 Y_p 轴。由于该矩阵不是真正的样品坐标系（X-Y-Z）相对于晶体坐标系的关系，还要将该坐标系（X_p-Y_p-Z_p）转到与样品坐标系（X-Y-Z）重

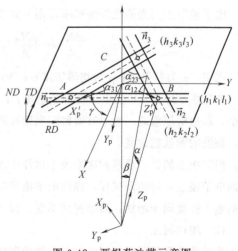
图 6-42　两根菊池带示意图

合，即分别绕 X_p、Y_p、Z_p 转动 α、β、γ 角（逆时针为正），对应的旋转矩阵分别为

$$A = \begin{pmatrix} 1 & 0 & 0 \\ 0 & \cos\alpha & -\sin\alpha \\ 0 & \sin\alpha & \cos\alpha \end{pmatrix}, \quad B = \begin{pmatrix} \cos\beta & 0 & -\sin\beta \\ 0 & 1 & 0 \\ \sin\beta & 0 & \cos\beta \end{pmatrix}, \quad C = \begin{pmatrix} \cos\gamma & -\sin\gamma & 0 \\ \sin\gamma & \cos\gamma & 0 \\ 0 & 0 & 1 \end{pmatrix},$$

则取向矩阵为 $g = A \times B \times C \times P$。

6.10 透射电镜的图像衬度理论

6.10.1 衬度的概念与分类

前面讨论了电子衍射的基本原理，电子衍射花样为分析材料的结构提供了有力依据，同时电子衍射还可提供材料形貌信息，那么在电镜中的显微图像是如何形成的呢？这就需要由衬度理论来解释。所谓衬度是指两像点间的明暗差异，差异愈大，衬度就愈高，图像就愈明晰。电镜中的衬度（contrast）可表示为：

$$C = \frac{I_1 - I_2}{I_1} = \frac{\Delta I}{I_1} \tag{6-34}$$

式中，I_1、I_2 分别表示两像点的成像电子的强度。衬度源于样品对入射电子的散射，当电子束（波）穿透样品后，其振幅和相位均发生了变化，因此，电子显微图像的衬度可分为振幅衬度和相位衬度，这两种衬度对同一幅图像的形成均有贡献，只是其中一个占主导而已。根据产生振幅差异的原因，振幅衬度又可分为质厚衬度和衍射衬度两种。

（1）质厚衬度

质厚衬度是由于试样中各处的原子种类不同或厚度、密度差异所造成的衬度。图 6-43 为质厚衬度形成示意图，高质厚处，即该处的原子序数或试样厚度较其他处高。由于高序数的原子对电子的散射能力强于低序数的原子，成像时电子被散射出光阑的概率就大，参与成像的电子强度就低，与其他处相比，该处的图像就暗；同理，试样厚处对电子的吸收相对较多，参与成像的电子就少，导致该处的图像就暗。非晶体主要是靠质厚衬度成像。

电子被散射到光阑孔外的概率可用下式表示：

$$\frac{dN}{N} = -\frac{\rho N_A}{A} \times \frac{Z^2 e^2 \pi}{V^2 \alpha^2} \left(1 + \frac{1}{Z}\right) dt \tag{6-35}$$

式中，α 为散射角；ρ 为物质密度；e 为电子电荷；A 为原子质量；N_A 为阿伏伽德罗常数；Z 为原子序数；V 为电子枪加速电压；t 为试样厚度。由上式可知试样愈薄、原子序数愈小、加速电压愈高，电子被散射到光阑孔外的概率愈小，通过光阑孔参与成像的电子就愈多，该处的图像就愈亮。

但需指出的是，质厚衬度取决于试样中不同区域参与成像的电子强度的差异，而不是成像的电子强度，对相同试样，提高电子枪的加速电压，电子束的强度提高，试样各处参与成像的电子强度同步增加，质厚衬度不变。仅当质厚变化时，质厚衬度才会改变。

（2）相位衬度

当晶体样品较薄时，可忽略电子波的振幅变化，让透射束和衍射束同时通过物镜光阑，

由于试样中各处对入射电子的作用不同，它们在穿出试样时相位不一，再经相互干涉后便形成了反映晶格点阵和晶格结构的干涉条纹像，如图 6-44，并可测定物质在原子尺度上的精确结构。这种主要由相位差所引起的强度差异称为相位衬度，晶格分辨率的测定以及高分辨图像就是采用相位衬度来进行分析的。

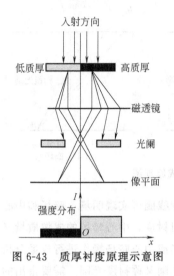

图 6-43　质厚衬度原理示意图

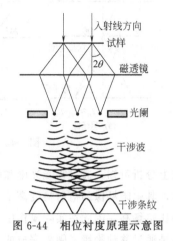

图 6-44　相位衬度原理示意图

（3）衍射衬度

图 6-45 为衍射衬度形成原理图，设试样仅由 A、B 两个晶粒组成，其中晶粒 A 完全不满足布拉格方程的衍射条件，而晶粒 B 中为简化起见也仅有一组晶面（hkl）满足布拉格衍射条件，其他晶面均远离布拉格条件。这样与入射电子束作用后，将在晶粒 B 中产生衍射束 I_{hkl}，形成衍射斑点 hkl，而晶粒 A 因不满足衍射条件，无衍射束产生，仅有透射束 I_0，此时，移动物镜光阑，挡住衍射束，仅让透射束通过，如图 6-45(a)，晶粒 A 和 B 在像平面上成像，其电子束强度分别为：$I_A \approx I_0$ 和 $I_B \approx I_0 - I_{hkl}$，晶粒 A 的亮度远高于晶粒 B。若以 A 晶粒的强度为背景强度，则 B 晶粒像的衍射衬度为：$\left(\dfrac{\Delta I}{I_A}\right)_B = \dfrac{I_A - I_B}{I_A} \approx \dfrac{I_{hkl}}{I_A}$。这种由满足布拉格衍射条件的程度不同造成的衬度称为衍射衬度。并把这种挡住衍射束，让透射束成像的操作称为明场操作，所成的像称为明场像。

如果移动物镜光阑挡住透射束，仅让衍射束通过成像，得到所谓的暗场像，此成像操作称为暗场操作，如图 6-45(b)。此时两晶粒成像的电子束强度分别为：$I_A \approx 0$ 和 $I_B \approx I_{hkl}$，像平面上晶粒 A 基本不显亮度，而晶粒 B 由衍射束成像亮度高。若仍以 A 晶粒的强度为背景强度，则 B 晶粒像的衍射衬度为：$\left(\dfrac{\Delta I}{I_A}\right)_B = \dfrac{I_A - I_B}{I_A} \approx \dfrac{I_{hkl}}{I_A} \to \infty$，但由于此时的衍射束偏离了中心光轴，其孔径半角相对于平行于中心光轴的电子束要大，因而磁透镜的球差较大，图像的清晰度不高，成像质量低，为此，通过调整偏置线圈，使入射电子束倾斜 $2\theta_B$，如图 6-45(c)所示，晶粒 B 中的（$\bar{h}\bar{k}\bar{l}$）晶面组完全满足衍射条件，产生强烈衍射，此时的衍射斑点移到了中心位置，衍射束与透镜的中心轴重合，孔径半角大大减小，所成像比暗场像更加清晰，成像质量得到明显改善。这种成像操作称为中心暗场操作，所成像称为中心暗场像。

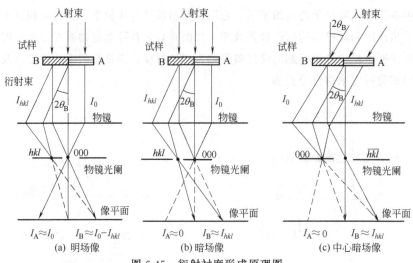

| $I_A \approx I_0$ | $I_B \approx I_0 - I_{hkl}$ | $I_A \approx 0$ | $I_B \approx I_{hkl}$ | $I_A \approx 0$ | $I_B \approx I_{hkl}$ |

(a) 明场像　　　　　　　(b) 暗场像　　　　　　(c) 中心暗场像

图 6-45　衍射衬度形成原理图

由以上分析可知，通过物镜光阑和电子束的偏置线圈可实现明场、暗场和中心暗场三种成像操作，其中暗场像的衍射衬度高于明场像的衍射衬度，中心暗场的成像质量又因孔径半角的减小比暗场高，因此在实际操作中通常采用暗场或中心暗场操作进行成像分析。以上三种操作均是通过移动物镜光阑来完成的，因此物镜光阑又称衬度光阑。需要指出的是，进行暗场或中心暗场成像时，采用的是衍射束进行成像的，其强度要低于透射束，但其产生的衬度却比明场像高。

6.10.2　衍射衬度运动学理论与应用

衍射衬度理论简称衍衬理论，所讨论的是电子束穿出样品后透射束或衍射束的强度分布，从而获得各像点的衬度分布。衍衬理论可以分析和解释衍射成像的原理，也可由该理论预示晶体中一些特定结构的衬度特征。由电子束与样品的作用过程可知，电子束在样品中可能要发生多次散射，且透射束和衍射束之间也将发生相互作用，因此，穿出样品后的衍射强度的计算过程非常复杂，需要对此简化。根据简化程度的不同，衍衬理论可分为运动学理论和动力学理论两种。当考虑衍射的动力学效应，即透射束与衍射束之间的相互作用和多重散射所引起的吸收效应时，衍衬理论称为动力学理论；当不考虑动力学效应时，衍衬理论称为运动学理论。衍衬运动学理论尽管作了较大程度的简化，但在一定的条件下可以对一些衍衬现象作出定性和直观的解释，但由于其过于简化，仍有一些衍衬现象无法解释，因此，该理论的运用仍具有一定的局限性。而衍衬动力学理论简化较少，衍射强度的计算更加严密，可以解释一些运动学理论无法解释的衍衬现象，但该理论的推导过程烦琐，本书未作介绍，感兴趣的读者可参考相关文献。衍衬运动学理论只是衍衬动力学理论的一种近似。

6.10.2.1　基本假设

衍衬运动学理论的两个基本假设：

① 衍射束与透射束之间无相互作用，无能量交换；

② 不考虑电子束通过样品时的引起的多次反射和吸收。

以上两个基本假设在一定的条件下是可以满足的，当样品较薄，偏移矢量较大时，由强度分布曲线可知衍射束的强度远小于透射束的强度，因此，可以忽略透射束与衍射束之间的能量交换。由于样品很薄，同样可以忽略电子束在样品中的多次反射和吸收。在满足上述两个基本假设后，运动学理论还作了以下两个近似。

（1）双光束近似

电子束透过样品后，除了一束透射束外还有多个衍射束。双光束近似是指在多个衍射束中，仅有一束接近于布拉格衍射条件（仍有偏离矢量 $\vec{s}$），其他衍射束均远离布拉格衍射条件，衍射束的强度均为零，这样电子束透过样品后仅存在一束透射束和一束衍射束。

双光束近似可以获得以下关系：$I_0 = I_T + I_g$，式中 I_0、I_T、I_g 分别表示入射束、透射束和衍射束的强度。透射束和衍射束保持互补关系，即透射束增强时，衍射束减弱，反之则反。通常设 $I_0 = 1$，这样 $I_T + I_g = 1$，当算出 I_g 时，即可知道 $I_T = 1 - I_g$。

（2）晶柱近似

晶柱近似是把单晶体看成是由一系列晶柱平行排列构成的散射体，各晶柱又由晶胞堆砌而成，晶柱贯穿晶体厚度，晶柱与晶柱之间不发生交互作用。假设样品厚度 t 为 200nm，在加速电压为 100kV 时，电子束的波长 λ 为 0.0037nm，晶面间距 d 为 0.1nm 量级，由布拉格方程可知，θ 很小仅有 $10^{-3} \sim 10^{-2}$ rad，可见衍射束与透射束在穿过样品后，两者间的距离为 $t \times 2\theta$，约 1nm。在这样薄的晶体内，无论透射振幅还是衍射振幅，都可看成是包括透射波和衍射波在内的晶柱内的原子或晶胞散射振幅的叠加。每个晶柱被看成晶体的一个成像单元。只要算出各晶柱出口处的衍射强度或透射强度，就可获得晶体下表面各成像单元的衬度分布，从而建立晶体下表面上各点的衬度和晶柱结构的对应关系，这种处理方法即为晶柱近似。通过晶柱近似后，每一晶柱下表面的衍射强度即可认为是电子束在晶柱中散射后离开下表面时的强度，该强度可以通过积分法获得。

图 6-46 为晶体双光束近似和晶柱近似的示意图，样品厚度为 t，通过双光束近似和晶柱近似后，就可计算晶体下表面各物点的衍射强度 I_g，从而解释暗场像的衬度，也可由 $I_T = 1 - I_g$ 关系，获得各物点的 I_T，解释明场像的衬度。晶体有理想晶体和实际晶体之分，理想晶体中没有任何缺陷，此时的晶柱为垂直于晶体表面的直晶柱，而实际晶体由于存在缺陷，晶柱发生弯曲，因此，理想晶体和实际晶体的衍射强度计算有别，下面分别讨论之，并由此解释一些常见的衍射图像。

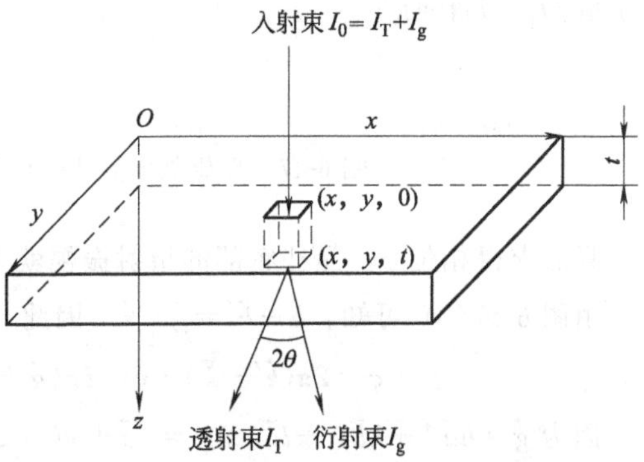

图 6-46　晶体的双光束近似和晶柱近似

6.10.2.2　理想晶体的衍射束强度

理想晶体又称完整晶体，没有任何缺陷，晶柱为垂直于样品表面的直晶柱。图 6-47（a）为理想晶体中晶柱底部的衍射强度计算示意图。电子波进入晶柱多次散射后，从晶柱底部穿出，设入射波的强度为 I_0，衍射束强度和透射束强度分别为 I_g 和 I_T。薄晶体的厚度为 t；偏移矢量为 $\vec{s}$；入射矢量和衍射矢量分别为 $\vec{k}$ 和 $\vec{k}'$；$\vec{r}$ 为晶胞的位置矢量，$\vec{r} = x\vec{a} + y\vec{b} + z\vec{c}$，

(x, y, z) 为位置坐标；$\vec{g}$ 为倒易矢量，$\vec{g}=h\vec{a}^*+k\vec{b}^*+l\vec{c}^*$；衍射几何如图 6-47(b)，由费涅尔（Fresnel）衍射原理可得在衍射方向衍射波振幅的微分为

$$d\phi_g=\frac{i\pi}{\xi_g}e^{-i\varphi}dr=\frac{i\pi}{\xi_g}\exp\left[-2\pi i(\vec{k}'-\vec{k})\cdot\vec{r}\right]dr \tag{6-36}$$

式中，ϕ_g 为衍射波的振幅；φ 为散射波的相位，$\varphi=2\pi(\vec{k}'-\vec{k})\cdot\vec{r}$；$\xi_g$ 为消光距离。

消光距离 ξ_g 是衍衬理论中的一个动力学概念，表示精确满足布拉格衍射条件时，由于晶柱中衍射波和透射波之间的相互作用，引起衍射强度（或透射强度）在晶柱深度方向上发生周期性的振荡［如图 6-47(c)］，这个沿晶柱深度方向的振荡周期即为消光距离，其大小为相邻最大或最小振幅间的距离，可表示为：

$$\xi_g=\frac{\pi V_c\cos\theta}{\lambda n F_g} \tag{6-37}$$

式中，V_c 为晶胞体积；F_g 为晶胞的结构因子；λ 为入射波的波长；θ 为衍射半角；n 为单位面积上的晶胞数。消光距离具有长度量纲，与晶体的成分、结构、加速电压等有关，多数金属晶体低指数反射的消光距离一般在数十纳米左右。

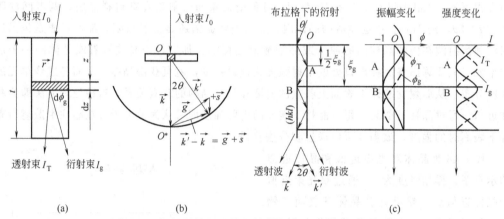

图 6-47　理想晶体晶柱的衍射束强度及消光距离示意图

只需求得相位 φ，晶柱底部的衍射振幅就可由式(6-36)在 $0\sim t$ 范围内的积分获得。

由图 6-47(b) 可知：$\vec{k}-\vec{k}'=\vec{g}+\vec{s}$，因此

$$\varphi=2\pi(\vec{k}'-\vec{k})\cdot\vec{r}=2\pi(\vec{g}+\vec{s})\cdot\vec{r}=2\pi\vec{g}\cdot\vec{r}+2\pi\vec{s}\cdot\vec{r} \tag{6-38}$$

因为 $\vec{g}=h\vec{a}^*+k\vec{b}^*+l\vec{c}^*$，$\vec{r}=x\vec{a}+y\vec{b}+z\vec{c}$，$\vec{s}//\vec{r}//z$ 轴

所以 $\vec{g}\cdot\vec{r}=hx+ky+lz$，因为 (x, y, z) 为胞的位置坐标，为单位矢量的整数倍，故为整数，设为 n。$\vec{s}\cdot\vec{r}=|\vec{s}|\cdot|\vec{r}|\cos\alpha$，$\alpha$ 为 $\vec{s}$ 与 $\vec{r}$ 的夹角，显然 $\alpha=0°$，因此，$\vec{s}\cdot\vec{r}=|\vec{s}|\cdot|\vec{r}|\cos\alpha=sr$。

得：

$$\varphi=2n\pi+2\pi sr \tag{6-39}$$

由于仅需考虑晶柱深度方向上的衍射，因此 $dr=dz$。

这样晶柱底部的衍射振幅为

$$\phi_g=\frac{i\pi}{\xi_g}\int_0^t e^{-i\varphi}dr=\frac{i\pi}{\xi_g}\int_0^t e^{-i(2n\pi+2\pi sr)}dr=\frac{i\pi}{\xi_g}\int_0^t e^{-i(2n\pi+2\pi sz)}dz$$

$$= \frac{\mathrm{i}\pi}{\xi_\mathrm{g}} \left(\int_0^t \mathrm{e}^{-\mathrm{i}2n\pi} \mathrm{d}z \int_0^t \mathrm{e}^{-\mathrm{i}2\pi sz} \mathrm{d}z \right)$$

$$= \frac{\mathrm{i}\pi}{\xi_\mathrm{g}} \int_0^t \mathrm{e}^{-\mathrm{i}2\pi sz} \mathrm{d}z$$

$$= \frac{\mathrm{i}\pi}{\xi_\mathrm{g}} \times \frac{1}{-2\pi\mathrm{i}s} (\mathrm{e}^{-2\pi\mathrm{i}st} - 1)$$

$$= \frac{1}{2s\xi_\mathrm{g}} (1 - \mathrm{e}^{-2\pi\mathrm{i}st}) = \frac{1}{2s\xi_\mathrm{g}} (\mathrm{e}^{\pi\mathrm{i}st} \mathrm{e}^{-\pi\mathrm{i}st} - \mathrm{e}^{-\pi\mathrm{i}st} \mathrm{e}^{-\pi\mathrm{i}st})$$

$$= \frac{1}{2s\xi_\mathrm{g}} \mathrm{e}^{-\pi\mathrm{i}st} (\mathrm{e}^{\pi\mathrm{i}st} - \mathrm{e}^{-\pi\mathrm{i}st})$$

$$= \frac{1}{2s\xi_\mathrm{g}} \mathrm{e}^{-\pi\mathrm{i}st} \{ (\cos\pi st + \mathrm{i}\sin\pi st) - [\cos(-\pi st) + \mathrm{i}\sin(-\pi st)] \}$$

$$= \frac{1}{2s\xi_\mathrm{g}} \times 2\mathrm{i}\sin\pi st \, \mathrm{e}^{-\pi\mathrm{i}st}$$

$$= \frac{1}{s\xi_\mathrm{g}} \mathrm{i}\sin\pi st \, [\cos(-\pi st) + \mathrm{i}\sin(-\pi st)]$$

$$= \frac{1}{s\xi_\mathrm{g}} \sin\pi st \, [\sin\pi st + \mathrm{i}\cos\pi st] \tag{6-40}$$

因 ϕ_g 为复数，其共轭复数为

$$\phi_\mathrm{g}^* = \frac{1}{s\xi_\mathrm{g}} \sin\pi st \, [\sin(\pi st) - \mathrm{i}\cos(\pi st)] \tag{6-41}$$

所以衍射波振幅的平方为

$$|\phi_\mathrm{g}|^2 = \phi_\mathrm{g} \phi_\mathrm{g}^* = \frac{\pi^2}{\xi_\mathrm{g}^2} \times \frac{\sin^2(\pi st)}{(\pi s)^2} \tag{6-42}$$

因为衍射强度正比于其振幅的平方，所以晶柱底部的衍射束强度可以表示为

$$I_\mathrm{g} = \frac{\pi^2}{\xi_\mathrm{g}^2} \times \frac{\sin^2(\pi st)}{(\pi s)^2} \tag{6-43}$$

式(6-43) 是在理想晶柱（直晶柱）和运动学假设的基础上推导而来的，即为理想晶体衍射束强度的运动学方程。该式表明理想晶体的衍射束强度 I_g 主要取决于晶体的厚度 t 以及偏移矢量的大小 s。

运动学理论认为衍射束强度和透射束强度是互补的，所以，理想晶体透射束强度的运动学方程为

$$I_\mathrm{T} = 1 - I_\mathrm{g} = 1 - \frac{\pi^2}{\xi_\mathrm{g}^2} \times \frac{\sin^2(\pi st)}{(\pi s)^2} \tag{6-44}$$

6.10.2.3 衍射束强度运动学方程的应用

衍射束强度运动学方程可以解释晶体中常见的两种衍衬像：等厚条纹和等倾条纹。

(1) 等厚条纹 ($I_\mathrm{g} - t$)

如果晶体保持在固定的位向，即衍射晶面的偏移矢量的大小 s 为恒定值，式(6-43) 可以表示为

$$I_\mathrm{g} = \frac{1}{(s\xi_\mathrm{g})^2} \sin^2\pi st \tag{6-45}$$

根据该式可以绘制衍射强度 I_g 与样品厚度 t 之间的关系曲线（如图 6-48），显然，衍射强度随样品厚度呈周期性变化，变化周期为 $\frac{1}{s}$，即消光距离 $\xi_g = \frac{1}{s}$。当样品厚度 $t = n \times \frac{1}{s}$ 时，$I_g = 0$；当 $t = \left(n + \frac{1}{2}\right)\frac{1}{s}$ 时，I_g 取得最大值：

$$I_{g\,max} = \frac{1}{(s\xi_g)^2} \tag{6-46}$$

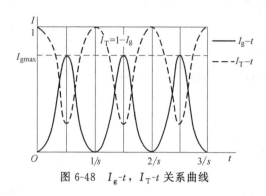

图 6-48　$I_g\text{-}t$，$I_T\text{-}t$ 关系曲线

由衍射衬度原理可知，暗场像的强度为衍射束的强度，明场像的强度为透射束的强度。在双光束中，两者互补，因此，图 6-48 中的虚线即为透射束的强度随样品厚度变化的关系曲线，$I_T = 1 - I_g$。由于衍射强度随样品厚度呈周期性变化，它可以定性解释晶体中厚度变化区域所出现的条纹像。图 6-49 为晶界处出现的条纹像，这是由于晶粒与晶粒在晶界处形成了楔形结合，如图 6-50，晶界处的厚度连续变化，当上方晶粒（晶体 1）符合衍射条件（但有一定的 s 存在），而下方晶粒（晶体 2）远离衍射条件（s 甚大），电子束穿过样品时，上方晶体发生衍射，而下方晶体无衍射，这样样品下表面的衍射强度可看成是上方晶体所产生，衍射强度的周期性变化，在晶界处出现了明暗相间的条纹像。由于每一条纹所对应的样品厚度相等，因此，该图像又称等厚条纹像。并且根据亮暗条纹的数目以及变化周期可以估算样品的厚度。如图 6-50 中，暗场时，由衍射强度 I_g 成像，当 $I_g = 0$ 时为暗线，I_g 最大值时为亮线，变化周期为 $\frac{1}{s}$，即消光距离 $\xi_g = \frac{1}{s}$，该图共有 4 条暗线。样品厚度为 $t = \left(4 + \frac{1}{2}\right)\xi_g = \left(4 + \frac{1}{2}\right)\frac{1}{s}$。

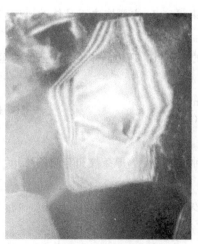

图 6-49　晶体中晶界处的等厚条纹像

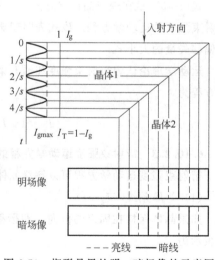

图 6-50　楔形晶界的明、暗场像的示意图

等厚条纹还可出现在孪晶界、相界面等晶体厚度连续变化的区域。

（2）等倾条纹（I_g-s）

当样品的厚度 t 一定时，衍射强度随偏移矢量的大小 s 呈周期性变化，此时衍射强度与 s 的关系可表示为

$$I_g = \frac{(\pi t)^2}{\xi_g^2} \times \frac{\sin^2 \pi s t}{(\pi s t)^2} \qquad (6\text{-}47)$$

其变化规律类似于干涉函数，如图 6-51 所示。变化周期为 $\frac{1}{t}$，在 $s = \pm\frac{1}{t}$、$\pm\frac{2}{t}$、$\pm\frac{3}{t}$ 等时，衍射强度 I_g 为零，在 $s = 0$、$\pm\frac{3}{2t}$、$\pm\frac{5}{2t}$ 等时，衍射强度取得极值，其中 $s = 0$ 时取得最大值 $I_g = \frac{(\pi t)^2}{\xi_g^2}$，由于衍射强度相对集中于 $-\frac{1}{t} \sim +\frac{1}{t}$ 的一次衍射峰区，而二次衍射峰已很弱，因此，$-\frac{1}{t} \sim +\frac{1}{t}$ 为产生衍射的范围，当偏移矢量 $\vec{s}$ 超出该范围时，衍射强度近似为零，无衍射产生，该界限也为倒易杆的长度 $\frac{2}{t}$，可见晶体样品愈薄，其倒易杆愈长，产生衍射的条件愈宽。当样品在电子束作用时，受热膨胀或受某种外力作用而发生弯曲时，衍衬图像上可出现平行条纹像，每条纹上的偏移矢量 $\vec{s}$ 相同，故称等倾条纹，如图 6-52 所示。等倾条纹呈现两条平行的弯曲条纹，这是由于衍射强度集中分布于 $-\frac{1}{t} \sim +\frac{1}{t}$ 之间，其他区域近乎为零，且在 $s = \pm\frac{1}{t}$ 时，衍射强度 $I_g = 0$，故暗场时，在 $s = \pm\frac{1}{t}$ 处分别形成暗线，组成弯曲平行条纹像，很显然，每一条纹上的偏移矢量 $\vec{s}$ 相同，即样品的弯曲倾斜程度相同。其他区域因无衍射强度而不现衍衬图像。

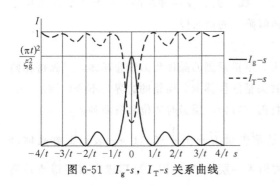

图 6-51 I_g-s，I_T-s 关系曲线

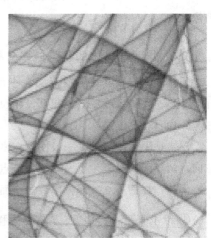

图 6-52 TiAl 膜暗场像中的弯曲等倾条纹

需指出以下两点：①等倾条纹一般为两条平行的亮线（明场）或暗线（暗场），平行线的间距取决于晶体样品的厚度，厚度愈薄，则间距愈宽。此外，同一区域可能有多组这样取向不同的等倾条纹像，这是由于满足衍射的晶面族有多个。每组平行条纹的间距不相同，但

各组平行条纹分别具有相同的偏移矢量，即为同一倾斜程度。而等厚条纹则为平行的多条纹，平行条纹的条数及条纹间距取决于样品的厚度和消光距离的大小。②等倾条纹又称弯曲消光条纹，随着样品弯曲程度的变化，等倾条纹会发生移动，即使样品不动，特别是样品受电子束照射发热时，只要稍许改变晶体样品的取向，就有等倾条纹扫过现象。

6.10.3 非理想晶体的衍射衬度

非理想晶体又称不完整晶体，晶体中存在缺陷，晶格发生畸变，晶柱不再是理想晶体的直晶柱，而呈弯曲状态，如图 6-53 所示，缺陷矢量用 $\vec{R}$ 表征，这样晶柱中的位置矢量应为理想晶柱的位置矢量 $\vec{r}$ 和缺陷矢量 $\vec{R}$ 的和，用 $\vec{r}'$ 表示，则 $\vec{r}'=\vec{r}+\vec{R}$，相应的相位角 φ' 为：

$$\varphi'=2\pi(\vec{k}'-\vec{k})\cdot\vec{r}'=2\pi(\vec{g}+\vec{s})\cdot(\vec{r}+\vec{R})=\varphi+2\pi\vec{g}\cdot\vec{R}+2\pi\vec{s}\cdot\vec{R} \tag{6-48}$$

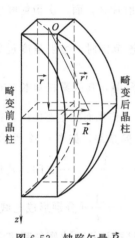

图 6-53 缺陷矢量 $\vec{R}$

因为 $\vec{s}$ 与 $\vec{R}$ 近似垂直，所以 $\vec{s}\cdot\vec{R}$ 可忽略不计，即

$$\varphi'=\varphi+2\pi\vec{g}\cdot\vec{R} \tag{6-49}$$

令 $\alpha=2\pi\vec{g}\cdot\vec{R}$，则

$$\varphi'=\varphi+\alpha \tag{6-50}$$

这样晶柱底部的衍射波的振幅为

$$\phi_g=\frac{i\pi}{\xi_g}\int_0^t e^{-i\varphi'}dr'=\frac{i\pi}{\xi_g}\int_0^t e^{-i(\varphi+\alpha)}dz=\frac{i\pi}{\xi_g}\int_0^t e^{-i\varphi}e^{-i\alpha}dz \tag{6-51}$$

式中的 α 为非理想晶体中存在缺陷而引入的附加相位角，这样晶柱底部的衍射振幅会因缺陷矢量的不同而不同，产生衬度像。但缺陷能否显现，还取决于 $\vec{g}\cdot\vec{R}$ 的值。在给定的缺陷（$\vec{R}$ 矢量一定），通过倾转样品台，可选择不同的 $\vec{g}$ 成像，当 $\vec{g}\cdot\vec{R}=n$（n 为整数）时，$\alpha=2n\pi$，$\varphi'=\varphi+\alpha=2n\pi+\varphi$，此时，晶柱底部的衍射振幅与理想晶体相同，缺陷就无衬度，不显缺陷像。

6.10.4 非理想晶体的缺陷成像分析

晶体缺陷根据其存在的范围大小可分为点、线、面、体四种缺陷，本节主要介绍层错（面缺陷）、位错（线缺陷）和第二相粒子（体缺陷）的衍衬像。

6.10.4.1 层错

层错是平面型缺陷，一般发生在密排面上，层错两侧的晶体均为理想晶体，且保持相同位向，两者间只是发生了一个不等于点阵平移矢量的位移 $\vec{R}$，层错的边界为不全位错。

例如，在面心立方晶体中，层错面为密排面（111），层错时的位移有两种：

① 沿垂直于（111）面方向上的移动，缺陷矢量 $\vec{R}=\pm\frac{1}{3}<111>$，表示下方晶体沿 $<111>$ 方向向上或向下移动，相当于抽出或插入一层（111）面，可形成内禀层错或外禀层错。

② 在（111）面内的移动，缺陷矢量 $\vec{R}=\pm\frac{1}{6}<112>$，表示下方晶体沿 $<112>$ 方向向上或向下切变位移，也可形成内禀层错或外禀层错。

设层错的缺陷矢量为 $\vec{R}=\pm\dfrac{1}{6}<112>$，则

$$\alpha=2\pi(h\vec{a}^*+k\vec{b}^*+l\vec{c}^*)\cdot\dfrac{1}{6}(1\vec{a}+1\vec{b}+2\vec{c})=\dfrac{\pi}{3}(h+k+2l) \tag{6-52}$$

根据面心立方晶体的消光规律（h、k、l 奇偶混杂时消光）可得 α 的可能取值为：0、2π、$\pm\dfrac{2\pi}{3}$。显然在 α 为 0 和 2π 时，层错无衬度，不显层错像。因此，可能显现的只是 $\alpha=\pm\dfrac{2\pi}{3}$ 时的层错。下面简要讨论层错衬度的一般特征。根据层错的存在形式可分为平行于样品表面、倾斜于样品表面、垂直于样品表面和层错重叠四种形式，其中层错垂直于样品表面时，层错不显衬度，因而不可见，下面仅讨论其他三种层错。

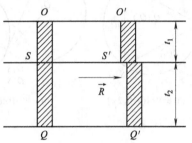

图 6-54　平行于薄膜表面的层错示意图

（1）平行于样品表面的层错

图 6-54 为平行于薄膜表面的层错示意图，OQ 为理想晶体的晶柱，$O'Q'$ 为含有层错的晶柱，层错上方晶体 $O'S'$ 和下方晶体 $S'Q'$ 均为理想晶体，厚度分别为 t_1 和 t_2，两者间沿层错面平移了缺陷矢量 $\vec{R}$，$\vec{R}$ 矢量平行于薄膜的表面。

由非理想晶体的衍射振幅计算式（6-51）可得：

$$
\begin{aligned}
\phi_g &= \dfrac{\mathrm{i}\pi}{\xi_g}\int_0^t \mathrm{e}^{-\mathrm{i}\varphi'}\,\mathrm{d}r' = \dfrac{\mathrm{i}\pi}{\xi_g}\int_0^t \mathrm{e}^{-\mathrm{i}(\varphi+\alpha)}\,\mathrm{d}z = \dfrac{\mathrm{i}\pi}{\xi_g}\int_0^t \mathrm{e}^{-\mathrm{i}\varphi}\mathrm{e}^{-\mathrm{i}\alpha}\,\mathrm{d}z \\
&= \dfrac{\mathrm{i}\pi}{\xi_g}\int_0^{t_1} \mathrm{e}^{-2\pi\mathrm{i}sz}\,\mathrm{d}z + \mathrm{e}^{-\mathrm{i}\alpha}\dfrac{\mathrm{i}\pi}{\xi_g}\int_0^t \mathrm{e}^{-2\pi\mathrm{i}sz}\,\mathrm{d}z
\end{aligned}
\tag{6-53}
$$

现以振幅-相位图讨论之。令 $\dfrac{\mathrm{i}\pi}{\xi_g}\int_0^{t_1}\mathrm{e}^{-2\pi\mathrm{i}sz}\,\mathrm{d}z=A(t_1)$，$\dfrac{\mathrm{i}\pi}{\xi_g}\int_{t_1}^{t_2}\mathrm{e}^{-2\pi\mathrm{i}sz}\,\mathrm{d}z=A(t_2)$，$\dfrac{\mathrm{i}\pi}{\xi_g}\mathrm{e}^{-\mathrm{i}\alpha}\int_{t_1}^{t_2}\mathrm{e}^{-2\pi\mathrm{i}sz}\,\mathrm{d}z=A'(t_2)$ 在振幅-相位图中，层错上方晶体 t_1 的变化，相当于 S 点在振幅圆 O_1 上运动，层错下方晶体 t_2 的变化相当于 Q 点在振幅圆 O_2 上运动，振幅圆半径为单位长度，如图 6-55。因为 $\phi_g=\dfrac{\mathrm{i}\pi}{\xi_g}\int_0^{t_1}\mathrm{e}^{-2\pi\mathrm{i}sz}\,\mathrm{d}z+\dfrac{\mathrm{i}\pi}{\xi_g}\int_{t_1}^{t_2}\mathrm{e}^{-2\pi\mathrm{i}sz}\,\mathrm{d}z$，$\phi_g'=\dfrac{\mathrm{i}\pi}{\xi_g}\int_0^{t_1}\mathrm{e}^{-2\pi\mathrm{i}sz}\,\mathrm{d}z+\dfrac{\mathrm{i}\pi}{\xi_g}\mathrm{e}^{-\mathrm{i}\alpha}\int_{t_1}^{t_2}\mathrm{e}^{-2\pi\mathrm{i}sz}\,\mathrm{d}z$，则 $\phi_g=A(t_1)+A(t_2)$，$\phi_g'=A(t_1)+A'(t_2)$。

① 在 $\alpha=0$ 或 2π 时，$\mathrm{e}^{-\mathrm{i}\alpha}=1$，振幅-相位的关系如图 6-55(a)，两振幅圆重合，此时 $A(t_1)+A(t_2)=A(t_1)+A'(t_2)$，即 $\phi_g'=\phi_g$，表明缺陷不显衬度。

② 在 $\alpha=\pm\dfrac{2\pi}{3}$ 时，$\mathrm{e}^{-\mathrm{i}\alpha}\neq1$，缺陷能否显衬度取决于层错上方晶体的振幅 $A(t_1)$，此时，有两种情况，以 $\alpha=-\dfrac{2\pi}{3}$ 为例：

a. 当 $t_1=n\times\dfrac{1}{s}$（n 为整数，s 为偏移矢量的大小），则 $A(t_1)=\int_0^{t_1}\mathrm{e}^{-2\pi\mathrm{i}sz}\,\mathrm{d}z=0$ 时，O、S 点重合，如图 6-55(b)，振幅圆 O_1 顺时偏转 $\dfrac{2\pi}{3}$ 即为振幅圆 O_2（$\alpha=+\dfrac{2}{3}\pi$ 时逆时针转动），

因 $A(t_2)=A'(t_2)$，故 $\phi_g'=\phi_g$，此时缺陷不显衬度。

b. 当 $t_1\neq n\times\dfrac{1}{s}$，$A(t_1)=\displaystyle\int_0^{t_1}\mathrm{e}^{-2\pi\mathrm{i}sz}\mathrm{d}z\neq0$ 时，如图 6-55(c)，振幅圆 O_2 同样是振幅圆 O_1 顺时偏转 $\dfrac{2\pi}{3}$ 的所在位置，虽然 $A(t_2)=A'(t_2)$，但 $A(t_1)\neq0$，故 $A(t)\neq A'(t)$，即 $\phi_g\neq\phi_g'$，此时缺陷显衬度，层错区显示为均匀的亮条或暗条。

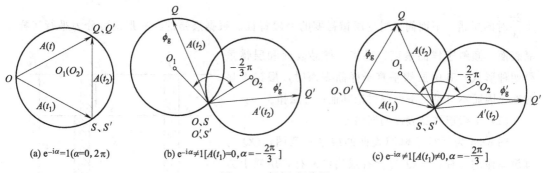

(a) $\mathrm{e}^{-\mathrm{i}\alpha}=1(\alpha=0,2\pi)$　　(b) $\mathrm{e}^{-\mathrm{i}\alpha}\neq1[A(t_1)=0,\alpha=-\dfrac{2\pi}{3}]$　　(c) $\mathrm{e}^{-\mathrm{i}\alpha}\neq1[A(t_1)\neq0,\alpha=-\dfrac{2\pi}{3}]$

图 6-55　振幅-相位图

综上所述，当层错平行于样品表面，且 $\alpha=2n\pi$（n 为整数）时，层错不显衬度；在 $\alpha\neq2n\pi$ 时，层错将显衬度，表现为均匀的亮区或暗区。成暗场像时，当 $A'(t)>A(t)$ 时，层错为亮区，$A'(t)<A(t)$ 时，层错为暗区；但在特定的深度（$t_1=n\times\dfrac{1}{s}$）时，$A(t_1)=0$，层错区的亮度与无层错区相同，层错不显衬度了。

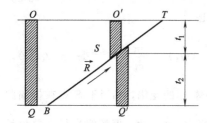

图 6-56　倾斜于薄膜表面的层错示意图

(2) 倾斜于样品表面的层错

当层错面倾斜于薄膜表面时，如图 6-56，层错与上下表面的交线分别为 T 和 B，其衬度讨论类似于层错平行于样品表面的讨论。晶柱由于层错被分割成上方晶柱 t_1 和下方晶柱 t_2 两部分，在振幅-相位图中，t_1 的变化，相当于 S 点在振幅圆 O_1 上运动，t_2 的变化相当于 Q' 点在振幅圆 O_2 上运动。合成振幅同样可表示为：

$$\phi_g'=\frac{\mathrm{i}\pi}{\xi_g}\int_0^{t_1}\mathrm{e}^{-2\pi\mathrm{i}sz}\mathrm{d}z+\mathrm{e}^{-\mathrm{i}\alpha}\frac{\mathrm{i}\pi}{\xi_g}\int_{t_1}^{t_2}\mathrm{e}^{-2\pi\mathrm{i}sz}\mathrm{d}z \tag{6-54}$$

当 $t_1=n\times\dfrac{1}{s}$ 时，$A(t_1)=0$，$A(t)=A'(t)$，层错不显衬度。当 $t_1\neq n\times\dfrac{1}{s}$，$A(t)\neq A'(t)$，层错将显衬度。但此时的衬度类似于厚度连续变化所产生的等厚条纹，显示为亮暗相间的条纹，条纹方向平行于层错与上、下表面的交线方向，其深度周期为 $\dfrac{1}{s}$。

层错条纹不同于等厚条纹，存在以下几点区别：①层错条纹出现在晶粒内部，一般为直线状态，而等厚条纹发生在晶界，一般为顺着晶界变化的弯曲条纹；②层错条纹的数目取决于层错倾斜的程度，倾斜程度愈小，层错导致厚度连续变化的晶柱深度愈小，条纹数目愈少，在不倾斜（即平行于表面）时，条纹仅为一条等宽的亮带或暗带，层错条纹与等厚条纹的深度周期均为$\frac{1}{s}$；③层错的亮暗带均匀，且条带亮度基本一致，而等厚条纹的亮度渐变，由晶界向晶内逐渐变弱。

层错条纹也不同于孪晶像，孪晶像是亮暗相间、宽度不等的平行条带，同一衬度的条带处在同一位向，而另一衬度条带为相对称的位向；层错一般为等间距的条纹像，位于晶粒内，在层错平行于样品表面时，条纹表现为一条等宽的亮带或暗带。图 6-57 为层错、孪晶和等厚条纹衍射的衬度像。

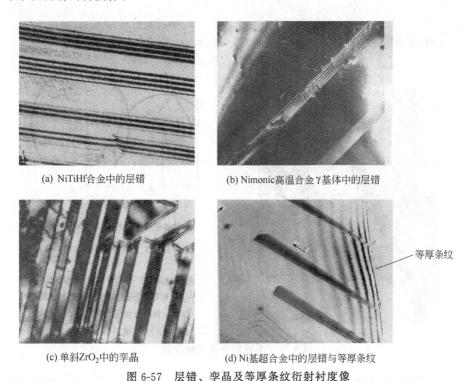

(a) NiTiHf合金中的层错 (b) Nimonic高温合金γ基体中的层错

(c) 单斜ZrO$_2$中的孪晶 (d) Ni基超合金中的层错与等厚条纹

等厚条纹

图 6-57　层错、孪晶及等厚条纹衍射衬度像

（3）重叠层错

在较厚的样品晶体中，与层错面平行的相邻晶面上也可能存在层错，即出现重叠层错，此时层错的条纹像衬度完全取决于它们各自附加相位角在重叠区的合成情况。当附加相位角的合成值为 0 或 $2n\pi$ 时，重叠层错在重叠区无衬度，即在重叠区不显层错条纹像，出现层错条纹断截；而当附加相位角的合成值不为 0 或 $2n\pi$ 时，则层错将在重叠区产生衬度，显条纹像。图 6-58 即为面心立方晶体中重叠层错示意图，图 6-58（a）为两个同类型层错重叠 $\left(\alpha_1=\alpha_2=-\frac{2}{3}\pi\right)$，重叠部分附加相位角 $\alpha=+\frac{2}{3}\pi$，有条纹衬度；图 6-58（b）为三个同类型层错重叠 $\left(\alpha_1=\alpha_2=\alpha_3=-\frac{2}{3}\pi\right)$，显然，二重部分的合成相位角 $\alpha=+\frac{2}{3}\pi$，层错显衬度，而三重部分 $\alpha=0$，不显条纹像；图 6-58（c）为两个相反类型的层错重叠 $\left(\alpha_1=-\frac{2}{3}\pi,\ \alpha_2=+\frac{2}{3}\pi\right)$，此时 $\alpha=0$，同样在重叠部分不显衬度，无条纹像出现。图 6-59 即为不锈钢中的重

叠层错像，有的部位因合成相位角为 0 或 2π 的整数倍，不显衬度，层错消失，如图中的 P 区，有的区域发生重叠后仍显衬度如 L 区、T 区等。

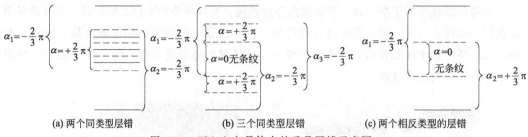

(a) 两个同类型层错　　　　　　(b) 三个同类型层错　　　　　　(c) 两个相反类型的层错

图 6-58　面心立方晶体中的重叠层错示意图

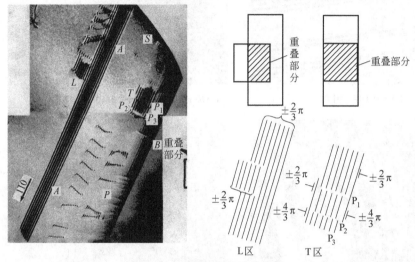

图 6-59　不锈钢中的重叠层错

总之，层错能否显现，关键在于附加相位角 α 的大小。而 $\alpha = 2\pi \vec{g} \cdot \vec{R}$，对于确定的层错而言，缺陷矢量 $\vec{R}$ 为定值，因此，还可通过选择不同的操作矢量 $\vec{g}$，以获得不同的层错衬度。

6.10.4.2　位错

位错的存在，使晶格发生畸变，由非理想晶体的运动学方程可知，缺陷矢量将产生附加相位角，产生衬度，位错有螺旋位错、刃型位错和混合型位错三种。不管何种位错均可引起位错附近的晶面发生一定程度的畸变，位错线两侧的晶面畸变方向相反，离位错线愈远畸变愈小。若采用这些畸变晶面作为操作反射，其衍射强度将产生变化从而产生衬度。螺旋位错的柏氏矢量 $\vec{b}$ 与位错线平行，刃型位错的柏氏矢量 $\vec{b}$ 与位错线垂直，混合型位错的柏氏矢量 $\vec{b}$ 与位错线相交，即既不平行也不垂直。刃型和螺旋位错的衬度像均为直线状，而混合型位错则为曲线状。由于混合型位错均可分解为螺旋位错和刃型位错的组合，故下面仅讨论螺旋位错和刃型位错。

（1）螺旋位错

图 6-60 为平行于膜表面的螺旋位错示意图，AB 为螺旋位错中心线，其柏氏矢量为 $\vec{b}$，

理想晶柱为 PQ，位错线距表面的距离为 y，晶柱的深度用 z 表示，晶柱距位错线的水平距离为 x，样品厚度为 t。

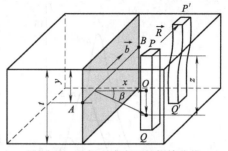

螺旋位错周围的应变场使晶柱 PQ 畸变为 $P'Q'$，晶柱中的不同部位产生的扭曲不同，其缺陷矢量 $\vec{R}$ 也不相同，$\vec{R}$ 的方向与 $\vec{b}$ 平行，大小取决于晶柱距位错线的水平位置 x 及其角坐标 β。绕位错线一周，缺陷矢量 $\vec{R}$ 应为一个柏氏矢量 $\vec{b}$，因此，在晶柱中当角坐标为 β 时，$\vec{R}$ 的大小为

图 6-60　平行于膜表面的螺旋位错

$$|\vec{R}|=\frac{\beta}{2\pi}|\vec{b}| \tag{6-55}$$

即

$$\vec{R}=\frac{\beta}{2\pi}\vec{b} \tag{6-56}$$

角坐标 β 可以通过位置参量表示为：

$$\beta=\arctan\frac{z-y}{x} \tag{6-57}$$

这样

$$\vec{R}=\frac{\beta}{2\pi}\vec{b}=\frac{\vec{b}}{2\pi}\arctan\frac{z-y}{x} \tag{6-58}$$

缺陷矢量 $\vec{R}$ 为位置坐标和柏氏矢量的函数。附加相位角

$$\alpha=2\pi\vec{g}_{hkl}\cdot\vec{R}=2\pi\vec{g}_{hkl}\frac{\vec{b}}{2\pi}\arctan\frac{z-y}{x}=\vec{g}_{hkl}\vec{b}\arctan\frac{z-y}{x}=\vec{g}_{hkl}\vec{b}\beta \tag{6-59}$$

由于 $\vec{b}$ 可表示为正空间中晶格常数的矢量合成，$\vec{g}_{hkl}$ 为倒空间矢量，因此 $\vec{g}_{hkl}\cdot\vec{b}=n$（$n$ 为整数）。

$$\alpha=n\beta=n\arctan\left(\frac{z-y}{x}\right) \tag{6-60}$$

当 $n=0$ 时，$\alpha=0$，螺旋位错存在，此时 $\vec{g}_{hkl}\perp\vec{b}$，不显衬度；

当 $n\neq0$ 时，$\alpha\neq0$，此时可通过下式求得晶柱的合成振幅

$$\phi_{g}'=\frac{\mathrm{i}\pi}{\xi_{g}}\int_{0}^{t}\mathrm{e}^{-\mathrm{i}(\varphi+\alpha)}\,\mathrm{d}z=\frac{\mathrm{i}\pi}{\xi_{g}}\int_{0}^{t}\mathrm{e}^{-2\pi\mathrm{i}sz}\,\mathrm{e}^{-\mathrm{i}n\arctan\frac{z-y}{x}}\,\mathrm{d}z \tag{6-61}$$

而理想晶柱的振幅为 $\phi_{g}=\frac{\mathrm{i}\pi}{\xi_{g}}\int_{0}^{t}\mathrm{e}^{-\mathrm{i}\varphi}\mathrm{d}z$，显然 $\phi_{g}\neq\phi_{g}'$，因此，螺旋位错显衬度。

由式(6-61)可得螺旋位错的衍射强度分布曲线，当 s 为正时，强度分布曲线如图 6-61 所示，可发现：①其强度分布是不对称的，强度峰分布在 x 为负的一边，表明位错的衍衬像与位错线的真实位置不重合，有一个偏移；②$n=1$ 和 2 时，衍射强度为单峰分布，在 $n=3$ 和 4 时，出现多峰，表明将出现多重像；③在 s 一定时，离位错远的一侧，曲线平缓，即像的衬度下降得慢些。

当 s 改变符号时，像将分布在另一边。一般情况下位错像的宽度为其强度峰的半高宽 Δx，且 $\Delta x\propto\frac{1}{\pi s}$，可见位错线宽随 s 的减小而增大。在 $s=0$ 时，运动学理论失效，需由动力学理论解释。

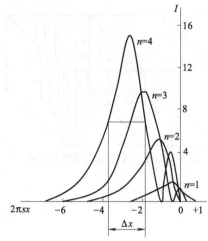

图 6-61 不同 x 及 n 时的衍射强度分布曲线

由上分析可知 $\vec{g}_{hkl} \cdot \vec{b} = 0$ 成了位错像能否显现的判据，电镜分析中，可利用该判据测定位错的柏氏矢量。具体的方法如下：

① 调好电镜的电流中心和电压中心，使倾动台良好对中；

② 明场下观察到位错像，拍下相应选区的衍射花样；

③ 衍射模式下，缓缓倾动试样，观察衍射谱强斑点的变化，得到一个新的强斑点时，停下来回到成像模式，检查所分析位错像是否消失，如果消失，此新斑点即作为 $\vec{g}_{h_1 k_1 l_1}$；

④ 反向倾动试样，重复步骤 2，得到使同一位错像再次消失的另一强斑点，即为 $\vec{g}_{h_2 k_2 l_2}$；

⑤ 联立方程组：

$$\begin{cases} \vec{g}_{h_1 k_1 l_1} \cdot \vec{b} = 0 \\ \vec{g}_{h_2 k_2 l_2} \cdot \vec{b} = 0 \end{cases} \tag{6-62}$$

求得位错的柏氏矢量 $\vec{b}$ 为

$$\vec{b} = \begin{bmatrix} \vec{a} & \vec{b} & \vec{c} \\ h_1 & k_1 & l_1 \\ h_2 & k_2 & l_2 \end{bmatrix} \tag{6-63}$$

面心立方晶体中的滑移面、衍射操作矢量 $\vec{g}_{hkl}$ 和位错线的柏氏矢量三者之间的关系见表 6-5。

表 6-5　面心立方晶体全位错的 $\vec{g}_{hkl} \cdot \vec{b}$ 的值

$\vec{g}_{hkl}$	滑移面及对应的 $\vec{b}$					
	$1\bar{1}1, \bar{1}11$ $\frac{1}{2}[110]$	$111, 1\bar{1}\bar{1}$ $\frac{1}{2}[\bar{1}10]$	$\bar{1}11, 11\bar{1}$ $\frac{1}{2}[101]$	$111, 1\bar{1}1$ $\frac{1}{2}[10\bar{1}]$	$1\bar{1}1, 11\bar{1}$ $\frac{1}{2}[011]$	$111, \bar{1}11$ $\frac{1}{2}[0\bar{1}1]$
111	1	0	1	0	1	0
$\bar{1}11$	0	1	0	$\bar{1}$	1	0
$1\bar{1}1$	0	$\bar{1}$	1	1	0	1
$11\bar{1}$	1	0	0	1	0	$\bar{1}$
200	1	$\bar{1}$	1	1	1	0
020	1	1	0	0	1	$\bar{1}$
002	0	0	1	$\bar{1}$	1	1

图 6-62 为面心立方晶体中，不同操作矢量时全位错的可见不可见衍射示意图，图中右下角插入衍射成像所用的操作矢量。$\vec{g}_{020}$ 成像时，出现 A、B、C、D 位错像；$\vec{g}_{200}$ 成像时，C、D 位错像消失，但新出现 E 位错像；$\vec{g}_{11\bar{1}}$ 成像时，A、C 位错像消失，仅存 B、D、E 位错像，其柏氏矢量分析如下：

由图 6-62 可知共有 A、B、C、D、E 五根位错，图 6-62(a) 显示 $\vec{g}_{020}$ 成像时，E 消失，

由表 6-5 得消光位错的柏氏矢量：$\frac{1}{2}[101]$、$\frac{1}{2}[10\bar{1}]$；图 6-62(b) 显示 $\vec{g}_{200}$ 成像时，C、D 消失，同样由表 6-5 得消光位错的柏氏矢量：$\frac{1}{2}[011]$、$\frac{1}{2}[0\bar{1}1]$；图 6-62(c) 显示 $\vec{g}_{11\bar{1}}$ 成像时，A、C 消失，表 6-5 得消光位错的柏氏矢量：$\frac{1}{2}[\bar{1}10]$、$\frac{1}{2}[101]$、$\frac{1}{2}[011]$。对比分析得 A、B、C、D 和 E 位错的柏氏矢量分别为：$\frac{1}{2}[\bar{1}10]$、$\frac{1}{2}[110]$、$\frac{1}{2}[011]$、$\frac{1}{2}[0\bar{1}1]$、$\frac{1}{2}[10\bar{1}]$。

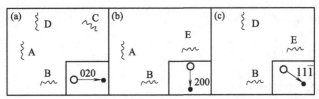

图 6-62　面心立方晶体中不同操作矢量下的全位错像示意图

（2）刃型位错

刃型位错是晶体在滑移过程中产生的，为多余原子面与滑移面的交线。刃型位错的存在必然导致其四周晶格畸变，引起衍射条件发生变化，导致刃型位错产生衬度像。图 6-63 为刃型位错像产生的原理图，(hkl) 为晶体的一组衍射晶面，没有刃型位错时，其偏移矢量为 $\vec{s}_0$，假定 $\vec{s}_0 > 0$，以它作为操作反射用于成像，此时各点衍射强度相同，无衬度产生。设此时的衍射强度为 I_0，当晶体中出现刃型位错 D 时，必然使位错线附近的衍射晶面 (hkl) 发生位向变化，产生附加偏移矢量 $\vec{s}'$，显然，距位错线愈远，$\vec{s}'$ 愈小。设在 D 的左侧 $\vec{s}' < 0$，在 D 的右侧 $\vec{s}' > 0$，如图 6-63(a)。由于在没有位错时，各处的偏移矢量 $\vec{s}_0$ 相同均大于零，D 处出现位错后，左侧附加偏移矢量小于零，从而使位错左侧的总偏移矢量 $\vec{s}_0 + \vec{s}' < \vec{s}_0$，当 $\vec{s}_0 + \vec{s}' = 0$，如 D' 处严格满足布拉格衍射条件，该处的衍射强度增至最高值，$I_{D'} = I_{max}$，如图 6-63(b)。而在位错线的右侧，总偏移矢量 $\vec{s}_0 + \vec{s}' > \vec{s}_0$，衍射强度下降，如 B 处的 $I_B < I_0$。在远离位错线的区域，如 A、C 等处，晶格未发生畸变，衍射强度保持原值 I_0。这样由于刃型位错在 D 处出现后，使位错线附近的衍射强度发生了变化，位错线的左侧衍射强度增强，右侧衍射强度减弱，而远离位错线的衍射强度未变，从而形成了新的衍射强度分布，如图 6-63(c)，显然，暗场成像时，在位错线的左侧位置将产生亮线，明场时产生暗线，如图 6-63(d)。由以上分析可知，刃型位错像也总是出现在其真实位置的一侧，该侧的总偏移矢量减小，甚至为零。

由于位错像是因位错四周的晶格畸变所产生的应变场导致的，因此，位错衬度又称应变场衬度。由位错附近的衍射强度分布可知，衍射峰具有一定的宽度，并距位错中心有一定的距离，因此，位错像也具有一定的宽度（3～10nm），位错像偏离位错中心的距离一般与位错像的宽度在同一个量级。当位错倾斜于样品表面时，位错像显示为点状（又称位错头）或锯齿状。当位错平行于样品表面时，位错像一般显示为亮度均匀的线。图 6-64 为 $\alpha\text{-Al}_2\text{O}_3$，$\text{TiB}_2/\text{Al}$ 铝基体中的位错线像，图 6-65 为不锈钢中的位错组态。

注意：① 螺旋位错像和刃型位错像均不在其真实位置，分别如图 6-61 和图 6-63。螺旋

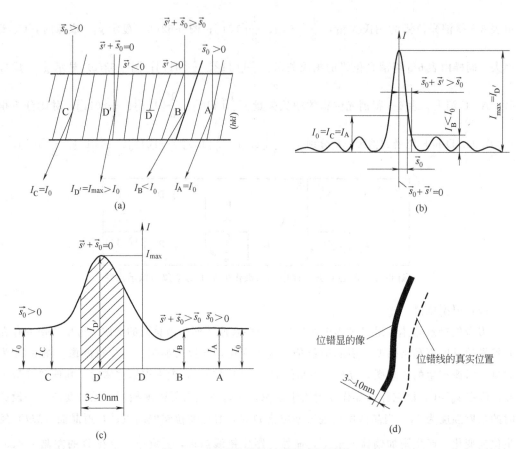

图 6-63　刃型位错的衬度形成原理图

（a）刃型位错的晶格畸变图；（b）衍射强度分布；（c）位错附近各点强度分布与偏移矢量；（d）位错像

位错中偏移矢量 $\vec{s}$ 为正时，像在真实位置的负方向侧；当偏移矢量 $\vec{s}$ 改变符号时，像将分布在另一边。刃型位错像位置取决于偏移矢量和附加偏移矢量的和。

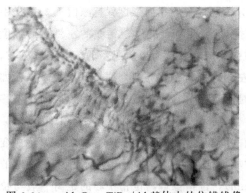

图 6-64　$\alpha\text{-Al}_2\text{O}_3$，$\text{TiB}_2/\text{Al}$ 基体中的位错线像

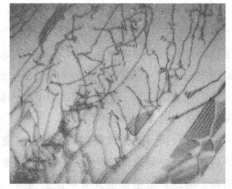

图 6-65　不锈钢中的位错组态

②　位错像的宽度为其强度峰的半高宽 Δx，且 Δx 正比于 $\dfrac{1}{\pi s}$，因此随着 s 的减小位错像宽增大，在 $s = 0$ 时，位错像宽无穷宽，显然运动学理论失效，需由动力学理论解释。

③ 同 n 值时，刃型位错的衍射强度主峰离中心位置更远，半高宽更大，如图 6-66，即表明同 n 值时的刃型位错比螺型位错偏离中心更远，位错线的像更宽。在衍射条件完全相同的条件下，理论推导可得刃型位错的附加相位角 $\alpha = n\,\text{arctan2}\left(\dfrac{z-y}{x}\right)$，为螺旋位错的 2 倍，表明刃型位错像的宽度为螺旋位错像的 2 倍。

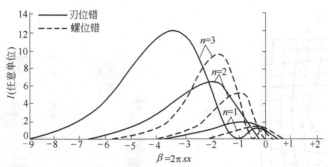

图 6-66　不同 n 值时刃型、螺旋位错衍射强度曲线（位错中心在 $x=0$ 处）

④ 常见三种位错不可见性判据如表 6-6，其中刃型位错不可见判据除了满足螺旋位错的不可见判据 $\vec{g} \cdot \vec{b} = 0$ 外，还应满足 $\vec{g} \cdot (\vec{b} \times \vec{u}) = 0$（$\vec{u}$ 为沿位错线方向的单位矢量）。当然同时满足很困难，一般认为残余衬度不超过远离位错处的基体衬度的 10%，就可认为衬度消失。

表 6-6　常见三种位错不可见性判据

位错类型	不可见性判据
螺旋型	$\vec{g} \cdot \vec{b} = 0$
刃型	$\begin{cases} \vec{g} \cdot \vec{b} = 0 \\ \vec{g} \cdot (\vec{b} \times \vec{u}) = 0 \end{cases}$
混合型	$\begin{cases} \vec{g} \cdot \vec{b} = 0 \\ \vec{g} \cdot \vec{b}_e = 0 \\ \vec{g} \cdot (\vec{b} \times \vec{u}) = 0 \end{cases}$

注：表中 $\vec{b}_e$ 为位错的刃型分量；$\vec{u}$ 为沿位错线方向的单位矢量。

6.10.4.3　第二相粒子

第二相粒子是一种体缺陷，从基体中析出，使基体晶格发生畸变，显示衬度像，但影响其衬度的因素较多，如析出相的形状、大小、位置、基体的结构、第二相与基体的位向关系以及界面处的浓度梯度或缺陷等，因此第二相的衬度分析较为复杂，主要采用运动学理论进行一般的定性解释。

图 6-67 为第二相粒子衬度产生原理图。设第二相粒子为球形颗粒，其四周基体晶格由于粒子的存在发生畸变，基体的理想晶柱发生弯曲，产生缺陷矢量 $\vec{R}$，运用运动学方程可以计算理想晶柱和弯曲晶柱底部的衍射波的振幅，两者将存在差异，使粒子显示衬度。很显然，基体中过粒子中心的所有垂直晶面和水平晶面均未发生畸变，这些晶面上不存在任何缺陷矢量，不显缺陷衬度。在粒子与基体的界面处，基体晶格的畸变程度最大，然后随着距粒子中心距离的增加，基体晶格畸变的程度逐渐减小直至消失。因此，各晶柱底部的衍射强度分布反映的是应变场的存在范围，并非粒子的真实大小。粒子愈大，应变场就愈大，其像的形貌

尺寸也就愈大。该衬度是基体畸变造成的间接反映粒子像的衬度，又称间接衬度或基体衬度。

由于基体中过粒子中心的垂直晶面未发生任何畸变，电子束平行于该晶面入射时，即以该晶面为操作矢量 $\vec{g}$，这样在明场像中，将形成过应变场中心并与操作矢量 $\vec{g}$ 垂直的线状亮区，该亮线将像分割成两瓣，如图 6-68。选用不同的操作矢量 $\vec{g}$ 时，亮线的方向也将随之变化。

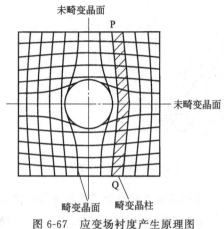

图 6-67　应变场衬度产生原理图

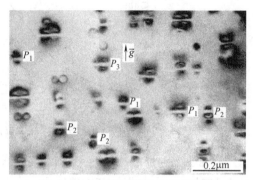

图 6-68　不锈钢中沉淀相的明场像

需要指出的是，薄膜样品中，当第二相粒子与基体完全非共格，或完全共格，但无错配度时，粒子不会引起基体晶格发生畸变，此时第二相粒子衬度像产生的原因是：①粒子与基体的结构及位向差异；②粒子与基体的散射因子不同。

由于衬度运动学理论是建立在两个基本假设的基础上的，因此，它存在着一定的不足，如理想晶体底部的衍射强度为：$I_g = \dfrac{\pi^2}{\xi_g^2} \times \dfrac{\sin^2(\pi s t)}{(\pi s)^2}$，主要取决于样品厚度 t 和偏移矢量的大小 s，在 $s \to 0$ 时，衍射强度取得最大值：$I_{g\,max} = \dfrac{(\pi t)^2}{\xi_g^2}$，如果样品厚度 t 大于 $\dfrac{\xi_g}{\pi}$ 时，则 $I_g > 1$，而入射矢量 $I_0 = 1$，显然不合理了。为此，运动学理论假定双束之间无作用，即要求 $I_{g\,max} \ll 1$，此时，样品厚度应远远小于 $\dfrac{\xi_g}{\pi}$，为极薄样品。此外，由 $I_g = \dfrac{\pi^2}{\xi_g^2} \times \dfrac{\sin^2(\pi s t)}{(\pi s)^2}$ 关系式导出 s 为常数时的衍射束强度极大值为：$I_{g\,max} = \dfrac{1}{(s\xi_g)^2}$，在 $(s\xi_g)^2 < 1$ 时，同样会出现 $I_g > 1$ 的不合理现象，因此，要求 $I_{g\,max} \ll 1$ 时，就要求 $(s\xi_g)^2$ 足够大，对于加速电压为 100kV 的电子来说，一般材料低指数的消光距离 ξ_g 为 15～50nm，这就要求 s 较大方可。为了克服运动学理论存在的不足，动力学理论应运而生，但由于其推导过程复杂，下面仅作简单介绍，感兴趣者可参考相关文献。

6.11　衍射衬度动力学简介

由图 6-47 可以看出，dz 晶片在透射波方向和衍射波方向引起的振幅变化都由两部分组成，一部分是自身原方向散射，另一部分是来自另一支波的衍射，其振幅方程为：

透射波
$$\frac{\mathrm{d}\phi_{\mathrm{T}}}{\mathrm{d}z} = \frac{\mathrm{d}\phi_{\mathrm{T}}^{(1)}}{\mathrm{d}z} + \frac{\mathrm{d}\phi_{\mathrm{T}}^{(2)}}{\mathrm{d}z} = \frac{\pi\mathrm{i}}{\xi_{\mathrm{T}}}\phi_{\mathrm{T}} + \frac{\pi\mathrm{i}}{\xi_{\mathrm{g}}}\phi_{\mathrm{g}}\exp(2\pi\mathrm{i}sz) \tag{6-64}$$

衍射波
$$\frac{\mathrm{d}\phi_{\mathrm{g}}}{\mathrm{d}z} = \frac{\mathrm{d}\phi_{\mathrm{g}}^{(2)}}{\mathrm{d}z} + \frac{\mathrm{d}\phi_{\mathrm{g}}^{(1)}}{\mathrm{d}z} = \frac{\pi\mathrm{i}}{\xi_{\mathrm{T}}}\phi_{\mathrm{g}} + \frac{\pi\mathrm{i}}{\xi_{\mathrm{g}}}\phi_{\mathrm{T}}\exp(-2\pi\mathrm{i}sz) \tag{6-65}$$

式中，1 表示入射方向，2 表示衍射方向；ξ_{T} 为 $\vec{g}=0$ 时的消光距离；指数项为衍射引起的相位变化，两指数因子差一符号是因为前者的散射是 $\vec{k}-\vec{k}'$，后者的散射是 $\vec{k}'-\vec{k}$，$\vec{k}$ 和 $\vec{k}'$ 分别是入射波矢和衍射波矢。解由式(6-64)和式(6-65)组成的方程组，并略去对电子显微像特征无影响的项，得振幅公式：

$$\phi_{\mathrm{g}} = \frac{\mathrm{i}}{\sigma_{\mathrm{r}}\xi_{\mathrm{g}}}\sin(\pi\sigma_{\mathrm{r}}z) \tag{6-66}$$

$$\phi_{\mathrm{T}} = \cos(\pi\sigma_{\mathrm{r}}z) - \mathrm{i}\frac{s}{\sigma_{\mathrm{r}}}\sin(\pi\sigma_{\mathrm{r}}z) \tag{6-67}$$

式中，$\sigma_{\mathrm{r}} \equiv \bar{s} \equiv \dfrac{\sqrt{1+w^2}}{\xi_{\mathrm{g}}} \equiv \dfrac{1}{\xi_{\mathrm{g}}^w}$；$w = s\xi_{\mathrm{g}}$。相应的强度公式：

$$|\phi_{\mathrm{g}}|^2 = \frac{\pi^2}{\xi_{\mathrm{g}}^2} \times \frac{\sin^2(\pi\sigma_{\mathrm{r}}z)}{(\pi\sigma_{\mathrm{r}})^2} \tag{6-68}$$

$$|\phi_{\mathrm{T}}|^2 = \cos^2(\pi\sigma_{\mathrm{r}}z) + \frac{s^2}{\sigma_{\mathrm{r}}^2}\sin^2(\pi\sigma_{\mathrm{r}}z) \tag{6-69}$$

当 $s=0$ 时，式(6-68)、式(6-69)变为

$$|\phi_{\mathrm{g}}|^2 = \sin^2\frac{\pi z}{\xi_{\mathrm{g}}} \tag{6-70}$$

$$|\phi_{\mathrm{T}}|^2 = \cos^2\frac{\pi z}{\xi_{\mathrm{g}}} \tag{6-71}$$

从而克服了运动学的不足。并且在 $s^2 \gg \xi_{\mathrm{g}}^{-2}$ 时，$\sigma_{\mathrm{r}} = \dfrac{\sqrt{1+w^2}}{\xi_{\mathrm{g}}} = \sqrt{s^2+\xi_{\mathrm{g}}^{-2}} \approx s$，此时动力学就演变为运动学。

以上动力学和运动学中的电子在晶体中的散射均为弹性散射，其实入射的电子还受核外电子的非弹性散射导致吸收效应。

吸收是非弹性散射引起的，考虑吸收时强度衰减，须在强度公式中增加一项衰减指数因子 exp (μz)，μ 为衰减系数。由于强度等于振幅乘以其复数共轭，由此推知其振幅必定有一个与吸收相对应的虚数指数因子。而产生虚数指数因子，只有对入射电子起作用的晶体势函数中有虚项才有此可能。因此用数学描述吸收问题时，便在晶体势上加一虚数项，而使振幅方程变为

透射波
$$\frac{\mathrm{d}\phi_{\mathrm{T}}}{\mathrm{d}z} = \pi\mathrm{i}\left(\frac{1}{\xi_{\mathrm{T}}} + \frac{\mathrm{i}}{\xi_{\mathrm{T}}'}\right)\phi_{\mathrm{T}} + \pi\mathrm{i}\left(\frac{1}{\xi_{\mathrm{g}}} + \frac{\mathrm{i}}{\xi_{\mathrm{g}}'}\right)\phi_{\mathrm{g}}\exp(2\pi\mathrm{i}sz) \tag{6-72}$$

衍射波
$$\frac{\mathrm{d}\phi_{\mathrm{g}}}{\mathrm{d}z} = \pi\mathrm{i}\left(\frac{1}{\xi_{\mathrm{T}}} + \frac{\mathrm{i}}{\xi_{\mathrm{T}}'}\right)\phi_{\mathrm{g}} + \pi\mathrm{i}\left(\frac{1}{\xi_{\mathrm{g}}} + \frac{\mathrm{i}}{\xi_{\mathrm{g}}'}\right)\phi_{\mathrm{g}}\exp(-2\pi\mathrm{i}sz) \tag{6-73}$$

对式(6-72)和式(6-73)求解后再略去对显微像特征无影响的项，可分别得：

$$\phi_{\mathrm{T}} = \cos[\pi(\sigma_{\mathrm{r}} + \mathrm{i}\sigma_{\mathrm{i}})z] - \mathrm{i}\,\frac{s}{\sigma_{\mathrm{r}}}\sin[\pi(\sigma_{\mathrm{r}} + \mathrm{i}\sigma_{\mathrm{i}})z] \tag{6-74}$$

$$\phi_{\mathrm{g}} = \frac{\mathrm{i}}{\sigma_{\mathrm{r}}\xi_{\mathrm{g}}}\sin[\pi(\sigma_{\mathrm{r}} + \mathrm{i}\sigma_{\mathrm{i}})z] \tag{6-75}$$

式中，$\sigma_{\mathrm{i}} \equiv \dfrac{1}{\xi_{\mathrm{g}}'\sqrt{1+w^2}}$；$\xi_{\mathrm{g}}'$为异常吸收距离，与取向有关；$\xi_0'$为正常吸收距离，与取向无

关。两者值愈大表明吸收愈小。当 $s=0$ 时，$w=s\xi_{\mathrm{g}}=0$，$\sigma_{\mathrm{r}} = \dfrac{\sqrt{1+w^2}}{\xi_{\mathrm{g}}} = \dfrac{1}{\xi_{\mathrm{g}}}$，$\sigma_{\mathrm{i}} = \dfrac{1}{\xi_{\mathrm{g}}'\sqrt{1+w^2}} = $

$\dfrac{1}{\xi_{\mathrm{g}}'}$。则式（6-74）和式（6-75）变为

$$\phi_{\mathrm{T}} = \cos\left[\pi\left(\frac{1}{\xi_{\mathrm{g}}} + \frac{\mathrm{i}}{\xi_{\mathrm{g}}'}\right)z\right] \tag{6-76}$$

$$\phi_{\mathrm{g}} = \sin\left[\pi\left(\frac{\mathrm{i}}{\xi_{\mathrm{g}}} + \frac{\mathrm{i}}{\xi_{\mathrm{g}}'}\right)z\right] \tag{6-77}$$

分别乘以两者的共轭复数即为其强度，但两者之和不再为1，即明场和暗场不再互补。

（1）等厚条纹

图 6-69 为等厚条纹的运动学、动力学强度曲线。当试样较薄时，吸收项可以忽略，此时异常吸收动力学公式演化为动力学公式，无吸收的动力学在 $s \neq 0$ 时演变为运动学。图 6-69(a) 中，运动学，$s \neq 0$，且 s 较大时意味着衍射强度远小于透射强度，仅考虑一根衍射束，即双光速近似。图 6-69(b) 中，动力学，无异常吸收，且 $s=0$，衍射束与透射束强度相当，两者相互转换。图 6-69(c) 中，动力学，有异常吸收，且 $s=0$，衍射束与透射束强度均随试样厚度 t 的增加而下降。

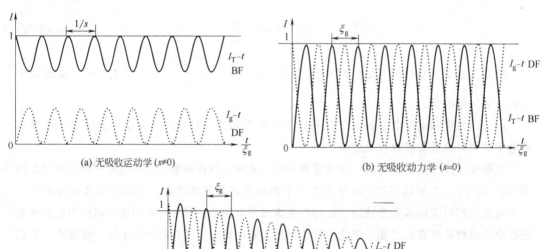

(a) 无吸收运动学 $(s \neq 0)$　　(b) 无吸收动力学 $(s=0)$

(c) 有吸收动力学 $(s=0)$

图 6-69　等厚条纹的运动学、动力学强度曲线

（2）等倾条纹

图 6-70 为等倾条纹的运动学、动力学 I-s 曲线。图 6-70（a）可以看出，在运动学条件下，条纹宽度为 $2/t$，t 增加时条纹间距减小。暗场像中心条纹最亮，两侧为强度减弱的次亮条纹，$\pm s$ 对称。由于衍射强度较弱，往往只能看出中心条纹，次亮条纹则较难看出，尤其明场像更为如此。

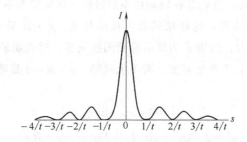

(a)I-s 曲线(运动学)

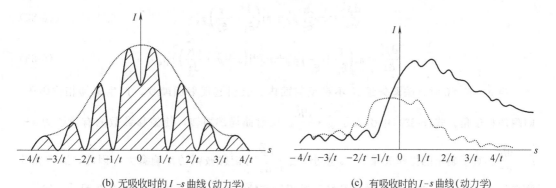

(b) 无吸收时的 I-s 曲线(动力学)　　　　　　(c) 有吸收时的 I-s 曲线(动力学)

图 6-70　等倾条纹的运动学、动力学 I-s 曲线

图 6-70（b）为不考虑吸收时，动力学条件下的 I-s 曲线，与运动学结果相似，强度也是 $\pm s$ 对称，且含有一系列逐次衰减的次极大。不过衰减速度远小于运动学，此时图像上常能看到许多平行的靠得很近的条纹，组成一个条纹带。

图 6-70（c）为考虑吸收时的动力学 I-s 曲线。此时的强度分布不再对称分布，而是 $s>0$ 侧高于 $s<0$ 侧。故拍摄明场像时选在 $s>0$ 侧，暗场像时选 $s\approx0$ 处，此处强度最高。

（3）非完整晶体衬度

上面介绍的是理想晶体（完整晶体）中两个典型形貌等厚条纹与等倾条纹。实际上晶体结构非常复杂，存在晶界、相界、孪晶界以及晶体中存在的点、线、面、体等缺陷，是非理想的晶体，此时的形貌怎样分析？

① 振幅方程：

非完整晶体即晶体中存在缺陷，使得晶体局部发生畸变，畸变的程度用缺陷矢量 $\vec{R}$ 表示，缺陷的存在使畸变区与未畸变区处在不同的衍射条件，造成不同的衍射强度，从而产生衬度。反映在振幅方程上即增加了一个相位因子，即为

$$\frac{\mathrm{d}\phi_{\mathrm{T}}}{\mathrm{d}z}=\pi\mathrm{i}\left(\frac{1}{\xi_{\mathrm{T}}}+\frac{\mathrm{i}}{\xi_{\mathrm{T}}'}\right)\phi_{\mathrm{T}}+\pi\mathrm{i}\left(\frac{1}{\xi_{\mathrm{g}}}+\frac{\mathrm{i}}{\xi_{\mathrm{g}}'}\right)\phi_{\mathrm{g}}\exp\left[2\pi\mathrm{i}(sz+\vec{g}\cdot\vec{R})\right] \tag{6-78}$$

$$\frac{d\phi_g}{dz}=\pi i\left(\frac{1}{\xi_T}+\frac{i}{\xi_T'}\right)\phi_g+\pi i\left(\frac{1}{\xi_g}+\frac{i}{\xi_g'}\right)\phi_g\exp[(-2\pi i(sz+\vec{g}\cdot\vec{R})]\tag{6-79}$$

只要将不同的缺陷矢量 $\vec{R}$ 代入方程，解方程组即可得振幅，然后乘其共轭复数即为缺陷引起的衍射强度，从而获得其像衬度特征。

不完整晶体相比于完整晶体仅多了一个因缺陷矢量 $\vec{R}$ 而产生的附加相位角 α，$\alpha=2\pi\vec{g}\cdot\vec{R}$。当 $\vec{g}\cdot\vec{R}$ 为整数或零时，虽然存在缺陷也不显衬度，即缺陷看不见。但操作矢量 $\vec{g}$ 可以选择，因此 $\vec{g}\cdot\vec{R}$ 可以不为零，这样缺陷就可显示衬度。$\vec{g}\cdot\vec{R}$ 等于零更具特殊意义。当 $\vec{g}\cdot\vec{R}=0$ 时，意味着 $\vec{g}\perp\vec{R}$，因为 $\vec{g}$ 为反射晶面的法矢量，这表明缺陷矢量 $\vec{R}$ 在反射面内，不改变反射面的衍射条件，不产生衬度，看不见缺陷。$\vec{g}\cdot\vec{R}=0$ 是确定缺陷矢量 $\vec{R}$ 的基础。

② 振幅方程变换：

$$\phi_T'=\phi_T\exp[\pi iz/\xi_T]\tag{6-80}$$

$$\phi_g'=\phi_g\exp[-\pi iz/\xi_T+2\pi i(sz+\vec{g}\cdot\vec{R})]\tag{6-81}$$

由式(6-78)、式(6-79) 得

$$\frac{d\phi_T'}{dz}=-\frac{\pi}{\xi_T'}\phi_T'+\pi i\left(\frac{1}{\xi_g}+\frac{i}{\xi_g'}\right)\phi_g'\tag{6-82}$$

$$\frac{d\phi_g'}{dz}=\pi i\left(\frac{1}{\xi_g}+\frac{i}{\xi_g}\right)\phi_g'+\pi\left[2i\left(s+\vec{g}\cdot\frac{d\vec{R}}{dz}\right)\right]\phi_g'\tag{6-83}$$

当 $\vec{g}\cdot\vec{R}\neq0$ 时，缺陷矢量 $\vec{R}$ 不在反射面内，会引起反射面畸变，产生附加相位因子，即附加相位角。式(6-83) 中引入了 $\vec{g}\cdot\dfrac{d\vec{R}}{dz}$。反射面局部扭转，使偏移参数的有效值为 $s+\vec{g}\cdot\dfrac{d\vec{R}}{dz}$。对于确定的操作矢量 $\vec{g}$，s 愈小，$\vec{g}\cdot\dfrac{d\vec{R}}{dz}$ 对衍射振幅的影响愈大，因此，通常在等倾条纹中，在 $s\approx0$ 时，缺陷衬度最好。对于给定的 s 值，采用高指数的操作矢量 $\vec{g}$，使 $\vec{g}\cdot\dfrac{d\vec{R}}{dz}$ 增大，也可使缺陷衬度明显。

注意：在完整晶体中，反射面内无畸变，结构振幅 F_g 为常数，消光距离 $\xi_g=\dfrac{\pi V_c}{\lambda F_g}$ 在操作矢量 $\vec{g}$ 一定时也为定值常数，故其对衬度特征无贡献。但在不完整晶体中，会由于某些缺陷的存在，改变了 ξ_g 的常数性质，从而影响衬度。由于 $\xi_g\propto F_g^{-1}$，这种衬度被称为结构振幅衬度。

6.12 透射电镜的样品制备

透射电镜是利用电子束穿过样品后的透射束和衍射束进行工作的，因此，为了让电子束顺利透过样品，样品就必须很薄，一般在 $50\sim200nm$ 之间。样品的制备方法较多，常见的有三种：复型法、聚焦离子束刻蚀法和薄膜法。其中复型法，是利用非晶材料将试样表面的结构和形貌复制成薄膜样品的方法。由于受复型材料本身的粒度限制，无法复制出比自己还小的细微结构。此外，复型样品仅仅反映的是试样表面形貌，无法反映内部的微观结构（如晶体缺陷、界面等），因此，复型法在应用方面存在较大的局限性。聚焦离子束刻蚀法是运用聚焦离子束在 SEM 帮助下微加工直接制成电镜薄膜试样，见图 6-71。薄膜法则是从要分析的试样中取样，制成薄膜样品的方法。利用电镜可直接观察试样内的精细结构，动态观察时，还可直接观察到相变及其形核长大过程、晶体中的缺陷随外界条件变化而变化的过程等。结合电子衍射分析，还可同时对试样的微区形貌和结构进行同步分析。本节主要介绍薄膜法。

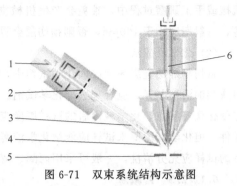

图 6-71　双束系统结构示意图
1—离子源；2—可调光阑；3—离子束；
4—物镜；5—样品台；6—电子枪

6.12.1 基本要求

为了保证电子束能顺利穿透样品，就应使样品厚度足够的薄。虽然可以通过提高电子束的电压，来提高电子束的穿透能力，增加样品厚度，以减轻制样难度，但这样会导致电子束携带样品不同深度的信息太多，彼此干扰，且电子的非弹性散射增加，成像质量下降，为分析带来麻烦，但也不能过薄，否则会增加制备难度，并使表面效应更加突出，成像时产生许多假象，也为电镜分析带来困难。因此，样品的厚度应当适中，一般在 50～200nm 之间为宜。薄膜样品的具体要求如下：

① 材质相同。从大块材料中取样，保证薄膜样品的组织结构与大块材料相同。

② 薄区要大。供电子束透过的区域要大，便于选择合适的区域进行分析。

③ 具有一定的强度和刚度。因为在分析过程中，电子束的作用会使样品发热变形，增加分析困难。

④ 表面保护。保证样品表面不被氧化，特别是活性较强的金属及其合金，如 Mg 及 Mg 合金，在制备及观察过程中极易被氧化，因此在制备时要做好气氛保护，制好后立即进行观察分析，分析后真空保存，以便重复使用。

⑤ 厚度适中。一般在 50～200nm 之间为宜，便于图像与结构分析。

6.12.2 薄膜样品的制备过程

6.12.2.1 切割

当试样为导体时，可采用线切割法从大块试样上割取厚度为 0.3～0.5mm 的薄片。线切割的基本原理是以试样为阳极，金属线为阴极，并保持一定的距离，利用极间放电使导体熔化，往复移动金属丝来切割样品的，该法的工作效率高。

当试样为绝缘体（如陶瓷材料）时，只能采用金刚石切割机进行切割，工作效率低。

6.12.2.2 预减薄

预减薄常有两种方法：机械研磨法和化学反应法。

（1）机械研磨法

其过程类似于金相试样的抛光，目的是消除因切割导致的粗糙表面，并减至 100μm 左右。也可采用橡皮压住试样在金相砂纸上，手工方式轻轻研磨，同样可达到减薄目的。但在机械或手工研磨过程中，难免会产生机械损伤和样品升温，因此，该阶段样品不能磨至太薄，一般不应小于 $100\mu m$，否则损伤层会贯穿样品深度，为分析增加难度。

（2）化学反应法

将切割好的金属薄片浸入化学试剂中，使样品表面发生化学反应被腐蚀，由于合金中各组成相的活性差异，应合理选择化学试剂。化学反应法具有速度快、样品表面没有机械硬伤和硬化层等特点。化学减薄后的试样厚度应控制在 $20\sim50\mu m$，为进一步的终减薄提供有利条件，但化学减薄要求试样应能被化学液腐蚀方可，故一般为金属试样。此外，经化学减薄后的试样应充分清洗，一般可采用丙酮、清水反复超声清洗，否则，得不到满意的结果。

6.12.2.3 终减薄

根据试样能否导电，终减薄的方法通常有两种，电解双喷法和离子减薄法。

（1）电解双喷法

当试样导电时，可采用电解双喷法抛光减薄，其工作原理如图6-72。将预减薄的试样落料成直径为 3mm 的圆片，装入装置的样品夹持器中，与电源的正极相连，样品两侧各有一个电解液喷嘴，均与电源的负极相连，两喷嘴的轴线上设置有一对光导纤维，其中一个与光源相接，另一个与光敏器件相连，电解液由耐酸泵输送，通过两侧喷嘴喷向试样进行腐蚀，一旦试样中心被电解液腐蚀穿孔时，光敏元器件将接收到光信号，切断电解液泵的电源，停止喷液，制备过程完成。电解液有多种，最常用的是 10%高氯酸酒精溶液。

电解双喷法工艺简单，操作方便，成本低廉；中心薄处范围大，便于电子束穿透。但要求试样导电，且一旦制成，需立即取下试样放入酒精液中漂洗多次，否则电解液会继续腐蚀薄区，损坏试样，甚至使试样报废。如果不能即时上电镜观察，则需将试样放入甘油、丙酮或无水酒精中保存。

（2）离子减薄法

工作原理如图6-73所示，离子束在样品的两侧以一定的倾角（5°～30°）同时轰击样品，使之减薄。离子减薄所需时间长，特别是陶瓷、金属间化合物等脆性材料，需时间较长，一般在十几小时，甚至更长，工作效率低，为此，常采用挖坑机（dimple 仪）先对试样中心区域挖坑减薄，然后再进行离子减薄，单个试样仅需 1h 左右即可制成，且薄区广泛，样品质量高。离子减薄法可适用于各种材料。当试样为导电体时，也可先双喷减薄，再离子减薄，同样可显著缩短减薄时间，提高观察质量。

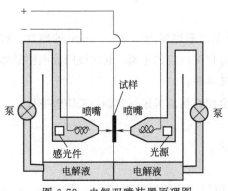

图 6-72　电解双喷装置原理图

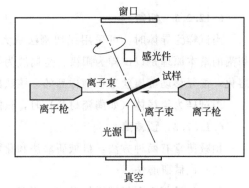

图 6-73　离子减薄装置原理图

对于粉末样品，可先在专用铜网上形成支撑膜（火棉胶膜或碳膜），再将粉末在溶剂中超声分散后滴在铜网上静置、干燥，即可用于电镜观察。为防粉末脱落，可在粉末上再喷一层碳膜。

本章小结

透射电子显微镜是材料微观结构分析和微观形貌观察的重要工具，是材料研究方法中最为核心的手段，但因透射电镜结构复杂、理论深奥，只有在未来的工作中才能逐渐理解和深入掌握。本章主要介绍了透射电子显微镜的基本原理、结构，常见电子衍射花样的标定及电子显微图像的衬度理论等。本章主要介绍了三种衬度，其中振幅衬度最为重要，晶体中的缺陷不一定都能显现，出现的也不一定是其真实位置和真实形貌，要视具体情况而定。振幅衬度是研究晶体缺陷的有效手段；质厚衬度主要用于研究非晶体成像；相位衬度取决于多束衍射波在像平面干涉成像时的相位差，可在原子尺度显示样品的晶体结构和晶体缺陷，直观地看到原子像和原子排列，用于高分辨成像。本章内容小结如下：

透镜
- 有形透镜：光学显微镜系统中采用，其形状和焦距固定
- 无形透镜
  - 静电透镜：由电位不等的正负两极组成，电子束可以偏转汇聚，用于透射电镜中的电子枪
  - 电磁透镜：是透射电镜中的核心部件，可使电子束绕磁透镜中心轴螺旋汇聚，通过调整磁透镜中励磁电流的大小，可改变磁透镜的焦距

磁透镜的像差
- 几何像差
  - 球差：$r_s = \dfrac{1}{4} C_s \alpha^3$，减小孔径半角是减轻球差的最佳途径
  - 像散：$r_A = \Delta f_A \alpha$，可通过消像散器消除或减轻像散
- 色差：$r_c = C_c \alpha \left| \dfrac{\Delta E}{E} \right|$，通过稳压器可有效减轻色差

像差中像散和色差可通过适当措施得到有效控制甚至基本消除，唯有球差控制较难，又因球差正比于孔径半角的立方，所以减小孔径半角即让电子束平行于中心光轴入射是减轻球差的首选方法。

最佳孔径半角：同时考虑球差和衍射效应所得的孔径半角，$\alpha = \sqrt[4]{2.44} \left(\dfrac{\lambda}{C_s} \right)^{\frac{1}{4}} = 1.25 \left(\dfrac{\lambda}{C_s} \right)^{\frac{1}{4}}$

此时电镜分辨率：$r_0 = A C_s^{\frac{1}{4}} \lambda^{\frac{3}{4}}$ （$A = 0.4 \sim 0.55$）

景深：$D_f = \dfrac{2r_0}{\tan\alpha} \approx \dfrac{2r_0}{\alpha}$ 景深为观察样品的微观细节提供了方便

焦长：$D_L = \dfrac{2r_0 M^2}{\alpha}$ 焦长为成像操作提供了方便

分辨率 {
　点分辨率：首先让 Pt 或 Au 通过蒸发沉积在极薄碳支撑膜上，再让透射束或衍射束两者之一进入成像系统测取其颗粒像来确定的

　晶格分辨率：首先形成定向生长的单晶体薄膜，再让衍射束和透射束两者平行于某一晶面方向进入成像系统，摄取该晶面的间距条纹（晶格条纹）像来确定晶格分辨率的。
}

透射电镜的结构组成 {
　电子光学系统 {
　　照明系统：电子枪、聚光镜、聚光镜光阑等组成。作用：产生一束亮度高、相干性好、束流稳定的电子束
　　成像系统 {
　　　物镜
　　　中间镜　调整中间镜励磁电流可完成成像操作和衍射操作
　　　投影镜
　　}
　　观察记录系统
　}
　电源控制系统
　真空系统
}

光阑 {
　聚光镜光阑：限制照明孔径半角，让电子束平行于中心光轴进入成像系统
　物镜光阑：位于物镜的后焦面上，又称衬度光阑，可完成明场和暗场操作
　　当光阑挡住衍射束，仅让透射束通过，所形成的像为明场像；
　　当光阑挡住透射束，仅让衍射束通过，所形成的像为暗场像
　中间镜光阑：位于中间镜的物平面或物镜的像平面上，又称为选区光阑，可完成选区衍射操作
}

电子衍射花样的标定 {
　单晶体电子衍射花样的标定　规则斑点
　多晶体电子衍射花样的标定　同心圆环
}

复杂电子衍射花样 {
　超点阵斑点花样
　孪晶斑点花样
　高阶劳埃斑点花样
　二次衍射花样
　菊池花样
}

衬度 {
　相位衬度：由相位差引起的衬度，应用于晶格分辨率和高分辨像
　振幅衬度 {
　　质厚衬度：质厚衬度是由于试样中各处的原子种类不同或厚度差异造成的衬度，用于非晶体成像
　　衍射衬度：满足布拉格衍射条件的程度不同造成的衬度，用于各种晶体结构及晶体缺陷成像
　}
}

衬度理论 {
　动力学衬度理论：考虑衍射束与透射束之间的作用

　运动学衬度理论：不考虑衍射束与透射束之间的作用 {
　　两个假设 {
　　　忽略衍射束与透射束之间的作用
　　　忽略电子在样品的多次反射与吸收
　　}
　　两个近似 {
　　　双光束近似
　　　晶柱近似
　　}
　}
}

材料现代分析技术

理想晶体的运动学衬度 $I_g = \dfrac{\pi^2}{\xi_g^2} \times \dfrac{\sin^2(\pi st)}{(\pi s)^2}$ $\begin{cases} \text{等厚条纹} \quad s\text{ 恒定，} I_g\text{-}t \text{ 曲线，一般位于晶界，} \\ \qquad\qquad \text{亮暗相间} \\ \text{等顷条纹} \quad t\text{ 恒定，} I_g\text{-}s \text{ 曲线，两条等间距的平} \\ \qquad\qquad \text{行条带} \end{cases}$

非理想晶体的运动学衬度，$\phi_g = \dfrac{\mathrm{i}\pi}{\xi_g}\displaystyle\int_0^t e^{-\mathrm{i}\varphi'}\,\mathrm{d}r' = \dfrac{\mathrm{i}\pi}{\xi_g}\int_0^t e^{-\mathrm{i}(\varphi+\alpha)}\,\mathrm{d}z$，$\alpha = 2\pi\vec{g}\cdot\vec{R}$

缺陷衬度像 $\begin{cases} \text{层错} \begin{cases} \text{平行于薄膜样品表面：显衬度时衍衬像为均匀的亮带或暗带} \\ \text{不平行于薄膜样品表面：显衬度时衍衬像为位于晶粒内部亮暗相间的直} \\ \qquad\qquad \text{条纹} \end{cases} \\ \\ \text{位错} \begin{cases} \text{螺旋位错：} \alpha = 2\pi\vec{g}_{hkl}\cdot\vec{R} = \vec{g}_{hkl}\cdot\vec{b}\beta = n\beta \\ \qquad n=0 \text{ 时，不显衬度；} n\neq 0 \text{ 时，显衬度，并可由此选择不同的} \\ \qquad \text{操作矢量 } \vec{g}_{hkl}， \\ \\ \text{联立方程组，求得位错的柏氏矢量 } \vec{b} = \begin{bmatrix} \vec{a} & \vec{b} & \vec{c} \\ h_1 & k_1 & l_1 \\ h_2 & k_2 & l_2 \end{bmatrix} \\ \\ \text{刃型位错：像位于真实位置的一侧。} \end{cases} \\ \\ \text{第二相粒子：像中有一根与操作矢量方向垂直的亮带} \end{cases}$

薄膜样品制备 $\begin{cases} \text{导体：电解双喷法或离子减薄法} \\ \text{绝缘体：离子减薄法} \end{cases}$

粉末样品制备　粉末在溶剂中超声分散，滴至铜网支撑膜上静置、干燥

不同方法下试样的花样汇总

方法	试样				
	单相单晶	单相多晶	多相	非晶	织构
XRD	规则斑点(少)	数个尖锐峰	更多尖锐峰	漫散峰	若干个强峰
TEM	规则斑点(多)	数个同心圆	更多同心圆	晕斑	不连续弧对

思考题

6.1　简述透射电镜与光学显微镜的区别与联系。

6.2　透射电镜的成像系统中采用电磁透镜而不采用静电透镜，为什么？

6.3　什么是电磁透镜的像差？有几种？各自产生的原因是什么？是否可以消除？

6.4　什么是最佳孔径半角？

6.5　什么是景深与焦长？各有何作用？

6.6　什么是电磁透镜的分辨本领？其影响因素有哪些？为什么电磁透镜要采用小孔径角成像？

6.7　简述点分辨率与晶格分辨率的区别与联系。

6.8 物镜和中间镜的作用各是什么？

6.9 透射电镜中的光阑有几种？各自的用途是什么？

6.10 简述选区衍射的原理和实现步骤。

6.11 高阶劳埃斑点有几种？各自产生的机理是什么？

6.12 题图 6-1 为 18Cr2N4WA 经 900℃ 油淬、400℃ 回火后在透射电镜下摄得的渗碳体选区电子衍射花样示意图（题图 6-1），请进行花样指数标定。$R_1=9.8mm$，$R_2=10.0mm$，$L\lambda=2.05mm\cdot nm$，$\phi=95°$。

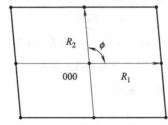

题图 6-1　渗碳体的电子衍射花样

6.13 已知某晶体相为四方结构，$a=0.3624nm$，$c=0.7406nm$，求其（111）晶面的法线 $[uvw]$。

6.14 多晶体的薄膜衍射衬度像为系列同心圆环，设现有四个同心圆环像，当晶体的结构分别为简单、体心、面心和金刚石结构时，请标定四个圆环的衍射晶面族指数。

6.15 什么是衬度？衬度的种类？各自的应用范围是什么？

6.16 说明衍射成像的原理？什么是明场像、暗场像和中心暗场像？三者之间的衬度关系如何？

6.17 衍射衬度运动学理论的基本假设是什么？两假设的基本前提又是什么？如何来满足这两个基本假设？

6.18 运用理想晶体衍射束强度运动学的基本方程 $I_g=\dfrac{\pi^2}{\xi_g^2}\times\dfrac{\sin^2(\pi st)}{(\pi s)^2}$，来解释等厚条纹和等倾条纹像。

6.19 当层错滑移面不平行于薄膜表面时，出现了亮暗相间的条纹，试运用衍射运动学理论解释该条纹像与理想晶体中的等厚条纹像有何区别？为什么？

6.20 当层错滑移面平行于薄膜表面时，出现亮带或暗带，试运用衍射运动学理论解释该亮带或暗带与孪晶像的区别。

6.21 如何通过调整中间镜的励磁电流的大小，分别实现电镜的成像操作和衍射操作？

6.22 什么是螺旋位错缺陷的不可见判据？如何运用不可见判据来确定螺旋位错的柏氏矢量？

6.23 要观察试样中基体相与析出相的组织形貌，同时又要分析其晶体结构和共格界面的位向关系，简述合适的电镜操作方式和具体的分析步骤。

6.24 由选区衍射获得某碳钢 α、γ 相的衍射花样，如题图 6-2 所示，已知相机常数 $K=3.36mm\cdot nm$，两套衍射斑点的 R 值，α 和 γ 相的晶面间距如题表 6-1～6-3 所示。（1）试确定它们的物相；（2）并由此验证它们符合 α-γ 的 N-W 取向关系：$(001)_\alpha//(0\bar{2}2)_\gamma$；$[\bar{1}10]_\alpha//[\bar{1}11]_\gamma$；$(110)_\alpha//(422)_\gamma$

题表 6-1　两套衍射斑点的 *R*

序号	1	2	3	4	5	1′	2′	3′
R/mm	16.5	23.2	28.7	33.2	40.5	26.5	26.5	46.0

题表 6-2　α 相的晶面间距

HKL(α)	110	200	211	220	310	222	321
d/nm	0.2027	0.1433	0.1170	1.1013	1.0906	0.0823	0.0766

题表 6-3　γ 相的晶面间距

HKL(γ)	111	200	220	311	222	400	331	420	422
d/nm	0.2070	0.1793	0.1268	0.1081	0.1035	0.0896	0.0823	0.0802	0.0732

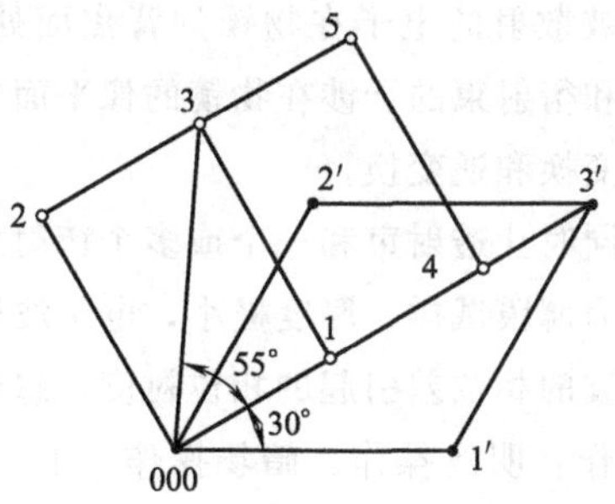

题图 6-2　α 和 γ 相的衍射花样

第 7 章

薄晶体的高分辨像

高分辨电子显微术（HREM 或 HRTEM）是一种基于相位衬度原理的成像技术。入射电子束穿过很薄的晶体试样，被散射的电子在物镜的背焦面处形成携带晶体结构的衍射花样，随后衍射花样中的透射束和衍射束的干涉在物镜的像平面处重建晶体点阵的像。这样两个过程对应着数学上的傅里叶变换和逆变换。

高分辨操作：让物镜光阑同时让透射束和一个或多个衍射束通过，共同达到像平面干涉成像的操作。此时，由于试样为薄膜试样，厚度极小，电子波通过样品后的振幅变化忽略不计，像衬度是由透射波和衍射波的相位差引起的相位衬度，忽略其振幅衬度。

物镜光阑可以完成 4 种操作：明场操作、暗场操作、中心暗场（需在偏置线圈的帮助下）操作及高分辨操作。前 3 种成像靠的是单束成像，获得振幅衬度，形成衍衬像，而高分辨成像则是多束成像，获得相位衬度，形成相位像。

注意：① 任何像衬度的产生均包含振幅衬度和相位衬度，振幅衬度又包含衍射衬度和质厚衬度，两者只是贡献程度不同而已。

② 衍衬成像靠的是满足布拉格方程的程度不同导致的强度差异，可由干涉函数的分布曲线获得解释，它只能是透射束或衍射束单束通过物镜光阑成像；而高分辨像靠的是相位差异导致强度差异，需多束（至少两束）通过物镜光阑后相互干涉形成的像。

③ 高分辨像衬度的主要影响因素是物镜的球差和欠焦量，其中选择合适的欠焦量是成像关键。

高分辨电子显微镜（HRTEM）与透射电镜（TEM）存在以下区别：

① 成像束：HRTEM 为多电子束成像，而 TEM 则为单电子束成像。

② 结构要求：HRTEM 对极靴、光阑要求高于 TEM。

③ 成像：HRTEM 仅有成像分析，包括一维、二维的晶格像和结构像，而 TEM 除了成像分析还可衍射分析。

④ 试样要求：HRTEM 试样厚度一般小于 10nm，可视为弱相位体，即电子束通过试样时振幅几乎无变化，只发生相位改变，而 TEM 试样厚度通常为 50～200nm。

⑤ 像衬度：HRTEM 像衬度主要为相位衬度，而 TEM 则主要是振幅衬度。

7.1 高分辨电子显微像的形成原理

高分辨成像过程分两个环节和三个重要函数，即：

① 电子波与试样的相互作用，电子波被试样调制，在试样的下表面形成透射波，又称物面波，反映入射波穿过试样后相位变化情况，其数学表达为试样透射函数 $A(x,y)$。

② 透射波经物镜成像，经多级放大后显示在荧光屏上，该过程又分为两步：从透射波函数到物镜后焦面上的衍射斑点（衍射波函数），再从衍射斑点到像平面上成像，这两个过程为傅里叶的正变换与逆变换。该过程的数学表达为衬度传递函数 $S(u,v)$，最终成像的像面波函数为 $B(x,y)$。

7.1.1 试样透射函数

不考虑相对论修正的情况下，由高压 U 加速的电子波波长为 $\lambda = \dfrac{h}{\sqrt{2meU}}$，电子进入晶体时，如图 7-1，由于晶体中的原子规则排列，原子由核和核外电子组成，规则排列的核和核外电子具有周期性分布的晶体势场 $V(x,y,z)$，电子波波长将随电子的位置而变化，入射后电子波波长 λ' 为

$$\lambda' = \frac{h}{\sqrt{2me[U+V(x,y,z)]}} \tag{7-1}$$

每穿过厚度为 $\mathrm{d}z$ 的晶体片层时，电子波经历的相位改变为

$$\mathrm{d}\phi = 2\pi\frac{\mathrm{d}z}{\lambda'} - 2\pi\frac{\mathrm{d}z}{\lambda} = 2\pi\frac{\mathrm{d}z}{\lambda}\left[\sqrt{\frac{U+V(x,y,z)}{U}} - 1\right] \tag{7-2}$$

考虑到 $\dfrac{V(x,y,z)}{U} \ll 1$，运用 $\sqrt{1+\dfrac{V(x,y,z)}{U}} \approx 1+\dfrac{V(x,y,z)}{2U}$

得

$$\mathrm{d}\phi \approx 2\pi\frac{\mathrm{d}z}{\lambda}\times\frac{1}{2}\times\frac{V(x,y,z)}{U} = \frac{\pi}{\lambda U}V(x,y,z)\mathrm{d}z \tag{7-3}$$

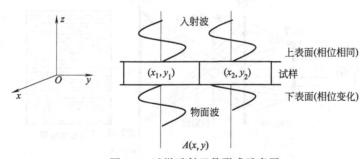

图 7-1　试样透射函数形成示意图

令 $\sigma = \dfrac{\pi}{\lambda U}$，即

$$\mathrm{d}\phi = \sigma V(x,y,z)\mathrm{d}z \tag{7-4}$$

$$\phi = \sigma\int V(x,y,z)\mathrm{d}z = \sigma\varphi(x,y) \tag{7-5}$$

式中，σ 为相互作用常数，不是散射横截面，而是弹性散射的另一种表述；$V(x, y, z)$ 为晶体势函数；ϕ 为相位；$\varphi(x, y)$ 为试样的晶体势场在 Z 方向上的投影并受晶体结构调制的波函数。

入射波透出试样时的相位取决于入射的位置 (x, y)，从试样底部透射出来的电子波又称物面波，包含透射束和若干衍射束，其相位反映了不同通路晶体势场的分布，或者说透射函数携带了晶体结构的二维信息。

由式(7-5)可知总的相位差仅依赖于晶体势函数 $V(x, y, z)$。如果考虑晶体对电子波的吸收效应，则应在试样透射函数的表达式中增加吸收函数 $\mu(x, y)$ 项，即

$$A(x,y)=e^{i\phi}=\exp[i\sigma\varphi(x,y)+\mu(x,y)] \tag{7-6}$$

而对于薄晶体，可以认为仅有相位改变，忽略吸收因素，即

$$A(x,y)=e^{i\phi}=\exp[i\sigma\varphi(x,y)] \tag{7-7}$$

由于样品极薄，可认为是弱相位体，此时 $\varphi(x, y) \ll 1$，这一模型可进一步简化。按指数函数展开该式，忽略高阶项，即得试样透射函数的近似表达式：

$$A(x,y)=1+i\sigma\varphi(x,y) \tag{7-8}$$

式(7-8)即为弱相位体近似，它表明对极薄试样，透射函数的振幅与晶体的投影势呈线性关系。弱相位体近似被广泛应用于高分辨显微技术的计算机模拟。

入射波透过薄晶试样后产生的物面波作用于物镜，物镜成像经历两次傅里叶变换过程（如图 7-2）：

① 第一次傅里叶变换：物镜将物面波分解成各级衍射波（透射波可看成是零级衍射波），在物镜后焦面上得到衍射谱。

入射波通过试样，相位受到试样晶体势的调制，在试样的下表面得到物面波 $A(x, y)$，物面波携带晶体的结构信息，经物镜作用后，在其后焦面上得到衍射波 $Q(u, v)$，此时物镜起到频谱分析器的作用，即将物面波中的透射波（看成零级）和各级衍射波分开了。频谱分析器的原理即为数学上的傅里叶变换。

② 第二次傅里叶变换：各级衍射波相干重新组合，得到保留原有相位的像面波 $B(x, y)$，在像平面处得到晶格条纹像，即进行了傅里叶逆变换：

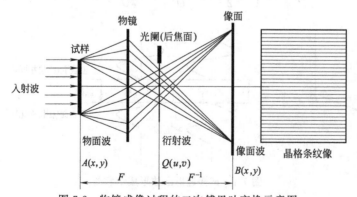

图 7-2 物镜成像过程的二次傅里叶变换示意图

物面波 $A(x,y)$ $\xrightarrow{F}$ 衍射波 $Q(u,v)$ $\xrightarrow{F^{-1}}$ 像面波 $B(x,y)$
正空间   倒空间   正空间

如果物镜是一个理想透镜，无像差，则从试样到后焦面，再从后焦面到像平面的过程，分别经历了两次傅里叶变换。设像面波函数为 $B(x, y)$，则理论上

$$B(x,y)=F^{-1}Q(u,v)=F^{-1}\{F(A(x,y))\}=A(x,y) \tag{7-9}$$

表明像是物的严格再现。对于相位体而言，此时的像强度为

$$I(x,y)=A(x,y)A^*(x,y)=e^{i\varphi}e^{-i\varphi}=e^0=1 \tag{7-10}$$

这表明对于理想透镜，相位体的像不可能产生任何衬度。实际上由于物镜存在球差、色差、像散（离焦）以及物镜光阑、输入光源的非相干性等因素，此时可产生附加相位，从而形成像衬度，看到晶格条纹像。研究表明操作时有意识地引入一个合适的欠焦量，即让像不在准确的聚焦位置，可使高分辨像的质量更好。这些因素的集合体即为相位衬度传递函数。

7.1.2 衬度传递函数 S（u，v）

衬度传递函数 $S(u, v)$ 即为一个相位因子，它综合了物镜的球差、离焦量及物镜光阑等诸多因素对像衬度（相位）的影响，是多种影响因素的综合反映。以下主要讨论三个因素（离焦量、球差、物镜光阑）对附加相位的影响，而其他因素可通过适当的措施得到解决，如物镜的色差可通过稳定加速电压、减小电子波长的波动得到解决，入射波的相干性可通过聚光镜光阑减小入射孔径半角得到保证等。

（1）离焦量

理论焦面为正焦面（$\Delta f=0$）；加大电镜电流，聚焦度增大，聚焦在理论焦面之前称欠焦（$\Delta f<0$）；反之，减小电镜电流，在理论焦面之后聚焦称过焦（$\Delta f>0$），欠焦与过焦统称为离焦，如图 7-3(a) 所示。

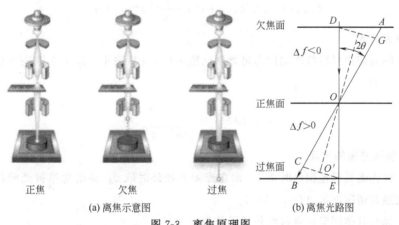

(a) 离焦示意图　　　　(b) 离焦光路图

图 7-3　离焦原理图

欠焦引起的相位差可由光程差获得。如图 7-3(b)，作 $OD=OG$，则 $\triangle ODG$ 为等腰三角形，此时，欠焦光程差

$$AG=DA\sin\theta=\Delta f\tan2\theta\sin\theta=\Delta f\times2\theta\theta=2\Delta f\theta^2 \tag{7-11}$$

相位差

$$\chi_1=\frac{2\pi}{\lambda}AG=\frac{\pi}{\lambda}\Delta f(2\theta)^2 \tag{7-12}$$

（2）球差

在图 7-4 中，衍射角 2θ 及 δ 都是很小的角度，可以认为 $BD-BC=DC\sin\delta=\mathrm{d}R\delta$，这里

$\delta = \dfrac{\mathrm{d}R}{f}$，依据球差定义 $\mathrm{d}R = C_s\,(2\theta)^3$（$C_s$ 为球差系数），且 $2\theta = \dfrac{R}{f}$，于是

$$\text{微量光程差} = BD - BC = C_s\left(\frac{R}{f}\right)^3\frac{\mathrm{d}R}{f} = C_s\,\frac{R^3}{f^4}\mathrm{d}R \tag{7-13}$$

$$\text{则球差引起的微小相位差 } \mathrm{d}\chi_2 = \frac{2\pi}{\lambda}(BD - BC) = \frac{2\pi}{\lambda}C_s\,\frac{R^3}{f^4}\mathrm{d}R \tag{7-14}$$

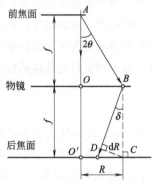

图 7-4　球差光程示意图

该表达式只表示了衍射光束 AB 受球差的影响情况，晶体衍射时尚有诸多与 AB 平行的衍射束分布在半径 R 的范围内，且都受球差影响。因此总体的影响效果必须通过积分来获得，于是在 R 取 $[0，R]$ 范围时，球差对衍射束的影响为

$$\chi_2 = \frac{2\pi C_s}{\lambda f^4}\int_0^R R^3\,\mathrm{d}R = \frac{2\pi C_s}{\lambda}\times\frac{R^4}{4f^4} = \frac{\pi C_s}{2\lambda}\left(\frac{R}{f}\right)^4 \tag{7-15}$$

即

$$\chi_2 = \frac{\pi}{\lambda}\times\frac{1}{2}C_s(2\theta)^4 \tag{7-16}$$

综合欠焦和球差引起的附加相位为

$$\chi = \chi_1 + \chi_2 = \frac{\pi}{\lambda}\Delta f(2\theta)^2 + \frac{\pi}{\lambda}\times\frac{1}{2}C_s(2\theta)^4 \tag{7-17}$$

又根据衍射几何图（透射电镜中 2θ 很小），得：

$$\frac{1}{\lambda}\times 2\theta = |\vec{g}| = \sqrt{u^2 + v^2} \tag{7-18}$$

将 $2\theta = \lambda\sqrt{u^2 + v^2}$ 代入得由离焦和球差引起的相位差：

$$\chi(u,v) = \pi\Delta f\lambda(u^2 + v^2) + \frac{\pi}{2}C_s\lambda^3(u^2 + v^2)^2 \tag{7-19}$$

（3）物镜光阑

物镜光阑对相位衬度的影响用物镜光阑函数 $A(u，v)$ 表示，其大小取决于后焦面上距中心的距离，即

$$A(u,v) = \begin{cases} 1 & \sqrt{u^2 + v^2} \leqslant r \\ 0 & \sqrt{u^2 + v^2} > r \end{cases} \tag{7-20}$$

式中，r 为物镜光阑的半径。

显然，在光阑孔径范围内时取 1，而在光阑孔径外时取 0，即衍射波被光阑挡住，不参与成像，故通常情况下取 $A(u，v) = 1$。

这样，综合其他因素，得衬度传递函数为

$$S(u,v) = A(u,v)\exp[\mathrm{i}\chi(u,v)]B(u,v)C(u,v) \tag{7-21}$$

式中，$\chi(u，v)$ 为物镜的球差和离焦量综合影响所产生的相位差；$A(u，v)$ 为物镜光阑函数；$B(u，v)$ 为照明束发散度引起的衰减包络函数；$C(u，v)$ 为物镜色差效应引起的衰减包络函数。

由于照明束发散度和物镜的色差可分别通过聚光镜的调整和稳定电压得到有效控制，因此可忽略之。

这样衬度传递函数可表示为

$$S(u,v)=\exp[i\chi(u,v)]=\cos\chi+i\sin\chi \tag{7-22}$$

说明：物镜的像差共有三种：球差、色差和像散。其中色差通过稳定电压得到控制，甚至消除，而球差是无法消除的，是影响成像的关键因素。物镜的像散即焦距差，又称离焦量，这里有意保留并适度调整它，可使高分辨像成得更好。

需指出的是：电镜的欠焦或过焦称离焦，可通过调整电镜的励磁电流来实现。在正焦基础上加大电镜电流，聚焦面上移，处于欠焦态。反之减小电镜电流，聚焦面下移，呈过焦态。

7.1.3 像平面上的像面波函数 B（x，y）

像面波函数为衍射波函数 $Q(u,v)$ 的傅里叶逆变换获得，可以表示为

$$B(x,y)=[1-\sigma\varphi(x,y)F^{-1}\sin\chi]+i[\sigma\varphi(x,y)F^{-1}\sin\chi] \tag{7-23}$$

如不考虑像的放大倍数，像平面上观察到的像强度为像平面上电子散射振幅的平方。设其共轭函数为 $B^*(x,y)$，则像强度为

$$I(x,y)=B(x,y)B^*(x,y) \tag{7-24}$$

并略去其中 $\sigma\varphi$ 的高次项，可得

$$I(x,y)=1-2\sigma\varphi(x,y)F^{-1}\sin\chi \tag{7-25}$$

令 $I_0=1$，则像衬度为

$$\frac{I-I_0}{I_0}=I-1=-2\sigma\varphi(x,y)F^{-1}\sin\chi \tag{7-26}$$

式(7-26) 中的函数 $\sin\chi$ 十分重要，它直接反映了物镜的球差和离焦量对高分辨图像的影响结果，有时也把 $\sin\chi$ 称为衬度（相位）传递函数。在 χ 的两个影响因素中，球差的影响在一定条件下可基本固定，此时，主要取决于离焦量的大小，故离焦量成了高分辨相位衬度的核心影响因素。离焦量对 $\sin\chi$ 函数的影响可用曲线来分析，但曲线较复杂，需由作图法获得。

当 $\sin\chi=-1$ 时，像衬度为 $2\sigma\varphi(x,y)$，可见像衬度与晶体的势函数投影成正比，反映样品的真实结构，故 $\sin\chi=-1$ 是高分辨成像的追求目标，即在高分辨成像时追求 $\sin\chi$ 在倒空间中有一个尽可能宽的范围内接近-1。从 χ 的影响因素来看，关键在于离焦量 Δf，图 7-5 是不同离焦量时的 $\sin\chi$ 曲线。

三种情况下，表明欠焦时 $\sin\chi$ 有一个较宽的-1平台，因为 $\sin\chi=-1$ 时意味着衍射波函数受影响小，能得到清晰可辨、不失真的像。-1平台的宽度愈大愈好，即只有在弱相位体和最佳欠焦（-1平台最宽）时拍摄的高分辨像才能正确反映晶体的结构。实际上弱相位体的近似条件较难满足，当样品中含有重元素或厚度超过一定值时，弱相位体的近似条件就不再满足，此时尽管仍能拍到清晰的高分辨像，但像衬度与晶体结构投影已经不是一一对应的关系了，有时甚至会出现衬度反转。同样，改变离焦量也会引起衬度改变，甚至反转，此时只能通过计算机模拟与实验像的仔细匹配方可解释。此外，对于非周期特征的界面结构高分辨像，也需要建立结构模型后计算模拟像来确定界面结构，计算机模拟已成了高分辨电子显微学研究中的一个重要手段。

特别需要注意的是高分辨成像时采用了孔径较大的物镜光阑，让透射束和至少一根衍

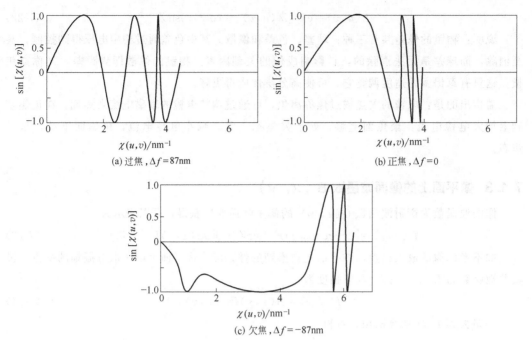

1.0
0.5
0
−1.0
sin [χ(u,v)]
0
2
4
6
χ(u,v)/nm⁻¹
(a) 过焦，Δf=87nm
(b) 正焦，Δf=0
(c) 欠焦，Δf=−87nm

图 7-5　物镜离焦对曲线的影响（C_s=1.6mm，U=100kV）

射束进入成像系统，因它们之间的相位差而形成干涉图像。透射束的作用是提供一个电子波波前的参考相位。

7.1.4 最佳欠焦条件及电镜最高分辨率

（1）最佳欠焦条件——Scherzer 欠焦条件（谢尔策条件）

使 sinχ=−1 的平台最宽时的欠焦量即为最佳欠焦量。欠焦量可由下式表示：

$$\Delta f = kC_s^{\frac{1}{2}}\lambda^{\frac{1}{2}} \tag{7-27}$$

式中，$k=\sqrt{1-2n}$，n 为零或负整数。一般取 $C_s^{\frac{1}{2}}\lambda^{\frac{1}{2}}$ 为欠焦量的度量单位，称为 Sch。

注意：相位成像追求的是最佳欠焦，此时具有良好的衬度，而衍衬成像追求的是严格正焦。

（2）电镜最高分辨率

电镜最高分辨率是指最佳欠焦条件下的电镜分辨率。可由 sinχ 曲线中第一通带（sinχ 绝对值为−1 的平台）与横轴的交点值的倒数获得。

最高分辨率通常可表示为

$$\delta = k_1 C_s^{\frac{1}{4}}\lambda^{\frac{3}{4}} \tag{7-28}$$

式中，k_1 取值为 0.6～0.8。一般取 $C_s^{\frac{1}{4}}\lambda^{\frac{3}{4}}$ 为分辨率的单位，称为 G1。

图 7-6 即为 JEM2010 透射电镜在加速电压为 200kV、球差系数 C_s=0.5mm 时的 sinχ 函数曲线。

曲线上 sinχ 值为−1 的平台（称通带）展得愈宽愈好，展得最宽时的欠焦量即为最佳欠焦量（又称最佳欠焦条件），即称为 Scherzer 欠焦量（或称 Scherzer 欠焦条件）。在该条件

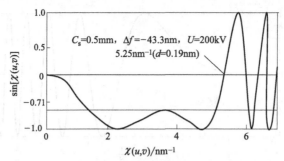

图 7-6　JEM2010 透射电镜最佳欠焦条件下的函数曲线

下，电镜的点分辨率为 0.19nm。第一通带与横轴的右交点值 5.25nm^{-1}，该值是倒矢量的绝对值，取倒数后即为 0.19nm。其含义为在符合弱相位体的条件下，像中不低于 0.19nm 间距的结构细节可以认为是晶体投影势的真实再现，该值即为电镜最高分辨率。

7.1.5 第一通带宽度（$\sin\chi = -1$）的影响因素

设 $\dfrac{1}{d} = |\vec{g}| = \sqrt{u^2 + v^2}$，代入式（7-19）得

$$\chi = \pi\Delta f\lambda\,\frac{1}{d^2} + \frac{\pi}{2}C_s\lambda^3\,\frac{1}{d^4} = \frac{\lambda\pi}{d^2}\left(\Delta f + \frac{1}{2}C_s\frac{\lambda^2}{d^2}\right) \tag{7-29}$$

由于电子波的波长 λ 是由电镜加速电压 U 决定的，式（7-29）可知，影响函数 $\sin\chi$ 第一通带宽度的主要因素为离焦量 Δf、加速电压 U 和球差系数 C_s，现分别讨论如下。

（1）离焦量 Δf

以 200kV 的透射电镜 JEM-2010 为例，高分辨时球差系数取 $C_s = 1.0$mm（HR 结构型），电子波长 $\lambda = 0.00251$nm，代入式（7-29）得 χ 则

$$\sin\chi = \sin\frac{0.0078854}{d^2}\left(\frac{3.15005}{d^2} + \Delta f\right) \tag{7-30}$$

以 $\dfrac{1}{d}$ 作为横坐标画出该曲线，分别取 $\Delta f = 0$、± 30nm、± 60nm、± 90nm，计算机作图如图 7-7 所示。这里首先取 $\Delta f = 0$，是为了说明正焦时，相位传递函数的曲线形态。离焦量取 $\Delta f = \pm 30$nm 和 ± 90nm，是作为比较量而特意选择的。

离焦量 $\Delta f = -61$nm（欠焦）是该条件下的最佳值，所以这里选择了与该离焦量接近的 $\Delta f = \pm 60$nm 作为参考值，描述离焦量对传递函数的影响。该图表明，欠焦情况下，$\Delta f = -60$nm 时，接近 $\sin\chi = -1$ 条件下出现了较宽的"平台"，显然，在这段曲线内，样品各点的反射电子波因相位传递函数而引起附加相位的变化可以近似地看成是相同的。该"平台"对应的区域内 $\left(\dfrac{1}{d_1} \sim \dfrac{1}{d_2}\right)$，确保了附加相位差对晶格干涉条纹（一级）像的影响已降到了最低，可以认为物镜此时能够将样品的物点相位信息无畸变地传递下去，使样品的物点细节无畸变地"同相位相干"而形成几乎理想的干涉像。一旦越过这一"平台"区域，曲线波动变得复杂，附加相位差的不同会引起晶格条纹像分析与解释上的困难。

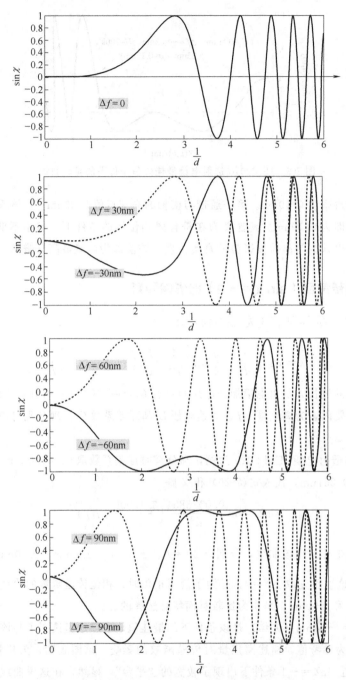

图 7-7 不同离焦量对函数 sinχ 曲线形态影响的比较

最佳离焦量的计算:

如果想获得曲线上最大范围的"平台"区域,就必须找出最佳的离焦量 Δf_{opt}。为了表达或计算上的方便,将式(7-29)中的 $\frac{1}{d}$ 用 x 代替,则

$$\sin\chi = \sin\pi\lambda\left(\frac{C_s\lambda^2}{2}x^4 + \Delta f x^2\right) \tag{7-31}$$

欲获得 $\sin\chi = -1$ 的理想值，则：

$$\pi\lambda\left(\frac{C_s\lambda^2}{2}x^4 + \Delta fx^2\right) = 2n\pi - \frac{\pi}{2}（式中\ n=0、\pm1、\pm2、\pm3\cdots\cdots）\tag{7-32}$$

解得
$$x^2 = \frac{1}{C_s\lambda^2}\left[-\Delta f \pm \sqrt{\Delta f^2 + (4n-1)C_s\lambda}\right]\tag{7-33}$$

当取
$$\Delta f = -\sqrt{(4n-1)C_s\lambda}\ (n\leqslant0)\tag{7-34}$$

得
$$x^2 = \frac{-\Delta f}{C_s\lambda^2}\tag{7-35}$$

再将 Δf 的值代入，即得 $x^2 = \sqrt{\dfrac{4n-1}{C_s\lambda^3}}$。该值代入式（7-31），能使 $\sin\chi = -1$ 成立。因此式（7-34）对应的离焦量是较合适的，能够使干涉条纹像衬度较清晰。实际上，常取 $\sqrt{C_s\lambda}$ 作为高分辨电子显微学中欠焦量的一个单位，称作 Sch（纪念 Scherzer 对相位衬度理论的贡献）。显然，由式（7-34）可知，合适的离焦量可取值较多，例如 $n=0、-1、-2$，则对应的 $\Delta f = -1\text{Sch}、-\sqrt{5}\text{Sch}、-\sqrt{9}\text{Sch}$。

事实上，式（7-34）只是上述方程解的特例。当取 $n=1、2、3$，对应的 $\Delta f = -\sqrt{3}\text{Sch}$、$-\sqrt{7}\text{Sch}、-\sqrt{11}\text{Sch}$ 时，这些值的各自对应点虽然使 $\sin\chi = -1$，但不能保证曲线较宽平台的出现。现分别选择这些数值定量地作图（如图 7-8），当 Δf 取式（7-35）中某些数值时，虽然 $\sin\chi = -1$，但曲线上几乎不出现较宽的平台或平台的对应 x 值的范围较小，这就严重地限制了晶格条纹像的适用分析范围。稍一偏离该条件会导致像衬度的变化或消失，不便于实际操作。一般总是希望平台在 x 值较小（对应的 d 值较大）的区域内呈现，即 $\sin\chi$ 首次出现的平台是实验追求的条件，这个区域内的欠焦条件才是最佳的，称为 Scherzer 条件。由图 7-8 不难看出，最佳的离焦量 Δf 在 $[-1\text{Sch}，-\sqrt{3}\,\text{Sch}]$ 区间内，对应的分别是 $\sin\left(-\dfrac{\pi}{2}\right) = -1(n=0)$ 和 $\sin\left(-\dfrac{3}{2}\pi\right) = -1(n=1)$ 的情况，即图 7-8 中曲线 $\Delta f = -50\text{nm}$ (-1Sch) 和曲线 $\Delta f = -86\text{nm}(-\sqrt{3}\,\text{Sch})$，图中 $\Delta f = -112\text{nm}(-\sqrt{5}\,\text{Sch})$ 的曲线所对应的 $n=-1$。

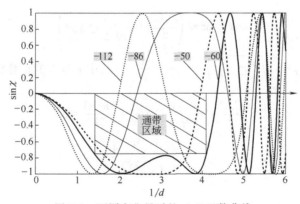

图 7-8　不同离焦量时的 $\sin\chi$ 函数曲线

虽然在 $\Delta f = -1\mathrm{Sch}$ 和 $\Delta f = -\sqrt{3}\,\mathrm{Sch}$ 条件下，$\sin\chi$ 函数曲线上都展现了较宽的第一平台，但两者都不是最宽的平台，最佳的离焦量 Δf_{opt} 对应最宽的平台通带尚未找到。当 Δf_{opt} 取得最佳值时，必须保证 $\sin\chi = -1$。由式（7-31）对 x 求一阶导数，并令 $\sin'\chi = 0$ 求极值，则

$$\cos\pi\lambda\left(\frac{C_s\lambda^2}{2}x^4 + \Delta f x^2\right) \cdot \pi\lambda(2C_s\lambda^2 x^3 + 2\Delta f x) = 0 \tag{7-36}$$

由 $2C_s\lambda^2 x^3 + 2\Delta f x = 0$ 得

$$x^2 = \frac{-\Delta f}{C_s\lambda^2} \tag{7-37}$$

表达式（7-35）与式（7-37）虽然形式上完全一致，但其含义却完全不同，前者是确定了 Δf 值之后，求得 x^2 的值，该值代入式（7-31）后满足 $\sin\chi = -1$；而后者式（7-37）中的 Δf 有待确定，是未知的，将该式代入式（7-31）得：

$$\sin\chi = \sin\left(-\frac{\pi}{2} \times \frac{\Delta f^2}{C_s\lambda}\right) \tag{7-38}$$

这里追求的是通过确定 Δf 以获得最大范围内的通带区域。当 $\sin\chi$ 存在极值，由图 7-8 中 $\Delta f = -60\mathrm{nm}$ 曲线可知，$\sin\chi = -1$ 的两个极小值之间有一个极大值。这个极大值是很值得注意的，该值过大将严重影响"平台"的形状，甚至使平台消失。为了保证该通带平台的合适长度和足够高度（图 7-8 中细实线矩形），以获得可以直接解释的高分辨晶格相衬，要求此时 $\sin\chi$ 函数有足够的稳定性，一般要求 $|\sin\chi| \geqslant |-1| \times 70\% = 0.7$。可取 $\left|\sin\left(-\frac{\pi}{2} \times \frac{\Delta f^2}{C_s\lambda}\right)\right| = \frac{\sqrt{2}}{2}$，于是 $-\frac{\pi}{2} \times \frac{\Delta f^2}{C_s\lambda} = -\frac{3}{4}\pi$（在 $\left[-\frac{\pi}{2}, -\frac{3\pi}{2}\right]$ 之间），所以

$$\Delta f_{\mathrm{opt}} = -\sqrt{\frac{3}{2}C_s\lambda} \tag{7-39}$$

这就是最佳的离焦量表达式。理论上，从离焦量与像差引起衍射波的相位移动方面，也能获得如下的结论：当式（7-31）中 $\sin\chi = \sin\left[-\left(\frac{3}{4}\pi + 2n\pi\right)\right]$ 成立时，$\sin\chi$ 将会得到更宽的平台。将式（7-39）代入式（7-31）得

$$\sin\chi = \sin\pi\lambda\left(\frac{C_s\lambda^2}{2}x^4 - \sqrt{\frac{3}{2}C_s\lambda}\,x^2\right) \tag{7-40}$$

若令 $\quad \pi\lambda\left(\dfrac{C_s\lambda^2}{2}x^4 - \sqrt{\dfrac{3}{2}C_s\lambda}\,x^2\right) = -n\pi - \dfrac{\pi}{2}$ （式中 n 取 0 或正整数）

$$\frac{C_s\lambda^2}{2}x^4 - \sqrt{\frac{3}{2}C_s\lambda}\,x^2 + \frac{2n+1}{2\lambda} = 0 \tag{7-41}$$

得

$$x^2 = \frac{\sqrt{3} \pm \sqrt{1-4n}}{\lambda\sqrt{2C_s\lambda}} \tag{7-42}$$

显然 $n = 0$ 时

$$x_1 = \sqrt{\frac{\sqrt{3}-1}{\lambda\sqrt{2C_s\lambda}}} \tag{7-43}$$

$$x_2 = \sqrt{\frac{\sqrt{3}+1}{\lambda \sqrt{2C_s\lambda}}} \tag{7-44}$$

再将式 (7-39) 的最佳离焦量 Δf_{opt} 代入式 (7-37) 得

$$x_3 = \sqrt{\frac{\sqrt{3}}{\lambda \sqrt{2C_s\lambda}}} \tag{7-45}$$

所以，此时"平台"部分存在三个极值点，式（7-43）和式（7-44）对应两个极小值 $\sin\chi = -1$，式（7-45）对应上述两个极小值中间存在的一个极大值点。正是这三个极值点的存在，才使得"平台"最宽。另外，将 x 还原成 $\frac{1}{d}$，由式 (7-40) 得

$$\sin\chi = \sin\frac{\lambda\pi}{d^2}\left(\frac{C_s\lambda^2}{2}\times\frac{1}{d^2} - \sqrt{\frac{3}{2}C_s\lambda}\right) \tag{7-46}$$

在最佳离焦量条件下，该表达式对应的曲线是相位传递函数的完整表达。对于每一台高分辨电镜（C_s 固定值），在特定加速电压下工作（λ 固定值）时，式(7-46) 将是晶格干涉条纹像成像的重要依据。曲线中首次出现的"平台"（通带）范围及其相应的 d 值或 $\frac{1}{d}$ 值与式(7-43)、式(7-44) 或 （7-45）相对应，该平台直接关系到所得高分辨像能否被直接解释。

（2）加速电压

加速电压是电子波长的决定性因素，加速电压越大，则相应的被加速电子的波长就越小。虽然研究表明，电子的波长与物镜的球差系数有一定的对应关系，但这里仍然假设电子波长变化时，球差系数为常量。令 $C_s = 1.0\text{mm} = 10^6\text{nm}$，在 Scherzer 聚焦条件下，由式(7-46) 得：

$$\sin\chi = \sin\frac{\lambda\pi}{d^2}\left(\frac{5\times10^5\lambda^2}{d^2} - 10^3\sqrt{1.5\lambda}\right) \tag{7-47}$$

分别将加速电压为 100kV、200kV、500kV 和 1000kV 相应的波长 $\lambda = 0.00371\text{nm}$、$0.00251\text{nm}$、$0.00142\text{nm}$ 和 0.00087nm 代入上式，以 $\frac{1}{d}$ 为横坐标，作图7-9。该图表明，随着电子波长的减小，类似于"弹簧"的 $\sin\chi$ 曲线将被逐渐拉开，尤其是第一平台部分变得更宽了，且平台扩展后，靠右端 $\frac{1}{d_2}$ 的值趋于增大，d 值更小，使晶格条纹的分辨率更高。因此，增加电镜的加速电压，能使相位传递函数的平台增宽，高分辨可观察研究的晶面间距

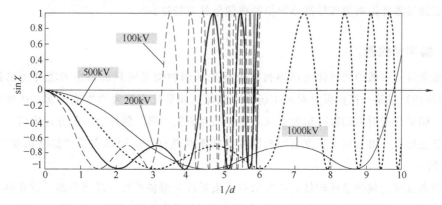

图 7-9 最佳离焦量条件下加速电压对 $\sin\chi$ 函数曲线形态的影响

极限更小，分辨能力提高，较容易获得高清晰的晶格像或结构像。

（3）球差系数

参照上述方法，忽略加速电压与物镜球差系数的某种对应关系。在 200kV 的条件下，$\lambda = 0.00251\text{nm}$ 代入式（7-46）（Scherzer 聚焦）得

$$\sin\chi = \sin\left(0.02484\,\frac{C_\text{s}}{d^4} - 0.483845\,\frac{\sqrt{C_\text{s}}}{d^2}\right) \tag{7-48}$$

将物镜球差系数取 $C_\text{s} = 2.0$、1.6、1.2、0.8nm 分别代入上式，并作图 7-10。可见，球差系数减小，也能够使第一"平台"区域拉宽，使电镜的分辨率提高。

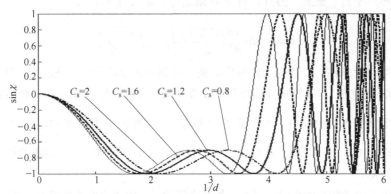

图 7-10　最佳离焦量条件下物镜球差系数 C_s 对 $\sin\chi$ 函数曲线形态的影响

一般情况下，物镜的球差系数是恒定不变的，随电镜出厂时已经有了固定的数值，最短波长的选择也是有限的，因此，相位传递函数的影响因素中，离焦量是最有效的可调节参数，合适的欠焦值是获得清晰的可直接解释的晶格条纹像或结构像的关键。

7.2　高分辨像举例

根据衍射条件和试样厚度的不同，高分辨像可以大致分为晶格条纹像、一维结构像、二维晶格像（单胞尺寸的像）、二维结构像（原子尺度上的晶体结构像）以及特殊的高分辨像等。下面通过图片说明前四种高分辨像的成像条件与特征。

7.2.1　晶格条纹像

成像条件：一般的衍衬像或质厚衬度像都是采用物镜光阑只选择衍射花样上的透射束（对应明场像）或某一衍射束（对应暗场像）成像。如果使用较大的物镜光阑，在物镜的后焦面上，同时让透射束和某一衍射束（非晶样品对应其"晕"的环上一部分）这两只波相干成像，就能得到一维方向上强度呈周期性变化的条纹花样，从而形成了"晶格条纹像"，如图 7-11 所示。

晶格条纹像的成像条件较低，不要求电子束对准晶带轴平行于晶格平面，试样厚度也不是极薄，可以在不同样品厚度和聚焦条件下获得，无特定衍射条件，拍摄比较容易。因此，

这是高分辨像分析与观察中最容易的一种。但是，正是由于成像时衍射条件的不确定性，使得拍摄的条纹像与晶体结构的对应性方面存在困难，几乎无法推定晶格条纹像上的暗区域是否对应着晶体中的某原子面。

(a) 非晶样品典型的无序点状衬度

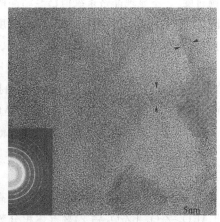

(b) 样品中非晶组分和小晶粒形态分布

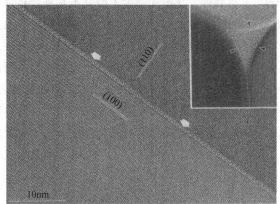

(c) Si$_3$N$_4$-SiC陶瓷中的平直晶界与三叉晶界

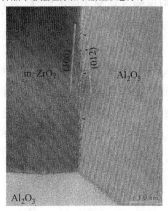

(d) Al$_2$O$_3$-ZrO$_2$复合陶瓷的三叉晶界

图 7-11　几种常见的晶格条纹像应用举例

晶格条纹像可用于观察对象的尺寸、形态，区分非晶态和结晶区，在基体材料中区分夹杂和析出物，但不能得出样品晶体结构的信息，不可模拟计算。图 7-11 展示了几种典型晶格条纹像，下面分别说明其图片中所包含的信息及衬度特点。

图 7-11（a）是软磁材料（称为 finemet）经液态急冷而获得的非晶样品的高分辨电子显微照片。该图呈现高分辨条件下非晶材料所特有的"无序的点状衬度"，这种衬度特征均匀地分布在整个非晶态样品区域。

图 7-11（b）是软磁材料 FINEMET 的非晶样品，经 550℃ 1h 热处理后结晶状态（程度）的高分辨晶格条纹像，其左下方为该试样的电子衍射花样。根据衍射花样和图示的衬度分布状况分析，样品中的大部分非晶组分已经转化为微小的晶体，尚有少量的非晶成分存在（存在宽化的德拜环）。其中非晶存在单元的辨别可以通过与图 7-11（a）的比较而获得。高分辨晶格条纹像揭示了该颗粒必然是晶体，并且显示了该颗粒的形态特征。还有两点需要重申，已经显示高分辨晶格条纹像的晶粒，由于彼此之间满足衍射条件程度的不同，所以产生的晶

格条纹有的清晰,有的模糊;另一点就是,还有一些已经结晶的颗粒因所处位向的不利而没有显示其应有的衬度(看不见条纹),只形成"单调衬度"。图中箭头所示的中间区域为非晶态衬度,箭头本身所处的几个颗粒恰是已结晶的但没有形成晶格条纹的情况,即形成所谓的"单调衬度"。不显现晶格条纹但已经结晶的微小颗粒,由于各自所处的位向关系不同,因此彼此之间存在衬度上的差异,有的颗粒衬度深一点,有的则浅一点。所以,高分辨晶格条纹像可以判别非晶样品内已结晶颗粒的形状、大小与分布特点等。

图 7-11(c) 显示的是用 HIP(热等静压)方法烧结制备的 Si_3N_4-SiC 陶瓷中 Si_3N_4 晶界结合状态(照片是用 400kV 高分辨电镜拍摄的)。从图中可以看到,两个 Si_3N_4 晶粒的交接界面上和其三叉晶界上都有一定量的非晶成分存在。另外,就界面上已显示的非晶区域而言,不难看出非晶的衬度较均匀,没有其他杂质存在,相邻晶粒是通过非晶薄层而直接结合的。图中展示的两个主要晶粒都恰能显示其各自的晶格条纹像,这种成像条件并不太容易获得。

图 7-11(d) 的高分辨晶格条纹像,为高纯度原料粉(不加添加剂)高温常压下烧结法制备的 Al_2O_3-ZrO_2 [ZrO_2 占 24%(体积分数)]复合陶瓷样品,经离子减薄制样后在 400kV 的透射电镜(JEM-4000EX,$C_s=1.0mm$)上得到的。该图片是为了研究不具备特定取向关系的混乱晶界结合状况而选择的。由于不同的位向关系,图中两个 Al_2O_3 晶粒,右上方的晶粒呈现清晰的晶格条纹像,而左下方的晶粒则无晶格条纹,只显示"单调衬度"。在这两个 Al_2O_3 晶粒与 ZrO_2 晶粒共同组成的三叉晶界上,没有杂质相的出现,表明这种材料的晶界和相界面是没有界面相而直接结合的。在垂直方向上 Al_2O_3 晶粒与 ZrO_2 晶粒的相界面,虽然在箭头所示地方晶格条纹彼此之间有些偏离,但仍然可看到 ZrO_2 晶粒的(100)面与 Al_2O_3 晶粒的(012)面位向偏差不大,即在混乱取向的相界面上都能各自形成比较稳定的晶界。

7.2.2 一维结构像

成像条件:通过试样的双倾操作,电子束仅与晶体中的某一晶面族发生衍射作用,形成如图 7-12(b) 所示的衍射花样,衍射斑点相对于原点强度分布是对称的。当使用大光阑让透射束与多个衍射束共同相干成像时,就获得了图 7-12(a) 所示晶体的一维结构像。虽然这种

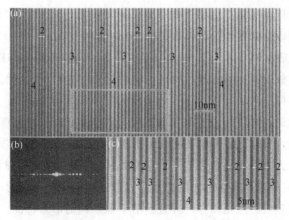

图 7-12　Bi 系超导氧化物的一维结构像(400kV)应用举例

图像也是干涉条纹，与晶格条纹像很相似，但它包含了晶体结构的某些信息，通过模拟计算，可以确定其中的像衬度与原子列的一一对应性，图 7-12(a) 或（c）中的亮条纹对应原子列。

图像特征：图 7-12 中的（c）为（a）的局部放大，其中的数字代表亮（白）条纹的数目，也表明了其中原子面的个数。图 7-12 是 Bi 系超导氧化物（Bi-Sr-Ca-Cu-O）的一维结构像，明亮的细线条对应 Cu-O 的原子层，从中可以知道该原子面的数目和排列规律，对于弄清多层结构等复杂的层状堆积方式是有效的。

7.2.3 二维晶格像

（1）成像条件

当入射电子束沿平行于样品某一晶带轴入射时，能够得到衍射斑点及其强度都关于原点对称的电子衍射花样。此时透射束（原点）附近的衍射波携带了晶体单胞的特征（晶面指数），在透射波与附近衍射波（常选两束）相干成像所生成的二维图像中，能够观察到显示单胞的二维晶格像。该像只含单胞尺寸的信息，而不含有原子尺寸（单胞内的原子排列）的信息，称其为"晶格像"。

（2）图像特征

二维晶格像只利用了少数的几束衍射波，可以在各种样品厚度或离焦条件下观察到，即使在偏离 Scherzer 聚焦情况下也能进行分析。因此，大部分学术论文中发表的高分辨电子显微像几乎都是这种晶格像。需要特别注意的是，二维晶格像拍摄条件要求较宽松，较容易获得规则排列的明（或暗）的斑点，但是，很难从这种图像上直接确定或判断其"明亮的点"是对应原子位置呢，还是对应没有原子的空白处？因为随着离焦量的改变或样品厚度的变化，计算机模拟结果表明，图像上的黑白衬度可能会有（数次的）反转。欲确定其明亮的点是否对应原子的位置，必须根据拍摄条件，辅助以计算机模拟花样与之比较。

（3）用途

二维晶格像的最大用途就是直接观察晶体内的缺陷。图 7-13(a) 是电子束沿 SiC 的 $[110]$ 晶带轴入射而获得的晶格像，参与干涉的三只光束为 000、002、$1\bar{1}0$。图中箭头所示的是孪晶界，S 为层错的位置，b-c、d-e 展示的为位错，连线 f-g-h-i-j-k-l 显然是一个倾斜晶界。

在图 7-13(b) 的 Al-Si 合金（$w_{Si}=20\%$，气体喷雾急冷凝固法制备）粉末晶格像中，标注字母的区域为 Si 晶体，其余为 Al 晶体（基体）。此时，入射电子束平行于 Al 的 $[110]$ 和 Si 的 $[110]$ 轴，两种晶体的交接界面几乎垂直于纸面，能较好地显示界面结构。在 Si 晶体区域的内部存在由 5 个孪晶界组成的围绕 $[110]$ 轴的多重孪晶结构。由于 Si 晶体是从 Al 基体上析出的，所以存在一定的位向关系，A、E 畴分别与基体界面很整齐地对应排列［两个 $(1\bar{1}1)$ 面平行］。而 B，C 畴与基体 Al 无取向关系存在，且界面上有非晶组分。图 7-13 (c) 上的长轴为 TiN 晶体的 $[001]$，短轴为 $[\bar{1}10]$，除 D 晶体之外，A、B、C 皆与 Si_3N_4 有确定的位向关系。

需注意的是，二维晶格像可用于分析位错、晶界、相界、析出和结晶等信息，但二维晶格像的花样随着离焦量、样品厚度及光阑尺寸的改变而变化，不能简单指定原子的位置。在

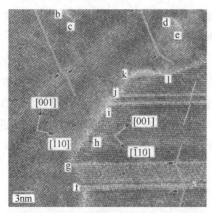

(a) 化学气相沉积法制备的β型碳化硅的二维晶格像（200kV）

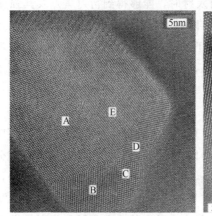

(b) 气体喷雾法制备的Al-Si合金粉末

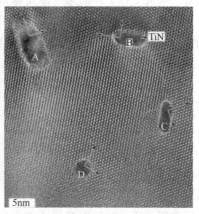

(c) 气相沉积法制备的Si_3N_4-TiN陶瓷

图 7-13　二维晶格像（分析晶体缺陷、晶界状况、析出相等）的应用举例

不确定的成像条件下不能得到晶体的结构信息，需计算机辅助分析。

7.2.4　二维结构像

　　成像条件：在分辨率允许的范围内，用透射束与尽可能多的衍射束通过光阑共同干涉而成像，就能够获得含有试样单胞内原子排列正确信息的图像，参与成像的衍射波数目越多，像中所包含的有用信息也就越多。但是，结构像只在参与成像的波与试样厚度保持比例关系激发的薄区域（常要求试样厚度小于8nm）才能观察到，在试样的厚区域是不能获得结构像的。但对于由轻原子构成的低密度物质，直到试样较厚的区域也能观察到结构像，特别对于没有强反射、产生许多低角反射、具有较大单胞结构的物质，其结构像所要求的厚度也可大一些。一般认为，对于含有比较重的元素或密度较大的合金，拍摄结构像是困难的。

　　图像特征：图 7-14 是几种二维结构像的实例，结构像的最大特点就是：图像上原子位置是暗的，没有原子的地方是亮的，每一个小的暗区域能够与投影的原子列一一对应。这样，把势高（原子）的位置对应暗、势低（原子的间隙）的地方对应亮的图像称作二维结构像或晶体结构像。它与二维晶格像是不同的。

　　注意：二维结构像是严格控制条件下的二维晶格像，严格条件有样品极薄、入射束严格

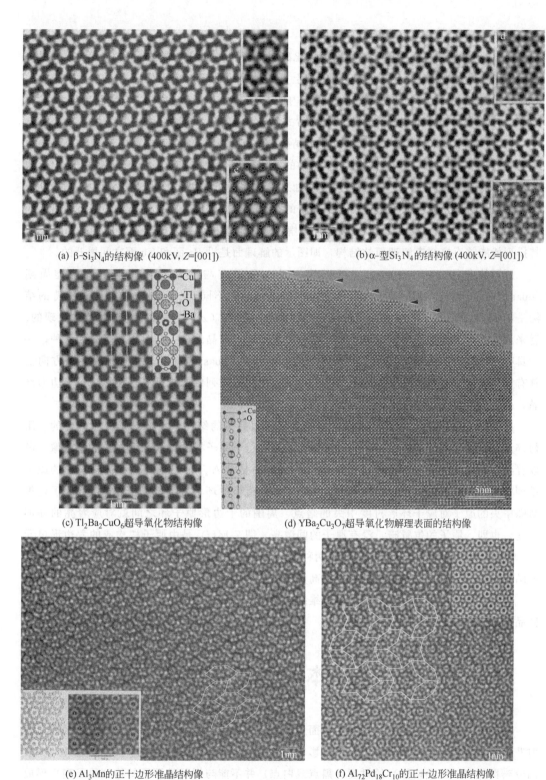

(a) β-Si$_3$N$_4$的结构像 (400kV, Z=[001])

(b) α-型Si$_3$N$_4$的结构像 (400kV, Z=[001])

(c) Tl$_2$Ba$_2$CuO$_6$超导氧化物结构像

(d) YBa$_2$Cu$_3$O$_7$超导氧化物解理表面的结构像

(e) Al$_3$Mn的正十边形准晶结构像

(f) Al$_{72}$Pd$_{18}$Cr$_{10}$的正十边形准晶结构像

图 7-14　二维晶体结构像（直接观察晶体内的原子排列）的应用举例

平行于某晶带轴和最佳欠焦等。此外，晶体结构和原子位置并不能简单从图像上看到，离焦量和样品厚度控制着晶格像的亮暗分布，需采用计算机的图像模拟分析技术，才能确定晶体结构和原子位置。

图 7-14(a) 和 (b) 为沿 c 轴入射的氮化硅结构像，在 400kV 条件下沿 [001] 方向展现了原子列的排布规律。(a) 或 (b) 图中右上方的插图为计算机模拟像，右下方为原子的排列像，从中可以看到原子在图像中暗区域内的具体位置。同时也在原子尺度上展示了 α-Si_3N_4 与 β-Si_3N_4 原子不同的有规则的排列方式。

图 7-14(c) 和 (d) 都为超导氧化物的结构像，在 400kV 条件下分别展现了原子列的排布规律。在 (c) 图 $Tl_2Ba_2CuO_6$ 超导氧化物的结构像中，大的暗点对应于重原子 Tl、Ba 的位置，小的暗点对应于 O、Cu 原子位置。如果将这些分析结果再与化学成分分析、XRD 分析的结论相对照，就可以唯一地确定阳离子的排列方式或较精确的原子坐标，甚至氧离子的排列等。在 (d) 图 $YBa_2Cu_3O_7$ 超导氧化物解理表面的结构像中，阳离子对应的是黑点，从其排列就能够直接知道解理面的结构，即图示的解理面是沿 Ba 面和 Cu 面之间展开的。

所谓的准晶 (quasicrystal)，可以认为是一种具有与通常晶体周期不同的准周期 (quasiperiod) 结构，它既不同于长程无序的非晶体，也不同于一般的晶体。这种独特的结构是 1984 年 Shechtman 等人在用液体急冷法制备 Al-Mn ($x_{Mn}=14\%$) 合金时首次发现的。后来，又在许多合金系中发现了各种亚稳相或稳定相的准晶结构。准晶大致可分为两种，一种具有三维准周期排列的正二十面体准晶 (icosahedral quasicrystal)；另一种在一个方向上具有周期排列、在垂直这个方向上的平面内具有准周期排列的二维准晶 (又称为正十边形准晶，decagonal quasicrystal)。

图 7-14(e) 和 (f) 为正十边形准晶的 2 种近似晶体的结构像。准晶是机械脆性的，用粉碎法很容易得到薄试样。图 7-14(e) 为电子束平行于原子柱的轴入射而拍摄的结构像，可以看到环形衬度 (中心暗，环亮)。其左下方的插图是沿 Al_3Mn 结晶相的柱体轴投影的原子排列模型 (左) 和它的计算机模拟像，由此可以知道像的环状衬度与原子柱对应。原子柱投影图中央的原子对应于环形衬度中央的暗点，周围的十边形原子环之间就对应着亮的环形衬度。也即，原子的位置暗，没有原子的间隙亮。图 7-14(f) 是由原子柱构成的六边形单元 (H-单元) 和五角星形单元 (P-单元) 两种拼接而成的呈周期结构的近似晶体的结构像。这种结构是在电子衍射中被发现的，根据高分辨电子显微观察能确定其结构。

分析准晶原子排列，除了上述的二维结构像之外，晶格条纹像可以在较大范围内较厚的样品中观察到准晶的特征衬度图案。

本章小结

高分辨电子显微像是利用物镜后焦面上的数束衍射波干涉而形成的相位衬度。因此，衍射花样对高分辨电子显微像有决定性的影响。除了二维晶体结构像 (原子尺度) 之外，一般高分辨图像 (二维晶格像) 的衬度 (黑点或白点) 并不能与样品的原子结构 (原子列) 形成一一对应关系。但是，高分辨电子显微方法仍然是直接观察材料微观结构的最有效的实验技术之一，可用来分析晶体、准晶体、非晶体、空位、位错、层错、孪晶、晶界、相界、畴界、表面等。

高分辨像原理 {
两重要环节 {
(1) 电子波穿透试样形成透射波
(2) 透射波经物镜聚焦成斑点再在像平面上成像
}

三重要函数 {
试样透射函数：$A(x,y)=\mathrm{e}^{\mathrm{i}\phi}=\exp[\mathrm{i}\sigma\varphi(x,y)]$
衬度传递函数：$S(u,v)=\exp[\mathrm{i}\chi(u,v)]=\cos\chi+\mathrm{i}\sin\chi$
像面波函数：$B(x,y)=[1-\sigma\varphi(x,y)F^{-1}\sin\chi]$
　　　　　　　$+\mathrm{i}[\sigma\varphi(x,y)F^{-1}\sin\chi]$
}

成像条件　欠焦成像，高分辨像为相位衬度像，成像过程追求最佳欠焦而非
　　　　　正焦，形成最宽通带，从而获得最高电镜分辨率
}

高分辨像种类 {
晶格条纹像 {
成像条件：1 透射束＋1 衍射束
像作用：观察对象的尺寸、形态，区分晶区与非晶区，区分夹杂
　　　　和析出物，不反映晶体结构信息，不可模拟计算
}

一维结构像 {
成像条件：一维衍射斑点花样中 1 透射束＋多个衍射束
像作用：反映一维晶体结构信息，可模拟计算
}

二维晶格像 {
成像条件：二维斑点花样中 1 透射束＋2 衍射束
像作用：直接观察晶体内的缺陷，可模拟计算
}

二维结构像 {
成像条件：二维斑点中 1 透射束＋尽可能多的衍射束
像作用：反映晶体结构信息，可模拟计算
}
}

思考题

7.1　什么是相位衬度？欠焦、过焦的含义是什么？

7.2　高分辨像的衬度与原子排列有何对应关系？

7.3　高分辨像的类型？各自的用途是什么？

7.4　解释高分辨像应注意的问题是什么？

7.5　晶格条纹像的形成原理、本质特征是什么？

7.6　衍射衬度与相位衬度的区别是什么？

7.7　离焦的形成原理是什么？

7.8　举例说明高分辨显微术在材料分析中的应用。

第 8 章

电子背散射衍射

材料的微观组织形貌、晶体结构与取向分布、化学成分是决定材料各类性能的关键。准确表征这些参数对全面认识材料制备以及材料结构-性能关系至关重要。通过扫描电镜和透射电镜可以获得微观组织形貌，而利用能谱技术可以确定材料的微区成分。测定材料的晶体结构与取向分布的传统方法主要是 X 射线衍射和透射电镜的电子衍射。X 射线衍射技术仅能获得结构和取向的宏观统计信息，不能将这些信息与微观组织形貌相对应；而透射电镜的电子衍射和衍衬分析相结合，可同时获取组织形貌和晶体结构及取向信息，但所得信息往往过于局域，不具宏观统计意义。

电子背散射衍射（electron backscattering diffraction，EBSD）利用扫描电镜中电子束在样品表面所激发背散射电子的菊池衍射谱，分析晶体结构、取向及相关信息。通过电子束扫描，EBSD 逐点获取样品表面晶体取向的定量数据，并转化为图像，故也称为取向成像显微术（orientation imaging microscopy，OIM）。取向成像不仅提供晶粒、亚晶粒和相的形状、尺寸及分布等形貌类信息，还提供包括晶体结构、晶粒取向、相邻晶粒取向差等定量的晶体学信息。同时，可以方便地利用极图、反极图或取向分布函数显示晶粒取向或取向差分布。目前，EBSD 已成功用于各类材料（如金属、陶瓷、矿物等）的结构分析，解决材料形变、再结晶、相变、断裂、腐蚀等各领域问题。

相对于其他表征技术，EBSD 原理和分析方法较为复杂，熟练的应用往往要求使用者掌握更多的晶体学基础知识。本章将主要介绍 EBSD 的基本原理和硬件系统组成，讨论菊池带的识别标定以及晶体取向确定方法，最后举例说明 EBSD 在材料研究中的应用。

8.1 基本原理

在透射电子显微镜中，入射到试样中的多数电子受到原子的散射作用而损失部分能量，即发生非弹性散射。这些非弹性散射电子中，总有一部分电子相对某一 ($h\,k\,l$) 晶面满足布拉格条件而发生衍射。非弹性散射电子相对晶面再次衍射的结果是产生一对对与衍射晶面相对应的平行衍射线，称之为菊池带（Kikuchi band），或菊池线对，原理见 6.9.3.5 小节。当试样微小倾转时，菊池线对会有较大幅度扫动，对晶体取向十分敏感。与透射电镜相似，扫描电镜中的电子束作用于试样后所产生的背散射电子，如果满足布拉格衍射条件，同样也会发生菊池衍射，被称为电子背散射衍射（EBSD）。这部分产生菊池衍射的背散射电子逸出样品表面，出射至荧光屏，形成电子背散射衍射花样。当电子束在样品表面进行面扫描时，每一分析点的衍射花样被 CCD 相机拍下，经数据采集系统扣除背底和 Hough 变换后，被自动识别与标定，从而确定对应的晶体结构和取向信息。

与透射电镜下的菊池带相比，扫描电镜下的菊池带具有以下特征：①EBSD 的角度域比透射电镜大得多，可超过 70°，而透射电镜下约 20°，因此便于标定或鉴定对称元素；②EBSD 的菊池带中心亮度高，边线强度低，没有透射电镜下的清晰，这是电子传输函数不同所致。因此，透射电镜下菊池带测量精度更高。

EBSD 技术利用菊池带对晶体取向变化敏感的特性，通过逐点分析试样表面产生的菊池带，获得丰富的晶体取向信息。这项技术发展于透射电镜中薄膜样品的小角菊池衍射，并且人们也是借助大量透射电镜下对菊池带的认识和理论分析 EBSD 的菊池花样。

8.1.1 电子背散射衍射

在扫描电镜中，入射电子束与样品表面作用也会产生大量沿各个方向运动的非弹性散射电子。这些非弹性散射电子入射到某一晶面亦可能发生类似于透射电镜下的菊池衍射。但是发生菊池衍射的背散射电子从试样表面逸出之前，要经历较长路径而可能被样品大量吸收，因此难以产生足够强的衍射信号。为了缩短电子运动路径，让更多的背散射电子参与衍射而获得更强的衍射信号，需要将样品倾转至 70°左右，如图 8-1 所示。透射电镜下菊池衍射方向与电子束入射方向夹角很小，而扫描电镜下菊池衍射方向与电子束入射方向的夹角极大，因此称为背散射衍射或高角菊池衍射。20 世纪 50 年代初，Alam 等人首先系统研究电子背散射衍射得到的高角菊池花样。图 8-2 显示了实验获取的一幅 316L 不锈钢的 EBSD 衍射花样。扫描电镜的相机长度 L（即样品到衍射谱探测器的距离）较小，EBSD 衍射谱角域比透射电镜菊池谱宽得多，因此图 8-2 中可看到多组相交的菊池带。每条菊池带的中心线对应着一个反射晶面。菊池带相交点称为区轴（zone axis）。相交于同一区轴的菊池带所对应晶面亦属于同一晶带，区轴实际上对应于该晶带的晶带轴。

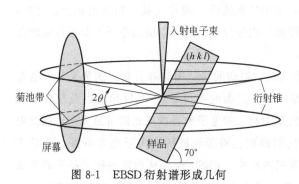

图 8-1　EBSD 衍射谱形成几何

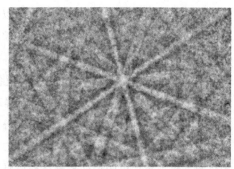

图 8-2　316L 不锈钢的 EBSD 衍射花样

8.1.2 扫描电镜的透射菊池衍射

尽管 EBSD 技术获得显著的发展，传统的 EBSD 的分辨率仍受限于电子束与样品较大的交互作用体积，不足以准确分析平均晶粒尺寸小于 100 nm 的纳米结构材料。近几年来，Trimby 发展了基于扫描电镜的透射菊池衍射（Transmission Kikuchi Diffraction，TKD）方法。这项技术利用透明的电子透射电镜薄膜样品和传统的 EBSD 硬件和软件，其测试装置如图 8-3（a）所示。薄膜样品垂直于传统 EBSD 方向放置，即相当于倾转了 20°，如图 8-3（b）所示。因此，电子束以较高角度入射样品，有助于降低交互作用体积，提高菊池衍射分析的空间分辨率。传统 EBSD 的衍射电子信号主要来自于样品的上表面（反射面），而透射菊池衍射则主要发生于样品的下表面（透射面）。

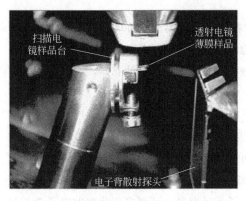
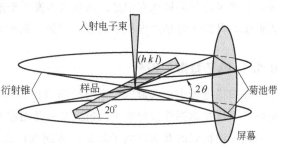

(a) 透射菊池衍射实验装置图　　　　　　　(b) 透射菊池衍射几何示意图

图 8-3　扫描电镜中透射菊池衍射

8.2 EBSD 仪器简介

EBSD 系统由三部分组成：扫描电镜、图像采集设备以及软件系统。它们组成一个整体，其相互关系如图 8-4 所示。通常实验室中可能已配置扫描电镜。只要扫描电镜满足 EBSD 系统的控制要求，如电子光学系统计算机自动化控制并可受外部调节、加速电压可调、具有良好的电子束聚焦性能等，可以将 EBSD 系统作为附件安装于扫描电镜上。这样，扫描电镜不但能给出块体试样表面的形貌图像、成分分布，还可以给出电子束照射位置的晶体学信息。

EBSD 系统的核心是通过图像采集设备实现衍射谱的快速采集和分析。图像采集设备即 EBSD 探头，包括探头外表面的透明磷屏幕、屏幕后面的高灵敏度 CCD 相机以及配套的图像处理器。磷屏幕被入射电子撞击后对外发射出与入射电子数目成正比的可见光子，因此电子束与倾斜样品表面作用后产生的 EBSD 衍射谱到达磷屏后被转变为可见光图像，经 CCD 相机数字化采集后由图像处理器传输到计算机内存中。EBSD 探头从扫描电镜样品室的侧面（或后面）与电镜相连，使用时可手动或电动方式插入到预先设定的位置。磷屏通常平行于电子束和样品倾转轴。同时为了提高成像衬度，帮助寻找感兴趣的区域，EBSD 探头的周边通常还会再布置一组前置背散射电子探头。这些探头由于安装在有利于探测到大角度倾转样品背散射电子信号的前置位置，所采集图像具有更高组织衬度，有助于预览 EBSD 分析区域的微观组织。图 8-5(a) 为牛津仪器的 HKL Max EBSD 探头位于扫描电镜样品室外的部分。图 8-5(b) 显示了 EBSD 探头深入样品室后，扫描电镜的物镜、倾转样品和 EBSD 探头三者的几何位置。

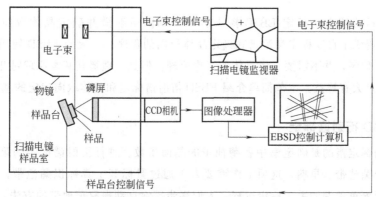

图 8-4　EBSD 系统的结构示意图

(a) EBSD 探头外部　　　　　　(b) EBSD 探头在样品室里的布局

图 8-5　EBSD 探头

　　EBSD 系统还必须包含保证系统运行的控制软件和应用软件。这些软件实现 EBSD 谱图像采集的自动化控制、衍射谱自动标定和晶粒取向确定以及丰富的数据后处理，如织构计算、晶粒取向彩色绘图、晶界取向差分析等。

　　EBSD 系统支持两种计算机控制的自动扫描模式，即样品台扫描和电子束扫描。样品台扫描模式保持细聚焦电子束静止不动，而借助样品台平移实现不同样品位置衍射谱的采集。电子束扫描模式则保持样品台上样品静止不动，而借助扫描电镜偏转线圈实现细聚焦电子束在样品表面扫描并采集扫描位置的衍射谱。样品台扫描模式适合较大样品面积的测量，例如织构分析。在不同测量点，衍射几何参数，例如衍射谱中心位置、衍射点源到磷屏的距离、背底强度以及聚焦条件等均保持不变，因此衍射谱不存在几何畸变。电子束扫描模式则能够实现测量点的快速准确定位。但是，随着电子束的倾转，衍射几何参数均发生明显的变化，因此要求采集控制软件具有自动实时标定和动态聚焦的功能，否则测量会存在较大的误差甚至导致衍射谱无法成功标定。电子束扫描模式通常更适合小视场内的高分辨分析。

8.3 EBSD 衍射谱标定与晶体取向确定

EBSD 分析的核心是标定 EBSD 探头所采集到的衍射谱并确定晶体取向。商业化的 EBSD 系统均提供了自动标定菊池谱和确定晶体取向的程序。一般的 EBSD 使用者只要懂得如何操作分析程序，并不需要了解具体的工作原理。但是，理解其基本原理对开展更专业的 EBSD 分析还是大有裨益。本节简单介绍 EBSD 衍射谱标定和晶体取向确定的基本原理。

8.3.1 EBSD 衍射谱标定

衍射谱的标定指的是确定谱中各菊池带的晶面指数。进行衍射谱标定的第一步是识别衍射谱的各个菊池带。早期，这项工作需要人工通过鼠标等工具标识菊池带，因此效率低下。为了摆脱繁重单调的手工标定过程，人们逐步探索自动提取菊池带的方法，并发展了所谓的 Burns 法和 Hough 变换法。这些方法本质上属于数字图像处理技术。实践证明 Hough 变换法比 Burns 法更可靠，可有效确定更弱的菊池带，并且自动识别时间更短，因此被广泛应用于多数 EBSD 分析软件。

Hough 变换将菊池谱的某一点坐标 (x, y) 按公式 $\rho = x\cos\theta + y\sin\theta$ 转变为 Hough 空间 (θ, ρ) 的一条正弦曲线。如图 8-6 所示，原始图像同一直线上的不同点对应的 Hough 空间正弦曲线相交于同一点。交点坐标 θ 为该直线的垂直线与 x 轴的夹角，ρ 为坐标原点到该直线的距离（若垂足与垂线所指正方向不在同一侧，ρ 取负值）。

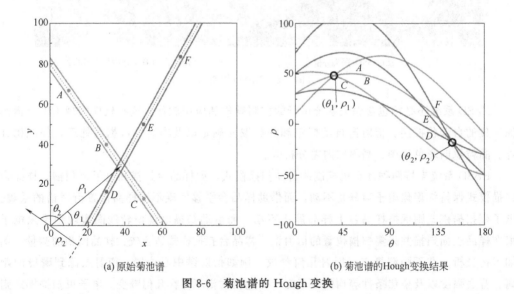

(a) 原始菊池谱   (b) 菊池谱的Hough变换结果

图 8-6　菊池谱的 Hough 变换

衍射谱的 Hough 变换首先将 Hough 空间分割为离散的格子。例如，θ 轴每格为 1°，而 ρ 则在取值范围（$\rho_{min} \sim \rho_{max}$）内分为 100 格。然后衍射谱中 (x, y) 坐标位置的亮度值被添加到 Hough 空间对应的正弦曲线所穿过的所有格子中。这样，菊池带两条边界的暗线和中心的亮线被叠加到 Hough 空间中对应正弦曲线交点所在格子上，形成两个暗点和一个亮点。

图 8-7(a) 和（b）分别为实验采集到的 EBSD 衍射谱和对应的 Hough 变换图像。背散射菊池带通常比较弥散，在 Hough 变换图像显示为"蝴蝶结"的图案。因此，菊池带定位转变为寻找 Hough 变换图像最亮点或"蝴蝶结"图案的位置。利用数字图像识别技术，将 Hough 变换图像与"蝴蝶结"蒙板图案卷积可以确定菊池带的准确位置坐标$(\rho，\theta)$。图 8-7(c) 显示利用 Hough 变换识别到的 5 条亮度最高的菊池带。

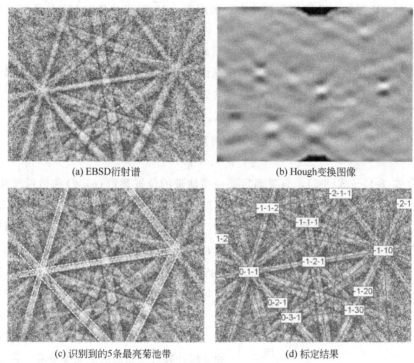

(a) EBSD衍射谱   (b) Hough变换图像

(c) 识别到的5条最亮菊池带   (d) 标定结果

图 8-7   EBSD 衍射谱中菊池带的识别

    衍射谱标定的下一步是确定各菊池带对应晶面的晶面指数$(h\,k\,l)$。透射电镜中菊池带晶面指数可以利用菊池带宽度（即亮线和暗线的距离，正比于晶面间距）或角度确定。但是，由于放大倍数较低（相机长度 L 较短），扫描电镜 EBSD 衍射谱中菊池带宽度的测量精度较低，不足以准确标定晶面指数。因此，一般利用测量精度较高的晶面夹角。另外，由于采集角域较宽，EBSD 谱中两条菊池带的夹角并不等于对应晶面的夹角，因此其晶面夹角的确定也更复杂。根据背散射菊池带形成的几何关系，以及菊池带在衍射谱中的位置信息，还是可以计算出两条菊池带对应晶面的夹角。这里介绍一种根据 Hough 变换确定的菊池带位置坐标$(\theta，\rho)$确定对应晶面的法线方向$\vec{n}$，再计算出晶面夹角的方法。文献中也存在其他的分析方法，但基本原理是一致的。

    如图 8-8 所示，衍射谱中菊池带由样品表面源点 S 发射并与磷屏相交，C 点为整个衍射谱的中心点，即磷屏与源点的最近距离（显然$\overrightarrow{SC}$垂直于磷屏），据此建立衍射谱直角坐标系 CS_p，其坐标轴 Z_p 平行于$\overrightarrow{SC}$，坐标平面 $OX_\mathrm{p}Y_\mathrm{p}$ 与磷屏重叠。对于谱中的某一菊池带，其位置坐标为$(\rho，\theta)$，那么由坐标原点作菊池带中心线的垂线 OQ，则 $OQ=\rho$，OQ 与 X_p 的夹角为 θ，$\overrightarrow{OQ}$ 对应的单位方向矢量 $\vec{m}=\cos\theta X_\mathrm{p}+\sin\theta Y_\mathrm{p}$。同样，由衍射谱中心 C 作菊池

带中心线的垂线 CP，CP 与 X_p 的夹角也为 θ，并且有

$$CP = OQ - OC\cos\alpha = OQ - \overrightarrow{OC} \cdot \vec{m} = \rho - x_c\cos\theta - y_c\sin\theta \qquad (8-1)$$

式中，α 为 OC 与 OQ 的夹角；(x_c, y_c) 为 C 点的坐标。显然，$\overrightarrow{SP}$ 为该菊池带所对应晶面内的一条直线，并且

$$\overrightarrow{SP} = \overrightarrow{CP} + \overrightarrow{SC} = CP\cos\theta X_p + CP\sin\theta Y_p + L Z_p \qquad (8-2)$$

式中，L 为衍射源点 S 到衍射谱中心 C 的距离。$\overrightarrow{SP}$ 对应的单位方向矢量为

$$\vec{r} = \frac{\overrightarrow{SP}}{|\overrightarrow{SP}|} \qquad (8-3)$$

另外，菊池带中心线实际上即为所对应晶面与磷屏的交线，因此也是所对应晶面内的一条直线。由于该交线与 OQ 垂直，其单位方向矢量为

$$\vec{t} = \sin\theta X_p - \cos\theta Y_p \qquad (8-4)$$

晶面的法线方向 $\vec{n}$ 必定同时垂直于其面内直线 $\vec{r}$ 和 $\vec{t}$，因此

$$\vec{n} = \vec{r} \times \vec{t} \qquad (8-5)$$

结合公式(8-1)～式(8-5)，只要确定某一菊池带的位置参数 (ρ, θ) 和衍射谱几何参数，

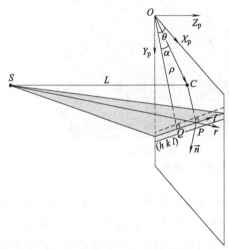

图 8-8　EBSD 菊池带标定示意图

即源点到谱中心距离 L 以及谱中心的坐标 (x_c, y_c)，就可以计算出对应晶面在衍射谱坐标系 CS_p 的单位方向矢量 $\vec{n}$。L 和 (x_c, y_c) 在开始 EBSD 测试之前均需要事先准确标定，因此在标定菊池带时可视为已知量。

为了确定衍射谱中各菊池带对应的晶面指数，需要至少获取三条菊池带，并根据前文介绍的方法计算对应晶面的法向矢量 $\vec{n_1}$、$\vec{n_2}$ 和 $\vec{n_3}$。这些晶面两两之间的夹角即其法向方向的夹角可通过法向矢量的点乘计算，$\alpha_{12} = \arccos(\vec{n_1} \cdot \vec{n_2})$，$\alpha_{23} = \arccos(\vec{n_2} \cdot \vec{n_3})$，$\alpha_{31} = \arccos(\vec{n_3} \cdot \vec{n_1})$。对于已知晶体结构的晶胞类型和点阵常数，可以根据理论的晶面夹角公式计算出两两晶面之间的夹角，形成比对数据表格。将测量得到的 α_{12}、α_{23}

和 α_{31} 与理论计算的数据表格对比，可以获得满足夹角关系并且相互自洽的三个晶面的晶面指数 $(h_1k_1l_1)$，$(h_2k_2l_2)$ 和 $(h_3k_3l_3)$，此即为三条菊池带对应的晶面指数的一组解。实践中，由于不可避免的测量误差，仅根据三条菊池带往往得到多组可能的解。为了获得准确的唯一解，通常采用"投票"算法。该算法要求至少提取衍射谱中最亮 5 条菊池带。从中选择三条菊池带并标定，获得多组解，每组解均视为可能的解，并计票。对 5 条（或更多）菊池带进行排列组合并分别求解，统计所有可能解的得票数。最终获票最多的解为准确解，因为它满足最多的菊池带组合。这样，就标定出 EBSD 衍射谱中各菊池带的晶面指数，同时也确定各菊池带在衍射谱坐标系中的单位方向矢量。图 8-7(d) 为图 8-7(a) 衍射谱的标定结果。

8.3.2 晶体取向确定

晶体取向指晶体空间点阵在样品坐标系的相对位向，一般用样品宏观坐标系向晶体微观坐标系的旋转变换矩阵 g 或欧拉角（φ_1，Φ，φ_2）表示。下面介绍如何根据指标化的菊池带确定晶体取向。

由于样品被倾转 $70°$，样品表面不再与 EBSD 探测器磷屏平行，扫描电镜下利用 EBSD 确定晶体取向的过程需要进行相对复杂的坐标变换。如图 8-9 所示，坐标变换涉及以下 4 个坐标系：①样品坐标系 CS_s，其 Z_s 坐标轴一般垂直于样品表面，X_s 和 Y_s 坐标轴平行样品平面内两个宏观特征方向。例如，对于轧制平板样品，可取 Z_s//轧面法向 ND，X_s//轧制方向 RD，Y_s//轧面横向 TD。②显微镜坐标系 CS_m，其 Z_m 坐标轴与电子束入射方向反平行，X_m 坐标轴平行于样品的倾转轴。③前文定义的衍射谱坐标系 CS_p。④晶体坐标系 CS_c，即固结于晶体点阵的坐标系。这样，由样品坐标系到晶体坐标系的取向矩阵 g，可以分解为样品坐标系至显微镜坐标系的变换矩阵 g_1，显微镜坐标系至衍射谱坐标系的变换矩阵 g_2，以及衍射谱坐标系至晶体坐标系 g_3 的组合操作，即

$$g = g_3 \cdot g_2 \cdot g_1 \tag{8-6}$$

由于各扫描电镜厂家留给 EBSD 探头接口的几何位置不同，这几个坐标系具有不同的变换关系。但是一旦 EBSD 硬件系统和样品安装完毕，具体的变换矩阵是确定的。这里以图 8-9 所示的简单几何关系为例，分析各坐标系的变换矩阵。假设样品的倾转角度为 α（一般为 $70°$），则

$$g_1 = \begin{pmatrix} 1 & 0 & 0 \\ 0 & \cos\alpha & -\sin\alpha \\ 0 & \sin\alpha & \cos\alpha \end{pmatrix} \tag{8-7}$$

而图 8-9 中 EBSD 探测器磷屏平行于入射电子束（即平行于 Z_m 坐标轴）和倾转轴（即平行于 X_m 坐标轴），则

$$g_2 = \begin{pmatrix} 1 & 0 & 0 \\ 0 & 0 & 1 \\ 0 & -1 & 0 \end{pmatrix} \tag{8-8}$$

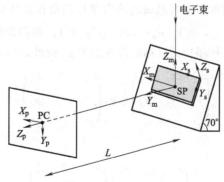

图 8-9　EBSD 晶体取向确定时涉及的 3 个宏观坐标系

（样品坐标系 CS_s；显微镜坐标系 CS_m；衍射谱坐标系 CS_p）

最后还必须建立衍射谱坐标系 CS_p 至晶体坐标系 CS_c 的变换矩阵 $\boldsymbol{g}_3$。实际上，通过衍射谱菊池带的自动识别和标定，已经获得这两个坐标系的对应关系，即三条菊池带所对应晶面的法线方向在衍射谱坐标系 CS_p 的单位矢量 $\vec{n}_1^p=(x_1^p,\ y_1^p,\ z_1^p)$、$\vec{n}_2^p=(x_2^p,\ y_2^p,\ z_2^p)$、$\vec{n}_3^p=(x_3^p,\ y_3^p,\ z_3^p)$ 以及这些晶面的晶面指数 $(h_1 k_1 l_1)$、$(h_2 k_2 l_2)$、$(h_3 k_3 l_3)$，其法线方向在

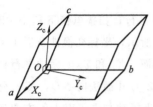

图 8-10　晶体直角坐标系的建立

晶体倒易空间中可以表示成 $\vec{n}_1^c=h_1\vec{a}^*+k_1\vec{b}^*+l_1\vec{c}^*$、$\vec{n}_2^c=h_2\vec{a}^*+k_2\vec{b}^*+l_2\vec{c}^*$、$\vec{n}_3^c=h_3\vec{a}^*+k_3\vec{b}^*+l_3\vec{c}^*$，$\vec{a}^*$、$\vec{b}^*$ 和 $\vec{c}^*$ 为倒易点阵基矢量。一般情况下，倒易点阵基矢量并不正交。因此，还必须建立一个合适的直角坐标系，并把方向矢量 $\vec{n}_1^c$、$\vec{n}_2^c$、$\vec{n}_3^c$ 变换到该坐标系。图 8-10 为常见的建立晶体直角坐标系的一种方法，即

$$\left.\begin{array}{l} \vec{X}_c=\dfrac{\vec{a}}{|\vec{a}|} \\[2mm] \vec{Y}_c=\vec{Z}_c\times\vec{X}_c \\[2mm] \vec{Z}_c=\dfrac{\vec{c}^*}{|\vec{c}^*|} \end{array}\right\} \tag{8-9}$$

式中，$\vec{a}$、$\vec{b}$ 和 $\vec{c}$ 分别为晶体正空间点阵的基矢量，$\vec{X}_c$、$\vec{Y}_c$ 和 $\vec{Z}_c$ 为晶体直角坐标系的基矢量。倒易矢量 $\vec{n}=h\vec{a}^*+k\vec{b}^*+l\vec{c}^*$ 在晶体直角坐标系的坐标 $(h',\ k',\ l')$ 可由以下公式计算得到：

$$\begin{pmatrix} h' \\ k' \\ l' \end{pmatrix} = \begin{pmatrix} \dfrac{1}{a} & 0 & 0 \\[3mm] -\dfrac{1}{a\tan\gamma} & \dfrac{1}{b\sin\gamma} & 0 \\[3mm] \dfrac{bcF(\gamma,\alpha,\beta)}{\Omega\sin\gamma} & \dfrac{acF(\beta,\gamma,\alpha)}{\Omega\sin\gamma} & \dfrac{ab\sin\gamma}{\Omega} \end{pmatrix} \begin{pmatrix} h \\ k \\ l \end{pmatrix} \tag{8-10}$$

式中，a、b、c、α、β、γ 为晶格常数；Ω 为晶胞体积；函数 $F(\alpha,\ \beta,\ \gamma)$ 为

$$F(\alpha,\beta,\gamma)=\cos\alpha\cos\beta-\cos\gamma \tag{8-11}$$

将坐标 $(h',\ k',\ l')$ 归一化，可得到 $(h\ k\ l)$ 晶面法线方向单位矢量在晶体坐标系中的坐标 $(x^c,\ y^c,\ z^c)=(h'^2+k'^2+l'^2)^{-1/2}(h',\ k',\ l')$。

通过以上变换，三个菊池带对应晶面的法向单位矢量在晶体坐标系中可以表示为 $\vec{n}_1^c=(x_1^c,\ y_1^c,\ z_1^c)$、$\vec{n}_2^c=(x_2^c,\ y_2^c,\ z_2^c)$、$\vec{n}_3^c=(x_3^c,\ y_3^c,\ z_3^c)$。根据旋转矩阵的定义，它们实际上即为这些矢量在衍射谱坐标系中的坐标经旋转矩阵 $\boldsymbol{g}_3$ 变换的结果，即

$$\begin{pmatrix} x_1^c & x_2^c & x_3^c \\ y_1^c & y_2^c & y_3^c \\ z_1^c & z_2^c & z_3^c \end{pmatrix} = \boldsymbol{g}_3 \begin{pmatrix} x_1^p & x_2^p & x_3^p \\ y_1^p & y_2^p & y_3^p \\ z_1^p & z_2^p & z_3^p \end{pmatrix} \tag{8-12}$$

于是有

$$\boldsymbol{g}_3 = \begin{pmatrix} x_1^c & x_2^c & x_3^c \\ y_1^c & y_2^c & y_3^c \\ z_1^c & z_2^c & z_3^c \end{pmatrix} \begin{pmatrix} x_1^p & x_2^p & x_3^p \\ y_1^p & y_2^p & y_3^p \\ z_1^p & z_2^p & z_3^p \end{pmatrix}^{-1} \tag{8-13}$$

可见，为了求解转换矩阵 g_3，必须计算公式(8-13)中衍射谱坐标系坐标构成的矩阵的逆矩阵，再右乘晶体坐标系坐标构成的矩阵。逆矩阵的计算是较复杂的过程。考虑到正交归一矩阵的逆矩阵即为其转置矩阵，通过以下变换可以获得两个坐标系中三个正交单位矢量，从而把公式(8-12)右边的矩阵转为正交归一矩阵，从而简化计算过程：

$$\vec{n}_1^P = \vec{n}_1^P \times \vec{n}_2^P, \vec{n}_2^P = \vec{n}_1^P \times \vec{n}_3^P, \vec{n}_3^P = \vec{n}_1^P \times \vec{n}_2^P \tag{8-14}$$

对晶体坐标系也作相应的矢量变换：

$$\vec{n}_1^c = \vec{n}_1^c \times \vec{n}_2^c, \vec{n}_2^c = \vec{n}_1^c \times \vec{n}_3^c, \vec{n}_3^c = \vec{n}_1^c \times \vec{n}_2^c \tag{8-15}$$

最终有，

$$g_3 = \begin{pmatrix} x_1^c & x_2^c & x_3^c \\ y_1^c & y_2^c & y_3^c \\ z_1^c & z_2^c & z_3^c \end{pmatrix} \begin{pmatrix} x_1^P & y_1^P & z_1^P \\ x_2^P & y_2^P & z_2^P \\ x_3^P & y_3^P & z_3^P \end{pmatrix} \tag{8-16}$$

获得三个左边转换矩阵 g_1、g_2 和 g_3，即可根据公式(8-6)计算出晶体取向矩阵 g。而取向矩阵可以方便地转变为 Euler 角、旋转轴角对、Miller 指数等其他晶体取向表示方式。

综合以上分析，EBSD 衍射谱线的识别标定和晶体取向的确定涉及大量计算。因此，需要编写计算机程序来实现整个计算过程。好在目前商业化 EBSD 系统均提供了稳定可靠的应用软件，用于实现衍射谱自动标定和晶体取向的计算。随着硬件的发展，目前 EBSD 系统每秒可分析 200 数据点，一些高速 EBSD 甚至实现接近 1000 点/s 的分析速率，因此 EBSD 已成为一项方便的晶体取向表征技术。

8.4 EBSD 分辨率

EBSD 的空间分辨率远低于扫描电镜的图像分辨率。目前，即使是场发射枪扫描电镜，EBSD 的空间分辨率也局限于 10nm，角分辨率精度约为 1°。如图 8-11 所示，由于样品处于倾转状态，电子束在样品表面的作用区并不对称，造成电子束在水平方向和垂直方向的分辨率有明显差异。EBSD 的垂直分辨率低于水平分辨率。影响 EBSD 分辨率的因素有：材料、样品几何位置、加速电压、电子束流和衍射花样清晰度。

（1）材料

随着原子序数的增大，入射电子束与样品的交互作用体积减小，而产生的背散射电子的信号强度则增强。高原子序数样品产生的菊池谱包含更多的细节，菊池带清晰度也更高，从而更容易被解析和标定，因此 EBSD 的空间分辨率随样品原子序数增大而提高。例如，场发射枪扫描电镜中，Al 的 EBSD 分辨率约为 20nm，而 α-Fe 的分辨率可达 10nm。

（2）样品几何位置

EBSD 系统的三个关键的几何参数是：①样品到 EBSD 探头的距离；②样品的倾转角

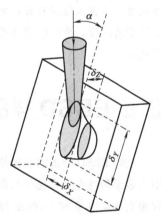

图 8-11 倾转条件下电子束与样品的交互作用体积示意图

度；③样品的高度，即工作距离。这三个参数直接关系到菊池衍射谱的标定和晶体取向的确定，因此在每次开始 EBSD 测量之前都必须准确标定。

样品到 EBSD 探头的距离影响到衍射谱的采集角域和放大倍数，一般较少改变。样品倾转是获得背散射衍射谱的前提。当样品倾转 45°以上，探头就可以采集到衍射谱。由于背散射电子运动路径随样品倾转角度的增大而减小，样品倾转角度越高，EBSD 探头采集到的衍射谱衬度越高。但是当样品倾角超过 80°时，样品作用区平行和垂直倾转轴的尺寸差异过大，衍射花样畸变严重，有效的 EBSD 测量变得不切实际。因此，70°的样品倾转角最为理想，已成为 EBSD 分析的标准倾转角。在这个条件下，电子束与样品角度作用区平行和垂直倾转轴的尺寸比约为 1∶3。在扫描电镜的一般成像模式中，降低工作距离可以提高分辨率和降低聚焦畸变。但是在 EBSD 分析时，应选择合适的工作距离使样品出射电子更多地背散射到探测器磷屏上，并且使衍射谱中心接近探测器磷屏的中心。工作距离过小，则探测器也有撞上电镜硬件的风险，特别是物镜极靴。因此，最佳的工作距离往往取决于扫描电镜和 EBSD 探测器的物理位置，一般介于 15～25mm 范围内。

（3）加速电压

电子束与样品的交互作用区尺寸与加速电压成正比，因此，采用低的加速电压有利于提高分辨率，这对于表征一些细晶材料或形变组织尤其重要。除了分辨率外，在选择合适加速电压时，有几个其他因素也值得考虑。一般情况下，较高的加速电压，可以提高磷屏转换效率，产生更亮的衍射谱；降低样品室内漏磁干扰；同时电子束可以穿透更深样品，因此可以降低表层污染或表面变形的影响。但是对于一些不良导体材料，为了避免电荷聚集，不宜采用过高电压。对于易受电子束损伤的材料，需慎用高加速电压。

（4）电子束流

与加速电压相比，电子束流对空间分辨率影响较小。并且最佳分辨率并不对应于最小束流位置。尽管最佳绝对分辨率对应于最小电子束作用体积，但交互作用体积的减小也会降低衍射谱清晰度，准确标定变得困难。EBSD 最佳分辨率为交互作用体积和谱线清晰度之间的平衡点。

8.5 EBSD 样品制备

进行 EBSD 分析的前提是制备出能够代表试样微观结构的平整表面，避免在制样过程中引入表面塑性变形、化学污染或氧化层。作为一种表面分析技术，EBSD 所采集的电子信号仅来自样品表层 10～50nm 厚的区域。任何表面缺陷的引入不仅会降低 EBSD 衍射谱的质量，还会影响分析的精度和分辨率。

EBSD 样品流程类似于传统的金相制样过程，只是对样品表面状态要求更高。一般样品的最后一道工序为精细的机械抛光、电解抛光或离子研磨，以获得平整的无应变表层。

（1）机械抛光

对于硬度较高的样品，如钢、金属间化合物，可利用机械抛光方法获得平整表面。抛光时一般使用硅胶抛光液。硅胶抛光液为碱性溶液，在机械抛光的同时轻度侵蚀样品表面，较少表面变形层。

（2）电解抛光

对于强度低而容易产生表面变形的金属材料，电解抛光通常是机械抛光的必需步骤。电解抛光通过电解作用去除表面变形层和浮凸。不同金属具有不同的电解液配方和抛光参数，需要一定的摸索方可建立理想的抛光条件。

（3）离子研磨

离子研磨主要用于透射样品试样的制备，最近也开始用于制备 EBSD 样品。其基本原理是用离子枪轰击倾斜样品表面，去除变形层。具体材料、离子枪电流、电压等参数均可能影响制样效率。通常采用低的入射角、小电流和电压，速度较慢。利用离子研磨需要 1～2h 才能制备出一个样品。离子研磨基本适合所有材料，尤其是不导电和脆性材料。

8.6 EBSD 的应用

EBSD 技术具有分析精度高、检测速度快、样品制备简单以及空间分辨率高等优点，近年来应用范围不断扩大。归结起来，EBSD 主要存在以下几个方面的应用：利用取向衬度成像显示晶粒、亚晶粒或相的形貌、尺寸及分布；定量织构分析并绘制极图、反极图或取向分布函数；显示不同织构成分对应晶粒的形貌及分布；研究晶粒取向差的分布及随变形的演化规律；物相鉴定及相含量分析；根据菊池谱质量定性分析晶体缺陷等。

8.6.1 取向衬度成像

多晶材料的晶粒内部具有相近取向，而晶粒之间存在明显的取向差异。因此，利用不同颜色渲染不同的晶体取向可以清晰显示出晶粒的形貌，特别是传统化学方法难以侵蚀显示的小角晶界或特殊晶界。这使得晶粒尺寸测量更为准确，并可区分孪晶界或亚晶界的影响。图 8-12 所示为电沉积纳米孪晶铜沉积平面的 EBSD 取向衬度图像。图中颜色代表每个晶粒的沉积方向，如图 8-12 中反极图图例所示。沉积方向接近 [1 1 1]、[0 1 1]、[0 0 1] 晶向，分别显示为蓝色、绿色和红色。

图 8-12　电沉积纳米孪晶铜的 EBSD 取向衬度图像

除晶体取向颜色衬度成像外，亦可把晶体取向转变与之对应的物理量显示出来。例如利用晶体取向对应的 Schmid 因子或 Taylor 因子显示晶粒是呈现金属材料的力学性质的均匀性或各向异性行为的重要工具。

8.6.2 织构分析

许多材料在制备或经过热处理或塑性变形后，晶粒取向变得不再随机，而是呈明显的择优取向分布，即存在织构。晶体学织构显著影响材料的力学性能和物理性能，是导致材料性质出现各向异性的关键原因。

EBSD 直接获取样品表面各点的晶体取向数据。这些晶体取向的统计分布在一定程度上可以反映样品的织构特征。一种直观呈现取向分布的方法是将 EBSD 获得的取向信息以散点图形式画于极图或反极图中。散点聚集状态定性反映织构弥散程度。但这种方法仅适用于取向数据点较少的情况。为了获得定量的织构相对密度，必须将 EBSD 获得的离散单晶取向数据转变为密度分布。晶体取向数据集对应的密度分布可以通过将极图角坐标 α 和 β 分割为角度单元，如 $\alpha \times \beta = 5° \times 5°$，并统计每个单元的数据点数。对于晶体取向 $\boldsymbol{g}$，$(h_i k_i l_i)$ 极点 [如 (1 1 1)、(1 1 $\bar{1}$) 等] 对应的极图角 $(\alpha_i，\beta_i)$ 可由以下公式算得：

$$\begin{pmatrix} \sin\alpha_i \cos\beta_i \\ \sin\alpha_i \sin\beta_i \\ \cos\alpha_i \end{pmatrix} = \boldsymbol{g}^{-1} \cdot \begin{pmatrix} x_i^c \\ y_i^c \\ z_i^c \end{pmatrix} \tag{8-17}$$

式中，$(x_i^c，y_i^c，z_i^c)$ 为 $(h_i k_i l_i)$ 经公式 (8-10) 转换后的晶体直角坐标系 CS_c 的坐标。计算出 $(\alpha_i，\beta_i)$ 后，将 $(\alpha_i，\beta_i)$ 所在的单元格数值增 1。计算完所有的取向数据点后，所有角度单元格数据除以总的取向数据点数 N，即可得到 $(h k l)$ 极图的分布密度。

同理，利用 EBSD 获得的单晶取向数据集也可以计算反极图和取向分布函数 (orientation distribution function，ODF) 的密度分布。对于反极图的密度分布，公式 (8-17) 中 $\boldsymbol{g}^{-1}$ 应替换为 $\boldsymbol{g}$，而方向矢量 $(x_i^c，y_i^c，z_i^c)$ 应替换为样品坐标系 CS_s 的特征方向矢量 $(x_i^s，y_i^s，z_i^s)$，如轧制样品的轧制方向或拉伸样品的拉伸方向等。对于 ODF 的密度分布，需要分割 Euler 角三维空间为独立单元格 $\varphi_1 \times \Phi \varphi_2 = 5° \times 5° \times 5°$，将晶体取向矩阵 $\boldsymbol{g}$ 转变为 Euler 角 $(\varphi_1，\Phi，\varphi_2)$，再进行密度函数统计。

EBSD 织构分析方法与传统的 X 射线衍射具有明显的区别。X 射线衍射利用某一选择晶面的相对衍射强度表示该晶面在 X 射线照射范围内数千晶粒的平均取向分布，因此每次测量只能获得表示该晶面空间分布的极图。为了获得完整的三维取向信息，必须获得至少两个晶面的极图，再利用复杂的数值计算建立三维取向分布函数。EBSD 直接获得衍射源点单晶体的三维取向信息。为了获得具有统计意义的取向分布，需要将分析区域分成数万个点，并逐点测定晶体取向，然后统计出织构定量信息。根据分析区域内晶粒数量的不同，X 射线衍射获得的是宏观织构，而 EBSD 一般只能表征微观局域织构。如果样品织构相对均匀，EBSD 所得织构信息与 X 射线衍射结果是很接近的。

8.6.3 晶粒取向差及晶界特性分析

EBSD 技术可以测定样品表面每一点的晶体取向，因此也可以分析两个晶粒间的取向差和旋转轴。若两个相邻晶粒 A 和 B 的取向矩阵分别为 g_A 和 g_B，晶粒 A 向晶粒 B 的转动矩阵 $g_{A\to B}$ 即为取向差矩阵，可以表示为

$$g_{A\to B} = g_B \cdot g_A^{-1} \tag{8-18}$$

从取向差矩阵 $g_{A\to B}$ 可以算出取向差 Ω 和旋转轴 $[r_1 r_2 r_3]$：

$$\theta = \mathrm{acos}\frac{g_{11}+g_{22}+g_{33}-1}{2} \tag{8-19}$$

$$\left.\begin{aligned} 2r_1\sin\theta &= g_{23}-g_{32} \\ 2r_2\sin\theta &= g_{31}-g_{13} \\ 2r_3\sin\theta &= g_{12}-g_{21} \end{aligned}\right\} \tag{8-20}$$

如果考虑晶体对称性，存在有多个等价的取向差矩阵以及相应的取向差和旋转轴，因此，一般取这些等价取向差的最小值作为两晶粒间的本征取向差 Ω。

根据两晶粒的取向差矩阵和取向差可以进一步分析两晶粒间的晶界特性。例如，当 $\Omega <$ 15°时，晶界为小角晶界；当 $\Omega \geqslant$ 15°时，晶界为大角晶界。大角晶界中还存在一些特殊晶界。这些特殊晶界可用重合位置点阵（coincident site lattice，CSL）模型描述，并记为 Σ。Σ 的倒数代表两个晶粒的空间点阵重合点的密度。Σ 特殊晶界有相应的取向差矩阵 g_Σ 和取向差 Ω_Σ。如立方晶系中 $\Sigma3$ 晶界即为孪晶界，取向差为 60°，孪晶界两侧晶粒在晶界面上完全共格。两晶粒 A 和 B 的取向差矩阵 $g_{A\to B}$ 相对于 Σ 特殊晶界的偏差矩阵为

$$\Delta g = g_\Sigma \cdot g_{A\to B}^{-1} \tag{8-21}$$

由 Δg 计算得到的旋转角 $\Delta\Omega$ 代表晶粒 A 和 B 的晶界偏离 Σ 特殊晶界的程度。如果 $\Delta\Omega < 15°/\sqrt{\Sigma}$，则可以认为该晶界属于 Σ 特殊晶界。

通过分析 EBSD 获取的取向图像相邻像素的取向差数据，不仅可以获得样品的取向差分布，还可以根据晶界性质用不同的线条或颜色描绘晶界，直观地呈现晶界特性。图 8-13 为对应于图 8-12 取向图像的取向差分布。图中可以看出，样品中存在大量的孪晶界（取向差约为 60°），在图 8-12 中用灰色细线条描绘；除了孪晶界外，其他晶界的分布相对均匀，说明电沉积制备的纳米孪晶铜中柱状晶界具有相对随机的取向差。

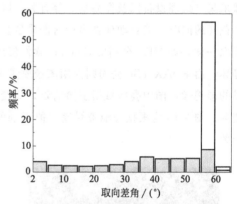

图 8-13　电沉积纳米孪晶铜的取向差分布图

8.6.4　物相鉴定

不同物相具有不同的晶体结构，对应的 EBSD 花样也必然存在一定的差异。通过菊池衍射花样特征的分析，可以确定具体的物相。早期，EBSD 仅能实现物相"识别"，即从样品可能存在的几个物相（可用 X 射线衍射事先确定）中挑出最可能的相。为了实现这个目的，需要利用所有可能的物相对菊池衍射谱进行菊池带标定和晶体取向分析，再根据晶格参数和晶体取向反算出菊池衍射谱。如果计算出的菊池衍射谱与实验获取的菊池衍射谱相符程

度高，即可判定衍射源点对应于该物相。仅通过电子能谱仪难以区分化学成分相似的物相，EBSD 技术在这方面则具有明显的优势，可实现诸如钢中铁素体和奥氏体的区分、金属中 M_7C_3 和 M_3C 析出相鉴别等。

近年来，扫描电镜中 EBSD 系统逐渐与电子探针（EDS）分析集成。结合 EBSD 和 EDS 使未知相的鉴定更加有效和准确。首先利用 EDS 分析待测相的化学成分，并从晶体学数据库中检索出符合化学成分的所有物相，形成待定物相列表；然后利用 EBSD 进一步确定物相。EBSD 和 EDS 的集成实现了物相鉴定的自动化，通过逐点扫描分析可实现物相成像。物相图像可以清楚显示物相分布，并可分析物相的相对含量。

物相鉴定效率的不断提高极大程度拓展了 EBSD 的应用，弥补了传统 X 射线衍射物相鉴定的不足。X 射线衍射仅可以获得宏观物相的定性和定量分析，并且定量分析的精度也不高。例如，当金属析出相含量较少时，X 射线衍射可能检测不到对应的衍射峰。而只要析出颗粒尺寸大于 EBSD 的分辨率（～10nm），EBSD 不仅可以确定其存在，还可能清楚显示其分布状态和相对含量，如可以显示析出相位于晶界还是晶内。

8.6.5 晶格缺陷分析

晶格缺陷密度显著影响电子背散射衍射谱的质量和菊池带的清晰度。菊池带的清晰度随晶格缺陷密度增大而降低。因此，根据衍射谱的质量可以评价晶体缺陷的含量，如区分再结晶与形变晶粒、塑性应变量的大小等。但应注意，衍射谱质量同时也与扫描电镜状态、图像采集与处理设备以及样品状态等有关，因此只能定性地说明问题。EBSD 在采集和标定衍射花样的同时，能自动计算出衍射谱质量。各 EBSD 厂家表征衍射谱质量的参数和计算方法不太一样，如 HKL 公司的 Channel 软件使用菊池带衬度 BC(band contrast) 表示菊池带质量好坏，而 EDAX-TSL 公司则使用图像质量 IQ(image quality)。图 8-14 为利用菊池带衬度形成的形貌像，图中亮区域衍射谱清晰，应变小，为再结晶区；暗区域衍射谱模糊不清，为形变区。图 8-15 为根据菊池带衬度阈值识别的再结晶区域，据此可方便地计算出再结晶体积分数。

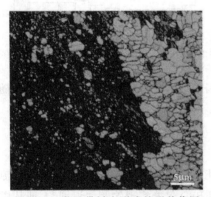 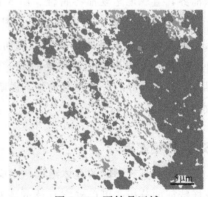

图 8-14　菊池带衬度形成的形貌像图　　　　　　　图 8-15　再结晶区域

晶格缺陷的存在亦可能导致晶粒内部相邻测量点出现晶格转动和局域取向差。一般地，局域塑性变形越大，缺陷密度越高，相应的取向差越大。因此，可以利用局域取向差的测量定性分析微观结构尺度的变形非均匀性。利用 EBSD 取向图，可方便地计算测量点的局域取向差，即所谓的核平均取向差（kernel averaged misorientation，KAM）。如图 8-16(a) 所示，对于晶粒内部的测量点 P_0，KAM 定义为它与 4 个最近邻测量点（P_1，P_2，P_3 和 P_4）之间取向差 Ω 的平均值：

$$KAM = \frac{1}{4}\left[\Omega(P_0,P_1) + \Omega(P_0,P_2) + \Omega(P_0,P_3) + \Omega(P_0,P_4)\right] \quad (8-22)$$

式中，取向差 Ω 利用公式(8-18) 和式(8-19) 计算。为了排除晶界的影响，需要设置一个取向差阈值。当计算得到的相邻测量点的取向差超过该阈值，则认为两点之间存在晶界，不参与 KAM 的计算。如图 8-16(b) 所示，P_3 和 P_4 与分析点 P_0 的取向差超过设定阈值而被排除，因此，KAM 计算仅考虑 P_1 和 P_2 与 P_0 的取向差，即：

$$KAM = \frac{1}{2}\left[\Omega(P_0,P_1) + \Omega(P_0,P_2)\right] \quad (8-23)$$

目前有些商业 EBSD 分析软件已提供有 KAM 的计算模块，用于计算 KAM 图。图 8-17 为多晶纳米孪晶金属拉伸变形后的 KAM 图。ESBD 测量步长为 150nm，晶界取向差阈值为 5°。图中可以明显看出，KAM 的分布十分不均匀。大部分晶界附近存在较高的 KAM，预示着晶界已经发生更大的局域塑性应变并积累更多的位错。这导致该材料在拉伸过程中随动应变硬化和最终沿晶界开裂的发生。

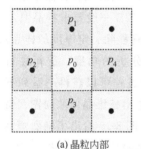
(a) 晶粒内部

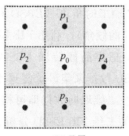
(b) 晶界

图 8-16　KAM 的定义

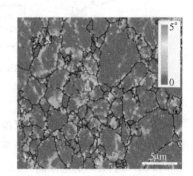

图 8-17　多晶纳米孪晶铜
拉伸变形后 KAM 分布图

在晶粒内部，EBSD 两个相邻测量点之间的取向差 Ω 的存在说明两点之间存在晶体取向梯度或晶格曲率 ω。为了协调晶格曲率，保证晶格连续性，两点之间需要存储一定数量的几何必需位错（geometrically necessary dislocations，GND）。因此，可以利用晶格曲率 ω 计算 GND 密度。以沿 x 轴的两个相邻分析点为例，GND 密度可由以下公式计算：

$$\rho_{GND} = \frac{\omega}{b} = \frac{\Omega}{b\Delta x} \quad (8-24)$$

式中，b 为位错柏式矢量；Ω 为两个分析点的取向差；Δx 为两个分析点的距离。对于二维或三维的 EBSD 数据，需要先计算出分析点的 Nye 位错张量，然后利用最小化数值计算方法确定满足该位错张量的 9 个位错密度分量，详细过程可参考相关文献。

对于 KAM 和 GND 密度的计算，EBSD 扫描步长都是关键的实验参数。一方面，步长决定分析的微观结构尺度。因而，希望步长足够小，以获得更为局域的信息，如晶界附近的

KAM 或者 GND 密度等。另一方面，EBSD 取向数据的误差随扫描步长减小而增大，步长也需要足够大以过滤测量噪声。

8.6.6 三维取向成像

如果材料的微观结构十分均匀并且各向同性，二维截面观察结合体视学统计分析是可以有效揭示材料三维结构特性。但是实际上，材料的三维结构往往极其复杂，存在明显的不均匀性和各向异性。大量案例显示真正的三维对准理解微观结构的形成机理及其对材料宏观性能的影响至关重要，例如，晶粒长大实验需要确定晶粒的真正尺寸和三维形状，塑性变形行为研究需要了解应变场的三维分布和尺度，材料再结晶也往往与形核点的空间位置和分布有关。材料内部界面（晶界或相界）的晶体学特性至少包含 5 个自由度：两侧晶格的取向差（3 个自由度）和界面的空间取向（2 个自由度）。前文介绍的样品某一截面的 EBSD 可以确定各晶粒的晶体学取向和晶粒之间的取向差，但不能确定晶界面的晶格晶向和样品取向。后者对于材料相变、晶粒长大过程以及晶界开裂机理十分重要。

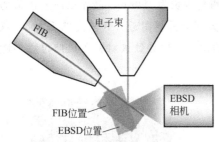

图 8-18 利用聚焦离子束（FIB）和 EBSD 确定三维取向图

在电子束/离子束双束显微镜系统中，结合聚焦离子束（focused ion beam，FIB）逐层切片和 EBSD 逐层晶体取向分析是确定样品三维晶体取向图的有效方法，如图 8-18 所示，首先利用 EBSD 系统采集样品表面的取向数据；然后倾转样品至适合 FIB 加工的角度（EBSD 和 FIB 一般要求样品具有不同的倾角），利用 FIB 精确移除一定厚度的样品；接着把样品倾转回 EBSD 分析的角度，重新进行 EBSD 数据采集。重复这个过程可以获得一系列不同厚度位置的二维取向数据，校准和对齐这些二维取向数据即可构造出三维晶体取向图。借助自动化控制，国外已有研究组实现全自动的三维 FIB-EBSD 分析。图 8-19 给出了剧烈塑性变形和 650℃热处理的超细晶 Cu-0.17%（质量分数）Zr 样品的三维 EBSD 分析结果。图 8-19(a) 为三维取向图，颜色代表平行挤压变形方向的晶向。据此可进一步分析晶界特性分布，特别是晶界面法线在晶体空间的取向分布，如图 8-19(b) 所示。可以看出，有相当数量的晶界面平行于（1 1 1）晶面。结合晶界两侧晶粒取向分析，可确定这些晶界为共格孪晶界。

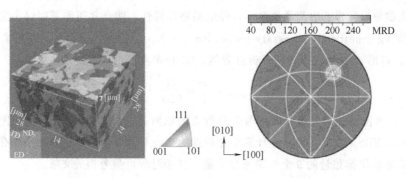

(a) 三维取向图　　　　　　　　　　　(b) 晶界特性分析结果

图 8-19 剧烈塑性变形 Cu-Zr 样品的三维 EBSD 表征

本章小结

电子背散射衍射（EBSD）是利用扫描电镜中非弹性背散射电子的菊池衍射效应分析晶体结构和取向的技术。本章主要介绍了 EBSD 的基本原理、硬件系统结构，菊池衍射谱标定和晶体取向确定的基本原理，EBSD 分辨率及其影响因素等内容，并分析了 EBSD 几个典型应用案例。本章主要内容小结如下：

基本原理 ┫ 菊池衍射原理
　　　　 ┃ 非弹性背散射电子
　　　　 ┗ 样品 70°倾转：增强衍射谱强度

EBSD 系统 ┫ 基本组成 ┫ 扫描电镜
　　　　　 ┃　　　　　┃ 图像采集系统：EBSD 磷屏探头
　　　　　 ┃　　　　　┗ 软件系统：控制软件及应用软件
　　　　　 ┗ 工作模式：样品台扫描、电子束扫描

菊池带分析 ┫ 菊池带的识别：Hough 变换
　　　　　　┃ 菊池带对应晶面的标定：晶面夹角计算及比对
　　　　　　┗ 晶体取向确定：┫ 坐标系变换：样品坐标系；显微镜坐标系；衍射谱坐标系晶体坐标系
　　　　　　　　　　　　　　　┗ 根据样品坐标系和晶体坐标系晶向或晶面对应关系确定旋转矩阵

分辨率 ┫ 电子束作用体积
　　　 ┃ 水平分辨率、垂直分辨率
　　　 ┗ 影响因素 ┫ 材料
　　　　　　　　　 ┃ 样品几何位置
　　　　　　　　　 ┃ 加速电压
　　　　　　　　　 ┃ 电子束流
　　　　　　　　　 ┗ 衍射花样清晰度

应用 ┫ 取向衬度成像：利用取向数据绘制晶粒形貌
　　 ┃ 织构分析：微区分析；直接获得三维取向信息；高度定量；分析简便
　　 ┃ 晶界取向差及晶界特性分析：小角晶界、大角晶界、特殊晶界
　　 ┃ 物相鉴定：结合 EDS，确定物相及其空间分布
　　 ┃ 晶格缺陷分析：区分再结晶与变形区
　　 ┗ 三维取向成像：晶粒三维形状和界面特性分析

思考题

8.1 简述菊池线对形成的几何原理。

8.2 透射电镜的透射菊池衍射和扫描电镜的电子背散射衍射的区别有哪些？

8.3 相对于 X 射线衍射和透射电镜的选区电子衍射，扫描电镜 EBSD 在确定晶体取向上具有哪些优势？

8.4 EBSD 实验参数如何影响其分辨率？

8.5 EBSD 的织构分析与 X 射线衍射织构分析的区别有哪些？

第 9 章

中子衍射

9.1 概述

　　一个新的观察手段的出现常常会引起一些学科的革命，这一点在生物学的发展中更显得突出。光学显微镜的出现使生物学达到了细胞水平，而从 X 射线衍射发现了脱氧核糖核酸的双螺旋结构，开始了分子生物学的新阶段。现在在生物学的研究中几乎采用了所有近代的物理学观察手段，这种情况是前所未有的，这标志着生命科学已经在迅速地变成一门定量的科学，人类解开生命之谜的日子已经不远了。

　　中子衍射技术正是这种有效的观察手段之一，中子束的波长和 X 射线的波长相近，其大小比固液体中原子的间距略小，但每个能量子的能量前者要比后者低十万倍，此外，电子或原子核的作用分别决定了它们的散射。正是这些差别使中子衍射技术具有如下三个特点：

　　① 是研究物质磁性结构的有效手段；

　　② 可以用非弹性散射的方法研究晶格动力学的特征；

　　③ 特别适合于确定轻原子（尤其是氢原子）在晶格中的位置。

　　中子的衍射特性早在 1936 年就被科学家发现，但是在 1945 年之后，随着核反应堆技术的进步，中子衍射才成为科学研究中的一个重要手段。中子散射的工程应用开始于 20 世纪 80 年代，主要用于量化工业部件中的残余应力分布。

9.2 原理

9.2.1 中子衍射基本原理

　　原子由原子核和核外电子组成，原子核由质子和中子组成。质子带正电，核外电子带负电，中子是电中性的。因此中子和中子束是从原子核中释放出来的，能够产生中子的反应有：裂变连锁反应、聚变反应、电子韧致辐射引起的中子和光聚变反应、带电粒子的核反应和蜕变反应等。但是只有核的裂变反应和蜕变反应能够提供较高通量的中子束，因此，用于中子衍射和散射实验的中子源通常是原子反应堆的中子源、散裂脉冲中子源和同位素中子源。

中子与其他微观粒子一样，具有波粒二象性。当中子波以入射角 θ 射入晶面，在相邻两晶面上反射的中子波，光程差 $2d\sin\theta$ 与 X 射线一样，当 $2d\sin\theta$ 等于中子波长的整数倍时，这两支反射波相干而增强，出现明显的衍射峰。中子衍射的布拉格公式：

$$2d\sin\theta = n\lambda \quad (n=1,2,3\cdots) \tag{9-1}$$

式中，d 为晶面间距；θ 为入射角；λ 为波长；n 为衍射次数。

在反射中子束中，对应 $n=1$，称为一级衍射，其次称为次级衍射。通常一级衍射最强，强度随 n 的增加，迅速下降。

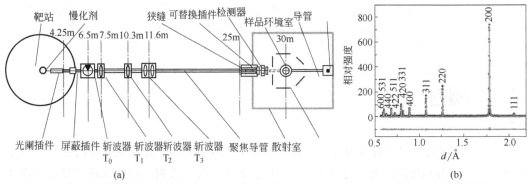

图 9-1　中国散裂中子源通用粉末衍射仪结构示意图（a）与 CoCrFeNi 高熵合金中子衍射谱（b）

9.2.2　中子衍射和 X 射线衍射的区别和联系

X 射线衍射学已有 100 多年的历史，堪称一门古老的学科，中子衍射学相对而言比较年轻。两者除设备、技术有很大区别外，在理论和应用方面有很多共同点。近年来它们不仅在很多领域大大扩展了应用范围，而且在理论和技术上也有许多根本性进展。同步辐射 X 射线源的普及，大大地推动了 X 射线衍射学的发展，使其对生命科学的发展作出了重要贡献。中子衍射由于中子穿透深度大，已应用于工业大部件（如焊接件、滚压接合部、弯管及油管等）内应力的测量上，还可用于研究各部件中的织构，进行相分析等。此外，中子衍射可以鉴定大的工业用的单晶（如大的半导体片）、透平叶片等的质量，有些部件包在一定的容器中，也同样可以进行检测，而且中子衍射对轻重元素同样敏感。中子与 X 射线的性质比较如表 9-1 所示。

表 9-1　中子衍射和 X 射线衍射的性质比较

性质	中子衍射	X 射线衍射
波长	用晶体单色器从中子源中获得单色光	各种靶元素发出的特征 X 射线，用晶体单色器从同步辐射中获得单色光
$\lambda=1\text{Å}$ 的能量	10^{13}h，和晶体振动能量一个量级	10^{18}h
原子散射的一般特征	本质是物质波 各向同性，原子散射因子与散射角无关 散射因子随原子序数不规则变化，和核的结构有关，只能用实验来确定 对不同的同位素振幅是不同的，还与核自旋有关，产生同位素和自旋的非相干性 对大多数核相差 180°，但 H、Ti、V、Mr 等产生零相差	本质是电磁波 形状因子取决于 $\sin\theta/\lambda$ 散射因子随原子序数增大而增加，极化系数与角度无关 同位素之间无差别 散射时相差 180°

性质	中子衍射	X 射线衍射
磁散射	具有磁矩的原子产生磁散射 (1)顺磁材料的漫散射; (2)铁磁和反铁磁材料的相干衍射峰振幅随 $\sin\theta/\lambda$ 下降 由磁矩可以计算出振幅,对不同自旋量子数的离子,如 Fe^{2+}、Fe^{3+} 振幅是不同的	磁散射极弱,只有同步辐射才能探测到磁散射
吸收系数	吸收系数很小,$\mu \sim 10^{-1}$ 有明显的例外,如 B、Cd 和稀土元素具有较大的吸收系数,随同位素而不同	吸收系数较大,真实吸收常常大于散射,$\mu \sim (10^2 \sim 10^3)$,随原子序数增加而增加
热效应	相干散射按德拜指数因子减少	
非弹性散射	波长变化显著;对晶格振动和磁自旋可以得到频率-波数关系	波长变化很小
一般测量方法	BF3He 计数器、新型探测器	照相底片、新型探测器
单晶反射	完美晶体反射受初级消光的限制,嵌镶晶体元积分反射等于 QV	
	厚晶体中次级消光是主要的,"准薄晶体"准则 $R^\theta \sim 3\eta$	厚晶体中次级消光是次要的,R^θ(厚晶体)$= Q/2\mu$
绝对强度测量	直接,特别是粉末法	困难

X 射线衍射法的基本原理是一束单色的 X 射线入射到取向完全任意的、数目很大的小晶体上,小晶体的尺寸大约为 $1 \sim 10 \mu m$。为减少择优取向,通常多晶样品是转动的。假设晶体中有一点阵平面 (hkl) 满足布拉格反射条件,入射线与 (hkl) 点阵平面构成 θ 角,其反射线与入射线的夹角则为 2θ。由于晶体的取向是任意的,每一组 (hkl) 平面的衍射线都形成相应以入射线为轴,顶角为 4θ 的圆锥面。凡是晶面间距大于 $\lambda/12$ (即 $\sin\theta < 1$ 的情况)、满足布拉格反射条件的点阵平面组都可以获得相应的衍射线锥面。通过记录装置得到的衍射图样分析试样的晶体结构。

中子衍射的基本原理和 X 射线衍射十分相似,其不同之处在于:

① X 射线是与电子相互作用,因而它在原子上的散射强度与原子序数成正比,而中子是与原子核相互作用,它在不同原子核上的散射强度不是随原子序数单调变化的函数,这样,中子就特别适合于确定点阵中轻元素的位置 (X 射线灵敏度不足) 和原子序数邻近元素的位置 (X 射线不易分辨);

② 对同一元素,中子能区别不同的同位素,这使得中子衍射在某些方面,特别在利用氢-氘的差别来标记、研究有机分子方面有其特殊的优越性;

③ 中子具有磁矩,能与原子磁矩相互作用而产生中子特有的磁衍射,通过磁衍射的分析可以定出磁性材料点阵中磁性原子的磁矩大小和取向,因而中子衍射是研究磁结构的极为重要的手段;

④ 一般说来中子比 X 射线具有高得多的穿透性,因而也更适用于需用厚容器的高低温、高压等条件下的结构研究。中子衍射的主要缺点是需要特殊的强中子源,并且由于源强不足而常需较大的样品和较长的数据收集时间。

注意:中子技术并不适用于所有元素,如硼、镉、铪等元素对中子的吸收截面高,而且吸收中子的能量范围较宽,因此这些材料常用作中子屏蔽材料。

9.2.3 中子技术测量应力的基本原理

中子衍射技术测量残余应力/应变同样是基于布拉格（Bragg）方程：

$$\lambda = 2d_{hkl}\sin\theta_{hkl} \tag{9-2}$$

式中 λ 是中子的衍射波长；d_{hkl} 是晶面间距；$2\theta_{hkl}$ 是衍射角。公式（9-2）提供了沿散射体垂直于晶格面的方向测量平面间晶格间距的方法。

中子束的发射方式主要有两种：连续中子束和脉冲中子束。对于连续型中子束［由核反应堆中子源产生的单色光束，如图 9-2(a) 所示］，其中子束波长（λ）是已知的并且是固定值。通过公式（9-2）可得到中子衍射测量晶面间距 d_{hkl} 随衍射角 $2\theta_{hkl}$ 的变化曲线，这种类型的中子衍射和 X 射线衍射类似。然而，$\pi/2$ 的散射角通常用于中子衍射，因为它给出了一个标准测量体积。对于脉冲中子束（由散裂中子源产生）而言，衍射角 $2\theta_{hkl}$ 是固定值，波长（λ）由中子到达探测器的时间（t）确定（t 与 λ 成正比）。

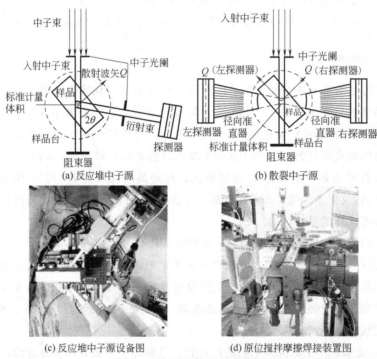

(a) 反应堆中子源　　　　　　　　(b) 散裂中子源

(c) 反应堆中子源设备图　　　　　(d) 原位搅拌摩擦焊接装置图

图 9-2　中子衍射原理示意图

通过连续中子束获得的晶面（hkl）衍射数据，可以通过最小二乘高斯拟合法分析。对于脉冲中子束获得的衍射数据，可以用 Rietveld 方法分析多晶点阵面在特定方向上的全衍射图样。Rietveld 精修拟合法可以进行全谱的拟合分析，得到晶体结构等信息。因此通过 Rietveld 精修拟合可以快速得到衍射面对应的 d 值。General Structure Analysis System (GSAS) 是一款基于 Rietveld 法的衍射分析软件，目前已经广泛应用于材料的结构确定。一旦确定了 d 值，就根据晶格间距 d 相对于无应力状态下晶格间距 d_0 的偏差来计算特定方向上的弹性晶格应变（ε）。

$$\varepsilon = (d - d_0)/d_0 \tag{9-3}$$

通常，用胡克定律可以将弹性应变转换为残余应力（σx，σy，σz）：

$$\sigma_i = \frac{E_{hkl}}{1+\nu_{hkl}}\left[\varepsilon_{ii}+\frac{\nu_{hkl}}{1-2\nu_{hkl}}(\varepsilon_{xx}+\varepsilon_{yy}+\varepsilon_{zz})\right] \tag{9-4}$$

式中 x、y、z 分别是空间上的三个方向；E_{hkl} 和 ν_{hkl} 分别是平面杨氏模量和泊松比。

注意：反应堆中子源产生的中子束波长是固定值，而散裂中子源产生的中子束波长不是定值，它与中子束到达探测器的时间成正比

9.3 应用

9.3.1 利用中子衍射原位测定残余应力

残余应力（residual stress）指的是产生应力的各种因素不存在（如去除外力、温度变均匀等）时，由于不均匀的塑性变形，导致材料内部仍然存在自相平衡的应力，又称内应力。残余应力的存在，对材料的疲劳强度和尺寸稳定性等造成不利的影响。当多晶材料中存在内应力时，必然还存在内应变与之对应，造成材料局部区域的变形，并且导致其内部结构（原子间相对位置）发生变化，从而在射线衍射谱线上有所反映，通过分析这些衍射信息，就可以实现内应力的测量。目前虽然有多重应力测量的方法，但射线应力测量方法最为典型。由于这种方法理论基础比较严谨，实验技术日渐完善，测量结果十分可靠，并且是一种无损测量方法，因而在国内外都得到普遍的应用。

材料中存在的应力和起因是多种多样的，如生长应力、表面应力、焊接应力和相变应力等。依据射线衍射效应，材料中内应力可以分为三类：Ⅰ型宏观应力、Ⅱ型微观应力和Ⅲ型微观应力。在各种类型的内应力中，宏观平面应力最为常见。射线应力测量原理是基于布拉格方程，即衍射方向理论，通过测量不同方位同组晶面衍射角的差异，来确定材料中内应力的大小及方向。换言之就是通过测量应变，再用测量的弹性模量来计算应力。材料中晶面间距变化与材料的应变量有关，而应变与应力之间遵从胡克定律（Hooke's law），因此晶面间距变化可以反映出测量中的内应力大小和方向。

造船用厚焊缝的残余应力测量。通常，焊缝被局部加热，并且温度通过热源分布不均匀。由于围绕加热区域的冷材料对局部热膨胀的限制，施加在焊缝上的局部加热会引起压缩应力的形成。在冷却时，随着热源的移动，由于周围材料相对较冷，焊缝收缩并在区域中引起拉伸应力。结果，高的拉应力通常分布在焊缝附近，而远离焊缝产生平衡的压缩。许多制造业正在积极寻求新的连接技术，将高热量输入焊接结构，以提高制造效率和生产率。例如，代替使用小于 2kJ/mm 的常规低热输入方法，最近出现了使用大于 50kJ/mm 的新的极高热输入接合技术。高热量输入过程会产生有害的拉伸残余应力，并可能降低组件的疲劳强度和寿命。

在厚截面和高热输入焊接结构中，残余应力的整个厚度变化尤为重要。残余应力的空间变化是通过使用低（1.7kJ/mm）和高（56kJ/mm）热输入产生的 70mm 厚铁素体钢焊缝厚度确定的，如图 9-3。利用两峰组合方法，利用中子束穿透的波长依赖性，通过 70 毫米厚焊缝的厚度测量了残余应力。首先，分别以 72.4°和 82.5°的散射角为衍射平面（110）和

（211）选择99Å和1.55Å的波长。需要注意的是，Si（111）和Si（220）单色仪在45°和48°的起飞角均产生具有适当波长的中子。这种结构由于较低的衰减而大大增加了中子的穿透深度。由于两种衍射的衍射弹性常数相似（225.5 GPa），因此可以使用组合方法。

中子束的散射体积由4mm宽和8mm（或20mm）高输入狭缝和4mm输出狭缝限定。然后，将衍射图及其散射矢量的标称散射体积$4(x) \times 8(y) \times 4(z)$mm^{3}配置为与$x$方向平行，体积为$20(x) \times 4(y) \times 4(z)$mm^3（$y$或$z$方向）。两个体积沿厚度方向（$z$）都保留了4mm的空间分辨率。在距离焊接中心线0mm、30mm、60mm和100mm的位置，以5mm的步长从顶表面开始的5mm到65mm的焊接试样的厚度，总共测量了13个点。所有应变分量都是使用（110）衍射平面测量的，其波长为99Å，不同的是使用（211）衍射平面来测量30～40mm深度（仅3个点）处的应变法向分量（z）波长，波长为1.55Å。每个应变分量的测量时间约为1h，从而实现约± 100strain的应变不确定度。但是，要在厚度中等的位置获得z方向的应变，有时需要长达12h的测量时间。使用最小二乘高斯拟合法分析衍射峰。确定峰值位置后，计算弹性晶格应变。

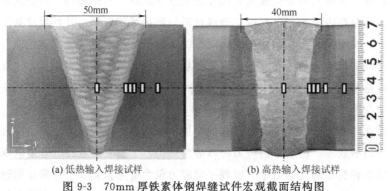

(a) 低热输入焊接试样　　　　　　　　　　(b) 高热输入焊接试样

图 9-3　70mm 厚铁素体钢焊缝试件宏观截面结构图

An G. B 等对不同焊接条件的铁素钢进行了中子衍射研究。图 9-4（a）和（b）通过等高线法提供了不同热输入量焊接样品残余应力的二维图。在图 9-4（a）中的低热输入（low heat-input，LHI）和图 9-4（b）中的高热输入（high heat-input，HHI）焊接样品焊缝之间观察到残余应力的显著差异。低热输入焊接试样残余应力集中分布在焊缝中心位置，而高热输入焊接试样残余应力则集中分布于焊缝两侧。图 9-4（c）和（d）分别给出了低热输入和高热输入焊接试样残余应力中子衍射测试结果。对于低热输入焊接试样，在距离焊缝顶部附近的焊缝中心线± 25mm范围内存在高拉伸应力。为保证在低热输入焊接试样截面上实现必要的应力平衡，残余压应力存在于焊缝两侧。相反，高热输入焊接试样残余应力的分布存在着明显不同，焊缝中的残余拉应力较低，但热影响区（焊缝中心线两侧± 30mm）的残余拉应力较高。中子衍射结果表明，在焊接中心线，低热输入焊接试样中的σ_x大部分高于高热输入焊接试样中的σ_x，这在30mm的位置上是相反的。更重要的是，最大σ_x在低热输入焊接试样中位于焊缝中心线顶面以下5mm的深度，在高热输入焊接试样中沿30mm位于板面以下20mm的深度。对于低热输入焊接样品，σ_x和σ_y的整个厚度应力分布呈现出"U"形分布，在焊接板的顶部或底部表面附近具有大的拉伸应力。在沿着0mm轮廓的顶面下方5mm的深度处测量了530MPa的最大纵向残余应力（σ_x），为基材屈服强度的93%。通常在多道对接焊缝的顶面附近会发现较高的残余应力，这主要是由于累积的热膨胀/收缩和塑性流不均匀所致。同时，在 60 和 100mm 位置获得的应力分布呈现"M"形，在表面附近（深度 5mm 和 65mm），σ_x 和 σ_y 压缩至 300MPa 并在 20 和 50mm 的深度处与拉伸残余应力（200MPa）保持平衡。从高热输入焊接试样获得的结果表明，与低热输入焊接板相比，板中的贯穿厚度分布更均匀。在距焊缝中心线 30mm 处的轮廓中产生的明显拉伸 σ_x 发生在顶面下方 20mm 处，最大 σ_x 为 490MPa，相当于基材的屈服强度的 114%。如此高的残余应力值（甚至超过了初始屈服强度）在各种低碳钢焊缝的中心线附近。这归因于残余应力的多轴性质和材料的应变硬化效应。与低热输入焊接试样相似，高热输入焊接板的中子衍射结果显示了残余应力的"M"形分布。有趣的是，与高热输入过程相关的热量达到了 60mm 的位置，并破坏了厚度方向应力分布的"M"形分布。

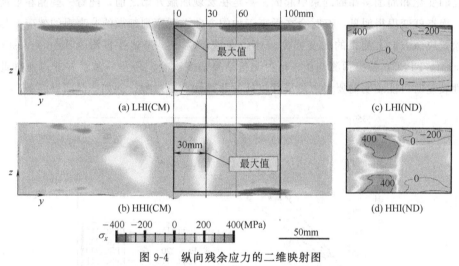

图 9-4　纵向残余应力的二维映射图

低热输入（a）和高热输入焊接试样等高线图（contour method，CM）（b）；
低热输入（c）和高热输入焊接试样中子衍射图（neutron diffraction，ND）（d）

9.3.2　材料织构的衍射测定

一般而言，多晶体各晶粒在空间的取向是任意的，各晶粒之间没有一定的位向关系。而经过冷加工，或者其他一些冶金、热处理过程后（如铸造、电镀、气相沉积、热加工、退火等），多晶体的取向分布状态可以明显偏离随机分布状态，呈现一定的规则性。这样一种位向分布就称为织构，或者择优取向（preferred orientation）。织构演变分析的内容十分广泛，如织构在加工过程中随加工量（压下量等）的变化，织构随退火温度和时间的不同变化也不同，不同类型材料以及晶体结构不同，织构演变也不同。

多晶材料由具有不同取向的晶粒组成。在施加载荷的情况下，晶粒内的晶格应变响应（可通过中子衍射轻松测量）取决于晶粒取向。在弹性状态下，晶格应变是线性的并且随弹性各向异性成比例。但是，当发生塑性变形时，晶格应变开始偏离线性弹性响应。在宏观弹塑性转变过程中晶粒发展以适应不均匀塑性变形的附加弹性应变称为晶间或Ⅱ型应变。1947年，Greenough 研究了塑性拉伸变形后多晶铁素体钢的残余晶格应变，并指出了塑性各向异性的影响。1987 年，Pitschovious 等人在冷轧三元钢研究中研究了晶间应变。通过使用三轴光谱仪消除定心的影响，能够高精度确定晶间应变。同时，在对蒸汽发生器管道的研究中，霍尔顿等人在某些位置发现，用 {111} 和 {200} 反射测得的轴向应变具有相反的符号，仅靠弹性各向异性是不能完全解释的。晶间应变的检查导致了新的分支方向的发展，即从微观上基本理解多晶材料中的变形机理。为此，建立了单轴加载装置以适合中子衍射仪，并记录了不同反射晶面的弹性晶格应变与所施加应力的关系。

图 9-5 显示了在奥氏体不锈钢上进行典型测量的结果。通常，在每个衍射谱中记录 10至 15 个可用反射晶面，同时测量三个方向。为了清楚起见，仅示出了四个晶粒取向。材料的 0.2% 屈服应力约为 265 MPa，在卸载时，样品的塑性应变约为 1%。在 200 MPa 以下，样品会发生弹性变形，尽管存在各向异性，晶格平面弹性应变呈线性增加，但斜率是由其弹性刚度的变化和周围多晶的约束引起的。甚至在宏观屈服开始之前，随着一些晶粒取向开始屈服，拐点就变得很明显，有时会在垂直于轴的方向上观察到细微的非直观的效应，尽管由于泊松效应该方向上测得的应变幅度较小。在该示例中，弹塑性自洽（elastic/plastic self-consistent，EPSC）模拟预测与中子衍射测量结果适度吻合。但是一致性并非总是如此，当一致性较差时可能表明需要考虑除滑移以外的非弹性变形过程，例如孪晶或微断裂。

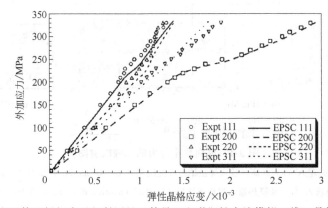

图 9-5　奥氏体不锈钢中子衍射测量（符号）和弹塑性自洽模拟（线）晶格平面应变

图 9-6 为 CoCrFeNiMn 高熵合金在不同温度下原位中子衍射拉伸变形过程中沿拉伸方向（loading and direction，LD）的晶格应变和织构发展。每个晶面的衍射谱积分强度的演变意味着织构的发展。一般来说，(111) 方向的强度增加最大，这意味着 (111) 晶粒随着变形量的增加而向 LD 方向取向。(200) 方向的积分强度也增加，但增加幅度相对较小，而(220) 方向随着变形过程的进行积分强度降低。这些实验结果是 FCC 金属和合金中由位错滑移引起的织构发展的典型特征。

9.3.3　离子溶液的中子散射研究

近几十年来，实验方法的持续发展极大地提高了中子散射的灵敏度和应用范围，中子科学已经超出了传统的研究领域，从传统测定晶体结构和晶格动力学，如今已经广泛应用于对无序薄膜、液体界面、生物结构、大分子和超分子体系结构的研究，或来解开固体复杂的分子动力学和能级结构，纳米结构材料和新型超导体等领域。室温离子溶液（Ionic liquids

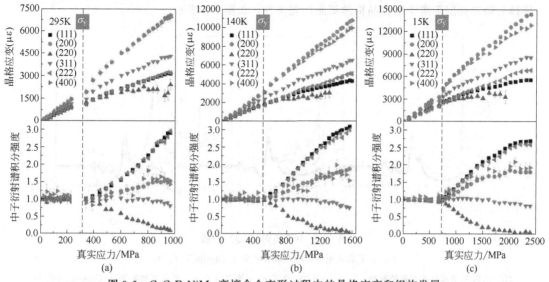

图 9-6　CoCrFeNiMn 高熵合金变形过程中的晶格应变和织构发展

systems，ILs）是近几十年来备受关注的一类新型材料。它们完全由离子组成，具有低熔点（定义为低于 100℃）的特点，是一类非常特殊的溶剂介质。它们与超临界流体一起被称为近代溶剂，有望成为现代化学和化学加工中的重要组成部分。由于其优异的热稳定性和电化学稳定性、不可燃性以及对多种化合物的显著溶剂化能力，将其视为绿色溶剂介质。并且通过对阳离子和阴离子的微小改变，它们的化学物理性质（如密度、黏度、疏水性和熔点）可以得到惊人的微调。在对这类化合物的兴趣不断增长的同时，在过去的几十年里，旨在从微观和介观模型方面提供对室温离子溶液性质的可靠和全面的解释，试图将整体性能与微观性质联系起来的研究也蓬勃发展。这种背景下，中子技术被证明是最好的实验技术，可以从空间和时间尺度上提供对离子溶液的微观洞察。

中子衍射的应用主要集中在咪唑和铵基离子溶液上。2010 年，Hardacre 和同事开发了一系列 1-烷基-3-甲基咪唑六氟磷酸盐（[$Cnmim$][PF_6]），通过中子衍射，来探讨咪唑基离子溶液的介观组织问题。如图 9-7 所示，显示了低 Q 部分如何受到选择性阳离子含重氢的根的影响。并通过绘制出该系列样品中检测到的低 Q 峰对应的实空间距离，揭示出低 Q 衍射

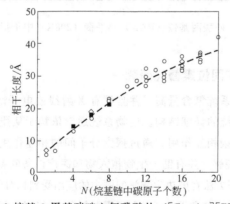

图 9-7　1-烷基-3-甲基咪唑六氟磷酸盐（[$Cnmim$][PF_6]）的

中子衍射 $S(Q)$ 数据中与低 Q 峰位置相关的实际空间相关距离的相关性

特征与第二壳层阳离子配位晶格的膨胀的相关性，如图 9-8 所示。

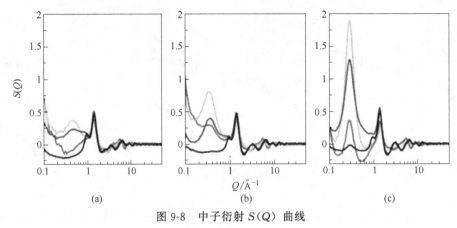

图 9-8　中子衍射 $S(Q)$ 曲线

(a) 1-丁基-3-甲基咪唑六氟磷酸酯（[C4mim][PF$_6$]）；

(b) 己基-3-甲基咪唑六氟磷酸酯（[C6mim][PF$_6$]）；(c) 1-辛基-3-甲基咪唑六氟磷酸酯（[C8mim][PF$_6$]）

　　通过中子衍射技术，人们成功地对一系列硝酸烷基铵（乙基硝酸铵 EAN 和丙基硝酸铵 PAN）进行了结构分析。Robert Hayes 已经利用中子衍射技术发现 EAN 或 PAN 具有双连续形态或海绵状形态（如图 9-9），其中极性和非极性域的相当规则地交替排列在介观尺度上。因此，由于中子散射技术是涉及埃到几纳米之间的空间尺度和从皮秒到几纳秒的时间尺度的技术，它提供了一套完整的手段探索影响和决定宏观特征的相关弛豫过程和结构相关性。在推动宏观性能与微观结构的综合相关性方面发挥了重要作用。

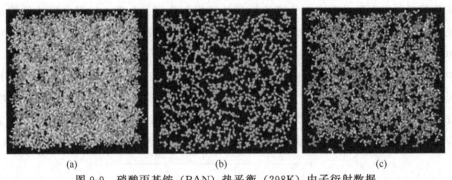

图 9-9　硝酸丙基铵（PAN）热平衡（298K）中子衍射数据

9.3.4　中子衍射的生物同位素替代研究

　　中子散射法由于生物系统氢含量高，并且没有 X 射线或电子散射技术经常引起的损伤，因此非常适合探测生物系统的详细结构。生物系统通常依赖于从蛋白质和核酸到脂质、激素和代谢物的大量分子的复杂相互作用。通过探索分子间的相互作用和过程，中子散射还可以进一步加深对疾病机理的理解，并有助于生物植入物和医疗设备的新药和新材料的开发、配制和有效交付。传统上，中子方法在解决生物学问题中的应用受到相对低强度的中子源的限制，而中子源需要非常大的样本。充分利用中子散射所需要复杂而昂贵的同位素标记技术已经花费了时间，通用中子仪器适应生物样品的需求也需要花费很多时间。但是，随着近年来仪器的发展以及新中子源和新技术的出现，许多尚无法通过中子散射表征的生物系统将在不久的将来变得可用，这将使新的实验可以在一系列与生物学相关的样本中进行，为生命科学提供了新的见解。

中子蛋白质晶体学可以确定生物大分子中氢原子的位置。氢对于理解酶机制、蛋白质-配体相互作用以及质子跨膜转运至关重要，这些对于了解疾病的机制和设计新药物至关重要。可以使用膜衍射、SANS 和中子反射法探索生物膜结构，以探测内部膜结构。例如在生理相关的非结晶条件下的膜蛋白的位置、尺寸和方向。溶液中的小角中子散射（SANS）探测了与大分子和大型多组分复合物的生物学功能相关的较大结构空间尺度，该结构既可以是瞬态的，又具有固有的柔性。

选择性氘化改变不同组分的同位素组成意味着即使在复杂的系统中，也可以用中等分辨率辨别分离的组分和亚基，并且溶液状态允许原位研究生物大分子之间的相互作用。小角中子散射（SANS）和反射仪构成了用于不同空间尺度的生物结构探针的强大工具库，可描述每种技术的基础、可用的仪器、数据分析方法以及包括样品制备在内的实验考虑因素和氘标记同位素的研究。

中子晶体学在概念上与 X 射线晶体学非常相似，后者是结构生物学的主要技术，但是中子是从原子核而不是从电子散射的，因此观察到的散射与原子序数无关。蛋白质中几乎所有分子的 50% 由氢（H）原子组成，并且由于 H 原子涉及蛋白质结构和功能的大多数方面，因此重要的是要知道它们的位置和作用。由于较轻原子的有利散射，中子晶体学使科学家能够直接观察 H（或其同位素 D）原子在核散射密度图中的三维位置。因此，中子晶体学是许多对生物学大分子如蛋白质或核酸的三维结构信息感兴趣的结构生物学家的选择方法。

如图 9-10 所示，人们可以轻松观察到氢键的原子细节，水或溶剂分子的取向和相互作用，配体/药物/底物/抑制剂结合的细节以及氨基酸残基的带电状态。所有这些信息对于理解蛋白质的功能和活性至关重要，这使中子成为研究蛋白质结构的宝贵工具。

与小分子晶体学相比，大分子晶胞非常大且衍射较弱。早期的中子仪器只能研究体积为

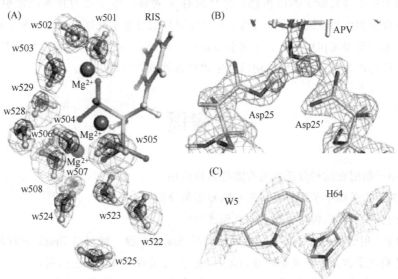

图 9-10　通过联合 X 射线和中子蛋白质晶体学测定的酶活性位点的结构
（A）法呢基焦磷酸合酶；（B）与安普那韦复合的 HIV 蛋白酶；（C）人碳酸酐酶Ⅱ

3mm³ 且晶胞边缘小于 30Å 的晶体。过去，这严重限制了中子晶体学在研究大分子中的用途。即使使用非常大的晶体，数据收集也要花费几个月的时间。在过去的十年左右的时间里，情况发生了迅速的变化，现在中子技术表征的的蛋白质和 DNA 中子晶体结构超过 100种，其中大约有一半是 2010 年以后表征的。随着越来越多的文献报道正在研究使用较小晶体的更大更复杂的系统，并且大大缩短了数据收集时间，中子蛋白质晶体学也在不断发展。

本章小结

本章概述了中子衍射基本原理、中子衍射与 X 射线衍射的区别和联系以及中子衍射在工程领域和基础研究领域的应用。高通量中子能穿透很厚的块体金属，利用中子衍射技术可以构建工程材料残余应力分布图，可在材料服役前对材料性能及服役寿命进行初步预测，预防安全事故的发生。同时可以帮助我们理解材料结构性能关联，为找出合格的新工程材料及新工艺提供实验参考。

同时介绍了中子衍射技术还可以运用于材料织构的衍射测定，例如测量奥氏体不锈钢的晶粒取向，由此来分析工业生产产品中的结构及性能等。还可以根据中子衍射拉伸实验来分析高熵合金变形过程中的晶格应变和织构发展，这些运用都可以检测到产品的内部微观结构引起的问题，从而可以在工业工程生产方面提供助力。

本章还介绍了其他应用方面，包括对离子溶液的中子散射研究。室温离子溶液由离子组成，具有低熔点的特性，由于其特殊的性质科学家对其研究不断增长。目前中子技术被证明是最好的拟合实验技术，可以从空间和时间尺度上提供对离子溶液的微观洞察，这为离子溶液的中子散射研究提供了极大的支持，帮助科研人员更好理解其化合物微调关系和溶液特性。

中子衍射在生物同位素替代的研究也如火如荼。需要强调的是，中子散射法研究生物体系时优势在于中子对氢原子的敏感性，并且没有 X 射线或电子散射技术经常引起的损伤，因此非常适合探测生物系统的详细结构。科学家可以通过中子观察到氢键的原子细节、水或溶剂分子的取向和相互作用等，这些微小信息对于理解蛋白质的功能和活性具有重要作用。因此，中子已然成为研究蛋白质结构以及生物材料领域的宝贵工具。

思考题

9.1 中子衍射在结构分析方面有哪些具体应用？

9.2 为什么采用中子衍射可以进行物相定量分析？

9.3 何为织构？织构与择优取向有何区别？

9.4 同 X 射线衍射一样，中子衍射也满足 Bragg 方程，请写出 Bragg 方程的数学表达式，说明各物理量含义，并简要回答满足 Bragg 方程是否一定能产生衍射。

9.5 通过中子衍射线谱的增宽可以分析晶粒大小，请问其原理是什么？（Sherrer 公式）

9.6 请简要说明中子衍射区别于 X 射线衍射的特点。

第 2 篇

形貌分析技术

第 10 章

形貌分析

形貌分析是材料研究的重要一环，通过形貌分析可了解材料的显微组织，研究材料的性能。常用于形貌分析的仪器有扫描电子显微镜、扫描透射电子显微镜、原子力显微镜、扫描隧道显微镜及光学显微镜等，本章主要介绍前面四种的原理、特点及应用。

10.1 扫描电子显微镜

扫描电子显微镜（scanning electron microscope，SEM）是将电子束聚焦后以扫描的方式作用样品，产生一系列物理信息，收集其中的二次电子或背散射电子作为信号载体，经处理后在荧光屏上成像，获得样品表面显微形貌的仪器，简称扫描电镜。扫描电镜具有以下特点：

① 分辨本领强。其分辨率可达 1nm 以下，介于光学显微镜的极限分辨率（200nm）和透射电镜的分辨率（0.1nm）之间。

② 有效放大倍率高。光学显微镜的最大有效放大倍率为 1000 倍左右，透射电镜为几百到 80 万，而扫描电镜可从数十到 20 万，且一旦聚焦后，可以任意改变放大倍率，无需重新聚焦。

③ 景深大。其景深比透射电镜高一个量级，可直接观察各种如拉伸、挤压、弯曲等断口形貌以及松散的粉体试样，得到的图像富有立体感。通过改变电子束的入射角度，可对同一视野进行立体观察和分析。

④ 制样简单。对于金属等导电试样，在电镜样品室许可的情况下可以直接进行观察分析，也可对试样进行表面抛光、腐蚀处理后再进行观察；对于一些陶瓷、高分子等不导电的试样，需在真空镀膜机中镀一层金膜后再进行观察。

⑤ 电子损伤小。扫描电镜的电子束直径一般为 3～几十纳米，强度约为 $10^{-11}\sim 10^{-9}$mA，电子束的能量较透射电镜的小，加速电压可以小到 0.5kV，并且电子束作用在试样上是动态扫描，并不固定，因此对试样的电子损伤小，污染也轻，这尤为适合高分子试样。

⑥ 实现综合分析。扫描电镜中可以同时组装其他观察仪器，如波谱仪、能谱仪等，实现对试样的表面形貌、微区成分等方面的同步分析。

SEM 已成为当前分析材料最为有力的手段之一，特别是计算机、信息数字化技术在扫描电镜上的应用，使其应用范围进一步扩大，它除了在材料领域得到广泛应用外，在其他领域如矿产、生物医学、物理学和化学等领域也得到了普遍应用。

10.1.1　扫描电镜的结构与原理

扫描电镜主要由电子光学系统、信号检测处理、图像显示和记录系统及真空系统三大系统组成。其中电子光学系统是扫描电镜的主要组成部分，其外形和结构原理如图 10-1 所示。

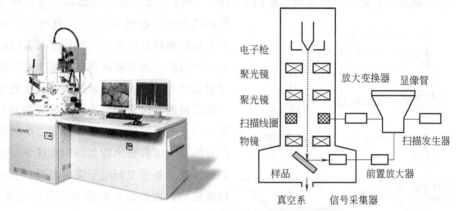

图 10-1　JEOL2100 型扫描电镜及其原理框图

10.1.1.1　电子光学系统

SEM 的电子光学系统主要由电子枪、电磁透镜、光阑、扫描线圈、样品室等组成。其作用是产生一个细的扫描电子束，照射到样品上产生各种物理信号。为了获得高的图像分辨率和较强的物理信号，要求电子束的强度高、直径小。

（1）电子枪

扫描电镜的电子枪与透射电镜的电子枪相似，只是加速电压没有透射电镜的高。透射电镜的加速电压一般在 100～200kV 之间，而扫描电镜的加速电压相对要小，有时根据需要加速电压仅为 0.5kV 即可，电子枪的作用是产生束流稳定的电子束。与透射电镜一样扫描电镜的电子枪也有两种类型：热发射型和场发射型。

（2）电磁透镜

扫描电镜中的电磁透镜均不是成像用的，它们只是将电子束斑（虚光源）聚焦缩小，由开始的 $50\mu m$ 左右聚焦缩小到数个纳米的细小斑点。电磁透镜一般有三个，前两个电磁透镜为强透镜，使电子束强烈聚焦缩小，故又称聚光镜。第三个电磁透镜（末级透镜）为弱透镜，除了汇聚电子束外，还能将电子束聚焦于样品表面的作用。末级透镜的焦距较长，这样可保证样品台与末级透镜间有足够的空间，方便样品以及各种信号探测器的安装。末级透镜又称为物镜。作用在样品上的电子束斑的直径愈细，相应的成像分辨率就愈高。若采用钨丝作阴极材料热发射时，电子束斑经聚焦后可缩小到 6nm 左右，若采用六硼化镧作阴极材料热发射和场发射时，电子束直径还可进一步缩小。

（3）光阑

每一级电磁透镜上均装有光阑，第一级、第二级电磁透镜上的光阑为固定光阑，作用是挡掉大部分的无用电子，使电子光学系统免受污染。第三透镜（物镜）上的光阑为可动光阑，又称物镜光阑或末级光阑，它位于透镜的上下极靴之间，可在水平面内移动以选择不同孔径（$100\mu m$、$200\mu m$、$300\mu m$、$400\mu m$）的光阑。末级光阑除了具有固定光阑的作用外，还能使电子束入射到样品上的张角减小到 10^{-3} rad 左右，从而进一步减小电磁透镜的像差，增加景深，提高成像质量。

（4）扫描线圈

扫描线圈是扫描系统中的一个重要部件，它能使电子束发生偏转，并在样品表面有规则地扫描。扫描方式有光栅扫描和角光栅扫描两种，如图 10-2 所示。表面形貌分析时采用光栅扫描方式，如图 10-2(a)，此时电子束进入上偏置线圈时发生偏转，随后经下偏置线圈后再一次偏转，经过两次偏转的电子束汇聚后通过物镜的光心照射到样品的表面。在电子束第一次偏转的同时带有一个逐行扫描的动作，扫描出一个矩形区域，电子束经第二次偏转后同样在样品表面扫描出相似的矩形区域。样品上矩形区域内各点受到电子束的轰击，发出各种物理信号，通过信号检测和信号放大等过程，在显示屏上反映出各点的信号强度，绘制出扫描区域的形貌图像。如果电子束经第一次偏转后，未进行第二次偏转，而是直接通过物镜折射到样品表面，这样的扫描方式称为角光栅扫描或摆动扫描，如图 10-2(b)。显然，当上偏置线圈偏转的角度愈大，电子束在样品表面摆动的角度也就愈大。该种扫描方式应用很少，一般在电子通道花样分析中才被采用。

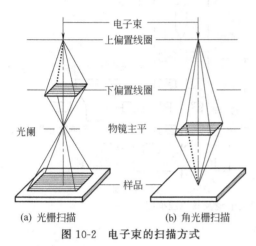

（a）光栅扫描　　　（b）角光栅扫描

图 10-2　电子束的扫描方式

（5）样品室

样品室中除了样品台外，还要安置有多种信号检测器和附件。因此样品台是一个复杂的组件，不仅能夹持住样品，还能使样品平移、转动、倾斜、上升或下降等运动。目前，样品室已成了微型实验室，安装的附件可使样品升温、冷却，进行拉伸或疲劳等力学性能测试。

10.1.1.2　信号检测处理、图像显示与记录系统

（1）信号检测处理系统

信号检测和信号处理系统的作用是检测、放大转换电子束与样品发生作用所产生的各种物理信号，如二次电子、背散射电子、特征 X 射线、俄歇电子、透射电子等，形成用以调制图像或作其他分析的信号。不同的物理信号需要有不同的检测器来检测，二次电子、背散射电子、透射电子采用电子检测器进行检测，而特征 X 射线则采用 X 射线检测器进行检测。

SEM 上的电子检测器通常采用闪烁式计数器进行检测，其结构参见图 10-3，基本过程是信号电子进入闪烁体后引起电离，当离子和自由电子复合后产生可见光，可见光通过光导管送入光电倍增器，经放大后又转化成电流信号输出，电流信号经视频放大器放大后就成为调制信号。

SEM 上的特征 X 射线的检测一般采用分光晶体或 Si(Li) 探头进行，通过检测特征 X 射线的波长和能量，进行样品微区的成分分析，检测器的结构和原理将在电子探针中介绍。

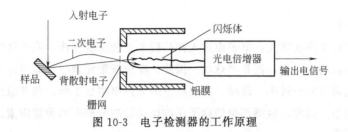

图 10-3　电子检测器的工作原理

（2）图像显示和记录系统

该系统由图像显示和记录两部分组成，主要作用是将信号检测处理系统输出的调制信号转换为荧光屏上的图像，供观察或照相记录。由于扫描样品的电子束与显像管中的电子束同步，荧光屏上的每一个亮点是由样品上被激发出来的信号强度来调制的，当样品上各点的状态不同时，所产生的信号强度也就不同，这样在荧光屏上就能显示出一幅反映样品表面状态的电子显微图像。

随着计算机技术的发展与运用，图像的记录已多样化，除了照相外还可拷贝、存储以及其他多种处理。

10.1.1.3　真空系统

真空系统的主要作用是提高灯丝的使用寿命，防止极间放电和样品在观察中受到污染，保证电子光学系统的正常工作，镜筒内的真空度一般要求在 $1.33 \times 10^{-3} \sim 1.33 \times 10^{-2} Pa$ 即可。

10.1.2　扫描电镜的主要性能参数

扫描电镜的主要性能参数有分辨率、放大倍数和景深等。

10.1.2.1　分辨率

分辨率是扫描电镜的主要性能指标。微区成分分析时，表现为能分析的最小区域；而形貌分析时，则表现为能分辨两点间的最小距离。影响分辨率的主要因素有：

（1）电子束直径

电子束的直径愈细，扫描电镜的分辨率就愈高。电子束直径主要取决于电子光学系统，特别是电子枪的种类，钨灯丝热发射电子枪的分辨率为 3.5～6nm，LaB_6 灯丝热发射的分辨率约 3nm；而钨灯丝场发射（冷场）的分辨率为 1nm 左右，最高的已达 0.5nm。

（2）信号的种类

不同的信号，其调制后所成像的分辨率也不同。此时的分辨率与样品中产生该信号的广度直径相当。如以二次电子为调制信号，因二次电子的能量小（<50eV），在固体中的平均自由程短，仅为 1～10nm，故检测到的二次电子只能来自样品的浅表层（5～10nm），入射电子束进入样品浅表层时，尚未扩展开来，因而可以认为检测到的二次电子主要来自于样品中直径与束斑直径相当的圆柱体内。因为束斑直径就是一个成像检测单元的大小，所以二次电子的分辨率相当于束斑的直径。由于扫描电镜是用二次电子为调制信号进行成像分析的，因此，扫描电镜的分辨率一般以二次电子的分辨率来表征。电子束与物质作用后，各种信号

所产生的深度与广度均不相同。背散射电子由于其能量大，产生于样品中的深度和广度也较大，因此，以背散射电子为调制信号成像时的分辨率就远低于二次电子的分辨率，一般为50～200nm。

（3）原子序数

随着试样的原子序数增大，电子束进入样品后的扩散深度变浅，但扩散广度增大，作用区域不再像轻元素的倒梨状，而是半球状。因此，在分析重元素时，即使电子束斑的直径很细小，也不能达到高的分辨率，此时，二次电子的分辨率明显下降，与背散射电子的分辨率的差距也明显变小。因此，检测部位的原子序数也是影响分辨率的重要因素。

（4）其他因素

除了以上三个主要因素外，还有信噪比、机械振动、磁场条件等因素也影响扫描电镜的分辨率。噪声干扰会造成图像模糊；机械振动会引起束斑漂移；杂散磁场的存在将改变二次电子的运行轨迹，降低图像质量。

10.1.2.2 放大倍数

扫描电镜的放大倍数可从数十连续变化到数十万，填补了光学显微镜和透射电镜之间的空隙。当电子束在样品表面作光栅扫描时，扫描电镜的放大倍数 M 为荧光屏上阴极射线的扫描幅度 A_c 与样品上的同步扫描幅度 A_s 之比，即 $M = \dfrac{A_c}{A_s}$。

由于荧光屏上的扫描幅度 A_c 固定，如果减小扫描偏置线圈中的电流，电子束的偏转角度减小，在样品上的扫描幅度 A_s 变小，这样就可增大放大倍数；反之，则减小放大倍数。因此，扫描电镜的放大倍数是可以通过调节扫描线圈中的电流来实现的，并可连续调节。

目前，一般扫描电镜的放大倍数为数十～20 万，场发射的放大倍数更高，高达 60 万～80 万倍，S-5200 型甚至可达 200 万倍，因而，扫描电镜的放大倍数完全可以满足各种样品的观察需要。

10.1.2.3 景深

由 6.5 节介绍可知，透镜的景深是指保证图像清晰的条件下，物平面可以移动的轴向距离。其大小为

$$D_f = \frac{2r_0}{\tan\alpha} \approx \frac{2r_0}{\alpha} \tag{10-1}$$

其中 r_0 为透镜的分辨率；α 为孔径半角。很显然，景深主要取决于透镜的分辨率和孔径半角。由于扫描电镜中的末级焦距较长，其孔径半角很小，一般在 10^{-3}rad 左右，因此，扫描电镜的景深较大，比一般光学显微镜的景深长 100～500 倍，比透射电镜的景深长 10 倍左右。由于景深大，扫描电镜的成像富有立体感，特别是对粗糙表面，如断口、磨面等，光学显微镜因景深小无能为力，透射电镜由于制样困难，观察表面形貌必须采用复型样品，且难免有假象，而扫描电镜则可清晰成像，直接观察。因此，扫描电镜是断口分析的最佳设备。

10.1.3 成像衬度

由于样品表面各点的状态不同，因而电子束作用后产生的各种物理信号的强度也就不同，当采用某种电子信号为调制信号成像时，其阴极射线管上响应的各部位将出现不同的亮

度，该亮度的差异即形成了具有一定衬度的某种电子图像。表面形貌衬度实际上就是图像上各像单元的信号强度差异。用作调制成图像的电子信号主要有背散射电子和二次电子。电子信号不同，其产生图像的衬度也不同。SEM 常采用二次电子调制成像。下面分别介绍二次电子和背散射电子成像的衬度原理。

10.1.3.1 二次电子成像衬度

二次电子主要被用于分析样品的表面形貌。入射电子束作用样品后，在样品上方检测到的二次电子主要来自样品的表层（5～10nm），当深度大于 10nm 时，因二次电子的能量低（<50eV）、扩散程短，无法达到样品表面，只能被样品吸收。二次电子的产额与样品的原子序数没有明显关系，但对样品的表面形貌非常敏感。二次电子可以形成成分衬度和形貌衬度。

（1）成分衬度

二次电子的产额对原子序数不敏感，在原子序数>20 时，二次电子的产额基本不随原子序数而变化，但背散射电子对原子序数敏感，随着原子序数的增加，背散射电子额增加。在背散射电子穿过样品表层（<10nm）时，将激发产生部分二次电子，此外，二次电子检测器也将接收能量较低（<50eV）的部分背散射电子，这样二次电子的信号强弱在一定程度上也就反映了样品中原子序数的变化情况，因而也可形成成分衬度。但由于二次电子的成分衬度非常弱，远不如背散射电子形成的成分衬度，故一般不用二次电子信号来研究样品中的成分分布，且在成像衬度分析时予以忽略。

（2）形貌衬度

当样品表面的状态不同时，二次电子的产额也不同，用其调制成形貌图像时的信号强度也就存在差异，从而形成反映样品表面状态的形貌衬度。如图 10-4，当入射电子束垂直于平滑的样品表面即 $\theta=0°$ 时，此时产生二次电子的体积最小，产额最少；当样品倾斜时，此时入射电子束穿入样品的有效深度增加，激发二次电子的有效体积随之增加，二次电子的产额增多。显然，倾斜程度愈大，二次电子的产额也就愈大。二次电子的产额直接影响了调制信号的强度，从而使得荧光屏上产生与样品表面形貌相对应的电子图像，即形成二次电子的形貌衬度。图 10-5 表示样品表面四个区域 A、B、C、D，相对于入射电子束，其倾斜程度依次为 C>A=D>B，则二次电子的产额 $i_c>i_a=i_d>i_b$，这样在荧光屏上产生的图像 C 处最亮，A、D 次之，B 处最暗。

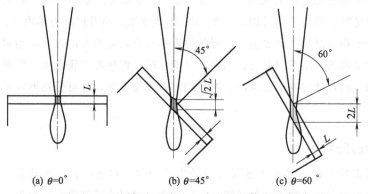

(a) $\theta=0°$ (b) $\theta=45°$ (c) $\theta=60°$

图 10-4　不同倾角时产生二次电子的体积示意图

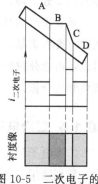

图 10-5　二次电子的
形貌衬度示意图

10.1.3.2　背散射电子成像衬度

背散射电子是指被固体样品中的原子核反弹回来的一部分入射电子，包括弹性背散射电子和非弹性背散射电子两种。弹性背散射电子是指被原子核反弹回来，基本没有能量损失的入射电子，散射角（散射方向与入射方向间的夹角）大于 $90°$，能量高达数千～数万电子伏，而非弹性背散射电子由于能量损失、甚至经多次散射后才反弹出样品表面，故非弹性背散射电子的能量范围较宽，从数十～数千电子伏。由于背散射电子来自样品表层数百纳米深的范围，其中弹性背散射电子的数量远比非弹性背散射电子多。背散射电子的产额主要与样品的原子序数和表面形貌有关，其中原子序数最为显著。背散射电子可以用来调制成多种衬度，主要有成分衬度、形貌衬度等。

（1）成分衬度

背散射电子的产额对原子序数十分敏感，其产额随着原子序数的增加而增加，特别是在原子序数 $Z<40$ 时，这种关系更为明显。因而在样品表面原子序数高的区域，产生的背散射电子信号愈强，图像上对应部位的亮度就愈亮，反之，较暗，这就形成了背散射电子的成分衬度。

（2）形貌衬度

背散射电子的产额与样品表面的形貌状态有关，当样品表面的倾斜程度、微区的相对高度变化时，其背散射电子的产额也随之变化，因而可形成反映表面状态的形貌衬度。

当样品为粗糙表面时，背散射电子像中的成分衬度往往被形貌衬度掩盖，其实两者同时存在，均对像衬度有贡献。对一些样品既要进行形貌分析又要进行成分分析时，可采用两个对称分布的检测器同时收集样品上同一点处的背散射电子，然后输入计算机进行处理，分别获得放大的形貌信号和成分信号，并避免了形貌衬度与成分衬度之间的干扰。图 10-6 即为这种背散射电子的检测示意图。A 和 B 为一对半导体 Si 检测器，对称分布于入射电子束的两侧，分别从两对称方向收集样品上同一点的背散射电子。当样品表面平整（无形貌衬度），但成分不均，对其进行成分分析时，A、B 两检测器收集到的信号强度相同，如图 10-6(a)，两者相加（A＋B）时，信号强度放大一倍，形成反映样品成分的电子图像；两者相减（A－B）时，强度为一水平线，表示样品表面平整。当样品表面粗糙不平，但成分一致，对其进行形貌分析时，如图 8-6(b)，如图中位置 P 时，倾斜面正对检测器 A，背向检测器 B，则 A 检测器收集到的电子信号就强，B 检测器中收集到的信号就弱。两者相加（A＋B），信号强度为一水平线，产生样品成分像；两者相减（A－B）时，信号放大产生形貌像。如果样品既成分不均，又表面粗糙时，仍然是两者相加（A＋B）为成分像，两者相减为形貌像。

需要指出的是，二次电子和背散射电子成像时，形貌衬度和成分衬度两者都存在，均对图像衬度有贡献，只是两者贡献的大小不同而已。二次电子成像时，像衬度主要取决于形貌衬度，而成分衬度微乎其微；而背散射电子成像时，两者均可有重要贡献，并可分别形成形貌像和成分像。

10.1.4　二次电子衬度像的应用

二次电子衬度像的应用非常广泛，已成了显微分析最为有用的手段之一。由于其景深大，特别适用于各种断口形貌的观察分析，成像清晰、立体感强，并可直接观察，无须重新制样，这是其他设备都无法比拟的，此外，还可对样品的表面形态（组织）、磨面形貌以及

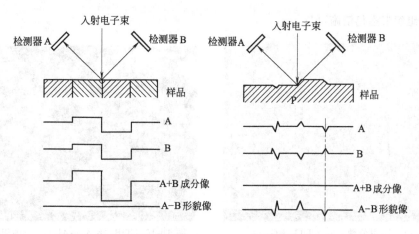

(a) 成分有差别，形貌无差别　　　(b) 成分无差别，形貌有差别

图 10-6　半导体 Si 对检测器的工作原理图

断裂过程进行记录和原位观察分析。

（1）表面形态（组织）观察

图 10-7 为高熵合金 FeCrNiCu 的组织形貌，枝晶非常规则清晰。图 10-8 为 Al-TiO$_2$-B$_2$O$_3$ 反应体系反应产生 α-Al$_2$O$_3$，TiB$_2$/Al 复合材料的组织形貌，此时白色的 α-Al$_2$O$_3$ 和灰色的 TiB$_2$ 颗粒清晰可辨，两者尺寸细小、分布均匀。图 10-9 为内生型 TiC 颗粒与石墨晶须复合增强的 FeCoNiCu 高熵合金基复合材料，晶须清晰可见，TiC 颗粒为方形，均匀分布。图 10-10 为 TiB$_2$ 颗粒溶入 α-Al$_2$O$_3$ 的组织形貌，可见运用扫描电镜的二次电子成像原理可以清晰观察显微组织，特别是复合材料中增强体的大小、形貌、分布规律以及各种增强体之间的相互关系和增强体与基体之间的界面等均可清晰显示，这为复合材料的进一步研究提供了可靠的理论依据。

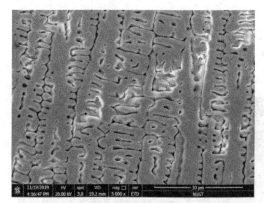

图 10-7　高熵合金 FeCrNiCu 组织形貌

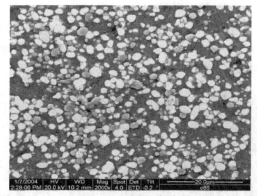

图 10-8　（α-Al$_2$O$_3$＋TiB$_2$）/Al 复合材料的组织形貌

（2）断口形貌观察

图 10-11 为 （α-Al$_2$O$_3$＋Al$_3$Zr）/Al 复合材料的拉伸断口，由图可清晰可见 Al$_3$Zr 块发生了解理断裂；而图 10-12 为 （α-Al$_2$O$_3$＋TiB$_2$）/Al 复合材料的拉伸断口，有大量韧窝出现，有的韧窝中还留有增强体颗粒。可见，SEM 进行断口二次电子成像时，图像的立体感强，

较深处的组织形态仍清晰可见。

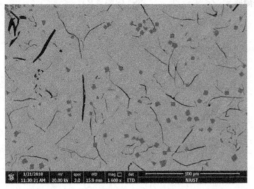

图 10-9　体积分数 5% （TiC_p＋G_W）/
FeCoNiCu 组织形貌

图 10-10　TiB_2 溶入 α-Al_2O_3 中的组织形貌

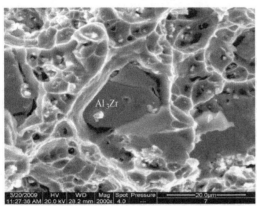

图 10-11　（α-Al_2O_3＋Al_3Zr）/Al 的拉伸断口形貌

图 10-12　（α-Al_2O_3＋TiB_2）/Al 的拉伸断口形貌

（3）磨面观察

图 10-13 为 （α-Al_2O_3＋Al_3Ti）/Al 复合材料的磨面形貌，磨面产生大量犁沟和磨粒。图 10-14 则为 （α-Al_2O_3＋TiB_2）/Al 复合材料磨面的纵剖面，从图中可看出其亚表层组织在滑动方向上的分布形貌。

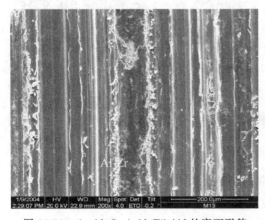

图 10-13　（α-Al_2O_3＋Al_3Ti）/Al 的磨面形貌

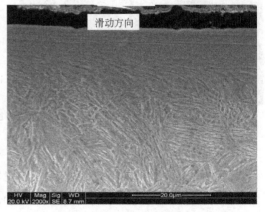

图 10-14　N7-2 钢磨面的纵剖面

10.1.5 背散射电子衬度像的应用

运用背散射电子进行形貌分析时，由于其成像单元较大，分辨率远低于二次电子，因此，一般不用它来进行形貌分析。背散射电子主要用于成分衬度分析，通过成分衬度像可以方便地看到不同元素在样品中的分布情况，也可结合二次电子像，定性地分析和判断样品中的物相。

图 10-15 为 Ni 基高温合金组织的背散射电子的成分衬度像，图中高原子序数的 Hf 元素明显偏析到晶界的共晶相中，用能谱分析可进一步得到证实。图 10-16 为 NiTiSi 激光熔铸组织背散射电子的成分衬度像，从图中不同区域的衬度差别可以看出，材料的成分分布不均匀，其组织主要有三种不同成分的相组成，结合能谱分析，可以方便地给出三种相的种类。图 10-17 为合金中同部位的二次电子像（a）和背散射电子像（b），背散射电子像中的界面更加清晰。

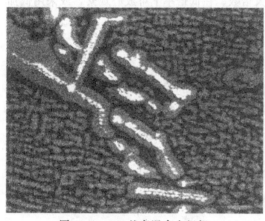

图 10-15　Ni 基高温合金组织
背散射电子的成分衬度像

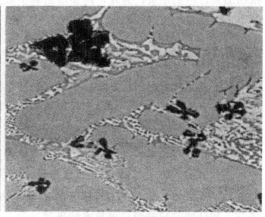

图 10-16　NiTiSi 激光熔铸组织
背散射电子的成分衬度像

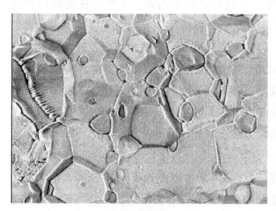

(a) 二次电子像

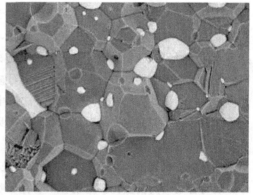

(b) 背散射电子像

图 10-17　合金中同部位的二次电子像和背散射电子像

在用 SEM 进行成像分析时，要注意以下两点：①试样表面的荷电现象。当试样为导体时，入射电子束产生的电荷可以通过试样接地而导走，不存在荷电现象，但在非导体试样

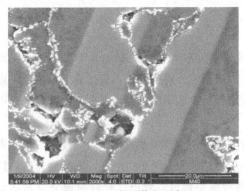
图 10-18　表面荷电现象

（陶瓷、高分子等）中，会产生局部荷电，使二次电子像的衬度过大，荷电处亮度过高，影响观察和成像质量，如图 10-18，为此需对非导体试样表面喷金或喷碳处理，一般喷涂厚度为 10～100nm。涂层虽然解决了试样荷电问题，但掩盖了试样表面的真实形貌，因此，在 SEM 观察时，尽量不作喷涂处理，荷电严重时可减小工作电压，一般在工作电压小于 1.5kV 时，就可基本消除荷电现象，但分辨率下降。②试样损伤和污染。尤其是高分子材料和生物材料在用扫描电镜观察时，易被电子束损伤，此外真空中游离的碳还会污染试样。随着放大倍数的提高，电子束直径变细，作用范围减小，作用区域热量积累，温度升高，试样损伤加大，污染加重，为此，需要适当减小放大倍数。在低倍率下可放心观察，或采用低加速电压扫描电镜进行观察。

10.1.6　扫描电子显微镜的发展

随着科学技术的迅猛发展，扫描电镜的性能在不断改善和提高，功能在不断增强，现已成了冶金、生物、考古、材料等各领域广泛应用的重要手段，特别是对各种断口的观察更是无可替代的有力工具。目前，扫描电镜的发展主要表现在以下几个方面：

（1）场发射电子枪

场发射电子枪可显著提高扫描电镜的分辨率，目前场发射式扫描电镜的分辨率已达 0.6nm（加速电压 30kV）或 2.2nm（加速电压 1kV），场发射电子枪还促进了高分辨扫描电镜技术和低能扫描电镜显微技术的迅速发展。

（2）低能扫描电镜

当加速电压低于 5kV 时的扫描电镜即称为低压或低能扫描电镜。虽然加速电压减小会显著减小电子束的强度，降低信噪比，不利于显微分析，但使用场发射电子枪就可保证即使在较低的加速电压下，电子束强度仍然较强，仍能满足显微分析的基本要求。低压扫描电镜具有以下优点：①显著减小试样表面的荷电效应，在加速电压低于 1.5kV 时，可基本消除荷电效应，这对非导体样品尤为适合；②可减轻试样损伤，特别是生物试样；③可减轻边缘效应，进一步提高图像质量；④有利于二次电子的发射，使二次电子的产额对表面形貌和温度更加敏感，一方面可提高图像的真实性，另一方面还可开拓新的应用领域。

（3）低真空扫描电镜

样品室在低真空（3kPa左右）状态下进行工作的扫描电镜称为低真空扫描电镜。其工作原理与普通的高真空扫描电镜基本一样，唯一的区别是在普通扫描电镜中，当样品为导电体时，电子束作用产生的表面电荷可通过样品接地而释放；当样品为不良导体时，一般通过喷金或喷碳形成导电层并接地，使表面电荷释放，而在低真空扫描电镜中，由于样品室内仍保持一定的气压，样品表面上的电荷可被样品室内的残余气体离子（电子束使残余气体电离产生）中和，因而即使样品不导电，也不会产生表面荷电效应。低真空扫描电镜具有以下优点：①可观察含液体的样品，避免干燥损伤和高真空损伤。用普通扫描电镜观察含液体样品时，需要对样品进行干燥脱水处理或冷冻处理，这些过程会使样品变形，甚至破坏其微观结构，而低真空扫描电镜可直接对此观察，无需任何处理，从而获得样品表面的自然真实信息；②可直接观察绝缘体和多孔物质。在普通电镜中观察绝缘体样品或多孔物质时，样品表面易产生荷电效应，而在低真空扫描电镜中，样品表面的电荷可被残余气体离子中和，消除了荷电效应，因此对不良导体、绝缘体、多孔物质也可直接观察；③可观察一些易挥发、分解放气的样品。以往在普通扫描电镜中，当样品发生挥发、分解放气时，会破坏样品室的真空度，而低真空扫描电镜中则可通过调节抽气阀的抽气速率，就可使样品室处于所允许的真空度下，保证观察正常进行；④可连续观察一些物理化学反应过程，通过人为调节样品室内的气体、温度和湿度，便可观察样品表面发生的一些反应过程，如金属的生锈、氧化等；⑤可高温观察相变过程，最高温度可达 1500℃。

10.2 扫描透射电子显微镜

扫描透射电子显微镜（scanning transmission electron microscope，STEM）是在透射电子显微镜中加装扫描附件，是透射电子显微镜（transmission electron microscope，TEM）和扫描电子显微镜（scanning electron microscope，SEM）的有机结合，综合了扫描和普通透射电子分析的原理和特点的一种新型分析仪器。像 SEM 一样，STEM 用电子束在样品的表面扫描进行微观形貌分析，不同的是探测器置于试样下方，接收透射电子束流荧光成像；又像 TEM，通过电子穿透样品成像进行形貌和结构分析。STEM 能获得 TEM 所不能获得的一些特殊信息。

10.2.1 扫描透射电子显微镜的工作原理

图 10-19 为扫描透射电子显微镜的成像示意图。为减少对样品的损伤，尤其是生物和有机样品对电子束敏感，组织结构容易被高能电子束损伤，为此采用场发射，电子束经磁透镜和光阑聚焦成原子尺度的细小束斑，在线圈控制下电子束对样品逐点扫描，试样下方置有独特的环形检测器。分别收集不同散射角度 θ 的散射电子（高角区 $\theta_1 > 50\text{mrad}$；低角区 $10 < \theta_2 < 50\text{mrad}$；中心区 $\theta_3 < 10\ \text{mrad}$），由高角度环形探测器收集到的散射电子产生的暗场像，称高角环形暗场（high angle annual dark field，HAADF）像。因收集角度大于 50mrad 时，非相干电子信号占有主要贡献，此时的相干散射逐渐被热扩散散射取代，晶体同一列原子间的相干影响仅限于相邻原子间的影响。在这种条件下，每一个原子可以被看作独立的散射源，散射横截面可作散射因子，且与原子序数平方 Z^2 成正比，故图像亮度正比于原子序数的平方（Z^2），该种图像又称为原子序数衬度像（或 Z 衬度像）。通过散射角较低的环形检测器的散射电子所产生的暗场像称为环形暗场（ADF）像，因相干散射电子增多，图像的衍射衬度成分增加，其像衬度中原子序数衬度减少，分辨率下降。而通过环形中心孔区的电子可利用明场探测器形成高分辨明场（BF）像。

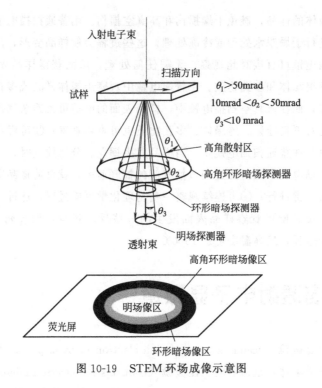

图 10-19　STEM 环场成像示意图

10.2.2　扫描透射电子显微镜的特点

① 分辨率高。首先，由于 Z 衬度像几乎完全是非相干条件下的成像，而对于相同的物镜球差和电子波长，非相干像分辨率高于相干像分辨率，因此 Z 衬度像的分辨率要高于相干条件下的成像。同时，Z 衬度不会随试样厚度或物镜聚焦有较大的变化，不会出现衬度反转，即原子或原子列在像中总是一个亮点。其次，透射电子显微镜的分辨率与入射电子束的波长 λ 和透镜系统的球差 C_s 有关，因此，大多数情况下点分辨率能达到 $0.2 \sim 0.3nm$；而扫描透射电子显微镜图像的点分辨率与获得信息的样品面积有关，一般接近电子束的尺寸，目前场发射电子枪的电子束直径能小于 $0.13nm$。最后，高角度环形暗场探测器由于接收范围大，可收集约 90% 的散射电子，比普通透射电子显微镜中的一般暗场更灵敏。

② 对化学组成敏感。由于 Z 衬度像的强度与其原子序数 Z 的平方成正比，因此 Z 衬度像具有较高的组成（成分）敏感性，在 Z 衬度像上可以直接观察夹杂物的析出、化学有序和无序以及原子排列方式。

③ 图像解释简明。Z 衬度像是在非相干条件下成像，具有正衬度传递函数。而在相干条件下，随空间频率的增加，其衬度传递函数在零点附近时，不显示衬度。也就是说，非相干的 Z 衬度像不同于相干条件下成像的相位衬度像，它不存在相位翻转问题，因此图像的衬度能够直接反映客观物体。对于相干像，需要计算机模拟才能确定原子列的位置，最后得到样品晶体信息。

④ 图像衬度大。特别是生物材料、有机材料在透射电子显微镜中需要染色才能看到衬度。扫描透射电子显微镜因为接收的电子信息量大，而且这些信息与原子序数、物质的密度

相关，这样原子序数大的原子或密度大的物质被散射的电子量就大，对分析生物材料、有机材料、核壳材料非常方便。

⑤ 对样品损伤小，可以应用于对电子束敏感材料的研究。

⑥ 利用扫描透射模式时物镜的强激励，可实现微区衍射。

⑦ 利用后接能量分析器的方法可以分别收集和处理弹性散射和非弹性散射电子，以及进行高分辨率分析、成像及生物大分子分析。

⑧ 可以观察较厚或低衬度试样。

但扫描透射电子显微镜存在以下不足：

① 对环境要求高，特别是电磁场。

② 图像噪声大。

③ 对样品洁净度要求高，如果表面有碳类物质，很难得到理想图片。

④ 真空度要求高。

⑤ 电子光学系统比 TEM 和 SEM 都要复杂。

注意：① STEM 不同于扫描电镜。扫描电镜是利用电子束作用样品表面产生的二次电子或背散射电子进行成像的，其强度是试样表面倾角的函数。试样表面微区形貌差别实际上就是微区表面相对于入射束的倾角不同，从而表现为信号强度的差别，显示形貌衬度。二次电子像的衬度是最典型的形貌衬度。

② STEM 与 TEM 的成像存在一定的关联性。它们均是透射电子成像，STEM 主要成 HAADF、ADF 像，它以透射电子中非弹性散射电子为信号载体，而 TEM 则主要以近轴透射电子中的弹性散射电子为信号载体。TEM 的加速电压较高（一般为 $120\sim200kV$），而 STEM 的加速电压较低（一般为 $10\sim30kV$）。STEM 可同时成二次电子像和透射像，即可同时获得试样表面形貌信息和内部结构信息。

10.2.3 扫描透射电子显微镜的应用

图 10-20 为非晶二氧化硅与钌/铂双金属纳米粒子构成的多相异质催化剂 HAADF 像。图 10-21(a) 显示二氧化硅外表面分布有纳米颗粒，图 10-20(b) 为图 10-20(a) 的局部放大像，可清晰看到纳米颗粒在催化剂孔内的分布。

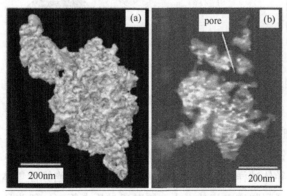

图 10-20　非晶二氧化硅与钌/铂双金属纳米粒子多相异质催化剂 HAADF-STEM 像。

10.3 扫描隧道电子显微镜

1981 年，科学家宾尼希（G. Binning）和罗雷尔（H. Rohrer）利用量子力学隧道效应原理成功制成了世界上第一台扫描隧道显微镜（STM），从而使人类能够观察到原子在物质表面的排列状况态，了解与表面电子行为有关的物理、化学性质。它成了材料表面分析的重要手段之一，并克服了扫描电镜（SEM）不能提供表面原子级结构和形貌等信息的不足。

10.3.1 STM 的基本原理

STM 的理论基础是量子力学中的隧道效应，即在两导体板之间插入一块极薄的绝缘体，如图 10-21(a)，当在两导体板间施加一定的直流电压时，便在绝缘区域形成势垒，发现负极上的电子可以穿过绝缘层到达正极，形成隧道贯穿电流。隧道电流密度 J_T 的大小为：

$$J_T = KU_T e^{-Az\sqrt{\bar\phi}\, l} \tag{10-2}$$

式中，U_T 是所加电压；l 是势垒区的宽度；$\bar\phi$ 是势垒区平均高度；$A = \left(\dfrac{1}{2}meh^2\right)^{\frac{1}{2}}$，它是与电子电荷 e、电子质量 m 和普朗克常数 h 相关的常量。由于隧道电流密度与绝缘体的厚度呈指数关系，因此 J_T 对 l 特别敏感，当 l 变化 0.1nm 时，J_T 将有好几个量级的变化，这也是 STM 具有高精度的基本原因。

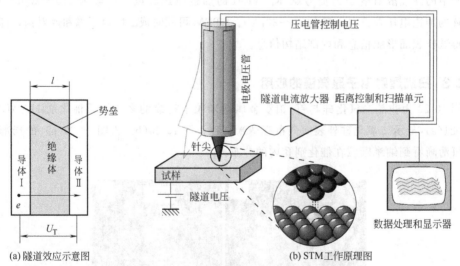

(a) 隧道效应示意图　　　　　　(b) STM 工作原理图

图 10-21　隧道效应及 STM 工作原理示意图

STM 的工作原理如图 10-21(b) 所示。将待测导体作为一个电极，另一极为针尖状的探头，探头材料一般为钨丝、铂丝或金丝，针尖长度一般不超过 0.3mm，理想的针尖端部只有一个原子。针尖与导体试样之间有一定的间隙，共同置于绝缘性气体、液体或真空中，检测针尖与试样表面原子间隧道电流的大小，同时通过压电管（一般为压电陶瓷管）的变形驱动针尖在样品表面精确扫描。目前，针尖运动的控制精度已达 0.001nm。代表针尖的原子与样品表面原子并没有接触，但距离非常小（<1nm），于是形成隧道电流。当针尖在样品表面逐点扫描时，就可获得样品表面各点的隧道电流谱，再通过电路与计算机的信号处理，可在终端的显示屏上呈现出样品表面的原子排列等微观结构形貌，并可拍摄、打印输出表面图像。

10.3.2 STM 的工作模式

扫描隧道显微镜的工作模式有多种，常用的有恒流式和恒高式两种，如图 10-22，其中恒流式最为常用。

（1）恒流式

让针尖安置在控制针尖移动的压电管上，由反馈电路自动调节压电管中的电压，使针尖在扫描过程中随着样品表面的高低上下移动，并保持针尖与试样表面原子间的距离不变，即保持隧道电流的大小不变（恒流），见图 10-22(a)，通过记录压电管上的电压信号即可获得样品表面的原子结构信息。该模式测量精度高，能较好地反映样品表面的真实形貌，但有反馈电路，跟踪比较费时，扫描速度慢。

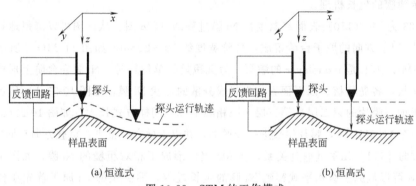

(a) 恒流式   (b) 恒高式

图 10-22　STM 的工作模式

（2）恒高式

即针尖在扫描过程中保持高度不变，这样针尖与样品表面原子间的距离在改变，因而隧道电流随之发生变化，见图 10-22(b)，通过记录隧道电流的信号即可获得样品表面的原子结构信息。恒高工作模式无反馈电路，扫描效率高，但要求试样表面相对平滑，因为隧道效应只是在绝缘体厚度极薄的条件下才能发生，当绝缘体厚度过大时，不会发生隧道效应，也无隧道电流，因此当样品表面起伏大于 1nm 时，就不能采用该模式工作了。

10.3.3 STM 的特点

STM 与前述的表面分析仪相比具有以下优点：

① 在平行和垂直于样品表面方向上的分辨率分别达到 0.1nm 和 0.01nm，而原子间距为 0.1nm 量级，故可观察原子形貌，分辨出单个原子，克服了 SEM、TEM 的分辨率受衍射效应的限制，因而 STM 具有原子级的高分辨率。

② 可实时观察表面原子的三维结构像，用于表面结构研究，如表面原子扩散运动的动态观察等。

③ 可观察表面单个原子层的局部结构，如表面缺陷、表面吸附、表面重构等。

④ 工作环境要求不高，可在真空、大气或常温下工作。

⑤ 一般无须特别制备样品，且对样品无损伤。

STM 虽具有以上优点，但也存在以下不足：

① 恒流工作时，对样品表面微粒间的某些沟槽不能准确探测，与此相关的分辨率也不高。

② 样品须是导体或半导体。对不良导体虽然可以在其表面涂敷导电层，但涂层的粒度及其均匀性会直接影响图像对真实表面的分辨率，故对不良导体的表面成像宜采用其他手段，如原子力显微镜等进行观察。

10.3.4 STM 的应用

例1 Mo(110) 表面 Ni 膜的生长研究

表面膜的生长过程非常复杂，从沉积到形核再到长大，可通过 STM 动态观察、拍照，记录其生长过程，有时还可结合低能电子衍射等其他分析手段共同研究其形成过程，从而更全面地揭示薄膜的生长机理。

图 10-23 为 Mo（110）表面室温生长 Ni 膜过程的 STM 图。从该图可以清楚地看出，清洁表面为 [$1\bar{1}\bar{1}$] 方向的原子台阶组成，台阶宽度约 10～20nm，如图 11-23(a) 所示；当沉积量为 1.5ML（ML 是 monolayer 的缩写，为沉积量的单位）时，Ni 膜在台阶上形核，形成分散的岛状核，各岛状核又以平面方式生长成分散的片状 Ni 膜，如图 10-23(b) 所示；随着沉积量的增加，膜片的第二层、第三层……相继生成，同样方式长大，如图 10-23(c) 所示；当沉积量增至 11.6ML 时，膜片层数进一步增加，并以重叠方式推进，重叠方向与原来 Mo 表面的台阶方向 [$1\bar{1}\bar{1}$] 几乎呈垂直关系，在 Mo 表面形成了相对粗糙的 Ni 膜，如图 10-23(d) 所示。STM 可以从原子级水平观察到 Ni 膜的生长过程，即沉积的 Ni 原子首先在台阶处形成分散的岛状核，然后各岛状核平面生长，并以叠片方式推进，重叠程度随沉积量的增加而增加，重叠方向与 Mo 面的 [$1\bar{1}\bar{1}$] 方向近似垂直。

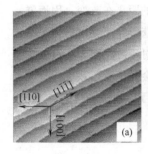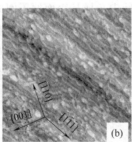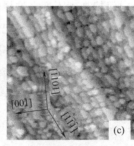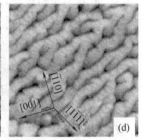

图 10-23　Mo(110) 面生长 Ni 膜过程中的 STM 图

(a) 清洁表面；(b) 1.5ML；(c) 3.9ML；(d) 11.6ML

例2 氧化膜的形成研究

运用 STM 可方便地观察到氧化膜在形成过程中不同阶段时的微结构，这有助于对氧化膜的形成机理作更深入的分析。

图 10-24 为金属间化合物 NiAl(16 14 1) 表面在通入少量的 O_2(60L) 作用后，再 1000K

退火所得表面的 STM 图，此时氧化膜尚未完整形成 [如图中的（a）]。氧化前，表面为规则的三角形凸台阶状，这是由 NiAl(16 14 1) 的生长机理决定的。台阶宽度约（2.5±0.5)nm，台阶方向为 [110] 方向，即 STM 图中的平整部位。少量氧（60L）氧化后，台阶形貌发生了显著变化，在 NiAl 表面的大台阶处出现了细小台阶，其放大图为（b），即在氧化开始阶段，氧化膜的形核是在 NiAl 表面的大台阶处。再放大台阶的边缘，如图中的（c），可见边缘处出现了簇状的氧化膜。因此通过 STM 观察可知：表面的氧化首先发生在 NiAl 表面上大台阶的边缘处，氧化膜在此形核并以细台阶状生长。

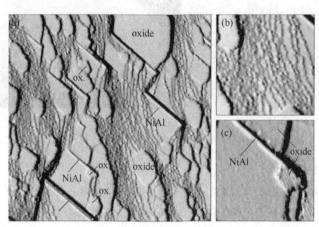

图 10-24　NiAl(16 14 1) 面氧化膜形成约 20％时的 STM 照片

（a）总貌（200×200nm²）；（b）膜核（45×45nm²）；（c）膜簇（45×45nm²）

当 STM 为原子级分辨率水平时，还可观察到单个原子堆积成膜的过程。如图 10-25 即为 MoS₂ 单原子层生长过程的 STM 照片及其对应的模型图，从该图可以清晰地看到 MoS₂ 单层纳米晶体膜的生长过程，即 Mo 原子和 S 原子均通过扩散运动以三角形的堆积方式逐渐长大成膜。

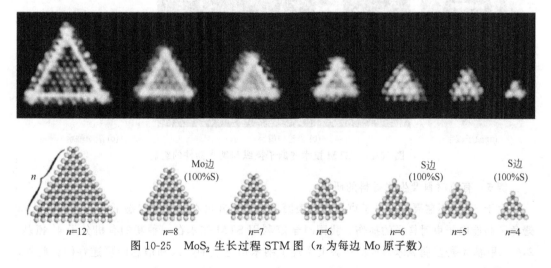

图 10-25　MoS₂ 生长过程 STM 图（n 为每边 Mo 原子数）

例3　表面形貌观察

运用 STM 可以直接观察试样表面的原子级形貌，三维扫描时，还可获得试样表面的三维立体图。图 10-26 即为铂铱合金丝表面的二维和三维 STM 图。从二维扫描图 [图 10-26(a)] 可以看到金属丝表面的小颗粒状原子团，还有很清晰的两条突出的条纹，条纹方向与金属丝的走向一致，可以认为条纹的形成与金属拉成丝的过程有关。从三维扫描图 [图 10-26(b)] 能很清楚地看到表面的原子团颗粒。

(a) 二维　　　　　　　　　　　　　　　　(b) 三维

图 10-26　铂铱合金丝表面的 STM 扫描图

例 4　原子、分子组装

STM 针尖与样品表面原子之间总是存在着一定的作用力，即静电引力和范德华作用力，调节针尖的位置即可改变这个作用力的大小和方向。移动单个原子的作用力要比该原子离开表面所需的力小得多，通过控制针尖的位置和偏压，可实现对吸附在材料表面上的单个原子进行移动操作，这样表面上的原子就可按一定的规律进行排列。如我国科学家运用 STM 技术成功实现了在 Si 单晶表面直接取走 Si 原子书写文字，如图 10-27(a)。还可利用 STM 技术对原子或分子的单独操作，实现纳米器件的组装，如纳米齿轮、纳米齿条以及纳米轴承等，如图 10-27(b)、(c)。

 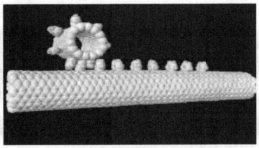 

(a) 原子汉字　　　　　　　(b) 齿轮与齿条　　　　　　　(c) 滚动轴承

图 10-27　STM 技术的原子操纵与纳米器件的组装

例 5　有机材料及生物材料的研究

由于 STM 不需要高能电子束在样品表面上聚焦，并可在非真空状态下进行实验，从而避免了高能电子束对样品的损伤。我国科学家利用 STM 技术在一种新的有机分子 4′-氰基-2,6-二甲基-4-羟基偶氮苯形成的薄膜上实现了纳米信息点的写入和信息的可逆存储。此外，STM 技术还可用于研究单个蛋白质分子、观察 DNA、重组 DNA 等。

10.4 原子力显微镜

扫描隧道电镜不能测量绝缘体的表面形貌，IBM 公司的 Binning 与史丹佛大学的 Quate 于 1985 年发明了原子力显微镜（AFM），利用针尖与样品之间的原子力（引力和斥力）随距离改变，能给出几纳米到几百微米区域的表面结构的高分辨像，可用于表面微观粗糙度的高精度和高灵敏度定量分析，能观测到表面物质的组分分布，高聚物的单个大分子、晶粒和层状结构以及微相分离等物质微观结构情景。在许多情况下还能显示次表面结构。AFM 还可用于表征固体样品表面局部区域的力学性质（弹性、塑性、硬度、黏着力和摩擦力等）、电学、电磁学等物理性质，与试样的导电性无关。

10.4.1 原子力显微镜的工作原理

原子力显微镜与扫描隧道显微镜的区别在于它是利用原子间的微弱作用力来反映样品表面形貌的，而扫描隧道显微镜利用的则是隧道效应。假设两个原子，一个在纳米级探针上，探针被固定在一个对力极敏感的可操控的微米级弹性悬臂上，悬臂绵薄而修长，另一个原子在试样表面，如图 10-28 所示。当探针针尖与样品的距离不同，其作用力的大小和性质也不相同，如图 10-29。开始时，两者相距较远，作用表现为吸引力；随着两者间距的减小，吸引力增加，增至最大值后又减小，在 $z=z_0$ 时，吸引力为 0；当 $z<z_0$ 时，作用表现为斥力，且提高迅速。

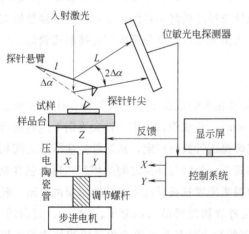

图 10-28　原子力显微镜光束偏转法的原理

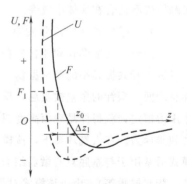

图 10-29　能量 U 及作用力 F
随表面距离 z 的变化关系

当对样品表面进行扫描时，针尖与样品之间的作用力会使微悬臂发生弹性变形，微悬臂形变的检测方法一般有电容、隧道电流、外差、自差、激光二极管反馈、偏振、偏转等方法，其中偏转方法采用最多，也是原子力显微镜批量生产所采用的方法。根据扫描样品时探针的偏移量或改变的振动频率重建三维图像，就能间接获得样品表面的形貌。

10.4.2　原子力显微镜的工作模式

AFM 主要有三种工作模式：接触模式、非接触模式和轻敲模式。

（1）接触模式（1986 年发明）

针尖和样品物理接触并在样品表面上简单移动，针尖受范德华力和毛细力的共同作用，两者的合力形成接触力，该力为排斥力，大小为 $10^{-8} \sim 10^{-11}$N，会使微悬臂弯曲。针尖在样品表面扫描（压电扫描管在 X、Y 方向上移动）时，样品表面起伏使探针带动微悬臂的弯曲量变化，从而导致激光束在位敏光电检测器上发生改变，这个信号反馈到电子控制器，驱动压电扫描管在 Z 方向上移动以维护微悬臂弯曲的形变量维持一定，这样针尖与样品表面间的作用力维持一定，并同时记录压电扫描管在 X、Y、Z 方向上的位移，从而得到样品表面的高度形貌像。这种反馈控制系统工作以维持作用力恒定的情况，一般被称为恒力模式。如果反馈控制系统关闭，则针尖恒高并不随样品表面形貌的变化而改变，这种模式称为恒高模式。恒高模式一般只用于表面很平的样品。接触模式的不足：①研究生物大分子、低弹性模量以及容易变形和移动的样品时，针尖和样品表面的排斥力会使样品原子的位置改变，甚至使样品损坏；②样品原子易黏附在探针上，污染针尖；③扫描时可能使样品发生很大的形变，甚至产生假象。

（2）非接触模式（1987 年发明）

针尖在样品上方（1~10nm）振荡（振幅一般小于 10nm），针尖检测到的是范德华吸引力和静电力等长程力，样品不会被破坏，针尖也不会被污染，特别适合柔软物体的样品表面。然而，在室温大气环境下样品表面通常有一薄薄的水层，该水层容易导致针尖"突跳"与表面吸附在一起，造成成像困难。多数情况下，为了使针尖不吸附在样品表面，常选用一些弹性系数在 20~100N/m 的硅探针。由于探针与样品始终不接触，从而避免了接触模式中遇到的破坏样品和污染针尖的问题，灵敏度也比接触式高，但分辨率相比接触式较低，且非接触模式不适合在液体中成像。

（3）轻敲模式（1993 年发明）

它是介于接触模式和非接触模式之间新发展起来的成像技术，微悬臂在样品表面上方以接近于其共振频率的频率振荡（振幅大于 20nm），在成像过程中，针尖周期性地间断接触样品表面，探针的振幅被阻尼，反馈控制系统确保探针振幅恒定，从而针尖和样品之间相互作用力恒定，获得样品表面高度图像。在该模式下，探针与样品之间的相互作用力包含吸引力和排斥力。在大气环境下，该模式中探针的振幅能够抵抗样品表面薄薄水层的吸附。轻敲模式通常用于与基底只有微弱结合力的样品或者软物质样品（高分子、DNAs、蛋白质/多肽、脂双层膜等）。由于该模式对样品的表面损伤最少并且与该模式相关的相位成像可以检测到样品组成、摩擦力、黏弹性等的差异，因此在高分子样品成像中应用广泛。

10.4.3　试样制备

AFM 的试样制备简单易行。为检测复合材料的界面结构，需将界面区域暴露于表面。若仅检测表面形貌，试样表面不许做任何处理，可直接检测。若检测界面的微观结构，例如结晶结构或其他微观聚集结构单元，则必须将表面磨平抛光或用超薄切片机切平。

10.4.4 形貌成像的应用

(1) 石英薄片的 AFM 二维和三维表面形貌分析

图 10-30 为石英薄片 AFM 二维 (a) 和三维 (b) 的形貌图。样品的观察尺寸为 59nm×59nm，Z 轴最高突起为 11.79nm，从图看出该样品的颗粒分布大致比较均匀，清晰可辨，结构致密，大部分颗粒高度接近一致，没有大尺度的起伏，但也存在几个比较尖的突起颗粒，还有两个发白的颗粒顶端看上去像被平整的切割了，说明这两个颗粒的高度超出了高度测量范围。突起晶粒的存在可能是因为石英矿本身硬度高，抛光不均造成的。

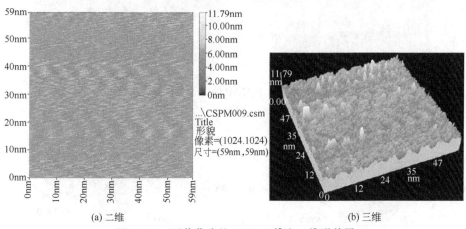

(a) 二维　　　　　　　　　　　　　　　　(b) 三维

图 10-30　石英薄片的 AFM 二维和三维形貌图

(2) 晶体生长

原子力显微镜可提供原子级观测研究晶体生长界面过程的有效工具。利用它的高分辨率和可以在溶液与大气环境下工作的能力，精确实时观察生长界面的原子级分辨图像，了解界面生长过程和机理。图 10-31 为原子力显微镜观察到的 BaB_2O_4 单晶固液界面形状的演化和晶体 (0001) 面上的台阶形貌。晶体表面台阶的形貌与晶体生长方向密切相关，沿着 <1010> 方向运动的台阶束构成台阶流形貌，而沿着 <0110> 方向运动的台阶束则表现为台阶片段的形貌。

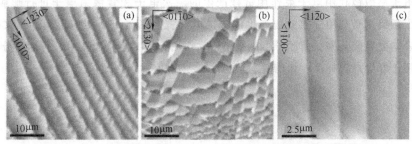

图 10-31　BaB_2O_4 单晶 (0001) 表面不同区域的 AFM 观察形貌

(3) 羟基磷灰石片煅烧过程观察

图 10-32 和图 10-33 分别为羟基磷灰石 (HAP) 原粉和 800℃烧结 6h 的原子力显微镜 (AFM) 二维和三维图，由图可见，原粉和 800℃烧结 6h 的样品，颗粒粒径明显增大。平均

粒径由 50.40nm 增至 317.40nm。

　　AFM 具有分辨率高，对样品无特殊要求，不受其导电性、干燥度、形状、硬度、纯度等限制，可在大气、常温环境中成像，具有观测操作简便易行、样品制备简单等优点。AFM 可观察到样品表面的真实形貌，确定样品中颗粒的大小。

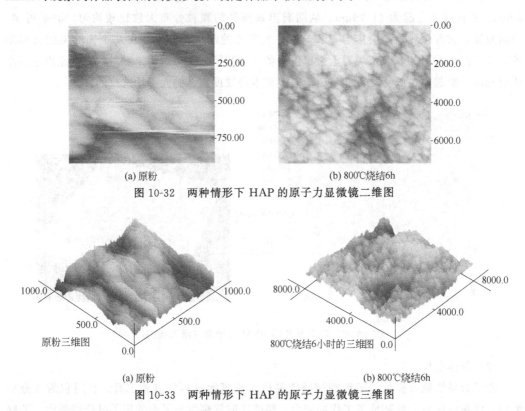

(a) 原粉　　　　　　　　　　(b) 800℃烧结6h

图 10-32　两种情形下 HAP 的原子力显微镜二维图

原粉三维图　　　　　　　　　800℃烧结6小时的三维图

(a) 原粉　　　　　　　　　　(b) 800℃烧结6h

图 10-33　两种情形下 HAP 的原子力显微镜三维图

　　此外，AFM 可利用扫描过程中微悬臂的振荡相位和压电陶瓷驱动信号的振荡相位之间的差值进行所谓的相位成像。由于样品的组成、摩擦性能和黏弹性等均影响相位，故相位成像可以检测样品的组成、摩擦力和黏弹性等的差异，再结合样品的表面形貌图可全面揭示材料的表面性质。

　　扫描电子显微镜利用电子束作用试样产生的二次电子和背散射电子进行形貌观察的，扫描隧道显微镜则是利用隧道效应产生的隧道电流调制信号分析组织形貌，当试样不导电时，前两者均要喷金处理。而原子力显微镜依靠作用力的大小调制信号进行形貌分析的，因此它可以用于非导电类样品，如陶瓷、塑料等。

本章小结

　　本章主要介绍了扫描电子显微镜的结构、原理、特点和应用。扫描电镜是利用电子束作用样品后产生的二次电子进行成像分析的，二次电子携带的是样品表面的形貌信息，故扫描电镜主要用于样品表面的形貌分析，因扫描电镜的景深大，它特别适用于断口观察和分析。

扫描电镜与透射电镜相结合形成扫描透射电镜，可具有 SEM＋TEM 功能。本章内容小结如下：

扫描电镜
- 工作信息：二次电子
- 结构
  - 电子光学系统：电子枪、电磁透镜、光阑、扫描线圈等
  - 信号检测处理、图像显示和记录系统
  - 真空系统
- 性能参数：分辨率、放大倍数、景深
- 应用：形貌分析，断口、磨面观察等
- 特点：分辨率高、放大倍数大、景深大、制样简单、对样品损伤小、可实现对样品的综合分析

扫描透射电镜
- 工作信息：高角透射非相干电子
- 结构特点：试样下方增设环形检测装置
- 像衬度：Z 衬度或原子序数衬度
- 应用：具有 SEM＋TEM 功能
- 特点：分辨率高、对化学组成敏感、图像解释简明、图像衬度大、对样品损伤小、可实现样品的 SEM＋TEM 综合分析

扫描隧道显微镜
- 工作信号：隧道电流
- 结构：检测系统、记录系统、真空系统
- 工作模式：恒流式、恒高式
- 特点
  - 优点：(1) 具有原子级的高分辨率
    - (2) 可实现表面原子的二维、三维结构成像
    - (3) 能观察单原子层的局部结构
    - (4) 对工作环境要求不高
    - (5) 无须特别制备样品，且对样品无损伤
  - 不足：(1) 恒流工作时，对表面微粒间的某些沟槽的分辨率不高
    - (2) 须是导体样品，否则需在样品表面涂敷导电层
- 应用
  - (1) 表面膜的生长机理分析：微观形貌、生长过程等分析
  - (2) 表面形貌微观观察：二维、三维图像分析
  - (3) 原子、分子组装
  - (4) 高分子材料、生物材料等方面的研究

原子力显微镜
- 工作信号：原子间的作用力
- 工作模式：接触模式——探针与样品之间的相互作用力为排斥力
  - 非接触模式——探针与样品之间的相互作用力为吸引力
  - 轻敲模式——探针与样品之间的相互作用力包含吸引力和排斥力
- 主要应用：导体、绝缘体原子级形貌观察、晶体生长等

思考题

10.1 简述扫描电镜的结构、原理、特点。

10.2 二次电子的特点是什么？

10.3 试分析扫描电镜的景深大、图像立体感强的原因。

10.4 影响扫描电镜分辨率的因素有哪些？

10.5 扫描电镜的成像原理与透射电镜有何不同？

10.6 一般扫描电镜能否进行微区的结构分析？为什么？

10.7 表面形貌衬度和原子序数衬度各有什么特点？

10.8 波谱仪中的分光晶体有几种，各自的特点是什么？

10.9 试比较直进式和回转式波谱仪的优缺点。

10.10 相比于波谱仪，能谱仪在分析微区成分时有哪些优缺点。

10.11 简述扫描隧道显微镜的基本原理及其特点。

10.12 扫描隧道显微镜 STM 与扫描电镜 SEM 之间的原理区别是什么？

10.13 扫描隧道显微镜的工作模式有哪些？各有何特点？

10.14 简述扫描隧道显微镜的应用，并举例说明之。

10.15 简述原子力显微镜的工作原理。

10.16 原子力显微镜的工作模式有哪几种？各自的特点是什么？

成分分析技术

第 11 章

能谱分析

当电子束作用试样，一定条件下试样表面将散射出多种物理信号，如俄歇电子、特征 X 射线等，它们均具有特征能量值，可用于作用区域内的成分分析，即俄歇电子能谱（auger electron spectrum，AES）和特征 X 射线能谱，特征 X 射线能谱仪又称电子探针（energy dispersive spectrum，EDS）；如果是 X 射线束（光子束）作用试样，一定条件下也能产生 X 射线光电子和荧光 X 射线（第二次特征 X 射线）等物理信号，它们同样具有特征能量值，也可用于作用微区的成分分析，即 X 射线光电子能谱（X-ray photoelectron spectrum，XPS）和 X 射线荧光光谱（X-ray fluorescence spectrum，XRFS）。

其中电子探针与扫描电镜融为一体，即在扫描电镜的样品室配置检测特征 X 射线的谱仪，形成多功能于一体的综合分析仪器，实现对微区进行形貌、成分的同步分析。当谱仪用于检测特征 X 射线的波长时，称为电子探针波谱仪（WDS），当谱仪用于检测特征 X 射线的能量时，则称为电子探针能谱仪（EDS）。电子探针也可与透射电镜融为一体，进行微区结构和成分的同步分析。本章主要介绍这四种能谱分析的原理、特点及其应用。

11.1 俄歇电子能谱

俄歇电子的能量具有特征值，能量较低，一般仅有 50～1500eV，平均自由程也很小（1nm 左右），较深区域产生的俄歇电子在向表层运动时必然会因碰撞而消耗能量，失去具有特征能量的特点，故仅有浅表层 1nm 左右范围内产生的俄歇电子逸出表面后方具有特征能量，因此，俄歇电子特别适合于材料表层的成分分析。此外根据俄歇电子能量峰的位移和峰形的变化，还可获得样品表面化学态的信息。

11.1.1 俄歇电子能谱仪的结构原理

俄歇电子能谱仪主要有检测装置和信号放大记录系统两部分组成，其中检测装置一般采用圆筒镜分析器，结构如图 11-1 所示。圆筒镜分析器主体为两个同心的圆筒，内筒上开有圆环状的电子出入口，与样品同时接地，两者电位相同，电子枪位于内桶中央。外筒上施加一负的偏转电压，当电子枪的电子束作用样品后将产生系列能量不同的俄歇电子，这些俄歇电子离开样品表面后，从内筒的入口进入内外筒间，由于外筒施加的是负电压，故俄歇电子将在该负电压的作用下逐渐改变运行方向，最后又从内筒出口进入检测器。当连续改变外筒上负压的大小时，就可依次检测到不同特征能量的俄歇电子。并通过信号放大和记录系统输出俄歇电子的计数 N_E 随能量 $E(\mathrm{eV})$ 的分布曲线。

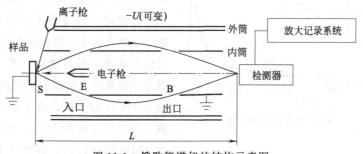

图 11-1　俄歇能谱仪的结构示意图

需指出以下几点：

① 圆筒镜分析器中还带有一个离子枪，其功用主要有两个：A. 清洗样品表面，保证分析时样品表面干净无污染；B. 刻蚀（剥层）样品表面，以测定样品成分沿深度方向的分布规律。

② 激发俄歇电子的电子枪也可置于圆筒镜分析器外，这样安装维护方便，但会降低仪器结构的紧凑性。

③ 样品台能同时安装 6～12 个样品，可依次选择不同样品进行分析，以减少更换样品和保持样品室中的高真空度的时间。

11.1.2　俄歇电子谱

俄歇电子的能量较低，仅有 $50\sim1500\mathrm{eV}$，由俄歇电子形成的电子电流表示单位时间内产生或收集到俄歇电子的数量。俄歇电子具有特征能量值，但由于俄歇电子在向样品表面逸出时不可避免地受到碰撞而消耗了部分能量，这样具有特征能量的俄歇电子的数量就会出现峰值，有能量损失的俄歇电子和其他电子将形成连续的能量分布。在分析区域内，某元素的含量愈多，其对应的俄歇电子数量（电子电流）也就愈大。不同的元素，具有不同的俄歇电子特征能量和不同的电子能量分布。俄歇电子与二次电子、弹性背散射电子等的存在范围并不重叠。

图 11-2 为 Ag 原子的俄歇电子能谱曲线，其中 A 曲线为 N_E-E 的正常能量分布，又称直接谱，由于俄歇电子仅来自样品的浅表层（λ 量级），数量少、信号弱，电子电流仅为总电流的 0.1% 左右，所表现的俄歇电子谱峰很小，难以分辨，即使放大十倍后也不明显（见曲线 B），但经微分处理后使原来微小的俄歇电子峰转化为一对正负双峰，用正负峰的高度差来表示俄歇电子的信号强度（计数值），这样俄歇电子的特征能量和强度清晰可辨（见曲线 C）。将微分处理后的谱线称为微分谱。直接谱和微分谱统称为俄歇电子谱，俄歇电子峰所对应的能量为俄歇电子的特征能量，与样品中的元素相对应，谱峰高度反映了分析区内该元素的浓度，因此，可利用俄歇电子谱对样品表面的成分进行定性和定量分析。不过由俄歇电子产生的原理可知，能产生俄歇电子的最小原子序数为 3（Li，非孤立），而低于 3 的 H 和

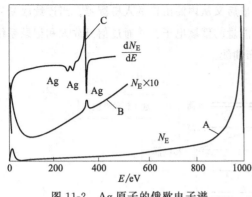

图 11-2 Ag 原子的俄歇电子谱

He 均无法产生俄歇电子，因此俄歇电子谱只能分析原子序数 $Z>2$ 的元素。需注意的是：对于孤立的 Li 原子，L 层上仅有一个电子无法产生俄歇电子，因此孤立原子中能产生俄歇电子的最小元素是 Be。由于大多数原子具有多个壳层和亚壳层，因此电子跃迁的形式有多种可能性。图 11-3 为主要俄歇电子能量图，从图中可以看出：当原子序数为 3~14 时，俄歇峰主要由 KLL 跃迁形成；当原子序数为 15~41 时，主要俄歇峰由 LMM 跃迁产生；而当原子序数大于 41 时，主要俄歇峰则由 MNN 及 NOO 跃迁产生。

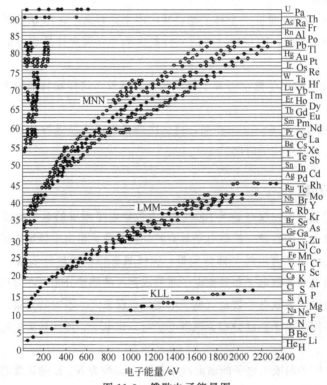

图 11-3 俄歇电子能量图

11.1.3 定性分析

每种元素均有与之对应的俄歇电子谱，所以，样品表面的俄歇电子谱实际上是样品表面所含各元素的俄歇电子谱的组合。因此，俄歇电子谱的定性分析即为根据谱峰所对应的特征能量由手册查找对应的元素。具体方法如下：①选取实测谱中一个或数个最强峰，分别确定其对应的特征能量，根据俄歇电子能量图或已有的条件，初步判定最强峰可能对应的几种元素；②由手册查出这些可能元素的标准谱与实测谱进行核对分析，确定最强峰所对应的元素，并标出同属于此元素的其他所有峰；③重复上述步骤，标定剩余各峰。

定性分析时应注意以下几点：①由于可能存在化学位移，故允许实测峰与标准峰有数电子伏特的位移误差；②核对的关键在于峰位，而非峰高，元素含量少时，峰高较低，甚至不显现；③某一元素的俄歇峰可能有几个，不同元素的俄歇峰可能会重叠，甚至变形，特别是当样品中含有微量元素时，由于强度不高，其俄歇峰可能会湮没在其他元素的俄歇强峰中，而俄歇强峰并没有明显的变异；④当图谱中有无法对应的俄歇电子峰时，应考虑到这可能不是该元素的俄歇电子峰，而是一次电子的能量损失峰。

随着计算机技术的发展和应用，俄歇电子谱的定性分析可由电子计算机的软件自动完成，但对某些重叠峰和弱峰还需人工分析来进一步确定。

11.1.4 定量分析

由于影响俄歇电子信号强度的因素很多，分析较为复杂，故采用俄歇电子谱进行定量分析的精度还较低，基本上只是半定量水平。常规情况下，相对精度仅为 30% 左右。当然如果能正确估计俄歇电子的有效深度，并能充分考虑表面以下的基底材料背散射电子对俄歇电子产额的影响，就可显著提高定量分析的相对精度，达到与电子探针相当的水平。定量分析常有两种方法：标准样品法和相对灵敏度因子法。

（1）标准样品法

标准样品法又有纯元素样品法和多元素样品法。纯元素样品法即在相同的条件下分别测定被测样和标准样中同一元素 A 的俄歇电子的主峰强度 I_A 和 I_{AS}，则元素 A 的原子分数 C_A 为

$$C_A = \frac{I_A}{I_{AS}} \tag{11-1}$$

而多元素标准样品法是首先制成标准试样，标准样应与被测样品所含元素的种类和含量尽量相近，此时，元素 A 的原子浓度为

$$C_A = C_{AS} \frac{I_A}{I_{AS}} \tag{11-2}$$

其中 C_{AS} 为标准样中 A 元素的原子浓度。

但由于多元素标准样制备困难，一般采用纯元素标准样进行定量分析。

（2）相对灵敏度因子法

相对灵敏度因子法不需要标准样，应用方便，但精度相对低一些。它是指将各种不同元素（Ag 除外）所产生的俄歇电子信号均换算成同一种元素纯 Ag 的当量（又称相当强度），利用该当量来进行定量计算的。具体方法如下：相同条件下分别测出各种纯元素 X 和纯 Ag 的俄歇电子主峰的信号强度 I_X 和 I_{Ag}，其比值 $\frac{I_X}{I_{Ag}}$ 即为该元素的相对灵敏度因子 S_X，并已制成相关手册。当样品中含有多种元素时，设第 i 个元素的主峰强度为 I_i，其对应的灵敏度因子为 S_i，所求元素为 X，其灵敏度因子为 S_X，则所求元素的原子分数为

$$C_X = \frac{I_X}{S_X} / \sum_i \frac{I_i}{S_i} \tag{11-3}$$

式中的 S_i 和 S_X 均可由相关手册查得。

由上式可知，通过实测谱得到各组成元素的俄歇电子主峰强度 I_i，通过定性分析获得样品中所含有的各种元素。再分别查出各自对应的相对灵敏度因子 S_i，即可方便求得各元素的原子分数。计算精度相对较低，但不需标样，故成了俄歇能谱定量分析中最常用的方法。

11.1.5 化学价态分析

俄歇电子的产生通常有三种形式：KLL、LMM、MNN，它涉及三个能级，只要有电荷从一个原子转移到另一个原子，元素的化学价态变化时，就会引起元素的终态能量发生变化，同时俄歇电子峰的位置和形状也随之改变，即引起俄歇电子峰位位移。有时化学价态变化后的俄歇峰与原来零阶态的峰位相比有几个电子伏特的位移，故可通过元素的俄歇峰形和峰位的比较获得其化学价态变化的信息。

11.1.6 AES 的应用举例

俄歇电子能谱分析仪已成了材料表面分析的重要工具之一，由俄歇电子的产生机理决定了它具有以下特点：①俄歇电子的能量小（<1500eV），逸出深度浅（0.4～2nm），纵向分辨率可达 1nm，而横向分辨率则取决于电子束的直径；②可分辨 H、He 以外的各种元素；③分析轻元素时的灵敏度更高；④结合离子枪可进行样品成分的深度分析。

俄歇电子能谱分析法常用于以下研究：表面物相鉴定、表面元素偏析、表面杂质分布、晶界元素分析、表面化学过程、表面的力学性质、表面吸附以及集成电路的掺杂等。

（1）物相鉴定

由于俄歇电子能谱分析的灵敏度高，对轻元素尤其敏感，此时采用电子探针、X 射线衍射分析均难以检测和判定，而俄歇能谱则能方便地进行含量极小相的鉴定分析。图 11-4 为铸造铜铍合金中的微量沉淀相的俄歇电子能谱图，该图可清楚地表明沉淀相为硫化铍。在物相鉴定前应首先用离子轰击表面，以清除表面污物。

（2）回火脆化机理分析

图 11-5 为 Ni-Cr 合金结构钢 550℃回火前后晶间断裂时晶界表面俄歇能谱图，含碳量为 0.39%，主加元素 Ni 的含量为 3.5%，Cr 的含量为 1.6%，附加元素 Sb 含量为 0.062%，发现回火后晶界表面的俄歇能谱发生了变化，出现有 Sb 和 Ni 元素，当用 He 离子轰击表面剥层 0.5nm 后，Sb 的含量下降为 1/5，因此，Sb 元素在晶界存在严重偏析，且偏析范围集中在 2～3nm 范围内，超过 10nm 时，Sb 含量已达平均值。由此可以认为脆化的根本原因是元素 Sb 在晶界的偏析所致。经研究表明引起晶界脆化的元素可能还有 S、P、Sn、As、O、Te、Si、Se、Cl、I 等，它们的平均浓度有时仅有 10^{-6}～10^{-3}，晶界偏析时在数个原子层内富集，浓度上升 10～10^4 倍。

（3）定量分析

俄歇能谱仪的定量分析可通过计算机自动完成，也可通过人工测量计算获得。图 11-6 为 304 不锈钢新鲜断口表面的俄歇电子能谱图。电子束的能量为 3keV，具体测量计算步骤如下：

① 对照元素能谱图确定所测俄歇电子能谱谱线的所属元素，定出各元素的最强峰。

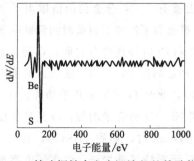 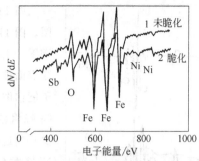

图 11-4　铸造铜铍合金中沉淀相的俄歇能谱　　图 11-5　Ni-Cr 合金回火前后晶界断裂表面俄歇能谱

② 测量各元素最强峰的峰高；

③ 根据不同入射电子束能量（3keV 或 5keV）所对应的灵敏度因子，手册查得各种元素的灵敏度因子，分别代入公式(11-3)计算各自的相对含量。

由图 11-6 可知，测定谱线中含有 Cr、Fe、Ni 三种元素，其对应的峰高分别为：$I_{Cr}=4.7$、$I_{Fe}=10.1$、$I_{Ni}=1.5$，其对应的灵敏度因子分别是：$S_{Cr}=0.29$、$S_{Fe}=0.20$、$S_{Ni}=0.27$，代入公式(11-3)算得其原子分数分别是 $C_{Cr}=0.22$、$C_{Fe}=0.70$、$C_{Ni}=0.08$。

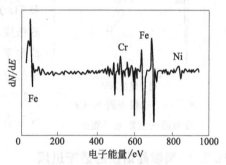

图 11-6　304 不锈钢断口
表面俄歇电子能谱图

（4）表面纵向成分分析

图 11-7 为俄歇能谱仪用于分析高温氧化层分析的一个实例。将 AISI316L 型不锈钢在温度分别为 1000K 和 1300K 的含氧气氛中氧化 4min，表面形成氧化层后采用俄歇能谱仪进行氩离子溅射剥层分析。图 11-7 即为氧化层中组成元素的浓度随溅射剥层时间的关系曲线。图 11-7(a) 清楚表明在 1000K 氧化时，表面氧化层的最外层主要是铁的氧化物，而 Cr 和 Ni 的氧化物主要分布在氧化层的里层。但在 1300K 氧化时，情况发生了变化如图 11-7(b)，氧化层的最外层铁的氧化物含量减少，相应的 Cr 的氧化物含量增加，特别是还出现了 Mn 的氧化物。因 Mn 元素在该不锈钢中的含量很低不能够被 AES 检测到，但在 1300K 氧化时 Mn 元素发生了扩散，并偏析于最表层形成了 Mn 的氧化物。

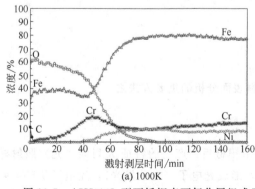 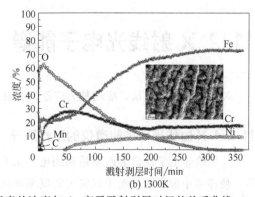

(a) 1000K　　　　　　　　　　　　(b) 1300K

图 11-7　AISI316L 型不锈钢表面氧化层组成元素的浓度与 Ar 离子溅射剥层时间的关系曲线

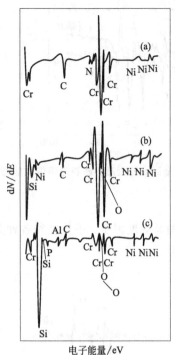

图 11-8 硅板表面 Ni-Cr
合金膜的俄歇电子能谱

图 11-8 为硅板上镀有 Cr-Ni 合金膜的俄歇电子能谱图。图 11-8(a) 表示膜表面未经离子剥层时的俄歇电子能谱图，谱线中除了 Ni 和 Cr 峰外还含有大量的 O 峰，表明膜表面被氧化；表面经过剥层 10nm 后，膜表面的俄歇电子能谱图如图 11-8(b)，此时 O 元素峰几乎消失，而 Ni、Cr 峰明显增强，表明 Ni、Cr 的含量增加，O 元素大幅减少；当进一步剥层至 20nm 时，如图 11-8(c)，此时 Cr、Ni 峰大大减小，而 Si 元素峰显著增强，C 含量也逐渐减少。因此，结合剥层技术俄歇电子能谱可有效地分析表面成分沿表层深度的变化情况。

虽然，俄歇电子能谱具有广泛的应用性，是表面分析中重要方法之一，但也存在着以下不足：①不能分析 H 和 He 元素，即所分析元素的原子序数 $Z>2$；②定量分析的精度不够高；③电子束的轰击损伤和因不导电所致的电荷积累，限制了它在生物材料、有机材料和某些陶瓷材料中的应用；④对多数元素的探测灵敏度一般为原子数的 $0.1\%\sim1.0\%$；⑤对样品表面的要求较高，需要离子溅射样品表面、清洁表面以及高真空来保证。

11.1.7 俄歇能谱仪的最新进展

近年来 AES 分析仪在以下几方面取得进展：①进一步提高空间分辨率，为此采用细聚焦强光源，采用场发射电子源等，此时的工作电压低（如 3kV）、束斑细（≤20nm）、束流强（如～1nA/20nm）；②开发新电子源，正电子与样品的作用不同于负电子与样品的作用，开发正电子源，可供分析时选用；③发展新型能量分析器、俄歇化学成像；④开发新型电子检测器，如多通道电子倍增器等，以提高仪器接收信息的灵敏度和速度；⑤加速软件开发与应用，一方面可使谱图更加清晰，另外还可直接给出对样品定性和定量的分析结果，给出元素和化学态图像；⑥发展新方法新理论，如表面扩展能量损失精细结构（SEELFS）、Auger 电子衍射（AED）等，以提高定量准确度和指导对化学态的鉴别。

11.2 X 射线光电子能谱

X 射线光电子能谱，应用较为广泛，是材料表面分析的重要方法之一。

11.2.1 X 射线光电子能谱仪的工作原理

X 射线光电子能谱的原理是利用电子束作用靶材后，产生的特征 X 射线（光）照射样品，使样品中原子内层电子以特定的概率电离，形成光电子（光致发光），光电子从产生处输运至样品表面，克服表面逸出功离开表面，进入真空被收集、分析，获得光电子的强度与能量之间的关系谱线即 X 射线光电子谱。显然光电子的产生依次经历电离、输运和逸出三个过程，而后两个过程与俄歇电子一样，因此，只有深度较浅的光电子才能能量无损地输运至表面，逸出后保持特征能量。与俄歇能谱一样，它仅能反映样品的表面信息，信息深度与俄歇能谱相同。由于光电子的能量具有特征值，因此可根据光电子谱线的峰位、高度及峰位的位移确定元素的种类、含量及元素的化学状态，分别进行表面元素的定性分析、定量分析和表面元素化学状态分析。

为什么 X 射线光电子的动能具有特征值呢？设光电子的动能为 E_k，入射 X 射线的能量为 $h\nu$，电子的结合能为 E_b（电子与原子核之间的吸引能），则对于孤立原子，光电子的动能 E_k 可表示为：

$$E_k = h\nu - E_b \tag{11-4}$$

考虑到光电子输运到样品表面后还需克服样品表面功 φ_s，以及能量检测器与样品相连，两者之间存在着接触电位差 $(\varphi_A - \varphi_s)$，故光电子的动能为：

$$E_k' = h\nu - E_b - \varphi_s - (\varphi_A - \varphi_s) \tag{11-5}$$

所以

$$E_k' = h\nu - E_b - \varphi_A \tag{11-6}$$

其中 φ_A 为检测器材料的逸出能，是确定值，这样通过检测光电子的动能 E_k' 和已知的 φ_A，可以确定光电子的结合能 E_b。由于光电子的结合能对于某一元素的给定电子来说是确定的值，因此，光电子的动能具有特征值。

11.2.2 X 射线光电子能谱仪的系统组成

XPS 仪的基本构成如图 11-9 所示，主要由 X 射线源、样品室、电子能量分析器、检测器、显示记录系统、高真空系统及计算机控制系统等部分组成。

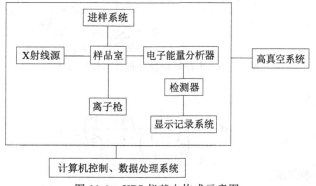

图 11-9　XPS 仪基本构成示意图

（1）X 射线源

X 射线源必须是单色的，且线宽愈窄愈好，因重元素的 K_α 线能量虽高，但线宽过宽，一般不用作激发源，通常采用轻元素 Mg 或 Al 作为靶材，其产生的 K_α 特征 X 射线为 X 射线源，其产生原理可见 §2.3.2。Mg 的 K_α 能量为 1253.6eV，线宽为 0.7eV；Al 的 K_α 能量为 1486.6eV，线宽为 0.85eV。为获得良好的单色 X 射线源，提高信噪比和分辨率，还装有单色器，即波长过滤器，以使辐射线的线宽变窄，去掉因连续 X 射线所产生的连续背底，但单色器的使用也会降低特征 X 射线的强度，影响仪器的检测灵敏度。

(2) 电子能量分析器

电子能量分析器是 XPS 的核心部件，其功能是将样品表面激发出来的光电子按其能量的大小分别聚焦，获得光电子的能量分布。由于光电子在磁场或电场的作用下能偏转聚焦，故常见的能量分析器有磁场型和电场型两类。磁场型的分辨能力强，但结构复杂，磁屏蔽要求较高，故应用不多。目前通常采用的是电场型的能量分析器，它体积较小，结构紧凑，真空度要求低，外磁场屏蔽简单，安装方便。电场型又有筒镜形和半球形两种，其中半球形能量分析器更为常用。

图 11-10 为半球形能量分析器的工作原理图。由两同心半球面构成，球面的半径分别为 r_1 和 r_2，内球面接正极，外球面接负极，两球间的电位差为 U。入射特征 X 射线作用样品后，所产生的光电子经过电磁透镜聚光后进入球形空间。设光电子的速度为 v，质量为 m，电荷为 e，球场中半径为 r 处的电场强度为 $E(r)$，则光电子受的电场力为 $eE(r)$，动能为 $E_k = \frac{1}{2}mv^2$，这样光电子在电场力的作用下作圆周运动，设其运动半径为 r，则

$$eE(r) = m\frac{v^2}{r} \tag{11-7}$$

$$\frac{1}{2}erE(r) = \frac{1}{2}mv^2 = E_k \tag{11-8}$$

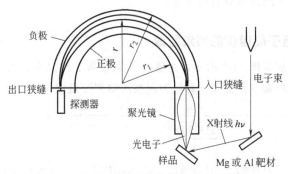

图 11-10　半球形能量分析器工作原理图

两球面之间电势：

$$\varphi(r) = \frac{U}{\left(\frac{1}{r_1} - \frac{1}{r_2}\right)}\left(\frac{1}{r} - \frac{1}{r_2}\right) \tag{11-9}$$

两球面之间电场强度：

$$E(r) = \frac{U}{r^2\left(\frac{1}{r_1} - \frac{1}{r_2}\right)} \infty U \tag{11-10}$$

因此可得光电子动能与两球面之间所加电压之间的关系为：

$$E_k = \frac{erE(r)}{2} = \frac{eU}{2r\left(\frac{1}{r_1} - \frac{1}{r_2}\right)} \infty U \tag{11-11}$$

通过调节电压 U 的大小，就在出口狭缝处依次接收到不同动能的光电子，获得光电子的能量分布，即 XPS 图谱。实际上 XPS 图谱中的横轴坐标用的不是光电子的动能，而是其

结合能。这主要是由于光电子的动能不仅与光电子的结合能有关，还与入射 X 射线的能量有关，而光电子的结合能对某一确定的元素而言则是常数，故以光电子的结合能为横坐标更为合适。

（3）检测器

检测器的功能是对从电子能量分析器中出来的不同能量的光电子信号进行检测。一般采用脉冲计数法进行，即采用电子倍增器来检测光电子的数目。电子倍增器的工作原理类似于光电倍增管，只是其始脉冲来自电子而不是光子。输出的脉冲信号，再经放大器放大和计算机处理后打印出谱图。多数情况下，可进行重复扫描，或在同一能量区域上进行多次扫描，以改善信噪比，提高检测质量。

（4）高真空系统

高真空系统是保证 XPS 仪正常工作所必需的。高真空系统具有以下两个基本功能：①保证光电子在能量分析器中尽量不再与其他残余气体分子发生碰撞；②保证样品表面不受污染或其他分子的表面吸附。为了能达到高真空（10^{-7}Pa），常用的真空泵有扩散泵、离子泵和涡轮分子泵等。

（5）离子枪

主要用于氩离子剥蚀样品表层污染，保证光电子谱的真实性。但在使用离子枪进行表面清污时，应考虑到离子剥蚀参数的择优性，也就是说易被溅射的元素含量降低，不易被溅射的元素含量相对增加，有的甚至还会发生氧化或还原反应，导致表面化学成分发生变化，因此，须用一标准样品来选择溅射参数，以免样品表面被氩离子还原或改变表面成分影响测量结果。

11.2.3 X 射线光电子能谱及表征

（1）光电子能谱

由式(11-4)可知，光电子的动能取决于入射光子的能量以及光电子本身的结合能。当入射光子的能量一定时，光电子的动能仅取决于光电子的结合能。结合能小的，动能就大，反之，动能就小。由于光电子来自不同的原子壳层，其发射过程是量子化的，故光电子的能量分布也是离散的。光电子通过能量分析器后，即可按其动能的大小依次分散，再由检测器收集产生电脉冲，通过模拟电路，以数字方式记录下来。计算机记录的是具有一定能量的光电子在一定时间内到达检测器的数目，即相对强度（counts per second，CPS），能量分析器记录的是光电子的动能，但可通过简单的换算关系获得光电子的结合能，因此，谱线的横坐标有两种，一种是光电子的动能 E_k，另一种是光电子的结合能 E_b，分别形成对应的两种谱线：相对强度—E_k 和相对强度—E_b。

由于光电子的结合能对于某一确定的元素而言是定值，不会随入射 X 射线的能量变化而变化，因此，横坐标一般采用光电子的结合能。对于同一个样品，无论采用何种入射 X 射线 MgK$_\alpha$ 还是 AlK$_\alpha$，光电子的结合能的分布状况都是一样的。每一种元素均有与之对应的标准光电子能谱图，并制成手册，如 Perkin Elmer 公司的《X 射线光电子手册》。图 11-11 为纯 Fe 及其氧化物 Fe_2O_3 在 MgK$_\alpha$ 作用下的标准光电子能谱图。注意每种元素产生的光电子可能来自不同的电子壳层，分别对应于不同的结合能，因此同一种元素的光电子能谱峰有多个，图 11-12 为不同元素的电子结合能示意图。当原子序数小于 30 时，对应于 K 和 L 层电子有两个独立的能量峰；对于原子序数在 35～70 之间的元素，可见到 L_I L_{II} L_{III} 三重峰；对于原子序数在 70 以上的元素时，由 M 和 N 层电子组成的图谱变得更为复杂。通过对样品在整个光电子能量范围进行全扫描，可获得样品中各种元素所产生的光电子的相对强度 CPS 与结合能 E_b 的关系图谱，即实测 X 光电子能谱，图 11-13 为月球土壤的光电子能谱图，然后将实测光谱与各元素的标准光谱进行对比分析即可。

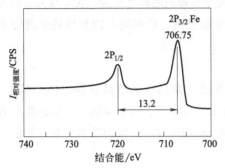 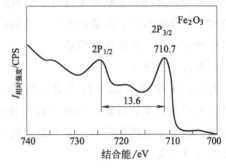

图 11-11　Fe 及 Fe_2O_3 的标准光电子能谱图

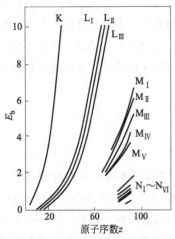

图 11-12　E_b 与 z 的关系图

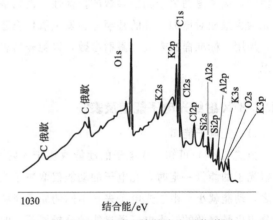

图 11-13　月球土壤的光电子能谱图

（2）光电子能谱峰的表征

光电子能谱峰由三个量子数来表征，即

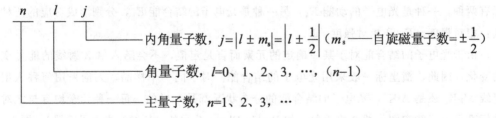

K 层：$n=1$，$l=0$；$j=\left|0\pm\dfrac{1}{2}\right|=\dfrac{1}{2}$，此时 j 可不标，光电子能谱峰仅一个，表示为 1s。

L 层：$n=2$ 时，则 $l=0$、1；j 分别为 $\left|0\pm\dfrac{1}{2}\right|$、$\left|1\pm\dfrac{1}{2}\right|$，光电子能谱峰有三个，分别为 $2s$、$2p_{1/2}$ 和 $2p_{3/2}$。

M 层：$n=3$ 时，则 $l=0$、1、2；此时 j 分别为 $\left|0\pm\dfrac{1}{2}\right|$、$\left|1\pm\dfrac{1}{2}\right|$、$\left|2\pm\dfrac{1}{2}\right|$；光电子能谱峰有五个，分别为 $3s$、$3p_{1/2}$、$3p_{3/2}$、$3d_{3/2}$、$3d_{5/2}$。

N 层、O 层等类推。

11.2.4 X 射线光电子能谱仪的功用

光电子能谱仪是材料表面分析中的重要仪器之一，广泛适用于表面组成变化过程的测定分析，如表面氧化、腐蚀、物理吸附和化学吸附等，可对表面组成元素进行定性分析、定量分析和化学态分析。

光电子从样品表面离开后，会引起样品表面不同程度的正电荷荷集，从而影响光电子的进一步激发，导致光电子的能量降低。绝缘样品表面荷集现象更为严重。表面荷集会产生以下两种现象：①光电子的结合能高于本征结合能，主峰偏向高结合能端，一般情况下偏离 $3\sim5eV$，严重时偏离可达 $10eV$；②谱线宽化，这也是图谱分析的主要误差来源。因此，为了标识谱线的真实位置，必须检验样品的电荷情况，以消除表面电荷引起的峰位偏移。常见的方法有消除法和校正法两种。消除法又包括电子中和法和超薄法；校正法又包括外标法和内标法，其中外标法又有碳污染法、镀金法、石墨混合法、Ar 气注入法等。上述方法中最为常用的是污染 C1s 外标法，它是利用 XPS 谱仪中扩散真空泵中的油来进行校正的。即将样品置于 XPS 谱仪中抽真空至 $10^{-6}Pa$，真空泵中的油挥发产生的碳氢污染样品，在样品表面产生一层泵油挥发物，直至出现明显的 C1s 光电子峰为止，此时泵油挥发物的表面电势与样品相同，C1s 光电子的结合能为定值 284.6eV，以此为标准校正各谱线即可。

（1）定性分析

待定样品的光电子能谱即实测光电子能谱本质上是其组成元素的标准光电子能谱的组合，因此，可以由实测光电子能谱结合各组成元素的标准光电子能谱，找出各谱线的归属，确定组成元素，从而对样品进行定性分析。

定性分析的一般步骤：

① 扣除电荷影响，一般采用 C1s 污染法进行；

② 对样品进行全能量范围扫描，获得该样品的实测光电子能谱；

③ 标识那些总是出现的谱线：C1s、C_{KLL}、O1s、O_{KLL}、O2s 以及 X 射线的各种伴峰等；

④ 由最强峰对应的结合能确定所属元素，同时标出该元素的其他各峰；

⑤ 同理确定剩余的未标定峰，直至全部完成，个别峰还要对其窄扫描进行深入分析；

⑥ 当俄歇线与光电子主峰干扰时，可采用换靶的方式，移开俄歇峰，消除干扰。

光电子能谱的定性分析过程类似于俄歇电子能谱分析，可以分析 H、He 以外的所有元素。分析过程同样可由计算机完成，但对某些重叠峰和微量元素的弱峰，仍需通过人工进行分析。

（2）定量分析

定量分析是根据光电子信号的强度与样品表面单位体积内的所含原子数成正比的关系，

由光电子的信号强度确定元素浓度的方法。常见的定量分析方法有理论模型法、灵敏度因子法、标样法等，使用较广的是灵敏度因子法，其原理和分析过程与俄歇电子能谱分析中的灵敏度因子法相似，即

$$C_x = \frac{I_x}{S_x} / \sum_i \frac{I_i}{S_i} \qquad (11\text{-}12)$$

式中，C_x 为待测元素的原子分数（浓度）；I_x 为样品中待测元素最强峰的强度；S_x 为样品中待测元素的灵敏度因子；I_i 为样品中第 i 元素最强峰的强度；S_i 为样品中第 i 元素的灵敏度因子。

光电子能谱中是以 F1s（氟）为基准元素的，其他元素的 S_i 为其最强线或次强线的强度与基准元素的比值，每种元素的灵敏度因子均可通过手册查得。

请注意以下几点：①由于定量分析法中，影响测量过程和测量结果的因素较多，如仪器类型、表面状态等均会影响测量结果，故定量分析只能是半定量。②光电子能谱中的相对灵敏度因子有两种，一是以峰高表征谱线强度，另一种是以面积表征谱线强度，显然面积法精确度要高于峰高法，但表征难度增大。而在俄歇电子能谱中仅用峰高表征其强度。③相对灵敏度因子的基准元素是 F1s，而俄歇能谱中是 Ag 元素。

（3）化学态分析

元素形成不同化合物时，其化学环境不同，导致元素内层电子的结合能发生变化，在图谱中出现光电子的主峰位移和峰形变化，据此可以分析元素形成了何种化合物，即可对元素的化学态进行分析。

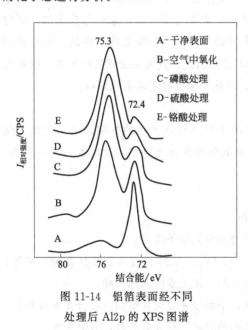

图 11-14　铝箔表面经不同处理后 Al2p 的 XPS 图谱

元素的化学环境包括两方面含义：①与其结合的元素种类和数量；②原子的化合价。一旦元素的化学态发生变化，必然引起其结合能改变，从而导致峰位位移。图 11-14 为纯铝表面经不同的处理后的 XPS 图谱。干净表面时，Al 为纯原子，化合价为 0 价，此时 Al^0 2p 的结合能为 72.4eV，如图中 A 谱线。当表面被氧化后，Al 由 0 价变为 +3 价，其化学环境发生了变化，此时 Al^{3+} 2p 结合能为 75.3eV，Al2p 光电子峰向高结合能端移动了 2.9eV，即产生了化学位移 2.9eV，如图中 B 谱线。随着氧化程度的提高，Al 的化合价未变，故其对应的结合能未变，Al^{3+} 2p 光电子峰仍为 75.4eV，但峰高在逐渐增高，而 Al^0 2p 的峰高在逐渐变小，这是由于随着氧化的不断进行，氧化层在不断增厚，Al^{3+} 2p 光电子增多，而 Al^0 2p 的光电子因氧化层增厚，逸出难度增大，数量逐渐减少，如图 11-14 中 C、D、E 谱线。

元素的化学态分析是 XPS 的最具特色的分析技术，虽然它还未达到精确分析的程度，但已可以通过与已有的标准图谱和标样的对比来进行定性分析了。

11.2.5 XPS 的应用举例

（1）表面涂层的定性分析

图 11-15 为溶胶凝胶法在玻璃表面形成的 TiO_2 膜试样的 XPS 图谱。结果表明表面除了含有 Ti 和 O 元素外，还有 Si 元素和 C 元素。出现 Si 元素的原因可能是由于膜较薄，入射线透过薄膜后，引起背底 Si 的激发，产生的光电子越过薄膜逸出表面，或者是 Si 已扩散进入薄膜所致。出现 C 元素是由于溶胶以及真空泵中的油挥发污染所致。

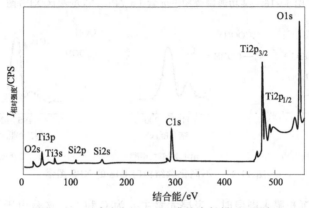

图 11-15 玻璃表面 TiO_2 膜的全扫描 XPS 图

（2）功能陶瓷薄膜中所含元素的定量分析

图 11-16（a）、（b）、（c）分别为薄膜中三元素 La、Pb、Ti 的窄区 XPS 图。由手册查得三元素的灵敏度因子、结合能，分别计算对应光电子主峰的面积，再代入公式(11-12) 即可算得三元素的相对含量，结果如表 11-1 所示。

表 11-1 三元素 Ti、Pb、La 光电子峰定量计算值

元素	谱线	结合能/eV	峰面积	灵敏度因子	相对原子含量/%
Ti	Ti2p$_{3/2}$	458.05	469591	1.10	37.65
Pb	Pb4f$_{7/2}$	138.10	1577010	2.55	54.55
La	La3d$_{5/2}$	834.20	592352	6.70	7.80

注：峰面积＝峰高×半峰宽

（3）确定化学结构

图 11-17(a)、（b）、（c）分别为 1,2,4,5-苯四甲酸、1,2-苯二甲酸和苯甲酸钠的 C1s 的 XPS 图谱。由该图可知三者的 C1s 的光电子峰均为分裂的两个峰，这是由于 C 分别处在苯环和甲酸基中，具有两种不同的化学状态所致。三种化合物中两峰强度之比分别约为 4∶6、2∶6 和 1∶6，这恰好符合化合物中甲酸碳原子数与苯环碳原子数的比例，并可由此确定苯环上的取代基的数目，从而确定它的化学结构。

（4）背底 Cu 元素在电解沉积 Fe-Ni 合金膜中的纵向扩散与偏析分析

在背底材料 Cu 上电解沉积 Fe-Ni 合金膜时，发现背底 Cu 元素会在沉积层纵向扩散，并在沉积层中产生偏析。由于 Fe-Ni 沉积膜很薄，常规的手段很难胜任，而光电子能谱仪却能对此进行有效分析。图 11-18 即为 Fe-Ni 沉积膜通过氩离子溅射剥层，不同溅射时间的 XPS

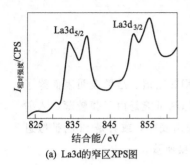
(a) La3d的窄区XPS图

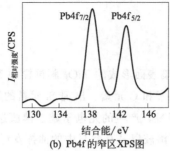
(b) Pb4f的窄区XPS图

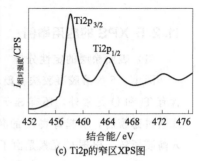
(c) Ti2p的窄区XPS图

图 11-16　某功能陶瓷中三元素 La、Pb、Ti 的窄区 XPS 图

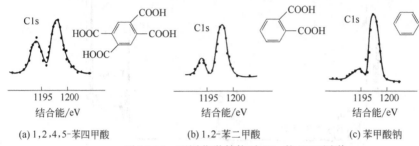

(a) 1,2,4,5-苯四甲酸　　　(b) 1,2-苯二甲酸　　　(c) 苯甲酸钠

图 11-17　不同化学结构时 C1s 的 XPS 图谱

能谱图。该图表明沉积膜未剥层时，表层元素主要为 C 和 O，这是由于膜被污染和氧化所致；氩离子溅射 30min 后，C 元素消失，而 Cu、Ni、Fe 元素含量增加，表明污染层被剥离，沉积层中除了 Fe、Ni 元素外还有 Cu 元素，说明背底 Cu 元素沿沉积膜厚度方向发生了扩散；溅射 150min 时，Cu 元素的光电子主峰高度降低，而 Fe、Ni 元素的光电子主峰高度增高，表明 Cu 元素在沉积层中的分布是不均匀的，存在着沿薄膜深度方向由里向外浓度逐渐增加的偏析现象。

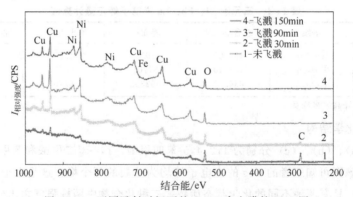

图 11-18　不同溅射时间下的 Fe-Ni 合金膜的 XPS 图

（5）MgNd 合金表面氧化分析

MgNd 合金表面极易被氧化形成氧化膜，但氧化的机理研究非常困难，运用 XPS 能谱仪并结合 AES 能谱仪可方便地对此研究分析。表面氧化层沿深度方向上的成分分布规律可由 AES 能谱仪获得，而氧化层中氧化物的种类即定性分析可由 XPS 能谱仪完成。图 11-19 即为 MgNd 合金在纯氧气氛中氧化 90min 后，全程能量及三个窄区能量扫描 XPS 能谱图。

图 11-19(a) 为全程能量扫描的 XPS 能谱图，表明氧化层中含有 Mg、Nd、O、C 等多种不同元素，即存在多种不同的氧化物。其中 C 元素是由于表面污染所致，可通过氩离子溅射得到清除。图 11-19(b) 为 Nd3$d_{5/2}$ 光电子主峰图，表明其存在方式为 Nd^{3+} 状态，即氧化物形式为 Nd$_2$O$_3$；同理，由图 11-19(c) 和图 11-19(d) 分别得知 Mg 和 O 分别以＋2 和－2 价态存在，即以 MgO 的形式存在。此外在图 11-19(d) 中，还有峰位结合能分别为 532.0eV 和 533.2eV 的光电子主峰，这两峰位分别对应于化合物 Nd(OH)$_3$ 和 H$_2$O，其中 H$_2$O 是由于样品表面吸附所致。

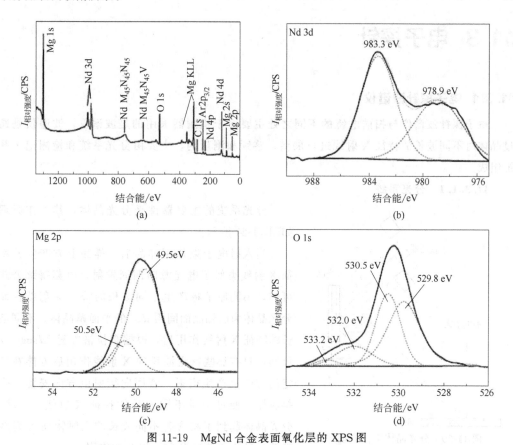

图 11-19   MgNd 合金表面氧化层的 XPS 图

11.2.6 XPS 的发展趋势

20 世纪 90 年代后半期以来，XPS 谱仪获得了较大的发展，主要表现在以下几个方面：①通过改进激发源（X 光束反射汇聚扫描）或电子透镜（傅里叶变换及反傅里叶变换）或能量分析器（球镜反射半球能量分析器与半球能量分析器同心组合），显著提高了成像 X 射线光电子能谱仪的空间分辨率，现已达 3μm；②激发光源的单色化、微束化、能量可调化以及束流增强化；③发展新型双曲面型能量分析器和电子透镜，以进一步提高能量和空间分辨率及传输率；④采用新型位敏检测器、多通板等电子检测器，以提高仪器灵敏度和能量及空间分辨率。为了使 X 射线光电子能谱仪的更好发展，还需发展 XPS 的相关理论，如发展更成熟的化学位移理论，以有效鉴别化学态；发展更成熟的定量分析理论，以提高定量分析的精度；完善弛豫跃迁理论，更有效地指导对各种伴峰、多重分裂峰的确认；开发新方法如XPD（X射线光电子衍射），研究电子结构等；采用双阳极（Al/Mg）发射源，可方便区分光电子能谱中的俄歇峰，这对多元素复杂体系的XPS分析尤为重要；与其他表面分析技术如AES技术等联合应用，使分析结果更全面、准确、可靠。

需要指出的是，电子探针中的能谱分析（EDS）和波谱分析（WDS）同样也能进行元素分析，也可得到表面元素的二维分布图像，但俄歇能谱和X射线光电子能谱与之相比具有表面灵敏度高、可进行化学态分析等更突出的特点。

11.3 电子探针

11.3.1 电子探针波谱仪

电子探针波谱仪与扫描电镜的不同之处主要在于检测器采用的是波谱仪，波谱仪是通过晶体对不同波长的特征X射线进行展谱、鉴别和测量的。主要由分光系统和检测记录系统组成。

11.3.1.1 分光系统

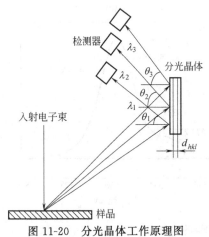

图 11-20 分光晶体工作原理图

分光系统的主要器件是分光晶体，其工作原理如图 11-20 所示。

当入射电子束作用样品后，样品上方产生的特征X射线类似于电光源向四周发射，由莫塞莱公式可知，不同原子将产生不同波长的特征X射线，而分光晶体为已知晶面间距 d_{hkl} 的平面单晶体，不同波长的特征X射线作用后，根据布拉格方程 $2d\sin\theta=\lambda$ 可知，只有那些特定波长的X射线作用后方能在特定的方向上产生衍射。若面向衍射束方向安置一个接收器，便可记录不同波长的特征X射线。显然，分光晶体起到了将含有不同波长的入射特征X射线按波长的大小依次分散、展开的作用。

显然，平面单晶体可以将样品产生的多种波长的X射线分散展开，但由于同一波长的特征X射线从样品表面以不同的方向发射出来，作用于平面分光晶体后，仅有满足布拉格角的入射线才能产生衍射，被检测器检测到，因此，对某一波长X射线的收集效率非常的低。为此，需对分光晶体进行适当的弯曲，以聚焦同一波长的特征X射线。根据弯曲程度的差异，通常有约翰（Johann）和约翰逊（Johannson）两种分光晶体，两种分光晶体分别如图 11-21(a) 和（b）所示。约翰（Johann）分光晶体的曲率半径为聚焦圆的直径，此时，从点光源发射的同一波长的特征X射线，射到晶体上的 A、B、C 点时，可以认为三者的入射角相同，这样三者均满足衍射条件，聚焦于 D 点附近，从图中可以看出，衍射束并不能完全聚焦于 D 点，仅是一种近似聚焦。另一种约翰逊（Johannson）分光晶体的曲率半径为聚焦圆的半径，此时从点光源发射来的同一波长的特征X射线，衍射后可完全聚焦于点 D，又称之为完全聚焦法。

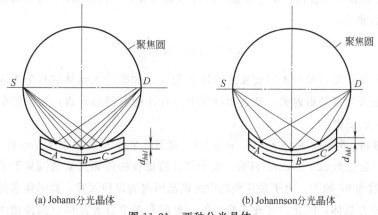

(a) Johann分光晶体　　　(b) Johannson分光晶体

图 11-21　两种分光晶体

需要指出的是，采用弯曲的分光晶体，特别是采用 Johannson 分光晶体后，虽可大大提高特征 X 射线的收集效率，但也不能保证所有的同一波长的特征 X 射线均能衍射后聚焦于 D 点，在垂直于聚焦圆平面的方向上仍有散射。此外，每种分光晶体的晶面间距 d 和反射晶面（hkl）都是固定的，分光晶体为曲面，聚焦圆实为聚焦球。

为了使特征 X 射线分光、聚焦，并被顺利检测，谱仪中样品室的布置形式通常有两种：直进式和回转式，图 11-22 即为谱仪的两种布置方式。

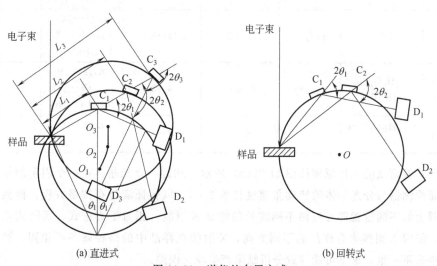

(a) 直进式　　　(b) 回转式

图 11-22　谱仪的布置方式

直进式波谱仪如图 11-22(a) 所示。X 射线照射晶体的方向固定，其在样品中的路径基本相同，因此样品对 X 射线的吸收条件也就相同。分光晶体位于同一直线上，由聚焦几何可知，分光晶体直线移动时会发生相应的转动，不同的位置 L 时，可以收集不同波长的特征 X 射线。

直进式波谱仪中，发射源 S 及分光晶体 C 和检测器 D 三者位于同一聚焦圆上，分光晶体距发射源的距离 L、聚焦圆半径 R 及布拉格角 θ 存在以下关系：

$$L = 2R \sin\theta \qquad\qquad (11\text{-}13)$$

L 可直接在仪器上读得，R 为常数，故由 L 即可算得布拉格角 θ，再由布拉格方程得到特征 X 射线的波长：

$$\lambda = 2d \sin\theta = 2d \frac{L}{2R} \qquad\qquad (11\text{-}14)$$

显然，改变 L 即可检测不同波长的特征 X 射线，如果分光晶体在几个不同的位置上均收集到了特征 X 射线的衍射束，则表明样品中含有几种不同的元素，且衍射束的强度与对应元素的含量成正比。

实际测量时，θ 一般在 $15°\sim65°$，$\sin\theta<1$，聚焦圆半径 R 为常数（20cm），故 L 的变化范围有限，一般仅为 $10\sim30$cm。目前，电子探针波谱仪的检测元素范围从原子序数为 4 的 Be 到原子序数为 92 的 U，为了保证顺利检测该范围内的每种元素，就必须选择具有不同晶面间距 d 的分光晶体，因此，直进式波谱仪一般配有多个分光晶体供选择使用。常用的分光晶体及其特点见表 11-2。

表 11-2 常用分光晶体及特点

分光晶体	化学式	反射晶面	晶面间距/nm	波长范围/nm	可测元素范围	反射率	分辨率
氟化锂	LiF	(200)	0.2013	$0.08\sim0.38$	K：$_{20}$Ca$\sim_{37}$Rb L：$_{51}$Sb$\sim_{92}$U	高	高
异戊四醇	$C_5H_{12}O_4$ (PET)	(002)	0.4375	$0.20\sim0.77$	K：$_{14}$Si$\sim_{26}$Fe L：$_{37}$Rb$\sim_{65}$Tb M：$_{72}$Hf$\sim_{92}$U	高	低
石英	SiO_2	$(10\bar{1}1)$	0.3343	$0.11\sim0.63$	K：$_{16}$S$\sim_{29}$Cu L：$_{41}$Nb$\sim_{74}$W M：$_{80}$Hg$\sim_{92}$U	高	高
邻苯二甲酸氢铷	$C_8H_5O_4$Rb (RAP)	$(10\bar{1}0)$	1.3061	$5.8\sim2.3$	K：$_9$F$\sim_{15}$P L：$_{24}$Cr$\sim_{40}$Zr M：$_{57}$La$\sim_{79}$Au	中	中
硬脂酸铅	$(C_{14}H_{27}O_2)_2$Pb (STE)	—	5.04	$1.7\sim9.4$	K：$_5$B$\sim_8$O L：$_{20}$Ca$\sim_{23}$V	中	中

回转式波谱仪的工作原理如图 11-22(b) 所示。此时，分光晶体在一个固定的聚焦圆上移动，而检测器与分光晶体的转动角速度比为 2:1，以保证满足布拉格方程。检测器在同一聚焦圆上的不同位置即可检测不同波长的特征 X 射线。相对于直进式，回转式波谱仪结构简单，但因 X 射线来自样品的不同方向，X 射线在样品中的路径就各不相同，被样品吸收的条件也不一致，这就可能导致分析结果产生较大误差。

11.3.1.2 检测记录系统

检测记录系统类似于 X 射线衍射仪中的检测记录系统，主要包括检测器和分析电路。该系统的作用是将分光晶体衍射而来的特征 X 射线接收、放大并转换成电压脉冲信号进行计数，通过计算机处理后以图谱的形式记录或输出，实现对成分的定性和定量分析。

常见的探测器有气流式正比计数管、充气正比计数管和闪烁式计数管等。一个光子经过探测器后将产生一次电压脉冲。

11.3.2 电子探针能谱仪

电子探针能谱仪是通过检测特征 X 射线的能量，来确定样品微区成分的。此时的检测器是能谱仪，它将检测到的特征 X 射线按其能量进行展谱。电子探针能谱仪可作为 SEM 或 TEM 的附件，与主件共同使用电子光学系统。电子探针能谱仪主要由检测器和分析电路组成。检测器是能谱仪的核心部件，主要由半导体探头、前置放大器、场效应晶体管等组成，而分析电路主要包括模拟数字转换器、存储器及计算机、打印机等组成。其中半导体探头决定能谱仪的分辨率，是检测器的关键部件。图 11-23 即为半导体 Si(Li) 探头的能谱仪工作原理框图。

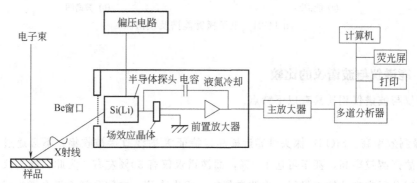

图 11-23　Si(Li) 能谱仪原理方框图

探头为 Si(Li) 半导体，本征半导体具有高电阻、低噪声等特性，然而，实际上 Si 半导体中，由于杂质的存在，会使其电阻率降低，为此向 Si 晶体中注入 Li 原子。Li 原子半径小，仅为 0.06nm，电离能低，易放出价电子，中和 Si 晶体中杂质的影响，从而形成 Si(Li) 硅半导体探头。当电子束作用样品后，产生的特征 X 射线通过 Be 窗口进入 Si(Li) 半导体探头。Si(Li) 半导体的原理是 Si 原子吸收一个光子后，便产生一定量的电子-空穴对，产生一对电子-空穴对所需的最低能量 ε 是固定的，为 3.8eV，因此，每个光子能产生的电子-空穴对的数目 N 取决于光子所具有的能量 E，即 $N = \dfrac{E}{\varepsilon}$。这样光子的能量愈高，其产生的电子-空穴对的数目 N 就愈大。利用加在 Si(Li) 半导体晶体两端的偏压收集电子-空穴对，经前置放大器放大处理后，形成一个电荷脉冲，电荷脉冲的高度取决于电子-空穴对的数目，即光子的能量，从探头中输出的电荷脉冲，再经过主放大器处理后形成电压脉冲，电压脉冲的大小正比于光子的能量。电压脉冲进入多道分析器后，由多道分析器依据电压脉冲的高度进行分类、统计、存储，并将结果输出。多道分析器本质上是一个存储器，拥有许多（一般有1024 个）存储单元，每个存储单元即为一个设定好地址的通道，与光子能量成正比的电压脉冲按其高度的大小分别进入不同的存储单元，对于一个拥有 1024 个通道的多道分析器来说，其可测的能量范围分别为：0～10.24keV、0～24.48keV 和 0～48.96keV，实际上 0～10.24keV 能量范围就能完全满足检测周期表上所有元素的特征 X 射线了。经过多道分析器后，特征 X 射线以其能量的大小在存储器中进行排队，每个通道记录下该通道中所进入特征 X 射线的数目，再将存储的结果通过计算机输出设备以谱线的形式输出，此时横轴为通道的地址，对应于特征 X 射线的能量，纵轴为特征 X 射线的数目（强度），由该谱线可进行定性和定量分析。图 11-24（a）、（b）分别为电子探针能谱图和波谱图。

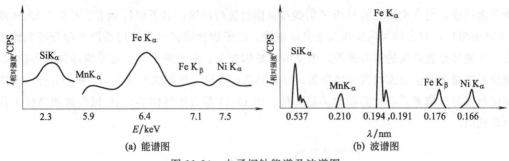

图 11-24　电子探针能谱及波谱图

11.3.3　能谱仪与波谱仪的比较

能谱仪与波谱仪相比具有以下特点。

优点：

① 探测效率高。Si(Li) 探头可靠近样品，特征 X 射线直接被收集，不必通过分光晶体的衍射，故探测效率高，甚至可达 100%，而波谱仪仅有 30% 左右。为此，能谱仪可采用小束流，空间分辨率高达纳米量级，而波谱仪需采用大束流，空间分辨率仅有微米量级，此外大束流还会引起样品和镜筒的污染。

② 灵敏度高。Si(Li) 探头对 X 射线的检测率高，使能谱仪的灵敏度高于波谱仪一个量级。

③ 分析效率高。能谱仪可同时检测分析点内所有能测元素所产生的特征 X 射线的特征能量，所需时间仅为几分钟；而波谱仪则需逐个测量每种元素的特征波长，甚至还要更换分光晶体，需要耗时数十分钟。

④ 能谱仪的结构简单，使用方便，稳定性好。能谱仪没有聚焦圆，没有机械传动部分，对样品表面也没有特殊要求，而波谱仪则需样品表面为抛光状态，便于聚焦。

缺点：

① 分辨率低。能谱仪的谱线峰宽，易于重叠，失真大，能量分辨率一般为 145～150eV，而波谱仪的能量分辨率可达 5～10eV，谱峰失真很小。

② 能谱仪的 Si(Li) 窗口影响对超轻元素的检测。一般铍窗时，检测范围为 $_{11}Na\sim_{92}U$；仅在超薄窗时，检测范围为 $_4Be\sim_{92}U$。

③ 维护成本高。Si(Li) 半导体工作时必须保持低温，需设专门的液氮冷却系统。

总之，波谱仪与能谱仪各有千秋，应根据具体对象和要求进行合理选择。

11.3.4　电子探针分析及应用

电子探针分析主要包括定性分析和定量分析，定性分析又分为点、线、面三种分析形式。

11.3.4.1　定性分析

（1）点分析

将电子束作用于样品上的某一点，波谱仪分析时改变分光晶体和探测器的位置，收集分析点的特征 X 射线，由特征 X 射线的波长判定分析点所含的元素；采用能谱仪工作时，几分钟内可获得分析点的全部元素所对应的特征 X 射线的谱线，从而确定该点所含有的元素及其相对含量。

图 11-25 为 Al-TiO$_2$ 反应体系的反应结果 SEM 图及棒状物和颗粒的 EDS 图，由能谱分析可知棒状物为 Al$_3$Ti，颗粒为 Al$_2$O$_3$。需指出的是：能谱分析只能给出组成元素及其它们之间的原子个数比，而无法知道其结构。如 Al$_2$O$_3$ 有 α、β、γ 等多种结构，能谱分析给出的是颗粒组成元素为 Al 和 O，且原子个数比为 2：3，组成了 Al$_2$O$_3$，但无法知道它到底属于何种结构，即原子如何排列，此时需采用 X 射线衍射或 TEM 等手段来判定。

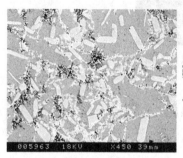

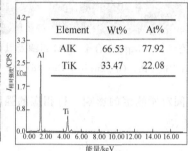

Element	Wt%	At%
AlK	66.53	77.92
TiK	33.47	22.08

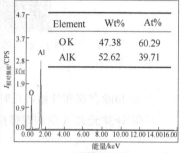

Element	Wt%	At%
OK	47.38	60.29
AlK	52.62	39.71

(a) 反应结果显微组织SEM图　　(b) 棒状物EDS图　　(c) 颗粒EDS图

图 11-25　Al-TiO$_2$ 体系热爆反应结果的 SEM 图及棒状物和颗粒的 EDS 图

（2）线分析

将探针中的谱仪固定于某一位置，该位置对应于某一元素特征 X 射线的波长或能量，然后移动电子束，在样品表面沿着设定的直线扫描，便可获得该种元素在设定直线上的浓度分布曲线。改变谱仪位置，则可获得另一种元素的浓度分布曲线。图 11-26 为 Al-Mg-Cu-Zn 铸态组织线扫描分析的结果图，可以清楚地看出，主要合金元素 Mg、Cu、Zn 沿枝晶间呈周期性分布。

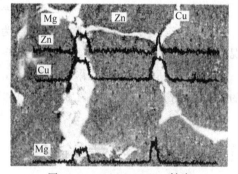

图 11-26　Al-Mg-Cu-Zn 铸态
组织电子探针线扫描分析

（3）面分析

将谱仪固定于某一元素特征 X 射线信号（波长或能量）位置上，通过扫描线圈使电子束在样品表面作光栅扫描（面扫描），把检测到的特征 X 射线信号调制成荧光屏上的亮度，就可获得该元素在扫描面内的浓度分布图像。图像中的亮区表明该元素的含量高。若将谱仪固定于另一位置，则可获得另一元素的面分布图像。图 11-27 为铸态 Al-Zn-Mg-Cu 合金 SEM 组织及其面扫描分析图，从中可以清楚地看出三种元素 Zn、Cu、Mg 的分布情况。

11.3.4.2　定量分析

定量分析的具体步骤如下：

① 测出试样中某元素 A 的特征 X 射线的强度 I'_A；

② 同一条件下测出标准样纯 A 的特征 X 射线强度 I'_{A0}；

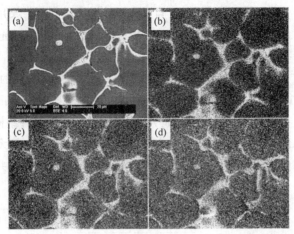

图 11-27　铸态 Al-Zn-Mg-Cu 合金 SEM 组织及其面扫描分析

(a) SEM 图；(b) Zn；(c) Cu；(d) Mg

③ 扣除背底和计数器死时间对所测值的影响，得相应的强度 I_A 和 I_{A0}；

④ 计算元素 A 的相对强度 K_A

$$K_A = \frac{I_A}{I_{A0}} \tag{11-15}$$

理想情况下，K_A 即为元素 A 的质量分数 m_A，由于标准样不可能绝对纯和绝对平均，此外还要考虑样品原子序数、吸收和二次荧光等因素的影响，为此，K_A 需适当修正，即

$$m_A = Z_b A_b F K_A \tag{11-16}$$

式中，Z_b 为原子序数修整系数，A_b 为吸收修整系数，F 为二次荧光修整系数。一般情况下，原子序数 Z 大于 10，质量浓度大于 10％时，修正后的浓度误差可控制在 5％之内。

需指出的是，电子束的作用体积很小，一般仅为 $10\mu m^3$，故分析的质量很小。如果物质的密度为 $10g/cm^3$，则分析的质量仅为 $10^{-10}g$，故电子探针是一种微区分析仪器。

11.4　X 射线荧光光谱

1896 年法国物理学家乔治发现了荧光 X 射线，1948 年德国的费里德曼和伯克斯制成第一台波长色散 X 射线荧光分析仪。X 射线荧光光谱是电子束轰击靶材产生的特征 X 射线，作用试样产生系列具有不同波长的荧光 X 射线所组成的光谱。荧光 X 射线具有特征能量，对应于不同的元素 Z，可用于试样表层的成分分析，但不能进行形貌分析。

11.4.1　工作原理

试样在特征 X 射线辐射下，如果其能量大于或等于试样中原子某一轨道电子的结合能，该电子电离成自由电子，对应产生一空位，使原子呈激发态，外层电子回迁至空位，同时释放能量，产生辐射［如图 11-28(a)］，该辐射称荧光 X 射线。荧光 X 射线的产生过程又称光致发光。荧光 X 射线具有特征能量，始终为跃迁前后的能级差，与入射 X 射线的能量无关，

收集荧光 X 射线，获得荧光 X 射线谱，再由荧光 X 射线谱的峰位（能量或波长）、峰强可对试样中的成分进行定性和定量分析。

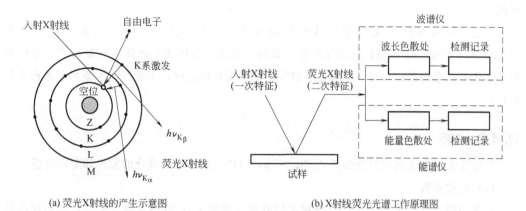

(a) 荧光X射线的产生示意图 (b) X射线荧光光谱工作原理图

图 11-28　荧光 X 射线的产生及其光谱工作原理图

11.4.2　结构组成

　　X 射线荧光光谱主要由激发光源、色散处理系统和检测记录系统三大部分组成，如图 11-28(b)。激发光源主要产生 X 射线，产生原理同第 2 章，靠电子束作用靶材，使靶材内层电子被激发形成自由电子，同时留下空位呈激发态，外层电子回迁并辐射出跃迁前后能级差的 X 射线，该 X 射线又称一次特征 X 射线，以其作为激发荧光 X 射线的辐射源。为能顺利产生荧光 X 射线，一次特征 X 射线（激发光源）的波长应稍短于受激元素的吸收限，这样一次特征 X 射线能被试样强烈吸收，从而有效激发出试样的荧光 X 射线。

　　对一次特征 X 射线作用试样后产生的荧光 X 射线（二次特征 X 射线），如同电子探针中对电子束作用试样产生的一次特征 X 射线处理一样，有两种方式即波长色散处理和能量色散处理，分别产生荧光 X 射线波谱仪和能谱仪。

　　波长色散处理的工作原理同电子探针波谱仪，即利用已知晶面间距的分光晶体，将不同波长的 X 射线依据布拉格方程 $2d\sin\theta = n\lambda$ 分开，从而形成光谱。若同一波长的 X 射线以 θ 入射到晶面间距为 d 的分光晶体时，则在衍射角为 2θ 方向会同时测到波长为 λ 的一级衍射，以及波长为 $\lambda/2$、$\lambda/3$ 等高级衍射。若改变 θ 即可观测其他波长的 X 射线，从而可对不同波长的荧光 X 射线分别检测、记录，形成荧光 X 射线波谱。

　　能量色散处理同电子探针能谱仪，即利用不同波长的荧光 X 射线具有不同的能量的特点，大多采用半导体探测器将其分开，形成荧光 X 射线能谱。半导体探测器有多种，常见的有 Si（Li）锂漂移硅，其工作原理为不同波长（能量）的荧光 X 射线进入半导体探测器产生不同数量的电子-空穴对，电子-空穴对再在电场作用下形成电脉冲，脉冲的幅度即强度正比于 X 射线的能量，从而得到一系列不同高度的电脉冲，再经放大器放大、多道脉冲分析器处理，得到随光子能量分布的荧光 X 射线能谱。除了半导体探测器外，还有正比计数式、闪烁式等，其目的均是将不同波长的 X 射线的能量转化为不同高度的电脉冲，即电能。

　　能谱仪可以测定样品中几乎所有的元素，且分析速度快。相比于波谱仪，能谱仪的优点有：①检测效率高，可使用较小功率的 X 光管激发荧光 X 射线；②结构简单，体积小，工作稳定性好。不足：①能量分辨率差；②探测器需在较低温度下保存；③对轻元素检测相对困难。

总之，X 射线荧光光谱分析具有分析元素范围广（$_4$Be～$_{92}$U）、元素含量范围大（0.0001％～100％）、固态试样不作要求（固体、粉体、晶体和非晶体等）等特点，分析不受元素化学状态的影响，属于物理分析过程，试样无化学反应，无损伤，主要用于表面成分分析。

11.4.3 应用

X 射线荧光光谱的应用类似于 AES、XPS，同样可用于表面成分的定性和定量分析。

（1）定性分析

由于不同元素的荧光 X 射线具有特定的波长（或能量），依据莫塞莱公式，对不同波长或能量的荧光 X 射线与电脑中已存有的元素标准特征谱线进行比对，直至所有谱线比对完毕，获得元素组成。该过程一般可由计算机上的软件自动识别谱线，完成定性分析。如果元素含量过低或存在谱线干扰时，还需人工进行核实，特别是在分析未知任何信息的试样时，应同时考虑样品的来源、性质进行综合判断。

（2）定量分析

定量分析即依据荧光 X 射线的强度与被测元素的含量呈正比关系。定量分析实为一种比较过程，是将所测样品与标准样品进行比对，从而获得所测样品中分析元素的浓度。主要分三步进行：①测定分析线的净强度 I_i，即对具有浓度梯度的一系列标准样品用适当的样品制备方法处理，并在适当条件下测量获得分析线的净强度，此时扣除了背底和可能存在的谱线重叠干扰；②建校正曲线：建立特征谱线强度与相应元素浓度之间的函数关系 $C_i = f(I_i)$；③测量试样中分析元素的谱线强度，根据所建的函数关系得分析元素的浓度。

注意：①建立校正曲线为定量分析的关键，其影响因素较多，主要有入射 X 射线的强度、入射的角度、照射面积、荧光发射检测角、被检测元素用于分析检测荧光光谱线的效率以及被测元素对入射 X 射线和荧光 X 射线的吸收性质等。②校正曲线仅在少数情况下方可近似为线性，如基体变化很小或样品很薄时。

EDS、XRFS、AES、XPS 均是材料成分分析的重要方法，四者比较见表 11-3。

表 11-3　EDS、XRFS、AES、XPS 四者之间的特性比较

分析技术	探测粒子	检测粒子	信息深度/nm	检测质量极限/%	不能检测元素	检测信息	损伤程度	谱线横坐标
EDS	电子	光子	金属：≤0.1mm 树脂：≤3mm	10^{-3}	H,He,Li	成分	弱	波谱（波长）；能谱（能量）
XRF	光子	光子	金属：≤0.1mm 树脂：≤3mm	10^{-2}	H,He,Li	成分	无	波谱（波长）；能谱（能量）
XPS	光子	电子	1～3	10^{-18}	H,He	成分、价态	弱	结合能
AES	电子	电子	0.5～2.5	10^{-18}	H,He	成分、价态、结构	弱	动能

本章小结

本章主要介绍了 AES、XPS 成分分析技术。AES 主要用于表面的化学分析、表面吸附分析、断面成分分析等，而 XPS 主要用于化学元素的组成、化学态及其分布，特别是原子的电子密度和能级结构。主要内容小结如下：

俄歇能谱仪
- 工作信号：俄歇电子（$Z > 2$）
- 结构
  - 检测系统：圆筒镜分析器
  - 放大系统：放大电路
  - 记录系统及真空系统
- 应用
  - 定性分析：由所测谱与标准谱对照分析，确定元素组成，对照过程可由人工或计算机完成，对一些弱峰一般仍由人工完成
  - 定量分析：
    - 标准样品法
    - 相对灵敏度因子法
  - 化学价态分析

X 光电子能谱仪
- 工作信号：光电子
- 结构　检测系统、记录系统、真空系统
- 应用
  - 定性分析：由所测谱与标准谱对照分析，确定元素组成，对照过程可由人工或计算机完成，对一些弱峰一般仍由人工完成
  - 定量分析：理论模型法、灵敏度因子法、标样法
  - 化学态分析

电子探针
- 工作信息：特征 X 射线（一次特征 X 射线）
- 分类
  - 波谱仪　通过测定特征 X 射线的波长分析微区成分（I-λ）。
  - 能谱仪　通过测定特征 X 射线的能量分析微区成分（I-E）。
- 应用：微区成分分析，包括定性分析和定量分析，定性分析又包括点、线和面三种类型

荧光 X 射线光谱
- 工作信号：荧光 X 射线（二次特征 X 射线）
- 结构　激发光源系统、色散处理系统、检测记录系统
- 应用
  - 定性分析：由所测谱的波长或能量与标准值对照分析，确定元素组成，对照过程可由人工或计算机完成，对一些弱峰一般仍由人工完成
  - 定量分析：步骤：测定分析线的净强度、建立校正曲线、测量分析元素的谱线强度、由校正曲线得分析元素的浓度

思考题

11.1　简述 XPS 和 AES 的工作原理。

11.2　简述 X 射线光电子能谱仪的分析特点。

11.3　AES 定性分析应注意些什么？

11.4　运用 AES 进行表面分析时存在的不足是什么？

11.5　X 射线光电子能谱中峰的种类有哪些？

11.6　XPS 的化学态分析与 AES 的化学态分析有何不同？

11.7　试比较 XPS、AES 成分分析技术之间的异同点。

11.8　波谱仪中的分光晶体有几种，各自的特点是什么？

11.9　试比较直进式和回转式波谱仪的优缺点。

11.10　相比于波谱仪，能谱仪在分析微区成分时有哪些优缺点？

11.11　现有一种复合材料，为了研究其增强和断裂机理，对试样进行了拉伸实验，请问要确定断口中某增强体的成分，该选用何种仪器？如何进行分析？能否确定增强体的结构？为什么？

11.12　电子探针有几种工作方式？举例说明它们在分析中的应用。

11.13　简述荧光 X 射线光谱的基本原理、特点及其应用。

11.14　现有一种复合材料，为了研究其增强和断裂机理，对试样进行了拉伸实验，请问观察断口形貌采用何种仪器为宜？要确定断口中某增强体的成分，又该选用何种仪器？如何进行分析？能否确定增强体的结构？为什么？

11.15　电子探针有几种工作方式？举例说明它们在材料分析中的应用。

第 12 章

原子探针技术

材料学家一直致力于材料微观结构的研究,进而阐明材料宏观性能的微观来源并有意识地调整或改善与性能相关联的微观结构,随着科学技术和仪器设备的不断进步与发展,人们逐渐开始尝试在纳米尺度甚至原子尺度上"观察"材料内部结构的三维视图。原子探针层析(atom probe tomography,APT)也称为三维原子探针(3DAP),它可以区分原子种类,同时反映出不同元素原子的空间位置,从而真实地显示出物质中不同元素原子的三维空间分布。原子探针是目前空间分辨率最高的分析测试手段之一,与透射电镜具有极强的互补作用。目前原子探针技术还在不断地发展和进步,本章主要介绍原子探针的基本原理及在材料科学中的应用。

12.1 原子探针技术的发展史

原子探针主要由场离子显微镜和质谱仪组成,1951 年,Müller 教授发明了场离子显微镜(field ion microscope,FIM),并于 1955 年同其博士生 Kanwar Bahadur 利用 FIM 首次观察到单个钨原子的成像,这也是人类有史以来首次清晰地观察到单个原子的分布图像。FIM 利用场电离产生的正电荷气体离子来成像,具有很高的分辨率和放大倍数,但是却只能获得针尖样品表面原子排列和缺陷的信息。1967 年,Müller 教授在 FIM 基础上引入飞行时间质谱仪,利用场蒸发和质谱仪可以分析针尖样品微区范围的原子种类信息,称为原子探针场离子显微镜(atom probe field ion microscope,APFIM)。尔后,J. A. Panitz 发展了所谓的 10cm 原子探针,也就是成像原子探针(imaging atom probe,IAP),此时的原子探针已能同时实现表面原子的识别和表面原子结构的观察,这也是现代原子探针的雏形。

随后在 20 世纪 80 年代,研究者们又在原子探针中引入位置敏感探头,并进行了一系列的改良,可以获得样品中所有元素在原子尺度的三维空间分布,也即所谓的 APT 或 3DAP。APT 发展出来后很快获得商业应用,当时的 APT 生产商主要有法国的 Cameca 公司和英国的 Oxford Nanoscience 有限公司。2003 年,美国的 Imago 公司发明局域电极原子探针(local electrode atom probe,LEAP),大大提高了 APT 的采集效率和分析体积。2005 年,又在 LEAP 中引入激光脉冲激发模块,将原子探针的应用领域拓宽到半导体等弱导电材料。目前,法国的 Cameca 公司通过合并收购成为全世界唯——家生产原子探针设备的商业公司。

12.2 场离子显微镜

原子探针的发展可以追溯到场离子显微镜,二者在结构和原理上也有共通之处,故在介绍原子探针前先来介绍场离子显微镜。FIM 主要是利用稀有气体在带正电的锐利针尖附近的电离,电离后的成像气体离子在强电场作用下迅速离开并撞击荧光屏留下图像,荧光屏上的图像反映了针尖样品尖端的电场分布,从而与样品尖端的局域表面形貌产生关联。通过使表面电场强度的分布成像,FIM 可以提供一个表面自身的原子分辨率的图像。FIM 是最早达到原子分辨率,也就是最早能看得到原子尺度的显微镜。

12.2.1 场离子显微镜的结构原理

FIM 的基本结构如图 12-1 所示,显微镜的主体为一个真空容器,被研究材料的样品制成针尖形状,其顶端曲率半径为 $50\sim100nm$。针状样品固定在沿真空容器的轴线离荧光屏大约 50mm 的位置。样品通过液氮或液氦冷却至低温,以减小原子的热振动,使得原子的图像稳定可辨,同时在样品上施以正高压($3\sim30kV$)。

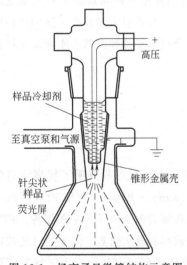

FIM 工作时,先将容器抽到 $10^{-8}Pa$ 的真空度,然后在容器中充入低压(约 $10^{-3}Pa$)的惰性气体作为成像气体,通常是氦气或氖气。当施加在针状样品上的电势增高时,样品顶端周围的气体在强电场的作用下发生极化和电离,电离产生的带正电的气体离子在电场作用下射向荧光屏产生亮斑,并将样品表面的形貌在荧光屏上形成放大倍数很高的图像。由于场电离更易发生在样品表面较为突起的原子上,因此这些单个的突起原子形成的细离子束会在荧光屏上形成相应的亮点。

图中标注:
- + 高压
- 样品冷却剂
- 至真空泵和气源
- 针尖状样品
- 荧光屏
- 锥形金属壳

图 12-1 场离子显微镜结构示意图

由场离子显微镜样品所形成的成像气体的离子流通常都是很小的,所以直接通过气体离子在荧光屏上所成图像是非常弱的。为了增强图像,一般在荧光屏前面放置一块微通道板图像转换器,将入射离子束转换为更加强的二次电子束,这样得到的成像亮度可以显著增强,能够方便地进行观察和记录。

最佳成像电场(BIF)或最佳成像电压(BIV)是场离子显微镜中的一个重要概念。对一种给定的成像气体,最佳成像电场是得到最好的成像衬度的电场;在针尖状样品的尖端曲率半径一定的条件下,这对应着一个特定的电压,称之为最佳成像电压。如果电压太低,从样品表面产生的离子流不足以形成满意的图像;如果施加的电压太高,在整个样品尖端表面上将形成均匀的电离,从而减小图像的衬度。

12.2.2 场电离

场离子显微镜是基于场电离理论而设计的，所谓场电离是指在外电场作用下发生的原子电离过程。场电离所需的强电场可以通过采用针尖状的试样实现，当给针尖施以正的高电压 V 时，在具有曲率半径 R 的针尖试样顶点产生的电场强度为：

$$F = \frac{V}{k_f R}$$

式中，k_f 称作电场折减系数，或者简称为电场因子，k_f 是一个随尖端锥体角稍有变化的几何场因子，近似值为 5～7，与针尖的形状有关。一般惰性气体场电离的电场是 20～45V/nm，所以为了在应用 10kV 电压时产生电离，样品尖端半径必须减小为 50～100nm。

FIM 中的场电离过程如图 12-2 所示，在针尖附近的强电场作用下，成像气体原子发生极化并向样品尖端的表面运动。气体原子与样品表面碰撞时通过热交换损失部分动能，同时被陷进强电场区域中，于是气体原子在样品表面上经历一系列幅度减小的跳跃。由于原子的不可分性，样品表面实际上是由许多原子平面的台阶所组成，处于台阶边缘的原子总是突出于平均的半球表面而具有更小的曲率半径，其附近的电场强度也更高。当电场足够强时，在表面原子突起处会发生场吸附，气体原子的场电离是由场吸附气体原子中的电子通过隧道效应进入金属而产生的。然后，正的成像气体离子会在电场作用下离开样品表面并在荧光屏上形成场离子像。

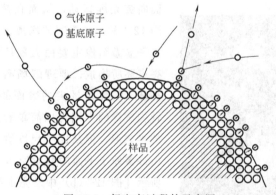

图 12-2　场电离过程的示意图

图 12-3 所示为存在或不存在电场时金属表面附近一个气体原子的势能能级图，其中 I_0 为一次电离能，x_c 是电离的临界距离，E_F 是费米能级，Φ_0 是表面的功函数。施加强电场会使气体原子发生极化，从而使势能曲线发生变形。当电场足够强时，气体原子外壳层的电子可以隧穿能垒进入金属表面的空能级。气体原子发生电离的概率取决于电子隧穿过程能垒的相对可穿透性，一般来说，能垒的宽度与电场强度呈负相关，电离的概率依赖于电场的强度，场电离在最接近表面的位置发生，因为此处的电场是最强的。

当气体原子接近金属表面直到临界距离 x_c 时，电子隧穿率增加。在此距离时气体原子中电子的能级恰好与金属的费米能级重合。当距离比临界距离更小时，由于金属内部没有适宜能量的空余的状态可以容纳电子，电子的隧穿作用会被泡利不相容原理所限定，场电离主

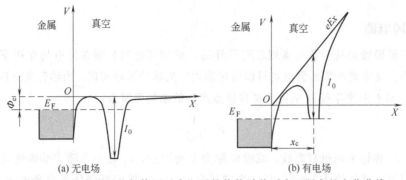

(a) 无电场   (b) 有电场

图 12-3   针尖附近的气体原子中电子的势能随着到表面距离的变化曲线

要发生在距离样品表面一个 x_c 且厚度小于 $0.1x_c$ 的薄层内。临界距离 x_c 可用以下式子近似表示：

$$x_c = \frac{I_0 - \Phi_e}{eF} \tag{12-1}$$

其数值一般在几个埃左右。

12.2.3   场离子显微图像

    由场电离的原理可知针尖样品尖端表面的突出原子处更容易产生场电离，场电离产生的带正电的气体离子在斥力的作用下，沿着基本垂直于样品表面切平面的轨迹离开针尖表面向荧光屏运动，从而在荧光屏产生亮的像点。

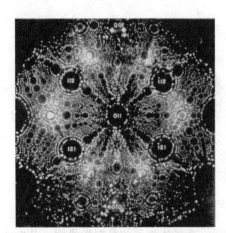

图 12-4   W(110) 针尖样品的场离子显微图

图 12-4 是一个典型的场离子显微图，可以看出场离子显微图像主要由大量环绕于若干中心的圆形亮点环所构成。要理解场离子显微图像中的这些亮环，需要对针尖的表面的微观结构有所了解。针尖试样的尖端可以简单看成一个曲率半径很小的半球形，但从原子尺度看，样品表面实际上是由许多原子平面的台阶所组成，如图 12-5 模型图所示［图 12-5(b) 中发亮小球代表边缘原子］。每一个原子层的横截面呈一个环形，边缘的原子是样品表面上最为突出的原子，这些原子用偏亮的硬球表示，这些原子在场离子显微镜中成像为亮点，相邻的平行原子台阶变形成一系列同心环。

    如图 12-6 显示了场离子显微图像中这些亮点环的形成原理，中间的（001）晶面与样品尖端半球形表面的交线即为一系列同心圆环，同时也是（001）原子平面的台阶边缘，而同心亮点环的中心则为该原子面法线的径向投影点，可以用它的晶面指数（001）表示。根据同样的原理可以分析尖端侧边的（011）以及其他原子平面所对应的同心亮点环，同心亮环中心点的位置也是对应不同晶面原子面的极点投影。可以看出，这些同心亮点环的形成与第1章中所学的"极射赤面投影"非常相似。实际上，二者极点所构成的图形基本上完全一致，因此可以借助晶体的投影来分析场离子显微图像。当然，实际实验中由于针尖状样品的尖端并不是精确的半球形，所得场离子显微图像中的极点图会有一定的畸变，但仍然能反映出晶体的对称性，利用这一点可以方便地确定样品的晶体学位向和各极点的指数，以及原子排列时在晶体中可能产生的缺陷。

根据图 12-6 还可以得到场离子显微镜的放大倍数 M：

$$M = \frac{R}{r} \tag{12-2}$$

其中 R 是样品到荧光屏的距离，一般为 5～10cm，所以放大倍数大约是 10^6 倍，可以实现单个原子位置的分辨率。场离子显微镜的实际分辨率还受其他因素的影响，主要包括：

① 电离区的尺寸。每个像点对应的发生场电离区域的尺寸，该尺寸越小分辨率越高；

② 横向速度。气体离子通过连续弹跳损失能量逐渐靠近表面电离区，因此，电离时产生的带正电离子会有一定的横向初速度，导致单个点的图像扩展成一个光斑，降低分辨率；

③ 海森堡测不准性。气体原子被约束在一个很小的体积内，因此必须考虑原子的量子本质，原子的位置和能量不能同时精确测定，会造成离子轨迹的宽化，一般通过将样品保持在低温减小其影响。

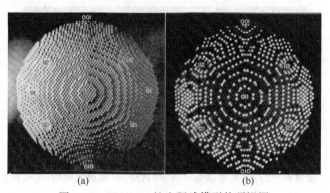

图 12-5　W(110) 针尖硬球模型的顶视图

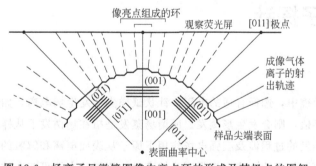

图 12-6　场离子显微镜图像中亮点环的形成及其极点的图解

场离子显微镜的应用主要在于表面原子的直接成像，可以获得针尖样品表面原子的直接成像，是在材料科学许多理论问题研究中的一种独特的分析手段，有着非常广泛的应用。图 12-7(a) 为场离子显微镜中观察到的空位，FIM 可以直接观察到材料中的点缺陷，这是其他表征方法很难实现的，与空位的观察类似，FIM 也可以用来研究掺杂元素和表面重构等；图 12-7(b) 是刃型位错的场离子显微像，FIM 观察位错时需要位错在针尖样品表面露头；图 12-8(a) 为金属钨中的大角晶界图，它可以清晰地反映界面两侧原子的排列和位向关系；图 12-8(b) 为高速钢中的析出相的场离子显微像，可以利用 FIM 研究细小弥散的沉淀相析出的早期阶段，包括它们的形核和粗化。利用场离子显微镜开展研究时应注意，虽然 FIM 分辨率很高，但是其研究区域的体积很小，因此主要研究在大块样品内分布均匀且密度较高的结构细节，否则观察到某一现象的概率有限。

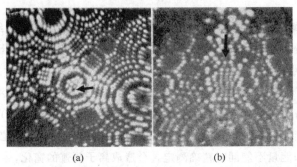

图 12-7 铂（012）面上的空位（a）和钨（021）面上的刃型位错（b）

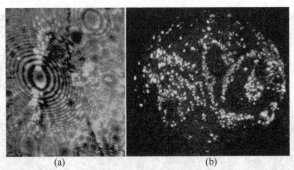

图 12-8 金属钨中的 87°大角晶界（a）和 ASP 60 高速钢中的 M_2C 析出相（b）

12.3 原子探针

12.3.1 场蒸发

在场离子显微镜中，选择合适的电压，针状试样尖端发生场电离，如果继续提高电压使场强超过某一临界值，则会发生场蒸发。所谓场蒸发是指在场诱发下从样品自身晶格中剥离原子的过程。场蒸发的过程涉及在强电场作用下原子从表面电离和解吸的过程，尖端表面的强电场导致表面原子的极化，当电场强度足够高时，原子的电子可能会被吸收进表面，而带正电的金属离子则被从表面上拖拽出来，从而诱发了原子的电离，产生的带正电离子则在尖端电场作用下加速离开表面。场蒸发的原理可以简单用热力学加以理解，其主要是通过施加电场降低能垒，并在热激活的作用下使离子逃逸出表面。金属表面附近的原子和离子的势能图如图 12-9 所示，在没有电场的情况下，表面原子的离子态相对中性状态是亚稳态；但在有电场的情况下，离子状态会逐渐变得更稳定，同时离子和原子的势能曲线会发生交叉，此时只要热激活能超过减小了的势能能垒 $Q(F)$ 即可使离子剥离样品表面。

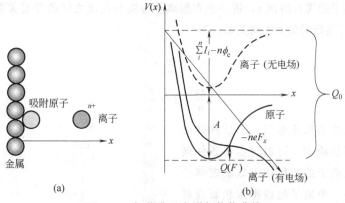

图 12-9　场蒸发示意图与势能曲线

　　场蒸发在场离子显微镜中也有一定的应用，主要用于去除样品表面的污染物、吸附层和氧化钨等，同时也可以将针状试样顶端表面的突起和毛刺去掉，得到平滑清洁的样品。另外，如果控制样品材料逐个原子层的连续剥落，则可以利用 FIM 逐层研究材料的三维原子结构。

12.3.2　原子探针的基本原理

　　原子探针是场蒸发的一个直接应用，原子探针可以认为是由场离子显微镜和质谱仪组合而成。早期的原子探针也称为原子探针场离子显微镜（APFIM），其基本原理如图 12-10 所示，左侧对应场离子显微镜部分，右侧对应质谱仪部分可以分析元素种类，在微通道板和荧光屏上开一个小孔作为离子进入质谱仪的入口光阑，以选择元素分析区域。样品固定在一个可以转动的支架上，从而可以使样品上的不同区域对准探测孔，分析感兴趣区域内的元素种类。由于场离子显微镜的静电场中所形成的场电离离子和场蒸发离子轨迹相同，故而可以根据场离子像来选择单个原子进行元素分析。

图 12-10　原子探针场离子显微镜原理图

　　原子探针操作的基本原理非常简单，首先形成样品的场离子像，其次通过转动样品使感兴趣区域的场离子图像对准探测孔，然后给样品施加高压脉冲使得表面原子发生场蒸发，当电离的原子从样品表面剥落后，只有轨迹通过荧光屏上小孔的离子才能进入质谱仪被分析。尽管当时的原子探针可分析单个原子，但更普遍的是用来分析探测孔所对应的一定深度的圆柱体积内样品的元素组分信息。

　　最早使用的质谱仪是磁偏转质谱仪，但使用最为普遍的却是后来开拓的飞行时间质谱仪，飞行时间质谱仪可以有效地区分所有元素。通过记录离子离开样品表面和到达探测器的时间可以得到离子的飞行时间 t，进一步根据离子势能与动能之间的等量关系可以获得离子的质荷比 m/n 与飞行时间 t 之间关系，即

$$neV = \frac{1}{2}m\frac{d^2}{t^2} \tag{12-3}$$

$$\frac{m}{n} = 2eV\frac{t^2}{d^2} \tag{12-4}$$

式中，V 是总的加速电压；d 是从样品到单原子检测器的距离，可通过实验条件确定。根据场蒸发离子的质荷比可以确定离子种类，再将一个一个离子的数据累积画成对应每一质荷比的离子数，就得到常用的质谱数据，图 12-11 为电子束熔融制备的 718 合金中 γ 相的质谱，可以通过质谱获得材料的成分信息。

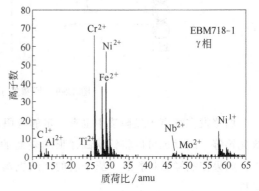

图 12-11　718 合金中 γ 相的质谱

12.3.3　原子探针层析

建立材料原子级化学完整的三维图像需要同时确定原子的元素种类和空间位置，利用飞行时间质谱仪可以确定原子的元素组成，而最新发明的位置敏感探测器则可以记录蒸发离子的空间位置，这就构成了所谓的原子探针层析（APT）技术。图 12-12 是原子探针层析的基本原理图。由于电场对金属材料的穿透深度非常小（$<10^{-10}$ m），被有效地屏蔽于远小于单个原子尺寸的距离之外，所以只有在样品最表面的原子受到场蒸发过程的影响，该过程几乎是逐个原子，逐个原子层地进行。所以根据位置敏感探测器上记录的离子的横向坐标以及离子到达探测器的顺序，可以得到原子的空间位置。这一过程通过重构来实现，实际上是通过将探测到的位置逆投影到一个虚拟样品的表面上而逐个原子构建起来，原子探针层析技术得到的结果具有一定的滞后性，而且原子的横向位置的计算先于深度坐标。

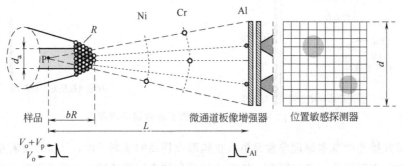

图 12-12　原子探针层析原理示意图

原子探针层析的空间分辨率具有各向异性，因为原子是逐层地发生场蒸发，所以其深度分辨率要高于横向分辨率，通常可达到 0.2nm 左右，而由于蒸发离子的横向初始速度不同、飞行轨迹变形等，横向分辨率显著下降，通常在 1nm 左右。另外，虽然原子探针层析理论上可以分析所有原子的空间位置和元素种类，但是目前由于探测器的效率限制，实际上只能

探测待分析区域内部分原子的信息，即使最新发展的局域电极原子探针层析的探测效率最高也只有 60% 左右。

12.3.4 原子探针脉冲模式

（1）高压脉冲技术

早期的场离子显微镜是通过提高电压来产生场蒸发，因此许多后来发展的原子探针都是利用高压脉冲来逐层剥离表面原子的。原子探针层析中所用的高压脉冲多为半高宽为几纳秒的快速高压脉冲，实验要求在直流电压下样品原子不应有场蒸发，而在电压脉冲作用下表面所有原子发生场蒸发的概率相同。所以，脉冲电压通常处在几个千伏范围内，而且脉冲大小的起伏必须保持在很低的水平，脉冲上升时间应该小于 1ns，这样才能保证离子在一个精确的时刻蒸发，飞行时间质谱仪能够准确的区分不同离子。

如图 12-13 是一个典型的模拟高压脉冲和相应的蒸发概率函数，可以看出，几乎所有的离子都在接近脉冲最大值时发射出来，因此，场蒸发离子会受到外加电压的加速，其值为直流电压和脉冲电压之和。实际的场蒸发是概率事件，并非所有原子几乎都在脉冲期间内同一时刻被场蒸发，不同时刻产生的离子受到的脉冲电场作用是不同的，因此具有不同的能量。离子没有获得脉冲的全部能量，这种效应称为能量欠额，它会降低确定离子质荷比的精确性。

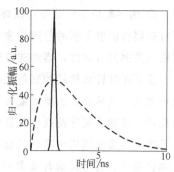

图 12-13　模拟高压脉冲（虚线）和相应的蒸发概率函数（实线）

高压脉冲技术要求样品具有一定的导电性，主要运用于金属样品。另外，原子探针层析中使用的典型电场的等价静电压力可高达几十吉帕，接近许多材料的理论强度，对于脆性材料，即使电导率足够高，脉冲高压所产生的附加循环应力也容易导致针状样品断裂。

（2）激光脉冲技术

对于无法采用高压脉冲的低电导率或脆性材料，一般采用激光脉冲技术来进行原子探针实验。20 世纪 70 年代，Tsong 首先在原子探针中使用光源研究光子辅助的场电离或场蒸发问题。自 2006 年以来，亚纳秒、皮秒、飞秒激光源已应用在多种原子探针上。激光脉冲与原子探针样品之间的相互作用非常复杂，现在普遍认为激光脉冲原子探针中，激光脉冲的能量被样品吸收，诱发其表面的温度升高并触发场蒸发，因此激光脉冲实际上可以认为是热脉冲在起作用。在脉冲激光原子探针中，针尖表面的温度在几百皮秒内的升温可达几百开尔文量级，因而激光脉冲可以实现质量分辨率的巨大改进。激光脉冲技术的更重要的作用在于拓宽了原子探针的应用领域，从单纯的金属材料扩展到半导体、一般的功能材料甚至是绝缘体。

12.3.5 原子探针样品制备

原子探针层析实验要求针状样品，获得高质量的针状样品是 APT 实验成功的一个重要保障。原子探针的针尖样品的主要要求如下：

① 试样尖端的曲率半径介于 50~150nm。针尖曲率半径与实验中施加的高压大小关系紧密，曲率半径越大，样品发生场蒸发所需的电压也越高。若曲率半径过小，施加的电压过低则会导致到达微通道板的场蒸发离子运动轨迹也会发生扭曲，离子能量也可能由于过低而无法在质谱仪中识别。

② 尖端接近半球形，且表面应当光滑，无凸起、凹槽、裂纹和污染。半球形的尖端可以保证表面各处的放大倍数基本一致，这也是三维重构的基础，尖端形状的偏离容易导致重构数据出现假象。表面的几何不连续性则容易导致电场作用下的应力集中和试样断裂。

③ 试样截面为圆形。非圆形的截面容易导致场蒸发行为不稳定，同时重构过程也容易出现假象。

④ 适当的锥角。合适的锥角可以保证在样品断裂或者高压升至上限前采集到足够的数据量，一般在 1°~5° 范围内。

⑤ 感兴趣特征应分布在试样顶点约 100nm 以内，以确保包含在所获得的数据集内。原子探针层析能够分析的范围是非常有限的，尽量让感兴趣特征分布在靠近样品尖端区域内以获取数据的有效性，当然随着现在 APT 技术的进步，这个距离可以适当放宽。

原子探针针状样品的制备主要有电化学抛光和聚焦离子束两种方法。电化学抛光也称电解抛光，这种技术的使用最为广泛，也是许多材料样品的最佳制备方法。电解抛光具有设备简单、快速方便等特点，而且可以通过同时切割、研磨、抛光多个样品来提高制样效率。但是这种方法仅适用于具有足够导电性可进行电解抛光的样品，而且很难在试样内部的特定部位制样。近年来随着技术的进步，扫描电子显微镜-聚焦离子束（SEM-FIB）在原子探针样品制备方面大展身手，利用聚焦离子束可以在制备针尖试样的同时，将任何感兴趣特征（如晶界、相界等）定位在针尖尖端附近，但是聚焦离子束方法效率相对较低，设备昂贵，同时制备试样过程中还应注意调整条件以减少离子损伤和假象。

（1）电化学抛光

电化学抛光之前，先要制备细长条"火柴形"坯料，理想的坯料长度应在 15~25mm（最小值为 10mm 左右），截面尺寸约为 0.3mm×0.3mm（尺寸一定范围内可变，但是要求截面接近完美的正方形，以使得抛光结束后产生圆形截面的试样）。通常用低速精密锯或钢丝加工坯料，注意不要引入对微结构产生影响的热或变形。当然，对于线状或者丝状材料，可以直接通过切割金属线以获取适当的长度即可作为坯料。

原子探针针尖试样通常采用多步电解的方法来进行电解抛光。第一步为粗抛，将坯料进行抛光直到坯料的外周被锐化；第二步为精抛，用来锐化顶部以达到最终尺寸。不同的材料对应不同的电解液，而且粗抛和精抛阶段所用的溶液或者浓度也都有所不同。

一种常用的抛光方法为双层电解抛光法，如图 12-14 所示，在黏稠的惰性液体上注入一薄层（一般几个毫米厚）电解液，在电解液层金属快速溶解形成颈缩区，样品可以通过上下移动来控制颈缩区的锥角；精抛阶段，将样品放入只含有电解液的电解池中，控制抛光条件直到样品分为两半，这样可以获得两个 APT 样品。

另一种常见的电化学抛光方法称为"微抛光"，如图 12-15 所示，粗抛阶段直接在含有电解液的烧杯中进行，当试样端部的直径足够小时粗抛阶段结束；最终抛光在悬挂着金属环的电解液中进行，样品多次放入金属环中导致电解质持续下降，把它抛光到足够锋利以用于

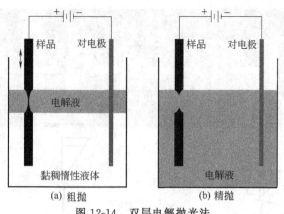

图 12-14　双层电解抛光法

原子探针分析。在微抛光中还可以利用脉冲抛光逐步去除少量材料，使尖端部位的形状达到预期要求，通常与透射电镜结合来使感兴趣特征物位于针尖附近。

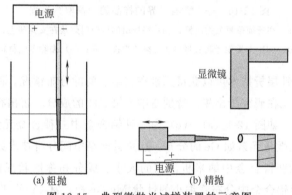

图 12-15　典型微抛光试样装置的示意图

（2）聚焦离子束

FIB 是利用高强度聚焦离子束来对材料进行微纳加工，理论上 FIB 可以将任何感兴趣特征定位于针尖附近。但实际的使用过程中，根据样品的形态（块体、粉末、带状、丝状、薄膜、涂层等）不同、感兴趣特征位置和分布不同，需要在 FIB 中选取不同的制备方法，而且针对不同材料的特性还要小心调控切割参数，否则容易造成离子损伤和假象。目前 FIB 中常用的一种方法是从试样表面切割出感兴趣特征，转移到支撑架上后，用环形切割的方式将端部切削成尖端，如图 12-16 是一个含有晶界的样品的"挖取"过程。

12.3.6　原子探针层析的应用

原子探针层析技术是目前唯一能够检测到三维结构中所有元素的单个原子分布的技术，利用 APT 可以重构出材料中三维空间上的元素分布情况，对于材料学家探索材料的微观结构，研究结构、工艺和性能之间的关系意义重大。目前，APT 在研究析出相、界面、位错、团簇等特征的元素分布方面已经取得了广泛的应用。

（1）析出相

许多材料中都有弥散分布的第二相，这些第二相的析出行为以及三维分布对材料的性

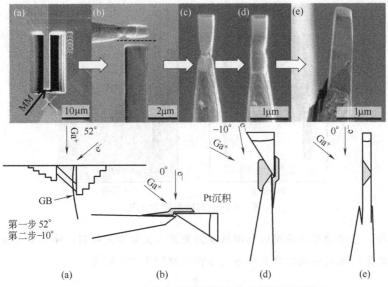

图 12-16　一个含有晶界的样品的"挖取"过程

（a）在特征位置处挖出棒；（b）将挖出的棒暂时焊接在支撑架上；

（c）、（d）支撑架竖起后将棒和支撑架焊接牢固；（e）去除多余材料

能至关重要，原子探针层析技术可以获得元素在三维空间的分布情况，而且具有极高的空间和化学分辨能力，因此在研究析出相，特别是纳米第二相的成分、析出行为和三维空间分布方面具有独特的优势。如图 12-17（a）～（c）为一种铝合金中三种合金元素的三维分布情况，APT 可以准确地研究微量元素如 Ge 的分布，这是其他高空间分辨技术如透射电镜无法做到的。APT 还可以准确获得合金中纳米析出相的大小、成分和弥散状况的信息，如图 12-17（d）所示，9h 时效后铝合金中分布着细小的针状 Mg-Ge 相、富 Cu 的 θ' 相和 θ'_{II} 相，这些析出相的具体成分信息可以通过提取质谱分析得到。

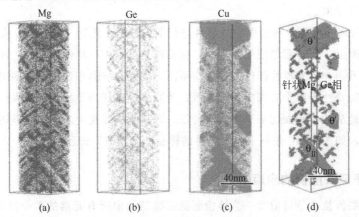

图 12-17　Al-3.5Cu-0.4Mg-0.2Ge 合金 200℃ 时效 9h 后 Mg、Ge、Cu 和析出相的三维分布

（2）界面

相界、晶界等界面对很多材料性能和行为起着决定性的作用，APT 可以准确地测量界面的结构、成分以及元素在界面的分布，而且通过数据处理实现可视化分析。图 12-18 显示了镍基高温合金中 γ/γ′ 相界面的合金元素分布情况，说明 Re 元素会在相界面处富集，据此

可以理解合金元素的强化机制。图 12-19 显示了纳米晶钢中 C 元素在晶界的富集情况、结合透射电镜得到的晶粒取向分布情况，可以研究晶界面取向、晶界取向差等几何因素与合金元素偏聚之间的关系。

(a)

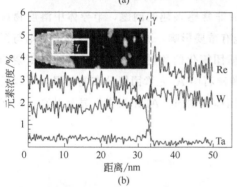

(b)

图 12-18 镍基高温合金中 γ′相分布情况（a）
及 γ/γ′相界面合金元素分布情况（b）

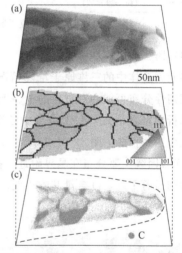

图 12-19 Fe-4.40C-0.30Mn-0.39Si-0.21Cr 纳米
晶钢的原子探针针尖 TEM 照片（a）、
晶粒取向分布情况（b）和 C 元素三维分布（c）

（3）位错

许多晶体缺陷如位错、层错等附近经常会发生化学偏聚，这种偏聚可以在 APT 中清晰分辨出来，并能提供溶质分布及缺陷密度和弥散状况的信息。图 12-20（a）～（d）中利用 Mn 的等浓度面清晰反映出了 Fe-9%（原子百分比）Mn 合金中 Mn 元素在晶界和位错上的富集情况，图 12-20（e）中提取了垂直位错线和沿位错线方向 Mn 元素的一维浓度谱线，说明 Mn 主要富集在 1nm 范围内的位错核心区域，而且 Mn 元素沿位错线方向的富集区呈周期性分布，Mn 富集区间隔约为 5nm。

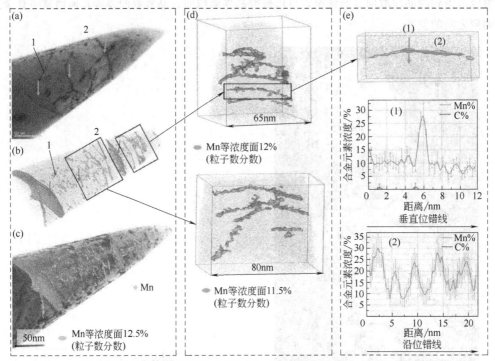

图 12-20　Fe-9%（粒子数分数）Mn 合金中的 Mn 元素的偏聚情况

（4）团簇

多元固溶体中的三维原子堆垛情况是许多领域非常感兴趣的问题，半导体中溶质物质的非周期性分布可能会对材料的电、光、磁等性能有重要影响，而合金中团簇的形成则与沉淀相的析出息息相关。APT 数据中已经包含了溶质团簇化的关键信息，可通过一些复杂的算法提取这些信息。图 12-21 是利用 APT 研究一种沸石中 Al 元素团簇分布的结果，可以发现 Al 元素团簇主要分布在晶界附近，在所定义的团簇范围内，Al 元素含量显著升高，Si 元素含量则显著下降，O 含量基本不变。

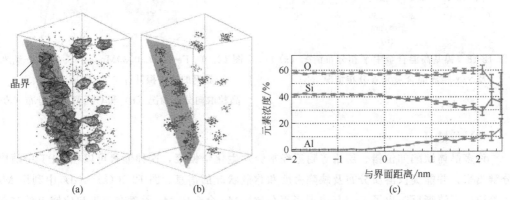

图 12-21　沸石（zeolite）中的 Al 元素团簇分布情况

（a）Al 等浓度面 2%（粒子数分数）；（b）仅显示出团簇内的 Al 原子；

（c）元素浓度随着与（a）中等浓度面距离的分布曲线

本章小结

原子探针是由场离子显微镜发展而来，本章主要介绍了场离子显微镜、原子探针以及原子探针层析的基本原理、结构和应用。内容小结如下：

场离子显微镜
- 场电离：外电场作用下发生的原子电离过程
- 工作原理：场电离产生的带正电的成像气体离子在电场作用下射向荧光屏产生亮斑，并将样品表面的形貌在荧光屏上形成放大倍数很高的图像
- 结构：针状样品、高压系统、真空系统、荧光屏
- 成像特点：大量环绕于若干中心的圆形亮点环
- 应用：表面结构观察包括点缺陷、位错、晶界、表面重构、析出相等

原子探针
- 场蒸发：在场诱发下从样品自身晶格中剥离原子的过程
- 工作原理：场蒸发离子与场离子显微镜的静电场中所形成的场电离离子轨迹相同，利用荧光屏上的探测孔选择感兴趣区域的场蒸发离子进入质谱仪，通过质谱仪进行元素种类分析
- 结构：场离子显微镜＋质谱仪
- 原子探针层析：场离子显微镜＋质谱仪＋位置敏感探测器
- APT 应用：元素的三维空间分布研究包括：析出相、界面、位错、团簇等

思考题

12.1 简述场离子显微镜、原子探针和原子探针层析之间的联系和区别。

12.2 简述场离子显微图像的特点和形成原理。

12.3 高压脉冲和激光脉冲各有什么优缺点？

12.4 为什么原子探针样品为针状？

12.5 简述原子探针对样品的要求和原因。

12.6 简述电化学抛光和 FIB 两种制备针状样品方法的优势和不足。

12.7 简述飞行时间质谱仪的工作原理。

12.8 结合场蒸发的过程思考影响质谱仪分析准确度的因素有哪些？

12.9 APT 是如何实现"层析"的？

12.10 原子探针层析技术有哪些应用？

12.11 原子探针层析和透射电镜都具有很高的空间分辨率，试比较两种技术的优势和不足。

第 13 章

光谱分析技术

光谱分析是根据物质的光谱来鉴别物质及确定它的化学组成和相对含量的方法，是现代分析化学和应用光谱学的重要组成部分。其优点有以下几点：分析速度快、操作简便、不需纯样品、可同时测定多种元素或化合物、选择性好、灵敏度高、对样品损伤小等。根据分析原理，光谱分析可分为发射光谱分析与吸收光谱分析两种。根据被测成分的形态可分为原子光谱分析与分子光谱分析。光谱分析的被测成分是原子的称为原子光谱，被测成分是分子的则称为分子光谱。原子光谱主要包括原子发射光谱（atomic emission spectroscopy，ASE）、原子吸收光谱（atomic absorption spectroscopy，AAS）和原子荧光光谱（atomic fluorescence spectroscopy，AFS）三大类。分子光谱主要包括紫外-可见分光光度法（ultraviolet and visible spectrophotometry，UV-Vis）、红外光谱（infrared spectroscopy，IR）、激光拉曼光谱（laser raman spectroscopy，Raman）、分子荧光光谱（molecular fluorescence spectroscopy，MFS）和分子磷光光谱（molecular phosphorescence spectroscopy，MPS）等。

本章将介绍应用广泛的原子发射光谱（ASE）、原子吸收光谱（AAS）、原子荧光光谱（AFS）、紫外-可见分光光度法（UV-Vis）、红外光谱（IR）以及激光拉曼光谱（Raman）。

13.1 原子发射光谱

原子发射光谱（ASE）有时也被称为光学发射光谱（optical emission spectroscopy，OES）。原子发射光谱分析技术是利用被激发原子发出的辐射线形成的光谱与标准光谱比较，识别物质中含有何种元素的分析方法。用电弧、火花等为激发源，使气态原子或离子受激发后发射出紫外和可见区域的辐射。某种元素原子只能产生某些波长的谱线，根据光谱图中是否出现某些特征谱线，可判断是否存在某种元素。根据特征谱线的强度，可测定某种元素的含量。

原子发射光谱分析法具有以下优点：

① 多元素同时检出能力强。

可同时检测一个样品中的多种元素。样品一经激发，样品中各元素都各自发射出其特征谱线，可以进行分别检测而同时测定多种元素。

② 分析速度快。

试样多数不需经过化学处理就可分析，且固体、液体试样均可直接分析，同时还可多元素同时测定，若用光电直读光谱仪，则可在几分钟内同时作几十个元素的定量测定。

③ 选择性好。

由于光谱的特征性强，对于一些化学性质极相似的元素的分析具有特别重要的意义。如铌和钽、锆和铪，十几种稀土元素的分析用其他方法都很困难，而对 AES 来说则是毫无困难之举。

④ 检出限低。

一般可达 $0.1 \sim 10 \mu g/g$，用电感耦合等离子体（ICP）新光源，检出限可低至 ng·mL 数量级。

⑤ 用 ICP 光源时，准确度高，标准曲线的线性范围宽，可达 4～6 个数量级。可同时测定高、中、低含量的不同元素。因此 ICP-AES 已广泛应用于各个领域之中。

⑥ 样品消耗少，适于整批样品的多组分测定，尤其是定性分析更显示出独特的优势。

原子发射光谱分析法也有缺点：①在经典分析中，影响谱线强度的因素较多，尤其是试样组分的影响较为显著，所以对标准参比的组分要求较高；②含量（浓度）较大时，准确度较差；③只能用于元素分析，不能进行结构、形态的测定；④大多数非金属元素难以得到灵敏的光谱线。

13.1.1 基本原理

（1）原子发射光谱的产生

正常状态下，原子处于基态，当原子受到热（火焰）或电（电火花）激发时，由基态跃迁到激发态，返回到基态时，发射出特征光谱（线状光谱）。

谱线波长与能量的关系为：

$$\lambda = \frac{hc}{E_2 - E_1} \tag{13-1}$$

式中，E_2、E_1 分别为高、低能级的能量；λ 为波长；h 为普朗克常数；c 为光速。

原子中某外层电子由基态激发至高能级所需能量为激发能。原子光谱中每条谱线产生均有相应的激发能。由最低激发态向基态跃迁所发射的谱线称为第一共振线，其激发能最小，最易被激发，是该元素最强的谱线。而当激发光源能量足够大，原子获得足够的能量会发生电离，此时所需能量为电离能。原子失去一个电子称为一次电离，当再失去一个电子时为二次电离，依此类推。离子也可能被激发，其外层电子跃迁也可发射光谱。由于离子和原子具有不同的能级，因此离子发射光谱与原子不同。

（2）谱线强度

原子由某激发态 i 向低能级 j 跃迁，所发射谱线强度与激发态原子数成正比。在热力学平衡时，单位体积的基态原子数 N_0 与激发态原子数 N_i 之间的分布遵循玻尔兹曼分布定律：

$$N_i = \frac{g_i}{g_0} N_0 e^{-\frac{E_i}{kT}} \tag{13-2}$$

式中，g_i、g_0 为激发态和基态的统计权重；E_i 为激发能；k 为玻尔兹曼常数；T 为激发温度。

原子的外层电子在 i 和 j 两个能级间跃迁，则其发射谱线强度 I_{ij} 为：

$$I_{ij} = N_i A_{ij} h \nu_{ij} \tag{13-3}$$

式中，h 为普朗克常数；A_{ij} 为两个能级间的跃迁概率；ν_{ij} 为发射谱线的频率。将 N_i 代入上式，得：

$$I_{ij} = \frac{g_i}{g_0} A_{ij} h \nu_{ij} N_0 e^{-\frac{E_i}{kT}} \tag{13-4}$$

由此可知，影响谱线强度的因素为以下几方面：

①激发能。谱线强度与激发电位成负指数关系。温度一定，激发能越高，该能量状态下的原子数越少，谱线强度也越小。激发能最低的共振线常常是强度最大的线。②激发温度。温度越高，谱线强度越大。但温度升高后，电离的原子数目也会增多，而相应原子数目会减少，使得原子谱线强度减弱，离子谱线强度增强。因此，对于不同元素而言，都有最合适的激发温度得到最大的谱线强度。③统计权重。谱线强度与激发态和基态的统计权重比成正比。④跃迁概率。谱线强度与跃迁概率成正比。该数值可通过实验计算得到。⑤基态原子数。谱线强度与基态原子数成正比。

（3）谱线的自吸和自蚀

① 自吸。在激发光源高温条件下，以气态形式存在的分子、离子、电子等粒子的整体电中性集合体为等离子体。其内部温度和原子浓度分布不均，中间温度及激发态原子浓度高，边缘反之。这种中心发射的辐射被边缘同种基态原子吸收，使辐射强度降低的现象称为自吸。自吸对谱线的中心强度影响大。

② 自蚀。当自吸现象严重，谱线中心强度都被吸收而完全消失的现象称为自蚀。基态原子对共振线的自吸最严重，且常产生自蚀。

13.1.2 仪器

原子发射光谱分析是根据自由原子（或离子）外层电子辐射跃迁得到的发射光谱研究物质的组成和含量，亦称发射光谱分析（过去常简称光谱分析）。一般包括两个过程，即光谱的获得过程和分析过程。为了得到光谱，须经过下列步骤。

① 蒸发。把分析物转变为气态，并使其原子化（或离子化）及激发发光，即为蒸发。蒸发需借助于光源（如火焰、电弧和火花等）来实现。

② 分光。把发射的各种波长的辐射分散开成为光谱即为分光。分光由光谱仪的分光系统（如棱镜和衍射光栅等）实行。

③ 检测。即对分光后得到的不同波长的辐射进行检测，这一步用检测器（如眼睛，相板及光电器件等）来做。

由所得光谱线的波长，便可进行物质的定性分析；由所得光谱线的强度，便可进行物质的定量分析。

物质光谱的获得过程和分析过程，可以分别进行，也可同时进行。前者属于摄谱分析法，即把物质的光谱预先记录在相板上，然后在特定的仪器上进行光谱的分析——测量波长和强度，以进行定性和定量分析；后者属于目视及光电直读分析法，即直接用眼睛、光电管或光电倍增管等作为检测器，直接进行波长的观察及强度的测量（光电检测尚需放大读出装置），以进行定性和定量分析。

发射光谱仪器，一般均包括光源、分光系统和检测系统三部分，对于摄谱分析仪器还应包括观察光谱、测定波长和强度的仪器。

13.1.2.1 光源

如前所述，发射光谱分析用光源的主要作用，是提供分析物的蒸发、原子化和激发所需要的能量，以产生辐射信号——特征发射光谱。光源中分析物的蒸发、原子化和激发，与光源放电特性、分析样品的化学组成及等离子体组成有着密切的关系。对于不同类型的光源，其放电特性很不相同。

发射光谱分析用光源分类方法繁多，一般可分为下列几种类型。

① 火焰，如氢氧焰、空气-乙炔焰、空气-丙炔焰、氧化二氮-乙炔焰等。

② 常压气体放电光源，包括直流、交流电弧和火花等放电光源。

③ 低压气体辉光放电光源，如高频无极放电管、空心阴极放电灯（HCL）、格里姆（Grimm）辉光放电灯等。

④ 等离子体光源是一类外观上类似火焰的常压气体放电光源，包括直流等离子体喷焰（DCP）、高频电感耦合等离子炬（ICP）、微波等离子炬（MWP）等。

⑤ 激光光源。

⑥ 亚稳态能量转移光源。

其中火焰、电弧和火花主要是热激发源，虽然火焰靠燃气燃烧，而电弧和火花靠电流，但作用相同，也基本都是局部热平衡（LTE）光源，应用历史较长。低压气体辉光放电光源和亚稳态能量转移光源，不是热光源，属非 LTE 光源，等离子体光源是不是 LTE 光源尚无定论。各种类型的光源都有其独自的特性和应用范围，没有一种光源具备所有优点，所以在发射光谱分析实际中，必须根据各种分析对象的要求，选择合理的光源。下面将简单介绍几种光源。

（1）火焰

火焰是最早用于发射光谱分析的一种光源，和其他光源相比，其优点是仪器简单，谱线少，稳定性好，操作容易。但缺点是温度较低激发能力较差，只能得到一些低激发能的元素谱线，如碱金属和碱土金属元素。因此火焰发射法能有效分析的元素有限，主要用作原子吸收光谱法的原子化器。此外分子带光谱干扰，样品组成影响也比较严重。

（2）电弧

A.直流电弧

直流电弧的主要装置是直流电源。可采用直流发电机或整流器（气体或水银整流管，硒或硅等半导体整流元件）。直流发电机虽具有波形较佳，并可连续使用较长时间等优点，但噪声大，效率低，管理使用不方便。现多采用整流器，但不能长时间连续使用。电压大小为 $150 \sim 380V$，电流为 $5 \sim 30A$，其设备比较简单。固定电极（作阴极）和待分析试样（作阳极）之间构成分析间隙。直流电弧一般采用接触法电弧，即先将上下两个电极通上直流电，然后将电极轻轻接触，接触点因电阻很大而使电极灼热，将电极拉开，电弧即点燃。电弧点燃后，热电子流高速通过分析间隙冲击阳极，产生高热，试样蒸发并原子化，电子与原子碰撞电离出正离子冲向阴极。电子、原子和离子间的相互碰撞，使原子跃迁到激发态，返回基态时发射出该原子的光谱。

直流电弧的弧焰温度为 4000～7000K，可激发 70 多种元素。它的优点是：电极温度很高，蒸发样品量大，检出限好，尤其大电流时，可用于痕量元素分析；受样品结晶组织及历史影响较小；谱线亮度高，预燃时间短，利于提高分析速度；除了使用碳或石墨电极产生氰带光谱外，基本没有空气光谱带出现；样品形式固态、粉末均可；设备简单易操作，安全。其缺点是：弧光晃动不定，样品组成影响较严重，分析精度、准确度较差；电弧温度不足以激发难电离的元素；电极头的温度高，不适用于低熔点的轻金属分析，且样品损伤较大，在空气气氛下常产生稳定氧化物的分子光谱；放电中气态分析物密度较大，自吸效应较严重，线性分析范围较小。

B. 交流电弧

如果加在两个电极上的直流电压改为交流电压，所得电弧放电即为交流电弧。根据所加电压的高低，可分为高压交流电弧和低压交流电弧两种。前者工作电压一般为 2000～5000V，后者工作电压一般为 110～220V。

a. 高压交流电弧

高压交流电弧中，交流电源经升压变压器将电压升高到一定值后，加于分析间隙上，将有一个火花（冷阴极发射）通过弧隙而引燃辉光放电，并将电极中一些物质轰击出来，而转变为电弧放电，相应电压随之降落到 60V 左右，在整个半周期中几乎维持不变。因电流作正弦变化，每交流半周末端，电流减少，使电弧放电不能维持；当电压重新达到辉光火花放电击穿电压时，再引起下一半周的放电。这样周而复始，使放电维持下去。可见对于高压电弧放电，仅在很短时间内出现高压低电流放电，每交流半周的大部分时间内，实际上是一个低压电弧放电，它与直流电弧放电的不同点，仅在于电极极性的周期性变化。由于每半周的重复引燃常发生在阴极上的新区域，因而直流电弧放电所存在的阴极斑点无规则漂移得到抑制，而使放电的稳定性得到改善。

b. 低压交流电弧

低压交流电弧工作电压较低（110～220V），不能像高压交流电弧那样自行引燃，也不像直流电弧那样依靠两个电极相触引燃，而必须采用高频引燃装置，使其在每交流半周开始时引燃一次。

交流电弧主要分析性能和应用范围（可测的元素），均与直流电弧光源相似，它的优点、稳定性和样品组成影响也与直流电弧相似。所不同的只是每交流半周的强制引燃、放电具有间歇的性质，电弧半径的扩大受到限制，电流密度较大，因此，其放电温度比直流电弧略高，电极温度比直流电弧略低，而稳定性则优于直流电弧，因此应用范围更广泛。

（3）高压火花

火花放电是指在通常情况下，两电极间加上高电压，达到击穿电压时，在两极尖端迅速放电，产生电火花。高压火花的特点：放电瞬间能量大，产生的温度高，激发能力强，一些难激发的元素可被激发，且多为离子线；放电间隔长，使电极温度低，蒸发能力稍低，适用于低熔点金属与合金的分析；稳定性好，重现性好，适用于定量分析。缺点是灵敏度较差，但可作较高含量分析，噪声较大。

（4）等离子体光源

等离子体是物质的第四态，其电子和正离子浓度处于平衡。其行为与气体相似，但可被电磁力支配。在发射光谱中的等离子体光源，是指那些具有火焰形状的放电光源。它的外形、时间和空间分布的稳定性均与火焰相似，但温度却高得多。其大致具有三大类，包括直流等离子体喷焰（DCP）、高频等离子体炬〔电容耦合高频等离子体炬（CCP）、电感耦合高频等离子体炬（ICP）〕、微波等离子体炬〔电容耦合微波等离子体炬（CMP）、微波感生等离子体炬（MIP）〕。其中，ICP光源的研究和应用最广泛、深入，已经成为最主要的等离子体光源应用方式。

ICP的产生是利用感应加热原理，在高频电磁场作用下，使流经石英管的气体电离而形成能自持的稳定等离子体。ICP由高频发生器和等离子体炬管组成。

当高频发生器接通电源后，高频电流通过感应线圈产生交变磁场。开始时，管内为Ar气，不导电，需要用高压电火花触发，使气体电离后，在高频交流电场的作用下，带电粒子高速运动、碰撞，形成"雪崩"式放电，产生等离子体气流。在垂直于磁场方向将产生感应电流（涡电流），其电阻很小，电流很大（数百安），产生高温，又将气体加热、电离，在管口形成稳定的等离子体焰炬。

ICP光源的优点如下：①温度高，蒸发、原子化和激发能力强，可以充分挥发和原子化难熔难挥发样品。具有较高的灵敏度和稳定性。②涡电流在外表面处密度大，使表面温度高，轴心温度低，中心通道进样对等离子的稳定性影响小。有效消除自吸现象，线性范围大。③ICP中电子密度大，碱金属电离造成的影响小。④惰性气氛、不用电极，无电极污染、损耗和CN等分子发射带的影响。⑤具有良好的分析精密度，明显优于电弧和火花光源。

它也具有一定的局限性：设备费用高，Ar气耗量大；一般用于溶液样品分析，而固体和粉末样品直接分析不易，或者精度较差；存在较强的OH带光谱发射和电子-离子连续谱发射。

13.1.2.2 分光系统

分光系统的作用是将试样中待测元素的激发态原子所发射的特征光经分光后，得到按波长顺序排列的光谱，用于进一步定性和定量分析。常用的分光系统有以下两种。

（1）棱镜分光系统

多用石英棱镜为色散元件，可适用于紫外和可见光区。这种分光系统主要利用棱镜对不同波长的光具有不同折射率，复合光会被分解为单色光，达到分光的目的。

（2）光栅分光系统

其色散元件采用了光栅（通常是在一个镀铝的光学平面或凹面上刻印等距离的平行狭缝做成），利用光在光栅上产生的衍射和干涉来实现分光。光栅与棱镜相比，具有更高的色散与分辨能力，适用的波长范围宽，且色散率接近常数，谱线按波长均匀排列。缺点是有时会有"鬼线"（由于光栅刻线间隔误差使原本不该有谱线的地方出现的"伪线"）和多级衍射干扰的出现。

13.1.2.3 检测系统

（1）摄谱仪

摄谱检测系统是把感光板置于分光系统的焦平面处，通过摄谱、显影、定影等操作，将分光后的光谱记录和显示于感光板上，继而通过映谱仪放大，同标准图谱相比或通过比长计测定谱线波长，进行定性分析；通过测微光度计测量谱线强度（黑度），进行定量分析。

摄谱法的优点是：可同时记录整个波长范围谱线；分辨能力较好；可通过增加曝光时间的方法来增加谱线黑度，且可使激发不稳定时产生的波动平化。但其操作烦琐、检测速度慢。

（2）光电检测系统

光电检测系统是利用光电倍增管类的光电转换器，连接在分光系统的出口狭缝处（代替感光板），将光信号转换为电信号，再送入电子放大装置，由指示仪表直接显示，或经过模数转换，由计算机数据处理后，分析结果。有光电直读光谱仪和全谱直读光谱仪两类。

① 光电直读光谱仪。光电直读是利用光电法直接获得光谱线的强度。它分为单道扫描式和多道固定狭缝式两种类型。在光电直读光谱仪中，一个出射狭缝和一个光电倍增管构成一个测量通道，可接受一条谱线。单道扫描式是转动光栅进行扫描，在不同时间检测不同谱线。多道固定狭缝式则是安装多个通道（多达 70 个），同时测定多个元素的谱线。

② 全谱直读光谱仪。以 ICP 为光源，采用电荷注入式阵列检测器，可同时检测 165～800nm 波长范围的全部谱线。该仪器的特点是：测定元素可同时选用多条谱线；1min 内可完成 70 个元素的定量测定，以及未知样品中 70 多种元素的定性测定；全自动操作；分析精度高。

13.1.3 分析方法

（1）光谱定性分析

每个元素均可发射相应的特征谱线，利用原子发射光谱可实现元素的定性分析。其依据是：元素不同，则原子结构不同，从而光谱不同，得到相应的特征光谱。

元素发射的特征谱线有多条，在定性分析时，只要检测出几条合适的谱线即可。这些用于分析的特征谱线即为分析线，常用的分析线则是元素的灵敏线或最后线。灵敏线通常是易激发（激发电位较低）的谱线，而最后线是原子光谱中特别灵敏的谱线。

光谱的定性分析是依据光谱图中是否有元素的特征谱线出现来判定的。最常用的方法为标准光谱比较法。最常采用谱线多的铁作为对比，其在 210～660nm 范围内有数千条谱线，且分布较均匀易对比。将铁的光谱线作为标尺，将测得元素的最后线顺序（按照波长排布）标注在铁光谱相关位置上，制成元素标准光谱图。在定性分析时，将待测样和纯铁同时测试，并与标准光谱对照检查。如果待测样品谱线与标明的某元素谱线重合，则认为可能存在该元素。

（2）半定量分析

光谱的半定量分析可给出试样中元素的大致含量。在半定量分析中常采用摄谱法中的比较黑度法，该方法须配制一个基体与试样组成近似的被测元素的标准系列。对该标准系列和试样进行相同条件下的测试，随后直接比较试样与标准系列中被测元素分析线的黑度。黑度若相同，则可认为试样中元素含量与标准样品中该元素含量近似相等。

（3）定量分析

光谱的定量分析主要依据谱线强度与被测元素浓度的关系来进行。在条件一定时，谱线强度 I 与待测元素含量 c 关系为：

$$I = ac \qquad\qquad (13\text{-}5)$$

式中，a 为常数（与蒸发和激发过程等有关）。考虑到发射光谱中存在着自吸现象，需要引入自吸常数 b，则：

$$I = ac^b \qquad \lg I = b\lg c + \lg a \qquad (13\text{-}6) \& (13\text{-}7)$$

光谱定量分析方法有三种，内标标准曲线法（内标法）、摄谱法中的标准曲线法、标准加入法。

① 内标法。尤其在试样黏度大时，光源不稳定，则多使用内标法进行定量分析。内标法是相对强度法，需先选择分析线对：选择一条被测元素的谱线为分析线，再选择其他元素一条谱线为内标线，该元素为内标元素。内标元素可为试样基本元素，也可是加入一定量试样中不存在的元素。分析线与内标线组成分析线对。在被测元素光谱中选的分析线强度为 I，内标线强度为 I_0，则：

$$I = ac^b \qquad I_0 = a_0 c_0^{b_0} \qquad\qquad (13\text{-}8)$$

相对强度 R 为：

$$R = \frac{I}{I_0} = \frac{ac^b}{a_0 c_0^{b_0}} = Ac^b \qquad\qquad (13\text{-}9)$$

式中，在一定实验条件下，A 为常数。式(13-9)为内标法定量的基本关系式。

② 摄谱法中的标准曲线法。在相同条件下，将标准样品与试样进行摄谱，由标准样品分析线对的黑度差（ΔS）对 $\lg c$ 作标准曲线，再由试样分析线对的黑度差，在标准曲线上得出未知试样 $\lg c$。此即为标准曲线法。

若分析线与内标线的黑度均在正常曝光部分，可直接用分析线对黑度差 ΔS 与 $\lg c$ 建立校准曲线，即：

$$\Delta S = \gamma \lg R = \gamma b \lg c + \gamma \lg A \qquad\qquad (13\text{-}10)$$

可知，分析线与内标线黑度差与被测元素浓度的对数呈线性关系，式(13-10)为摄谱法定量分析的基本关系式。

③ 标准加入法。当无合适内标物时，采用此法。取若干体积相同的试样（c_x），依次按比例加入不同量待测物的标准溶液（c_0），浓度依次为 c_x，$c_x + c_0$，$c_x + 2c_0$，$c_x + 3c_0$，$c_x + 4c_0$，…，在相同条件下测定 R_x，R_1，R_2，R_3，R_4，…。以 R 对浓度 c 作图得直线并外延，曲线与横坐标相交即为 c_x。

13.1.4 应用

原子发射光谱分析法在物理学、化学、生物学和天文等基础学科研究中，在冶金、地矿、建材、机械、化工、食品和医药等重要国民经济部门，都有广泛用途。简述几种应用领域情况。

应用实例——近场增强原子发射光谱用于样品的亚微量分析。图 13-1 为铜基 Al 和 Pb 样品在浓度为 5％、10％、20％、40％和 50％时的近场增强原子发射光谱。随着浓度提升，谱线特征波长处的强度逐渐增强。分别以 Al 在 396.1nm 和 Pb 在 405.7nm 处的特征强度绘制校准曲线，可得到 Al 和 Pb 相应的检测下限为 3.9％和 3.6％，可用于亚微量分析。

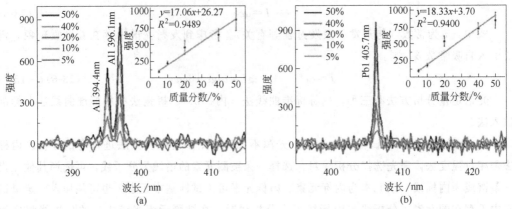

图 13-1　铜基 Al 和 Pb 在浓度为 5%、10%、20%、40% 和 50% 时的近场增强原子发射光谱

13.2　原子吸收光谱

原子吸收光谱（Atomic Absorption Spectroscopy，AAS），即原子吸收分光光度法，是基于气态的基态原子外层电子对紫外光和可见光范围的相应原子共振辐射线的吸收强度来定量被测元素含量的分析方法，是一种测量特定气态原子对光辐射吸收的方法，该方法主要适用样品中微量及痕量组分分析。

原子吸收光谱具有以下特点：①检出限低，灵敏度高。②精密度好。温度变化对测定影响较小，具有良好的稳定性和重现性。③选择性好，方法简便。基态原子为窄频吸收，元素间干扰较小，无须分离可在同一溶液中测定多种元素。④精确度高，分析速度快。⑤应用广泛。可直接测定岩矿、土壤、大气飘尘、水、植物、食品、生物组织等试样中 70 多种微量金属元素，还能用间接法测度硫、氮、卤素等非金属元素及其化合物。

该方法的局限性：多元素分析的可靠性不够高，多元素灯的稳定性、光源强度受限，应用不广；不能作结构分析，只能作组分分析；对于难熔元素、非金属元素的测定较困难。

13.2.1　基本原理

13.2.1.1　原子吸收光谱的产生

基态原子吸收其共振辐射，外层电子由基态跃迁至激发态而产生原子吸收光谱。原子吸收光谱位于光谱的紫外区和可见光区。

13.2.1.2　谱线轮廓

原子吸收光谱线并不是严格几何意义上的线（几何线无宽度），而是有相当窄的频率或波长范围，即有一定的宽度。一束不同频率强度为 I_0 的平行光通过厚度为 l 的原子蒸气，一部分光被吸收，透过光的强度 I_ν 服从吸收定律：

$$I_\nu = I_0 \exp(-K_\nu l) \tag{13-11}$$

式中，K_ν 为基态原子对频率为 ν 的光的吸收系数。

由上式可知，透射光强度 I_ν 和吸收系数及辐射频率有关。不同元素原子吸收不同频率的光，透过光强度对吸收光频率作图。原子吸收光谱线中心波长由原子能级决定。半宽度是指在中心波长的地方，极大吸收系数一半处，吸收光谱线轮廓上两点之间的频率差或波长差，半宽度受到很多实验因素的影响。影响原子吸收谱线轮廓的两个主要因素：

(1) 多普勒变宽

多普勒宽度是由于原子热运动引起的。从物理学中已知，从一个运动着的原子发出的光，如果运动方向离开观测者，则在观测者看来，其频率较静止原子所发的光的频率低；反之，如原子向着观测者运动，则其频率较静止原子发出的光的频率高，这就是多普勒效应。原子吸收光谱分析中，对于火焰和石墨炉原子吸收池，气态原子处于无序热运动中，相对于检测器而言，各发光原子有着不同的运动分量，即使每个原子发出的光是频率相同的单色光，但检测器所接受的光则是频率略有不同的光，于是引起谱线的变宽。

(2) 碰撞变宽

当原子吸收区的原子浓度足够高时，碰撞变宽是不可忽略的。因为基态原子是稳定的，其寿命可视为无限长，因此对原子吸收测定所常用的共振吸收线而言，谱线宽度仅与激发态原子的平均寿命有关，平均寿命越长，则谱线宽度越窄。原子之间相互碰撞导致激发态原子平均寿命缩短，引起谱线变宽。碰撞变宽分为两种，即赫鲁兹马克变宽和洛伦茨变宽。

赫鲁兹马克变宽是指被测元素激发态原子与基态原子相互碰撞引起的变宽，又称为共振变宽、压力变宽。在通常的原子吸收测定条件下，被测元素的原子蒸气压力很少超过 10^{-3} mmHg (1mmHg＝133.322Pa)，共振变宽效应可以不考虑；而当蒸气压力达到 0.1mmHg 时，共振变宽效应则明显地表现出来。洛伦茨变宽是指被测元素原子与其他元素的原子相互碰撞引起的变宽。洛伦茨变宽随原子区内原子蒸气压力增大和温度升高而增大。

除上述因素外，影响谱线变宽的还有其他一些因素，例如场致变宽、自吸效应等。但在通常的原子吸收分析实验条件下，吸收线的轮廓主要受多普勒和洛伦茨变宽的影响。在 2000～3000K 的温度范围内，原子吸收线的宽度约为 10^{-3}～10^{-2} nm。

13.2.1.3　测量

(1) 积分吸收

在吸收线轮廓内，吸收系数的积分称为积分吸收系数，简称为积分吸收，它表示吸收的全部能量。从理论上可以得出，积分吸收与原子蒸气中吸收辐射的原子数成正比。

(2) 峰值吸收

1955 年 Walsh A 提出，在温度不太高的稳定火焰条件下，峰值吸收系数与火焰中被测元素的原子浓度也成正比。吸收线中心波长处的吸收系数 K_v 为峰值吸收系数，简称峰值吸收。前面指出，在通常原子吸收测定条件下，原子吸收线轮廓取决于多普勒宽度峰值吸收系数与原子浓度成正比。

(3) 锐线光源

峰值吸收的测定是至关重要的，在分子光谱中光源都是使用连续光谱的光源，连续光谱的光源很难测准峰值吸收，Walsh 还提出用锐线光源测量峰值吸收，从而解决了原子吸收的实用测量问题。

锐线光源是发射线半宽度远小于吸收线半宽度的光源，如空心阴极灯。在使用锐线光源时，光源发射线半宽度很小，并且发射线与吸收线的中心频率一致。这时发射线的轮廓可看作一个很窄的矩形，即峰值吸收系数 K_v 在此轮廓内不随频率而改变，吸收只限于发射线轮廓内。这样，一定的 K_0 即可测出一定的原子浓度。

13.2.2 仪器

原子吸收分光光度计由光源、原子化器、分光器、检测系统等四个部分组成，如图13-2所示。

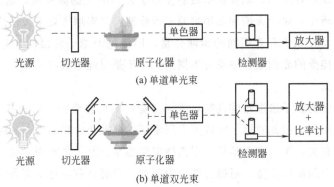

(a) 单道单光束

(b) 单道双光束

图13-2　原子吸收分光光度计示意图

（1）光源

光源的功能是发射被测元素的特征共振辐射。对光源的基本要求是：发射的共振辐射的半宽度要明显小于吸收线的半宽度；辐射强度大；背景低，低于特征共振辐射强度的1%；稳定性好，30min之内漂移不超过1%；噪声小于0.1%；使用寿命长于5A·h。多用空心阴极灯等锐线光源，空心阴极灯以分析元素为阴极材料，如测定铜的灯以纯铜为阴极。

空心阴极灯虽然提供了原子吸收光谱测量所需的共振线辐射，但同时还辐射了其他不作吸光度测量的许多谱线，这些谱线包括分析元素除分析线外的其他发射线、惰性气体发射线、阴极材料中杂质的谱线、阴极材料衬底的谱线等，所有这些与基态原子光吸收测量无关的谱线，需要用单色器隔除。单色器应能有效地隔除分析线最邻近的非测量线，这通过选择单色器光谱通带宽度来实现。

（2）原子化器

原子化器的功能是提供能量，使试样干燥、蒸发和原子化。在原子吸收光谱分析中，试样中被测元素的原子化是整个分析过程的关键环节。实现原子化的方法，最常用的有两种：一种是火焰原子化法（火焰原子化器），是原子光谱分析中最早使用的原子化方法，至今仍在广泛地应用；另一种是非火焰原子化法，其中应用最广的是石墨炉电热原子化法。

火焰原子化是使样品溶液变成原子蒸气的一种理想方法。火焰法简单便宜、易操作，可为原子吸收提供一个相对稳定的条件。此外，分析精度高，重现性好，应用非常广泛。但该方法的原子化效率低，通常只可以液体进样。

非火焰法可以减少火焰中化学反应引起的干扰，拓宽进样样品状态（如固体）。非火焰法包括阴极溅射法、石墨炉法、脉冲灯法、激光法、等离子体法、固体喷射燃料法等。

此外，还有低温原子化方法，其原子化温度为室温至数百摄氏度。常用的有汞低温原子化及氢化物原子化法。

（3）分光器

分光器由入射和出射狭缝、反射镜和色散元件组成，其作用是将所需要的共振吸收线分离出来。分光器的关键部件是色散元件，商品仪器都是使用光栅。原子吸收光谱仪对分光器的分辨率要求不高，曾以能分辨开镍三线 Ni 230.003nm、Ni 231.603nm、Ni 231.096nm 为标准，后采用 Mn 279.5nm 和 Mn 279.8nm 代替 Ni 三线来检定分辨率。光栅放置在原子化器之后，以阻止来自原子化器内的所有不需要的辐射进入检测器。

（4）检测系统

检测系统主要由检测器、放大器、对数变换器、显示记录装置组成。其作用是将分光器分出的光信号转换成电信号，如光电池、光电倍增管、光敏晶体管等。原子吸收光谱仪中广泛使用的检测器是光电倍增管，一些仪器也采用电荷耦合器件（CCD）作为检测器。它的原理是分光后的光照射到光敏阴极上，轰击出的光电子又射向光敏阴极，轰击出更多光电子，依次倍增，使得最后放出的光电子比最初多 10^6 倍以上，最大电流可达 $10\mu A$，电流经负载电阻转变为电压信号送入放大器。放大器会将光电倍增管输出的弱信号，经电子线路进一步放大。对数变换器再对光强度和吸光度进行转换，测量的吸光度值可用读数装置显示或用记录仪记录，也可用微机处理。

13.2.3　干扰与去除

总体而言，原子吸收光谱法的干扰是比较小的，但在实际工作时还是不能被忽视的。干扰主要有物理干扰、化学干扰、电离干扰、光谱干扰以及分子吸收干扰。

（1）物理干扰

物理干扰是指试样在转移、蒸发过程中任何物理因素变化而引起的干扰效应。属于这类干扰的因素有：试液的黏度、溶剂的蒸气压、雾化气体的压力等。物理干扰是非选择性干扰，对试样各元素的影响基本是相似的。

配制与被测试样相似的标准样品，是消除物理干扰的常用的方法。在不知道试样组成或无法匹配试样时，可采用标准加入法或稀释法来减小和消除物理干扰。

（2）化学干扰

化学干扰是指待测元素与其他组分之间的化学作用所引起的干扰效应，它主要影响待测元素的原子化效率，是原子吸收分光光度法中的主要干扰来源。它是由于液相或气相中被测元素的原子与干扰物质组成之间形成热力学更稳定的化合物，从而影响被测元素化合物的解离及其原子化。

消除化学干扰的方法有：化学分离；使用高温火焰；加入释放剂和保护剂；使用基体改进剂等。

（3）电离干扰

在高温下原子电离，使基态原子的浓度减少，引起原子吸收信号降低，此种干扰称为电离干扰。电离效应随温度升高、电离平衡常数增大而增大，随被测元素浓度增高而减小。加入更易电离的碱金属元素，可以有效地消除电离干扰。

（4）光谱干扰

光谱干扰包括谱线重叠、光谱通带内存在非吸收线、原子化池内的直流发射、分子吸收、光散射等。当采用锐线光源和交流调制技术时，前 3 种因素一般可以不考虑，主要考虑分子吸收和光散射的影响，它们是形成光谱背景的主要因素。可以通过调节狭缝、换用纯度更高的单元素灯等方式来抑制干扰。

（5）分子吸收干扰

分子吸收干扰是指在原子化过程中生成的气体分子、氧化物及盐类分子对辐射吸收而引起的干扰。光散射是指在原子化过程中产生的固体微粒对光产生散射，使被散射的光偏离光路而不为检测器所检测，导致吸光度偏高。

13.2.4 分析方法

实验条件一定时，各有关参数都是常数，吸光度为

$$A = kc \tag{13-12}$$

式中，A 为吸光度；c 为浓度；k 为常数。该式为原子吸收测量的基本关系式。

13.2.4.1 分析条件的选择

在原子吸收光谱法中，分析条件的选择对测定的准确度和灵敏度均有较大影响。特别是对微量或痕量组分分析时，都会考虑分析的灵敏度和检出限，它们是评价该分析方法与检测仪器的重要指标。必须选择合适的分析条件，才能得到满意的分析结果。

（1）灵敏度

灵敏度 S 是指在一定浓度时，测定的吸光度的增量 ΔA 与相应的待测元素浓度（或质量）增量（Δc 或 Δm）的比值：

$$S_c = \Delta A / \Delta c \quad 或 \quad S_m = \Delta A / \Delta m \tag{13-13}$$

（2）检出限

在适当置信度下，能检测出的待测元素的最小浓度或最小量为检出限。用接近于空白的溶液，经若干次（10～20 次）重复测定，所得吸光度的标准偏差的 3 倍可求得检出限。

（3）条件选择

选择测定条件时要注意：一般选待测元素的共振线作为分析线，测量高浓度时，也可选次灵敏线；无邻近干扰线时，选较大的通带，反之选较小的通带；在保证有稳定、足够的辐射光通量时，尽量选较低的电流；依据不同试样元素选不同火焰类型；调节观测高度，可使元素通过自有原子浓度最大的火焰区，灵敏度高，观测稳定性好。

13.2.4.2 定量分析方法

标准曲线法是最常用的分析方法。测试时，需要配制一组含不同浓度被测元素的标准溶液，在完全相同的测定条件下，依浓度由低到高顺序测定吸光度，绘制吸光度 A 与浓度 c 的工作曲线。再测定试样的吸光度，在标准曲线上用内插法求得被测元素的含量。

标准加入法常在配制与试样组成一致的标准样品困难时采用。分别取几份相同量的被测试液，分别加入不同量被测元素的标准溶液，其中一份不加被测元素的标准溶液，随后稀释至相同体积，使溶液浓度为 c_x、$c_x + c_0$、$c_x + 2c_0$、$c_x + 3c_0$、$c_x + 4c_0$、…，随后分别测定吸光度。以加入标准溶液浓度与吸光度绘制标准曲线，再将其外推至横坐标相交，交点至坐标原点的距离 c_x，即为被测元素经稀释后的浓度。

13.2.5 应用

原子吸收光谱是分析化学领域中一种极其重要的分析方法，已广泛应用于各个领域，对工业、农业、医药卫生、教学科研等发展起着积极的作用。

应用实例——自然水体中稀土元素的测定。稀土元素可以在一氧化二氮-乙炔火焰中电离，而氯化钾可以抑制这种电离，因此实验制备了 KCl 浓度为 0.1％、0.5％和 1％（m/V）三种浓度的稀土元素溶液，以确定最佳电离缓冲液浓度。图 13-3(a) 为典型的稀土元素原子吸收光谱，图 13-3(b) 为不同 KCl 浓度下的吸收强度统计。在 0.1％和 1％（m/V）时，测量得到的稀土元素 Nd、Tb、Sm 和 Y 之间的分析信号较小。因此，对所有稀土元素选择 KCl 浓度为 0.5％（m/V）。进而通过对一系列浓度溶液的吸收强度建立校准曲线，实现对水体中稀土元素的定量测定。

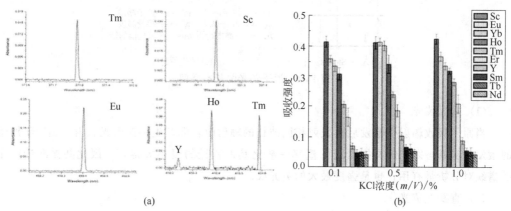

(a)　　　　　　　　　　　　(b)

图 13-3　典型原子吸收光谱（a）及其稀土元素在不同 KCl 浓度下的吸收强度（b）

13.3　原子荧光光谱

原子荧光光谱是 1964 年以后发展起来的分析方法。它是以原子在辐射能激发下发射的荧光强度进行定量分析的发射光谱分析法，所用仪器与原子吸收光谱法相近。它将待测样品由原子化器原子化后，再经过激发光束照射后被激发，属于冷激发或称为光激发。因此可以认为，原子荧光分析法是原子发射光谱和原子吸收光谱的综合和发展。

13.3.1 基本原理

原子荧光是原子蒸气受特征波长的光源照射后，其中一些自由原子被激发跃迁至较高能态，随后再激发跃迁至某一较低能态（常常是基态）而发射出特征光谱的物理现象。当激发辐射的波长与所产生的荧光波长相同时，这种荧光称为共振荧光，它是原子荧光分析中最常用的一种荧光。如果自由原子由其一能态经激发跃迁到较高能态，去激发而跃迁到不同于原来能态的另一较低能态，就有各种不同类型的原子荧光出现。

原子荧光类型多达十四种，但应用在分析上的主要有共振荧光、直跃线荧光、阶跃线荧光、Anti-Stokes 荧光和敏化荧光，这五种是原子荧光最基本的转换形式，其原理如图 13-4 所示，并简述如下：

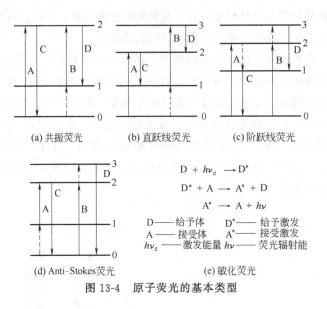

(a) 共振荧光　　　(b) 直跃线荧光　　　(c) 阶跃线荧光

$$D + h\nu_e \longrightarrow D^*$$
$$D^* + A \longrightarrow A^* + D$$
$$A^* \longrightarrow A + h\nu$$

D——给予体　　　D^*——给予激发
A——接受体　　　A^*——接受激发
$h\nu_e$——激发能量　$h\nu$——荧光辐射能

(d) Anti-Stokes荧光　　　　(e) 敏化荧光

图 13-4　原子荧光的基本类型

（1）共振荧光

当原子吸收辐射受激发后再发射相同波长的辐射时，即产生共振荧光。由于相应于原子的激发态和基态之间的共振跃迁的概率一般比其他跃迁的概率大得多，因此共振跃迁产生的谱线对分析最有用，也是强度最大的荧光线。

（2）直跃线荧光

当价电子从基态跃迁到高能态时，再由高能态跃回较低的激发能态（不回到基态），所发射的应该称为直跃线荧光，如 Pb 405.78nm。只有基态是多重态时，才能产生直跃线荧光。

（3）阶跃线荧光

阶跃线荧光是激发态原子先以非辐射形式去活化回到较低的激发态，再以辐射形式去活化回到基态而发射的荧光；或者是原子受辐射激发到中间能态，再经热激发到高能态，然后通过辐射方式去活化回到低能态而发射的荧光。前一种阶跃线荧光称为正常阶跃线荧光，如 Na 589.6nm，后一种阶跃线荧光称为热助阶跃线荧光，如 Bi 293.8nm。这种非辐射过程是原子在原子化器中与其他粒子碰撞去激化的过程。

（4）Anti-Stokes 荧光

当荧光线波长比激发线短时就产生 Anti-Stokes 荧光。处于比基态稍高能级上的原子被激发到较高的能级，然后辐射跃迁至基态时，或当处于基态的原子被激发到一定电子态，然后通过吸收火焰中的热能再上升到一稍高的电子态，最后以辐射跃迁至基态时，就产生热助 Anti-Stokes 荧光。

（5）敏化荧光

被外部光源激发的原子或分子（给予体）通过碰撞把自己的激发能量转移给待测原子（接受体），然后接受体通过辐射去活化而发出原子荧光，即为敏化荧光。

13.3.2 仪器

原子荧光分析仪分为非色散型原子荧光分析仪与色散型原子荧光分析仪。这两类仪器的结构基本相似，差别在于单色器部分。

① 激发光源　可用连续光源或锐线光源。常用的连续光源是氙弧灯，常用的锐线光源是高强度空心阴极灯、无极放电灯、激光等。连续光源稳定，操作简便，寿命长，能用于多元素同时分析，但检出限较差。锐线光源辐射强度高、稳定，可得到更好的检出限。

② 原子化器　原子荧光分析仪对原子化器的要求与原子吸收光谱仪基本相同。对原子化器的主要要求是：被测原子的密度大；被测原子在光路上有较长停留时间；挥发效率高（避免光散射）；猝灭性质较低；被测原子或背景的辐射低；均匀性和结构稳定性好；重现性好；操作简便。

③ 光学系统　光学系统的作用是充分利用激发光源的能量和接收有用的荧光信号，减少和除去杂散光。色散系统对分辨能力要求不高，但要求有较大的集光本领，常用的色散元件是光栅。非色散型仪器的滤光器用来分离分析线和邻近谱线，降低背景。非色散型仪器的优点是照明立体角大，光谱通带宽，集光本领大，荧光信号强度大，仪器结构简单，操作方便，缺点是散射光的影响大。

④ 检测器　常用的是光电倍增管，在多元素原子荧光分析仪中，也用光导摄像管、析像管作检测器。检测器与激发光束成直角配置，以避免激发光源对检测原子荧光信号的影响。

13.3.3 原子荧光光谱法的优点

① 有较低的检出限，灵敏度高。特别对 Cd、Zn 等元素有相当低的检出限，Cd 可达 $0.001ng/cm$、Zn 为 $0.04ng/cm$。现已有 20 多种元素低于原子吸收光谱法的检出限。由于原子荧光的辐射强度与激发光源成比例，采用新的高强度光源可进一步降低其检出限。

② 干扰较少，谱线比较简单，采用一些装置，可以制成非色散原子荧光分析仪。这种仪器结构简单，价格便宜。

③ 分析校准曲线线性范围宽，可达 3～5 个数量级。

④ 由于原子荧光是向空间各个方向发射的，比较容易制作多道仪器，因而能实现多元素同时测定。

13.3.4 应用

原子荧光光谱分析法具有设备简单、灵敏度高、光谱干扰少、工作曲线线性范围宽、可以进行多元素测定等优点。在地质、冶金、石油、生物医学、地球化学、材料和环境科学等各个领域内获得了广泛的应用。

应用实例——测定锑在瓶装水中的迁移特性。采用原位介质阻挡放电预浓缩结合原子荧光光谱进行测定，为了验证其有效性，在有无介质阻挡放电捕集的氢化物生成系统中分别加入 2mL $10\mu g/L$ 的锑标准。这些结果如图 13-5 所示。在没有介质阻挡放电陷阱的情况下，锑信号具有宽而低的峰值。然而，有介质阻挡放电捕获的锑信号更尖锐、更高，峰值面积几乎相等，两者之比为 1：0.96。这一对比说明，该方法提升了分析灵敏度。

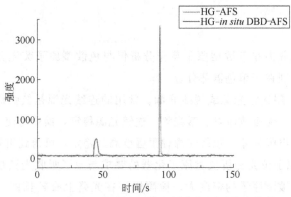

图 13-5　锑有无介质阻挡放电俘获的原子荧光信号

13.4　紫外-可见分光光度法

　　紫外-可见分光光度法是在 190～800nm 波长范围内测定物质的吸光度，用于鉴别、杂质检查和定量测定的方法。当光穿过被测物质溶液时，物质对光的吸收程度随光的波长不同而变化。因此，通过测定物质在不同波长处的吸光度，并绘制其吸光度与波长的关系图即得被测物质的吸收光谱。从吸收光谱中，可以确定最大吸收波长 λ_{max} 和最小吸收波长 λ_{min}。物质的吸收光谱具有与其结构相关的特征性。因此，可以通过特定波长范围内样品的光谱与对照光谱或对照品光谱的比较，或通过确定最大吸收波长，或通过测量两个特定波长处的吸收比值而鉴别物质。紫外-可见分光光度法已广泛用于有机和无机化合物的定性和定量分析，具有仪器普及、操作简单且灵敏度较高等优点。

13.4.1　基本原理

　　紫外-可见分光光度法测得的紫外-可见吸收光谱，是由成键原子的分子轨道中电子跃迁产生的，分子的紫外吸收和可见吸收光谱区域依赖于分子的电子结构。其原理是：单色光辐射穿过被测物质溶液时，在一定的浓度范围内被该物质吸收的量与该物质的浓度和液层的厚度（光路长度）成正比，其关系可以用 Lambert-Beer 定律表述如下：

$$A = \lg \frac{1}{T} = kcl \tag{13-14}$$

　　式中，A 为吸光度；T 为透光率；k 为吸收系数，其物理意义为当溶液浓度为 1%（g/mL）、液层厚度为 1cm 时的吸光度；c 为溶液浓度；l 为液层厚度。

　　物质对光的选择性吸收波长，以及相应的吸收系数是该物质的物理常数。在一定条件下，物质的吸收系数是恒定的，且与入射光的强度、吸收池厚度及样品浓度无关。

13.4.2　基本概念

13.4.2.1　有机化合物的紫外-可见吸收光谱

根据分子轨道理论，在有机化合物分子中有三种不同性质的价电子（光谱电子或跃迁电子）：形成单键的 σ 电子、形成双键或三键的 π 电子和分子中未成键的 n 电子。当分子处于基态时，成键 σ 电子和 π 电子占据分子的成键轨道，未成键的 n 电子占据分子的非键轨道。当分子选择性地吸收紫外-可见光能后，价电子（σ、π、n）跃迁到能量较高的反键轨道，即 σ* 反键轨道和 π* 反键轨道。分子中各种轨道能量的高低次序为

$$\sigma^* > \pi^* > n > \pi > \sigma$$

分子中的价电子吸收光能后产生激发跃迁，主要有四种类型，其如图 13-6 所示。

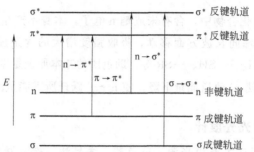

图 13-6　有机化合物分子中的电子能级和跃迁的主要类型

（1）σ→σ* 跃迁

在有机化合物中，由单键构成的化合物，如饱和烃类能产生 σ→σ* 跃迁。引起 σ→σ* 跃迁所需能量很多，因此产生的吸收峰出现在远紫外区（λ＜200nm）。由于饱和烃类在近紫外-可见光区内无吸收带，常采用饱和烃类化合物为其分析溶剂，如正己烷、正庚烷等。

（2）n→σ* 跃迁

含有未共用电子对（即 n 电子）杂原子（如 O、N、S、X 等）的饱和烃类都可发生 n→σ* 跃迁。n→σ* 跃迁所需能量小于 σ→σ* 跃迁，其吸收波长一般在 150～250nm 区域，其中大多数吸收峰仍低于 200nm。

（3）π→π* 跃迁

凡是含有双键或三键的不饱和有机化合物都会产生 π→π* 跃迁。π→π* 跃迁在非共轭体系中对应的波长在 160～190nm，吸收强度较大。

（4）n→π* 跃迁

n→π* 跃迁发生在含有不饱和键的杂原子化合物中，n→π* 电子跃迁所需能量最小，吸收峰波长大于 200nm，但吸收强度很弱。

13.4.2.2　无机化合物的紫外-可见吸收光谱

无机化合物吸收光谱一般用于研究金属离子配合物。其电子跃迁可发生在金属离子的原子轨道之间，也可发生在有机配体的分子轨道之间，还可发生在以上两种轨道之间。

① 过渡金属离子的吸收光谱（d-d 跃迁）；

② 镧系和锕系元素离子的吸收光谱（f-f 跃迁）；

③ 电荷转移吸收光谱。

13.4.2.3　共轭吸收和吸收光谱

有机化合物中只含一个双键的乙烯，其 π→π* 跃迁的吸收波长为 170nm，处于远紫外区。如有两个或两个以上的双键共轭，根据分子轨道理论，最高占有轨道能量逐渐升高，最

低空轨道能量逐渐降低，所以 π 电子跃迁所需能量逐渐减小，吸收峰逐渐红移。如果共轭基团中含有 n 电子，由于 n-π 共轭效应，也可使体系的 π→π* 跃迁和 n→π* 跃迁能量降低，吸收波长红移。

13.4.2.4　生色团和助色团

① 生色团。在有机化合物中，含有不饱和键、能吸收紫外-可见光产生 π→π* 或 n→π* 跃迁的基团称为生色团。例如 $\mathrm{C=C}$，$-\mathrm{C}\equiv\mathrm{C}-$，$\mathrm{C=O}$，$-\mathrm{N=N}-$ 等。

② 助色团。在有机化合物中，含有未成键 n 电子，本身不产生吸收峰，但与生色团相连时，能使生色团吸收峰向长波方面移动，吸收强度增大的含杂原子的基团称为助色团，如—OH、—OR、—NH₂、—SH、—SR 等。助色团的基本原理是杂原子中的 n 电子与 π 电子产生 n-π 共轭作用，使 π* 轨道能量下降，使 n→π* 跃迁所需能量减小，吸收波长红移。

13.4.3　紫外-可见分光光度计

紫外-可见分光光度计主要由光源、单色器、样品池、检测器和记录显示装置五部分组成。

① 光源。必须具有稳定的、有足够输出功率的、能提供仪器使用波段的连续光谱，且具有较长的使用寿命。常见的光源有两大类：

钨灯或卤钨灯。钨灯是固体炽热发光，又称白炽灯。作为可见光源，其波长范围是 350～1000nm。卤钨灯是钨灯灯泡内充碘或溴的低压蒸气，比钨灯发光强度大，寿命也较长。

气体放电光源，如氢灯或氘灯。可发射 150～400nm 的紫外连续光谱，具有石英窗或用石英灯管制成，用作紫外区光源。

② 单色器。它由入射、出射狭缝，透镜系统和色散元件（棱镜或光栅）组成，是用以产生高纯度单色光束的装置，其功能包括将光源产生的复合光分解为单色光和分出所需的单色光束。

③ 样品池，又称吸收池。供盛放试液进行吸光度测量之用，分为石英池和玻璃池两种，前者适用于紫外到可见区，后者只适用于可见区。容器的光程一般为 0.5～10cm。用作盛放参比溶液与样品溶液的吸收池应匹配。在测定吸光系数或利用吸光系数进行定量分析时，吸收池还需有准确的厚度（光程），或使用同一只吸收池。

④ 检测器，又称光电转换器。常用的有光电池、光电管或光电倍增管，光电倍增管更灵敏，特别适用于检测较弱的辐射。近年来还使用光导摄像管或光电二极管矩阵作检测器，具有快速扫描的特点。

⑤ 记录显示装置。检测器探测到的电信号较弱，需经过放大处理才能以某种方式将测量结果显示处理。一般显示为透光率或吸光度，也有的转换成浓度和吸光系数等。这部分装置发展较快。较高级的光度计，常备有微处理机、荧光屏显示和记录仪等，可将图谱、数据和操作条件都显示出来。

紫外-可见分光光度计分为两大类，即单波长分光光度计和双波长分光光度计，单波长分光光度计又可分为单光束和双光束两类。

13.4.4 紫外-可见分光光度法的分析及应用

紫外-可见分光光度法在对物质的定性分析、结构分析和定量分析方面都有广泛应用。

13.4.4.1 定性分析

以紫外-可见分光光度法鉴定有机化合物时，通常是在相同测定条件下，比较未知物与已知标准物的紫外光谱。此时，配制溶剂、溶液浓度以及工作条件均相同。若谱图（吸收峰数目、波长、吸光度、吸收峰形状等）相同，则可认为待测样品与已知化合物具有相同的生色团、助色团，可能是同类化合物。如果有机化合物在紫外-可见光谱区无明显吸收峰，而杂质有较强吸收峰，则可对其进行纯度鉴定。此外，对于化合物中官能团和共轭体系的推断，也可采用紫外-可见分光光度法。

13.4.4.2 结构分析

具有相同化学组成的异构体的紫外吸收光谱具有一定的差异，也可根据光谱差异对异构体进行判别。例如对互变异构体、顺反异构体的分析推断。

13.4.4.3 定量分析

定量分析的依据是 Lambert-Beer 定律。当物质的最大吸收波长一定时，吸光度与其浓度呈线性关系。

① 微量单组分定量分析。标准对比法：在相同工作条件下，测定试样溶液吸光度 A_x 和已知浓度的标准溶液吸光度 A_s，由标准溶液的浓度 c_s 得出试样中被测物的浓度 c_x。该方法简便，但误差较大。只有当 c_s 和 c_x 在 A-c 曲线的直线范围内，且两者接近时，测定结果才较为准确。

标准曲线法又称为校准曲线法或工作曲线法。首先配制一系列不同浓度的标准溶液，并配制相应的参比溶液和试样溶液，在相同条件下测定标准系列溶液的吸光度，绘制吸光度-浓度曲线（A-c 曲线），即为标准曲线。在相同条件下测定试样溶液的吸光度，并在曲线上找对应的浓度即可。

② 微量多组分定量分析。根据吸光度的加和性，当两种或多种组分共存、组分间不发生化学反应时，可根据各组分吸收曲线相互重叠的情况选择适当的测定方法。

③ 双波长法。

④ 配合物组成及其稳定常数的测定。

⑤ 酸碱离解常数的测定。

13.4.4.4 应用

紫外-可见分光光度法在印染工业、食品研究、照明明胶研究、稀土微肥研究等领域具有广泛的应用。

应用实例——测定食品中香兰素的含量。用铜香兰素的吸收光谱法测定香兰素的含量，在 $250 \sim 550nm$ 波长范围内扫描，如图 13-7 所示。Cu(Ⅱ)-香兰素的最大吸光度在 310nm 处被观察到。测量时以样品空白的吸光度进行校正。

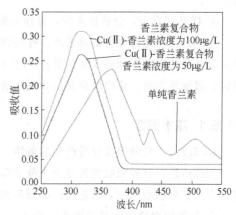

图 13-7　含铜和不含铜时香兰素的
紫外-可见分光光谱分析

确定了波长后，在 310nm 处对影响络合物形成和微萃取效率的实验变量进行了监测和优化，并建立校准曲线，实现对香兰素含量的测定。

13.5 红外光谱

分子能选择性吸收某些波长的红外线，而引起分子中振动能级和转动能级的跃迁，检测红外线被吸收的情况可得到物质的红外吸收光谱，又称分子振动光谱或振转光谱。在分子中，组成化学键或官能团的原子处于不断振动的状态，其振动频率与红外光的振动频率相当。所以，用红外光照射有机物分子时，分子中的化学键或官能团可发生振动吸收，不同的化学键或官能团吸收频率不同，在红外光谱上将处于不同位置，从而可获得分子中含有何种化学键或官能团的信息。红外吸收光谱分析主要研究分子结构与红外吸收光谱的关系，根据红外吸收峰的数目、位置和形状，可以推断物质分子的化学结构，根据特征吸收峰的强度可以测定物质中各组分的含量。

通常将红外光谱分为三个区域：近红外区（$0.75\sim2.5\mu m$）、中红外区（$2.5\sim25\mu m$）和远红外区（$25\sim1000\mu m$）。一般说来，近红外光谱是由分子的倍频、合频产生的，中红外光谱属于分子的基频振动光谱，远红外光谱则属于分子的转动光谱和某些基团的振动光谱。由于绝大多数有机物和无机物的基频吸收带都出现在中红外区，因此中红外区是研究和应用最多的区域。

红外吸收光谱分析具有以下特点：

① 适用于分子在振动中伴随有偶极矩变化的化合物，特别是有机化合物。除了单原子分子和同核分子，如 Ar、He、N_2 和 O_2 等，几乎所有有机化合物都可用红外吸收光谱进行分析研究。

② 具有特征性。依据分子红外光谱的特征和强度，可进行结构分析、定量分析和纯度鉴定。

③ 不受样品相态限制。气体、液体、固体样品均可测定，是一种对样品非破坏性的分析方法。

④ 样品用量少，分析速度快，操作方便。

当然，红外光谱也有其局限性。有些物质不能产生红外吸收峰，不能用该方法鉴定。此外定量分析的准确度和灵敏度与紫外-可见吸收光谱分析相比较低。对于复杂化合物的结构测定，需紫外光谱、质谱以及核磁共振波谱等配合分析。

13.5.1 基本原理

13.5.1.1 红外吸收光谱产生的条件

如前所述，红外吸收光谱是由于分子振动能级的跃迁产生的，但并不是所有的分子振动都能产生红外吸收光谱，若想实现必须具备两个条件：

① 红外辐射恰好满足能级跃迁所需能量。即红外光照射分子时，红外辐射频率和分子中某基团的振动频率一致，才可被分子吸收。

② 物质分子在振动过程中应有偶极矩的变化，即辐射与物质之间需要有耦合作用。只有偶极矩发生变化的振动才能吸收红外辐射，从而在红外光谱中出现吸收光谱带。电荷分配不均匀的分子存在偶极矩，当发生振动时，伴随着偶极矩变化，从而交变的电场与红外辐射的交变电磁场发生相互作用，便产生红外吸收。

13.5.1.2 分子的振动

（1）分子振动方程式

分子中的原子以平衡点为中心，以非常小的振幅作周期性的振动，即简谐振动。双原子分子的简谐振动类似于连接弹簧的两球。两小球的质量分别为 m_1 和 m_2，即原子质量，弹簧长度为 r，即分子化学键长。利用胡克定律可知其振动频率为：

$$\nu = \frac{1}{2\pi} \sqrt{\frac{k}{\mu}} \tag{13-15}$$

式中，k 为力常数，与键能和键长有关，N/cm；ν 为振动频率；μ 为双原子的折合质量。化学键键强越强（即键的力常数 k 越大），原子折合质量越小，化学键的振动频率越大，则吸收峰就会在高频率区出现。

（2）分子振动的形式

双原子振动是最简单的，只发生在连接两原子的直线方向上，且只有一种相对伸缩的振动形式。对于多原子分子的振动，则可分解为许多简单的基本振动。而振动形式归纳起来有两类，即：

A. 伸缩振动

在伸缩振动过程中，原子沿着化学键方向伸缩，键长发生变化而键角不变，用符号 ν 表示。双原子 AX 型，其伸缩振动属于面内伸缩振动，用 ν_β 表示。三原子伸缩振动 AX_2 型，也属于面内伸缩振动，存在对称和非对称伸缩振动两种，用符号 ν_s 和 ν_{as} 表示。四原子的伸缩振动 AX_3 型属于面外伸缩振动 ν_γ，也存在对称和非对称之分。

B. 变角振动

在变角振动中，原子间键角发生周期变化而键长不变，用符号 δ 表示。也有面内 β、面外 γ 变形振动等形式。面内变形振动又分为剪式振动和面内摇摆振动，面外变形振动又分为面外摇摆振动和扭曲变形振动。

（3）分子振动自由度

基本振动的数目称为振动自由度。对于原子数为 n 的分子而言，每个原子在空间均有 3 个自由度，那么 n 个原子组成的分子共有 $3n$ 个振动自由度，其质心位置需要 3 个空间坐标 $(x，y，z)$ 来确定，若分子是非直线的，则需 3 个坐标确定分子在空间的取向。若为直线分子，2 个坐标可确定分子的取向。非线性分子的平动和转动自由度需 6 个坐标确定，而直线分子需 5 个。因此，非直线分子的振动形式有 $(3n-6)$ 种，直线分子则有 $(3n-5)$ 种。

13.5.1.3 峰数与峰强

峰数与分子振动自由度有关，理论上分子的每个基本振动都对应一定的振动频率。但实际上，有机化合物的红外吸收峰数通常小于振动自由度。原因包括：分子振动能否在红外光谱中出现与偶极矩的变化有关，通常对称性强的分子不出现红外光谱；有些振动形式频率相同，产生简并；仪器分辨率不够，频率相近或弱峰不能检测出来；分子振动间的相互作用产生倍频峰和组频峰，统称为泛频峰，它的强度很弱又存在重叠，很难检测出来。

峰强取决于分子振动时偶极矩的变化。根据量子理论，红外光谱的吸收强度与分子振动时偶极矩变化的平方成正比。而偶极矩与分子结构对称性也有关。对称性越高，分子偶极矩变化越小，吸收强度也越弱。对称性不高的基团，如 C—X、C=O 等振动具有较大的吸收强度，而对称性高的基团吸收强度较小。红外光谱吸收峰的强度一般用很强（vs）、强（s）、中等（m）、弱（w）、很弱（vw）来描述。

13.5.1.4 基团频率

与一定的结构单元相联系的振动频率称为基团频率，基团频率特征性是红外光谱的最大特点。大量的研究结果表明：不同分子中同类型基团的振动频率是非常相近的，均出现一个较窄的吸收谱带，称为基团频率；而分子结构的微小变化，可在指纹区找到细微吸收频率差异。

（1）基团频率区（4000～1300cm^{-1}）

中红外广谱区（4000～200cm^{-1}）可分为 4000～1300cm^{-1} 和 1300～400cm^{-1} 两大区。最有分析价值的频率在 4000～1300cm^{-1} 之间，称为基团频率区或官能团区。该区内吸收峰比较稀疏，易辨认，主要反映分子中特征基团的伸缩振动，常用于鉴定官能团。

4000～2500cm^{-1} 区为 X—H 伸缩振动区，X 可为 O、C、N、S 原子。O—H 基的伸缩振动出现在 3650～3200cm^{-1} 范围，可作为判断有无醇类、酚类和有机酸类的重要依据。胺和酰胺的 N—H 伸缩振动也出现在 3500～3100cm^{-1} 范围，可能对 O—H 伸缩振动有干扰，但峰强和峰形不同，可以区分。C—H 的伸缩振动可分为不饱和和饱和两种。不饱和键上的 C—H 键，如苯环、双键和三键上的 C—H 键，其伸缩振动峰出现在 3000cm^{-1} 以上，用来判断化合物是否含有不饱和 C—H 键。而在饱和键上的 C—H 键，如—CH$_3$、—CH$_2$、—CH，其伸缩振动在 3000cm^{-1} 以下，3000～2800cm^{-1} 范围，取代基对其影响小。如—CH$_3$ 伸缩振动出现在 2960cm^{-1}（ν_{as}）和 2870cm^{-1}（ν_s）附近，—CH$_2$—伸缩振动出现在 2930cm^{-1}（ν_{as}）和 2850cm^{-1}（ν_s）附近，—CH—伸缩振动出现在 2890cm^{-1} 附近，但强度较弱。

2500～1900cm^{-1} 区为三键和累积双键区。此范围红外吸收光谱带较少，只有—C≡C—、—C≡N 等三键的伸缩振动和 C=C=C，N=C=O 等累积双键的不对称伸缩振动出现，易于辨认。

1900～1200cm^{-1} 区为双键伸缩运动区，该区域主要包括三种伸缩振动。C=O 的伸缩振动出现在 1900～1650cm^{-1}，往往是红外图谱中最强的吸收，且干扰吸收峰很少，因此很容易判断；C=C 的伸缩振动常出现在 1680～1620cm^{-1}，一般较弱；芳环的呼吸振动，如单芳环的骨架伸缩振动（呼吸振动）出现在 1600cm^{-1}、1500cm^{-1}、1450cm^{-1} 附近，有 2～4 个芳环特征吸收带。

（2）指纹区（1300～400cm^{-1}）

在 1300～400cm^{-1} 的低频区域中，除单键的伸缩振动外，还有 X—H 变形振动。这些振动与分子整体结构有关。当分子结构稍微不同，如同分异构、同系物、空间构象等，其吸收峰即出现细微的差异，并显现出分子整体特征性，就如每个人指纹不同一样，因此称为指纹区。对于分辨结构类似的化合物很有帮助，且可作为化合物存在某基团的辅证。如 C—O

的伸缩振动出现在 $1300 \sim 1000 \text{cm}^{-1}$ 的范围，是该区域最强的峰，容易判断。在 $900 \sim 400 \text{cm}^{-1}$ 区域内某些吸收峰可用于确认苯环的取代类型或化合物的顺反构型。

13.5.1.5 影响基团频率的因素

分子中化学键的振动并不是孤立的，还要受到分子中其他部分特别是相邻基团的影响，有时还会受溶剂、测定条件等外部因素的影响。影响基团频率位移的因素大致可分为内部和外部因素。

(1) 内部因素

影响基团频率的内部因素主要有诱导效应、共轭效应和氢键效应。

诱导效应：因取代基电负性不同，在静电诱导作用下，分子中电子云密度分布发生变化，引起键力常数的变化，改变基团的特征频率。一般来说，取代基电负性越大，静电诱导效应越大，吸收峰向高波数移动程度越明显。

共轭效应：形成大 π 键的电子在一定程度上可以移动。共轭效应使共轭体系中的电子云密度平均化，使原来的双键伸长，力常数减小，振动频率降低。

氢键效应：氢键的形成使电子云密度趋于平均化，使伸缩振动频率降低。

(2) 外部因素

外部因素主要指试样的状态及溶剂的影响。

试样状态的影响：同一物质在不同物理状态下，由于试样分子间作用力大小不同，得到的红外吸收光谱差异也很大。

溶剂的影响：选择溶剂时应注意物质与溶剂的相互作用。试样分子中含极性基团时，极性溶剂与极性基团间可能有氢键效应或分子间缔合作用，使其红外吸收频率改变。

13.5.2 红外光谱仪

目前，红外光谱仪器有两大类型，即色散型和傅里叶变换红外光谱仪。

(1) 色散型红外光谱仪

有棱镜或光栅的红外光谱仪属于色散型光谱仪，它的单色器为棱镜或光栅，属单通道测量，即每次只测量一个窄波段的光谱元。转动棱镜或光栅，逐点改变其方位后，可测得光源的光谱分布。色散型双光束红外光谱仪大多采用光学零位平衡系统，主要由 5 个部分组成，即光源、单色器、检测器、电子放大器和记录机械装置。

① 光源。常用的光源是能斯特灯和硅碳棒。

② 单色器。色散型光谱仪常用的单色器是光栅，用于分光。

③ 检测器。真空热电偶是目前常用的一种检测器。将很薄的黑化金属片（热敏元件）作受光面，装在惠斯登电桥的一个臂上，当光照射到受光面上时，它吸收红外辐射温度升高，其电阻值发生变化，使电桥失去平衡，便有信号输出。根据电阻变化的测量即是对红外辐射强度的测量。

(2) 傅里叶变换红外光谱仪

傅里叶变换红外光谱仪主要由光源、干涉仪、检测器、计算机和记录系统组成。

干涉仪是傅里叶变换红外光谱仪的核心组成部分，其最高分辨率和其他性能指标主要由干涉仪决定。迈克尔逊干涉仪是现代傅里叶变换红外光谱仪最常用的光学系统。红外光源发出的光经迈克尔逊干涉仪变成干涉光，再让干涉光照射样品，样品吸收红外光后，检测器获得带有样品信息的干涉图，再由计算机将干涉图进行傅里叶数字变换得到所需红外光谱图。

傅里叶变换红外光谱仪的主要优点是：多通道测量使得信噪比更高；没有入射和出射狭缝限制，光通量高，提高了仪器的灵敏度；以氦、氖激光波长为标准，波数值的精确度可达0.01cm；增加动镜移动距离就可使分辨本领提高；工作波段可从可见区延伸到远红外区，使远红外光谱的测定得以实现。

13.5.3 试样的处理和制备

试样的制备及处理在红外光谱分析中占有重要的地位，在制备过程中须注意以下几点：

① 试样的浓度和测试厚度应选择适当，使得光谱图中大多数吸收峰的透射比处于15%～70%范围内。浓度太小，厚度太薄，会使一些弱的吸收峰和光谱的细微部分不能显示出来；浓度过大、厚度过厚，又会使强的吸收峰超越标尺刻度而无法确定真实位置。有时为了得到完整的光谱图，需用几种不同浓度或厚度的试样进行测试。

② 试样中不应含游离水。水分会侵蚀样品池的盐窗，且本身有吸收，将使测得的光谱变形。

③ 试样应该是单一组分纯物质。多组分试样应在测定前尽量预先分离，否则组分光谱相互重叠，使得谱图的解析难以正确。

不同的样品状态，也需要按照相应的方法制样：

① 液体样品。最常用的方法是将液滴夹在两片盐片中间，从而变成薄膜状。选用的盐片需与分析样品匹配。不含水的样品可采用 KBr 盐片，含水的则采用 KRS-5 盐片。每次制样后，需用带合适溶剂的棉花清洗，再倒在有甲醇的鹿皮或鸡皮上抛光。KBr 盐片需经常抛光来维持表面光洁。而 KRS-5 晶体因有毒，只在表面被划伤或污染时才需抛光，且要专业人员完成。

② 固体样品。对于固体样品有 4 种处理方法：

溴化钾压片。一般取 2～3mg 样品与 200～300mg 干燥的 KBr 粉末在玛瑙研钵中混匀，充分研细至直径小于 $2\mu m$，用不锈钢铲取 70～90mg 放入压片模具内，压片机用 $(5～10)×10^7Pa$ 压力压成透明薄片待测。

糊装法。干燥处理后的试样研细，与液体石蜡或全氟代烃混合，调成糊状，夹在两 KBr 盐片间测定。液体石蜡自身的吸收带简单，但不能用来研究饱和烷烃的吸收光谱。

溶液法。对于不宜研磨成细末的固体样品，若能溶于溶剂，可制成溶液，按照液体样品制备的方法进行制备。

薄膜法。一些高聚物样品，一般难于研成细末，可制成薄膜直接进行红外光谱测定。其制备方法有两种，一种是直接加热熔融样品然后涂制或压制成膜；另一种是先把样品溶解在低沸点的易挥发溶剂中，涂在盐片上，待溶剂挥发后成膜来测定。

③ 气态样品。气态样品可在气体吸收池内进行测定，两端粘有红外透光的 NaCl 或 KBr 窗片。先将气体池抽真空，再将试样注入。当样品量很少或面积特别小时，必须采用光束聚焦器，并配有微量液体池、微量固体池和微量气体池，采用全反射系统或带有卤化碱透镜的

反射系统进行测量。

13.5.4 红外光谱法的应用

红外光谱对样品的适用性相当广泛，固态、液态或气态样品都能应用，无机、有机、高分子化合物都可检测。红外吸收峰的位置与强度反映了分子结构上的特点，可以用来鉴别未知物的结构组成或确定其化学基团；而吸收谱带的吸收强度与化学基团的含量有关，可用于进行定量分析和纯度鉴定。另外，在化学反应的机理研究上，红外光谱也发挥了一定的作用。但其应用最广的还是未知化合物的结构鉴定。

(1) 定性分析

红外光谱定性分析大致可分为官能团定性和结构分析两方面。官能团定性是根据化合物的红外光谱特征基团频率鉴定物质含有哪些基团，从而确定有关化合物的类别。结构分析或结构剖析，则需要由化合物的红外光谱并结合其他实验结果（如紫外光谱、核磁共振波谱、质谱、物理常数等）来推断化合物的化学结构。

应用红外光谱进行定性分析的一般过程如下：

① 试样的分离和精制。试样纯度会明显影响光谱解析，因此需对试样进行提纯以获得单一纯物质。例如采用分馏、萃取、重结晶、柱层析、薄层层析等。

② 了解试样的来源及性质。了解试样的来源、元素分析值、相对分子质量、熔点、沸点、不饱和度、溶解度等有关性质。

③ 谱图解析。红外光谱谱图的解析需要根据谱图的特征区来判定。

总的解析可归纳为：先特征，后指纹；先最强峰，后次强峰；先粗查，后细找；先否定，后肯定。对于简单光谱，一般解析一两组相关峰即可确认分子结构。而对于复杂化合物光谱，由于官能团间相互影响，解析难，可粗略解析后，查对标准光谱或进行综合光谱解析。

④ 和标准图谱对照。标准图谱有两类，分别是标准光谱和商品图谱。标准光谱是指纯度在98%以上化合物的红外光谱标准图谱；商品图谱主要是工业产品的光谱，如农业化品、单体和聚合物、表面活性剂等主要工业产品，门类有20种。

(2) 定量分析

与其他分光光度法一样，红外光谱定量分析是根据物质组分的吸收峰强度来进行的，它的理论基础是 Lambert-Beer 定律。

(3) 应用实例

红外光谱可用于酚醛树脂合成过程中的分析。图 13-8 是苯酚和甲醛在 75℃ 和 pH＝10 的碱性水溶液中反应 3h 的原始近红外光谱演化。从图中可以看到，吸收强度在 6150～5850cm⁻¹ 范围内变化最明显。谱带强度不仅随着反应过程变弱，而且位置也从反应最初的 6000cm⁻¹ 波段移动到反应后段的 5900cm⁻¹ 波段，这从预处理过基线和噪声的插图中可以更清楚地观察到。所以，—CH— 吸收峰的减弱应该是苯酚和甲基乙二醇之间的反应导致的，也因此 6150～5850cm⁻¹ 范围内的吸收带可用来计算游离的甲醛含量。理论上，官能团的减少只会导致其吸收峰的强度降低，而不会影响峰的位置。考虑到 —CH— 在甲基乙二醇中

的吸收较弱，且随着反应的进行，中间产物的能带位置发生了移动，这应该是由于中间产物
中 —CH— 键的增加引起的。这些分析对于酚醛树脂合成过程的研究十分有利，尽管分析结论不能单纯从红外光谱得出，但仍可见红外光谱在实际研究中的重要作用。

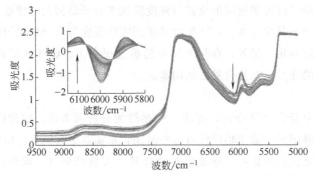

图 13-8　苯酚和甲醛在 75℃ 和 pH＝10 的碱性水溶液中反应 3h 的原始近红外光谱演化

13.6　激光拉曼光谱

1928 年，印度物理学家拉曼（C. V. Raman）在实验中发现，当光穿过透明介质被分子散射的光发生频率变化，这一现象称为拉曼散射，同年稍后在苏联和法国也被观察到。以这种光的非弹性散射效应为基础，逐步发展起来了相应的光谱学，被称为拉曼光谱学。

拉曼光谱法是研究化合物分子受光照射后所产生的散射，散射光与入射光能级差和化合物振动频率、转动频率的关系的分析方法。与红外光谱类似，拉曼光谱是一种振动光谱。所不同的是，前者与分子振动时偶极矩变化相关，而拉曼效应则是分子极化率改变的结果，被测量的是非弹性的散射辐。

拉曼光谱的优点在于它的快速、准确，测量时通常不破坏样品（固体、半固体、液体或气体），且样品制备简单甚至不需制备。谱带信号通常处在可见或近红外光范围，可以有效地和光纤联用。这也意味着谱带信号可以从包封在任何对激光透明的介质，如玻璃、塑料内，或将样品溶于水中获得。现代拉曼光谱仪使用简单，分析速度快（几秒到几分钟），性能可靠。因此，拉曼光谱与其他分析技术联用比其他光谱联用技术从某种意义上说更加简便（可以使用单变量和多变量方法以及校准）。尤其激光器的问世，提供了优质高强度单色光，有力推动了拉曼散射的研究及其应用。拉曼光谱的应用范围遍及化学、物理学、生物学和医学等各个领域，对于纯定性分析、高度定量分析和测定分子结构都有很大价值。

13.6.1　基本原理

拉曼效应可通过简单的场景观察到：在暗室内，以一束绿光照射透明液体，绿光看起来像悬浮在液体上。若通过对绿光或蓝光不透明的橙色玻璃滤光片观察，将看不到绿光而是一束很暗淡的红光，此即为拉曼散射光。

拉曼效应可用能级图表达，如图 13-9 所示。光子使分子能量从基态跃迁到虚态，虚态

是分子的不稳定能态，因此分子将立即发射一光子从虚态返回到原始电子态。若分子回到原来的振动能级，则发射光子和入射光子具有相同能量，即波长相同。此时，没有能量传递给分子，即为瑞利散射（Rayleigh scattering）。若分子回到较高的能级，发射光子具有相对入射光子较小的能量，拥有比入射光子长的波长，分子振动能量增加了，此即为斯托克斯拉曼散射（Stokes Raman scattering）。若分子回到较低能级，发射光子将具有比入射光子更大的能量，分子的振动能量减少，即为反斯托克斯拉曼散射（anti-Stokes Raman scattering）。一般讨论的拉曼散射多指斯托克斯拉曼散射。

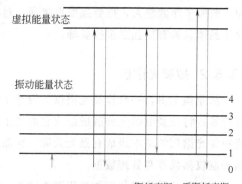

图 13-9　瑞利、斯托克斯和反斯托克斯拉曼散射过程能级示意图

　　对于同一物质分子，随入射光频率的变化，拉曼线的频率也随之改变，但拉曼频移 $\Delta \nu$ 始终保持不变。拉曼位移与入射光频率无关，只与物质分子的转动和振动能级有关。如以拉曼频移（波数）为横坐标，拉曼散射强度为纵坐标，激发光的波数（ν_0）作零点写在光谱最右端，略去 anti-Stokes 拉曼散射谱带，即得到类似于红外光谱的拉曼光谱图。

　　瑞利散射光和拉曼散射光的强度与入射光照射的分子数成正比，因而斯托克斯拉曼强度正比于处于最低能级状态分子数，而反斯托克斯拉曼强度正比于处于次高振动能级的分子数。在热平衡时，处于一振动能级的分子数与另一能级的分子数之比服从玻尔兹曼分布，因此热平衡时，低振动能级分子数总大于次高振动能级的分子数，即斯托克斯拉曼强度总大于反斯托克斯拉曼强度。对于高能振动或低温下，相对于斯托克斯拉曼强度，反斯托克斯拉曼强度小到近乎为零。应用玻尔兹曼方程，可通过斯托克斯与反斯托克斯拉曼强度的比值测试样的温度。

　　散射本质是入射光引起电子云振荡而导致的光发射。由化学键结合在一起的原子，其位置变化会改变电子云的极化率。散射光的强度正比于电子云的位移大小，分子振动将导致散射光强度的周期性变化。拉曼散射光的强度并非在各方向相等，因此讨论拉曼散射光强度必须指明入射光传播方向与检测的拉曼散射光间的角度。

　　普通光谱只有两个基本参数，即频率和强度。但拉曼光谱还需加一个去偏振度（ρ），用它来衡量分子振动的对称性，增加了有关分子结构的信息。ρ 定义为：

$$\rho = I_\perp / I_{//} \tag{13-16}$$

　　式中，$I_\perp$ 为偏振方向与入射光偏振方向垂直的拉曼散射强度，即当偏振器与激光方向垂直时检测器可测到的散射光强度；$I_{//}$ 为偏振方向与入射光偏振方向平行的拉曼散射强度，即当偏振器与激光方向平行时检测器可测到的散射光强度。

　　拉曼散射强度正比于被激发光照明的分子数，这是应用拉曼光谱进行定量分析的基础。拉曼散射强度也正比于入射光强度和 $(\nu_0 - \nu)^4$。因此增强入射光强度或使用较高频率入射光也可增强拉曼散射强度。影响拉曼峰强度的因素大致有几项：极性化学键的振动产生弱拉曼强度；伸缩振动通常比弯曲振动有更强散射；伸缩振动的拉曼强度随键级而增强；键连接原子的原子序数越大，拉曼强度也越强；对称振动比反对称振动有更强拉曼散射；晶体材料比非晶体材料有更强更多拉曼峰。

13.6.2 拉曼光谱仪

从原理上讲，一台拉曼光谱仪的设计主要满足两点：阻挡瑞利散射光和其他杂散光进入探测器；将拉曼散射光分散成组成它的各个频率的光并使其进入探测器。为了达到要求，激光拉曼光谱仪的基本组成有激光光源、样品池、单色器和探测记录系统四大部分，并配有微机控制仪器操作和处理数据。

典型的拉曼光谱仪工作过程可表述为：激光器发射激光照射在样品上，被照亮的区域发射的电磁辐射用一个透镜收集，再经过单色器，瑞利散射部分被陷波滤波器或带通滤波器过滤掉，剩下的光进入探测器，收集得到拉曼光谱。

（1）激光光源。

激光是拉曼光谱仪的理想光源，它具有以下几方面的优点：激光具有极高亮度，大大提高了拉曼散射的强度，提升了检测灵敏度；激光的方向性极强，缩小了样品的体积，对于微区及微量拉曼分析十分重要；激光谱线宽度很窄，单色性好，为物质精细结构分析提供了有力工具；激光的发散度极小，可消除样品靠近光源导致的热效应。

（2）样品池

样品池不仅包含单纯放置样品的部分，还包括激光后、单色器部分前的一套光学系统。外光路系统的作用是为了有效利用光源强度、分离出所需的激光波长、减少光化学反应和杂散光，最大限度收集拉曼散射光。激光发出的光首先经过前置单色器，使其分光，消除激光中可能混有的其他波长的激光以及气体放电谱线。纯化后的激光经棱镜改变光路并聚焦在样品上。样品发出的拉曼散射光再经过集光装置准确地成像在单色器的入射狭缝上。因此外光路的设计十分重要，对于激光的激发效率、提高拉曼散射光的强度都十分关键。

拉曼散射测试的样品池也有一定要求。由于在可见光内，拉曼散射光不会被玻璃吸收，样品可以放在玻璃制成的各种样品池中，给拉曼测试带来很大便利。样品池可根据实验要求和样品形态及数量设计成不同形状。

（3）单色器

激光照射到样品上，会产生拉曼光、瑞利散射以及其他杂散光，尤其瑞利散射，其强度几乎是拉曼散射的 100 倍以上，对拉曼散射测试结果构成严重干扰。单色器的作用是把拉曼散射光分光并减弱瑞利散射及其他杂散光。

（4）探测记录系统

拉曼光谱仪中常用的探测器是光电倍增管。光电倍增管有一个光电阴极和一组倍增打拿电极。当散射光撞击光电阴极后，由于光电效应，光电阴极便会发射出光电子，这些电子受电场作用而被加速。在撞击第一打拿极后产生更多的二次电子，逐级加速，每经一次打拿极，都产生二次发射电子，最后到达阳极的电子数可达开始的 $10^6 \sim 10^7$ 倍。因此，输入一个光子，将会得到放大 $10^6 \sim 10^7$ 倍的电脉冲信号。

由于到达光电倍增管的拉曼散射光的能量很低，要求光电倍增管具有较高的量子效率。拉曼散射光经过光电倍增管的处理后光信号变为电信号，但此时电信号仍较弱，还需进一步进行放大处理。目前放大的方法基本有四种：直流放大、锁相放大、噪声电压检测、电子脉冲计数。

13.6.3 激光拉曼光谱的应用

通过对拉曼光谱的分析可以知道物质的振动转动能级情况，从而可以鉴别物质，分析物质的性质，拉曼光谱也常与其他光谱联用。激光拉曼光谱法的应用有以下几方面：在有机化学中的应用、在无机化学中的应用、在生物化学中的应用等。

（1）定量分析

拉曼谱带的强度与待测物浓度的关系遵守比尔定律：

$$I_v = kLcI_0 \tag{13-17}$$

式中，I_v 是给定波长处的峰强；k 代表仪器和样品的参数；L 是光路长度；c 是样品中特定组分的浓度；I_0 是激光强度。实际工作中，光路长度被更准确地描述为样品体积，是一种描述激光聚焦和采集光学的仪器变量。该式是拉曼定量应用的基础。

（2）干扰因素

最主要的干扰因素是荧光、样品的热效应和基质或样品自身的吸收。在拉曼光谱中，荧光干扰表现为一个典型的倾斜宽背景。因此，荧光对定量的影响主要为基线的偏离和信噪比下降，荧光的波长和强度取决于荧光物质的种类和浓度。与拉曼散射相比，荧光通常是一种量子效率更高的过程，甚至很少量不纯物质的荧光也可以导致显著的拉曼信号降低。使用更长的波长例如 785nm 或 1064nm 的激发光可使荧光显著减弱。然而，拉曼信号的强度与 λ^{-4} 成比例，λ 是激发波长。通过平衡荧光干扰、信号强度和检测器响应可获得最佳信噪比。测量前将样品用激光照射一定时间，固态物质的荧光也可得以减弱，这个过程被称为光致漂白，是通过降解高吸收物质来实现的。光致漂白作用在液体中并不明显，可能是由于液体样品流动性，或荧光物质不是痕量。

样品加热会造成一系列的问题，例如物理状态的改变（熔化）、晶型的转变或样品的烧灼。这是有色的、具强吸收或低热传导的小颗粒物质常出现的问题。样品加热的影响通常可观察，表现在一定时间内拉曼光谱或样品的表观变化。除了减少激光通量，有许多种方法可用来降低热效应，例如在测量过程中移动样品或激光，或者通过热接触或液体浸入来改善样品的热传导。基质或样品本身也可吸收拉曼信号。

定量拉曼光谱与许多其他的光谱技术不同，它是单光束零背景测量。谨慎地进行样品测定以及使用设计合理的仪器可以使这种变异减到最小，但是并不能全部消除。所以，绝对的拉曼信号强度很难直接用于待测物的定量。变异的潜在来源是样品的不透明性和样品的不均匀性、照射样品的激光功率的变化以及光学几何学或样品位置的变化。这些影响可以通过能重复的或有代表性的样品处置方式予以减小。

由于拉曼信号绝对强度的波动，使用内标是最普通和有效地减少可变性的方法。内标方法有几种变通选择。可以有目的地加入一种内标，该内标应具有与待测物互不干扰的独特谱带以便检测。在溶液中，也可利用溶剂的独特谱带，因为溶剂随样品不同将相对保持不变。另外，在制剂中，如果赋形剂量大大超过待测组分，则可以使用该赋形剂的峰。在假设激光和样品定位的改变将会同等影响全光谱的前提下，全光谱同样可以用作参比。

样品测定中需考虑的重要因素还有光谱的污染。拉曼效应是一种可以被许多外源影响掩蔽的弱效应。普通的污染源包括样品支持物（容器或基质）和周围光线。

（3）应用实例

拉曼光谱可有效地定量测定硫酸溶液中溶解的硫酸氢盐。硫酸氢离子在溶液中会电离产生 SO_4^{2-} 和 H^+，我们对 $NaHSO_4$ 溶液进行了多次拉曼光谱表征，如图 13-10 所示。

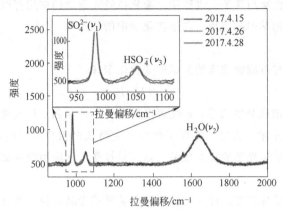

图 13-10　$NaHSO_4$ 溶液的拉曼谱图

由图可知，在 981cm^{-1} 处的强拉曼信号峰是由于 SO_4^{2-} 中的 S—O(SO_3) 对称拉伸 (ν_1) 产生的，已被用于 SO_4^{2-} 的定量分析。位于 1050cm^{-1} 处的拉曼信号也较为强烈，则是由于 HSO_4^- 中 SO_3 的拉伸模式 (ν_1)，并用于对 HSO_4^- 浓度的分析。一个合适的内标对定量分析非常重要。水中 O—H 伸缩模式有对称 (ν_1) 和不对称的 (ν_3) 两种，且均劈裂成两个峰，即自由键和氢键形式，并都落在 3000～3800cm^{-1}。水中 O—H 在 1640cm^{-1} 的弯曲拉曼谱带 (ν_2) 对温度和压力变化的敏感性要低于在 3000～3800cm^{-1} 的拉伸谱带 (ν_1)，在这项研究中作为定量分析的内部标准。通过一系列拉曼光谱分析，对不同温度下硫酸氢盐溶液中的硫酸氢盐浓度进行了定量分析，并建立了定量分析公式。

13.6.4　拉曼光谱和红外光谱的关系

红外光谱与拉曼光谱在实际测试分析时常常联用，两者同属于分子振动光谱，但红外光谱是吸收光谱，拉曼光谱为散射光谱，机制不同，但互为补充。其联系和区别具体如下：

① 红外光谱常用于研究极性基团的非对称振动，拉曼光谱常用于研究非极性基团与骨架的对称振动。红外吸收弱或无吸收的官能团在拉曼散射谱中均有强峰；反之，拉曼散射峰弱则红外吸收强。

② 拉曼光谱一次可以同时覆盖 40～4000cm^{-1} 波数的区间，可对有机物及无机物进行分析。若让红外光谱覆盖相同区间则必须改变光栅、分光器、滤波器及检测器。

③ 拉曼光谱可测水溶液，而红外光谱不适用于水溶液的测定（试样中不可含游离水）。

④ 红外光谱解析中的定性三要素（吸收频率、强度和峰形）对拉曼光谱解析同样适用。但拉曼光谱中还有去偏振度 ρ，通过测定 ρ，可以确定分子的对称性。

本章小结

光是一种电磁辐射波，是能量的一种传播方式。光谱学是研究原子和分子的光辐射及其结构、动力学状态以及与周围环境的关系，是揭示物质微观结构和研究物质组分的重要工具，被广泛应用于军事、化学、物理、生物医学以及半导体器件等众多领域的研究中。光谱分析根据被测成分的形态可分为原子光谱分析与分子光谱分析。本章重点介绍了原子光谱分析中的原子发射光谱、原子吸收光谱和原子荧光光谱，以及分子光谱分析中的紫外-可见吸收光谱、红外光谱以及激光拉曼光谱。对以上六种常用光谱的原理、测试设备、分析方法以及应用等方面展开描述，以期大家对常用光谱学的理论基础有所了解和掌握，并在实际的材料表征和分析过程中有所应用。

几种光谱的联系与对比简述总结如下：

光谱种类		原理	定量基本公式
原子光谱 (线状光谱)	原子发射光谱	原子受到热(火焰)或电(电火花)激发时，由基态跃迁到激发态，返回到基态时，发射出特征光谱	$I = ac^b$
	原子吸收光谱	基态原子吸收其共振辐射，外层电子由基态跃迁至激发态而产生原子吸收光谱	$A = kc$
	原子荧光光谱	原子被激发跃迁至较高能态，随后再激发跃迁至某一较低能态(常常是基态)而发射出特征光谱	$I_f = \varphi A I_0 (1 - e^{-\varepsilon l N})$
分子光谱 (连续光谱)	紫外-可见吸收光谱	单色光辐射穿过被测物质溶液时，在一定的浓度范围内被该物质吸收的量与该物质的浓度和液层的厚度(光路长度)成正比	$A = \lg \dfrac{1}{T} = kcl$
	红外光谱	分子能选择性吸收某些波长的红外线，而引起分子中振动能级和转动能级的跃迁，检测红外线被吸收的情况即为红外光谱。与分子的偶极矩变化有关	Lambert-Beer 定律
	激光拉曼光谱	研究化合物分子受光照射后所产生的散射，散射光与入射光能级差和化合物振动频率、转动频率的关系。与分子极化率改变有关	$I_v = kLcI_0$

思考题

13.1 原子发射光谱分析法有哪些优缺点？

13.2 原子发射光谱所用仪器中光源有哪些，各自特点如何？

13.3 原子吸收光谱的基本原理是什么？

13.4 原子吸收光谱定量分析的理论依据是什么？

13.5 简述原子荧光光谱法的基本原理及特点。

13.6 原子荧光光度计有哪几类，各由哪些部分组成？

13.7 紫外-可见吸收光谱有哪些应用？

13.8 紫外-可见吸收光谱的仪器由哪几部分组成？

13.9   简述 Lambert-Beer 定律内容。

13.10   简述红外光谱气体样品的制样方法。

13.11   水分子的振动自由度是多少？为什么？

13.12   什么是助色团和生色团？

13.13   拉曼散射和瑞利散射的区别有哪些？

13.14   简述激光拉曼散射光谱仪的工作原理过程。

13.15   简述光电倍增管的放大过程。

第 14 章

热分析技术

　　热分析（thermal analysis，TA）技术是指在程序控温和一定气氛下，测量试样的物理性质随温度或时间变化的一种技术。其定义包含三个方面的内容：①试样要承受程序温控的作用，即以一定的速率等速升（降）温，该试样物质包括原始试样和在测量过程中因化学变化产生的中间产物和最终产物；②选择一种可观测的物理量，它可以是热学的，也可以是其他方面的，如光学、力学、电学及磁学等；③观测的物理量随温度而变化。热分析技术主要用于测量和分析试样物质在温度变化过程中的一些物理变化（如晶型转变、相态转变及吸附等）、化学变化（分解、氧化、还原、脱水反应等）及其力学特性的变化，通过这些变化的研究，可以认识试样物质的内部结构，获得相关的热力学和动力学数据，为材料的进一步分析提供理论依据。

14.1 热分析方法

　　根据被测量物质的物理性质的不同，热分析方法可分为：热重分析法（thermogravimetry analysis TGA）、差热分析法（differential thermal analysis，DTA）、差示扫描量热法（differential scanning calorimetry，DSC）和热机械分析法（thermal mechanical analysis，TMA；dynamic mechanical analysis，DMA）等，材料研究中应用最多的是前三种，本书主要介绍这三种分析方法的原理及其特点，其他热分析方法可参考相关文献。

14.1.1 热重分析法

　　许多物质在加热或冷却过程中除了产生热效应外，往往还伴有质量的变化。质量变化的大小及变化时的温度与物质的化学组成和结构密切相关，因此利用试样在加热或冷却过程中质量变化的特点，可以区别和鉴定不同的物质。热重分析法就是在这种背景下产生的，即在程序控温下，测量物质的质量随温度变化的关系。热重法是研究化学反应动力学的重要手段之一，具有试样用量少、测试速度快、并能在所测温度范围内研究物质发生热效应的全过程等优点。日本人本多光太郎于 1915 年制作了热重法的装置：零位型热天平（如图 14-1）。它能自动、连续地进行动态测量与记录，并能在称量过程中按一定的温控程序改变试样温度，以及调控样品四周的气氛。其工作原理如下：在加热过程中如果试样无质量变化，热天平将保持初始的平衡状态，一旦样品中有质量变化时，天平就失去平衡，并立即由传感器检测并输出天平失衡信号。这一信号经测重系统放大后，用以自动改变平衡复位器中的线圈电流，使天平又回到初时的平衡状态，即天平恢复到零位。平衡复位器中的电流与样品质量的变化成正比，因此，记录电流的变化就能得到试样质量在加热过程中连续变化的信息，而试样温度或炉膛温度由热电偶测定并记录。这样就可得到试样质量随温度（或时间）变化的关系曲线即热重曲线。热天平中装有阻尼器，其作用是加速天平趋向稳定。天平摆动时，就有阻尼信号产生，经放大器放大后再反馈到阻尼器中，促使天平快速停止摆动。

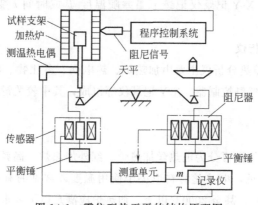

图 14-1　零位型热天平的结构原理图

图 14-2 即为典型的 TG 曲线示意图，横坐标表示时间或温度，纵坐标有两种：一种是试样剩余质量，单位为 mg；另一种是质量变化率，即剩余质量占原质量的比率（$1-\Delta m/m_0$），单位为％，应用较多的是质量变化率。曲线中的水平线为稳定质量值，表明该阶段被测物质的质量未发生任何变化，如图中的 AB 段，质量为 m_0；当曲线拐弯转向时，表明被测物质的质量发生了变化，当曲线又处于水平线时，质量稳定在一个新的量值上，如图中的 CD 段，质量为 m_1，曲线 BC 段即为质量变化阶段；同理曲线中的 DE 和 FG 均为质量变化阶段，EF 为又一新的质量 m_2。由 TG 曲线可以分析试样物质的热稳定性、热分解温度、热分解产物以及热分解动力学等，获得相关的热力学数据。与此同时，还可根据 TG 曲线获得质量变化的速率与温度或时间的关系即微商热重 DTG（differential thermogravimetry）曲线，微商热重曲线可使 TG 曲线的质量变化阶段更加明晰显著，并可据此研究不同温度下的质量变化速率，这对研究分解反应开始的温度和最大分解速率所对应的温度是非常有用的。当试样质量为零时，即曲线中的 G 点，称试样完全失重。

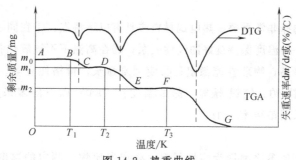

图 14-2　热重曲线

14.1.2 差热分析法

差热分析法（DTA）是指在程序控温下，测量试样物质与参比物的温差随温度或时间变化的一种技术。在所测温度范围内，参比物不发生任何热效应，如 α-Al_2O_3 在 $0 \sim 1700℃$ 范围内无热效应产生，而试样却在某温度区间内发生了热效应，如放热反应（氧化反应、爆炸、吸附等）或吸热反应（熔融、蒸发、脱水等），释放或吸收的热量会使试样的温度高于或低于参比物，从而在试样与参比物之间产生温差，且温差的大小取决于试样产生热效应的大小，由 X-Y 记录仪记录下温差随温度 T 或时间 t 变化的关系，即为 DTA 曲线。

14.1.2.1 差热分析仪

测定 DTA 曲线的差热分析仪主要由加热炉、热电偶、参比物、温差检测器、程序温度控制器、差热放大器、气氛控制器、X-Y 记录仪等组成，其中较关键的部件是加热炉、热电偶和参比物。

（1）加热炉

加热炉根据热源的特性可分为电热丝加热炉、红外加热炉、高频感应加热炉等几种，其中电热丝加热炉最为常见，电热丝材料取决于使用温度，常见的有：钨丝、钼丝、硅碳棒等，使用温度可达 $900℃$，甚至 $2000℃$ 以上。加热炉应满足以下要求：①炉内应具有均匀的炉温区，可使试样和参比物均匀受热；②炉温的控制精度要高，在程序控温下能以一定的速率升温或降温；③热容量要小，便于调节升降温速率；④炉体体积要小、质量要轻，便于操作与维护；⑤炉体中的线圈不能对热电偶中的电流产生感应现象，以免相互干扰，影响测量精度。

（2）热电偶

热电偶原理如图 14-3，物理基础为材料的热电效应或塞贝克效应。将两种具有不同电子逸出功的导体材料或半导体材料 A 与 B 两端分别相连形成回路，如图 14-3(a)，如果两端的温度 T_1 和 T_0 不等，就会产生一个热电动势，并在回路中形成循环电流，电流的大小可由检流计测出。因热电动势的大小与两端温差保持良好的线性关系，因此在已知一端温度时，便可由检流计中的电流大小得出另一端的温度，这就是热电偶的基本原理。如果反向串联热电偶，即将两个热电偶同极向连，就形成了温差热电偶，如图 14-3(b)。当两个热电偶分别插入两种不同的物质中，并使两物质在相同的加热条件下升温，就可测定升温过程中两物质的温差，从而获得温差与炉温或加热时间之间的变化关系，这便是差热分析的基本原理。

热电偶的材料选择非常重要。热电偶材料应具有以下特点：①在同一温度下能产生较高的温差热电动势，并与温度保持良好的线性关系；②在高温下不被氧化和腐蚀，其电阻随温度的变化小，电导率高，物理性能稳定；③使用寿命长，价格便宜等。常用的热电偶材料有：镍铬-镍铝、铂铑-铂、铑银-铱等，测试温度在 $1000℃$ 以下的多采用镍铬-镍铝，而在 $1000℃$ 以上的则应采用铂铑-铂为宜。

（3）参比物

差热分析中所用的参比物均为惰性材料，要求参比物在测定的温度范围内不发生任何热效应，且参比物的比热容、热传导系数等应尽量与试样相近，常用的参比物有 α-Al_2O_3、石英、硅油等。使用石英作参比物时，测量温度不能高于 570℃。测试金属试样时，不锈钢、铜、金、铂等均可作参比物。测有机物时，一般用硅烷、硅酮等作参比物。有时也可不用参比物。

图 14-4 中 S 与 R 分别为试样和参比物，各自装入坩埚后置于支架上，坩埚材料一般为陶瓷质，石英玻璃质，刚玉质或钼、铂、钨等材料，在使用温度低于 1300℃ 时，通常采用镍金属，当使用温度高于 1300℃ 时则应选用刚玉质为宜，支架材料一般为导热性好的材料。差热分析时需对试样和参比物进行以下假定：

　　① 两者的加热条件完全相同；

　　② 两者的温度分布均匀；

　　③ 两者的热容都不随温度变化，但试样有热效应时，其热容会随温度发生变化；

　　④ 两者与加热体之间的热导率非常相近，即 $K_R \approx K_S$，且两者各自的热导率不随温度变化而变化，是固定的常数。

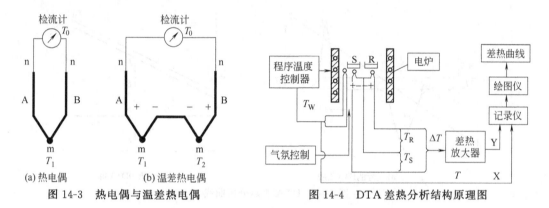

图 14-3　热电偶与温差热电偶　　　　图 14-4　DTA 差热分析结构原理图

温差热电偶的两个触点分别与安装试样和参比物的坩埚底部接触，或者分别插入试样和参比物中，这样试样和参比物的加热或冷却条件就完全相同。当炉体温度在程序温度控制下以一定的升温速率 ϕ 加热时，如果试样无热效应，试样与参比物之间就没有温差，即 $\Delta T = 0$；如果试样有热效应，温差热电偶便有温差电动势输出，经差热放大器放大后输入 X-Y 函数记录仪，由 X-Y 函数记录仪记录下温差 ΔT 与温度 T 或时间 t 的变化关系，并由绘图仪绘出差热分析曲线。这个温度可以是试样温度 T_S、参比物温度 T_R 或炉膛温度 T_W，一般采用炉膛温度 T_W 作为横坐标。

图 14-5 即为典型的 DTA 差热分析曲线，该曲线包括以下几个部分：

14.1.2.2　差热分析曲线

（1）基线

基线即 DTA 曲线中的水平部分，如图 14-5(a) 中的 AB、CD、FG、IJ 等，它们是平行于横轴（时间轴）的水平线，$\Delta T = 0$。在理想的 DTA 曲线中，如图 14-5(b)，炉温等速升温时，试样和参比物以同样的速率升温，升温过程中两者温度相同，但因导热等原因，相对于炉温有一个滞后。此时由于试样温度与参比物温度相同，即 $T_S = T_R$，故 $\Delta T = T_S - T_R = 0$，差热线表现为水平线。如果试样为理想的纯晶体，并在某一温度发生了热效应如液化，试样的温度保持恒定，如图 14-5(b) 中的虚线 DE 段，熔化完毕时试样温度又与参比物一起同时上升，其差热线表现为折线 DE 和 EF，热效应消失时，ΔT＝0，差热线又回到水平线。而实际上的差热线如图 14-5(a)，其基线发生了偏移，其偏移的程度用 ΔT_a 表示。基线偏移的可能原因有以下四个方面：①试样和参比物支架的对称性不高；②试样与参比物的热容不一致；③试样和参比物与发热体间的传热系数不等；④升温速率的大小。由于支架的对称性通过调整后一般能做到较好，故可以忽略其对基线漂移的影响，此时

$$\Delta T_a = \frac{C_R - C_S}{K}\phi \tag{14-1}$$

式中，C_S 为试样热容；C_R 为参比物热容；K 为传热系数；ϕ 为升温速率。显然，参比物与试样的热容相差愈大，升温速率愈高，基线的偏移程度愈大。为了减小基线偏移，应尽量使参比物与试样的热容相近，即参比物的化学结构与试样相似。如果试样出现了热效应，其差热曲线就要偏离基线，由 DTA 曲线便可知道热容发生急剧变化时的温度，这个通常用于玻璃化转变温度的测定。

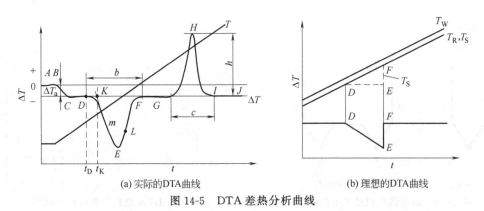

图 14-5　DTA 差热分析曲线

（2）峰

峰即差热曲线离开基线后又回到基线的部分。位于基线上方的峰为放热峰，位于基线下方的峰为吸热峰。热效应在理想差热曲线上表现为折线峰，如图 14-5(b) 中的 DEF 峰，而在实际差热曲线上则为曲线峰，如图 14-5(a) 中的 DEF 峰和 GHI 峰，这是由于试样支架的热容量所决定的。在试样发生热效应时，差热线偏移基线，如图中的 D 点，E 点时为峰谷，偏离基线最远，到达 L 点时吸热结束，但此时试样的温度低于参比物温度，它将按指数规律升至参比物温度，从而表现为曲线 EF。图中 DEF 为吸热峰，GHI 为放热峰。

（3）峰宽

峰宽即差热曲线偏离基线的始点与返回基线的终点间的距离，如图 14-5(a) 中的 b 和 c。

（4）峰高

峰高表示试样和参比物之间的最大温差，即从峰顶到该峰所在基线（内插基线）间的垂直距离，如图 14-5(a) 中的 h。

（5）外延始点

当试样发生热效应时，差热曲线将偏离基线，如图 14-5(a) 中的 DmE，作 DmE 曲线上最大斜率处的切线，其延长线与基线的交点为 K，该点即为外延始点。一般取外延始点

为热效应发生的开始点，所对应的温度 T_K 为热效应的始点温度，这是由于外延始点的确定过程相对容易，人为因素少，且该点温度与其他方法所测的温度较为一致。

（6）峰面积

峰面积即为差热曲线的热效应峰与基线间所包围的面积。确定峰面积的方法有积分仪法和装有机械、电子积分仪的笔式记录仪法等。峰面积可用来表征试样的热效应，其关系如下：

$$\Delta H = \frac{A}{R} \tag{14-2}$$

式中，ΔH 为热焓；A 为峰面积；R 为热阻。显然，R 为定值时，可直接由峰面积来表征热效应的大小。虽然在理论推导中进行了一些假设，如热阻 R 为常数，试样内部的温度均匀等，但实际上炉膛中的热传递过程非常复杂，且试样和参比物的热损失、试样与参比物之间的热传递系数均是温度的函数，因此热阻 R 也是温度的函数，并随着温度的升高而下降，这样不同温度段的峰面积就不能直接用来表征热效应，也就是说不同温度的相同峰面积并不代表它们的热效应相同。为此，引入修正系数 K，即 $\Delta H = KA$，K 又称仪器常数，其大小可由标准样来测定。经校正过的差热分析仪就可定量测定试样的热效应了，这种差热分析仪即为热流式差示扫描量热仪。

DTA法虽然广泛用于材料物理、化学性能变化的研究，但DTA曲线本身却不能确定变化的性质，即物质内部发生的变化是物理变化还是化学变化，变化过程是一步完成还是分步完成，变化过程中的质量有无改变等。与TG法相比，DTA法更依赖于实验条件，这是因为温差比质量变化更加依赖于传热的机理与条件，只有在理想情况和加热条件严格相同时，同一试样的TG和DTA曲线中的各个变化温度范围才可能一致，TG-DTA联合仪就可做到这一点。

在DTA曲线分析中需注意：①峰顶温度没有严格的物理意义。峰顶温度并不代表反应的终了温度，反应的终了温度应是后续曲线上的某点。如图14-5(a)中的 DEF 峰，峰顶温度 T_E 并不是吸热反应的终了温度，终了温度应在曲线 EF 段上的某点 L 处。②最大反应速率也不是发生在峰顶，而是在峰顶之前。峰顶温度仅表示此时试样与参比物之间的温差最大。③峰顶温度不能看作是试样的特征温度，它受多种因素的影响，如升温速率、试样的颗粒度、试样用量、试样密度等。

14.1.3 差示扫描量热法

差示扫描量热（DSC）是指在程序控温下，测量单位时间内输入到样品和参比物之间的能量差（或功率差）随温度变化的一种技术。按测量方法的不同，DSC仪可分为功率补偿式和热流式两种。图14-6即为功率补偿式差示扫描量热仪原理示意图。样品和参比物分别具有独立的加热器和传感器，整个仪器有两条控制电路，一条用于控制温度，使样品和参照物在预定的速率下升温或降温；另一条用于控制功率补偿器，给样品补充热量或减少热量以维持样品和参比物之间的温差为零。当样品发生热效应时，如放热效应，样品温度将高于参比物，在样品与参比物之间出现温差，该温差信号被转化为温差电势，再经差热放大器放大后送入功率补偿器，使样品加热器的电流 I_S 减小，而参比物的加热器电流 I_R 增加，从而使样品温度降低，参比物温度升高，最终导致两者温差又趋于零。因此，只要记录样品的放热速度或吸热速度（即功率），即记录下补偿给样品和参比物的功率差随温度 T 或时间 t 变化的关系，就可获得试样的 DSC 曲线。图 14-7 即为一种典型的 DSC 曲线。

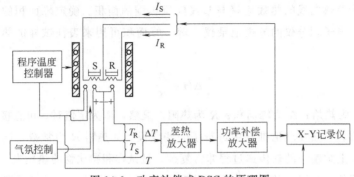

图 14-6 功率补偿式 DSC 的原理图

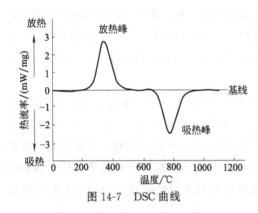

图 14-7 DSC 曲线

DSC 分析仪是在 DTA 分析仪的基础上改进而来，基本克服了 DTA 的不足，两者存在以下区别：

① 曲线的纵坐标含义不同。DSC 曲线的纵坐标表示样品放热或吸热的速度，单位为 mW/mg，又称热流率，表示为 $\dfrac{d(\Delta H)}{dt}$，而 DTA 曲线的纵坐标则表示温差，单位为℃（或 K）。

② DSC 的定量水平高于 DTA。试样的热效应可直接通过 DSC 曲线的放热峰或吸热峰与基线所包围的面积来度量，不过由于试样和参比物与补偿加热丝之间总存在热阻，补偿的热量或多或少产生损耗，因此峰面积得乘以修正常数（又称仪器常数）方为热效应值。仪器常数可通过标准样品来测定，即为标准样品的焓变与仪器测得的峰面积之比，它不随温度、操作条件而变化，是一个恒定值。

③ DSC 法的灵敏度和分辨率均高于 DTA。DSC 曲线是以热流率或功率差直接表征热效应的，而 DTA 法则是用 ΔT 间接表征热效应的，因而 DSC 法对热效应的表征相应更快、更灵敏，峰的分辨率也更高。

另一种热流式 DSC 仪（如图 14-8），其结构原理与差热分析仪相近。炉体在程序控温下以一定的速率升温，均温块受热后通过气氛和热垫片（康铜）两路径将热传递给试样和参比物，使它们均匀受热。康铜片具有耐腐蚀和化学性好等优点。试样和参比物的热流差和试样温度分别由差热电偶和试样热电偶测量。热流式 DSC 仪的原理虽近似于 DTA 差热分析仪，但它可定量测定热效应。因为该仪器在等速升温过程中，可自动改变差热放大器的放大倍数，一定程度上弥补了因温度变化对热效应测量所产生的影响。但热流式 DSC 仪仍存在以下不足：①由于辐射热与绝对温度的四次方成正比，高温时的热阻大大减小，故热流式 DSC 仪不宜在高温下工作；②温差电动势和热阻均与温度呈非线性关系，精确测定试样的热效应时，必须使用校准曲线，换样品杯时需重新测定校准曲线，因此热流式 DSC 仪使用不太方便。但随着计算机技术的发展，校准曲线的工作可由计算机完成。

虽然 DSC 克服了 DTA 的不足，但是它本身也有一定的局限性：①允许的样品量相对较小；②在个别情况下，传感器可能会受到某些特殊样品的污染，需小心操作。

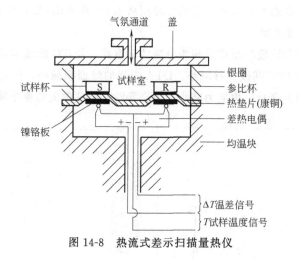

图 14-8　热流式差示扫描量热仪

14.2　热分析测量的影响因素

热分析测量的影响因素较多，主要包括实验条件和试样特性两个方面，其中实验条件包括样品盘材料、升温速率、挥发物的冷凝、气氛及仪器的灵敏度与分辨率等因素；而试样特性包括试样状态、试样用量和试样粒度等。

14.2.1　实验条件

（1）样品盘材料

样品盘与试样之间在测试过程中不应发生任何化学反应，一般采用惰性材料制备，如铂、陶瓷等，但对一些碱性试样却不能采用石英和陶瓷样品盘，它们之间在升温过程中会发生化学反应，影响热分析曲线。特别是铂金对许多有机化合物和某些无机物起催化作用，促进发生不该发生的反应，也影响了热分析曲线的真实性。

（2）挥发物的冷凝

当被测试样具有挥发性时，挥发的物质在仪器的低温区冷凝，这不仅污染仪器，还影响测量精度，甚至使测量结果产生严重偏差。对于挥发性试样，解决冷凝的方法通常有两种：一是减小样品用量或选用合适的净化气体；二是试样上方安装屏蔽罩或采用水平结构的热天平。

（3）升温速率

升温速率有快慢之分，无论是快还是慢，对测定过程和结果均有着十分明显的影响。

快速升温可使某些反应尚未来得及进行，便进入高温阶段，造成反应滞后，反应的起始温度、峰值温度和终止温度均提高，样品内温度梯度增大，峰形分离能力下降，并使热分析曲线的基线漂移加大，但可提高分析仪的灵敏度。此外，快速升温还使反应向高温区移动，并以更快的速度进行，从而使热分析曲线 DSC（或 DTA）的峰高增加，峰宽变窄，峰形呈尖高状。图 14-9 即为不同升温速率对 Al-Ni$_2$O$_3$-B 系反应过程的影响，可见随着升温速率的提高，热效应峰均向高温方向移动，吸热峰峰顶从 668℃ 移至 671℃，放热峰峰顶从 891℃ 移至 895℃，且峰高显著增加。

慢速升温有利于分阶段的反应呈现为分离的多重峰，使 TG 曲线本来快速升温时的转折转而趋向于平台；使 DSC 基线漂移减小，DTA 曲线的峰面积减小，但相差不大；慢速升温还可使试样的内外温差变小，内应力减小，但会导致分析仪的灵敏度下降。

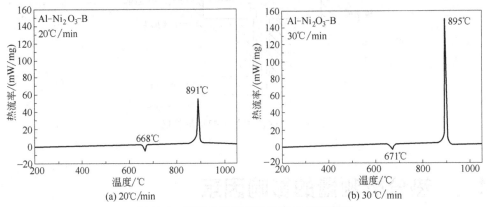

图 14-9　不同升温速率对 DSC 曲线的影响

（4）气氛

变换气氛可以辨别热分析曲线热效应的物理化学归属。例如在空气中测量的热分析曲线呈现放热峰，在惰性气氛中检测时就会产生不同的情况，由此可判断反应类型：放热峰大小不变的是结晶或固化反应；如为吸热峰则表明反应是分解反应；如无峰或呈现很小的放热峰，则为金属被氧化的一类反应。对于形成气体产物的反应，如不将气体产物及时排出，将提高气氛中气体产物的分压，使反应向高温移动。

若气氛气体的导热性良好，会有利于向体系提供更充分的热量，提高分解反应的速率。氩、氮、氦这三种惰性气体热导率与温度的关系是依次递增的，因此，碳酸钙的热分解速率在氦气中最快，在氮气中次之，氩气中最慢。

（5）仪器的灵敏度与分辨率

仪器的灵敏度与分辨率是一对矛盾体。要提高灵敏度必须提高升温速率，加大样品量；而要提高分辨率则必须采用慢速升温，减小样品量。由于增大样品量对灵敏度影响较大，对分辨率影响相对较小，而加快升温速率对两者影响都大，因此在热效应微弱的情况下，通常选择较慢的升温速率（以保持良好的分辨率），并适当增加样品量来提高灵敏度。

14.2.2　试样特性

（1）试样用量

试样用量小时能减小样品内的温度梯度，所测温度较为真实；有利于气体产物扩散，减少化学平衡中的逆向反应；相邻峰分离能力增强、分辨率提高，但 DSC 仪的灵敏度会有所降低。

　　试样用量大时能提高 DSC 仪的灵敏度，但峰形变宽并向高温漂移，相邻峰（平台）趋向于合并，峰分离能力下降；且样品内温度梯度较大，气体产物的量增多、扩散变差。

　　一般在保证灵敏度足够时，取较少的试样用量。

　　（2）试样状态

　　试样状态一般分为粉状和块状两种，粉状试样相比于块状试样具有比表面积大、活性强、反应提前的特性，但导热性能下降，反应过程延长，峰宽增大，峰高下降。图 14-10 为 Al-Ni$_2$O$_3$ 反应体系，增强体的体积分数为 30%，升温速率为 30℃/min 时的 DSC 曲线。可以清楚地看出，粉体试样时峰位前移，峰高下降。

　　粉体试样中粉体粒度与粉体堆积密度对热分析影响也较大。试样粒度愈小，比表面积愈大，活性愈强，反应的起始温度降低，热效应峰前移，但峰高降低；反之则反。粉体的堆积密度高时，试样的导热性能改善、温度梯度变小，其峰值温度和热效应的始点温度均有所提高。在气固反应中，粉体试样的堆积密度高时，粉体试样与气氛的接触减少，使反应滞后；若有气体产物时，则气体产物的扩散变差，并影响化学平衡。

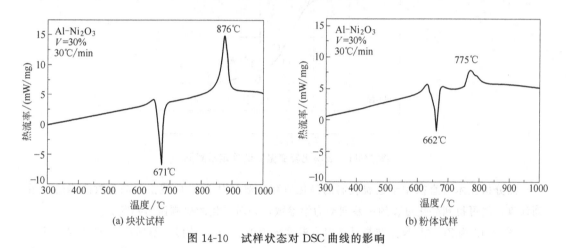

图 14-10　试样状态对 DSC 曲线的影响

14.3　热分析的应用

　　热分析的应用非常广泛，热重分析主要用于空气中或惰性气氛中材料的热稳定性、热分解和氧化降解等涉及质量变化的所有过程。差热分析虽然受到检测热现象能力的限制，但是可以应用于单质和化合物的定性和定量分析、反应机理研究、反应热和比热容的测定等方面。差示扫描量热分析应用范围最为广泛，特别是在材料的研发、性能检测与质量控制等方面有着独特的作用，利用 DSC 仪可以测量物质的热稳定性、氧化稳定性、结晶度、反应动力学、熔融热焓、结晶温度及纯度、凝胶速率、沸点、熔点和比热等，也广泛应用于非晶材料的研究。

14.3.1 块体金属玻璃晶化动力学

金属玻璃的一个突出特点是在升温过程中会发生玻璃化转变，在玻璃化温度 T_g 以下，分子运动基本冻结，到达 T_g 时，分子运动活跃起来，热容量增大，基线向吸热一侧偏移。图 14-11 即为玻璃化转变时的 DSC 曲线示意图，因为玻璃转化发生在一个温度区域，而不是一个确定的温度，且 T_g 会随着实验时间的长短和升温速率的快慢在一定的范围内变化，故 T_g 的确定目前尚无统一的方法，一般随研究者不同而异。通常有四种确定方法：①取偏移基线的始点温度 T_A；②取外延始点温度 T_D；③取拐点温度 T_C；④取上下两基线延长线的中点所对应的温度 T_P，即由转变前后的比容差（采用外推作图法）变化到一半时所对应的温度。以上四种方法中，应用较多的是取外延始点温度为玻璃转化温度。DSC 曲线偏移基线的开始点（图中的 A 点）和终止点（图中的 B 点）分别称为玻璃转变的开始温度和终止温度。

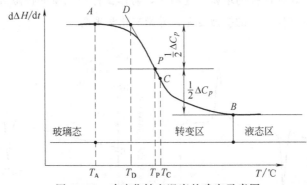

图 14-11　玻璃化转变温度的确定示意图

热分析技术可直接用于金属玻璃的晶化研究，根据对 DSC 曲线上的晶化放热峰的一系列计算，就可得到晶化过程的一系列动力学参数，并对晶化的机制做出判断。

图 14-12 为 $Zr_{60}Al_{15}Ni_{25}$ 非晶试样以升温速率为 10℃/min 连续加热时的 DSC 曲线。该曲线有一吸热峰，对应的是玻璃转变，随后有一个强放热峰，对应于大块非晶的晶化过程。由图可知，其玻璃转变温度 $T_g=413℃$，晶化开始温度 $T_x=485℃$，因此其过冷液相区的温度范围为 72℃。

图 14-13 是淬火态的 $Zr_{41}Ti_{14}Cu_{12.5}Ni_{10}Be_{22.5}$ 大块非晶合金在 2.5、5、10、20、40 和 80℃/min 等不同加热速度下的 DSC 曲线，随着加热速度的增加，T_g、T_x 均向高温区移动，其过冷液相区也逐渐变宽并向高温区移动，其晶化行为和玻璃转变行为均与加热速度有关，这一现象说明玻璃转变和晶化均具有显著的动力学效应。

14.3.2 硅酸盐

图 14-14 为水泥砂浆的 TGA-DSC 曲线图，由 DSC 图可知第一个较大的吸热峰发生在 100℃附近，吸热的温度范围为 20~200℃，失重 4% 左右。这一吸热峰所对应的是含水矿石的脱水反应，它包括水化硅酸钙凝胶、钙矾石的脱水过程和水化铝酸盐及单硫型水化硫铝酸钙的脱水过程。第二个吸热峰发生在 430℃附近，对应的温度区间为 400~470℃，失重约 1%。

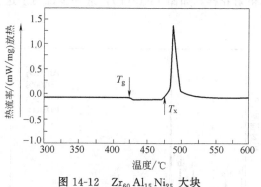

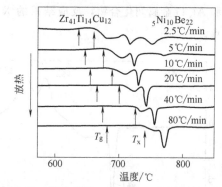

图 14-12　$Zr_{60}Al_{15}Ni_{25}$ 大块
非晶合金连续加热的 DSC 曲线

图 14-13　淬火态 $Zr_{41}Ti_{14}Cu_{12.5}Ni_{10}Be_{22.5}$ 大块
非晶合金在不同加热速度下的 DSC 曲线

主要因为混凝土中的 $Ca(OH)_2$ 晶体在该温度附近发生了分解、脱水反应，吸收了一定的热量；第三个吸热峰在 710℃ 附近，对应的温度范围是 560～950℃，失重 3% 左右，该温度区间 $CaCO_3$ 发生了如下分解反应：

$$CaCO_3 \longrightarrow CaO + CO_2 \uparrow \tag{14-3}$$

而且还有水化硅酸盐的结构水脱水。从失重曲线上易知前 200℃ 的失重损失远大于后面 200～950℃ 的失重损失。

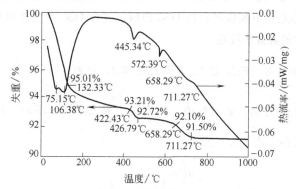

图 14-14　水泥砂浆试样的 TGA-DSC 曲线

14.3.3　反应合成

热分析在反应合成中的应用已非常广泛，是研究反应过程的热力学、动力学的有力手段。图 14-15 即为 $Al\text{-}TiO_2$ 体系反应过程的 DSC 曲线及反应结果的 XRD 图，升温速率为 30℃/min。由图 14-15(a) 可见该曲线主要有三个峰，第一个峰为吸热峰，发生在 667℃，对应于 Al 液化吸热过程；随着温度升高，在 950℃ 左右时出现了第二个峰，为放热峰，表明试样中发生了以下化学反应：

$$4Al + 3TiO_2 \longrightarrow 2\alpha\text{-}Al_2O_3 + 3[Ti] \tag{14-4}$$

该反应由热力学计算可知为强放热反应，反应产生的活性 Ti 原子随后又与 Al 原子结合生成 Al_3Ti，该反应也为强放热反应，峰位在 1000℃ 左右。因此，$Al\text{-}TiO_2$ 体系在升温过程中依次经历了一个物理反应（Al 液化）和两个化学反应，分别产生两种增强体 $\alpha\text{-}Al_2O_3$ 陶

瓷和 Al_3Ti 金属间化合物，反应结果的 X 射线衍射花样，如图 14-15(b)，进一步说明了这一点。

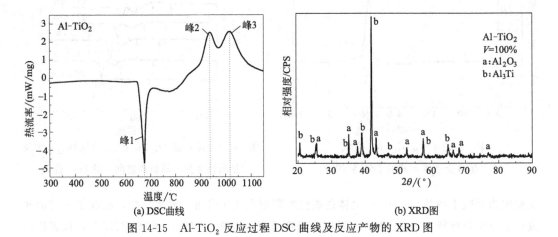

(a) DSC曲线　　　　　　　　　　(b) XRD图

图 14-15　$Al\text{-}TiO_2$ 反应过程 DSC 曲线及反应产物的 XRD 图

14.3.4　反应活化能的计算

反应活化能的大小可以表示反应进行的难易程度，有关活化能的计算在各类化学反应速率、反应机理的研究中应用广泛。运用 DSC 曲线可方便计算反应活化能，具体步骤如下：

① 测定不同升温速率下反应过程的 DSC 曲线，并由 DSC 曲线中出现的反应热效应峰，分析总反应可能含有的各分步反应；

② 由各反应峰顶所对应的温度 T_m 及升温速率 β，分别计算 $\ln\left(\dfrac{\beta}{T_m^2}\right)$ 和 $\dfrac{1}{T_m}$；

③ 以 $\ln\left(\dfrac{\beta}{T_m^2}\right)$ 和 $\dfrac{1}{T_m}$ 为纵、横坐标值，作出三个或三个以上不同升温速率下的对应点，并拟合成直线，得其斜率值，代入公式

$$\frac{d\left(\ln\dfrac{\beta}{T_m^2}\right)}{d\left(\dfrac{1}{T_m}\right)}=-\frac{E}{R} \tag{14-5}$$

计算反应活化能 E。显然，当总反应有几个分步反应时，同理可算得各分步反应的活化能。

例如：$Al\text{-}ZrO_2$ 体系在一定条件下可发生化学反应，反应产物的 SEM 照片及其对应的 XRD 图（图 14-16），表明反应产物为 $\alpha\text{-}Al_2O_3$ 和 Al_3Zr。图 14-17 显示反应过程由一个吸热反应和两个放热反应组成。显然，吸热峰对应于铝的熔化过程，两个放热峰分别对应于两个分步反应。依据 DSC 曲线，运用淬冷法可以证明两个分步反应为

$$\text{I}\quad Al+ZrO_2 \longrightarrow \alpha\text{-}Al_2O_3+[Zr] \tag{14-6}$$

$$\text{II}\quad [Zr]+Al \longrightarrow Al_3Zr \tag{14-7}$$

测定升温速率 β 分别为 10℃/min、20℃/min 和 30℃/min 时的 DSC 曲线，如图 14-17 (a)、(b) 和 (c)。由图 14-17 分别得两个分步反应在不同升温速率时的峰顶温度 T_m，计算

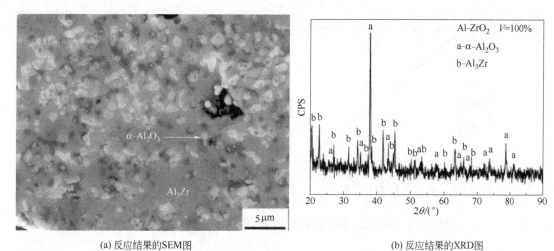

(a) 反应结果的SEM图   (b) 反应结果的XRD图

图 14-16   Al-ZrO$_2$ 反应产物的 SEM 照片及其对应的 XRD 图

各自对应的 $\ln\left(\dfrac{\beta}{T_m^2}\right)$ 和 $\dfrac{1}{T_m}$，作图并拟合成直线（如图 14-18），得其斜率，代入公式（14-5），

算得两个分步反应的活化能分别为 315.8kJ/mol 和 191.1kJ/mol。

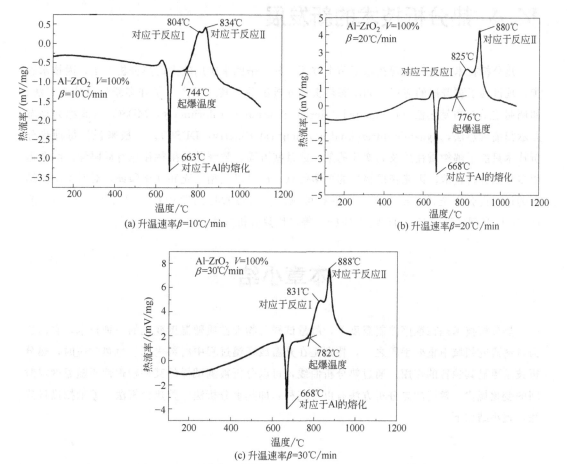

(a) 升温速率β=10℃/min   (b) 升温速率β=20℃/min

(c) 升温速率β=30℃/min

图 14-17   不同升温速率时 Al-ZrO$_2$ 反应过程的 DSC 曲线

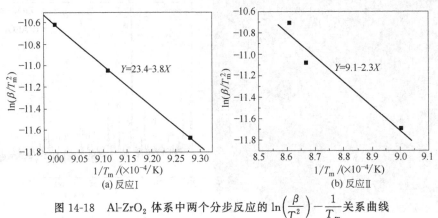

图 14-18　Al-ZrO$_2$ 体系中两个分步反应的 $\ln\left(\dfrac{\beta}{T_m^2}\right) - \dfrac{1}{T_m}$ 关系曲线

　　总之，热分析技术已广泛应用于材料、物理、化学等各个领域，特别是在材料反应研究中成了不可或缺的有力工具，随着科学技术和计算机技术的迅速发展，热分析技术的精度、灵敏度、重复性必将进一步提高，应用领域也将进一步扩大。

14.4　热分析技术的新发展

　　热分析技术的进展表现在以下两个方面：其一是原来应用较少的热分析方法，因技术进步，现得到了更普遍的应用，如动态热机械分析法等；其二是产生了许多新的热分析方法，如调制差示扫描量热法（modulated differential scanning calorimetry，MDSC）（或称为动态差示扫描量热法，dynamic differential scanning calorimetry，DDSC）。一般来说，每种热分析技术只能了解物质性质及其变化的某一或某些方面，解释其结果往往也有局限性。综合运用多种热分析技术，则能获得物质的更多信息，还可以互相补充和互相印证，对所得实验结果的认识也会更全面、更深入，结果更可靠。目前最常见的联用技术是 TG 与 DTA（或 DSC）的联用，形成 TG-DTA、TG-DSC 等联用热分析方法。

本章小结

　　热分析技术是在程序控制温度下，测量试样的物理性质随温度变化的一种技术，它已成为材料研究领域中重要手段之一，特别是在升温或降温过程中材料内部发生热效应时，热分析技术更显其独特的作用。通过热分析曲线，可以分析被测试样的某种物理性质随温度或时间的变化规律，常用的热分析方法有以下三种：即热重分析法、差热分析法、差示扫描量热法，现小结如下：

热分析技术
及应用

热重分析法－TG法（thermogravimetry analysis）

测量对象：试样的质量

测量原理：在程序控温条件下，测量试样的质量随温度或时间变化的
函数关系

温度范围：20～1000℃

特点：操作简单、使用方便，无参比物，分析精度高

应用范围：有质量变化的过程分析，如熔点、沸点的测定；热分解反
应过程分析、脱水量测定等；有挥发性物质产生的固相反
应及气-固反应等

差热分析法－DTA法（differential thermal analysis）

测量对象：试样与参比物之间的温差

测量原理：在程序控温条件下，测量试样与参比物之间的温差随温度
或时间变化的函数关系

温度范围：20～1600℃

特点：操作方便快捷，曲线的物理意义清晰，试样用量少，适用范围广
仪器常数 K 假定为定值，实为随温度而变化的量，定量分析精
度低，主要用于定性分析

应用范围：熔化、结晶转变、二级转变、氧化还原反应、裂解反应等

差示扫描量热法-DSC法（differential scanning calorimetry）

测量对象：热流量

测量原理：在程序控温条件下，测量输入到试样与参比物的功率差随
温度或时间变化的函数关系

温度范围：－120～1650℃

特点：操作方便快捷，曲线的物理意义清晰，试样用量少，适用范围
广。基本保持了DTA法的优点，同时通过功率补偿方式，弥
补了仪器常数的变化对热效应测量的影响，仪器常数为定值了

应用范围：应用范围与DTA法大致相同，但能定量测定多种热力学
和动力学参数，如比热容、反应热、转变热、反应速度、
玻璃转化温度、高聚物的结晶度等

思考题

14.1 简述热分析的定义和内涵。

14.2 简述热重分析、差热分析和差示扫描量热分析的定义和原理各是什么？

14.3 举例说明热分析在金属玻璃研究中的应用。

14.4 比较DSC曲线与DTA曲线的异同点。

14.5 什么是DSC曲线的基线，基线的影响因素有哪些？

14.6　DTA 与 DSC 曲线中，峰的含义有何不同？峰的面积能否直接用于表征试样的热效应？

14.7　热重法与微商热重法的区别是什么？

14.8　综合热分析相比于单一热分析有何优点？

14.9　对热电偶的材料有何要求？

14.10　DTA 分析中，对参比物和加热炉各有何要求？

14.11　差热电偶与一般热电偶的区别是什么？

14.12　简述热分析技术在材料研究中的应用。

附录1 常用物理常数

电子电荷 $e=1.603\times10^{-19}$C；

电子静止质量 $m=9.109\times10^{-31}$kg；

光速 $c_{vacuum}=2.998\times10^8$m/s；$c_{air}=2.997\times10^8$m/s；

普朗克常数 $h=6.626\times10^{-34}$J·s；

玻尔兹曼常数 $k=1.380\times10^{-23}$J/K；

阿伏伽德罗常数 $N_A=6.022\times10^{-23}$mol^{-1}

摩尔气体常量 $R=8.314$J/(mol·K)

附录2 质量吸收系数μ$_m$

元素	序数	密度 $\rho/(g/cm^3)$	质量吸收系数/$(cm^{-2}\cdot g^{-1})$				
			Mo-K$_\alpha$ $\lambda=0.07107$nm	Cu-K$_\alpha$ $\lambda=0.15418$nm	Co-K$_\alpha$ $\lambda=0.17903$nm	Fe-K$_\alpha$ $\lambda=0.19373$nm	Cr-K$_\alpha$ $\lambda=0.22909$nm
Li	3	0.53	0.22	0.68	1.13	1.48	2.11
Be	4	1.82	0.30	1.35	2.42	3.24	4.74
B	5	2.3	0.45	3.06	4.67	5.80	9.37
C	6	2.22(石墨)	0.70	5.50	8.05	10.73	17.9
N	7	1.1649×10^{-3}	1.10	8.51	13.6	17.3	27.7
O	8	1.3318×10^{-3}	1.50	12.7	20.2	25.2	40.1
Mg	12	1.74	4.38	40.6	60.0	75.7	120.1
Al	13	2.70	5.30	48.7	73.4	92.8	149.0
Si	14	2.33	6.70	60.3	94.1	116.3	192.0
P	15	1.82(黄)	7.98	73.0	113.0	141.1	223.0
S	16	2.07(黄)	10.03	91.3	139.0	175.0	273.0
Ti	22	4.54	23.7	204.0	304.0	377.0	603.0
V	23	6.0	26.5	227.0	339.0	422.0	77.3
Cr	24	7.19	30.4	259.0	392.0	490.0	99.9

元素	序数	密度 $\rho/(g/cm^3)$	质量吸收系数/$(cm^{-2} \cdot g^{-1})$				
			Mo-K$_\alpha$ $\lambda=0.07107nm$	Cu-K$_\alpha$ $\lambda=0.15418nm$	Co-K$_\alpha$ $\lambda=0.17903nm$	Fe-K$_\alpha$ $\lambda=0.19373nm$	Cr-K$_\alpha$ $\lambda=0.22909nm$
Mn	25	7.43	33.5	284.0	431.0	63.6	99.4
Fe	26	7.87	38.3	324.0	59.5	72.8	114.6
Co	27	8.9	41.6	354.0	65.9	80.6	125.8
Ni	28	8.90	47.4	49.2	75.1	93.1	145.0
Cu	29	8.96	49.7	52.7	79.8	98.8	154.0
Zn	30	7.13	54.8	59.0	88.5	109.4	169.0
Ca	31	5.91	57.3	63.3	94.3	116.5	179.0
Ce	32	5.36	63.4	69.4	104.0	128.4	196.0
Zr	40	6.5	17.2	143.0	211.0	260.0	391.0
Nb	41	8.57	18.7	153.0	225.0	279.0	415.0
Mo	42	10.2	20.2	164.0	242.0	299.0	439.0
Rh	45	12.44	25.3	198.0	293.0	361.0	522.0
Pd	46	12.0	26.7	207.0	308.0	376.0	545.0
Ag	47	10.49	28.6	223.0	332.0	402.0	585.0
Cd	48	8.65	29.9	234.0	352.0	417.0	608.0
Sn	50	7.30	33.3	265.0	382.0	457.0	681.0
Sb	51	6.62	35.3	284.0	404.0	482.0	727.0
Ba	56	3.5	45.2	359.0	501.0	599.0	819.0
La	57	6.19	47.9	378.0	—	632.0	218.0
Ta	73	16.6	100.7	164.0	246.0	305.0	440.0
W	74	19.3	105.4	171.0	258.0	320.0	456.0
Ir	77	22.5	117.9	194.0	292.0	362.0	498.0
Au	79	19.32	128.0	214.0	317.0	390.0	537.0
Pb	82	11.34	141.0	241.0	354.0	429.0	585.0

附录3 原子散射因子 *f*

元素	序数	$\lambda^{-1}\sin\theta/nm^{-1}$											
		0.0	1.0	2.0	3.0	4.0	5.0	6.0	7.0	8.0	9.0	10.0	11.0	12.0
Li	3	3.0	2.2	1.8	1.5	1.2	1.0	0.8	0.6	0.5	0.4	0.3	0.3	
Be	4	4.0	2.9	1.9	1.7	1.6	1.4	1.2	1.0	0.9	0.7	0.6	0.5	
B	5	5.0	3.5	2.4	1.9	1.7	1.5	1.4	1.2	1.2	1.0	0.9	0.7	
C	6	6.0	4.6	3.0	2.2	1.9	1.7	1.6	1.4	1.3	1.2	1.0	0.9	
N	7	7.0	5.8	4.2	3.0	2.3	1.9	1.7	1.5	1.5	1.4	1.3	1.2	
O	8	8.0	7.1	5.3	3.9	2.9	2.2	1.8	1.6	1.5	1.4	1.4	1.3	
F	9	9.0	7.8	6.2	4.5	3.4	2.7	2.2	1.9	1.7	1.6	1.5	1.4	
Na	11	11.0	9.7	8.2	6.7	5.3	4.1	3.2	2.7	2.3	2.0	1.8	1.6	
Mg	12	12.0	10.5	8.6	7.3	6.0	4.8	3.9	3.2	2.6	2.2	2.0	1.8	
Al	13	13.0	11.0	9.0	7.8	6.6	5.5	4.5	3.7	3.1	2.7	2.3	2.0	
Si	14	14.0	11.4	9.4	8.2	7.2	6.1	5.1	4.2	3.4	3.0	2.6	2.3	
P	15	15.0	12.4	10.0	8.5	7.5	6.5	5.65	4.8	4.1	3.4	3.0	2.6	
S	16	16.0	13.6	10.7	9.0	7.9	6.9	6.0	5.3	4.5	3.9	3.4	2.9	
Cl	17	17.0	14.6	11.3	9.3	8.1	7.3	6.5	5.8	5.1	4.4	3.9	3.4	
K	19	19.0	16.5	13.3	10.8	9.2	7.9	6.7	5.9	5.2	4.6	4.2	3.7	3.3
Ca	20	20.0	17.5	14.1	11.4	9.7	8.4	7.3	6.3	5.6	4.9	4.5	4.0	3.6
Ti	22	22.0	19.3	15.7	12.8	10.9	9.5	8.2	7.2	6.3	5.6	5.0	4.6	4.2

元素	序数	λ⁻¹sinθ/nm⁻¹												
		0.0	1.0	2.0	3.0	4.0	5.0	6.0	7.0	8.0	9.0	10.0	11.0	12.0
V	23	23.0	20.2	16.6	13.5	11.5	10.1	8.7	7.6	6.7	5.9	5.3	4.9	4.4
Cr	24	24.0	21.1	17.4	14.2	12.1	10.6	9.2	8.0	7.1	6.3	5.7	5.1	4.6
Mn	25	25.0	22.1	18.2	14.9	12.7	11.1	9.7	8.4	7.5	6.6	6.0	5.4	4.9
Fe	26	26.0	23.1	18.9	15.6	13.3	11.6	10.2	8.9	7.9	7.0	6.3	5.7	5.2
Co	27	27.0	24.1	19.8	16.4	14.0	12.1	10.7	9.3	8.3	7.3	6.7	6.0	5.5
Ni	28	28.0	25.0	20.7	17.2	14.6	12.7	11.2	9.8	8.7	7.7	7.0	6.3	5.8
Cu	29	29.0	25.9	21.6	17.9	15.2	13.3	11.7	10.2	9.1	8.1	7.3	6.6	6.0
Zn	30	30.0	26.8	22.4	18.6	15.8	13.9	12.2	10.7	9.6	8.5	7.6	6.9	6.3
Ga	31	31.0	27.8	23.3	19.3	16.5	14.5	12.7	11.2	10.0	8.9	7.9	7.3	6.7
Ge	32	32.0	28.8	24.1	20.0	17.1	15.0	13.2	11.6	10.4	9.3	8.3	7.6	7.0
Sr	38	38.0	34.4	29.0	24.5	20.8	18.4	16.4	14.6	12.9	11.6	10.5	9.5	8.7
Zr	40	40.0	36.3	30.8	26.0	22.1	19.7	17.5	15.6	13.8	12.4	11.2	10.2	9.3
Nb	41	41.0	37.3	31.7	26.8	22.8	20.2	18.1	16.0	14.3	12.8	11.6	10.6	9.7
Mo	42	42.0	38.2	32.6	27.6	23.5	20.3	18.6	16.5	14.8	13.2	12.0	10.9	10.
Rh	45	45.0	41.0	35.1	29.9	25.4	22.5	20.2	18.0	16.1	14.5	13.1	12.0	11.0
Pd	46	46.0	41.9	36.0	30.7	26.2	23.1	20.8	18.5	16.6	14.9	13.6	12.3	11.3
Ag	47	47.0	42.8	36.9	31.5	26.9	23.8	21.3	19.0	17.1	15.3	14.0	12.7	11.7
Cd	48	48.0	43.7	37.7	32.2	27.5	24.4	21.8	19.6	17.6	15.7	14.3	13.0	12.0
In	49	49.0	44.7	38.6	33.0	28.1	25.0	22.4	20.1	18.0	16.2	14.7	13.4	12.3
Sn	50	50.0	45.7	39.5	33.8	28.7	25.6	22.9	20.6	18.5	16.6	15.1	13.7	12.7
Sb	51	51.0	46.7	40.4	34.6	29.5	26.3	23.5	21.1	19.0	17.0	15.5	14.1	13.0
Ba	56	56.0	51.7	44.7	38.4	33.1	29.3	26.4	23.7	21.3	19.2	17.4	16.0	14.7
La	57	57.0	52.6	45.6	39.3	33.8	29.8	26.9	24.3	21.9	19.7	17.0	16.4	15.0
Ta	73	73.0	67.8	59.6	52.0	45.3	39.9	36.2	32.9	29.8	27.1	24.7	22.6	20.9
W	74	74.0	68.8	60.4	52.8	46.1	40.5	36.8	33.5	30.4	27.6	25.2	23.0	21.3
Pt	78	78.0	72.6	64.0	56.2	48.9	43.1	39.2	35.6	32.5	29.5	27.0	24.7	22.7
Au	79	79.0	73.6	65.4	57.0	49.7	43.8	39.8	36.2	33.1	30.0	27.4	25.1	23.1
Pb	82	82.0	76.5	67.5	59.5	51.9	45.7	41.6	37.9	34.6	31.5	28.8	26.4	24.5

附录4 原子散射因子校正值Δf

元素	λ/λ_K											
	0.5	0.7	0.8	0.9	0.95	1.005	1.05	1.1	1.2	1.4	1.8	∞
Ti		0.18	0.67	1.75	2.78	5.83	3.38	2.77	2.26	1.88	1.62	1.37
V		0.18	0.67	1.73	2.76	5.78	3.35	2.75	2.24	1.86	1.60	1.36
Cr		0.18	0.66	1.71	2.73	5.73	3.32	2.72	2.22	1.84	1.58	1.34
Mn		0.18	0.66	1.71	2.72	5.71	3.31	2.71	2.21	1.83	1.58	1.34
Fe	−0.30	0.17	0.65	1.70	2.71	5.69	3.30	2.70	2.21	1.83	1.58	1.33
Co		0.17	0.65	1.69	2.69	5.66	3.28	2.69	2.19	1.82	1.57	1.33
Ni		0.17	0.64	1.68	2.68	5.63	3.26	2.67	2.18	1.81	1.56	1.32
Cu		0.17	0.64	1.67	2.66	5.60	3.24	2.66	2.17	1.80	1.55	1.31
Zn		0.16	0.64	1.67	2.65	5.58	3.23	2.65	2.16	1.79	1.54	1.30
Ge		0.16	0.63	1.65	2.63	5.53	3.20	2.62	2.14	1.77	1.53	1.29
Sr		0.15	0.62	1.62	2.56	5.41	3.13	2.56	2.10	1.73	1.49	1.26
Zr		0.15	0.61	1.60	2.55	5.37	3.11	2.55	2.08	1.72	1.48	1.25
Nb		0.15	0.61	1.59	2.53	5.34	3.10	2.53	2.07	1.71	1.47	1.24
Mo	−0.26	0.15	0.60	1.58	2.52	5.32	3.08	2.52	2.06	1.70	1.47	1.24
W	−0.25	0.13	0.54	1.45	2.42	4.94	2.85	2.33	1.90	1.57	1.36	1.15

附录 5 粉末法的多重因素 P_{hkl}

晶系	指数									
	$h00$	$0k0$	$00l$	hhh	$hh0$	$hk0$	$0kl$	$h0l$	hhl	hkl
立方	6			8	12		24			48
六方和菱方	6		2		6	12	12		12	24
正方	4		2		4	8	8		8	16
斜方	2	2	2			4	4	4		8
单斜	2	2	2			4	4	2		4
三斜	2	2	2			2	2	2		2

附录 6 某些物质的特征温度 Θ

物质	Θ/K	物质	Θ/K	物质	Θ/K	物质	Θ/K
Ag	210	Cr	485	KBr	177	Pd	275
Al	400	Cu	320	KCl	230	Pt	230
Au	175	Fe	453	Li	510	Sn(白)	130
Be	900	FeS2	645	Mg	320	Ta	245
Bi	100	Hg	97	Mo	380	Tl	96
Ca	230	I	106	Na	202	W	310
CaF	474	Ir	285	NaCl	281	Zn	235
Cd	168	In	100	Ni	375	金刚石	约 2000
Co	410	K	126	Pb	88		

附录 7 德拜函数 $\dfrac{\phi(x)}{x}+\dfrac{1}{4}$ 之值

x	$\dfrac{\phi(x)}{x}+\dfrac{1}{4}$	x	$\dfrac{\phi(x)}{x}+\dfrac{1}{4}$
0.0	∞	3.0	0.411
0.2	5.005	4.0	0.347
0.4	2.510	5.0	0.3142
0.6	1.683	6.0	0.2952
0.8	1.273	7.0	0.2834
1.0	1.028	8.0	0.2756
1.2	0.867	9.0	0.2703
1.4	0.753	10	0.2664
1.6	0.668	12	0.2614
1.8	0.604	14	0.25814
2.0	0.554	16	0.25644
2.5	0.446	20	0.25411

附录 8　应力测定常数

材料	点阵类型	点阵常数/0.1nm	$E/10^3$MPa	泊松比 ν	特征 X 射线	(hkl)	$2\theta/(°)$	$K/[\text{MPa}/(°)]$
α-Fe	BCC	2.8664	206~216	0.28~0.3	CrK$_\alpha$ CoK$_\alpha$	(211) (310)	156.08 161.35	−297.23 −230.4
γ-Fe	FCC	3.656	192.1	0.28	CrK$_\alpha$ MnK$_\alpha$	(311) (311)	149.6 154.8	−355.35 −292.73
Al	FCC	4.049	68.9	0.345	CrK$_\alpha$ CoK$_\alpha$ CoK$_\alpha$ CuK$_\alpha$	(222) (420) (331) (333)	156.7 162.1 148.7 164.0	−92.12 −70.36 −125.24 −62.82
Cu	FCC	3.6153	127.2	0.364	CoK$_\beta$ CoK$_\alpha$ CuK$_\alpha$	(311) (400) (420)	146.5 163.5 144.7	−245.0 −118.0 −258.92
Cu-Ni	FCC	3.593	129.9	0.333	CoK$_\alpha$	(400)	158.4	−162.19
WC	HCP	$a=2.91$ $c=2.84$	523.7	0.22	CoK$_\alpha$ CuK$_\alpha$	(121) (301)	162.5 146.76	−466.0 −1118.18
Ti	HCP	$a=2.954$ $c=4.6831$	113.4	0.321	CoK$_\alpha$ CoK$_\alpha$	(114) (211)	154.2 142.2	−171.60 −256.47
Ni	FCC	3.5238	207.8	0.31	Cr K$_\beta$ CuK$_\alpha$	(311) (420)	157.7 155.6	−273.22 −289.39
Ag	FCC	4.0856	81.1	0.367	CrK$_\alpha$ CoK$_\alpha$ CoK$_\alpha$	(222) (331) (420)	152.1 145.1 156.4	−128.48 −162.68 −108.09
Cr	BCC	2.8845	—	—	CrK$_\alpha$ CoK$_\alpha$	(211) (310)	153.0 157.5	—
Si	diamond	5.4282	—	—	CoK$_\alpha$	(531)	154.1	—

参 考 文 献

[1] 李树棠. 晶体 X 射线衍射学基础 [M]. 北京：冶金工业出版社，1990.

[2] 朱和国，杜宇雷，赵军. 材料现代分析技术 [M]. 北京：国防工业出版社，2012.

[3] 秦善. 晶体学基础 [M]. 北京：北京大学出版社，2004.

[4] 方奇，于文涛. 晶体学原理 [M]. 北京：国防工业出版社，2002.

[5] 周公度，郭可信. 晶体和准晶体的衍射 [M]. 北京：北京大学出版社，1999.

[6] 周玉. 材料分析方法 [M]. 4 版. 北京：机械工业出版社，2020.

[7] 余昆. 材料结构分析基础 [M]. 2 版. 北京：科学出版社，2010.

[8] 章晓中. 电子显微分析 [M]. 北京：清华大学出版社，2006.

[9] 黄孝瑛，侯耀永，李理. 电子衍射分析原理与图谱 [M]. 济南：山东科学技术出版社，2000.

[10] 朱育平. 小角 X 射线散射——理论、测试、计算及应用 [M]. 北京：化学工业出版社，2008.

[11] 杨平. 电子背散射衍射技术及其应用 [M]. 北京：冶金工业出版社，2007.

[12] 朱和国，尤泽升，刘吉梓，等. 材料科学研究与测试方法 [M]. 南京：东南大学出版社，2019.

[13] Zhu H G, Wang H Z, Ge L Q. Study on the microstructure and mechanical properties of composites fabricated by the reaction method in an Al-TiO$_2$-B$_2$O$_3$ system [J]. Materials Science and Engineering A，2008，478：87-92.

[14] Zhu H G, Wang H Z, Ge L Q. Wear properties of the composites fabricated by exothermic dispersion reaction synthesis in an Al-TiO$_2$-B$_2$O$_3$ system [J]. Wear，2008，264：967-972.

[15] 潘秀红，金蔚青，刘岩，等. BaB$_2$O$_4$ 单晶快速生长时的界面形态与表面台阶形貌 [J]. 中国科学，2007，37（3）：403-408.

[16] 马梦佳，陈玉云，闫志强，等. 原子力显微镜在纳米生物材料研究中的应用化学进展 [J]. 2013，25（1）：135-144.

[17] 戎咏华. 分析电子显微学导论 [M]. 2 版. 北京：高等教育出版社，2015.

[18] 戎咏华，姜传海. 材料组织结构的表征 [M]. 上海：上海交通大学出版社，2012.

[19] 李晓娜. 材料微结构分析原理与方法 [M]. 大连：大连理工大学出版社，2014.

[20] 刘金来，何立子，金涛. 原子探针显微学 [M]. 北京：科学出版社，2016.

[21] 刘文庆，刘庆冬，顾剑锋. 原子探针层析技术最新进展及应用 [J]. 金属学报，2013，49（9）：1025-1031.

[22] 李慧，夏爽，周邦新，等. 原子探针层析方法研究 690 合金晶界偏聚的初步结果 [J]. 电子显微学报，2011，30（3）：206-209.

[23] 黄彦彦，周青华，杨承志，等. 基于 APT 对镍基高温合金纳米结构和化学成分研究 [J]. 稀有金属材料与工程，2017，46（8）：2137-2143.

[24] Emmanuelle A Marquis, Jonathan M Hyde. Applications of atom-probe tomography to

the characterization of solute behaviours [J]. Materials Science and Engineering R, 2010, 69: 37-62.

[25] Thomas F Kelly, David J Larson. Atom probe tomography 2012 [J]. Annual Review of Materials Research, 2012, 42: 1-32.

[26] Herbig M, Raabe D, Li Y J, et al. Atomic-scale quantification of grain boundary segregation in nanocrystalline material [J]. Physical Review Letters, 2014, 112: 126103.

[27] Michael K Miller, Rechard G Forbes. Atom-probe tomography: the local electrode atom probe [M]. Springer New York Heideberg Dordrecht London, 2014.

[28] Daniel E Perea, Ilke Arslan, Jia Liu, et al. Determining the location and nearest neighbours of alnuminium in zeolites with atom probe tomography [J]. Nature Communications, 2015, 6: 7568.

[29] David B, Williams and Carter C Barry. Transmission Electron Microscopy: A Textbook for Materials Science [M]. Springer Science & Business Media, 2009.

[30] Trimby P W. Orientation mapping of nanostructured materials using transmission Kikuchi diffraction in the scanning microscope [J]. Ultramicroscopy, 2012, 120: 16-24.

[31] Randle V, Engler O. Introduction to texture analysis, microstructure and orientation mapping [M]. New York: CRC Press, 2000.

[32] You Z S, Lu L, Lu K. Tensile behavior of columnar grained Cu with preferentially oriented nanoscale twins [J]. Acta Materialia, 2011, 59: 6927-6937.

[33] Xiong L, You Z S, Lu L. Enhancing fracture toughness of nanotwinned austenitic steel by thermal annealing [J]. Scripta Materialia, 2016, 119: 55-59.

[34] Shkirskiy V, King A D, Gharbi O, et al. Revisiting the electrochemical impedance spectroscopy of magnesium with online inductively coupled plasma atomic emission spectroscopy [J]. Chemphyschem, 2015, 16: 536-539.

[35] Woo W, An G B, Kingston E J, et al. Through-thickness distributions of residual stresses in two extreme heat-input thick welds: A neutron diffraction, contour method and deep hole drilling study [J]. Acta Materialia, 2013, 61 (10): 3564-3574.

[36] Naeem M, He H, Zhang F, et al. Cooperative deformation in high-entropy alloys at ultralow temperatures [J]. Science Advances, 2020, 6 (13): eaax 4002.

[37] Hayes R, Imberti S, Warr G G, et al. Pronounced sponge-like nanostructure in propylammonium nitrate [J]. Physical Chemistry Chemical Physics, 2011, 13 (30): 13544.

[38] Kirin S I, Ott I, Gust R, et al. Cellular uptake quantification of metalated peptide and peptide nucleic acid bioconjugates by atomic absorption spectroscopy [J]. Angew Chem Int Ed Engl, 2008, 47 (5): 955-959.

[39] Silva D G Da, Portugal L A, Serra A M, et al. Determination of mercury in rice by MSFIA and cold vapour atomic fluorescence spectrometry [J]. Food Chem, 2013, 137 (1-4): 159-163.

[40] Lian X, Zhang M, Sun X, et al. Online real time determination of free formaldehyde

content during polymerization process of phenolic resin by NIR spectra and a modeling-free method [J]. Polymer Testing, 2021: 93.

[41] Xi S, Zhang X, Luan Z, et al. A direct quantitative Raman method for the measurement of dissolved bisulfate in acid-sulfate fluids [J]. Applied Spectroscopy, 2018, 72: 1234-1243.

[42] Wang X, Liang Z, Meng Y, et al. Sub-microanalysis of solid samples with near-field enhanced atomic emission spectroscopy [J]. Spectrochimica Acta Part B: Atomic Spectroscopy, 2018, 141: 1-6.

[43] Wiethan B Avila, Nascimento P Cícero do, Colim A Nunes, et al. Determination of rare earth elements in natural water samples by rapid sequential high-resolution continuum source flame atomic absorption spectrometry (HR CS FAAS) and inductively coupled plasma-mass spectrometry (ICP-MS)[J]. Analytical Letters, 2019, 52 (13): 2057-2068.

[44] Liu M, Ding L, Liu J, et al. High sensitivity determination of antimony with application for the characterization of its migration in bottled water by a dielectric barrier discharge (DBD) coupled with hydride generation-atomic fluorescence spectrometry (HG-AFS) [J]. Analytical Letters, 2021, 54 (6): 990-1004.

[45] Altunay N. Development of vortex-assisted ionic liquid-dispersive microextraction methodology for vanillin monitoring in food products using ultraviolet-visible spectrophotometry [J]. Lwt: Food Science and Technology, 2018, 93: 9-15.

[46] 万家亮, 李耀仓. 仪器分析 [M]. 武汉: 华中师范大学出版社, 2008.

[47] 刘振海, 徐国华, 张洪林. 热分析仪器 [M]. 北京: 化学工业出版社, 2006.

[48] Zhu H G, Min J, Li J L, et al. In situ fabrication of (α-Al$_2$O$_3$ + Al$_3$Zr)/Al composites in an Al-ZrO$_2$ system [J]. Composites Science and Technology, 2010, 70: 2183-2189.

[49] Zhu H G, Yao Y Q, Chen S, et al. Study on the reaction mechanism and mechanical properties of aluminum matrix composites fabricated in an Al-ZrO$_2$-B system [J]. Materials Chemistry and Physics, 2011, 127: 179-184.